超深海相断控缝洞型碳酸盐岩油藏高效开发技术系列丛书

# 塔里木盆地走滑断裂控储控藏作用与油气富集规律

杨学文　韩剑发　邬光辉　李世银　李国会　等著

石油工业出版社

## 内容提要

本书系统研究了塔里木盆地走滑断裂控储控藏作用与油气分布规律。建立了板内弱走滑断裂"三学五分"的研究方法体系,发现了九万平方千米的环阿满走滑断裂系统,揭示了走滑断裂的形成演化过程;深入剖析了超深奥陶系碳酸盐岩走滑断裂相关的五类储层特征与模式,开展了走滑断裂的控储作用,建立了典型走滑断裂相关储层模式,明确了走滑断裂断控储层的分布规律;剖析了典型走滑断裂相关油藏,阐明了典型断控油气藏的特征与油气成因,厘定了走滑断裂断控油藏关键成藏期次,明确了走滑断裂断控油气藏的演化过程,揭示了走滑断裂控油气的分布与富集规律;创新并发展了超深走滑断裂断控油气地质理论,指导并引领了超深走滑断裂断控特大型油田的发现与效益开发。

书中的攻关成果支撑了"十三五"产能建设工程与国家示范工程,其创新成果可供从事油气科研的相关人员与学者参阅使用。

#### 图书在版编目(CIP)数据

塔里木盆地走滑断裂控储控藏作用与油气富集规律 / 杨学文等著. — 北京:石油工业出版社,2022.6
(超深海相断控缝洞型碳酸盐岩油藏高效开发技术系列丛书)
ISBN 978-7-5183-5567-9

Ⅰ.①塔… Ⅱ.①杨… Ⅲ.①塔里木盆地–走滑断层–构造油气藏–研究 ②塔里木盆地–油气聚集–研究 Ⅳ.① P618.130.2

中国版本图书馆 CIP 数据核字(2022)第 162303 号

---

出版发行:石油工业出版社
　　　　(北京安定门外安华里2区1号　100011)
　　网　　址:www.petropub.com
　　编辑部:(010)64523708
　　图书营销中心:(010)64523633
经　销:全国新华书店
印　刷:北京中石油彩色印刷有限责任公司

2022年6月第1版　2022年6月第1次印刷
787×1092毫米　开本:1/16　印张:20.25
字数:490千字

定价:268.00元
(如出现印装质量问题,我社图书营销中心负责调换)
版权所有,翻印必究

# 《超深海相断控缝洞型碳酸盐岩油藏高效开发技术系列丛书》编委会

**主　编**：杨学文

**副主编**：汪如军　阳建平　李世银

**成　员**（按姓氏拼音排序）：

| | | | | |
|---|---|---|---|---|
| 蔡振忠 | 昌伦杰 | 陈利新 | 陈　鑫 | 崔仕提 |
| 邓松涛 | 邓兴梁 | 高宏亮 | 关宝珠 | 韩剑发 |
| 何新兴 | 吉云刚 | 雷刚林 | 李保柱 | 李国会 |
| 李相文 | 李旭光 | 李亚林 | 李　勇 | 刘兴礼 |
| 刘　勇 | 罗俊成 | 罗　枭 | 马兵山 | 马培领 |
| 能　源 | 彭永灿 | 漆家福 | 秦　可 | 邱　斌 |
| 沈春光 | 沈复孝 | 宋周成 | 田　军 | 万效国 |
| 王　彭 | 王清华 | 文　章 | 邬光辉 | 肖又军 |
| 谢会文 | 谢　舟 | 徐彦龙 | 杨海军 | 杨　率 |
| 姚　超 | 袁敬一 | 袁文芳 | 张承泽 | 张　辉 |
| 张丽娟 | 张银涛 | 张云峰 | 赵宽志 | 赵星星 |
| 朱卫红 | 朱永峰 | 朱忠谦 | | |

# 前言

塔里木盆地寒武系—奥陶系碳酸盐岩油气资源丰富，但由于埋藏深，储层与油气成藏极为复杂，历经了30多年的艰辛探索过程。前期对塔里木盆地奥陶系碳酸盐岩沉积储层与油气成藏进行了大量的研究，建立了风化壳与礁滩体的准层状"相（层）控"油气藏模型，总结归纳了"古隆起控油、斜坡富集"的油气分布规律，在台盆区奥陶系碳酸盐岩发现了轮南—塔河风化壳型大油田和塔中礁滩体—风化壳型凝析气田，分别是我国最大的海相碳酸盐岩油田与凝析气田。

基于需要寻找大油气田实现效益勘探开发的指导思想，塔里木盆地台盆区油气勘探逐渐聚焦在具有规模储层分布的古隆起斜坡。由于古隆起的有效勘探面积日益减小，同时发现走滑断裂带礁滩体与岩溶储层中的油气产量更高，近10年来逐步展开了坳陷区走滑断裂断控油气藏的勘探工作。但是，走滑断裂带成藏地质条件更复杂，油气产量递减快、稳产难，大多观点认为走滑断裂带难形成大油气田，也难以实现效益开发。虽然塔中地区2003年已发现走滑断裂带，2005年在塔中82井获得重大突破，但由于缺少走滑断裂的勘探理论与技术，未针对性地开展勘探。综合分析，塔里木盆地超深层（大于6000m）下古生界走滑断裂断控油气藏的勘探难度极大，全球尚无可借鉴的成功勘探实例，面临一系列需要解决的成藏地质理论技术难题：

（1）大型走滑断裂带主要分布于板块边缘，塔里木稳定克拉通板块是否存在大规模走滑断裂系统？

（2）如何识别大沙漠超深层微小走滑断裂？

（3）超深层走滑断裂带能否发育规模储层？

（4）走滑断裂具有较强的破坏性作用，能否形成大油气田？

（5）大沙漠7000m以深走滑断裂断控复杂油气藏能否实现效益勘探开发？

针对相关的理论技术难题，本项目依托国家、中国石油天然气集团有限公司与塔里木油田公司科技项目，组织相关科研单位、专业技术公司，在走滑断裂构造解析基础上，利用勘探开发生产动静态资料，开展走滑断裂控储成藏的地质研究，创新超深层走滑断控油气藏理论体系，重新认识超深层海相碳酸盐岩的油藏地质模型，重新评价坳陷区勘探潜力，重新优选主攻方向，重新优化勘探技术与措施，为勘探开发部署与井位设计提供理论依据，取得了重要的研究成果与应用成效。

（1）突破克拉通板内难以形成大型走滑断裂带的认识局限，提出了板内大型走滑断裂

"三学五分"研究体系（几何学、运动学与动力学研究，分级、分类、分层、分段与分期研究），发现了面积约80000平方千米的环阿满走滑断裂系统，揭示了原特提斯洋斜向俯冲的板块动力学机制与小位移、长断裂带的连接生长机制，为走滑断裂的刻画与勘探开发部署提供了理论依据。

（2）突破走滑断裂难以形成规模储层的理论局限，建立了五类奥陶系碳酸盐岩走滑断裂相关储层模式，揭示了超深走滑断裂规模成储机理（断层核与破碎带控储的耦合机制、"断+相+溶"三元时空耦合机制、断层破碎带连片发育与差异富集的耦合机制），建立了一系列走滑断裂差异控储的地质模型，揭示了沿走滑断裂带一系列缝洞网络"叠置连片、差异分布、局部富集"的分布规律，为塔里木盆地寻找超深走滑断裂断控规模储层奠定了理论基础。

（3）突破走滑断裂难以形成超深大油田的传统认识，确证下寒武统玉尔吐斯组为主力烃源岩，发现其沿阿满过渡带为中心富集生油，查明了面积达90000平方千米的走滑断控油气系统；研究发现富满油藏是迄今为止发现的最古老的早于4亿年前形成的断控原生油藏；研究揭示了走滑断裂及其断控储层、石油充注均在中—晚奥陶世，明确了中—晚加里东运动期"源+断+储+盖"的时空耦合成藏形成了早于4亿年的走滑断裂断控大油田；研究揭示保存条件是关键（包括冷盆抑制古油藏裂解、坳陷平台区抑制油气向古隆起逸散、深度大于1000米的泥岩盖层与稳定沉降坳陷抑制油气破坏、缝洞体小油藏抑制油气向上扩散），创建了"深大断裂通源、断+溶复合连片控储、破碎带垂向差异运聚、早成藏多期改造"的断控油气成藏理论模型；为突破石油勘探埋深"死亡线"，在坳陷区超深层进行断控复杂油气藏勘探开发部署奠定了理论依据。

（4）突破古隆起控油的局限性，查明了走滑断裂带由一系列未贯穿断片组成的分段性特征，建立了断片控制的小型缝洞体油藏及其沿走滑断裂带叠置连片形成大油田—油藏群的油藏模型，构建了走滑断裂带"小藏大田"的油藏模型；提出了走滑断裂破碎带差异控储、控藏与控富的机制，明确了走滑断裂带的油气差异分布规律，建立了不同地区、不同规模、不同类型断层破碎带"甜点"区差异富集模式，指引了坳陷区超深走滑断裂断控油气藏高效勘探开发。

在创新超深走滑断控油气成藏理论与认识基础上，逐步形成了超深坳陷区"走滑断裂带能形成大油气田""越深越富"的勘探指导思想。在此基础上，不断推进了走滑断裂及其相关储层刻画技术攻关，勘探跳出塔北隆起、向北部坳陷阿满过渡带中心探索，开发跳出大型层状油藏、向沙漠腹地8000米超深层断控复杂油气藏进军，沿一系列走滑断裂带的碳酸盐岩勘探相继获得成功，发现了最大的坳陷区超深走滑断裂断控大油田，探明断控油气地质储量超10亿吨，高效建成全球陆上首个超深（深度大于7000米）走滑断裂断控的年产原油达300万吨的富满油田，并实现了效益开发，成为超深走滑断裂断控油气田勘探开发的典范。

本书共分七章，由杨学文总体设计及组织编写。第一章概述了塔里木盆地的地质背景、断裂系统分布与盆地四个阶段构造古地理演化，由杨学文、邬光辉、李世银、韩剑发、李国会等编写；第二章介绍了不同级别走滑断裂判识与识别方法，阐述了走滑断裂的分类、分级、分层、分段与分期特征，论述了走滑断裂形成的动力学机制与小位移长断裂带的生长机制，由邬光辉、韩剑发、马兵山、李国会、李世银、万效国等编写；第三章剖析了走滑断裂相关的裂缝型储层、缝洞体储层、断裂与礁滩复合储层、断裂与风化壳复合储层及断裂相关的埋藏岩溶储层的特征与模式，由韩剑发、邬光辉、李世银、李国会、张银涛、朱永峰、陈鑫等编写；第四章阐述了走滑断裂—成岩作用，分析了走滑断裂对礁滩体与风化壳储层的建设性作用，建立了走滑断裂相关的不同类型储层的发育模式，论述了走滑断裂带优质缝洞体储层的分布规律与模式，由李世银、邬光辉、韩剑发、朱永峰、杨率、万效国、李国会等编写；第五章论述了富满油田走滑断裂断控油藏、塔中走滑断裂相关油气藏的地质与地球化学特征，以及油气来源与成因，由杨学文、李世银、韩剑发、邬光辉、赵星星、关宝珠、谢舟等编写；第六章阐述了走滑断裂断控油气藏的次生变化与成因，开展以裂缝包裹体组合测温为主的成藏期次研究，论述了走滑断裂的输导作用域模式，建立了不同地区不同类型的走滑断裂断控成藏模式，由邬光辉、韩剑发、杨率、赵星星、朱永峰、马兵山等编写；第七章论述了走滑断裂断控油气分布规律，建立了不同地区不同类型的走滑断裂断控油气富集模式，剖析了走滑断裂带差异富集的控制因素，回顾了走滑断裂相关油气藏的勘探开发历程，总结了走滑断裂断控油气藏的勘探开发技术与成效，由杨学文、韩剑发、邬光辉、李世银、朱永峰、张银涛、万效国等编写。全书由杨学文、韩剑发、邬光辉、李世银统稿。

本书在编写过程中得到了塔里木油田公司众多领导、专家、同事的悉心指导和大力帮助，在此一并表示感谢。

由于笔者水平有限，书中难免存在错误和不足之处，敬请读者批评指正。

# 目 录

**第一章　地质背景与构造演化** ·································································· 1
　第一节　区域地质背景 ····································································· 1
　第二节　构造演化历史 ····································································· 9
**第二章　走滑断裂的构造特征** ·································································· 21
　第一节　走滑断裂识别与分布 ····························································· 21
　第二节　走滑断裂"五分"特征 ··························································· 31
　第三节　走滑断裂形成与演化 ····························································· 40
**第三章　断裂带碳酸盐岩储层** ·································································· 47
　第一节　走滑断裂带裂缝性储集体 ······················································· 47
　第二节　走滑断裂带缝洞型储集体 ······················································· 61
　第三节　走滑断裂与礁滩型储集体 ······················································· 66
　第四节　走滑断裂与风化壳储集体 ······················································· 74
　第五节　走滑断裂与埋藏型储集体 ······················································· 81
**第四章　走滑断裂控储与储层分布** ···························································· 87
　第一节　走滑断裂与成岩作用 ····························································· 87
　第二节　走滑断裂与岩溶作用 ····························································· 97
　第三节　断控缝洞体发育模式 ····························································· 112
　第四节　断控储集体分布规律 ····························································· 129
**第五章　断控油气特征及成因** ·································································· 141
　第一节　富满油田地质特征 ································································ 141
　第二节　富满油田油层物理 ································································ 154
　第三节　富满油田地球化学特征 ·························································· 161
　第四节　塔中凝析气田地质特征 ·························································· 172
　第五节　塔中地区凝析气藏成因 ·························································· 177
**第六章　断控油气成藏与演化** ·································································· 190
　第一节　油藏次生变化与成因 ····························································· 190
　第二节　油气成藏期次 ····································································· 201

  第三节　断控油气运移作用 …………………………………………………………… 214
  第四节　断控油气充注过程 …………………………………………………………… 227
第七章　**断控油气分布与实践** ……………………………………………………………… 239
  第一节　走滑断裂带油气分布规律 …………………………………………………… 239
  第二节　走滑断裂带油气富集模式 …………………………………………………… 259
  第三节　断控油气勘探开发与成效 …………………………………………………… 288
**参考文献** …………………………………………………………………………………… 298

# 第一章　地质背景与构造演化

塔里木盆地经历多旋回构造—沉积演变，形成"大隆大坳"的构造格局，断裂发育，是构造改造强烈的复杂叠合盆地。

## 第一节　区域地质背景

塔里木盆地纵向具有五大构造层，平面具有"四隆五坳"的隆拗构造格局，寒武系—奥陶系海相碳酸盐岩广泛分布，发育七套不同特征的断裂系统。

### 一、构造区划

塔里木盆地位于中国新疆维吾尔自治区南部，面积约为 $56\times10^4 km^2$，是中国陆上最大的含油气盆地。塔里木盆地是大型的叠合盆地（图 1-1-1；贾承造，1997），是在古生界克拉通盆地基础上叠加了周缘中生界—新生界前陆盆地，经历了复杂的构造—沉积演化。由于受多期不同性质的构造作用，塔里木盆地被分割成不同特征的构造单元，不同地质单元具有分块展布的特点。根据塔里木盆地基底的起伏形态与寒武系—奥陶系碳酸盐岩顶面构造特征，塔里木盆地可划分为"四隆五坳"等9个一级构造单元［图 1-1-1（a）］，形成隆坳交错分布的构造格局。其中"四隆"包括塔北隆起、塔中隆起、巴楚隆起与塔东隆起，"五坳"包括库车坳陷、北部坳陷、西南坳陷、塘古坳陷和东南坳陷。

塔北隆起东部与库鲁塔格断隆相接，西部温宿凸起也是其西延部分，南北方向呈斜坡与库车坳陷、北部坳陷过渡，面积约为 $4.5\times10^4\ km^2$。塔北隆起整体近东西走向，温宿凸起、英买力低凸起、轮南低凸起等次级构造单元呈北东向斜列展布，除轮台断隆遭受剥蚀外，寒武系—奥陶系碳酸盐岩发育齐全，顶面埋深变化大，一般在 3000~7000m 之间。巴楚隆起呈北西走向，为受南北向大型边界断裂控制的断隆，东部以奥陶系台缘带为界与塘古坳陷相邻。巴楚隆起呈西高东低的格局，奥陶系碳酸盐岩顶面埋深一般在 2000~4000m 之间，面积约为 $5.4\times10^4\ km^2$。塔中隆起与巴楚隆起斜列展布，西宽东窄，奥陶系碳酸盐岩顶面向西北倾伏，埋深在 4000~7000m 之间，面积约为 $2.3\times10^4\ km^2$。塔东隆起寒武系—下奥陶统碳酸盐岩呈大型的背斜带近北东向展布，碳酸盐岩厚度薄，埋深在 3000~7000m 之间，面积约为 $4.1\times10^4\ km^2$。

东南坳陷呈北东向，与阿尔金断隆走向一致，受长期复杂的构造作用，前石炭系为变质岩系，上覆较薄的石炭系—新近系沉积岩系，为中生界新生界的山前坳陷。受控于车尔臣断裂带强烈的断裂抬升作用，前石炭系变质岩顶面埋深一般在 2000~5000m 之间，面积约为 $10.6\times10^4\ km^2$。库车坳陷、西南坳陷的下古生界碳酸盐岩在新生代快速深埋，埋深逾 9000m。北部坳陷从西向东可以分为阿瓦提凹陷、阿满过渡带、满加尔凹陷三个次级单元，满加尔凹陷与阿瓦提凹陷下古生界碳酸盐岩顶面埋深逾 10000m；阿满过渡带埋深在 8500m 以内，与塔中隆起、塔北隆起过渡相连。

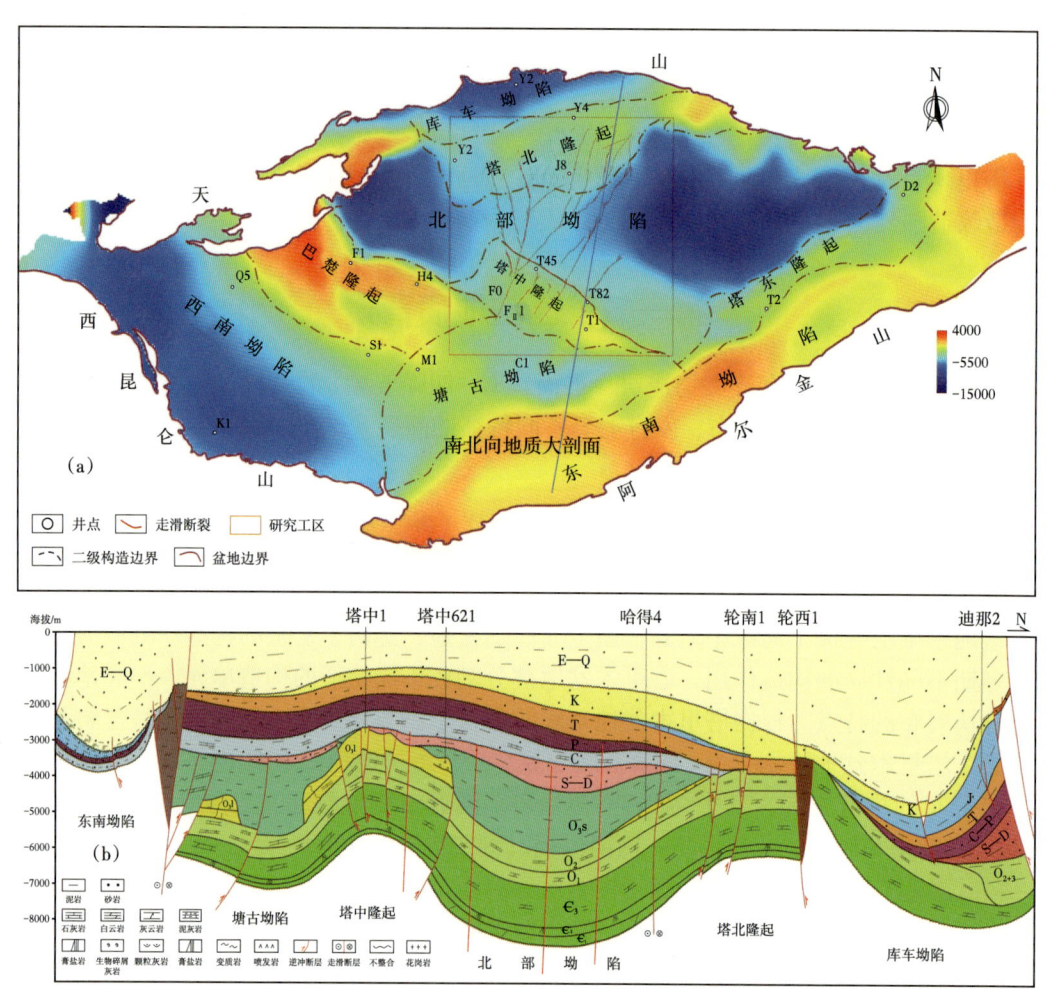

图 1-1-1 塔里木盆地构造区划图（a）与南北向地质大剖面（b）
［图（a）中方框为环阿满走滑断裂系统］

## 二、地层层序

塔里木盆地具有晚太古代—早新元古代变质基底，南华系—第四系沉积地层比较齐全，最大残余厚度达 18000m。纵向上可分为五大构造层：前南华纪基底构造层、南华系—震旦系裂陷盆地构造层、寒武系—奥陶系海相碳酸盐岩构造层、志留系—白垩系振荡构造层、新生界前陆盆地构造层［图 1-1-1（b）］。

南华系—震旦系发育大陆裂谷沉积体系，下部为陆相碎屑岩夹火成岩与冰碛岩，上部逐渐转变为海相碎屑岩与碳酸盐岩沉积体系。寒武系—奥陶系海相碳酸盐岩在盆地范围内广泛分布（表 1-1-1；杜金虎，2010），厚度逾 3000m。上覆晚奥陶世陆棚相泥岩区域盖层，厚度逾4000m。志留系—二叠系以海相碎屑岩为主，间夹海相碳酸盐岩与海陆交互相碎屑岩沉积地层。中生代—新生代进入陆相碎屑岩发育期，广泛分布河流相—湖泊相砂泥岩沉积体系。

表1-1-1 塔里木盆地台盆区断裂特征对比

| 地区 | 塔北 | 塔中 | 巴楚 | 塘古 | 塔东 |
|---|---|---|---|---|---|
| 走向 | 北东东向 | 北西向 | 北西向 | 北东向 | 北东向 |
| 类型 | 扭压、走滑、伸展 | 挤压、走滑 | 压扭、挤压 | 挤压 | 走滑、压扭 |
| 层位 | ∈—O、C—T、K—N | ∈—O、S—D | ∈—N | ∈—S | ∈—O、J—K、Cz |
| 活动时期 | 加里东晚期、晚海西期—燕山期、喜马拉雅早期 | 加里东中期、加里东晚期、早海西期 | 加里东期、印支—燕山期、喜马拉雅晚期 | 加里东晚期 | 加里东晚期、印支—燕山期、喜马拉雅晚期 |
| 挤压断裂特征 | 基底卷入型，具斜向扭压作用，Y字形、单冲型为主，向西散开，断裂活动中部强、南北弱 | 盖层滑脱型，具斜向扭压作用，背冲型、单冲型，分带明显，断裂活动东强西弱 | 基底卷入型，具有斜向扭压作用，背冲型、Y字形、单冲型，分带明显，活动强烈，控隆作用明显 | 盖层滑脱型，背冲型、单冲型、叠瓦型，分带明显，断裂活动强 | 基底卷入型，具斜向压扭作用，单冲型、背冲型，分带不明显，断裂活动复杂 |
| 走滑断裂特征 | 剖面上直立型、正负花状构造，平面上剪切带，雁列与斜列构造、辫状构造发育，断裂规模、活动强度较小 | 剖面上正负花状构造、直立型，平面上雁列构造、拉分地堑、剪切带发育，断裂规模、活动强度较大 | 压扭断裂，剖面上花状构造、半花状构造，平面呈雁列状、辫状分布，断裂规模大、活动强 | 局部喜马拉雅期小型直立断裂 | 剖面上半花状构造、直立型，平面上斜列构造发育，塔东南断裂活动强烈，塔东断裂规模较小 |
| 断裂作用 | 控带明显，控储控藏作用显著 | 控隆控带明显，控储控藏作用显著 | 控隆控带明显，有控藏作用 | 控带明显，有控藏作用 | 控隆控带明显，油藏破坏作用明显 |

### 1. 寒武系—奥陶系

奥陶系碳酸盐岩在西部露头普遍分布，柯坪露头区蓬莱坝组厚度逾300m，发育半局限—局限台地相白云岩，夹砂屑灰岩、泥晶灰岩、藻纹层灰岩、燧石条带。鹰山组厚逾200m，下部为开阔台地潮下藻席沉积的藻粘结岩、藻纹层灰岩夹泥晶灰岩、泥晶粉屑灰岩、泥晶砂砾屑灰岩，上部主要由开阔台地潮下低能藻席沉积的灰色—深灰色藻粘结岩夹藻纹层灰岩、泥晶灰岩、泥晶粉屑灰岩、风暴成因泥晶砂砾屑灰岩构成。

大湾沟组厚约20m，为外缓坡相瘤状泥质泥晶灰岩、瘤状生物碎屑泥晶灰岩夹泥晶粉屑灰岩，含大量燧石结核条带。

萨尔干组厚达20m，为闭塞盆地相灰黑色—黑色碳质泥岩夹深灰色钙质泥岩、泥晶灰岩。

坎岭组厚达16m，由外缓坡相深灰色及紫红色瘤状泥质泥晶灰岩夹钙质泥岩构成。

其浪组厚约180m，为较深水盆地沉积的深灰色薄层状泥质泥晶灰岩与绿灰色钙质泥岩互层夹多层风暴成因泥晶砂屑灰岩。

印干组厚达30m，为深水盆地相灰黑色钙质泥岩夹深灰色条带状泥质灰岩，顶部见黄褐色含赤铁矿结核及铝土质的风化残积层。

铁热克阿瓦提组厚达205m，为潮下沙坪—潮间混合坪沉积的灰绿色粉砂质泥岩、泥质粉砂岩、粉细砂岩、中细砂岩。

塔里木盆地内部为塔中—塔北地区大量钻井钻遇，是主要的油气勘探开发目的层（图1-1-2）。西部台地相奥陶系从下至上可以划分为蓬莱坝组、鹰山组、一间房组、吐木休克组与良里塔格组，岩性从下部白云岩逐渐演变为中—上奥陶统石灰岩。

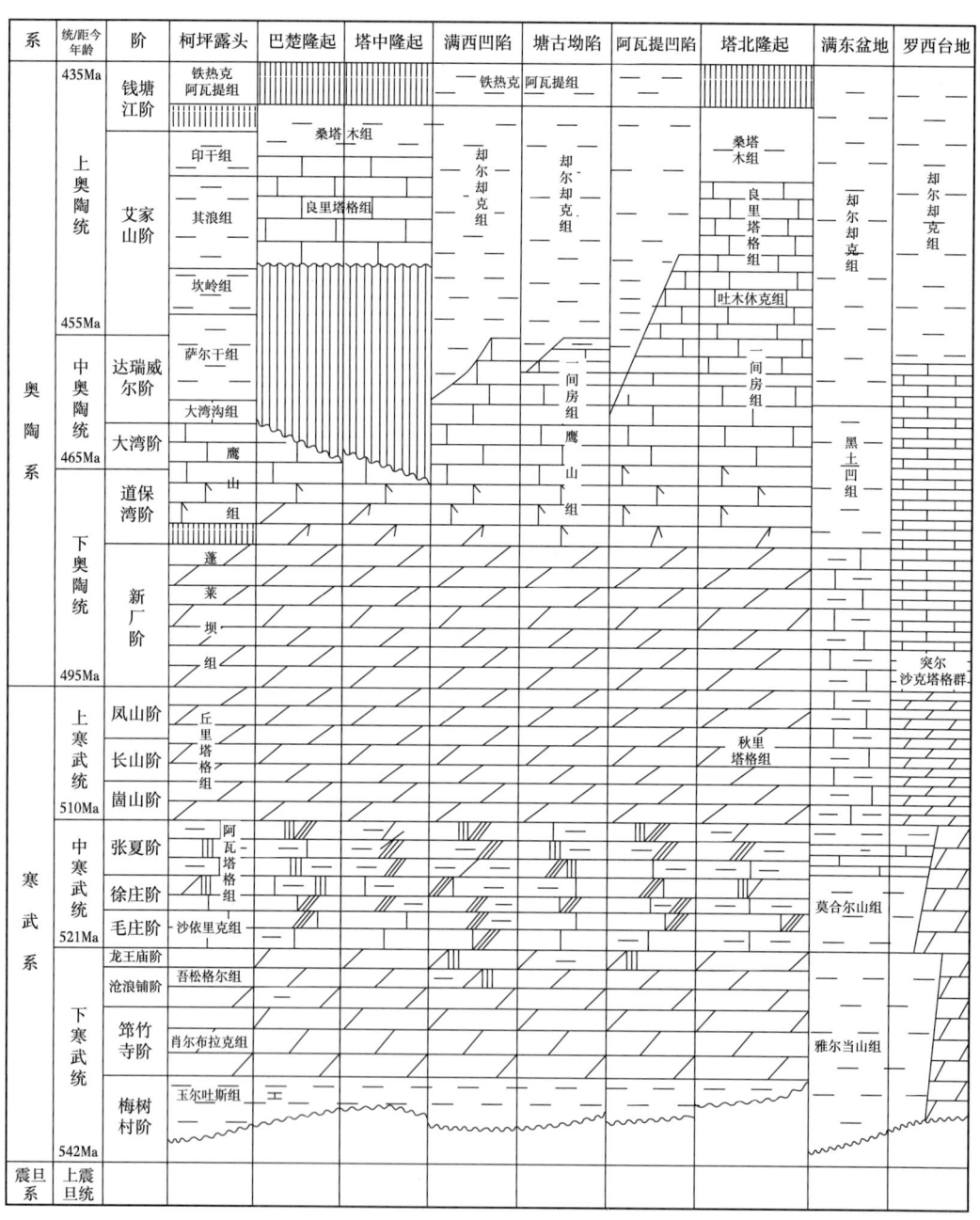

图1-1-2 塔里木盆地寒武系—奥陶系地层分区对比图

塔里木盆地西部下奥陶统蓬莱坝组下部以灰色、深灰色粉—细晶藻白云岩为主，上部以灰色、褐灰色粉—细晶藻白云岩为主，局部见含燧石云岩及砂屑云岩，井下厚度逾500m。

塔里木盆地东部下奥陶统相当于突尔沙克群中上部，为灰色泥粉晶灰岩、瘤状泥晶—粉晶灰岩夹灰黑色钙质泥岩，厚度在60~140m之间。塔里木盆地西部中—下奥陶统鹰山组中下部为灰褐色泥—粉晶云岩、云灰岩、灰云岩互层，上部为厚层块状褐灰色泥—粉晶灰岩夹灰云岩，白云岩含量从上至下逐渐增加，在盆地内部厚达700m。

塔东地区地层相当于黑土凹组，为盆地相泥岩，厚度在50~60m之间。中奥陶统一间房组分布局限，主要分布在塔北南缘、巴楚西北部、塘古坳陷等地区，以灰色、深灰色厚层亮晶砂屑灰岩、泥晶生物碎屑灰岩、托盘类礁灰岩等为特征，厚30~80m。上奥陶统吐木休克组主要分布在塔北隆起南缘、巴楚西北部，下部为深灰色砂屑灰岩，上部以红色瘤状灰岩为主，厚约50~70m；上奥陶统良里塔格组分布在塔北南缘、塔中地区与塘南地区，以泥晶灰岩、含泥灰岩、颗粒灰岩、礁灰岩和粘结岩发育为特征，厚达200~600m。

除塔东南变质区与其他局部剥蚀区外，寒武系—奥陶系碳酸盐岩在塔里木盆地中西部、东部罗西地区广泛分布，在满东地区也有斜坡—盆地相碳酸盐岩。塔里木盆地西部不同的地层小区寒武系—下奥陶统碳酸盐岩岩性、岩相相近，横向连续；中—上奥陶统出现小区分异，上奥陶统良里塔格组沉积期碳酸盐岩分布收缩在塔北、塔中、塘南共三个台地，其他地区为碎屑岩。台地区寒武系—奥陶系碳酸盐岩厚度一般在2000~4000m之间，满东斜坡—盆地相区碳酸盐岩厚度在300m以内（图1-1-3）。塔北隆起轮台断垒带及其周缘受后期剥蚀作用，碳酸盐岩厚度很快减薄直至缺失。

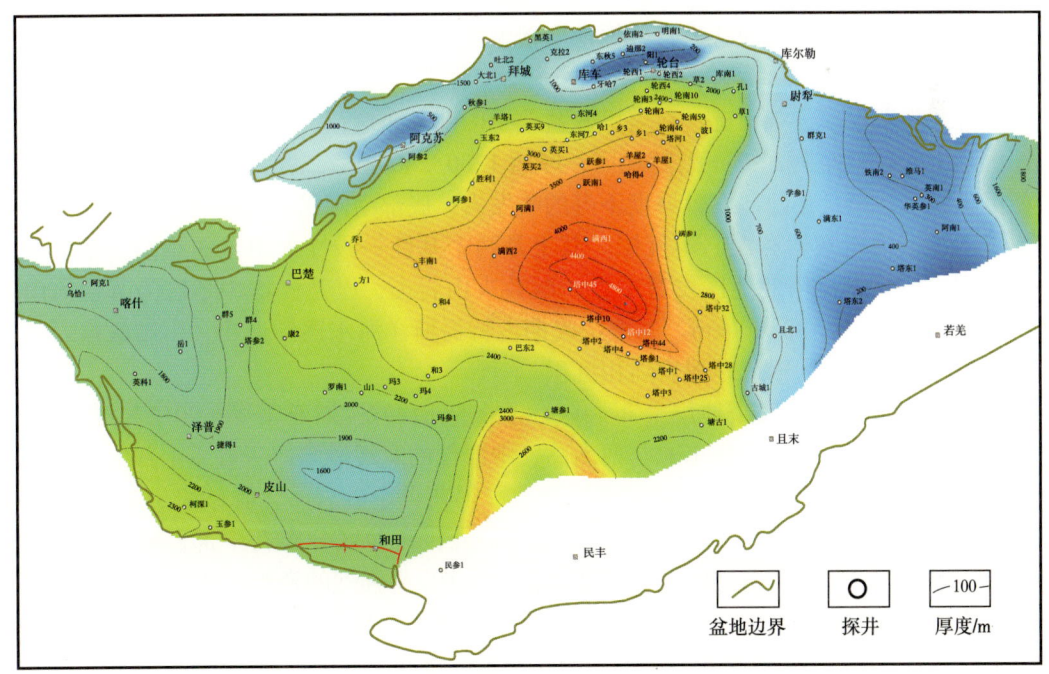

图1-1-3 塔里木盆地寒武系—奥陶系碳酸盐岩残余厚度图

**2. 志留系—第四系**

志留系分布在塔里木盆地中部—塔西南一线，以泥岩、页岩、泥质粉砂岩等细碎屑岩为主，夹少量细—中砂岩及含砾砂岩，厚达1500m，上下均为角度不整合接触。志留系为两套不同的岩系构成，上部为红色、紫红色或褐紫色泥岩、粉砂质泥岩，下部为灰色、深灰色泥岩、粉砂质泥岩，大部分地区含沥青质，特征明显。可分为"上、下两个旋回，四个岩性段"，即从下到上：下旋回包括下砂岩段和红色泥岩段；上旋回包括上砂岩段和上泥岩段。研究中将下砂岩段划归下志留统塔塔埃尔塔格组，将红色泥岩段和上砂岩段归于依木干他乌组，年代地层为中志留统，上泥岩段和塔中地区西北部的红色细砂岩归入克兹尔塔格组，年代地层为上志留统—下泥盆统。志留系以辫状河三角洲—滨岸、潮坪、陆棚浅海沉积为主，沉积相带总体表现为南北向分带、东西向展布的格局，不同地区沉积体系有差异。早—中泥盆世继承了志留纪围绕古隆起分布的克拉通内坳陷的构造特征，在塔里木盆地内部分布更局限，主要分布在北部坳陷、塔中—巴楚地区，为一套滨浅海相厚层红色砂岩沉积，向塔北、塔中、塔西南、塔东等古隆起区超覆减薄。下泥盆统克兹尔塔格组厚0~200m，为滨浅海相棕红色中—细砂岩夹粉砂岩、泥岩。下泥盆统分布局限，主要分布在塔里木盆地西部—西南地区。

上泥盆统—下石炭统东河塘组自西南向东北超覆沉积，多以角度不整合于下伏地层之上，是塔里木盆地内规模最大的一期不整合。东河塘组包括含砾砂岩段、东河砂岩段，含砾砂岩段钻厚0~20m，岩性为浅灰色含砾不等粒砂岩、细砂岩间夹中砾岩；东河砂岩段厚达200m，为滨岸相沉积，上部为薄—中厚层状灰白色细砂岩、中砂岩不等厚互层；中下部薄—厚层状灰白色细砂岩、砂砾岩不等厚互层。石炭系发育多旋回海陆交互—滨浅海相砂泥岩与碳酸盐岩沉积，形成遍及全区的克拉通内坳陷。塔西南地区可能演变为被动大陆边缘，碳酸盐岩沉积增多。石炭系分布广，横向比较稳定，一般厚400~1000m。仅在塔东、塔东南等地区局部剥蚀缺失，根据地层接触关系推断也曾普遍接受沉积，因后期隆起剥蚀而缺失。

二叠系与石炭系分布相近，在塔里木盆地中西部分布广泛，自西南向东北方向削蚀尖灭，沉降中心迁移至阿瓦提—巴楚地区，厚达1200~2400m。二叠系包括海相沉积岩系和陆相沉积岩系，而且在西部发育厚度不等的喷发岩。底部南闸组是塔里木盆地最后一次海侵形成的滨浅海石灰岩和泥岩薄互层。其上是两个基性—酸性火山岩的旋回或基性火山岩—砂泥岩的旋回。塔北地区发育中性—酸性火山岩类，巴楚—塔中地区为基性火山岩类，其覆盖面积约为$30×10^4$km。二叠纪晚期古特提斯洋海水逐渐退出，由碳酸盐岩和海陆交互相碎屑岩转化为褐色砂泥岩陆相沉积。

塔里木盆地三叠系残余地层分布局限（贾承造，1997；刘亚雷等，2012），台盆区中部三叠系呈北西向分布，形成东北与西南高、中部低的宽缓坳陷。三叠系上部为紫红色泥岩及灰色泥岩夹灰白色粉砂岩，中下部以灰色、褐灰色中砂岩、含砾砂岩为主，夹泥岩。三叠系在库车地区发育最全，向北增厚超过1000m；台盆区分布在中部，阿满地区厚达800m。三叠纪末，塔里木盆地南部—东部周缘造山带发生强烈的隆升，并大多缺失三叠系。通过地震剖面的追索，发现在巴楚、塘古、塔东等地区三叠系普遍有被削蚀现象。根据剥蚀厚度的恢复，塔里木盆地南部普遍有三叠系超覆的特征，表明曾有广泛的三叠系沉积（邬光辉等，2016）。侏罗系沉积前塔里木盆地地层剥蚀严重，形成一期区域不整合。塔里木盆地周边发育侏罗系断陷盆地，盆地内部则发育宽缓坳陷。中—下侏罗统为砂泥岩夹煤层组成的煤系地层，上侏罗统为红色碎屑岩。塔中—巴楚地区缺失侏罗系，塔北地区有较薄的下侏罗统保留。塔里木盆地中北部残余厚度在100m内，库车坳陷向北增厚逾2000m，东北地区也有较大的残余厚度。根据地震剖面的追踪对比，侏罗纪沉积地层曾广泛分布，受燕山早期运动作用造成整体抬升而大面积剥蚀殆尽。在西南坳陷出现下白垩统海相沉积（任泓宇等，2017），塔里木盆地内部为分隔的塔西南坳陷与库车山前坳陷，以及中部克拉通内坳陷。下白垩统下部为陆相三角洲—滨浅湖砂泥岩，上部发育巨厚三角洲砂岩，厚达1200m。除塔西南发育上白垩统湖相泥岩和碳酸盐岩，塔里木盆地克拉通区整体缺失晚白垩世沉积。东南隆起白垩系剥蚀殆尽，侏罗系残余分布不规则，可能存在走滑作用的影响。

新生界上构造层全盆地均有分布，地质结构特征明显不同于下伏地层［图1-1-1(b)］。新生界在盆缘山前坳陷沉积巨厚，喀什凹陷、拜城凹陷沉积厚度逾8000m，向台盆区中部巴楚—满东一线减薄至2000m以下。塔西南古隆起发生强烈的南倾沉降成为西南坳陷的一部分，隆起向北迁移形成巴楚隆起。塔北地区沉降厚度达4000~6000m，成为库车前陆坳陷的一部分。塔中地区成为库车前陆盆地的前缘隆起，沉降厚度达2000m。

## 三、断裂系统

通过地震—地质解释与区域构造成图，塔里木盆地下古生界可以划分七套断裂系统（图1-1-4、图1-1-5；表1-1-1）：库车—塔北逆冲断裂系统、塔中逆冲—走滑断裂系统、塘古冲断系统、巴楚逆冲—走滑断裂系统、塔东压扭断裂系统、塔西南逆冲断裂系统与环阿满走滑断裂系统（邬光辉等，2016）。

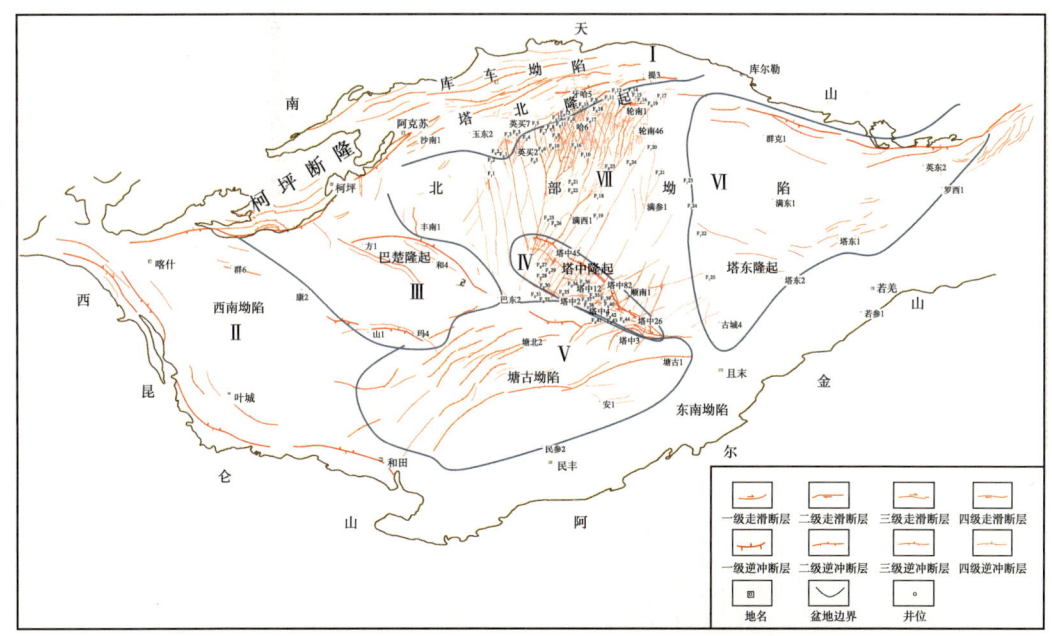

图1-1-4 塔里木盆地下古生界断裂系统纲要图

Ⅰ—库车—塔北逆冲断裂系统；Ⅱ—塔西南逆冲断裂系统；Ⅲ—巴楚走滑—逆冲断裂系统；Ⅳ—塔中逆冲—走滑断裂系统；Ⅴ—塘古冲断系统；Ⅵ—塔东压扭断裂系统；Ⅶ—环阿满走滑断裂系统

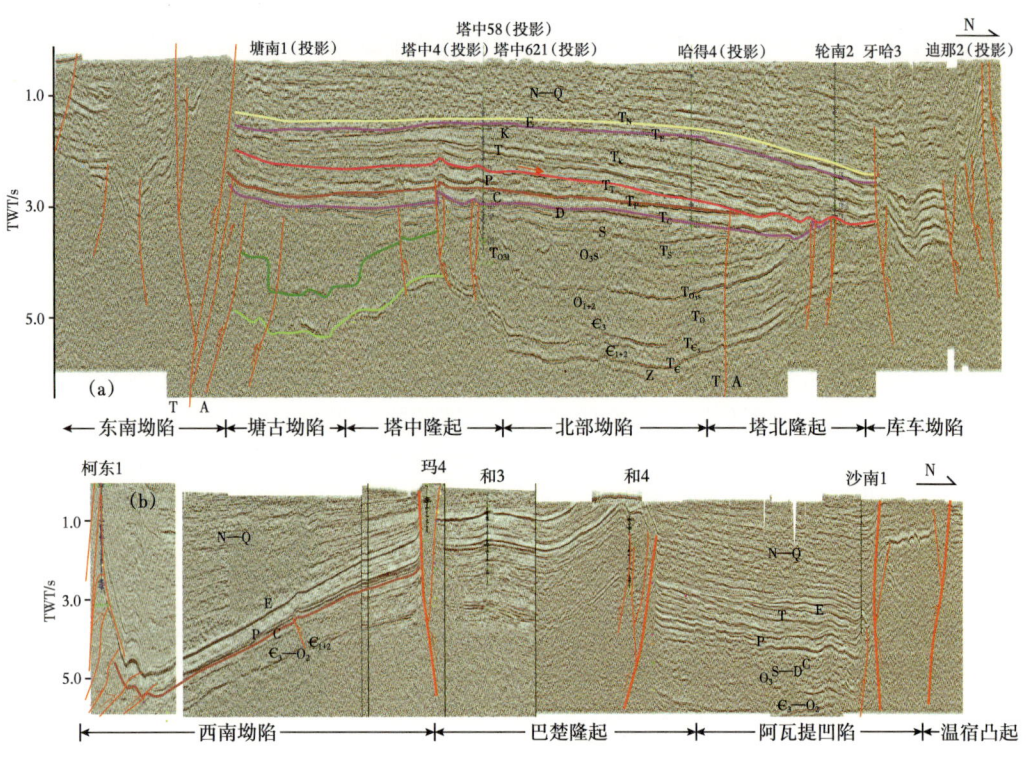

图 1-1-5 塔里木盆地典型地震大剖面

库车—塔北地区发育一系列大型的北东东向逆冲断裂系统，并向西与柯坪断隆连为一体。塔北隆起核部逆冲断层发育，以基底卷入的北倾断层发育为特征（贾承造，1997；贾承造，2004；何登发等，2005），向上断至下古生界—古近系不同层位。古近系发育正断层，在早期的逆冲断层基础上形成反转断层。南部与北部的斜坡区也有逆冲断层发育，规模较小。库车地区发育从山前向盆内规模减小的新生界逆冲断层，以新生界和中生界滑脱层消失的盖层滑脱断层为主（贾承造，2004）。由于深层地震资料分辨率低，库车地区前中生界断层难以识别，少量资料推断存在一系列逆冲断层（汤良杰等，2014；邬光辉等，2016）。由于经历加里东运动期—喜马拉雅运动期的多期构造改造，其分布与特征有待研究。塔西南山前也发育新生代逆冲断层（贾承造，2004；汤良杰等，2015；陈汉林等，2018），形成塔西南新生代前陆盆地逆冲断裂系统。同时，很多古生代地层也卷入了断层变形，断层分布与北西向新生代断层一致，但前新生代断层难以识别。由于该地区经历原特提斯洋—古特提斯洋闭合的影响，推断存在多期断裂系统。在麦盖提前缘斜坡发育小规模的逆冲断层，与塔西南山前挤压构造密切相关。

巴楚隆起发育一系列北西向、北西西向断裂带，多认为是新生代逆冲断裂系统（贾承造，1997；何登发等，2005）。通过对塔里木盆地地震资料的综合分析，西部地区断层存在走滑分量，多为转换挤压断层（邬光辉等，2016）。区域背景上，周边板块有显著的走滑特征：一是南部帕米尔突刺，造成西昆仑右行压扭断层发育；二是西部的费尔干纳走滑断层向西南一直延伸到喀什凹陷（贾承造，2004；陈汉林等，2018；）。巴楚隆起西部与柯坪断隆呈近直交，受南天山新近纪以来的强烈挤压作用，形成西高东低的构造面貌，西部奥陶系出露地表，向东倾伏深埋，高差逾3000m。西北向南东的区域挤压作用与巴楚隆起北西向断层呈低角度斜交，可能产生走滑作用或斜向冲断。

由此可见，周边走滑作用已影响到塔里木盆地内部，巴楚地区西部具有走滑断层发育的构造背景。地震剖面上，巴楚隆起南部玛扎塔格断裂带走滑特征明显，断裂带高陡直立，并向下部收敛，向上发散形成半花状构造或是花状构造，发育狭长直立的断片，不同区带剖面特征变化大。平面上，北西向的玛南断裂错断近东西走向的鸟山断裂带与玛扎塔格断裂带，向北与古董山断裂合并，出现呈斜列向西散开的次级断裂，或呈狭窄线性延伸，或呈孤立的高陡线性变形带，而且短轴背斜发育，与走滑构造特征一致。

通过新三维地震勘探资料与区域地质资料研究，塔中地区发育挤压断裂与走滑断裂系统（邬光辉等，2012，2016）。逆冲断裂呈北西向、北西西向分布，以盖层滑脱型为主，纵向分层明显，主要位于石炭系以下。新三维地震剖面显示，塔中地区中寒武统盐膏层广泛分布，基底与寒武系盐上盖层具有不同的构造变形特征，不同于早期二维地震勘探资料解释的基底卷入构造模型。中寒武统盐上古生界块断作用显著，铲式逆冲断层发育。除塔中Ⅰ号断裂带东段、西段外，挤压断裂大多未断至基底，在寒武系膏盐层中滑脱消失，为盖层滑脱型断层。而盐下层以褶皱作用为主，塔中地区出现整体隆升，断层较少，断层发育位置比盐上断层根部位置靠前，未与盐上断层重合，出现上下分层变形的特征。前期二维地震勘探资料难以识别走滑断层，通过新三维地震勘探资料发现塔中地区发育一系列北东向走滑断层系统。塔中隆起伸展断层欠发育，局部前寒武系见正断层，下古生界仅局部存在小型正断层。

塘古地区发育一系列的北东向条带状冲断带，断层成排出现（邬光辉等，2016）。值得注意的是，该区逆冲断层向下在中—下寒武统盐膏层中滑脱，以盖层滑脱逆冲断层为主。塘古坳陷冲断构造主要分布在石炭系以下，上部断层不发育。在南天山与阿尔金山交会部位的塔东地区发育多组方向断裂。南部为受车尔臣断层带控制的压扭断层系统，控制了东南坳陷的构造格局与中新生界沉积，并对塔里木盆地东部的构造具有重要的控制作用。除边界大断层外，塔东地区断裂带规模较小，并多具有转换挤压的特征（邬光辉等，2016）。

新的地震与地质资料研究表明，塔北南部—阿满过渡带发育一系列走滑断裂（图1-1-4）。在塔北南部以共轭走滑断层为主，一直延伸到阿满地区，并逐渐转为北东向走滑断裂为主。这套走滑断裂规模一般较小，但分布范围广，并向南延伸与塔中北东向走滑断裂合并。这套走滑断裂形成于加里东晚期，塔北地区南部晚海西期—喜马拉雅早期有继承性活动，塔中地区加里东末期—早海西期有继承性活动（杨海军等，2020）。

## 第二节 构造演化历史

塔里木盆地经历基底形成阶段、南华纪—震旦纪强伸展—挤压阶段、寒武纪—奥陶纪克拉通弱伸展—强挤压阶段、志留—白垩纪克拉通内振荡升降变迁阶段、新生代弱伸展—强挤压阶段等五大构造演化阶段，构造—沉积体系具有多期性、多样性、迁移性与强烈的改造性，形成了复杂的叠合盆地。

### 一、南华纪—震旦纪强伸展—挤压阶段

南华纪初期，塔里木板块周缘发生广泛的与罗迪尼亚超大陆相关的裂解事件（Li et al.,

2008），受控板块边缘的俯冲作用（Ge et al.，2014；Wu et al.，2019），以及超级地幔柱的影响（Xu et al.，2009；Zhang et al.，2013），大约750Ma开始发育克拉通内大陆裂谷。

通过新的地震资料解释，塔里木盆地发育东北裂谷体系与西南裂谷体系（图1-2-1、图1-2-2），受资料限制西北地区尚不清楚。这两套裂谷体系均呈北东向展布，自板块边缘向盆地内部延伸。裂谷呈现从外向板内发育趋势，开始形成分隔的一系列小型断陷。东北裂谷活动更为强烈，深入盆地更远，影响的范围更大。东北库鲁克塔格地区南华系底部出现双峰式火山岩，呈现主动裂谷特征，而西北地区与西南地区南华系底部尚未发现火成岩，裂谷规模也较小，可能为被动裂谷。南华系受局部断陷控制，发育巨厚的大陆裂谷沉积建造，厚度逾3000m，并发育2~3期冰碛岩（贾承造，1997；Xu et al.，2009；吴林等，2017）。露头区南华系分布与厚度都有较大变化，盆地内部断陷规模变小，存在大范围隆起沉积缺失区。

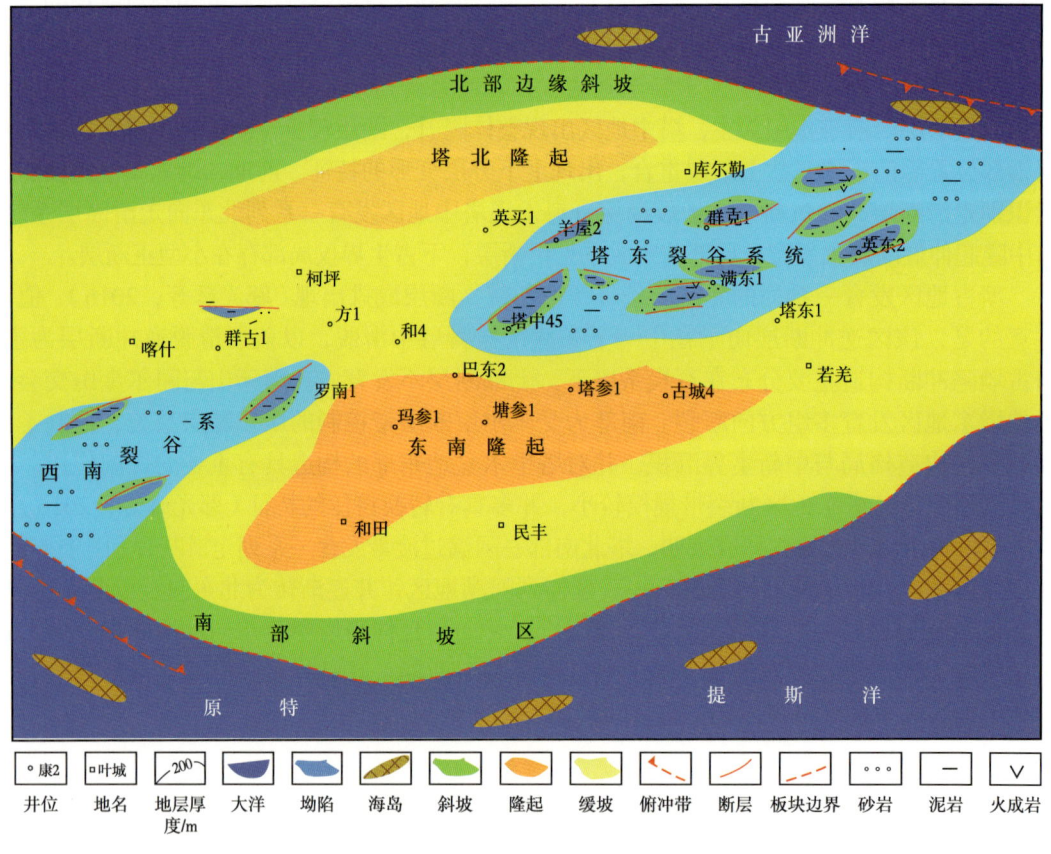

图1-2-1 塔里木盆地及周边南华纪早期构造古地理格局

南华系与震旦系在库鲁克塔格地区为平行不整合，在西北阿克苏地区震旦系以角度不整合在南华系之上，发育一期构造运动，也称为"库鲁克塔格运动"（姜常义等，2001）。根据新的地震剖面解释与地震层序分析，南华系与震旦系之间存在一期较弱的广泛的构造运动，出现抬升剥蚀或是沉积间断，构造—沉积体系也出现差异。震旦系露头为一套广泛分布的滨浅海相碎屑岩夹火山岩与碳酸盐岩，具有断陷—坳陷期沉积特征。震旦系在塔里木盆地内部也广泛连片分布（邬光辉等，2016；吴林等，2017），北部地区震旦系可以连续追踪，一般厚500~2000m。震旦系形成连片的宽阔的克拉通内坳陷，断裂欠发育，不同于南华系窄深而分布局限的断陷。

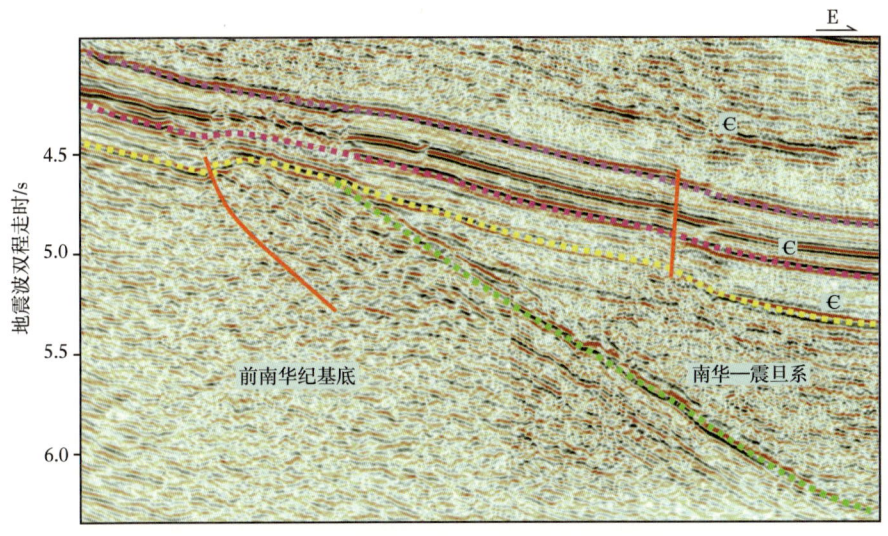

图 1-2-2 塔中北斜坡中段南北向地震剖面

震旦纪末期受柯坪运动影响，塔里木盆地北部发生广泛的整体抬升，在柯坪地区、库鲁克塔格地区形成平行不整合（图1-2-3；邬光辉等，2016）。在塔里木盆地内部构造作用

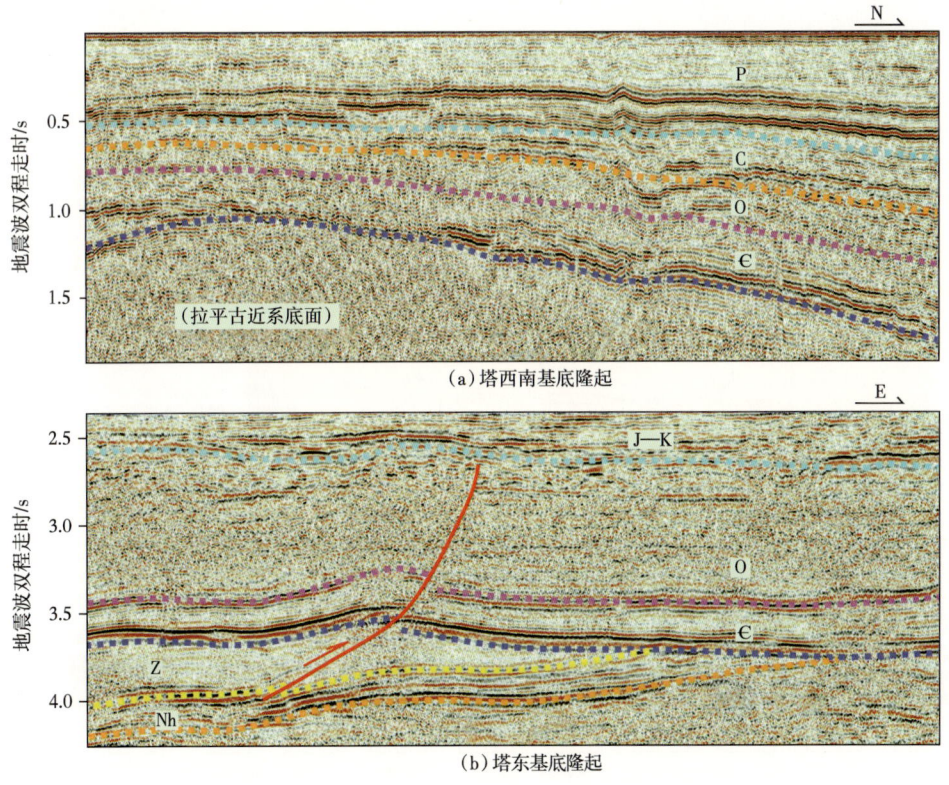

图 1-2-3 塔里木盆地过基底隆起典型地震剖面

11

更为强烈，塔北隆起轴部寒武系直接超覆在前南华纪变质基底之上，尤其是塔中—巴楚台地及其南部地区震旦系几乎被剥蚀殆尽，寒武系覆盖在古元古代变质基底之上（邬光辉等，2012，2016；严威等，2018），存在一期强烈的构造运动。局部地震剖面可见前寒武纪地层的褶皱与削截，可能是区域挤压作用的结果，并存在较长时间的剥蚀，形成盆地级的区域不整合。

虽然前寒武纪的构造作用及其动力机制尚不明确，但一系列新的地质与地震资料表明，南华纪—震旦纪经历强伸展—挤压的完整构造旋回，南部板块边缘可能存在强烈的构造挤压作用，不同于前期的被动大陆边缘认识。

## 二、寒武纪—奥陶纪克拉通弱伸展—强挤压阶段

### 1. 寒武纪—早奥陶世

早寒武世，塔里木板块进入稳定的弱伸展环境，发生广泛的海侵，在板块内部宽缓的地貌基础上，除阿尔金山、温宿凸起等局部古地貌高处，形成宽广陆表浅海（张光亚等，2015；邬光辉等，2016）。随着板块内基底隆起的淹没，下寒武统玉尔吐斯组向塔北地区与塔西南地区基底隆起区超覆沉积（严威等，2018）（图1-2-4），随后开始发育克拉通内稳定的碳酸盐岩台地。板块边缘形成由浅海大陆架向深海洋盆延伸的构造—古地理格局，

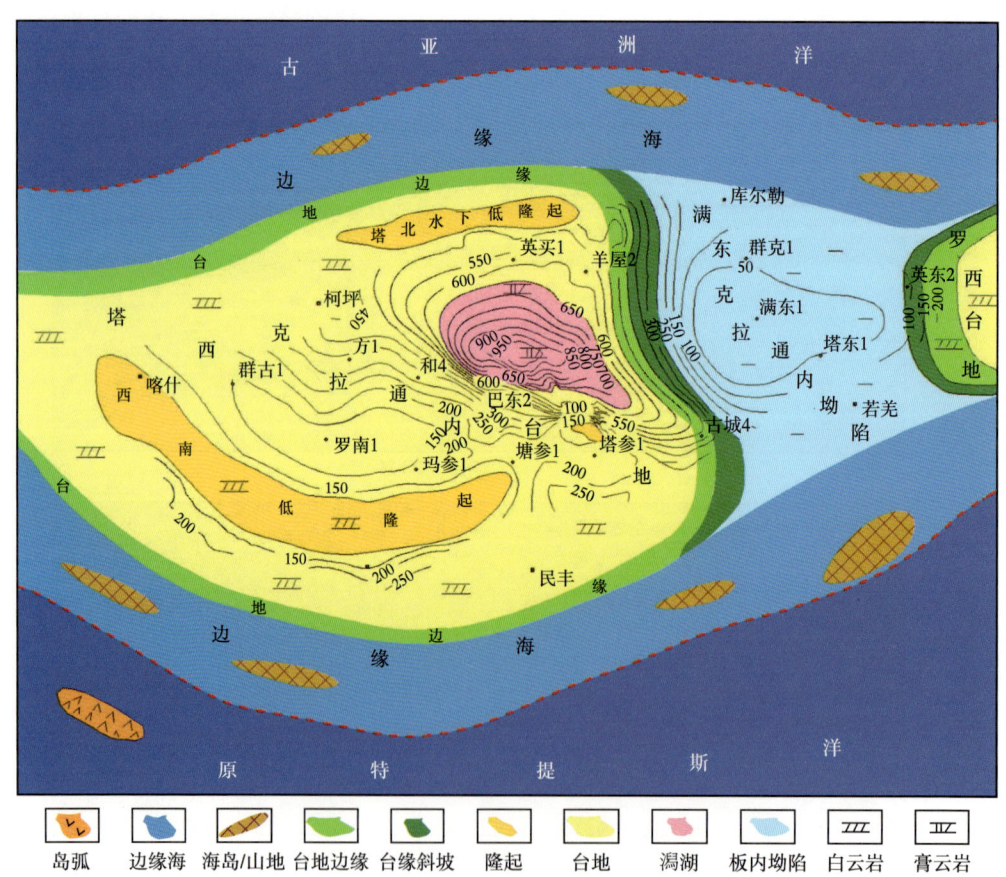

图1-2-4 塔里木盆地及周边早寒武世构造—古地理格局

盆地东西分异开始形成。塔里木板块形成"两台一盆"的古地理格局，西部为塔西克拉通内台地，中部发育满东克拉通内坳陷欠补偿泥页岩沉积，东部为罗西台地，沉积体系逐渐出现明显的东西分异（赵宗举等，2009；陈永权等，2015；邬光辉等，2016；田雷等，2018）。值得注意的是，早寒武世塔西台地内部可能已出现潟湖相蒸发岩沉积，台地内部呈现南北分异（严威等，2018）。

中寒武世继承了早寒武世的构造—古地理格局，开阔台地相区比早寒武世明显减小，台地边缘相更发育，并出现大面积蒸发潟湖相（赵宗举等，2009；陈永权等，2015；邬光辉等，2016；田雷等，2018）。中寒武世沉积总体反映了海退的趋势，塔西台地蒸发潟湖发育膏盐岩夹碳酸盐岩与泥岩沉积，分布面积达 $14 \times 10^4 \mathrm{km}^2$。塔西台地东部已形成弱镶边台地边缘，台缘斜坡出现较大的坡度。晚寒武世塔里木盆地构造—古地理格局继承性发展，平面上三分的古地理格局更为明显，台地相、盆地相的位置及展布特征基本不变。与早寒武世、中寒武世相比，主要差别在于塔西台地以开阔台地相为主，缺失蒸发潟湖相（赵宗举等，2009；陈永权等，2015）。再者碳酸盐岩台地前积扩大，轮南—古城台缘带向东迁移逾50km，碳酸盐岩发育。其次出现大型的镶边台地边缘，并发育丘滩高能相带。同时盆地相范围缩小，满东坳陷发育泥质碳酸盐岩，台盆高差变大。

早奥陶世塔里木板块内部继承了晚寒武世的古地理格局，罗西台地从晚寒武世的缓坡型台地演化为高陡的镶边台地，达到了台地发育的鼎盛时期（杜金虎，2010；邬光辉2016）。早奥陶世在继承晚寒武世的构造—古地理格局的基础上，开始出现一些新的变化。早奥陶世轮南台缘带发生向盆地方向的大范围前积迁移。上寒武统台缘带位于轮南地区，发育陡坡型台缘带。下奥陶统蓬莱坝组沉积前，该区台缘带出现局部的暴露剥蚀，可能存在沉积间断面。蓬莱坝组沉积时，台缘带快速向东迁移逾50km，进入草湖凹陷内部，在上寒武统斜坡—盆地相的背景上发育镶边台缘带，厚度增大特征明显，并呈加积生长，可能发育高能台缘礁滩体。

**2. 中—晚奥陶世**

中奥陶世，受南部中昆仑岛弧的碰撞俯冲，塔里木板块内部已从伸展构造体制转变为挤压构造背景，随着海平面的上升，塔里木盆地的古地理面貌发生很大的改观。塔东地区为盆地相区，海水深度加大，深海相沉积特征更加明显，海水浸漫到阿尔金山一带。板块内部中奥陶世早期的鹰山组继承早期的构造古地理面貌。

鹰山组沉积晚期，在区域挤压过程中，塔中—巴楚台地开始隆升，造成台地内部隆升与地貌起伏，碳酸盐岩台地开始出现分异。轮南—古城台缘带挠曲下沉，造成台地边缘水体深，高能带不发育，缺少障壁遮挡。而台内微地貌出现起伏，有利台内滩发育。在台地内部塔中、轮南、巴楚等台地内部地区钻遇高能台内滩，塔中、轮南、塘古等地区发育粒屑滩，单层厚度可达50m。形成相对海平面上升条件下的中低能台缘带，而处于广阔无障壁的台内高地发育台内滩。通过大量的岩心与薄片观察，发现塔里木盆地中—下奥陶统鹰山组台内粒屑滩发育，主要为砂屑滩、鲕粒砂屑滩等，岩性主要由中—厚层泥晶—亮晶砂屑灰岩，以及砂砾屑灰岩、鲕粒灰岩组成，其间夹薄层泥晶灰岩、藻粘结岩。

中奥陶世一间房组沉积期，塔里木盆地内部构造已转为南北分带的格局（图1-2-5）。

塔西南古隆起、塔中古隆起、塔北古隆起已初见雏形，岩相古地理的分布转变为主要受控于东西向展布的古隆起。结合近期富满地区、古城地区、塘古地区的钻探情况分析，该期砂屑滩在盆地内部广泛分布，古地貌变化不大，表明塔中—塔西南地区隆升较弱，可能也有广泛的一间房组浅水沉积。塘古坳陷区塘参1井主要为灰色厚层亮晶砂屑灰岩、生物砂砾屑灰岩，发育中高能的砂屑滩，可能是与古城连为一体的宽缓台地。该期沉积开始围绕古隆起分布，不同于鹰山组沉积面貌，岩性岩相变化大。而罗西台地也持续发育，一间房组沉积较薄的砂屑灰岩与泥晶灰岩。

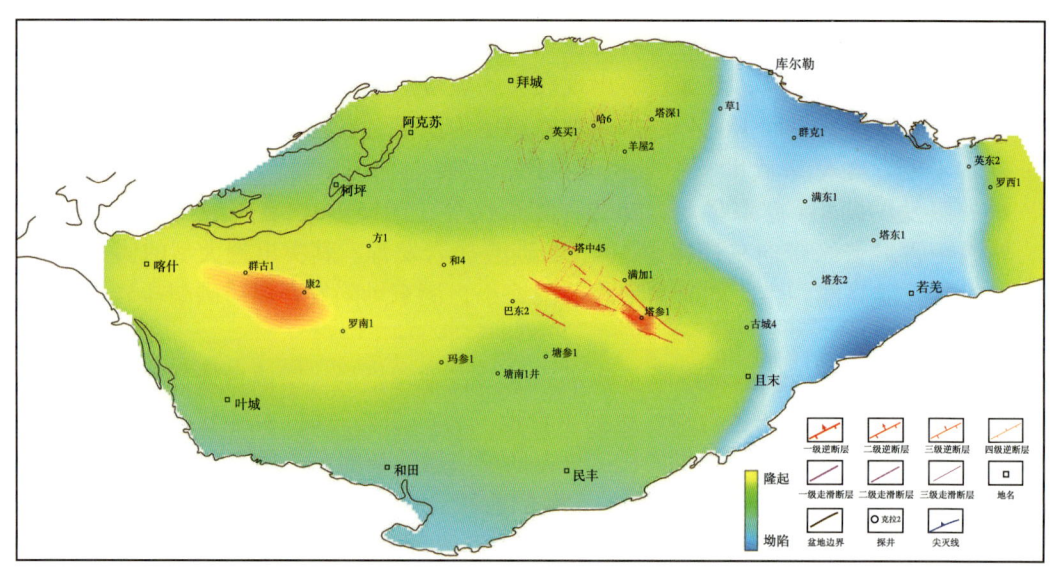

图1-2-5 塔里木盆地良里塔格组沉积前下奥陶统碳酸盐岩顶面构造图

露头研究表明，在巴楚一间房地区发育缓坡型的一间房组礁滩体（顾家裕等，1995；沈安江等，2007），向西北方向渐变为斜坡静水沉积的泥灰岩、瘤状灰岩夹钙屑碎屑流和泥岩沉积。一间房组缓坡型高能浅滩—点礁复合体发育，靠海一侧以托盘类点礁发育为特征，礁间—礁翼、礁基—礁盖为生物碎屑滩、砂屑滩及少量鲕粒滩；内带逐渐演变为生物碎屑滩、砂屑滩为主的浅滩沉积，浅滩相带分布宽度达20~30km。

虽然塔北古隆起一间房组剥蚀严重，地层分布难以准确恢复，但通过南缘一间房组广泛分布的礁滩体分析，塔北古隆起以宽缓褶皱隆升为主，南部形成宽广的大型缓坡（图1-2-6）。一间房组沉积稳定，厚度一般在30~80m之间，主要为亮晶砂屑灰岩、生物碎屑灰岩夹鲕粒灰岩组成的生物碎屑—砂屑滩夹点礁沉积。台缘外带以托盘类点礁发育的浅滩为特征，羊屋地区一间房组钻遇造礁生物以托盘类、海绵类为主，附礁生物有腕足类、棘皮类、腹足类、三叶虫、苔藓虫及藻类等，单个礁体厚度一般在1~3m之间，与露头相当。根据地震剖面追踪，羊屋—跃南地区向南从缓坡浅滩渐变为很薄的盆地相。结合柯坪地区相变为闭塞盆地相的暗色泥岩分析，塔北隆起与塔中隆起之间的阿满地区相变为泥岩、泥灰岩为主的台盆沉积，向西与阿瓦提—柯坪地区连为一体，成为塔中隆起与塔北隆起的过渡分隔相带，造成塔里木盆地中部南北分带，不同于鹰山组沉积期的统一塔西台地。

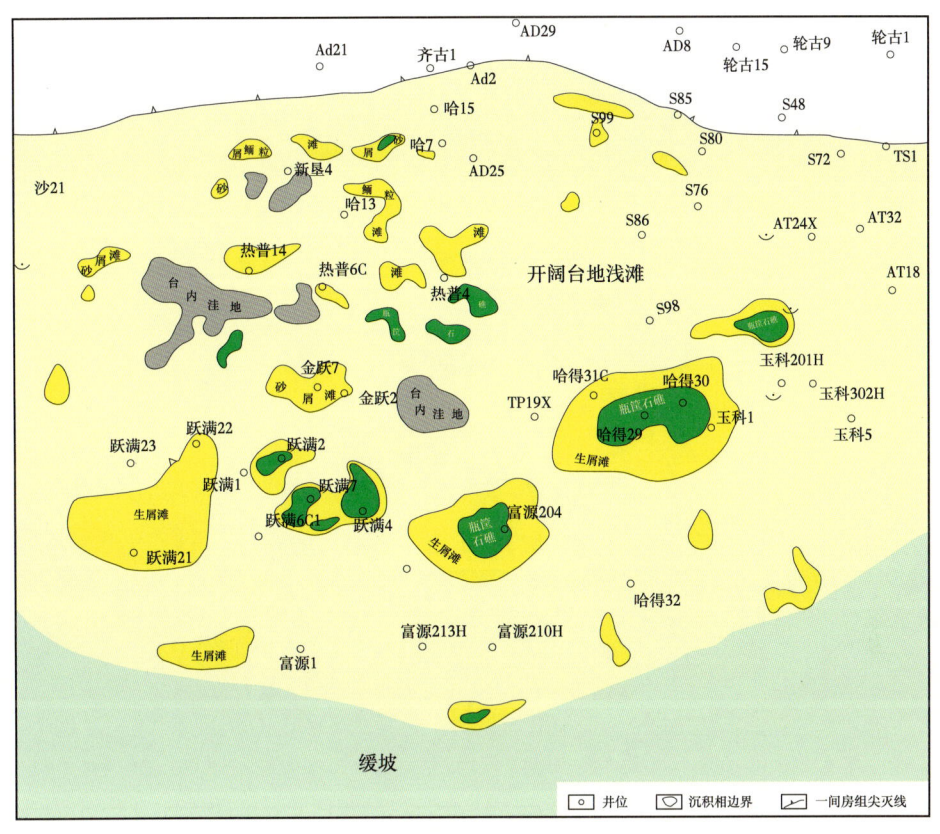

图 1-2-6 塔里木盆地塔北南缘奥陶系一间房组沉积相图

受原特提斯洋俯冲消减的作用（贾承造，2004；何碧竹等，2011；邬光辉等，2016；Dong et al.，2018），中奥陶世塔里木板块南缘转向强烈的活动大陆边缘，盆地内部从东西伸展转向南北挤压，形成影响广泛的中加里东运动（邬光辉等，2016）。塔北水下古隆起形成，一间房组—良里塔格组沿古隆起近东西向发育。塔西南地区以整体褶皱隆升为主，与塔中地区连为一体形成塔中—塔西南弧后前缘隆起，呈近东西向展布，西宽东窄。在远程挤压应力下，塔北—塔中走滑断裂系统开始发育（杨海军等，2020）。晚奥陶世良里塔格组沉积期，塔里木盆地内部碳酸盐岩台地收缩，形成塔北、塔中—巴楚、塘南三个孤立台地（图 1-2-7），出现明显的"南北分带"的构造—沉积格局。随着板块东南缘的强烈俯冲作用，形成大量含火山碎屑的陆源碎屑沉积（赵宗举等，2009；何碧竹等，2011），碳酸盐岩台地逐渐消亡。晚奥陶世发育陆棚相巨厚碎屑岩沉积，满东坳陷厚达 4000~6000m，可能是受阿尔金洋闭合所形成的弧后挠曲前渊。

奥陶纪末，中昆仑—阿尔金岛弧与塔里木板块碰撞，发生影响盆地构造格局的晚加里东运动（贾承造，2004；何碧竹等，2011；张光亚等，2015；Dong et al.，2018），形成西昆仑—东昆仑的弧后前陆盆地。由于来自南部强烈的挤压构造作用，塔北、塔中、塔西南、塔东南及塔东等古隆起形成，塔里木盆地"大隆大坳"的构造格局基本成形（邬光辉等，2016），奥陶系碳酸盐岩大面积出露并造山严重剥蚀。

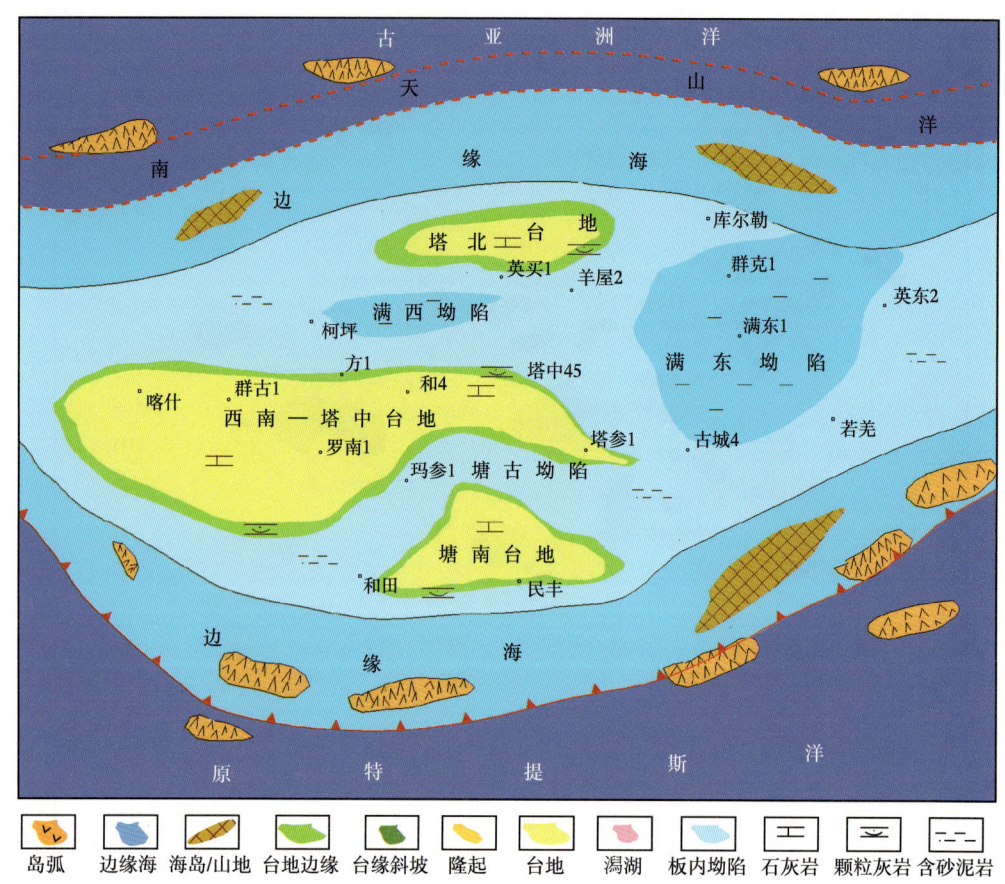

图 1-2-7　塔里木盆地及周边晚奥陶世良里塔格组沉积期构造—古地理格局

结合塔里木盆地的区域构造背景，受控于塔里木板块南缘古昆仑洋的扩张—闭合，塔里木盆地下古生界碳酸盐岩经历了弱伸展—强挤压旋回的碳酸盐岩台地发展—扩张—收缩—消亡的过程。寒武纪—早奥陶世，稳定发育东西分块的"两台一盆"的稳定的构造古地理格局，碳酸盐岩台地不断增生生长，逐渐从缓坡台地发育为镶边的陡坡台地。中奥陶世板块内部从伸展转向挤压，形成塔北、塔中、塔西南三个近东西走向的古隆起，并发育大面积碳酸盐岩风化壳。晚奥陶世良里塔格组沉积期，随着挤压作用的加强，形成南北分带的孤立台地。随着岛弧陆缘碎屑供给逐步增大，至晚奥陶世末桑塔木组沉积时期，碳酸盐岩台地全被淹没并消亡，并发生强烈构造隆升，形成了塔里木盆地"大隆大坳"的构造格局。由此可见，塔里木盆地寒武纪—奥陶纪经历弱伸展—强挤压的构造旋回，形成盆地以碳酸盐岩为主的下构造层，厚度大、沉积稳定、分布广泛，奠定了塔里木盆地"大隆大坳"的基本构造格局。

## 三、志留纪—白垩纪克拉通内振荡升降变迁阶段

塔里木盆地自志留纪进入振荡沉降的陆内坳陷发育阶段，发育多期变迁的碎屑岩沉积体系，与早期的构造—沉积格局明显不同。

## 1. 志留纪—早—中泥盆世：碰撞继后的陆内坳陷

志留纪塔里木盆地南缘进入碰撞聚敛时期（贾承造，2004；何登发等，2005；许志琴等，2011；Li et al.，2018；Dong et al.，2018）（图1-2-8），原特提斯洋（古昆仑山—阿尔金洋）在志留纪期间闭合。中昆仑岛弧与塔里木盆地板块发生碰撞拼贴形成西昆仑造山带，阿尔金洋闭合并形成大面积的阿尔金—塔东南造山带，同时伴随区域动力变质作用（邬光辉等，2012）。北部南天山洋打开并扩张，并发生俯冲作用与岩浆事件（Zhong et al.，2019），在塔里木板块北缘可能形成弧后盆地与边缘海。

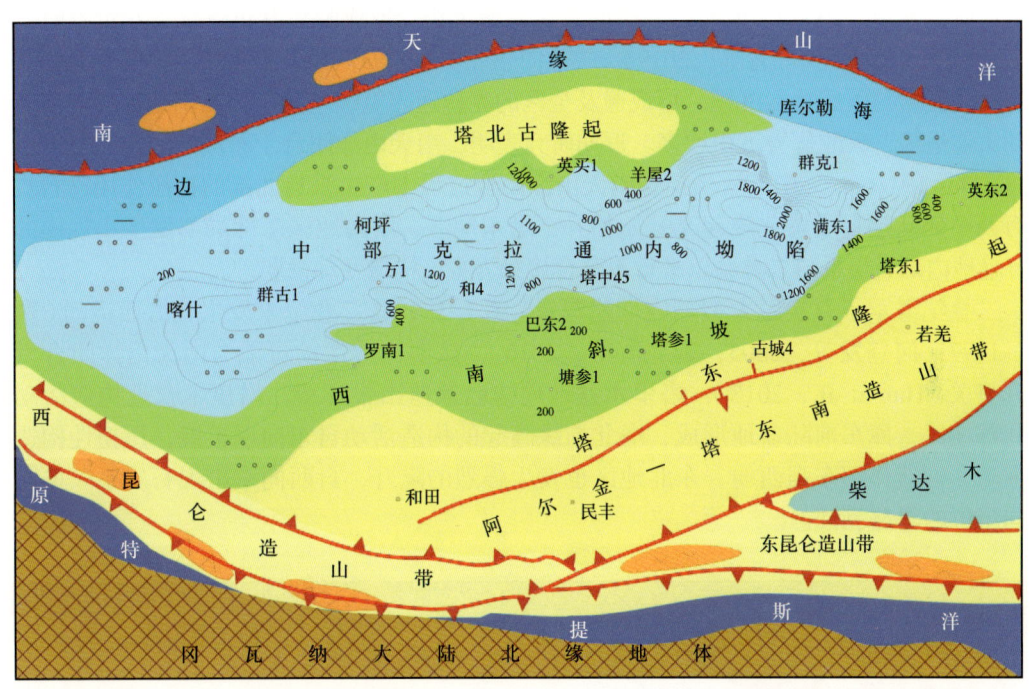

图1-2-8　塔里木盆地及周边志留纪构造—古地理格局

随着东南周边构造挤压作用加强，北东向塔东隆起与塔北隆起形成，并产生大面积的剥蚀。塘古坳陷发育多排弧形展布的冲断构造，塔北—塔中地区走滑断裂发生张扭性继承活动（邬光辉等，2016）。在塔里木盆地南缘与塔北隆升的背景上，志留纪沉积时期总体表现为"中间低南北高、以宽缓斜坡过渡"的古地貌格局。志留系向南北方向逐渐超覆沉积在奥陶系不整合面上，隆起区的范围回缩到塔中以东，仅有塔东隆起为蚀源区，塔中主垒带等构造高部位有孤岛残留。不同地区沉积体系有差异（张惠良等，2006），塔东地区为辫状河三角洲系—近物源滨岸沉积体系，以砂砾岩、中粗砂岩碎屑岩沉积为主；满加尔凹陷南坡及塔中地区志留系主体是无障壁的潮坪相砂泥互层沉积体系；塔北发育滨浅海碎屑岩沉积。

志留纪末有继承性区域挤压与构造隆升，古隆起与东南方向志留系抬升并在顶部遭受剥蚀。早—中泥盆世继承了志留纪围绕古隆起分布的克拉通内坳陷的构造特征，但分布更局限。晚泥盆世东河砂岩段沉积前的早海西期运动是盆地构造格局转换的重要时期（贾承造，1997，2004；何登发等，2005；李江海等，2015；邬光辉等，2016），发生遍及塔里木盆地的区域构造隆升与剥蚀夷平，形成盆地最大规模的不整合，上泥盆统—石炭系多以角度不整合超覆沉积在奥陶系—中—下泥盆统之上。塔里木盆地内构造格局和变形特征继承了加里东运动期隆坳格局，但在构造夷平的基础上呈现西低东高的古地貌背景。该期构造运动对不同的地区作用影响差异大，东南隆起强烈抬升并基本定型，塔中隆起东高西低，塔西南隆起在东部形成北东向隆升剥蚀区，形成北东向的隆起带。塔北隆起东部构造活动强烈，轮南奥陶系潜山区大面积出露，孔雀河斜坡也发生强烈的反转隆升。早海西运动形成塔里木克拉通内的基本构造格局，结束了中奥陶世—中泥盆世挤压挠曲盆地的演化阶段。

### 2. 石炭纪—二叠纪：弱伸展克拉通内坳陷

晚泥盆世—石炭纪，伴随古特提斯洋的扩张，塔里木盆地进入伸展构造背景（贾承造，1997；何登发等，2005）。东河砂岩段向东北超覆沉积，形成晚泥盆世—早石炭世异时同相的多期砂体连片叠置（马青等，2019），层位向东北变新。石炭系发育多旋回海陆交互相—滨浅海相砂泥岩与碳酸盐岩沉积，形成遍及全区的克拉通内宽缓坳陷。塔西南地区可能演变为被动大陆边缘，碳酸盐岩沉积增多。近期研究表明，南天山洋闭合于石炭纪晚期（Han et al.，2018；Alexeiev et al.，2019）。受控于南天山洋闭合过程中产生来自北部的挤压作用，石炭纪末海西中期运动造成塔北隆起又开始抬升，塔东地区、塔南地区东部局部发生小规模的隆升。盆地内部石炭系与二叠系以平行不整合接触为主，构造变动微弱。

二叠纪继承了石炭纪大型陆内坳陷背景（图1-2-9），二叠纪末发生晚海西运动（贾承造，1997；何登发等，2005；邬光辉等，2016），该期构造运动可能与南天山洋闭合后的隆升有关（Han et al.，2018），塔里木盆地周边已被造山带环绕。塔里木盆地构造活动转向北部地区，库车前陆盆地形成，塔北前缘隆起的构造活动自东向西扩展，压扭性构造活动强烈，构造作用东强西弱。东北地区也发生强烈的隆升，自西向东出现石炭系—奥陶系不同层位的暴露剥蚀。

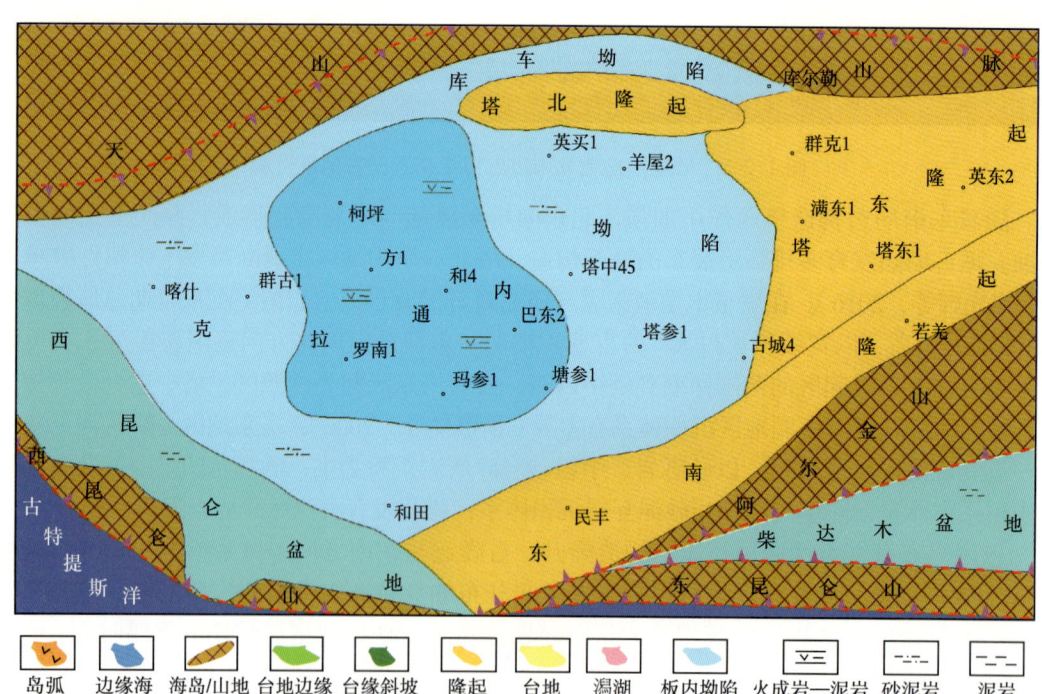

图 1-2-9 塔里木盆地及周边二叠纪构造—古地理格局

## 3. 中生代：陆内分隔坳陷

中生代塔里木盆地周边为造山带环绕，形成与周边大洋分隔的陆内盆地，主要发育陆相碎屑岩沉积（贾承造，1997；何登发等，2005）。同时南部古特提斯洋的闭合与新特提斯洋的开启—闭合对盆地内部具有强烈的影响（王成善等，2010；许志琴等，2011），构造活动频繁，不整合发育，地层岩相变迁明显，纵向上分布不均，横向上变化大。

晚三叠纪羌塘地块与塔里木板块碰撞拼合，古特提斯洋闭合（李朋武等，2009；刘亚雷等，2012；Li et al.，2018；Dong et al.，2018），塔里木盆地发生强烈的印支运动。塔里木盆地南部—东部周缘造山带发生强烈的隆升，并大多缺失三叠系。通过地震剖面的追索，发现在巴楚、塘古、塔东等地区三叠系普遍有被削蚀现象。根据剥蚀厚度的恢复，塔里木盆地南部普遍有三叠系超覆的特征，表明曾有广泛的三叠系沉积（邬光辉等，2016）。侏罗系沉积前塔里木盆地地层剥蚀严重，形成一期区域不整合。

随着新特提斯洋的扩张，侏罗纪早期特提斯域处于伸展背景（贾承造，1997；王成善等，2010），形成中东地区富油盆地（Kordi，2019），而我国西北地区与塔里木盆地发育含煤岩系。塔里木盆地周边发育断陷盆地，盆地内部发育宽缓坳陷（邬光辉等，2016），但多遭受后期剥蚀。

白垩纪早期，受特提斯洋的广泛海侵（王成善等，2010；Kordi，2019）。塔里木盆地西南方向存在开口，并在西南坳陷出现海相沉积（任泓宇等，2017），盆地内部为分隔的塔西南与库车山前坳陷，以及中部克拉通内坳陷（图1-2-10）。

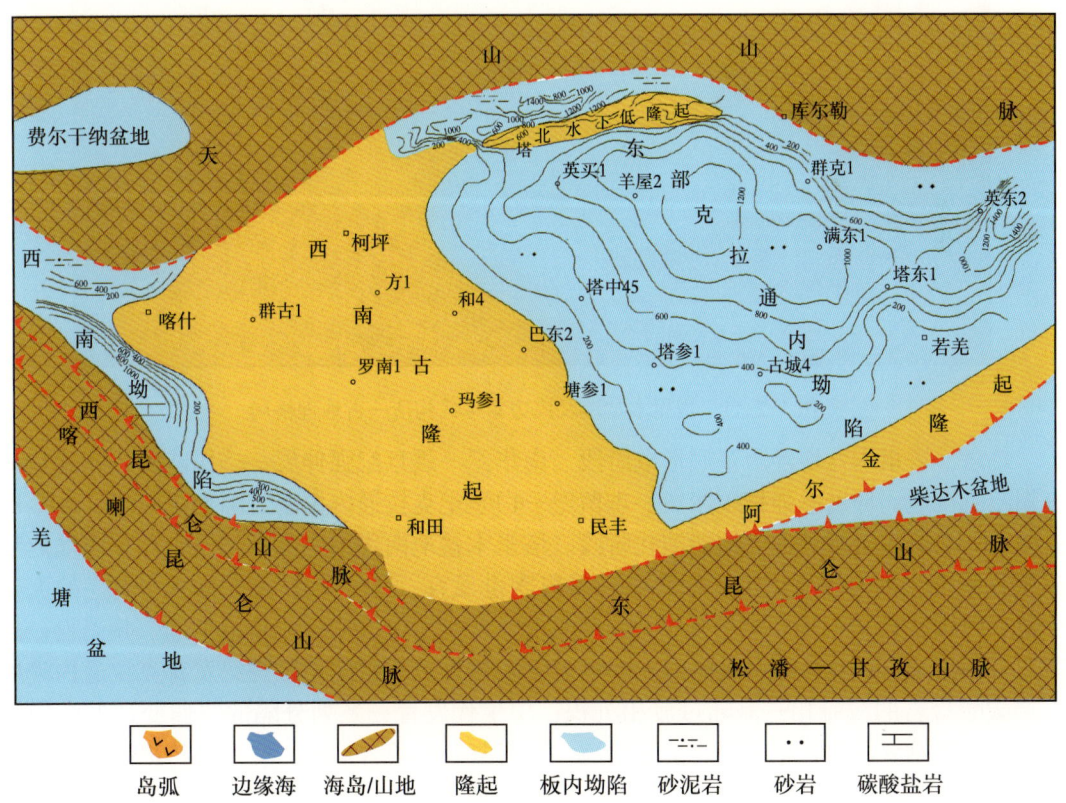

图 1-2-10 塔里木盆地及周边白垩纪构造—古地理格局

总之，中构造层志留系—白垩系以碎屑岩为主，塔里木盆地内陆相沉积变迁大，地层厚度变化大、沉降中心迁移大、地层分布局限、发育不全，同时广泛发育不同特征的不整合。

## 四、新生代弱伸展—强挤压阶段

新近纪以来，印度板块逐步向欧亚板块聚敛并发生强烈的碰撞，产生多期幕式挤压运动（贾承造，2004；许志琴等，2006，2011；李本亮等，2007）。受印度板块碰撞的远程效应，塔里木盆地周边天山、昆仑山相继快速隆升，进入前陆盆地发育阶段（图1-2-11）。

受新特提斯洋扩张的影响，塔里木盆地古近系发育伸展背景下陆相湖盆，并有局部海侵，沉积厚度薄（任泓宇等，2017）。随着新特提斯洋的闭合，青藏高原及其周边发生强烈的新构造运动，西昆仑山与南天山山前剧烈沉降。塔西南古隆起发生强烈的南倾挠曲沉降，成为西南坳陷的一部分，古隆起向北迁移形成巴楚隆起。随着库车前陆盆地、塔西南前陆盆地的发育，塔里木盆地整体进入快速深埋期［图1-1-1(b)］。

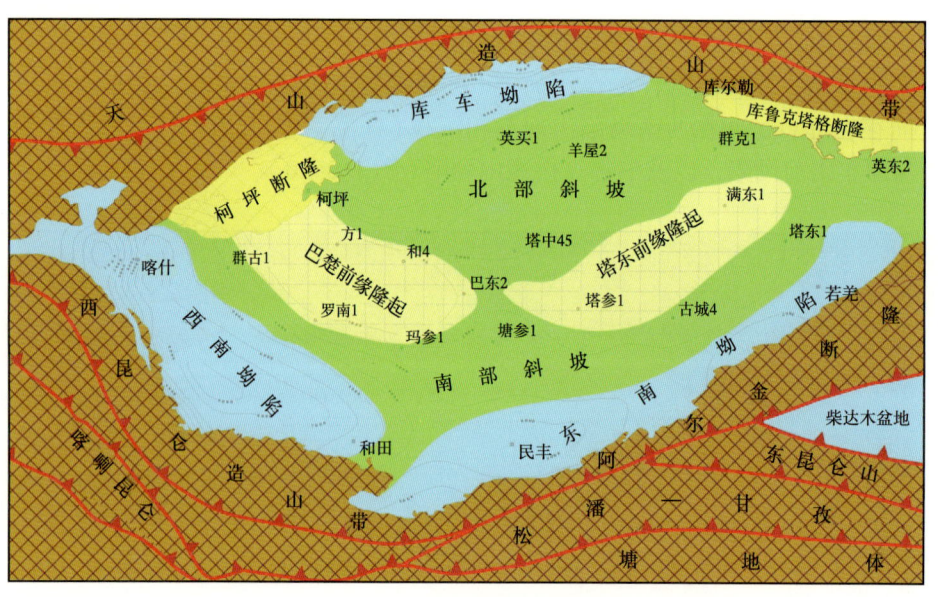

图1-2-11　塔里木盆地及周边新生代构造—古地理格局

总之，塔里木盆地经历基底形成阶段、南华纪—震旦纪强伸展—挤压阶段、寒武纪—奥陶纪克拉通弱伸展—强挤压阶段、志留纪—白垩纪克拉通内振荡升降变迁阶段、新生代弱伸展—强挤压阶段等五大构造演化阶段。塔里木盆地南华纪—震旦纪发育北东向陆内窄深裂谷系统，不同于显生宙；寒武纪—早奥陶世发育"两台一盆"的"东西分块"的大型克拉通内碳酸盐岩台地，中—晚奥陶世碳酸盐岩台地快速演变为"南北分带"并消亡；志留纪—泥盆纪形成克拉通内坳陷海相碎屑岩沉积体系；石炭纪—二叠纪发育克拉通内碎屑岩夹碳酸盐岩的浅海相—海陆过渡相沉积；中生代发育一系列分隔的快速变迁的陆内坳陷；新生代发育山前陆相碎屑岩前陆盆地，构成复杂的叠合盆地。受控原特提斯洋—新特提斯洋与南天山洋的开启—闭合，以及印度板块的远程效应，塔里木盆地构造—古地理格局具有多期性、多样性、迁移性与强烈的改造性，不同于典型的克拉通盆地。

# 第二章 走滑断裂的构造特征

通过构造建模与地震解释成图，发现并落实了 70 条大型走滑断裂带，查明了面积达 $9\times10^4\mathrm{km}^2$ 的环阿满走滑断裂系统，开展了走滑断层"三学"（几何学、运动学与动力学）"五分"（分级、分层、分类、分段、分期）的研究。

## 第一节 走滑断裂识别与分布

由于走滑断裂以水平位移为主、断裂复杂多样，而且大沙漠超深（大于 6000m）地震资料品质差，走滑断裂识别面临一系列困难。

### 一、走滑断层的判识

塔里木盆地走滑断层主要通过地震资料识别，受控于地震资料的品质与多解性，而且走滑断层特征复杂（图 2-1-1），导致地震剖面解释与平面组合困难。目前对走滑断层的解释方案很多，但存在一系列不合理性，主要表现在断裂无根、断裂笔直串轴明显、缺少相对断距、顶花发散、枝干合并处不清、平面和剖面不对应、平面和面组合无序、断裂期次划分缺乏标准、多条断裂组成花状构造却无明显堑垒构造、断裂几何学与运动学特征不匹配等。

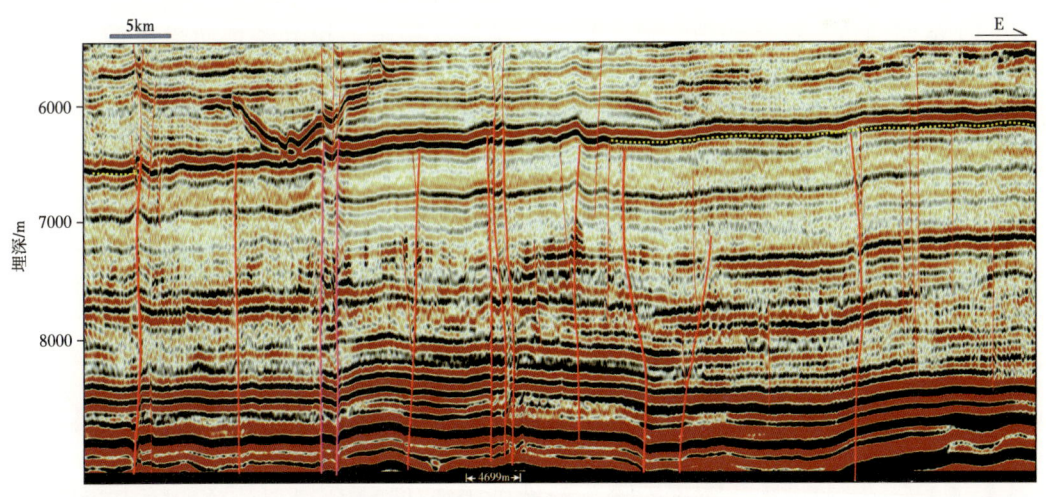

图 2-1-1 富满油田走滑断层地震解释剖面

Harding（1990）总结了走滑断层的识别 7 条标志：一是狭长、平直贯通的主断裂带；二是深部高陡的主断层；三是断至基底；四是沿主断层的走向相对上升盘、错动方向或断层倾向发生变化；五是主断裂带出现正花状构造或负花状构造；六是断块上相对上升盘的方向和错动方式不同；七是出现同期的旁侧雁列构造。严俊君（1996）总结鉴别走滑断层的地下标志为九点：雁列构造、花状构造、辫状构造、窄变形带、窄而深的半地堑构造、窄而厚的粗相带、两盘地层岩性不匹配、断面倾向摇摆与多变、杂乱的地震响应。走滑断层的识别往往需要综合多种资料，在地震解释过程中，出现花状构造、高陡断裂特征需要慎重，可能出现陷阱（Harding，1990；严俊君等，1996）。地震剖面上需要分析主断层是否"有根"，而且要剖面与平面结合，不能只根据局部剖面判定断裂性质，对地震剖面资料的解释需要仔细甄别；平面组合也有陷阱，需要有相关的多种断裂模式与综合分析。综合地震资料分析，从以下四方面判识走滑断层。

（1）断至基底、上缓下陡。塔里木盆地走滑断层顶面构造复杂，地震资料分辨率较低，同时断裂与岩溶地貌关系复杂，小规模的走滑断层识别难。但走滑断层深部向下收敛，高陡直立，向上发散分支，不同于正断层与逆断层上陡下缓的断面特征，易于判识与追索（图 2-1-1）。由于走滑断层的断面难以成像，基底地震反射杂乱不清，一般通过高陡直立的背形或向斜推断走滑断层的分布。但是，往往难以判别断面向下是否变陡，而且受到基底褶曲、滑脱褶皱及盐膏层速度上拉等其他因素影响，高陡直立的线性构造不一定就是走滑断层，需要结合其他特征分析。

（2）断层倾向纵横向改变、倾向滑动的上下变化。正断层或逆断层上下地层均沿同一倾向滑动，而高陡的走滑断层上下部位的断面倾向可能发生改变，上下层段变形不一致，并造成垂向不同层段位移无规律的突变，出现下凹上凸的特征。在平面上，走滑断层的倾向也可能出现突然的反向，并出现沿断裂走向上的垂向位移剧烈变化，不同于正断层与逆断层位移中间大并向两端减小的特征。由于断层倾向左右摆动的变化，可能形成走滑构造特有的丝带效应。沿主断层走向上，上盘地层可能向下滑动，也可能向上逆冲，形成正掉与负掉相邻的复杂变化，断块上相对上升盘的方向和错动方式也会出现不同，并形成沿走滑断裂带的凹凸相间变化。同时，有的断层在不同层位的垂向断距变化大，不同于同生正断层/逆断层。

（3）雁列构造、花状构造、辫状构造、马尾状构造、拉分微地堑等典型走滑构造（表 2-1-1）。走滑断层地震剖面上通常呈现正花状、负花状、半花状、直立型与"花上花"等 5 种样式，平面有剪切断裂带、压扭断垒、张扭断陷、马尾状构造、辫状构造、雁列构造等多种组合，这些构造特征有助于走滑构造的识别与解释。

表 2-1-1 富满油田典型走滑断层构造模式

| 类型 | 线性构造 | 花状构造 | 辫状构造 | 雁列构造 | 马尾状构造 | 拉分地堑 | 羽状构造 |
|---|---|---|---|---|---|---|---|
| 模式图 | | | | | | | |
| 特征 | 单一断面高陡、线性延伸，倾向可能变化，断裂规模较小 | 基底走滑错断，盖层斜向压扭，上部发散分支，向下收敛合并，以半花状为主 | 断裂带活动强烈，断裂截切，交织形成一系列错落的堑垒，断裂带狭长延伸规模较大 | 盖层发育一系列雁列分布的小型断裂，以正掉为主，形成微型地堑，向下合并线性延展 | 沿主断裂带两边发育撒开的分支断裂，形成弧形断垒带，断裂规模较小 | 左行左阶或右行右阶断裂组合，形成张扭性断陷，本区规模较小 | 一系列斜列的次级断裂与主断裂低角度斜交，呈羽毛状排列，规模较小 |

（4）构造、岩相、河道水平错动。随着地震技术的进步，通过地震振幅属性、曲率、相干、水平切片等技术可以有效判识走滑断层及其水平位移。受后期走滑断层作用，早期的构造、地层、河道与台缘相带出现水平方向的错动，出现明显的响应。

## 二、走滑断层的识别方法技术

### 1. 高密度三维地震采集处理技术

针对常规三维地震资料难以有效刻画小位移走滑断裂及其相关的缝洞体储层，开展了小面元、高覆盖、高密度三维地震采集处理攻关。通过大沙漠区奥陶系资料信噪比分析与不同观测、激发、接收方案的关系结合正演模拟，形成基于缝洞型储层成像的三维观测系统设计技术，逐步创新形成了适用于大沙漠区的高密度三维地震采集技术。在地震处理技术研发的基础上，形成"一宽"（即拓宽高频，保护低频）、"二保"（保持振幅相对关系，保护反射波和绕射波波场）与"三高"（高精度浅表层建模、高精度火成岩建模、高精度井控约束建模）的处理技术系列。

通过高密度地震采集处理攻关，探索出炮道密度百万道以上、覆盖次数 500 次以上、纵横比 0.7 以上的经济性与技术性并举的采集技术，集成"一宽、二保、三高"为核心的全过程处理技术，大幅提高了地震资料信噪比及分辨率（图 2-1-2），富满油田一级品率由 58%提高到 81%，基本解决了地表巨厚沙丘、储层埋藏深、火成岩发育等导致的断裂带缝洞体准确成像难题，为超深断控复杂碳酸盐岩勘探奠定了资料基础。通过高密度资料应用，发现大量常规地震资料相干体上难以识别的微小断裂、主干断裂更加清晰，为走滑断裂精细描述提供了资料基础。高密度资料相比常规地震资料，深层走滑断裂的地震成像更为清晰，断裂带缝洞体储层的识别数量成倍增加（图 2-1-3），奠定了断控油气藏描述的资料基础。

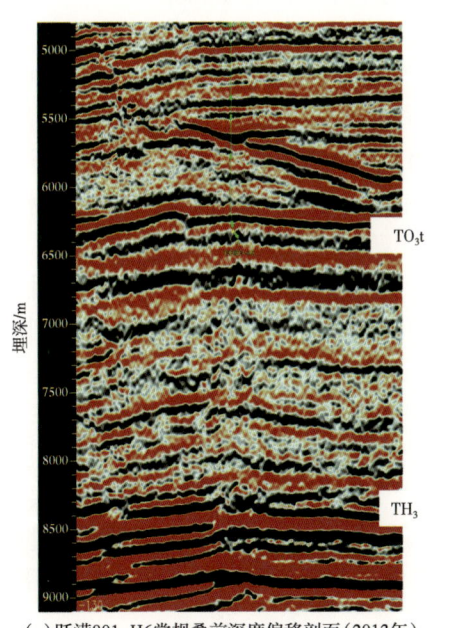 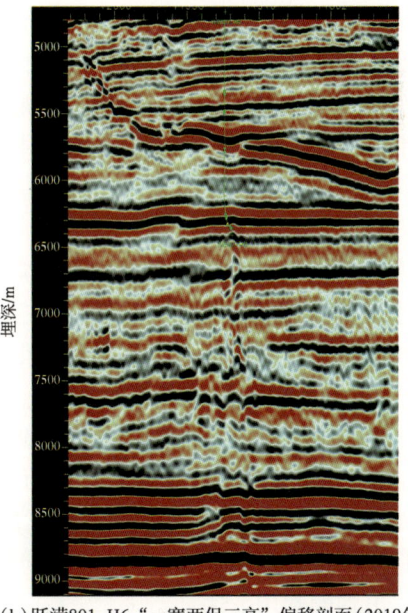

(a) 跃满801-H6常规叠前深度偏移剖面（2013年）　　(b) 跃满801-H6"一宽两保三高"偏移剖面（2019年）

图 2-1-2　富满油田地震处理效果对比图

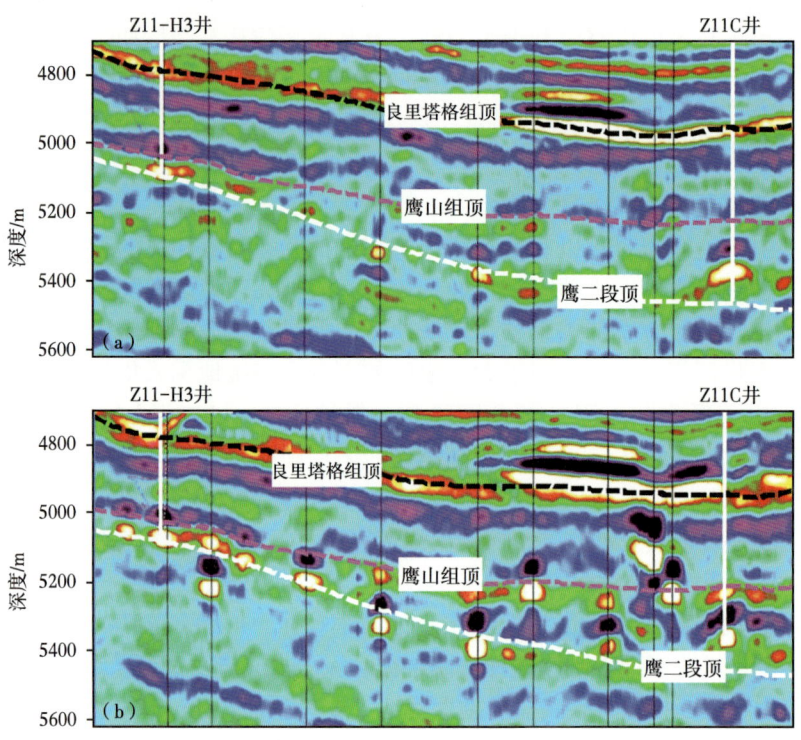

图 2-1-3 常规地震资料（a）与高密度地震资料（b）成像对比图

**2. 大中型走滑断层的识别**

塔里木盆地奥陶系碳酸盐岩目的层段走滑断层埋深大（>6000m）、大沙漠区地震反射弱且信噪比低，而且上覆火成岩速度变化大，导致走滑断层成像差，地震剖面上通常没有显著的反射轴或波组的错断。通过地震剖面解释结合地震属性平面图，可以判识长度大于30km、垂向断距大于30m的大型走滑断层。但是，部分走滑断层地震响应特征不清晰，走滑断裂带的分段特征难以判别，走滑断裂带内部的次级断裂多解性强。针对大中型（长度＞10km、高差＞20m）走滑断层的精细解释面临的问题，采用一系列方法技术对策。

1）相干体与相干加强

相干体分析技术是大尺度断裂检测的常用方法，相干属性数值的大小能定性反映断裂断距的大小和构造变形的强弱，并刻画在地震剖面上断点干脆、清晰且易识别的走滑断层。该技术简单易行，在走滑断层解释中得到广泛应用。

哈拉哈塘地区奥陶系碳酸盐岩风化壳顶面岩溶作用发育，同时地貌起伏变化大，走滑断层特征往往被屏蔽，造成碳酸盐岩顶面走滑断层在相干体上反映不明显［图 2-1-4（a）］。通过对比分析，在鹰二段底界可以排除以上因素的影响，相干体对断层的响应更好，通过新一代相干技术可以识别走滑断层的地震分布［图 2-1-4（b）］。通过风化壳内幕层位与时窗的选取，相干技术在哈拉哈塘及其他风化壳地区取得了很好的应用效果，成为走滑断层识别的常用方法。

新一代相干技术对断层响应更为聚焦，细节刻画更为丰富。但对于断距较小的微小断层，地震资料分辨率低，而且对同向轴振幅微小变化的断层或同向轴轻微扭曲的断层识别效果不甚理想。在相干属性受到地震反射能量的影响时，能量强的区域断层响应不清，这些问题则需要利用其他属性进一步分析。

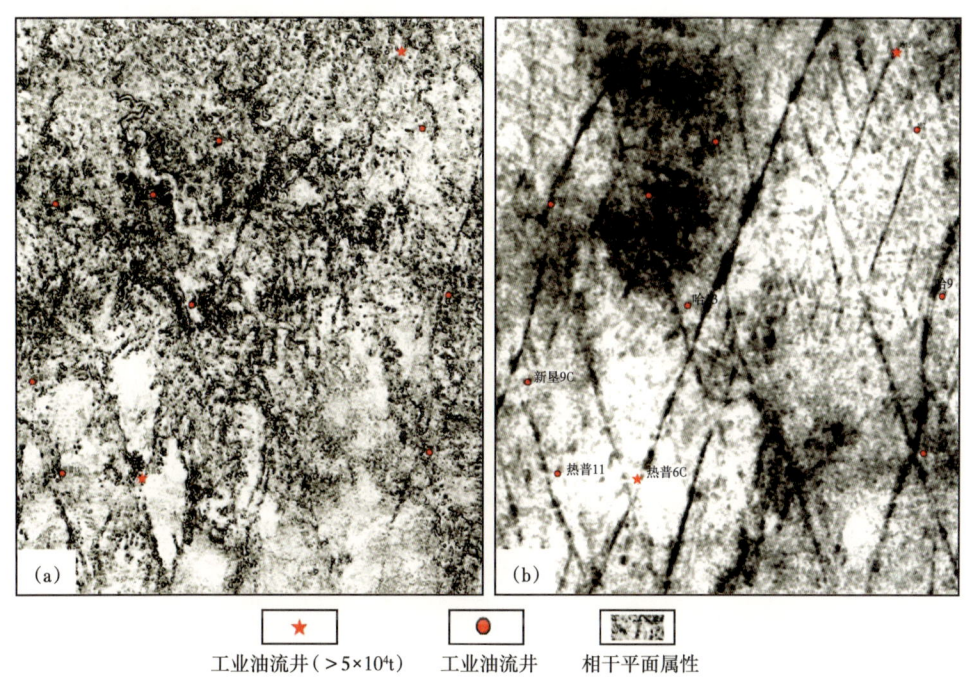

图 2-1-4　哈拉哈塘地区一间房组顶面相干（a）与鹰二段底面相干（b）
暗色线性强相干指示走滑断层的分布

2）曲率

曲率属性代表了构造层面的二阶导数或地震倾角的一阶导数，与地震倾角属性不同，曲率属性能更好地描述断裂特征及其垂向上的非连续性。通过地震同相轴明显褶曲，不同参数的曲率属性可以识别断裂，提供了断裂描述的有效方法。

对比分析表明，曲率属性对常规相干难以识别的受褶皱作用与风化壳岩溶作用影响的走滑断裂带有较好的响应［图 2-1-5（a）］。同时，曲率对地震分辨率较低的深层走滑断层也有较好的响应［图 2-1-5（b）］，与相干方法识别的走滑断层位置基本一致。结果表明，曲率可以有效地判识哈拉哈塘地区北东向与北西向两组断裂带，尤其是规模更大的北西向的走滑断裂带的响应更显著。同时，曲率属性可能刻画断距小、地震剖面表现为"扭而不断"、挠曲反射特征的断裂，对断层的平面组合也具有一定的指导作用。通过曲率的拾取，对风化壳岩溶影响较大的走滑断裂带有较好的响应，已得到广泛应用。

研究表明，曲面曲率相对于直接从地震数据体中提取的体曲率还存在较大的局限性。由于曲面曲率是在插值后层位解释结果上提取的，容易受到人工解释及软件插值等因素的影响，在局部可能产生不闭合的现象，从而降低了断层识别的准确度。此外，地震资料并没有参与计算，因此曲面曲率上的断层响应不一定对应真实的断层构造，需要结合其他方法进行辨识。

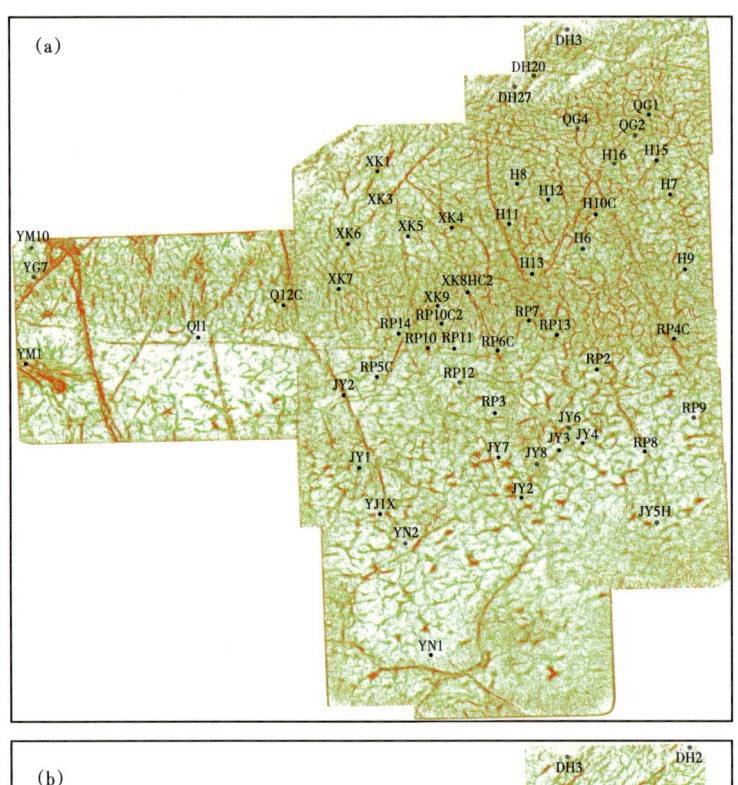

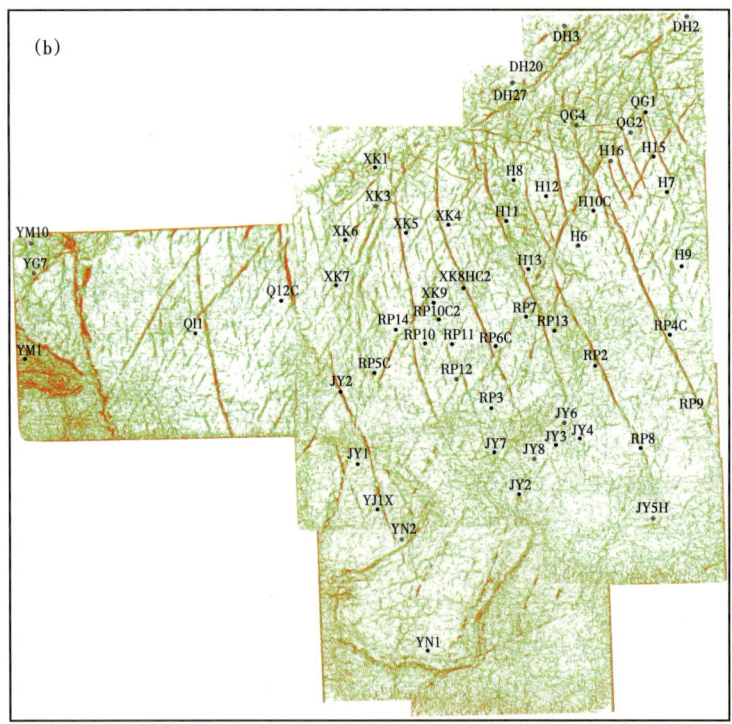

图 2-1-5　哈拉哈塘地区一间房组顶（a）与中寒武统顶（b）曲率

桔黄色线性带指示走滑断层的分布

此外，地震振幅属性等常规的地震方法技术对大中型走滑断层也有较好的响应，并得到不同程度的应用。总之，通过新一代的高精度的相干与曲率的平面属性，结合地震剖面上走滑断层的响应特征，可以更加精细地识别大中型走滑断裂带的分布，并可用于断层分段与断层组合。

### 3. 微小走滑断层的识别

塔里木盆地大型走滑断裂带发育多种类型的次级断裂，形成复杂的断裂组合与构造类型，具有复杂的内部结构与分段性。由于大沙漠超深层地震资料品质差，埋深普遍超过6000m，大量走滑断层断距小、延伸短，微小断裂平、剖面识别难度大。通过集成应用相干加强、"蚂蚁"体、最大似然性等技术，形成了多尺度弱走滑断裂识别技术，实现了对微小断裂的精细刻画。

#### 1) 基于构造导向滤波的地震属性

针对沙漠区信噪比低、微小断层地震响应模糊的问题，对地震数据进行构造增强滤波处理，主要采用基于扩散方程的沿地层构造方向的滤波与基于离散算法的沿构造方向的断裂增强滤波。

富满油田奥陶系地层埋藏深，信噪比低，断裂相干特征不明显，平面上、剖面上很难有效刻画。但是储层沿断裂展布，与断裂相伴生特征明显，地震反射特征与围岩存在着明显差异，且断裂破碎带倾角与地震倾角差异较大。因此，在构造滤波的基础上，优选振幅变化率属性进行断裂识别（图2-1-6）。通过对叠后地震资料开展具有针对性的解释性处理，达到走滑断层精细识别的目的。沿构造方向的断裂增强滤波和基于扩散方程的构造滤波能够增强断裂成像，断点处更加清晰、干脆。同时，根据储层与断裂伴生发育的特点，引入振幅变化率技术，大幅提高了断裂识别精度，为井位部署、圈闭描述及储量研究提供了可行的技术手段，支撑了富满油田碳酸盐岩油藏精细描述和规模效益建产。

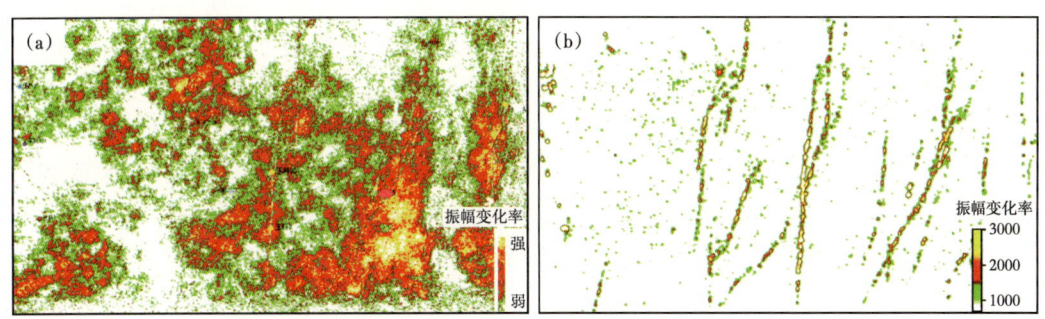

图 2-1-6 原始资料振幅变化率（a）与多重滤波后的振幅变化率（b）对比图

#### 2) 最大似然性

常规相干、振幅属性在断层识别中具有很重要的作用，但由于横向分辨率低，且易受其他因素干扰，不能完全满足微小断裂识别的需要。最大似然性（likelihood）可用于增强断裂的地震成像效果，适用于分支断裂、断裂带结构和裂缝密集发育区，不仅能识别较大断裂构造，同时对微小断裂也具有较强的分辨能力。

通过试验，逐步形成适用于奥陶系碳酸盐岩微小断裂识别的最大似然性方法技术（图2-1-7）。在强变形区及断裂交会部位，构造活动强烈，微小断层最发育。而变形较弱部位断裂发育程度相对低，最大似然性刻画的断裂精度明显高于相干体。对比分析表明，最大似然性识别断层在剖面上更符合断层展布特征，断层平面组合关系清晰，且可以压制河道带来的干扰，有利于复杂断裂发育区的断层识别，具有较好的应用效果。

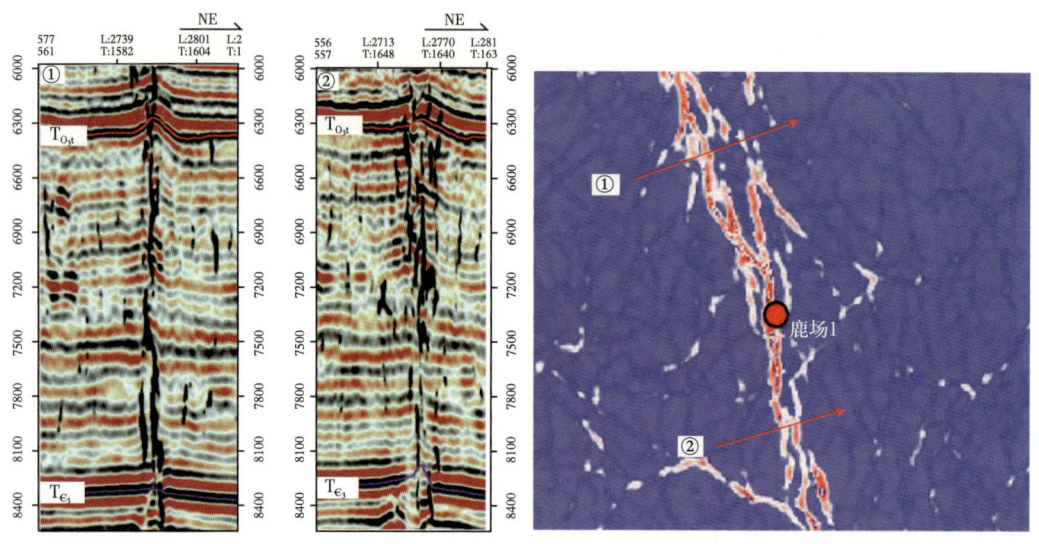

图 2-1-7　富满油田某区块最大似然非连续性剖面图（a）与最大似然非连续性平面图（b）

但地震资料品质较差时，最大似然性难以排除噪声的影响，在大幅度的变换属性计算窗口时会导致计算结果差异较大，受非断裂影响大。

### 三、走滑断裂的平面分布

在走滑断裂构造建模的基础上，通过区域构造解释与成图，发现与落实了 70 条大型走滑断裂带，主干走滑断裂带长度一般为 30~80km，贯穿塔北—塔中地区的走滑断裂带长逾 100km（高达 300km），总长度达 4000km（图 1-1-2、图 2-1-8）。主要分布在塔中北斜坡—阿满—塔北南斜坡，形成相互连接、分布面积达 $9 \times 10^4 km^2$ 的环阿满走滑断裂系统。塔里木盆地不同地区走滑断层特征也有较大差异，以塔中Ⅰ号构造带与塔北南缘一间房组台缘为界，南北方向上划分为塔北、阿满与塔中三个区。东西方向上，以 $F_I5$ 断裂带为界可以划分为东西两个带，西带以北西向走滑断裂为主，东带北东向走滑断裂发育，数量多、规模较大。走滑断裂系统呈现明显的南北分区、东西分带。塔里木盆地走滑断层位移量小，水平位移多小于 1km，寒武系—奥陶系碳酸盐岩中垂向位移一般小于 100m。

塔中地区发育一系列北东向走滑断层，大多终止于塔中Ⅰ号构造带，有部分北东向走滑断层向阿满延伸，但数量显著减少。塔中地区以北东向走滑断裂带为主，以 $F_I21$ 断裂带、$F_{II}21$ 断裂带为界，在东西方向上分为西区、中区与东区（图 2-1-9）。西区走滑断裂以 $F_I5$ 断裂带为中心，向北发散、向南收敛。该区断裂带整体以向北发育为特征，并以马尾状构造终止于塔中Ⅰ号断裂带。但 $F_I5$ 断裂带、$F_I17$ 断裂带向北扩张，与阿满地区北东向扩张断裂带连为一体。塔中中区除 $F_I20$ 断裂带、断裂带 $F_I21$ 断裂带外，其他断裂带消失在古隆起内部。该区北部走滑断裂向南扩张为主，形成调节 10 号逆冲断裂带的走滑断裂。本

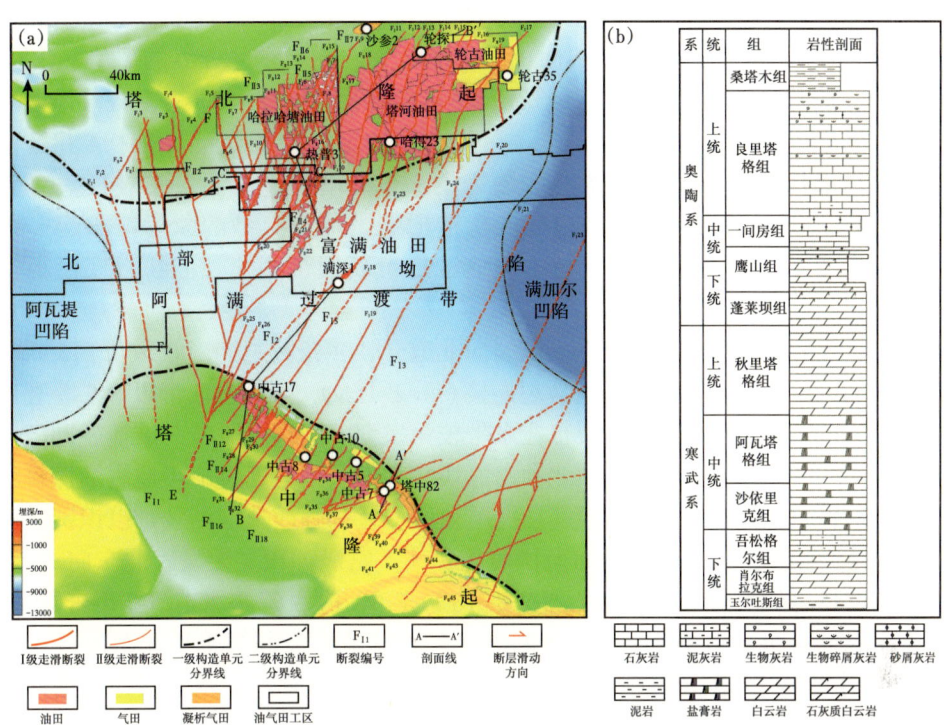

图 2-1-8 塔里木盆地环阿满走滑断裂断控油气系统平面图(a)与地层综合柱状图(b)

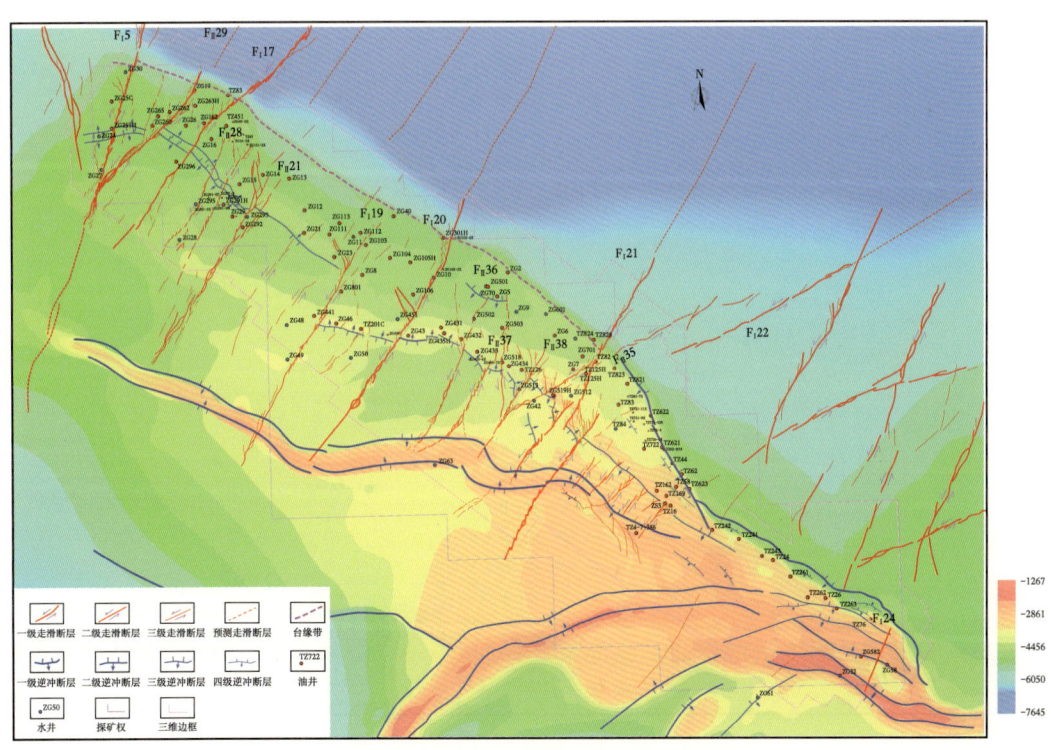

图 2-1-9 塔中地区断裂系统纲要图

区南部走滑断裂的贯穿程度高,翼尾地堑向北斜列、软连接构造较多。尽管断裂带以平行分布为主,部分断裂带出现北北西向次级走滑断裂。在与东区分界的部位,出现X形交叉的走滑断裂带,是两边构造应力场出现变化的结果。东区逆冲断裂发育,走滑断层识别较少,还有待进一步的精细解释。本区最典型的走滑断裂分布在塔中4井区,以近平行的调节局部构造变形的小型走滑断层为主。东部塔中Ⅰ号断裂带规模大,上下盘地层高差逾2000m,控制了东部潜山区的构造形态,形成典型的断背斜隆起。局部地区隐约可见走滑断层的行迹,向北与古城地区走滑断裂带相连,但断裂规模小、连续性差。

阿满过渡带发现的走滑断裂较少,断裂向北散开,多条断裂向南收敛与$F_I5$断裂带相交,或南北方向上与塔中断裂、塔北断裂连接(图2-1-8)。阿满过渡带以$F_I5$断裂带将走滑断层划分为东西两个带,走滑断裂带在东带较为发育。阿满过渡带三维地震勘探覆盖区主要分布在富满油田与中国石化的顺北油田区块,大部分地区通过二维地震勘探解释的断裂精度较低,东西方向与南部二维地震勘探覆盖区、北部强改造区断裂难以识别,可能还有走滑断裂尚未解释,因此断裂分布范围可能更大。富满油田主要发育北东向走滑断层,目前已识别出18条大型走滑断裂带(图2-1-10)。$F_I5$、$F_I17$等Ⅰ级走滑断裂带穿过本区,在地震属性上也有明显的响应。除$F_I5$断裂带外,其他走滑断裂带呈北东向分布,并向$F_I5$走滑断裂带收敛,其间还有弧形火成岩带,以及一条北西向走滑断层向南延伸散开的尾段,组成一系列北东向的断块。在主干北东向走滑断层上,还发育少量的北西向派生断层,与主干断层呈小角度相交(图2-1-10)。

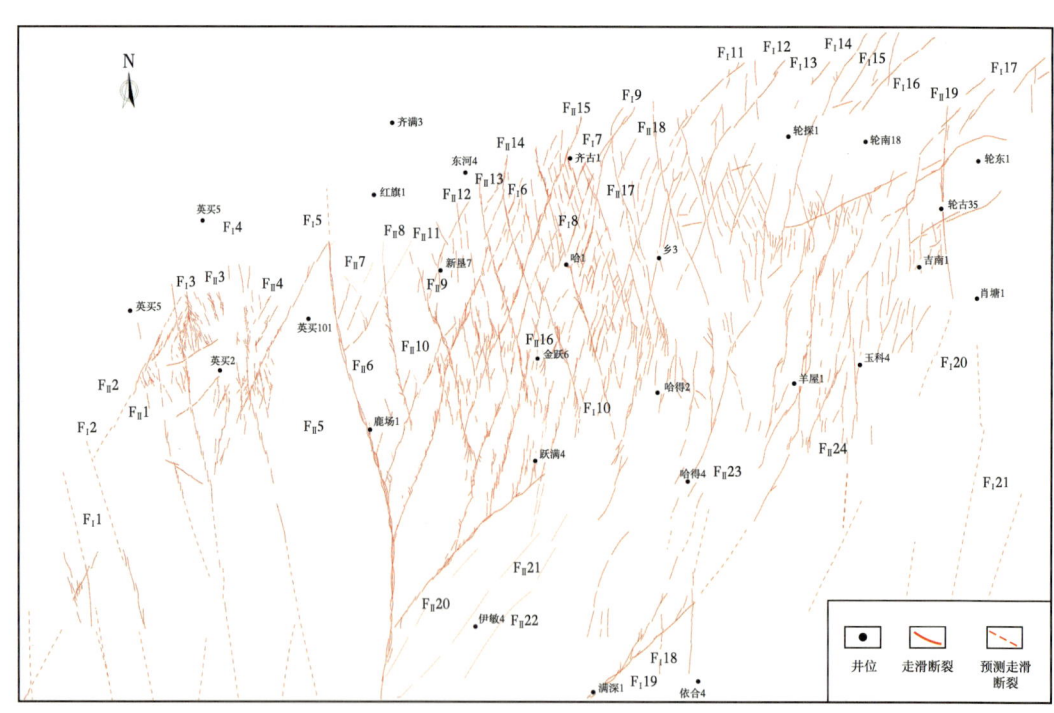

图2-1-10 富满油田奥陶系碳酸盐岩走滑断裂分布图

塔北南斜坡则出现北东向与北西向两组走滑断层，中部哈拉哈塘地区以共轭"X"形断裂为主，向东以北东向断裂为主，向西则发育北西向断裂（图 2-1-10），分别出现优势发育的一组断裂带。哈拉哈塘地区以共轭剪切断裂为主，向东方向上的北西向走滑断层减少，向西方向上北东向走滑断层减少。北北西向走滑断裂的走向多位于 ∠330°~∠360°，北北东向走滑断裂走向多位于 ∠16°~∠30°，具有较为对称的分布，将工区分为菱形区块。该区主干走滑断裂带一般在 40~90km 之间。走滑断裂带向南散开，多出现马尾状构造，与富满油田相区别。其中 $F_15$ 走滑断裂带从北北西走向转向富满油田的近南北走向，成为贯穿的大型走滑断裂带。西部英买力地区北向走滑断裂带发育，并向南延伸向 $F_15$ 走滑断裂带聚敛，而北东向走滑断裂带向南逐渐尖灭。但在东部一直延伸至富满油田，成为贯穿的走滑断裂带，造成塔北走滑断裂与富满油田走滑断裂出现交叉，界限出现重叠，不易区分；而中部地区有部分走滑断裂带向南延伸至富满油田内，并逐步消失。

# 第二节 走滑断裂"五分"特征

根据走滑断裂的构造理论，提出了走滑断裂"五分"（分类、分级、分层、分段与分期）的分布特征研究思路与方法，阐明了走滑断裂的分布特征。

## 一、走滑断裂的分类特征

由于控制走滑断层发育的因素很多，从不同的角度进行走滑断层分类。

### 1. 走滑断裂的剖面样式

走滑断裂剖面上通常呈现正花状构造、负花状构造、半花状构造、直立型构造与"花上花"共五种样式（图 2-2-1），具有从直立型向花状发展趋势。

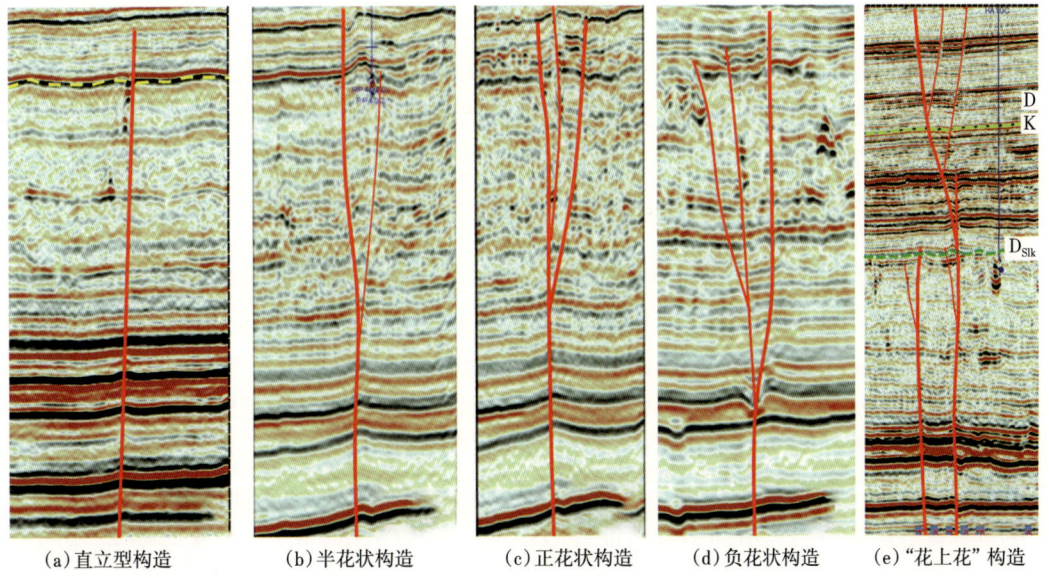

(a)直立型构造　　(b)半花状构造　　(c)正花状构造　　(d)负花状构造　　(e)"花上花"构造

图 2-2-1　地震剖面示典型走滑断裂样式

直立型走滑断层以单一平直高陡断裂出现[图2-2-1(a)]，狭长直立断裂带是典型特征。直立型断裂在空间上可能呈平行分布，断面平直，形成相互近于平行的高陡断裂系。其规模较小，断裂高陡、平直，倾角大于80°，断裂带狭长，断距较小。

横切走滑构造带的剖面上，常可以见到主干走滑断层向上近对称的分支，构成下窄上宽的貌似"花朵"状的断裂，称为花状构造。花状构造是走滑断裂中主干断裂和分支断裂在剖面上的特殊组合形态，是走滑断裂的重要鉴别标志之一（Harding，1990）。正花状构造也称为"棕榈"构造，负花状构造称为"郁金香"构造。

寒武系—奥陶系正花状构造发育[图2-2-1(c)]，次级断裂沿主干断裂向上分叉撒开，在奥陶系碳酸盐岩顶部形成上凸的断垒，类似冲断系统的突发构造，但断面高陡，向下收敛、合并。负花状构造主要分布在志留系—古近系[图2-2-1(d)]，沿主干断裂的多条分支断裂向上散开，形成反向下掉的断堑。一些次级断裂沿主干断裂的一侧发育[图2-2-1(b)]，则形成半花状构造，主干断裂通常高陡，向上断开层位多；派生断裂倾角上陡下缓，变化大，错动的断距较小，横向变化大。半花状构造在走滑断裂带普遍发育，通常以主干断裂发育为特征。

由于多期的构造活动，可能造成走滑断裂的多期活动，在继承性发育的过程中，可能在多套地层形成花状构造，产生"花上花"的结构特征[图2-2-1(e)]。不同时期的花状构造性质、分布的位置可能不同，下部以正花状构造为主，上部为负花状构造，多在分支断裂上斜向生长发育；而且上下构造活动强度有差异，上部的构造活动更为强烈。

**2. 走滑构造类型**

平面上，走滑断裂带通常由一系列断片组合而成，具有多种类型的断裂组合模式。通过平面、剖面的断裂组合模式分析，塔里木盆地发育多种类型的走滑断裂（图2-1-2、表2-2-1），沿走滑断裂带可能形成不同特征的线性断裂、雁列/斜列断裂、侧列断裂、马尾状断裂、翼尾状断裂、拉分断裂等构造类型。

塔里木克拉通内线性走滑构造发育，多呈线形延伸，无论平面上还是剖面上断裂两侧岩层变形带都很窄，反映了应力传递的特点。因为断面陡直，断面倾向容易反转，从而导致沿走向发生断层倾向频繁变化。有的区段可能出现断面倾向改变或是上下层位的倾向转变，地震剖面上出现断面扭曲，相邻剖面上断面倾向突变，在空间可形成丝带效应。这类断裂单个规模较小，平面延伸也短，但可能密集发育。空间上可能平行分布或侧列分布，形成相互近于平行的高陡断裂系。

在走滑断裂发育的初期，往往发育雁列断裂，是走滑断裂有效的鉴别标志。志留系—古近系雁列断裂发育，走滑断裂带向上发散，在顶部出现一系列雁列构造，多呈左行左阶步、右行右阶步分布，剖面上呈正断下掉的小型负花状地堑。

随着走滑断层的连接生长，走滑断层叠覆区次级断裂发育，通过断裂连接形成复杂的局化变形带。随着左行左阶步或右行右阶步的断裂组合发展，可能形成拉分地堑。由于断裂断面陡直，走滑断裂活动集中在断线附近很窄的范围内，产生窄而深的地堑、半地堑。拉分地堑通常位于两条走滑断层叠覆部位的拉张区，其拉伸轴基本平行于主断层，多呈菱形断陷。断陷边界次级分支断层发育，其中常有张性及张剪性断裂形成的断块，边缘可见雁列褶皱。

## 第二章 走滑断裂的构造特征

表 2-2-1 走滑构造类型表

| 类型 | 线性构造 | 斜交构造 | 线列构造 | 斜列斜交构造 | 叠覆构造 | 辫状构造 | 羽尾状构造 | 马尾状构造 |
|---|---|---|---|---|---|---|---|---|
| 剖面图 | 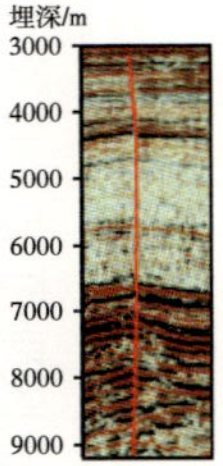 | 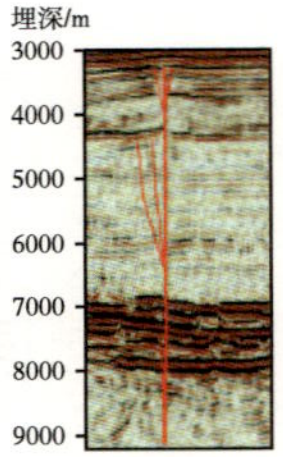 | 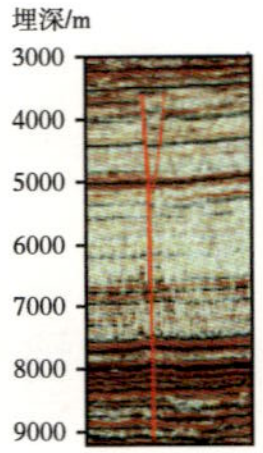 | 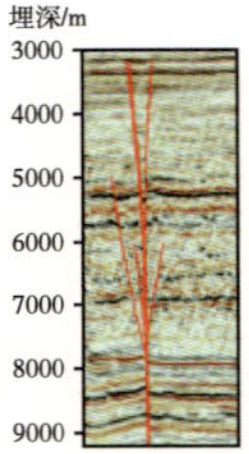 | 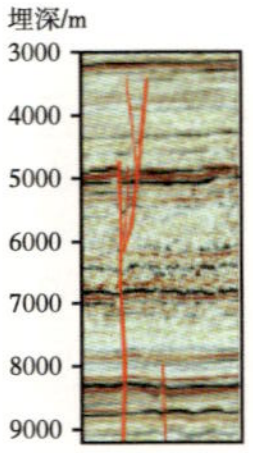 | 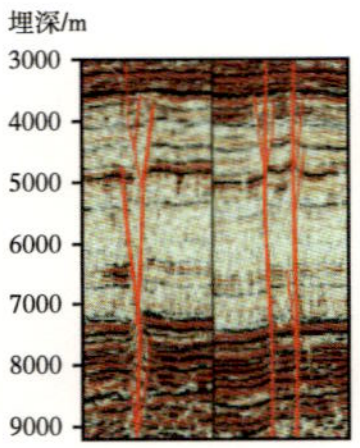 | 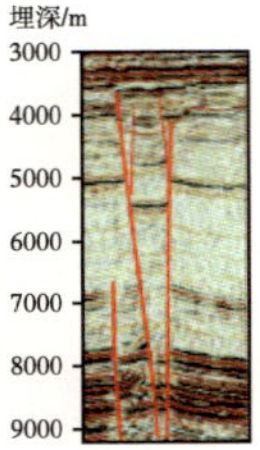 | 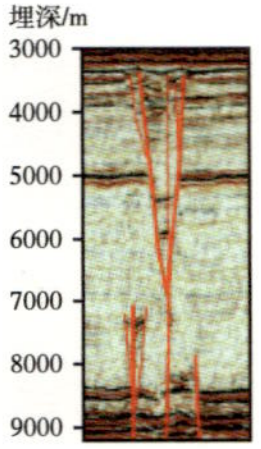 |
| 平面图 | 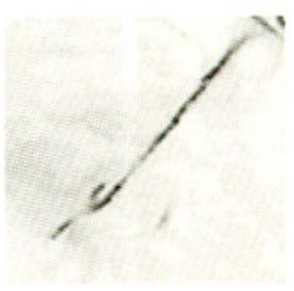 | 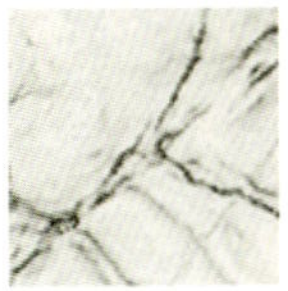 | 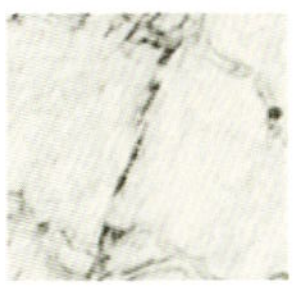 |  | 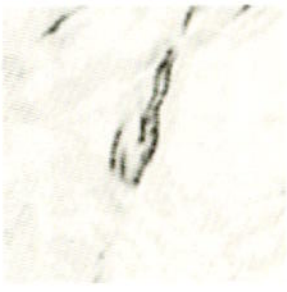 | 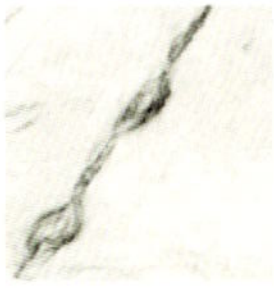 |  |  |
| 模式图 | 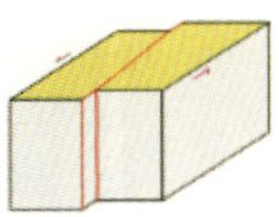 | 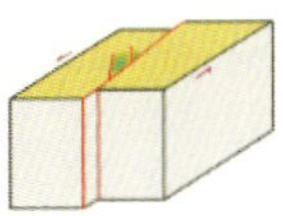 | 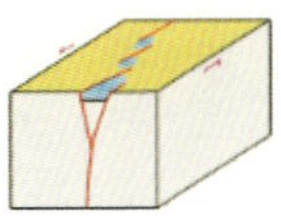 | 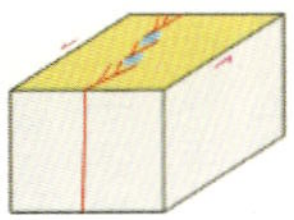 | 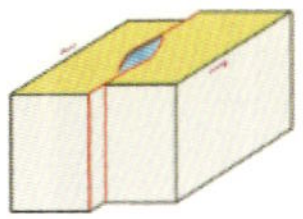 | 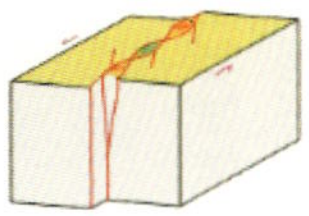 | 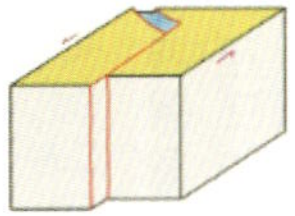 | 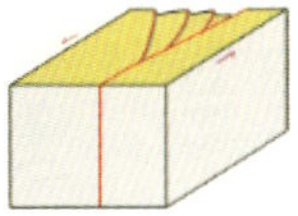 |
| 特征 | 单一断面陡陡，线性延伸，倾向可能变化，断裂规模较小 | 基底走滑错断，上部发散若干分支，向下收敛合并，以半花状构造为主 | 盖层发育一系列斜列分布的小型斜断裂，以正（张扭）下掉为主，向下合并线性延展，剖面上多以线性或简单花状构造为主 | 斜列断层段诱导发散小分支断层，向下收敛合并，剖面上以半花状构造为主 | 左行左阶断裂组合，形成张性断陷，左行右阶断层形成压扭性凸起，剖面上为负花状构造或正花状构造 | 断裂相互截切交织形成一系列错落堑垒，断裂规模较大伸展规模较大 | 在主干断层的尾端发散出若干断层形成一定规模深断陷 | 沿主断裂带两边或单侧发育散开的分支断裂，形成弧形断层垒带，断裂规模较小断裂活动较强烈 |

33

由于强烈的挤压、平移，走滑断裂带压缩并直线化，可能形成张扭与压扭构造间互的辫状构造，是大型走滑断裂的特有标志。辫状构造的走滑断裂变形带较宽，断裂组合复杂多样。根据断块的升降变化与断裂的运动方向，可以区分辫状构造的组合方式。

在走滑断裂带的尾段，由于应力释放，容易发育发散状的次级断裂，形成马尾状构造，表现为一系列斜列的断裂呈发散状排列。马尾状构造主断裂活动减弱，断裂变形带散开变宽。塔中北斜坡北部奥陶系碳酸盐岩顶面马尾状构造发育，大多自南向北发育，而塔北区则自北向南发育。平面上马尾状断裂多向西北方向散开，沿一侧发育。剖面上向下收敛依附主断裂，大多无根。值得注意的是，本区出现翼尾状断裂，这是一种特殊的构造类型。在塔中10号构造带向南逆冲缩短的过程中，西侧主动盘向南收缩量大，带动北部的岩层被动向南运动，并逐步形成拉张的翼尾状断裂。随着背斜带上压缩量的增大，北部的拉张逐渐加强，并形成翼尾状拉张地堑。翼尾状地堑与主断裂带呈高角度相交，不同于小角度相交的R型断裂。

### 3. 走滑断裂分类

根据走滑断裂的应力特征分析，可以将走滑断裂分为平移走滑断裂、张扭走滑断裂、压扭走滑断裂。大型走滑断层同时具有倾向上的位移，可能形成转换挤压或转换拉张区段，成为张扭或压扭的应力差异。

走滑断裂以水平运动为主，在地震剖面上通常呈现无明显的垂向位移的断层特征，可称为平移断裂。这类断层通常为直立型走滑断层，具有高陡直立的断面，断层规模小，平面直线延伸，垂向断距与水平断距较小，通常为小型断裂或是断裂活动较弱的区段，断裂两侧的地层起伏较低。平移断裂在地震剖面上通常没有显著的断裂响应特征（表2-2-1，图2-2-2），沿走滑断裂带垂向位移很小，没有明显的地貌起伏。

在左行左阶步、右行右阶步的断裂组合时，或是局部伸展构造环境下，通常容易形成张扭走滑断裂，甚至形成拉分地堑。张扭断裂通常呈负花状剖面特征，向下断穿寒武系至基底，向上多断至志留系—泥盆系，西部少量断至二叠系。主干断裂在奥陶系—志留系形成两条或多条分支断裂，向上散开，形成反向下掉的断堑。断面高陡，向下收敛、合并，具有明显的"拉张、正断、向形"的负花状构造特征，不同层位的断距变化较大，横向上可以向逆断层转化。

而在左行右阶步、右行左阶步的断裂组合时，或是局部挤压构造环境下，走滑断裂带容易形成上凸的压扭断裂。沿走滑断裂带收敛处常形成正花状构造的压扭断裂，主干断裂在奥陶系碳酸盐岩上部形成分支断裂向上散开背冲，在碳酸盐岩顶部形成断垒。这类似冲断系统的突发构造，但断面高陡，向下收敛、合并，上陡下缓。平面上断裂带与区域挤压应力场斜交，正花状构造具有明显的"挤压、逆断、背形"的特征，并可以向正断层转化、过渡到断堑。

环阿满地区走滑断裂主要分布在下古生界碳酸盐岩，以压扭断裂为主，志留系—泥盆系有张扭继承性活动，塔中局部上延至石炭系—二叠系，塔北地区则可能发育至中生界—古近系（图2-2-2）。塔北走滑断层垂向位移多大于200m，塔中走滑断层垂向位移多小于300m。值得注意的是，很多后期的张扭断裂从志留系—桑塔木组向下切割，叠加在良里塔格组—鹰山组压扭构造之上，形成两类断裂的叠加。

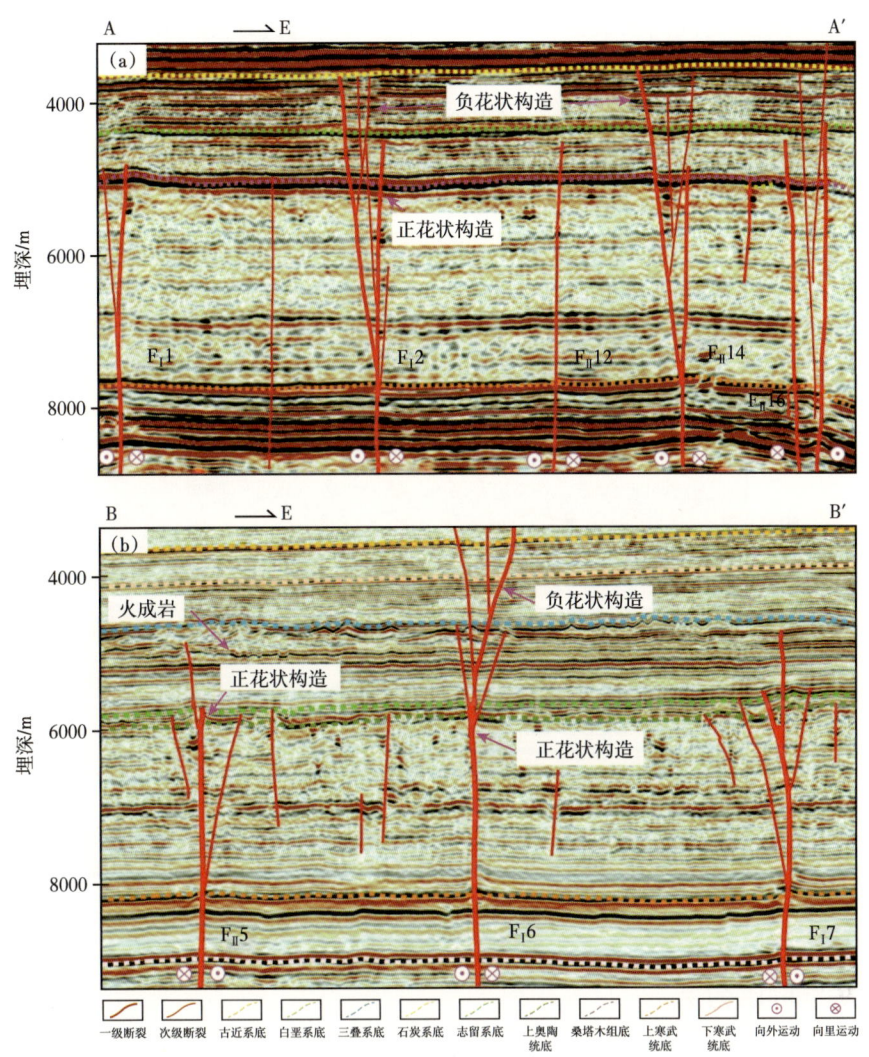

图 2-2-2 过塔中(a)与塔北(b)地区走滑断裂带典型地震剖面

## 二、走滑断层分级

根据走滑断裂带的长度与规模,将走滑断裂系统划分四级(图2-1-8、图2-2-3)。

一级走滑断裂带具有特征:(1)为一级构造单元的边界,或控制一级构造单元的形成与演化,或跨一级构造单元;(2)造成构造分区,并控制断裂的构造格局与分布;(3)长度逾50km。在此基础上,划分了26条一级走滑断裂带,这些断裂带多跨构造单元,其规模大,控制了走滑断裂带的形成与演化,同时控制了次级断裂的发育与分布。

二级走滑断裂带特征:(1)控制一级构造单元内构造分区、分带;(2)造成地质结构的差异;(3)长度逾30km。二级断裂带控制构造带的分布与特征,并造成一级构造单元的平面分区、分带及地质结构的差异,控制了不同区带构造演化。

三级走滑断裂带位于主干断裂带内部,或是主断裂的调节断层,对三级区带与构造圈闭具有重要控制作用。三级断裂有两种类型：一是主断裂伴生或派生的正向与反向调节断层，二是位于主断裂之间的次级断裂。三级断裂也可能通过地震剖面识别，并对奥陶系碳酸盐岩溶蚀储层的发育有较大的控制作用。

四级走滑断裂带位于二级、三级主断裂之间或内部，调节不同区段的构造变形，其规模较小，对局部构造形态、储层发育具有重要影响作用。

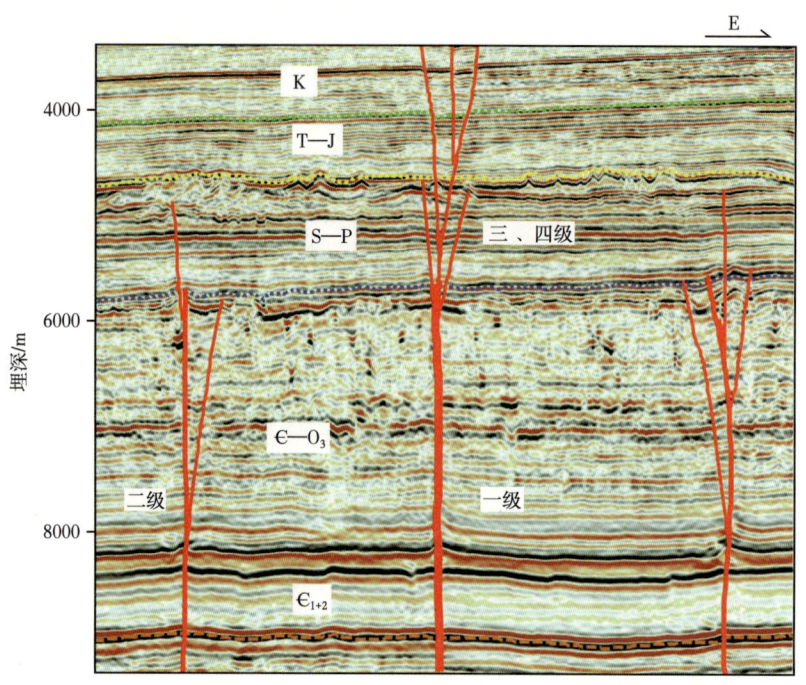

图 2-2-3　典型地震剖面示走滑断层分级与分层

## 三、走滑断层分层

环阿满走滑断裂系统纵向上分层特征明显，形成多层断裂的叠加（图 2-2-2 至图 2-2-4）。

走滑断层主要分布在下古生界碳酸盐岩，构造类型多样，主要发育北西向与北东向走滑断裂带，断裂规模大，构造活动强。志留系—二叠系主要为雁列断裂，多为继承性发育，向下与早期走滑断层合并，但发生性质转换，从压扭转向张扭，局部改造早期的断垒带。值得注意的是，在中—下寒武统盐下—盐间可能形成不同于上部的构造，并出现次级断裂，形成不同的构造层。同时，也出现分支断层中止在下奥陶统底部。由于数量较少，大多与奥陶系碳酸盐岩顶面构造样式一致。此外，期间没有不整合分隔，断裂受塑性盐膏层导致的岩石物理性质差异界面控制，推断与奥陶系碳酸盐岩上部的断裂形成时期相同。

其中寒武系—奥陶系走滑断裂特征相似，以压扭断裂为主，奠定了走滑断裂的基本构造格局。志留系—泥盆系以继承性张扭雁列断裂为主，局部石炭系—二叠系具有继承性发育。塔中个别火成岩地区走滑断裂向上进入三叠系，而塔北地区北东向走滑断裂带向上延伸至中生界—古近系。

第二章 走滑断裂的构造特征

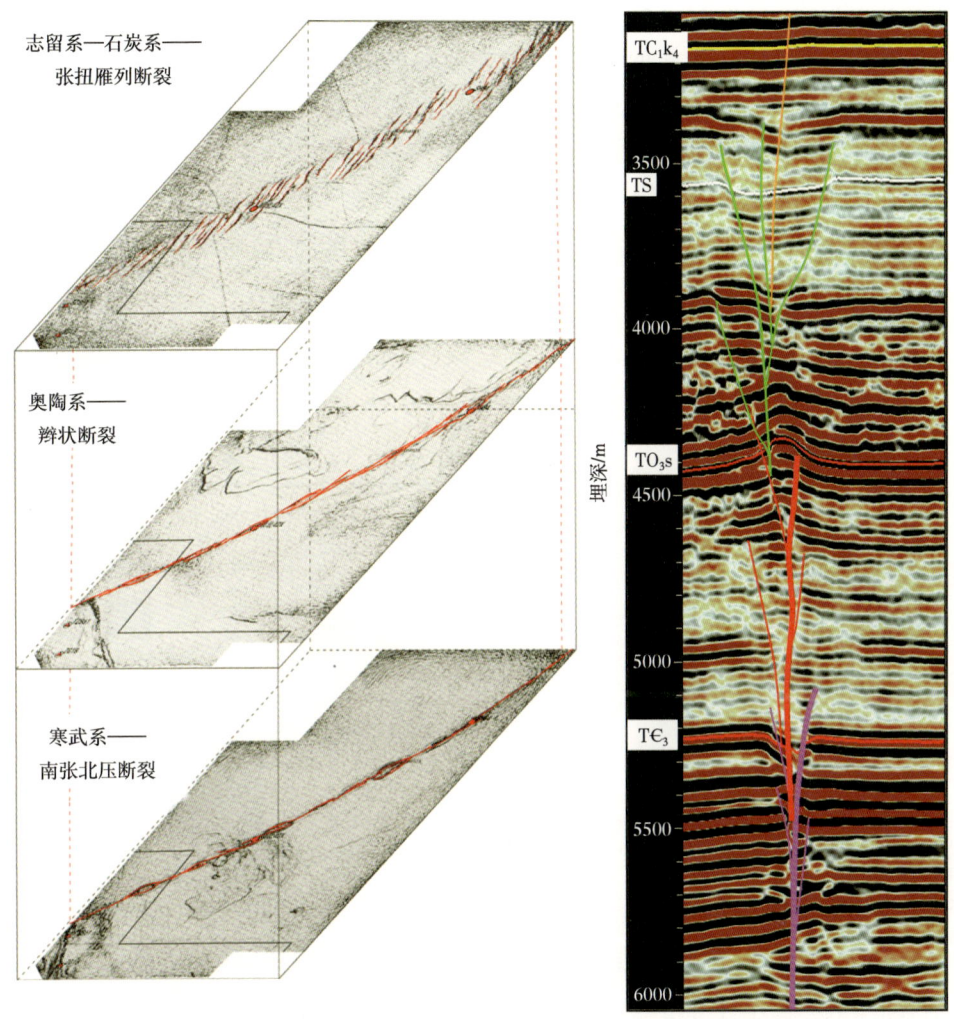

图 2-2-4 塔里木盆地 $F_I17$ 走滑断裂带南部平面与剖面分层图示

## 四、走滑断层分段

大型走滑断层在横向上变化大，由多区段多种类型样式构成，形成沿走向分布的一系列差异性构造，出现明显的分段性。走滑断层发育早期多呈孤立的不连接的分段展布，分段发生叠覆时呈现软连接时也未发生相互作用，可以此进行分段。在断层贯穿与相互作用的叠覆区，断层相互连接或以次级断层连接，并形成强烈变形的地堑或地垒，从而形成硬连接叠覆区。

走滑断层分段性主要体现在断层的构造样式与高差变化，分段组合通常包括直立线性段—斜列段/花状段—辫状段/堑垒段—马尾状段/线性段。走滑断层起始段往往发育变形较弱的单一直立断层构成的线性构造，也可以是由多段斜列段组成，断距较小，构造变形弱（图 2-2-5）。向断层中部构造变复杂，并通常形成多段软连接—硬连接的叠覆段，花状构造发育，次级断层分布复杂、变形强烈，并逐步形成复杂的硬连接的斜列段—堑垒段。在断层中部,往往形成大型的地堑或地垒,地堑与地垒交替出现部位可形成辫状构造,横向上变化快。向断层生长方向,构造活动减弱,又可能出现变形较弱的叠覆区形成的花状段/斜列段,构造高差变小。在断层尾端可能出现马尾状构造或线性构造,以马尾状段/线性段结束。

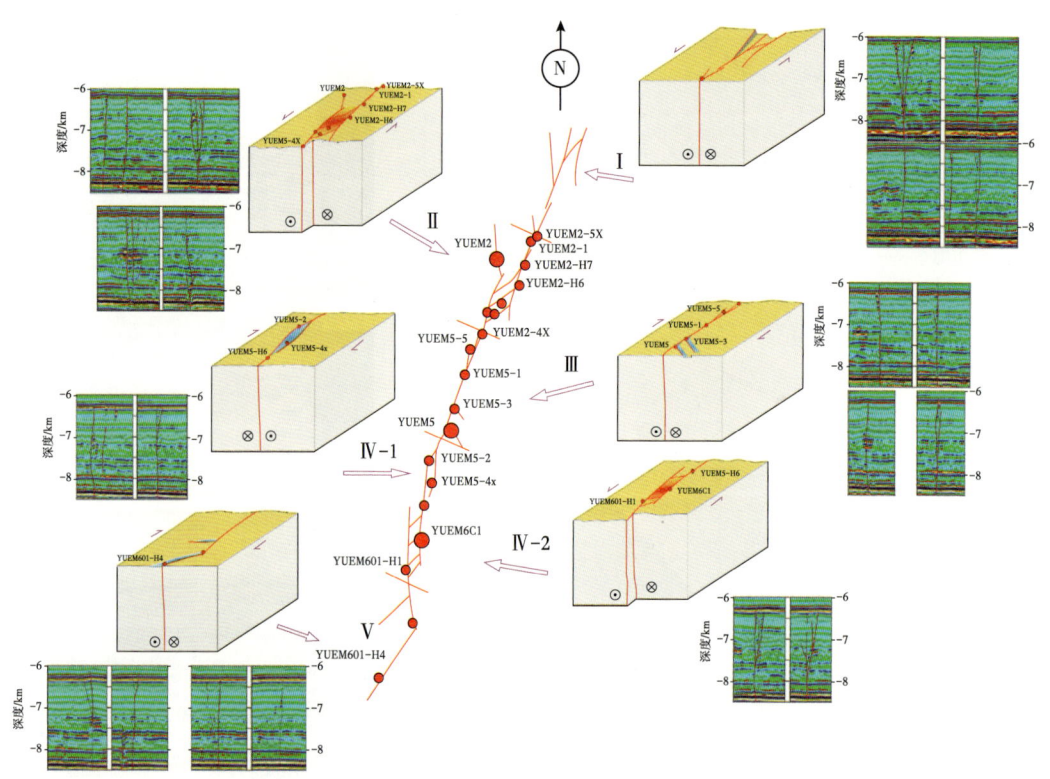

图 2-2-5　跃满 2 井区走滑断裂带分段地震剖面与模式

通过断裂的要素统计分析,发现大型走滑断裂带都具有明显的分段性。沿走向上,不同区段的断距变化大,而且可能出现断距或是断面的反向,其变化可能发生在很小的范围内,并可能频繁改变,表明断裂横向变化大。而断裂带的宽度通常与断裂活动的强度及断裂的空间展布相关。结合断裂样式的分析,可以区分断裂的分段特征。统计分析表明,大型走滑断裂带的宽度(地震剖面上断裂带杂乱地震相的宽度范围)与断裂带两盘的高差具有明显的正相关关系。虽然没有逆冲断层和正断层的相关性高,但也表明随着断裂活动强度的增大,断裂带的宽度与两盘的构造高差也随之增长。塔里木盆地寒武系—奥陶系大型走滑断裂带多已贯穿,在横向上由多区段、多种类型样式的断裂叠覆连接构成,具有沿走向上的分段性。

综合分析,小规模走滑断裂带多由一系列斜列/雁列排列的分段断裂组成,位移量小、缺少分支,呈孤立状与软连接分段,其间缺乏相互作用;而大型走滑断裂带多贯穿,分段间多为硬连接叠覆区并发生相互作用形成强烈的变形区,其分段性主要体现在断裂的构造样式与高差变化,分段组合通常包括直立线性段—斜列段/叠覆段—辫状段/堑垒段—马尾状段/线性段。

## 五、走滑断裂分期

塔里木盆地经历多期复杂的走滑断裂活动，断裂期次的判识是走滑断裂运动学与动力学研究的基础。

### 1. 地震—地质分析

塔北地区奥陶系虽然比较连续，但中奥陶统一间房组浅滩相颗粒灰岩与上奥陶统吐木休克组泥灰岩沉积差异较大，并已发生构造隆升（邬光辉等，2016）。良里塔格组沉积前发生古构造抬升与大面积岩溶地貌，对一间房组顶面优质岩溶储层的发育具有重要控制作用。岩心物性统计分析表明，中—上奥陶统石灰岩孔隙度很低，良里塔格组由于台缘带发育，基质孔隙度略高；一间房组（平均值为 5.78mD）和鹰山组（平均值为 4.48mD）的渗透率比良里塔格组（平均值为 0.86mD）与吐木休克组（平均值为 0.56mD）的渗透率高 1 个数量级。分析表明，上下地层渗透率的差异与上奥陶统沉积前发生的断裂活动相关，造成中—下奥陶统裂缝较发育，导致异常高的渗透率。因此分析，塔北地区很可能在上奥陶统沉积前已发生走滑断裂活动。

地震剖面显示（图 2-2-2、图 2-2-3），塔北地区部分走滑断裂向上终止于一间房组顶部，出现杂乱反射。同时，断裂带在一间房组顶部有岩溶地貌，上覆良里塔格组碳酸盐岩厚度在横向上发生变化，表明可能已有断裂活动并影响古地貌与沉积。与塔中地区类似，寒武系—奥陶系碳酸盐岩中以压扭构造为主，向上以张扭构造为主。地震剖面可见上部张扭断裂向下延伸并切割下部压扭构造，在一间房组背斜核部形成微地堑，不同于下部的压扭背斜构造。另外奥陶系之上的走滑断裂沿早期走滑断裂带局部发育，以雁列构造、地堑与线性构造为主，断裂分布、组合不同于奥陶系碳酸盐岩，上部断裂分段长度小，但垂向断距可大于 200m。

结合研究成果，走滑断裂主要形成于中奥陶世，并存在晚奥陶世—泥盆纪、石炭纪—二叠纪、中生代—古近纪等多阶段断裂活动（图 2-2-3）。上奥陶统—古近系走滑断裂均在早期断裂上继承性发育，断裂样式、分布均不同于早期形成的走滑断裂，可以区分断裂期次。值得注意的是，由于走滑断裂初始期断距小，不一定发育至地表，加上后期断裂作用的改造，不能简单地以个别地震剖面上走滑断裂终止的层位判断断裂活动时间。

### 2. 断裂带 U-Pb 定年

根据区域构造背景与地震剖面上断层切割关系与终止层位可以推断盆地内断裂活动的大致时期，但难以准确判别断裂形成的时间，更难确定经历多期叠加改造断裂的初始形成时间。选取奥陶系碳酸盐岩走滑断裂带同断裂期裂缝方解石样品，进行原位 LA-ICP-MS U-Pb 测年，获得了裂缝胶结物比较精确的 U-Pb 年龄（图 2-2-6）。其中，塔北 QG1 井、RP4 井一间房组顶面裂缝方解石沉淀年龄约为 460Ma，代表中奥陶世末期断裂胶结充填的时间。

由于断裂活动应早于或与裂缝胶结物同期，而且一间房组顶面地层可以限定断裂的形成年龄应在中奥陶世末及其后，推断走滑断裂活动时间约为距今 460Ma。距今 460Ma 的断裂活动与一间房组沉积后的区域构造隆升时间一致（邬光辉等，2016），且与原特提斯洋的大规模俯冲时间相当（Li et al., 2018; Zhang et al., 2019）。综合分析认为塔里木盆地奥陶系碳酸盐岩走滑断裂活动始于距今约 460Ma 的中奥陶世末期。

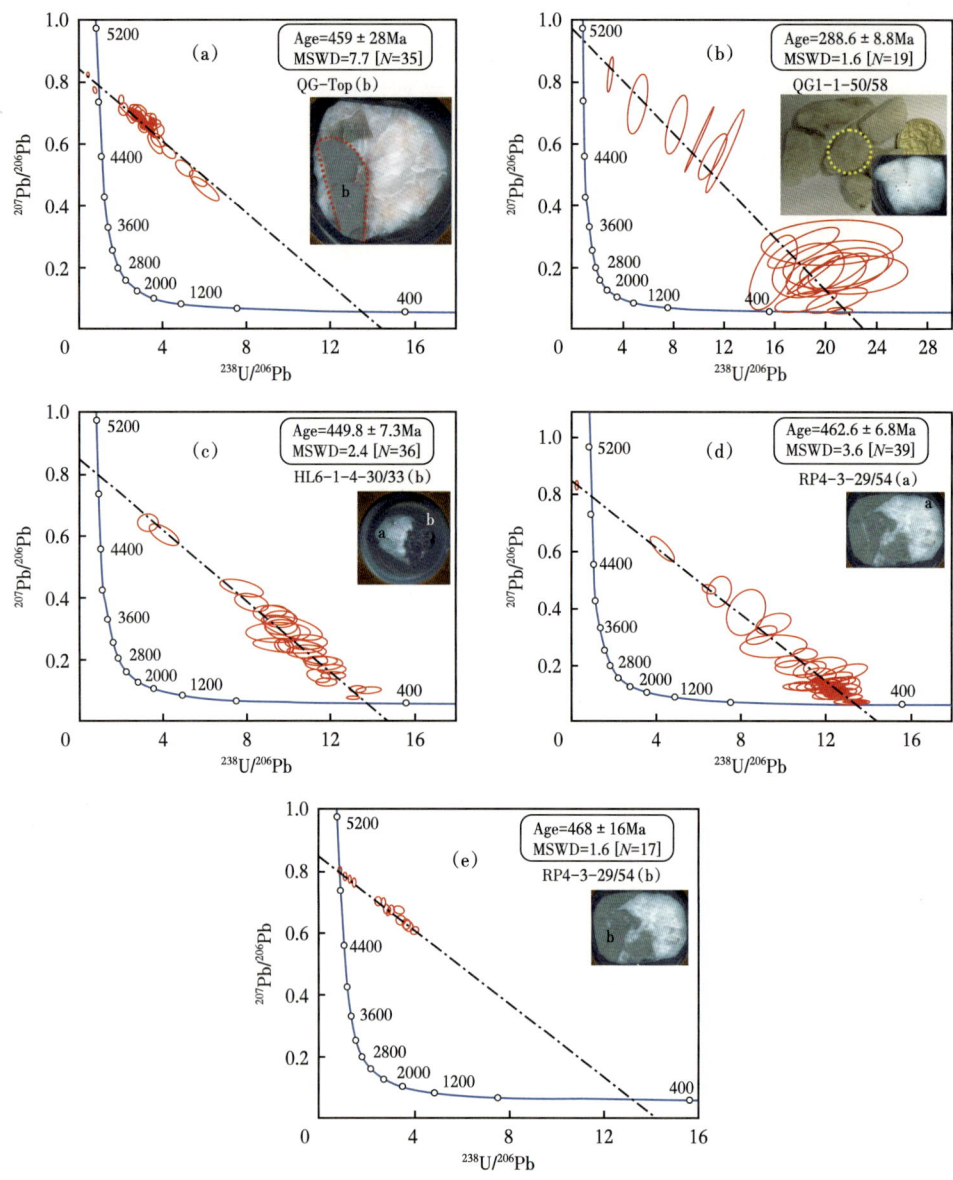

图 2-2-6 塔中 2 井（a）与热普 4 井（b）奥陶系裂缝碳酸盐胶结物 U-Pb 年龄谐和图（Age：年龄；MSWD：平均标准权重偏差；N：样品数）

## 第三节 走滑断裂形成与演化

结合走滑断裂的几何学特征，开展了环阿满走滑断裂系统的运动学与动力学研究，明确了走滑断裂形成的板块动力学机制，提出了板内小位移、长走滑断裂带的生长机制。

### 一、走滑断裂的板块动力学机制

#### 1. 区域构造背景

塔里木板块南缘原特提斯洋（古昆仑洋）在距今 480—460Ma 向中昆仑岛弧俯冲，在距今 450—430Ma 发生板片断离并导致原特提斯洋的闭合（Li et al.，2018；Zhang et al.，2019），继而形成塔西南前陆盆地，是塔里木板块的重要构造变革期。而此阶段塔里木板块北部处于南天山洋发育扩张期，对塔里木板块内构造改观影响微弱。

中奥陶世塔里木盆地从伸展背景转向挤压背景，地层、沉积与构造开始出现分异（邬光辉等，2016），塔北、塔中、塔西南此三大近东西走向碳酸盐岩古隆起已开始出现雏形[图 2-3-1（a）]，塔西南与塔中古隆起活动更强烈，发生大面积的抬升剥蚀，大多缺失一间房组—吐木休克组（杜金虎，2010）。中奥陶世晚期一间房组沉积从东西分区转变为南北分带，至良里塔格组沉积期形成塔北—阿满—塔中"两台夹一盆"的南北向沉积分异（图 1-2-7），盆地内开始充填大量的碎屑岩，碳酸盐岩台地逐渐消亡。

综合分析，受原特提斯洋闭合影响，塔里木板块在中奥陶世从区域伸展转向区域挤压，可能是走滑断裂形成的动力来源。尽管塔里木盆地南部地震资料品质差、后期构造改造强烈，目前发现的走滑断裂很少，但可能存在尚未识别的走滑断裂带。

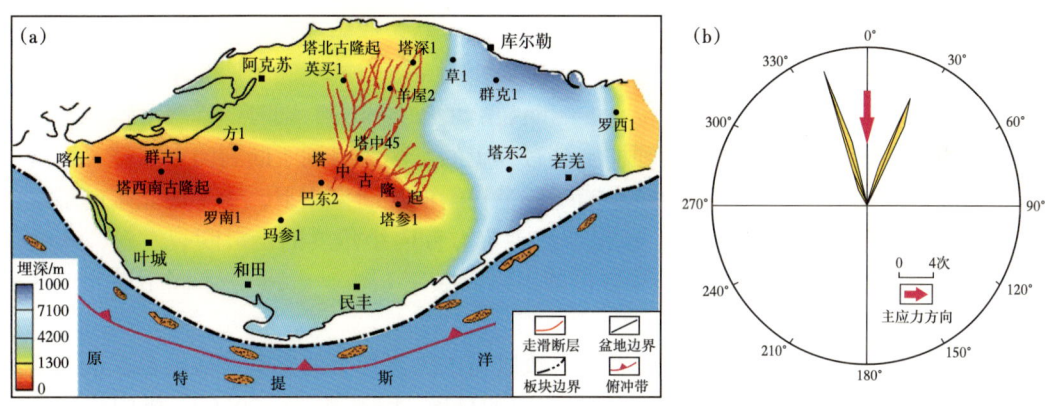

图 2-3-1　塔里木盆地中奥陶世末碳酸盐岩顶面古构造图（a）及塔北哈拉哈塘地区共轭断裂走向主应力方向（b）

## 2. 区域应力场方向

尽管古应力方向难以恢复，且走滑断裂走向与主应力方向会有较大的夹角变化范围，但早期形成的共轭走滑断裂可以指示主应力方向。

哈拉哈塘地区奥陶系碳酸盐岩发育对称的北北西向与北北东向共轭走滑断裂，记录了中—晚奥陶世的断裂格局（Wu et al.，2018），可以用来判断断裂形成期的主应力方向。北北西向走滑断裂的走向多位于∠330°~360°，北北东向走滑断裂走向多位于∠16°~∠30°，其间的二分角大约为∠2°[图 2-3-1（b）]。由于共轭走滑断裂二分角一般与最大压应力方向一致，表明走滑断裂形成期为近南北向主应力方向（以现今位置推断）。近南北向的主应力方向与近东西向展布的塔北古隆起、塔西南古隆起近于垂直，形成克拉通内褶皱隆起（邬光辉等，2016）。中奥陶世塔北地区构造隆升微弱，其南部哈拉哈塘地区构造平缓、地质结构相对均一，在近南北向的远程区域挤压作用有利于形成共轭走滑断裂带。受区域应力场的影响，以哈拉哈塘地区为中心，东西方向分别以北北东向与北北西向走滑断裂发育为特征（图 2-1-10）。同时，塔北南缘部分走滑断裂带自北向南发育，并以向南散开的马尾状构造终止，代表断裂作用自北向南传递，可能指示塔北地区形成自北向南的反向挤压作用。

北西向的塔中古隆起及其北西走向逆冲断裂与南北向主应力方向斜交，导致古隆起褶皱与逆冲过程中发生起调节作用的北东向走滑断裂（邬光辉等，2021）。塔中北斜坡11条北东向主干断裂的走向位于∠30°~∠39°，与上述近南北向主应力方向低角度斜交，也符合安德森断裂模式。由此推断，在近南北方向区域应力场控制了北东向与北西向走滑断裂分布的格局。

### 3. 先存构造与岩相

基底先存的断裂、褶皱与岩石物性变化的薄弱带往往是后期断裂选择性发育的有利部位（Crider et al.，2004）。塔里木盆地基底结构复杂、先存构造发育（邬光辉等，2016），并影响显生宙盖层的构造格局。

塔里木盆地南部基底发育一系列北东向高磁异常带，从前寒武系火成岩分析很可能是距今约1.9Ga哥伦比亚超大陆汇聚期南北塔里木拼合形成的侵入岩体（Yang et al.，2018），构成先存基底薄弱带。根据塔里木盆地重磁电揭示的基底结构与深大断裂分析，塔中—阿满地区发育北东向与北西向的基底先存构造，有助于断裂成核与先存断裂的复活。在走滑断裂自下而上的发育过程中，受近南北向主应力作用，塔里木基底早期北东向与北西向的先存构造是局部应力作用的有利部位，影响断裂的形成与发育。同时，基底薄弱面可能对寒武系—奥陶系碳酸盐岩的岩石物理性质具有一定的影响，有利于断裂向上突破。综合分析，中奥陶世晚期塔中地区北西西向逆冲断裂带在斜向冲断作用下，受基底北东向基底先存构造的影响（邬光辉等，2016），有利于与主应力方向小角度的走滑断裂发育，从而形成一系列具有调节作用的北东向优势方位的走滑断裂带（图2-1-10），不同于塔北地区的共轭走滑断裂带。

值得注意的是，环阿满走滑断裂系统大致以塔中隆起控制的良里塔格组台缘带与塔北隆起控制的一间房组台缘带为界形成南北方向的分区（邬光辉等，2016）。塔中地区良里塔格组镶边台缘带沿塔中古隆起北部边界分布（图2-1-10），并控制鹰山组分布，构成塔中隆起北部的构造与岩相边界。塔中走滑断裂带多以马尾状构造终止于台缘带，仅有几条大型走滑断裂带向阿满地区延伸。塔北南坡共轭走滑断裂分布于一间房组宽缓的缓坡型台地上，在台地的岩相结构向南变化部位消失，表明岩相差异对走滑断裂的生长发育与分布具有一定的控制作用。由此可见，先期岩相也可能影响走滑断裂的发育与分布。

综上所述，中奥陶世原特提斯洋闭合产生近南北向的远程挤压作用控制了环阿满走滑断裂系统的形成与分布，先存构造与岩相影响走滑断裂南北分区的差异性。

## 二、走滑断裂的力学机制

### 1. 共轭走滑断裂成因

共轭断裂大多用安德森模式解释，在均匀应力作用下形成与最大主应力呈25°~30°夹角的对称断裂（Mitchell et al.，2009；Fualkner et al. 2010）。哈拉哈塘地区基底结构差异小、构造平缓，先存构造与先期构造不发育，岩石物理性质相对均一，在远程挤压作用下有利于安德森模式下共轭裂缝的成核与发育，并逐渐扩张形成较为对称的共轭剪切断裂带（图2-1-9）。但是，哈拉哈塘地区共轭走滑断裂的二面角为26°~51°，平均值约为40°（Wu et al.，2018），低于理想状态下的50°~60°的夹角。分析表明，该区沉积盖层厚度超过3000m，围岩压差较大，可能降低剪切破裂角（Ismat，2015）。此外，在长期较弱的远程挤压作用下，应力状态的变化与岩石力学的差异也会影响共轭断裂的对称性与二面角大小（Yin et al.，2011）。通过压溶作用、多期相互截切等机制（Schwarz et al.，2008）和岩体向上运动形成花状构造，可以调节维持共轭断层交会区域的体积平衡，并通过逐渐减小位移或降低体积而向下消失（Morley，2014）。因此，塔北共轭走滑断裂的生长发育也可能存在非安德森机制。

由于共轭断裂相互阻碍水平滑动，相继滑动而非同时运动可能是共轭断裂发育的重要机制（Wu et al.，2018）。哈拉哈塘地区"X"形共轭断裂形成后，在断层交会部位水平位移受限[图2-3-2（b）]，可以通过相继滑动造成断裂的相互错动[图2-3-2（b）~（d）]，从而发生持续的断裂变形。这种相继滑动通常发生在同期断裂活动的相对较短时间范围内，并在交叉部位形成菱形微小断裂调节构造变形[图2-3-2（c）、（d）]（Bretan et al.，1996）。而哈拉哈塘地区走滑断裂交会部位并没有出现明显的菱形变形带，其原因可能是共轭走滑断裂相互错动的位移量很小，相继滑动后很快形成北西向断裂的优先发育，以北西向错动北东向断裂为主[图2-3-2（d）]，并在位移量上形成不对称的分布。尽管北东向断裂后期再活动强度大，但北西向走滑断裂在寒武系—奥陶系活动强度大、成熟度高。随着东北向断裂晚期的复活，有的部位可见北西向断裂被北东向断裂错开，但位移量较小，相互错动的水平位移多小于200m，因此保存了极少见的断裂长达100km的陆内共轭走滑断裂系统（Wu et al.，2018，2021）。

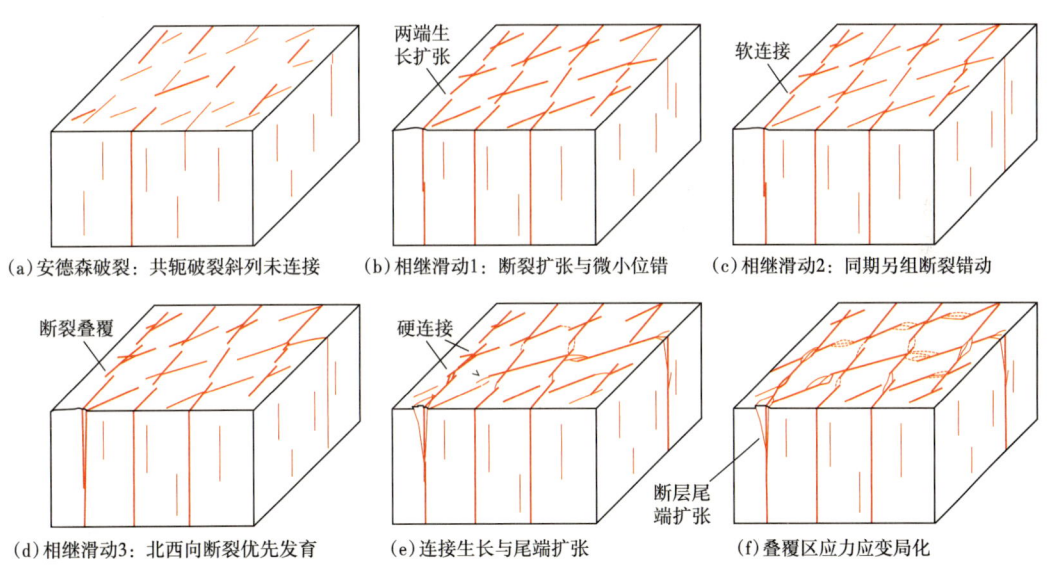

(a)安德森破裂：共轭破裂斜列未连接　(b)相继滑动1：断裂扩张与微小位错　(c)相继滑动2：同期另组断裂错动
(d)相继滑动3：北西向断裂优先发育　(e)连接生长与尾端扩张　(f)叠覆区应力应变局化

图2-3-2　哈拉哈塘地区共轭走滑断裂形成演化模式（图中红线代表断裂）

### 2. 走滑断裂非安德森生长机制

非安德森破裂机制在断裂的形成与发育过程中具有重要的作用（Mitchell et al.，2009；Faulkner et al.，2010）。地震精细解释结果显示，一些环阿满走滑断裂尾端发育马尾状构造，这些断裂通常呈弧形向外散开，断距逐渐减小，断面不规则。这种断裂构造的形成多基于非线性的和屈服极限后的断裂力学机制，断裂形成前的短暂时间内在断裂尾端形成外向偏移的破裂带，属于断裂尾端扩张模式［图2-3-2（e）］。随着断裂向外扩展，尾端外向偏移的破碎带可能形成次级断裂，这种断裂与主断裂的夹角变化大，不同于R型剪切破裂。断裂尾端向前发育或是连接生长后［图2-3-2（d）、（e）］，尾端外向偏移的破裂生长往往受到抑制。塔中走滑断裂向北出现一系列散开的马尾状构造，而哈拉哈塘地区走滑断裂向南形成马尾状构造（Wu et al.，2020），揭示了不同的断裂生长方向。

随着断裂分段的尾端扩展与相互趋近，断裂间发生相互作用时，会沿这些破裂产生连接作用。环阿满地区主干走滑断裂一般由3~8段组成，通过连接生长形成长度超过50km的走滑断裂带（Wu et al.，2020）。走滑断裂的分段连接造成断裂长度倍增，但位移却很少增长，造成断裂位移—长度关系不符合幂律分布规律。这种模式下次级断裂走向也多与最大主应力方向一致，但变形与位移通常集中在断裂连接部位（Wu et al.，2020）。不同于一般断裂的连接生长，哈拉哈塘地区断裂分段连接后，变形与应变集中在硬连接的叠覆区［图2-3-2（f）］，从而调节构造变形并避免相互截切的水平滑移造成的体积不平衡。此外，有些走滑断裂带出现多个马尾状构造，并形成次级断裂，可能是断裂尾端扩张的多段断裂连接生长的结果。这类尾端连接生长也符合断裂尾端相互作用模式（Mitchell et al.，2009；Fualkner et al.，2010），其变形发生在断裂尾端连接部位，并通过断裂尾端的强烈相互作用，形成强变形叠覆区。统计分析表明，环阿满走滑断裂带水平位移小，位移与变形主要集中在叠覆区并不断增长，形成强烈的局化作用，以调节断裂带的变形，不同于一般的断裂弱化机制。在此基础上，走滑断裂实现长度的不断增长，并保持较小的水平位移，形成"小位移"长断裂带，不同于其他地区断裂的位移—长度的幂律分布关系（Torabi，2011；Wu et al.，2020）。值得注意的是，非安德森破裂也受先期安德森破裂的影响，二者也可以同时发育，从而造成断裂与裂缝的复杂分布。

综合分析，塔北地区在安德森破裂的基础上，通过相继滑动与切割调节相互截切部位变形产生共轭断裂，而连接生长及尾端扩张与相互作用等非安德森模式是环阿满走滑断裂生长的主要机制，同时通过叠覆区强烈的断裂局化作用调节位移与变形，从而形成不断连接增长但位移增量极少的"小位移"长断裂带。

### 3. 变换断裂形成与演化

通过构造解析，塔中地区走滑断裂带同样具有分段性，同样具有连接生长机制导致的断裂长度扩展与倍增（邬光辉等，2021），但塔中地区走滑断裂的扩张与生长没有共轭断裂的阻碍。因此，塔中地区走滑断裂的断距更大，断裂的贯通程度更高，其中的连接生长部位与两端呈渐变过渡，叠覆区位移与应变的局化作用没有哈拉哈塘地区强烈。由于塔中地区走滑断裂规模更大，断裂连接生长的叠覆区与斜列段都有较大的位移与变形。

通过沿塔中地区断裂带的断裂要素测量，位移量与变形最强烈的走滑作用集中在塔中北斜坡逆冲断裂带附近及北西向的张扭地堑部位，向北位移量急剧减小。分析表明，塔中逆冲断裂带在整体向南反冲过程中，走滑断裂带西部块体相对向南运动快，形成左行滑动［图2-3-3（a）］，其中西盘北部地区被动整体向南滑动形成断裂尾端破裂，并随位移的增长而逐渐形成窄深地堑［图2-3-3（b）］。地堑向北，走滑断裂的位移与变形急剧下降。$F_I 20$断裂带等再向北扩张至塔中北缘又出现典型的马尾状构造，形成另一段走滑断裂的尾端［图2-3-3（c）］。

第二章 走滑断裂的构造特征

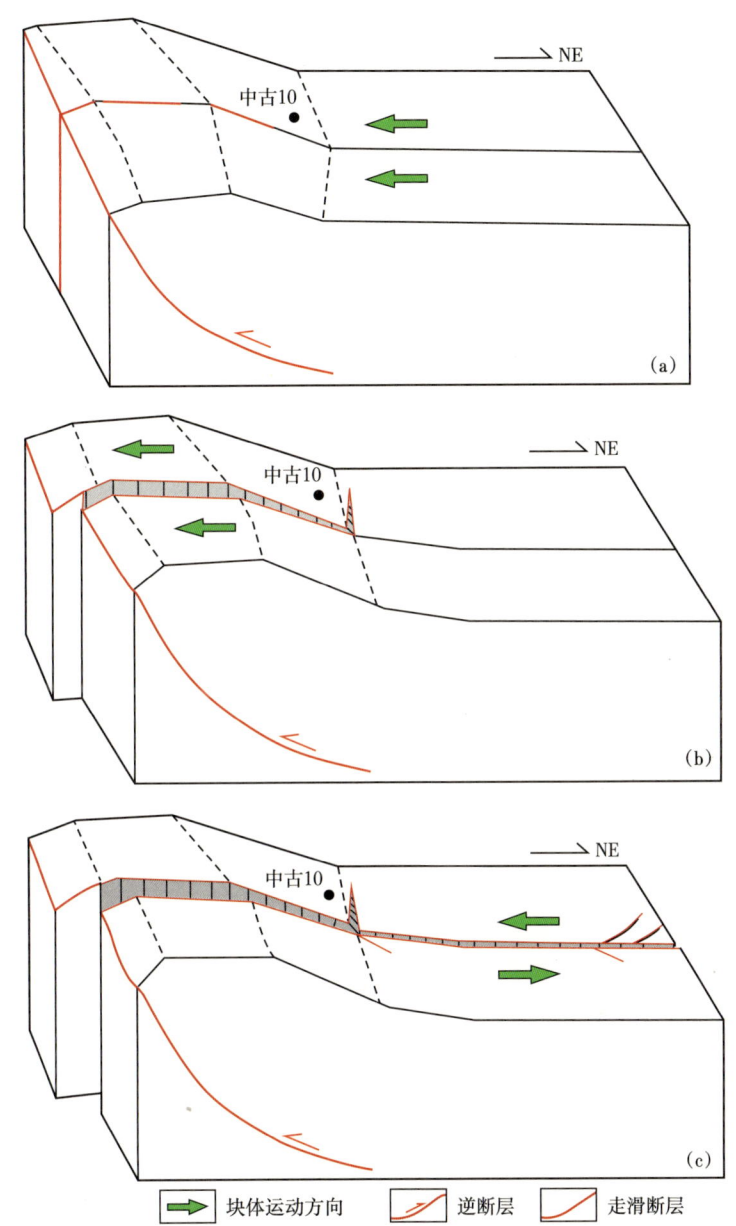

图 2-3-3　$F_120$ 变换断裂带形成演化模式图

综合分析，塔中逆冲断裂带向南斜向运动过程中，受控斜向挤压作用与基底先存构造，产生北东向调节逆冲变形的走滑断裂，进而通过断裂的尾端扩张与连接而不断生长。随着向南逆冲位移不一致的扩大，西侧岩体向南的大量位移造成断裂尾端的裂开，形成尾端北西向地堑。不同于哈拉哈塘地区应力应变集中在断裂的叠覆区，塔中走滑断裂尾端扩张机制积聚了更多的应变与应力，地堑不断加深，在奥陶系碳酸盐岩中地堑深逾400m。随着断裂的贯穿与断裂的进一步扩展，在断裂尾端向北发育左行走滑断裂［图2-3-3(c)］。与常规的陆内走滑断裂带类似，北部走滑断裂段发育正常的尾端扩张机制形成的马尾状构造。

45

综上所述，塔里木盆地环阿满走滑断裂系统具有多期继承性发育特征，断裂方解石胶结 U-Pb 测年结合地震解析限定走滑断裂形成时间为中奥陶世末（距今约 460Ma）。走滑断裂形成受控于中奥陶世原特提斯洋闭合产生的近南北向远程挤压作用，同时先存构造形成的基底结构与岩相制约走滑断裂的差异性。在先期安德森破裂的基础上，环阿满走滑断裂以连接生长为主要机制，伴随断裂尾端扩张与相互作用等非安德森破裂机制而快速加长，从而形成不断连接增长但位移增量极少的"小位移"长断裂。塔北地区共轭走滑断裂通过相继滑动调节截切部位变形，并通过连接叠覆区的强烈局化作用调节主要位移与变形，而塔中地区走滑断裂尾端窄深地堑与逆冲带中走滑段积聚了更多的走滑变形与应变量。

# 第三章 断裂带碳酸盐岩储层

塔里木盆地走滑断裂断控油气藏的储层主要为中—上奥陶统石灰岩,其基质储层孔隙度低(低于3%)、渗透率低(低于0.5mD),以次生裂缝与溶蚀孔隙为主,断裂对储层具有重要的建设性作用,形成多种类型的复杂走滑断裂相关储层。

## 第一节 走滑断裂带裂缝性储集体

塔里木盆地奥陶系碳酸盐岩走滑断层破碎带发育,具有沿断层破碎带发育大规模裂缝型储层的地质条件,以柯坪露头皮羌断裂带、哈拉哈塘地区井下裂缝为例进行分析。

### 一、露头断裂特征

皮羌断裂北二段位于皮羌走滑断裂带北部 [图3-1-1(a)]。卫星影像、野外资料显示皮羌断裂北二段为断层转弯部位 [图3-1-1(b)、(c)],位移达1km,两盘具有明显的

(a)剖面位置　　　(b)卫星断裂解译图

(c)无人机拍摄远景照片

图3-1-1　皮羌断裂北二段主干断裂

拖拽变形。野外观测长度约6km，实测剖面长度约2km，观测剖面三个，主要集中在中段和南段。沿主干断裂带走向上山体高陡，断层核与断层破碎带内带宽阔，超过100m。

**1. 露头平剖面特征**

1）PQB2-1 剖面

皮羌断裂北二段 PQB2-1 剖面位于南段［图3-1-2（a）］，观测点位四个，剖面长度大于200m。露头显示 PQB2-1 剖面断层核被覆盖，西盘断层破碎带出露较好。断层破碎带以碎裂岩带、裂缝带次级小断层发育为主。在近断层核部出露零星角砾岩［图3-1-2（b）］。角砾具有定向排列，长轴1~5cm，短轴0.5~2cm。角砾岩带发育多组方向高角度张裂缝。裂缝走向玫瑰花图［图3-1-2（c）中D1-1］显示一组优势缝为近南北向。裂缝宽1~10mm，密度达50条/m。沿主要裂缝角砾岩易坍塌形成孔洞，洞径长达15cm，宽达8cm。

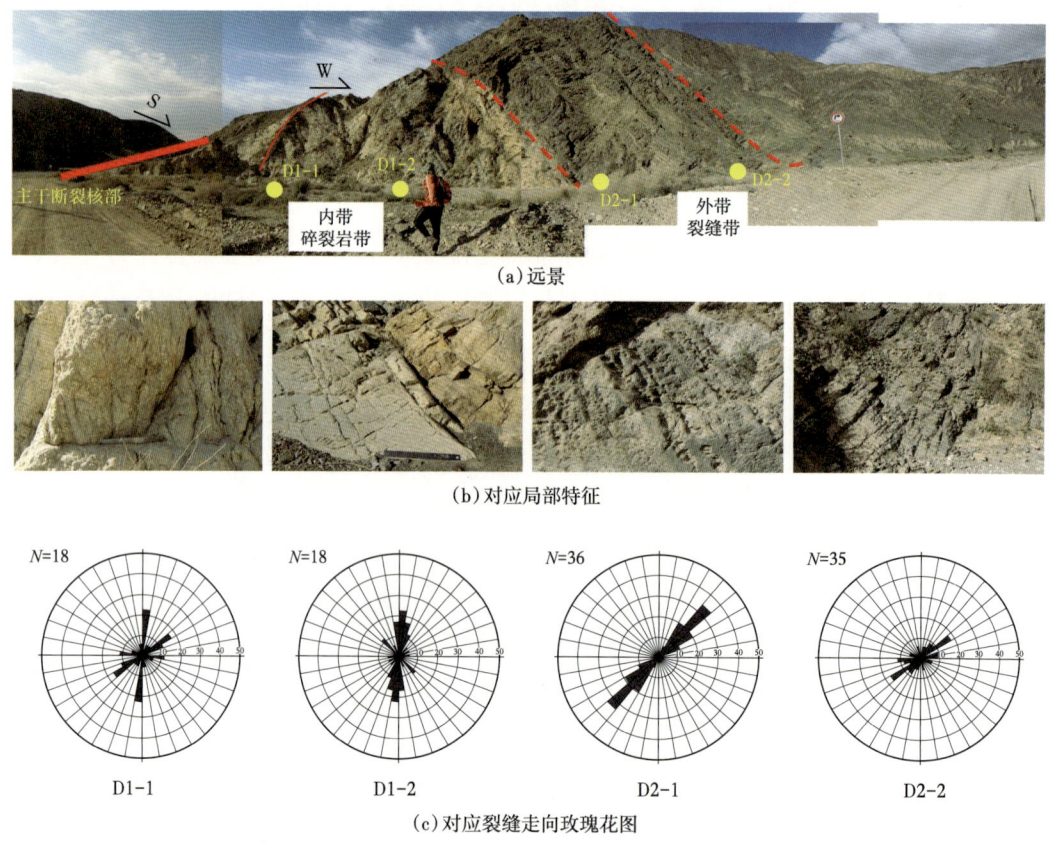

图3-1-2　皮羌断裂北二段 PQB2-1 剖面远景照片（a）、局部断裂照片（b）与对应裂缝走向玫瑰花图（c）

（N—裂缝条数）

裂缝走向玫瑰花图显示断层破碎带裂缝在横向上具有明显的发育规律，近核部裂缝发育多组方向，向围岩方向逐渐趋于一组方向裂缝为主。同时裂缝走向从断层核向围岩方向发生变化，由近核部的近南北向变成北东—南西向。图3-1-3 裂缝开度统计显示破碎带裂缝开度横向上距断层核距离增加而呈指数型增长，之后趋于稳定。裂缝开度在碎裂岩带（D1-1、D1-2）较小，小于5mm。在裂缝带（D2-1、D2-2）较大，为5~15mm。在近核部碎裂岩带受核部应变释放影响相对较大，导致裂缝受拉张作用相对较小，剪切作用强。而裂缝带由于远离核部，受核部应变释放影响相对较小，拉张作用相对较大，从而导致裂缝带的裂缝开度大于碎裂岩带。

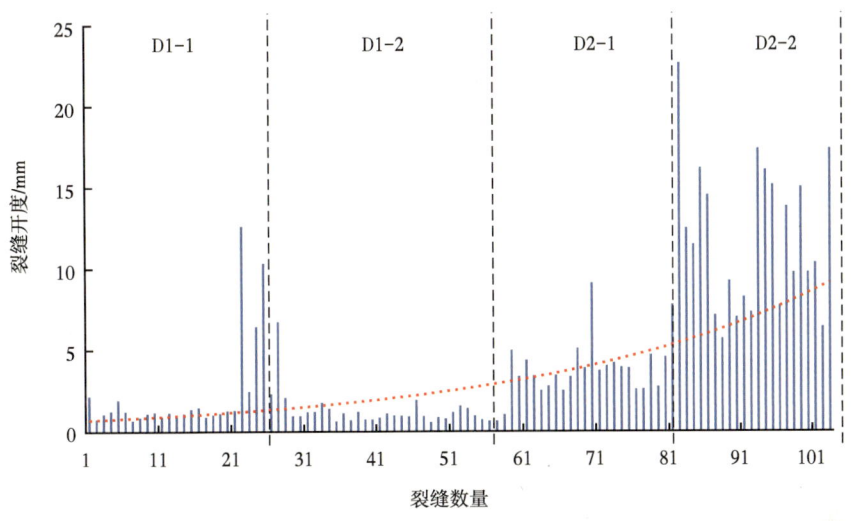

图 3-1-3　皮羌断裂北二段 PQB2-1 剖面裂缝开度柱状图

2）PQB2-3 剖面

皮羌断裂北二段 PQB2-3 剖面位于中段，剖面长度约 300m，为一条断裂带西盘沿走向上的裂缝带剖面（图 3-1-4），露头显示了沿走向上裂缝较为发育，充填程度低或基本未充填。受裂缝影响溶蚀现象明显，溶蚀孔洞发育。

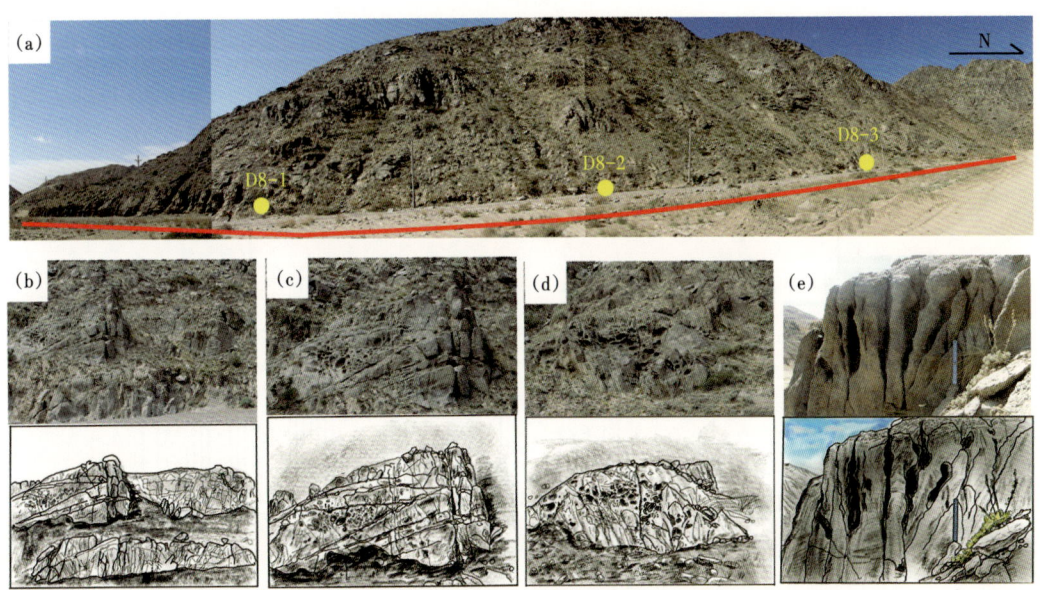

图 3-1-4　皮羌断裂北二段 PQB2-3 剖面破碎带沿走向裂缝发育露头照片
（a）为远景照片，（b）（c）（d）（e）为局部断裂照片及对应素描图

主要发育张开缝，高角度缝与低角度裂缝相互切割。其中高角度裂缝张开度较大，为 1~5cm，裂缝密度约为 20 条 /m。扩溶现象明显，溶蚀孔洞发育，洞径较大，集中于 20~50cm 之间。低角度裂缝发育处溶蚀孔洞也较为发育，但其洞径相对较小，集中于 10~20cm 之间。

裂缝发育在构造高部位和构造低部位具有明显的差异。PQB2-3 剖面山体出露高约 20m，裂缝发育构造高部位应力释放区宽阔。构造高部位裂缝溶蚀较为强烈，具有强烈的裂缝扩溶及溶蚀孔洞发育。构造高部位应力释放区裂缝扩溶强于构造低部位，溶蚀孔洞洞径大于构造低部位的溶蚀孔洞洞径。同时，裂缝叠覆区溶蚀孔洞发育较强烈，表现为裂缝叠覆区溶蚀孔洞密集度高。

对裂缝参数进行统计分析表明（图 3-1-5），D8-1 发育多组裂缝，D8-2 和 D8-3 发育一组优势缝，与近南北向的主干断裂呈小角度相交。裂缝开度统计分析可见，开度集中分布于 5~10mm 之间（图 3-1-6）。溶蚀孔洞长短轴统计表明（图 3-1-7），孔洞大小集中分布于一个区域，大小在（0~15）cm×20cm。局部发育洞径较大孔洞。

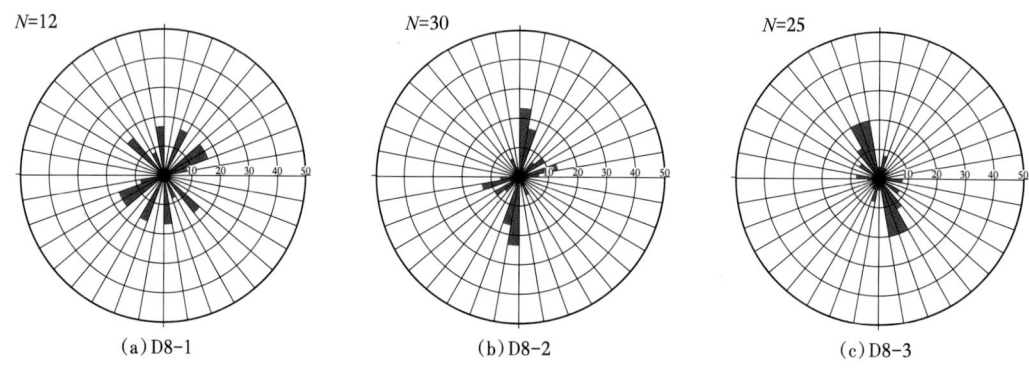

图 3-1-5 皮羌断裂北二段 PQB2-3 剖面裂缝走向玫瑰花图（位置如图 3-1-4 所示）

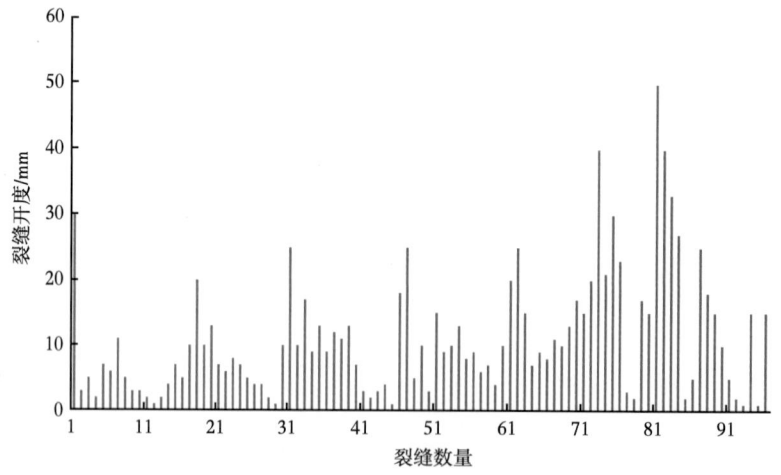

图 3-1-6 皮羌断裂北二段 PQ2-3 剖面裂缝开度柱状图
［位置如图 3-1-4（b）、（c）所示］

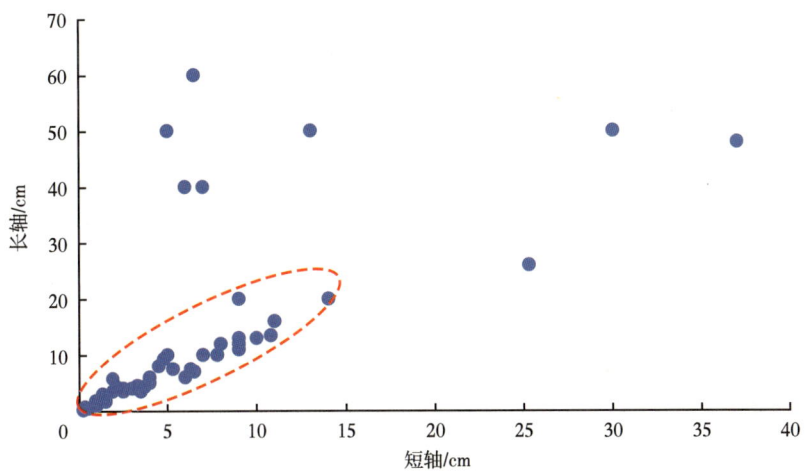

图 3-1-7　PQ2-3 剖面裂缝带溶蚀孔洞洞径散点图［位置如图 3-1-4（b）、（c）、（d）所示］

### 2. 断裂带结构模式

通过对皮羌断裂带北二段 PQB2-1 剖面、PQB2-2 剖面和 PQB2-3 剖面的露头特征精细描述和数据统计分析，建立了典型的皮羌北二段走滑断裂带结构模式（图 3-1-8），得出以下几点认识：

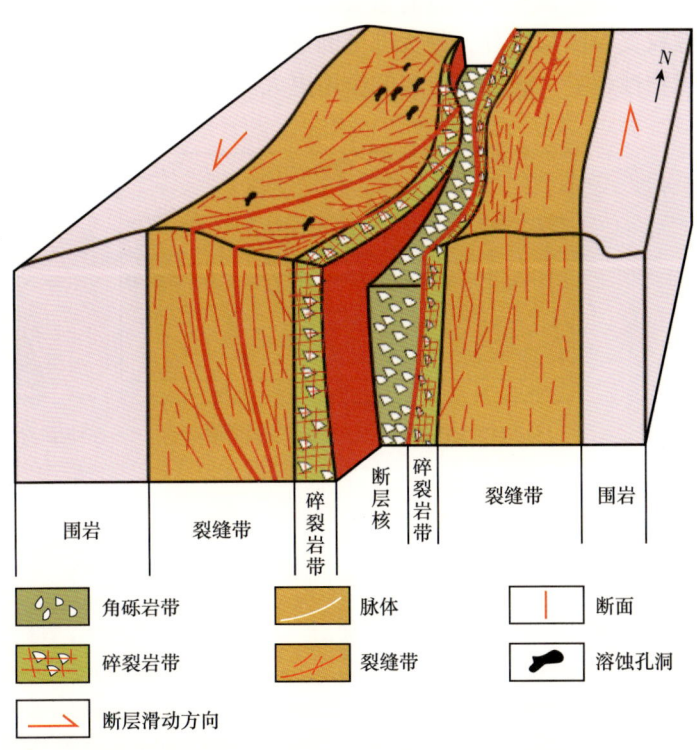

图 3-1-8　皮羌断裂北二段转弯处张扭断裂结构模式

（1）走滑断层转弯部位断裂发育，破碎带横向裂缝开度随距离断层核距离的增加，开度呈指数增加，最后趋于稳定。通常裂缝走向与主干断裂走向呈 20°~30° 的小角度相交。

受次级断层影响，裂缝走向与主干断裂走向呈大于35°的大角度相交；

（2）断层核角砾岩发育三种类型，以弱变形角砾与未变形角砾为主。受次级小断层影响，强变形角砾沿次级小断层发育；

（3）受张裂缝影响，破碎带发育大量溶蚀孔洞，孔洞在多组裂缝交会部位呈面状发育。单组裂缝发育时，溶蚀孔洞沿裂缝发育。

由于断层核与破碎带结构的差异，可以形成多种类型的组合模式（图3-1-9）。

（1）颗粒支撑断层核+欠发育的破碎带。断层核裂缝发育，细粒碎裂岩支撑，渗流主体；破碎带较窄，裂缝较少，碎裂岩少。

（2）颗粒支撑的断层核+裂缝带发育的破碎带。断层核较窄，角砾—断层泥发育，致密。破碎带宽度较大，裂缝发育，碎裂岩较少，高渗流带。

（3）泥质支撑断层核+裂缝为主的破碎带。断层泥发育，致密。破碎带宽，多组多类裂缝发育，局部碎裂岩发育，渗流性强。

（4）泥质支撑断层核+内带角砾岩与外带裂缝。断层核窄，泥质—颗粒支撑，致密带。破碎带宽广，内带角砾岩—碎裂岩发育，外带裂缝发育，分带明显，高渗透带集中在内—外带结合部的裂缝发育带。

（5）胶结支撑断层核+裂缝为主的破碎带。断裂核胶结强烈；破碎带裂缝发育，渗流主体。

不同组合模式对断裂带渗流性能具有重要的影响，根据露头与井下断裂带的观察，除缺乏成岩胶结的颗粒支撑断层核外，绝大部分断层核为低渗透带，破碎带是渗流作用的主体部位；而且围岩物性越差，破碎带所起的作用更大。

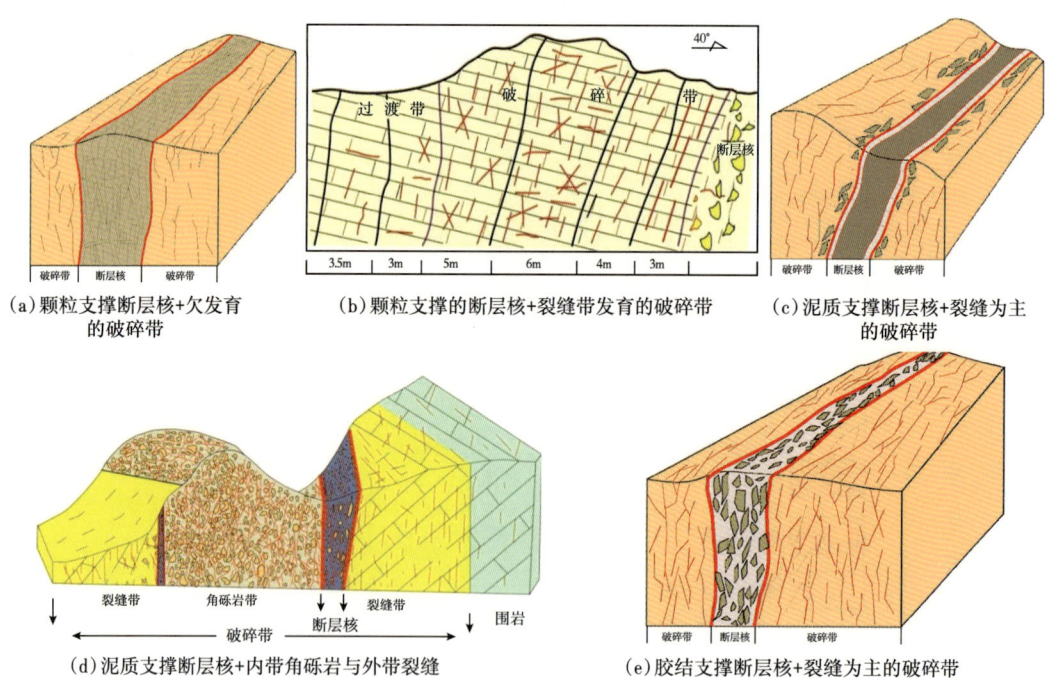

图 3-1-9 断裂带结构组合模式图

## 二、井下裂缝特征

### 1. 裂缝发育特征

断裂带大多具有强烈变形的断层核及其周缘裂缝作用为主的破碎带，奥陶系碳酸盐岩裂缝发育特征明显不同于稳定围岩区。塔里木盆地奥陶系碳酸盐岩裂缝特征复杂多样，以裂缝的成因可以划分为非构造缝与构造缝两大类，依据裂缝的产状、大小和充填情况可以进一步划分为11种类型（表3-1-1）。

表3-1-1 奥陶系裂缝类型与特征表

| 裂缝类型 | | 裂缝特征 |
| --- | --- | --- |
| 非构造缝 | 成岩缝 | 细小杂乱、不规则呈网状交错，延伸短，多分布在泥质灰岩中 |
| | 溶蚀缝 | 缝面不规则，缝宽变化大，多发育溶蚀孔洞 |
| | 水平缝合线 | 普遍发育，早期多呈齿状、微波状，晚期多呈峰状、锯齿状，切割早期缝合线，可见溶蚀与追踪裂缝 |
| 构造缝 | 高角度—垂直张开微小缝 | 普遍发育，切割早期方解石充填缝洞，局部见溶蚀，缝面较平直 |
| | 方解石充填高角度缝—垂直缝 | 普遍发育，见两期充填，局部见溶蚀，切割早期缝合线与泥质充填缝，区域性大中缝平直延伸远，剪张中小缝规模小、变化大 |
| | 方解石充填斜交缝 | 不规则、缝面不平，缝宽变化大，见溶蚀孔洞 |
| | 高角度共轭剪切缝 | 缝面平直，切割早期缝，共轭剪切呈网状或仅一组方向发育 |
| | 泥质充填斜交—水平缝 | 不规则，可呈网状交错，切割早期缝合线，见后期方解石扩大充填作用 |
| | 泥质充填高角度缝 | 缝面不平，缝宽变化大，切割早期缝合线，见后期方解石扩大充填作用 |
| | 构造缝合线 | 斜交不规则，呈波状、箱状，切割早期缝，局部见溶蚀 |
| | 水平—低角度微小缝 | 不规则，延伸短变化大，为泥质、钙质充填或未充填，可呈网状 |

压溶是碳酸盐岩重要的成岩作用，缝合线是压溶作用的典型产物（图3-1-10），在塔里木盆地也广泛发育。奥陶系发育多种类型的缝合线，在正常埋藏压溶作用下通常形成近水平的波状缝合线与锯齿状缝合线，缝宽0.1~0.5mm，多被泥质等压溶残余物充填。在有断裂活动与构造升降翘倾作用时，可能在早期水平缝合线的基础上扩张，造成缝合线的起伏幅度加大。同时也可见低角度水平缝合线，与沉积层面出现夹角，产生低角度的锯齿状缝合线、尖峰状缝合线或箱状缝合线。在碳酸盐岩断裂活动区高角度水平缝合线与垂直缝合线较发育，多呈锯齿状、尖峰状。而围岩以齿状水平缝合线为主，类型单一，起伏幅度较小。

奥陶系碳酸盐岩不仅发育多种类型、多期次裂缝（图3-1-11），而且主要沿断裂带分布。构造缝是由区域构造运动、断裂作用和褶皱作用产生的构造应力所致。裂缝主要为方解石充填，潜山区泥质充填缝较多。方解石充填的缝几何形态简单、走向稳定，裂缝间距大，延伸范围广，多出现在各井的中下部。泥质充填缝不规则，可呈网状交错，切割早期缝合线，见后期方解石扩大充填作用。部分泥质充填缝中多被铁质污染，多被泥质、方解石等充填。构造溶蚀缝不规则，局部见溶蚀；由构造溶蚀所致，多见与压溶缝同向发展。

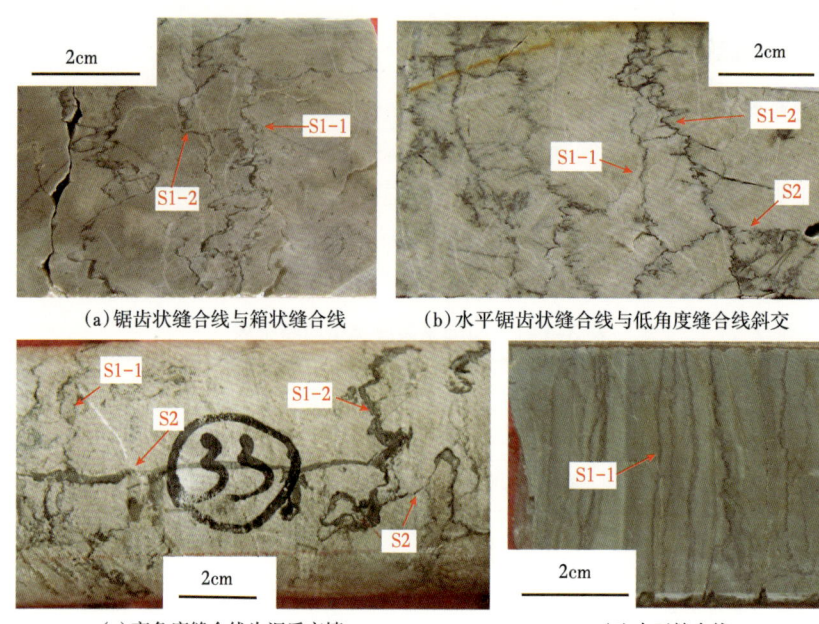

图 3-1-10 奥陶系断裂带岩心示多期缝合线
（S—缝合线；1-1—第一期；1-2—第二期）

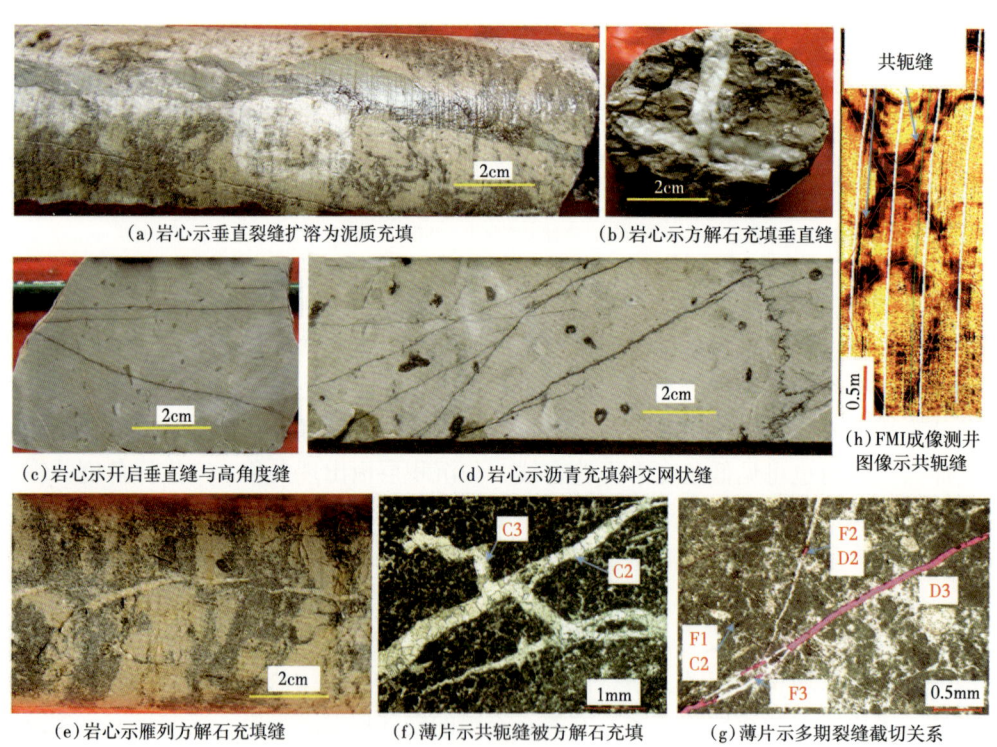

图 3-1-11 走滑断裂带奥陶系典型裂缝图片
（S—缝合线；C—胶结；D—溶蚀；1-1—第一期；1-2—第二期）

垂直微小缝普遍发育于各井，为对储层渗流作用影响最大的一类裂缝，其形成较晚，切割早期缝洞。水平—低角度微小缝特征各异、分布不均。显微镜下多见三期裂缝：一是构造溶蚀线，不规则，呈波状，局部见溶蚀，多被泥质、方解石等充填；二是压溶缝，普遍发育，早期多呈齿状、微波状，晚期多呈峰状、锯齿状，切割早期缝合线，可见溶蚀与追踪裂缝；三是微小缝，普遍发育，切割早期方解石充填缝洞，或压溶缝，缝面较平直，多为未充填。

**2. 裂缝参数统计**

裂缝通常以裂缝比例、密度、充填物质及程度、有效缝宽等参数进行描述，根据构造带分区统计了哈拉哈塘地区20余口井岩心裂缝参数，统计数据分析表明钻井基本都有裂缝发育（图3-1-12）。

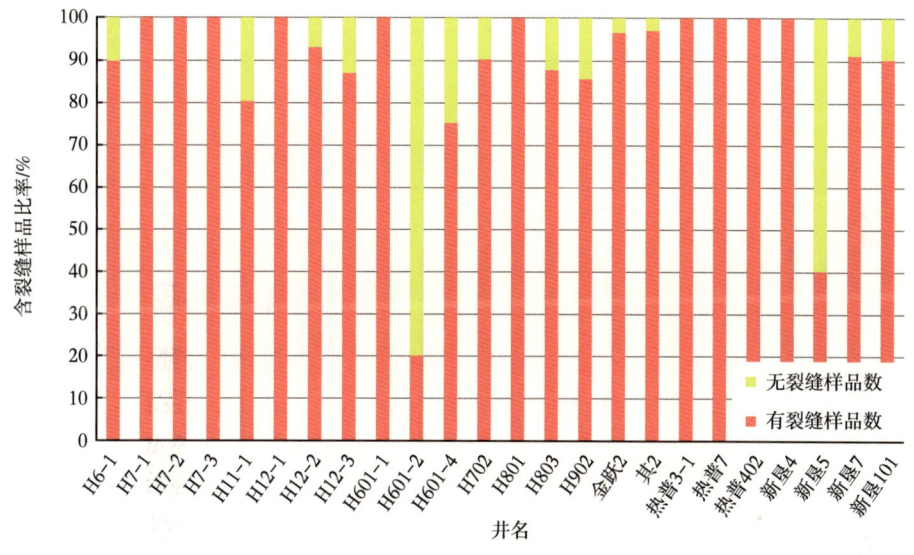

图3-1-12　哈拉哈塘地区裂缝发育情况

生产应用中常以单位岩心长度上裂缝条数进行裂缝密度统计分析，但是在岩心样品上铸体薄片不完整，部分样品没有铸体薄片，另外裂缝发育井段通常未取心或是岩心破碎，因此薄片裂缝密度以条/块作为单位。图3-1-13裂缝密度一般为5~7.5条/块，在金跃2井高达8.57条/块，但是在哈601-2井、哈601-4井仅分别为0.4条/块、1.5条/块。由于部分井位样品的铸体薄片数量少，导致能统计的裂缝数也少，这也可能是部分井的裂缝密度较低的原因。裂缝密度在纵向上变化大，有的井段裂缝不发育，而局部井段密度密集，相差可达10倍以上，揭示裂缝分布的强烈非均一性。

根据裂缝的填充物可以划分四类：（1）灰泥质充填，主要在水平缝合线和部分构造缝中出现；（2）方解石充填，可以分为亮晶方解石与泥晶方解石充填，至少有三期方解石充填，可见溶蚀边缘或伴生矿物；（3）有机质充填，哈拉哈塘地区碳酸盐岩裂缝沥青质充填较多，多于上述方解石及泥质等伴生充填物。另外，充填物还有黄铁矿、硅质等，但多与其他充填物伴生。哈拉哈塘地区奥陶系碳酸盐岩裂缝以方解石充填为主，下奥陶统风化壳泥质充填较多（图3-1-14）。

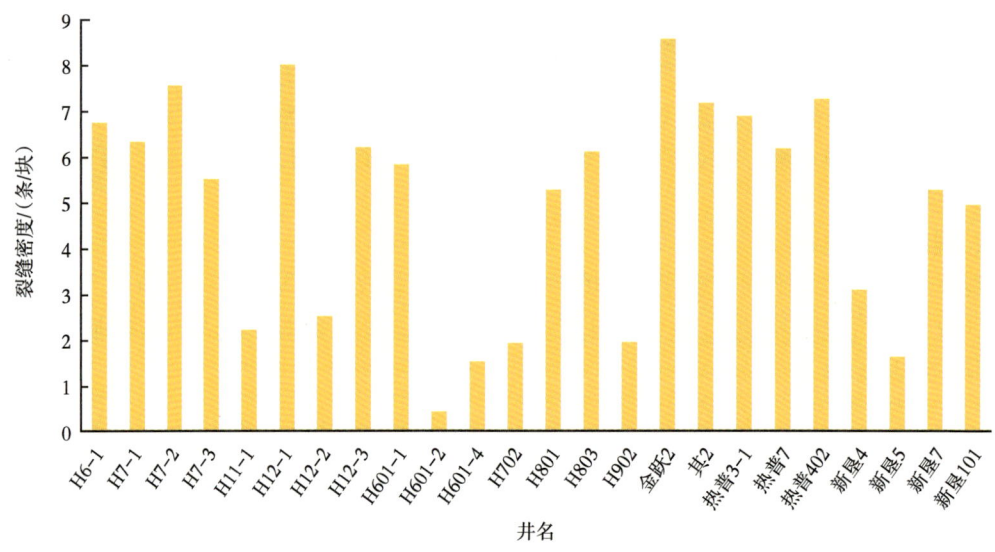

图 3-1-13 哈拉哈塘地区钻井裂缝平均密度

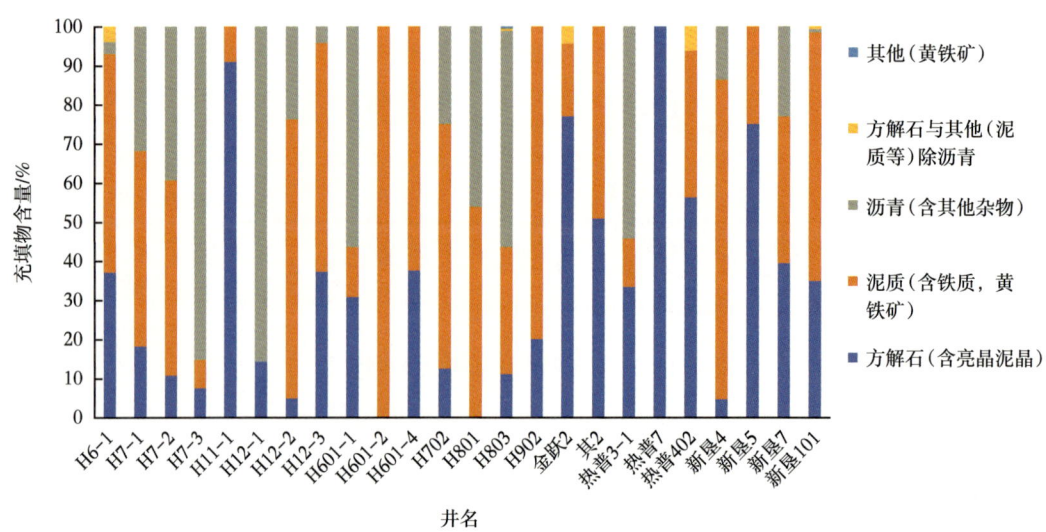

图 3-1-14 哈拉哈塘地区裂缝充填物质类型

从岩心及铸体薄片观察分析，裂缝多为方解石或泥质充填，充填率达 50%~80%，且未充填的裂缝多为微小缝。尽管大部分裂缝被充填，但仍存在油质、沥青浸染与溶蚀孔洞，因此其中相当一部分对储层仍有贡献。

根据裂缝充填程度可以划分三类裂缝：一是未充填裂缝，断面干净，充填物极少，以微小缝居多；二是半充填裂缝，填充物多样、充填程度不一，多为钙质、泥质等成分不同程度的充填，沿裂缝有局部孔隙残余或是发育溶蚀孔隙；三是全充填裂缝，早期方解石充填得较多（图 3-1-15）。在哈拉哈塘地区以全充填比较多见，构造缝常以方解石作为全充填物质，非构造缝中全充填主要是压溶缝以泥质充填。

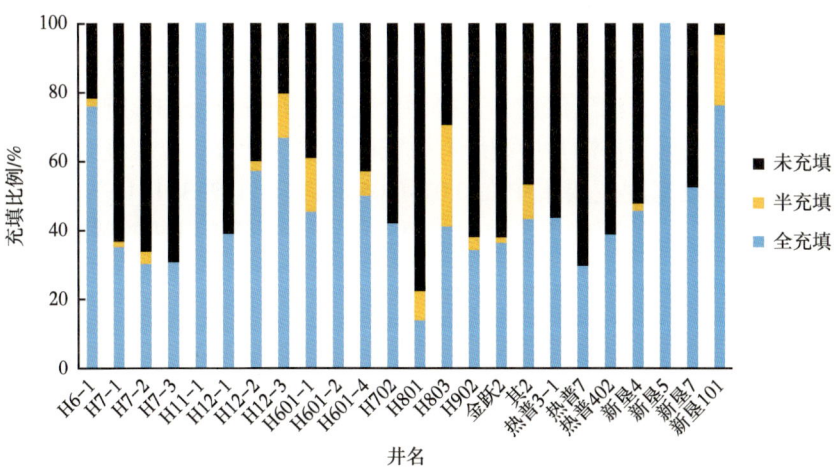

图 3-1-15　哈拉哈塘地区裂缝充填程度

根据裂缝的开启性也可以将裂缝分为开启缝与无效闭合缝两类。未充填裂缝与半充填裂缝多有缝隙供流体流动，为开启缝。而全充填的裂缝除构造活动期外，不利于流体输导的无效闭合缝较多。裂缝开启程度具有相对性，在不同的条件下是变化的。由于裂缝的部分充填作用使次生矿物成为天然的支撑物，阻碍了裂缝的关闭，裂缝在地下深处仍可能成为有效缝。即使是全充填裂缝，在一定温压条件下，有的部位也能形成局部拉张应力造成裂缝开启，成为有利输导通道。一般而言，早期形成的裂缝充填多、开启程度较低，晚期形成的裂缝相对充填较少、开启程度较高。研究发现，埋深越大，裂缝的充填程度越高，碳酸盐岩胶结物充填物明显增多，可能与较大的温压作用有关。裂缝开启程度变化大，开启缝密度一般在 0.3~3 条 /m，所占比例变化范围为 20%~70%（图 3-1-16）。不同井间、不同层段裂缝的开启程度也有较大的差异，H801 井开启缝比例达 80%~90%，而新垦 5 井、H601-2 井、H11-1 井等开启缝比例低于 20%。

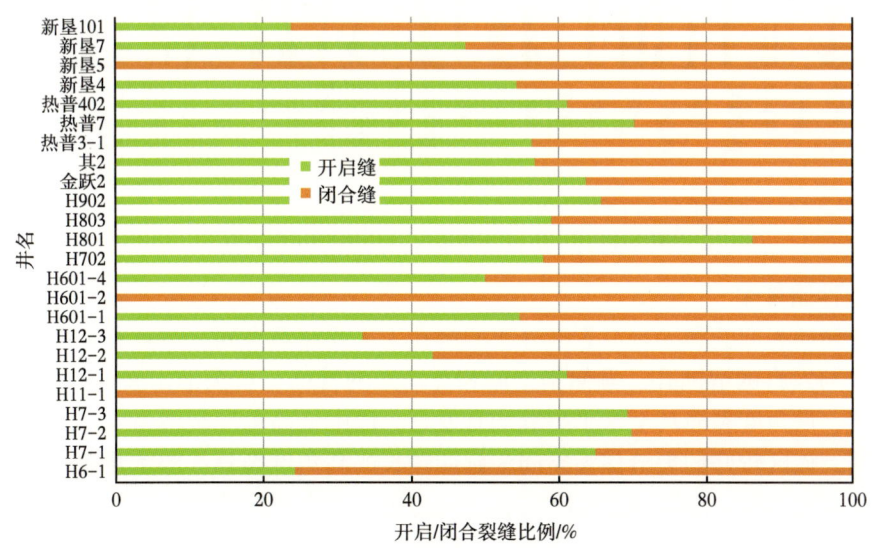

图 3-1-16　哈拉哈塘地区开启缝与闭合缝比例

裂缝有效宽度是裂缝面两个内表面之间的距离。通常的裂缝宽度是指平均裂缝宽度，而裂缝有效宽度是指根据缝内流体流动、水力学开度等关系反映裂缝真实的流动特性。在统计裂缝孔隙度、渗透率、油气储量、直接评价裂缝对开发效果的影响时，裂缝有效宽度是非常重要的参数。根据铸体薄片中裂缝有效宽度数据统计分析，裂缝有效宽度一般小于0.5mm，而且裂缝有效宽度主要集中在 0.01~0.05mm 之间（图 3-1-17），其中 H902 井以32 条有效宽度为 0.01mm 的裂缝更为突出。但是金跃 2 井等 5 口井的裂缝有效宽度更小，有效宽度以 0.001~0.01mm 为主。

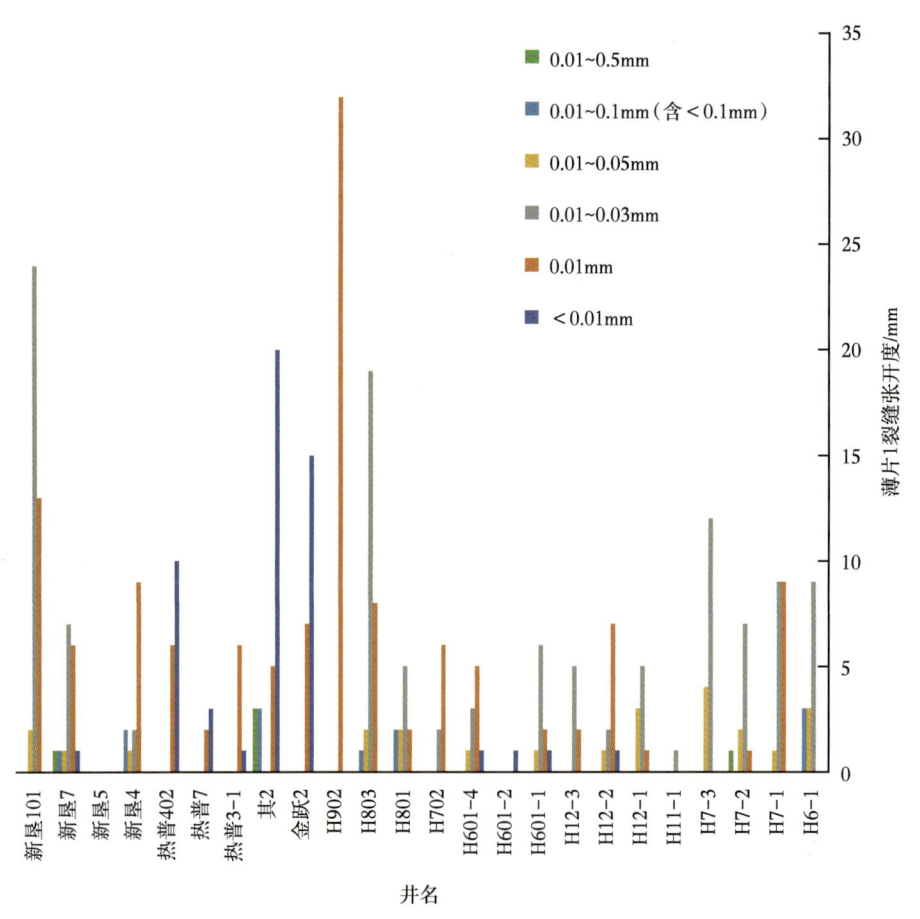

图 3-1-17　哈拉哈塘地区薄片统计开启缝宽

### 3. 裂隙性储集体

裂缝型储层为裂缝和少量沿裂缝分布的溶孔为主要储集空间，多具有多组裂缝相互沟通或者裂缝与发育的溶蚀孔、洞储集空间相互沟通的特征。富满油田裂缝产状变化较大，高角度裂缝、低角度裂缝甚至水平裂缝均有发育，以中—高角度裂缝为主。岩心与测井资料分析表明，该区较好的裂缝储渗空间为延伸较长的高角度裂缝。RP4 井在一间房组取心见多条高角度裂缝和压溶缝，RP3012 井在一间房组可见大量构造缝和压溶缝（图 3-1-18）。岩心上裂缝形态较规则，缝面比较平坦，且成组发育，最多时可达四组以上，以构造缝为主。裂缝内多半充填方解石、沥青质。

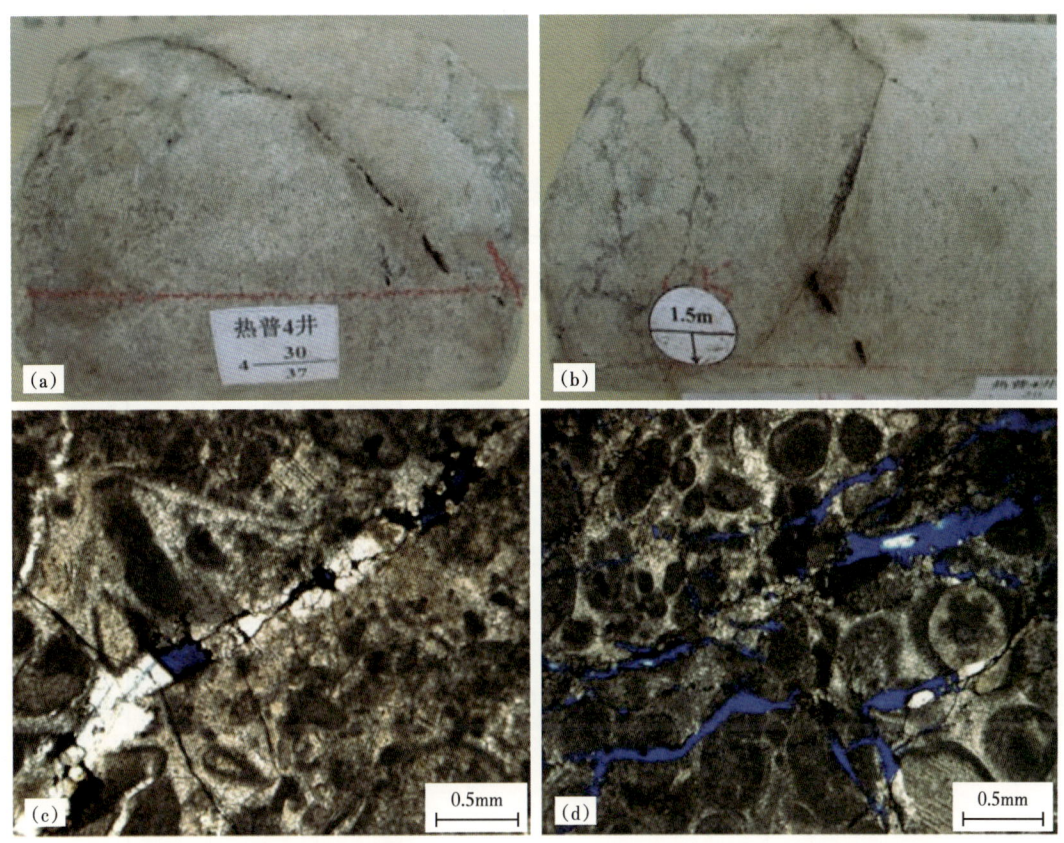

图 3-1-18　富满油田岩心（a、b）薄片（c、d）[RP4 井在奥陶系一间房组砂屑灰岩内发育高角度裂缝和顺缝溶蚀孔洞（a，b），RP3012 井方解石半充填缝（a）与构造溶蚀缝（b）]

裂缝在测井资料上具有显著的响应特征（图 3-1-19）。FMI 图像上为黑色正弦曲线，一般为构造缝，多被泥质或者高导物质充填自然伽马值一般较低；深浅双侧向电阻率具有明显差异，微侧向或微球形聚焦测井在裂缝段较双侧向有较多的起伏，且在双侧向电阻率背景上来回变化；井径微扩，中子孔隙度、密度、声波时差曲线变化小，接近骨架值。

裂缝—孔洞型储层以次生溶蚀孔洞为主要储集空间，裂缝兼具渗滤性和储集性，起到沟通孔洞和裂缝的作用（图 3-1-20）。走滑断裂带上奥陶统良里塔格组台缘礁滩体储层和中奥陶统一间房组开阔台地相台内滩颗粒灰岩储层中发育这类储层，孔隙度可达 5% 以上，渗透率可达 5mD。YM5 井在一间房组顶部发育厚 4m 的裂缝—孔洞型储层，YM7 井发育厚 6m 的裂缝—孔洞型储层。成像测井图像上可见裂缝沟通孔洞或孔洞沿裂缝发育的特征，形成裂缝—孔洞型储层。该类储层电性特征上表现为低电阻率、低自然伽马值，声波时差、中子孔隙度、密度具跳变特征（图 3-1-21）。富满油田该类储层空间上呈准层状发育，主要分布在中奥陶统一间房组开阔台地相台内滩颗粒灰岩储层中，高能相带与断裂叠合带具有较好的储集能力，含油气性较好，产量较好，为本区重要的储层类型。

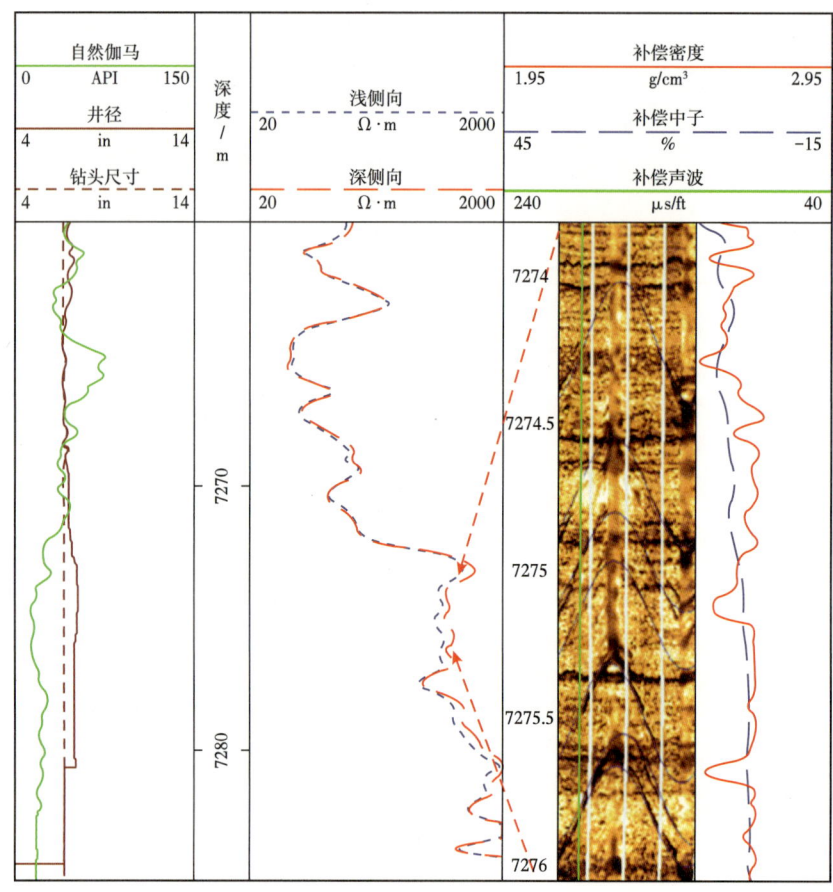

图 3-1-19　YM5 井裂缝储层测井响应特征

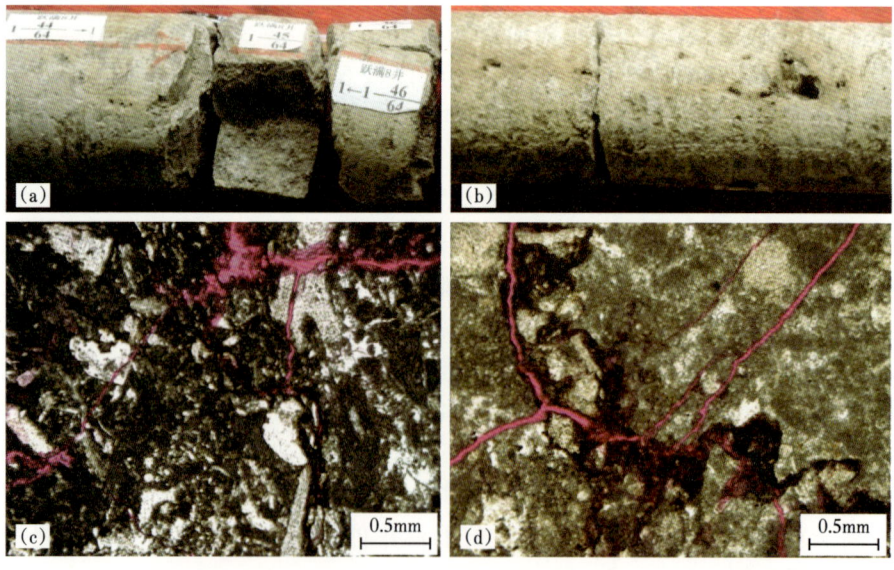

图 3-1-20　富满油田奥陶系一间房组岩心（a、b）与薄片（c、d）示裂缝与溶蚀孔洞

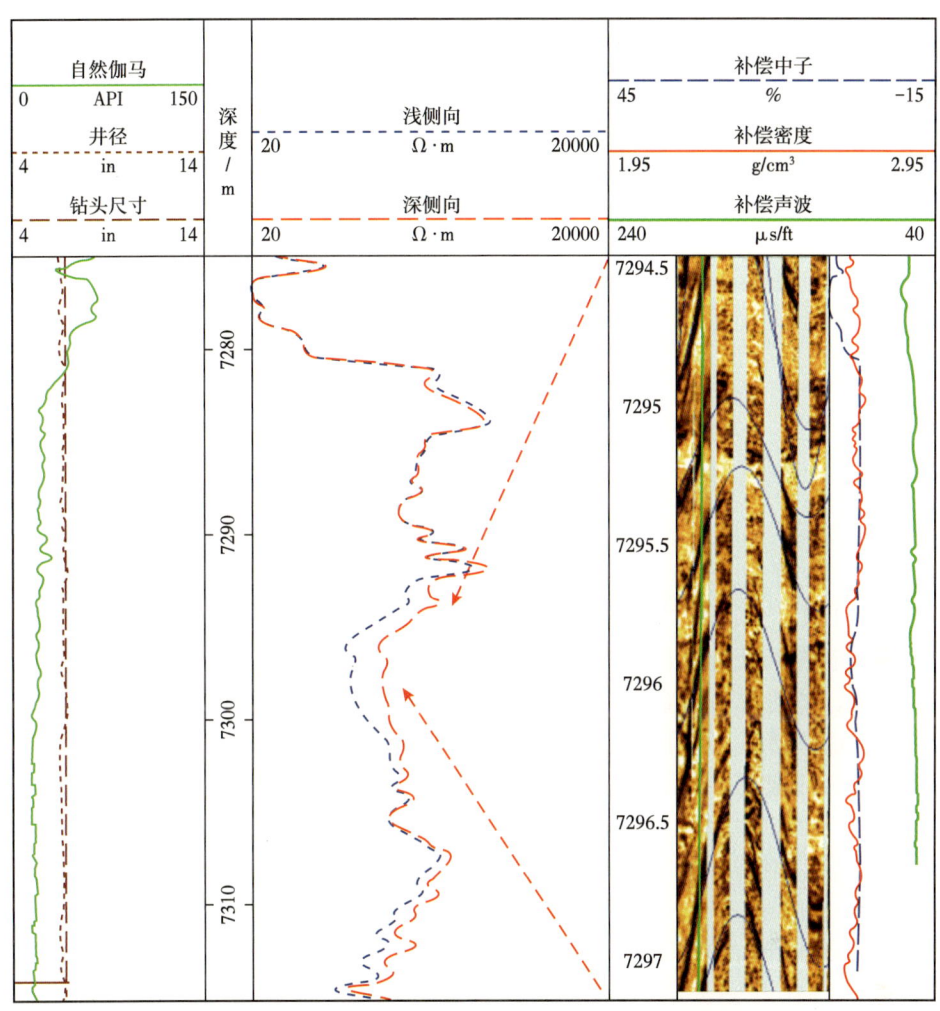

图 3-1-21　YM8-2 井裂缝—孔洞型储层测井响应特征

## 第二节　走滑断裂带缝洞型储集体

沿走滑断裂带发育缝洞型储层，以断裂连通的孔、洞、缝组成的大型缝洞体储层形成局部"甜点"储层，是目前勘探开发的主要对象。

### 一、储层基本特征

研究表明，尽管超深层古老奥陶系碳酸盐岩致密，原生孔隙几乎消失殆尽，但沿走滑断裂发育次生裂缝与溶蚀孔、洞、洞穴，组成复杂的三重孔隙网络。裂缝型、孔洞型、裂缝—孔洞型、洞穴型四种储集类型在走滑断裂带均有发育，最常见为裂缝型储层，其次是裂缝—孔洞型储层及裂缝型储层（图 3-2-1），产能最优储层为洞穴型储层，其次为裂缝—孔洞型储层。

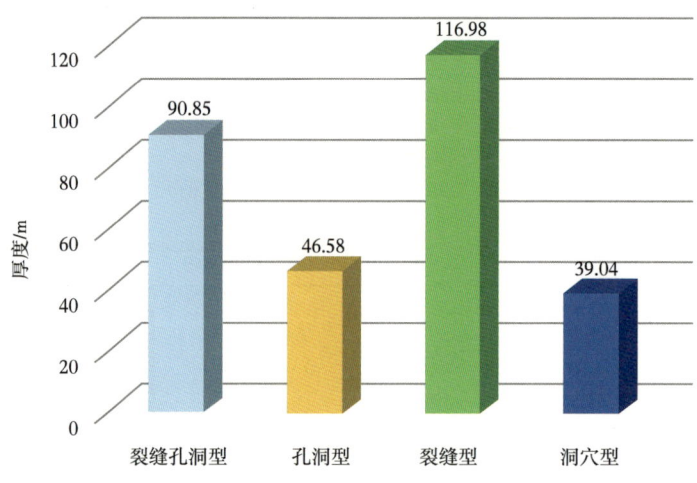

图 3-2-1　富满油田跃满井区奥陶系测井解释储层分类统计

跃满地区奥陶系一间房组岩心孔渗分析结果表明，岩心孔隙度分布范围0.22%~3.09%，平均值1.00%，主峰位于0%~1.8%之间；渗透率分布范围0.003~33mD，平均值1.16mD，主峰位于0.1~1mD之间。奥陶系一间房组石灰岩储层的孔隙度—渗透率交会图分析表明，孔隙度与渗透率相关性不明显。测井解释跃满区块内奥陶系一间房组孔隙度分布范围0.04%~12.97%，平均值0.50%；渗透率分布范围0.01~15.94mD。分析表明，总体属于特低孔隙度、低渗透率储层，由于裂缝与沿裂缝溶蚀作用，导致孔隙度的大幅提高，以及渗透率的1~2数量级的增长。但是，这些低孔隙度、低渗透率储层难以形成高产工业油气流。分析表明，高产油流的主要来自通过断裂沟通形成的大型缝洞体储层。

富满油田洞穴型储层集中发育在一间房组，主要受大型走滑断裂控制，油井投产后日产量及累计产量高。根据钻井资料统计分析，完钻154口井中放空55井，占比35.7%（放空长度0.05~19m），37口井放空长度超过1m，漏失104井，占比67.5%（漏失量1.6~3231m³）。YM1井钻进至一间房组钻深7280.76m发生漏失，钻进至井深7282.00m，发生放空1.92m，累计漏失量355.00m³。YM3井，钻进至一间房组钻深7218.00m时放空1.47m并发生漏失，转试油前累计漏失253.40m³。绝大多数高产井在地震剖面上具有"串珠状"强反射，并与断裂相关（图3-2-2）。

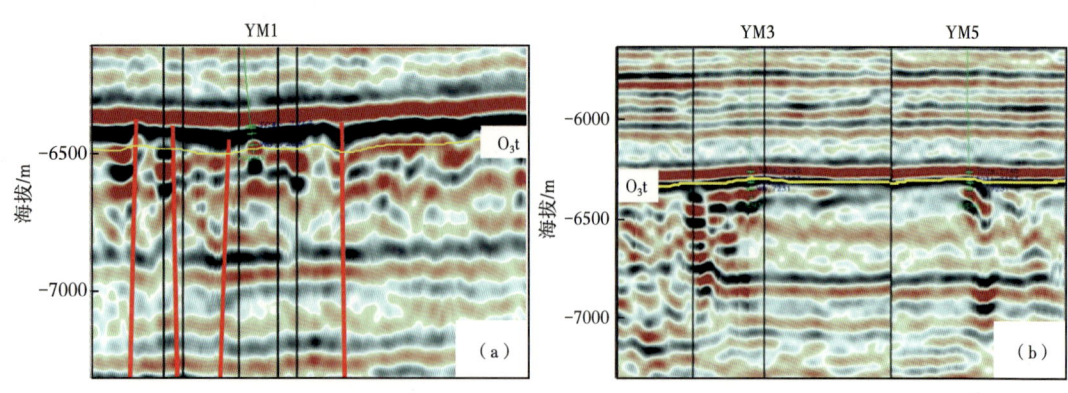

图 3-2-2　YM1井区（a）和YM3井区（b）过井地震剖面示强"串珠状"缝洞体储层

## 二、缝洞体储层特征

碳酸盐岩有利储层的地震反射类型主要有三种:"串珠状"反射、片状反射、杂乱反射。碳酸盐岩储集体发育达到一定规模时,在地震叠后数据体上常表现为以波谷—波峰或波谷—波峰—波谷组成的低频率、较强振幅反射,即"串珠状"反射(图3-2-2、图3-2-3),井—震标定表明,当钻遇具有这种地震反射特征的地层时往往会出现良好气测、溢流、井漏、钻具放空等现象。"串珠状"反射是碳酸盐岩缝洞型储层的地震综合响应,是油气储渗的主要空间,是大型缝洞体、裂缝密集带的整体地震响应特征。该反射特征是目前钻探的主要地震反射类型,区块内目前放空和漏失井较多。哈拉哈塘地区RP3-5井钻进至一间房组6989.17m发生放空漏失,钻具放空长度5.44m,漏失钻井液111.47$m^3$。RP8井钻进至6942.14m放空长度2.08m,漏失171.39$m^3$;RP401井在鹰山组内一次放空长度达29m。分析表明,这些井均位于"串珠状"发育的断裂带上(图3-2-4),断裂带控制了大型缝洞体储层

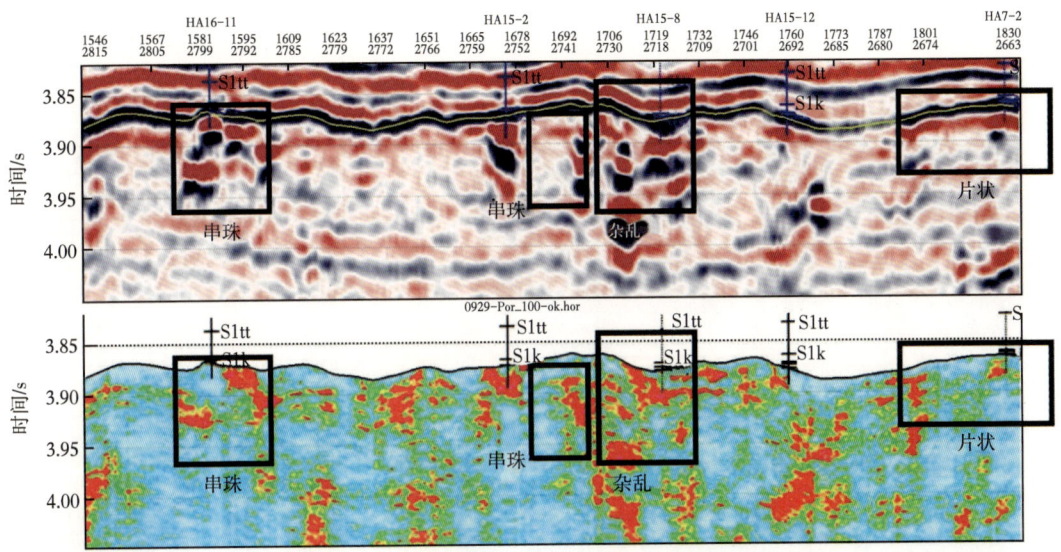

图3-2-3 奥陶系碳酸盐岩储层与地震反射特征对比图

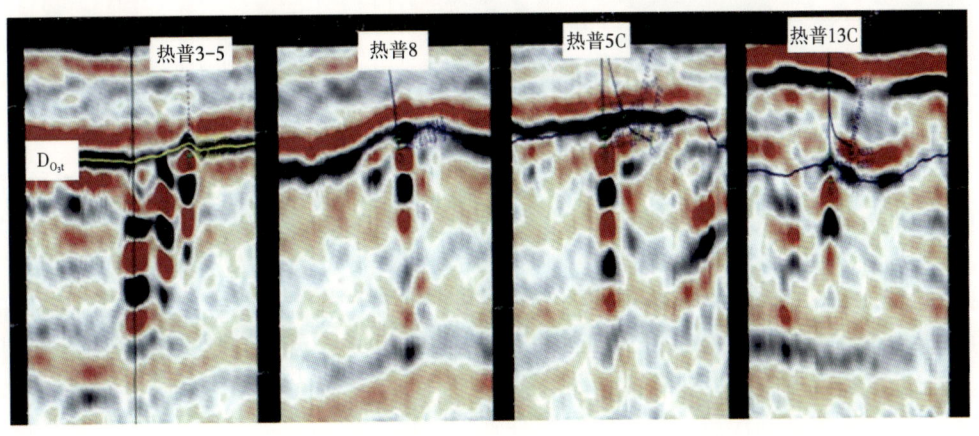

图3-2-4 热瓦普区块洞穴型储层地震反射特征

的分布。当碳酸盐岩储集体规模较大且平面分布远大于纵向时,在地震叠后数据体上常表现为低频率、强波谷/峰反射,即所谓的片状强反射。当碳酸盐岩储集体规模较小时,在地震叠后数据体上表现为杂乱状反射特征,钻探杂乱反射类型已经获得高产且试采效果好,其中HA15-H21井钻遇奥陶系石灰岩段发生放空和漏失,6570.29~6660.00m井段测试获得工业油流。

大型缝洞体在测井资料上也有显著的响应(图3-2-5)。在EMI或FMI图像上为全暗色、乱亮色或木纹色;随泥质充填程度增大,伽马值由低到高;深浅双侧向电阻率、微侧向电阻率数值低,且有差异;井径扩径严重;中子孔隙度、密度、声波时差曲线变化极大。该类储层在钻进过程中还常发生钻具放空、井涌和钻井液漏失等现象。H803井该井钻遇断裂带,钻进到奥陶系一间房组(6632.54m)发生钻井液漏失。钻至鹰山组(6654.66m)顶部放空11.34m并溢流(图3-2-6)。H802井在地震剖面上具有大型缝洞体发育的强"串珠状"地震反射,并钻遇两层溶洞系统。分析其北部天坑或落水洞为地下溶洞暗河系统的入水口,断层破碎带成为溶洞暗河系统的入水口,强烈的溶蚀作用导致该区溶洞系统非常发育,构成了大型缝洞系统。

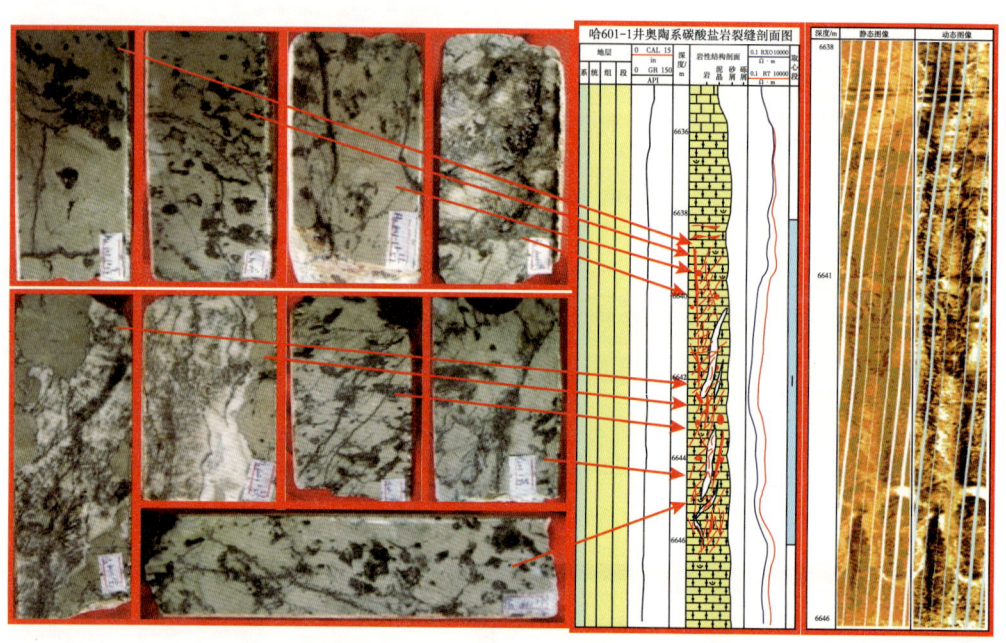

图3-2-5 H601-1井奥陶系一间房组裂缝—孔洞型储层岩心与成像测井对应图

另一类优质储层为塌陷型溶洞—洞顶缝系统,这类储层指大型岩溶洞穴塌陷后,洞顶缝和小断裂发育,洞穴角砾岩填充洞穴,洞穴规模相应扩大,形成以洞穴为主的缝洞集合体,也是优质的油气储集体。H16井奥陶系鹰山组顶部的发育塌陷型溶洞及洞顶缝系统,钻遇洞穴高度达44m,内部被塌积角砾岩填充,残留有大量孔洞。洞穴上部为洞穴塌陷时产生的高达31m的洞顶缝系统,洞顶缝将溶洞体系规模扩大了两倍,整个洞穴裂缝集合体高度达75m,达到了地震可识别的条件,形成了"串珠状"反射(图3-2-7)。新垦403井在奥陶系一间房组内连续两次放空,放空高度分别为1.56m和1.96m,间隔6m,上部裂缝发育(图3-2-8)。分析表明,这些特征是多期侧向扩溶、多期塌陷充填大型溶洞的特征。

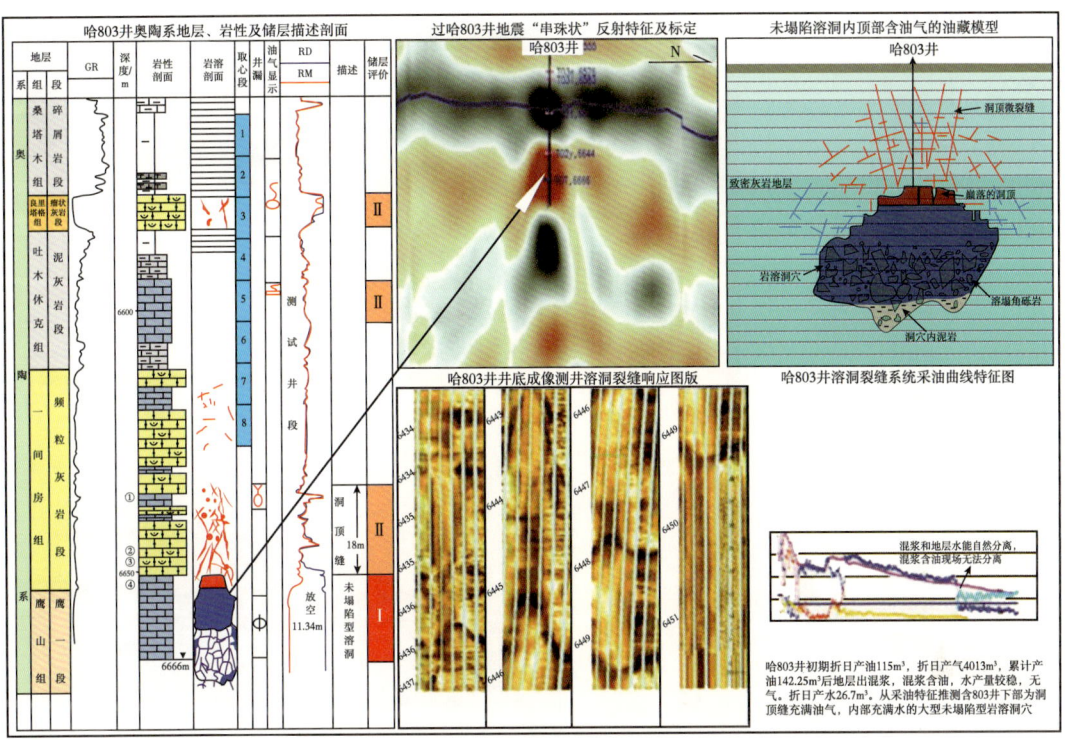

图 3-2-6　哈 803 井溶洞井震标定储层精细描述及地质建模

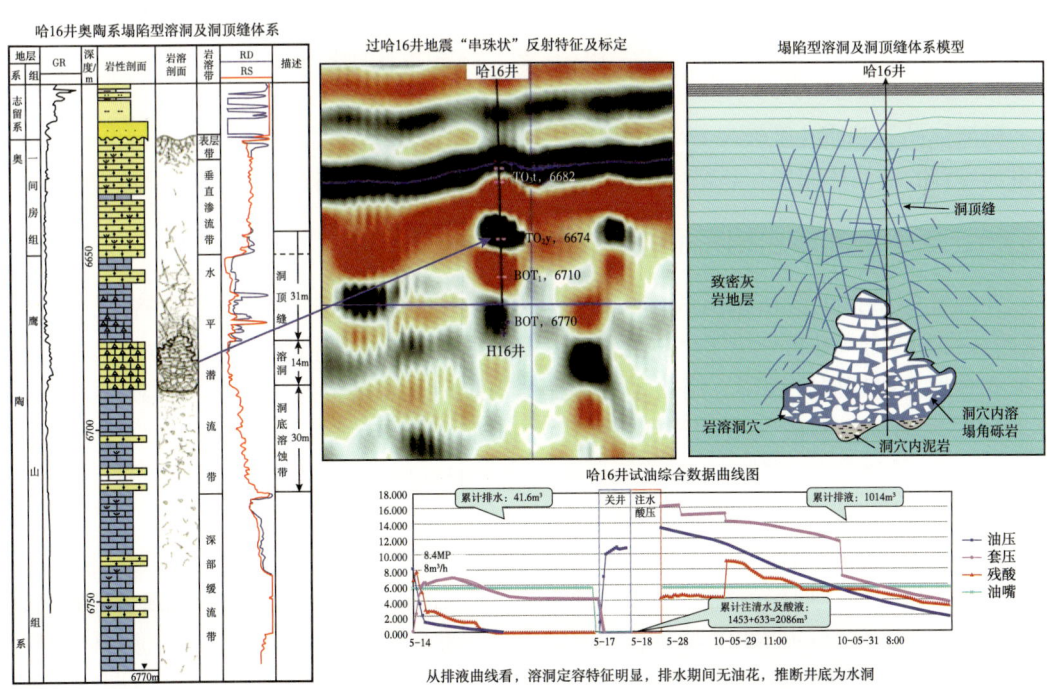

图 3-2-7　哈 16 井奥陶系鹰山组碳酸盐岩塌陷型溶洞及洞顶缝系统井震模型

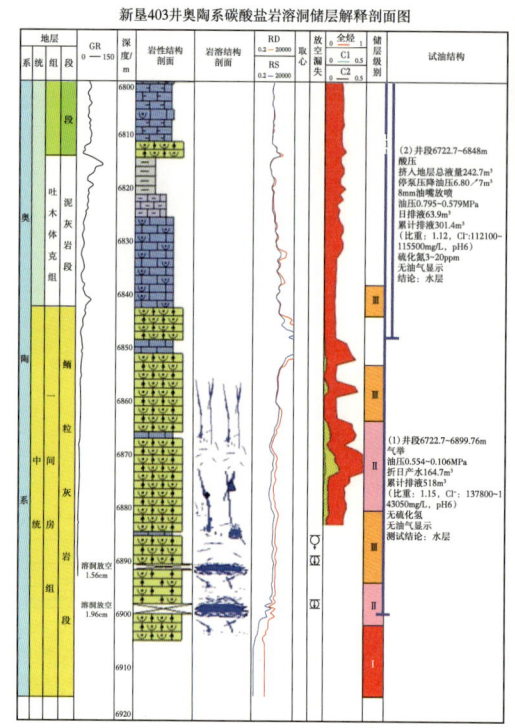
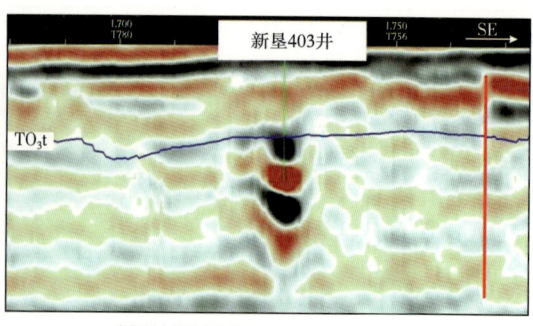
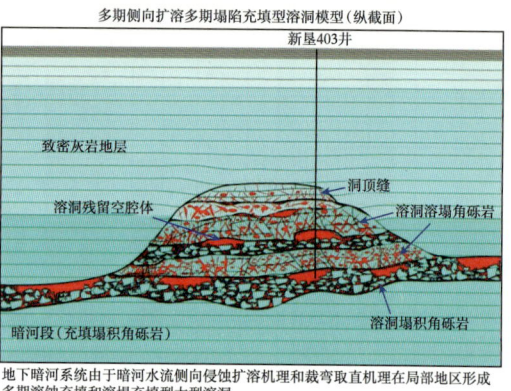

图 3-2-8 新垦 403 井多期侧向扩溶多期塌陷充填型溶洞系统井震解释剖面及模式图

## 第三节 走滑断裂与礁滩型储集体

礁滩体储层基质孔隙较发育，但整体致密，难以形成工业油气流，叠加走滑断裂可以形成更为发育的缝洞体储层，是塔中隆起北斜坡上奥陶统良里塔格组礁滩体的主要产出对象。

### 一、塔中礁滩体岩相特征

在晚奥陶世良里塔格组沉积前，塔里木盆地内部从东西伸展转向南北挤压，盆地从"东西分带"转向"南北分块"，塔中古隆起开始形成，良里塔格组沉积期沿塔中隆起形成孤立台地。前期研究表明，塔中Ⅰ号带上奥陶统良里塔格组发育大型的礁滩体沉积，发育大型的生物礁，形成大型的晚奥陶世台缘礁滩复合体（王振宇等，2007，2010；杜金虎，2010）。通过钻井资料结合古地貌研究，塔中地区良里塔格组发育台缘礁滩、礁后滩、礁后潟湖、台内丘滩、台内低能带等沉积单元（图 3-3-1）。

良里塔格组沉积期塔中Ⅰ号带已形成高陡的陡坡型台地边缘，利于台缘高能粒屑滩和礁丘沉积。根据层序地层研究与礁滩体分布的地震刻画，共识别出五个成滩期和四个成礁期（图 3-3-2）。底部的两期礁滩体表现为垂向加积准层序，上部的一至二期礁滩体表现为进积层序，表明了晚期高位的礁滩体向斜坡、盆地方向的推移进积作用。高位期四期礁滩体表现为海平面上升期发育生物骨架礁丘、灰泥丘和礁（丘）间沉积，随着礁丘向上生长、海平面相对下降，波浪作用能量增强，礁（丘）停止发育，进而被中高能的粒屑滩所取代。

之后伴随下一轮海平面升降次级旋回，新的礁滩体又复苏生长，如此共经历四期旋回。在良里塔格组沉积末期，塔中Ⅰ号带东段发生逆冲断裂活动，造成断块抬升，台地边缘出现暴露，塔中Ⅰ号带东部缺失良一段与良二段上部。同时，塔中台地边缘顶部的礁滩体最后消亡，受到了岩溶作用改造后为桑塔木组泥岩覆盖。

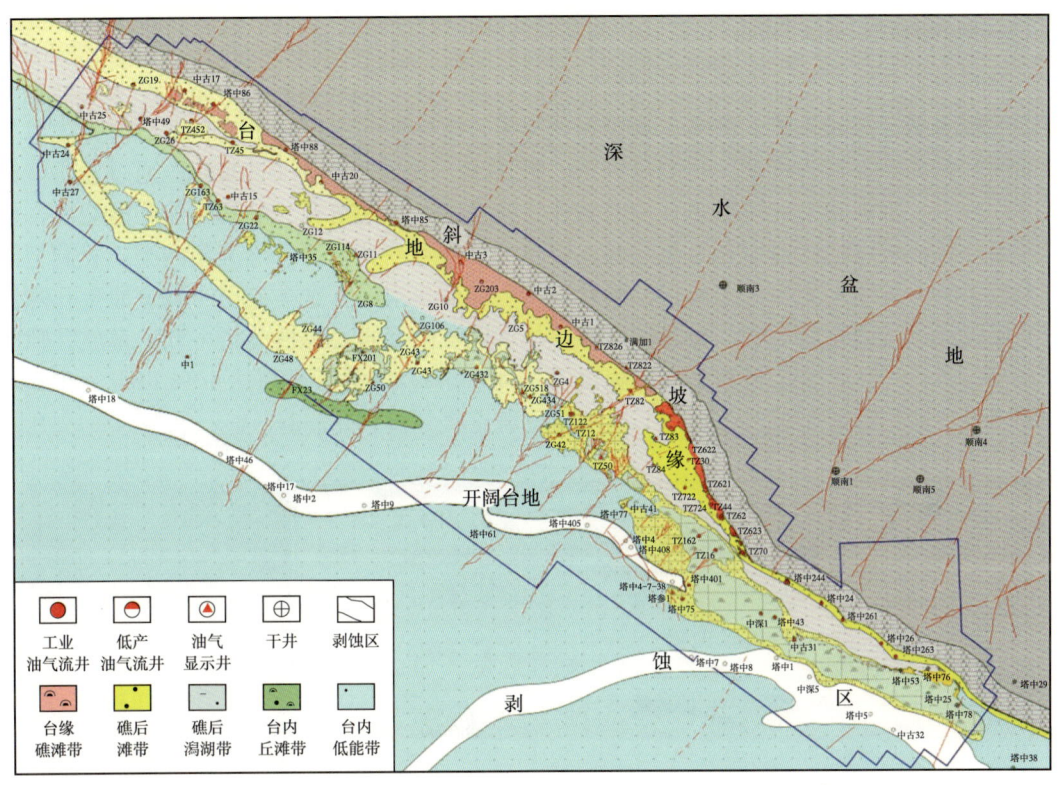

图 3-3-1　塔中地区良里塔格组沉积相与走滑断裂叠合图

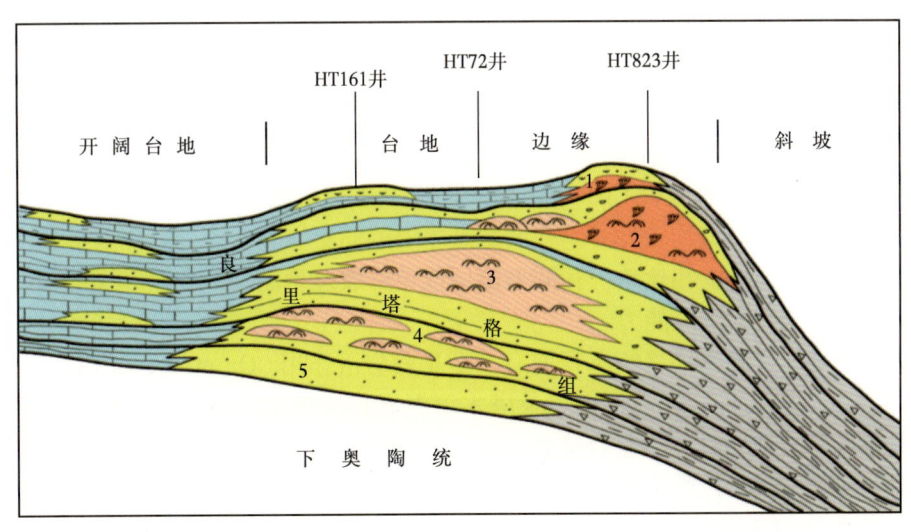

图 3-3-2　塔中上奥陶统良里塔格组礁滩体迁移模式示意图

总体而言，沿塔中 I 号带发育礁滩复合体，往内侧则主要形成丘滩复合体。早期发育的礁滩主要分布于台缘内带，然后前积发育；而晚期发育的礁体主要分布于台缘外带，以垂向加积作用为主。在纵向演化上具有由内带向外带的发育前缘规律，晚期的礁滩体前积作用明显。

## 二、储层类型与特征

礁滩体主要岩石类型为礁灰岩类和颗粒灰岩类，次生孔洞是主要的储集空间，储集空间以大型溶洞、溶蚀孔洞、粒内孔及粒间孔为主，次生溶孔占比大于85%。礁滩体中以溶蚀的蜂窝状孔洞发育为特征，孔洞呈圆形、椭圆形，孔径一般为1~10mm。通过岩心、铸体薄片分析，微观储集空间主要有粒内溶孔、铸模孔、粒间溶孔、晶间溶孔和微裂缝，根据其组合特征可以把储层划分为孔洞型、裂缝型、裂缝—孔洞型、缝洞型四类。孔洞型储层为较多的一种储层类型，溶蚀孔、洞是其主要的储集空间。这类储层一般是原生孔隙发育的层段经过溶蚀改造形成，裂缝欠发育。从本区奥陶系岩心物性分析可知，基质孔隙度多在2%以下，但溶蚀孔洞发育段孔隙度可达4%~6%，局部甚至高达10%以上。在FMI成像图上观察到溶蚀孔洞，一般呈不规则暗色斑点状分布（图3-3-3）。

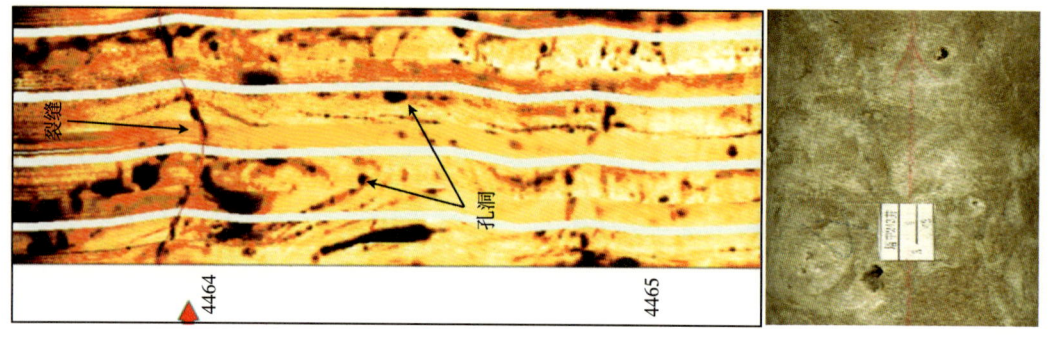

图 3-3-3　裂缝与孔洞的 FMI 成像测井响应特征

裂缝型储层在工区内普遍发育，该类储层一般岩石基质物性较差，原生孔隙和次生孔洞均不发育。是以裂缝为其主要储集空间和连通渠道，通常储集性能较差，渗流性能好。在FMI成像图上观察到未充填缝或泥质充填缝呈暗色线状，而方解石充填缝呈连续亮色线状，方解石半充填缝呈断续亮色线状，在成像测井上较易识别裂缝（表现为黑色的正弦曲线）并判断其产状和有效性（图3-3-3）。裂缝—孔洞型储层为工区主要的一种储集类型，这类储层孔洞、裂缝均较发育。孔洞是其主要的储集空间，裂缝既作为储集空间，又是更为重要的连通通道。相比单一孔洞型储层或单一裂缝型储层，孔洞和裂缝共存大幅提高了地层的储集能力与渗流能力。

近期研究表明，良里塔格组沉积前有一期暴露岩溶作用（Qu et al.，2013；邬光辉等，2016）。主要证据有：（1）地震剖面上桑塔木组泥岩超覆在良里塔格组碳酸盐岩之上，并有小型断裂发育，地层具有不整合接触关系，存在挤压抬升与暴露；（2）塔中东部井区良里塔格组上部的石灰岩段逐步剥蚀，缺失良一段顶面地层，桑塔木组泥岩直接覆盖在良二段纯石灰岩之上；（3）东部储层发育的台缘带发现有风化壳岩溶形成的缝洞，多为泥质充填。TZ82、T242、T62-2、T44等井区岩心都见到泥质充填岩溶洞穴，在良里塔格组礁滩体沉积之后在出现不整合岩溶，形成大规模洞穴。更为重要的是，礁滩体储层发育最好的TZ62井的基质孔隙达5%~8%，但只有低产油气，而高产油气流井在地震资料上均有大型缝洞体的"串珠状"响应（图3-3-4）。

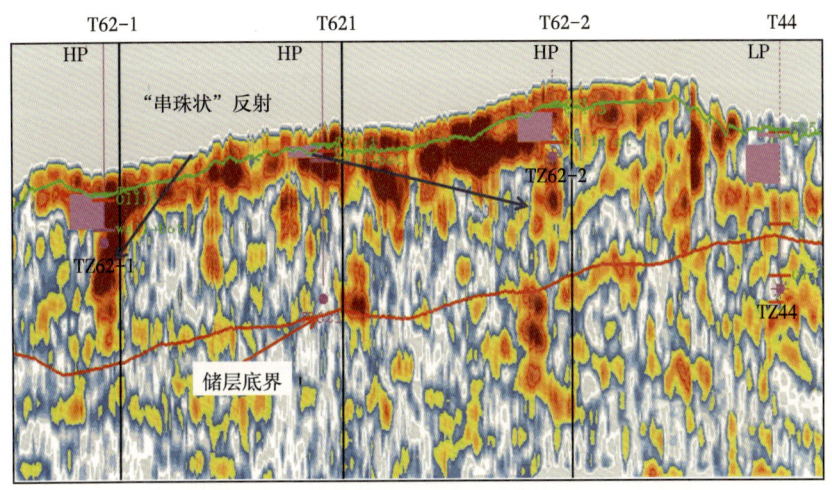

图 3-3-4　TZ62 井区台地边缘礁滩复合体地震分频剖面
（图中黄—红色指示储层发育部位，HP—高产井，LP—低产井）

通过对大量试油井段储层类型、油气产出状态、储集空间类型统计表明，塔中地区上奥陶良里塔格组储层类型与储层中油气产出状态、储集空间类型存在密切关系。工区内储层以裂缝孔洞型和孔洞型储层为主，但大型缝洞体储层是主要的钻探对象。

## 三、储层物性

对塔中地区良里塔格组岩心的2376块孔隙度样品、2002块渗透率样品统计分析表明，最大孔隙度达12.74%，最小孔隙度仅为0.05%，平均孔隙度1.66%。岩心分析渗透率分布范围在0.013~840mD之间，平均值为5.5mD。本区良里塔格组的样品中，孔隙度小于1.8%的样品占15.7%；孔隙度大于4.5%的样品仅占7.7%。孔隙度在1.8%~4.5%之间的样品占49.9%。渗透率小于0.01mD的样品占6.86%，渗透率在0.01~5mD之间的样品占84.79%，渗透率大于5mD的样品占8.35%。塔中地区良里塔格组以微小缝为主，裂缝孔隙度较小，裂缝率的数量级为0.01%~0.1%，但含裂缝样品的渗透率比基质渗透率高1~3个数量级（图3-3-5）。

测井解释基质孔隙发育储层段孔隙度一般在2%~6%之间，大型缝洞发育段孔隙度大于10%，两类储层物性差异明显。测井解释裂缝孔隙度变化范围大，一般在0.001%~0.8%之间，其数量级约为0.1%，在Ⅰ类—Ⅱ类储层段均值在0.03%~0.5%之间。测井解释含裂缝层段渗透率比基质渗透率高1~2个数量级，可能代表了地下的连通程度。有部分钻井钻遇大型缝洞系统，发生大量的钻井液漏失，并有放空现象，缝洞体储层是高产油气层段。

总之，塔中奥陶系良里塔格组礁滩体基质储层孔隙度和渗透率均低，孔隙度一般在1.8%~5%之间，渗透率多分布在0.01~2mD之间，具有明显的超低孔隙度、低渗透率特征。但裂缝性储层渗透率高1个数量级以上，局部缝洞体发育段形成高孔隙度、高渗透率储层。

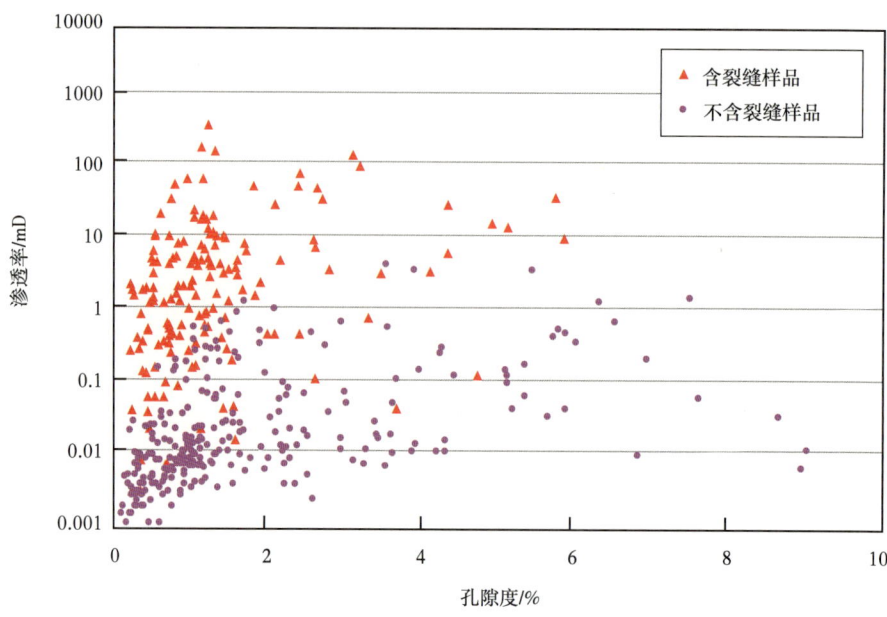

图 3-3-5　塔中奥陶系碳酸盐岩柱塞样品孔—渗相关图

## 四、走滑断裂带礁滩体储层模式

良里塔格组礁型地貌隆起和海平面相对变化所控制的暴露，以及准同生期大气水溶蚀作用、淋滤作用和岩溶作用控制了台缘礁滩体储集体的发育。在高位体系域发育期间，海平面上升速度逐渐降低，导致碳酸盐岩台地沉积速度增加，礁滩体的生长速度也会相应增加，当短期内的海平面下降时，礁滩体沉积物就会暴露在大气淡水影响之下，使得成岩环境在海水成岩环境和淡水成岩环境之间转变，水介质变化导致水体对矿物的饱和度发生变化，从而发生大气水的溶蚀作用；随后的低水位体系域期间，台地发生大部分暴露，同样此时礁滩体沉积物也未完全完成矿物的稳定化，不同组构间仍具有较大的差异，在暴露于大气水期间发生组构选择性的溶蚀作用［图 3-3-6（a）］。在准同生期礁滩体，大量的孔隙被亮晶方解石胶结，减孔大于 15%，仅残余部分孔隙［图 3-3-6（b）］。浅埋藏时期，孔隙基本上都被充填，由于构造抬升过程中残生张性裂缝，导致岩石破裂，沿裂缝发育小型溶孔，岩溶作用强烈时可发育大型溶洞［图 3-3-6（c）］。深埋藏期，热液流体成岩裂缝通道，裂缝充填方解石，部分孔隙被保留［图 3-3-6（d）］。

礁滩体储层的裂缝改造作用非常重要。以塔中Ⅲ区塔中 86 井良里塔格组为例，靠近 $F_{II}27$ 断裂带的主干断裂，通过岩心分析，储层岩石类型为隐藻泥晶灰岩和高能鲕粒灰岩为主，显微镜下观察大部分的孔隙被胶结，岩心发育溶蚀孔洞被亮晶方解石充填—半充填（图 3-3-7），顶部发育高角度垂直微裂缝及缝合线构造被黑色泥质充填，溶孔内见少量残余沥青，成像测井见到黑色正弦线。该井钻井过程中在取心段 6270.0m 见到良好油气显示，气测显示井段 6305.0~6319.5m，厚度 14.5m。全烃含量由 0.4416% 升至 11.4716%，测井解释油气层 26m/4 层，储层类型为裂缝—孔洞型，平均孔隙度 3.2%。后期针对裂缝发育段 6273.0~6320.0m 酸化测试，6mm 油嘴，油压 20.745MPa，日产油 42.3m³，日产气

87585m³，测试获得高产。分析表明，油气产出与断裂及其断裂溶蚀孔洞密切相关。

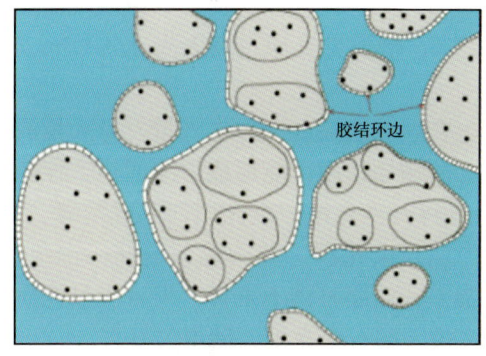
(a) 同生期，礁滩体弱成岩

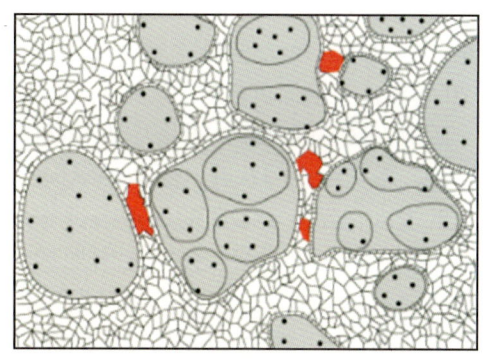
(b) 准同生期，胶结作用，孔隙大部分被充填

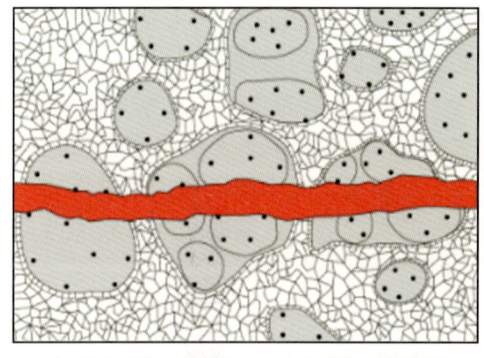
(c) 浅埋藏期，断裂作用，产生裂缝，形成溶蚀

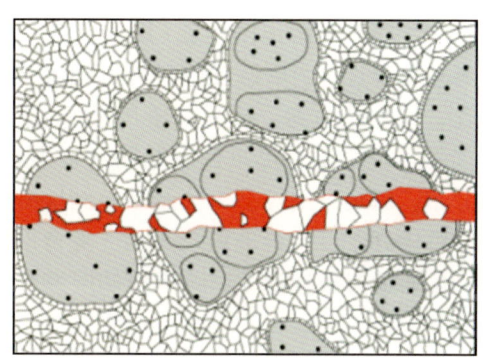
(d) 深埋藏期，方解石充填裂缝，部分孔隙被保留

图 3-3-6 塔中地区礁滩体断裂—孔隙演化图

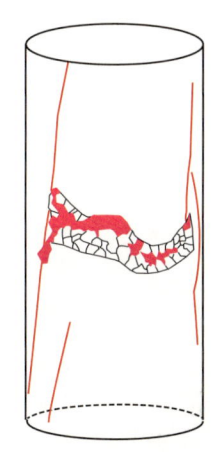
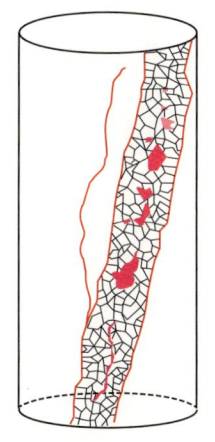
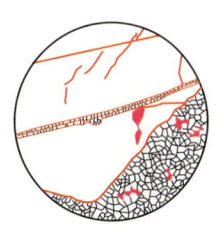

图 3-3-7 塔中 86 井岩心素描图

塔中Ⅱ区台缘礁滩体靠近裂缝发育段，叠加多期裂缝扩溶孔洞，局部扩溶发育缝洞系统，后期被泥质半充填。中古 20 井取心段 6434.12~6443.12m，岩心上构造缝未充填，发育蜂窝状溶蚀孔洞。薄片分析溶蚀孔和溶蚀缝发育，孔缝连通程度高。测井解释Ⅰ类储层 7m/1 层，孔隙度 8.6%，储层类型为裂缝—孔洞型。在良四段 6584~6616m，断裂叠加大

气水溶蚀作用，局部扩溶，发育洞穴型储层，成像测井显示上部发育高角度裂缝，大多为半充填，测井解释Ⅰ类储层3.5m/1层，平均孔隙度85.5%，改善储层物性，该段气测显示活跃，6572~6621m，全烃含量由4.39%升至45.27%，槽面见气泡，点火高0.5~1.5m，持续20分钟，火焰橘黄色。

塔中Ⅰ区东部礁滩体沿塔中Ⅰ号断裂带发育，在埋藏期沿台地边缘外带发育大量的高角度缝、斜交缝或网状缝，断裂的纵向上及横向上的输导作用可能形成岩溶通道，伴随酸性水的进入，发生了多期的埋藏溶蚀作用，后期方解石半充填—全充填，形成溶缝、"串珠状"溶孔、溶蚀孔洞，孔隙度增加约2%，与先期残余孔洞一起构成新的储—渗组合。远离塔中Ⅰ号断裂带，礁滩体储层受到断裂带改造差，储层整体不发育。发育少量泥质充填低角度构造缝，显微镜下观察发育微缝，孔隙多被方解石全充填，储层欠发育。

尽管资料少，鹰山组礁滩体也有准同生期岩溶作用。中古203井在第2筒取心发现有同生大气淡水岩溶作用标志（图3-3-8），深度段6567.38~6573.38m岩性为亮晶砂屑灰岩，砂屑颗粒分选好、磨圆度好，可见缝合线构造，发育蜂窝状均匀溶蚀孔洞，孔洞类型以粒间孔、粒内孔为主，孔洞直径几毫米至几十毫米不等，未充填为主，面孔率4%~5%，薄片局部可见生新月形早期胶结物和埋藏期胶结物。FMI成像测井上表现为暗斑、芝麻点状分布。储集空间类型为孔洞型，储层综合评价为Ⅰ类储层。塔中地区鹰山组礁滩体不发育，整体处于开阔台地颗粒滩相，发育准同生期大气淡水岩溶，后期断裂对颗粒滩改造较弱，主要通过改变地貌影响礁滩储层发育（图3-3-9）。

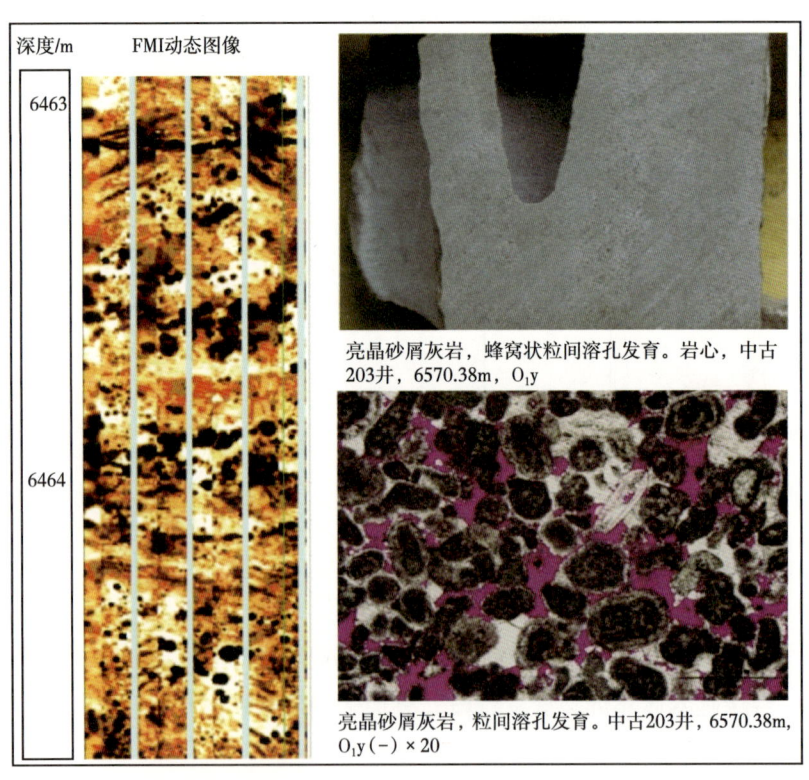

图3-3-8　中古203井第2筒取心岩心照片及成像测井图

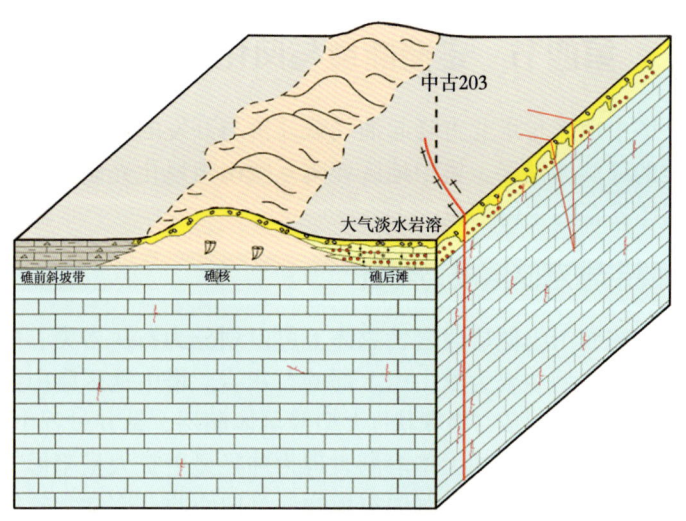

图 3-3-9　塔中地区鹰山组颗粒滩岩溶模式图

埋藏时期，多期构造破裂作用所形成的裂缝进一步改善了储层的渗流条件，增加了礁滩体储层和微观孔隙结构的连通性，礁滩复合体裂缝发育区的分布对高产油气井的分布具有控制作用。构造破裂作用及其所形成的裂缝对沟通孔隙、提高储层的渗透率有明显作用，同时也有利于孔隙水和地下水的活动及溶蚀孔洞的发育，形成统一的孔—洞—缝系统，改善储集性能。良里塔格组储层主要受台缘、台内礁滩复合体的控制，即沉积地貌与岩溶地貌具有继承性，使得大气水溶蚀作用、层间岩溶叠加作用于良三段—良一段礁滩复合体中，埋藏期破裂及溶蚀作用，进一步改善了储集空间连通性，形成了准层状礁滩体中沿断裂带局部发育的缝洞体储层（图3-3-10）。

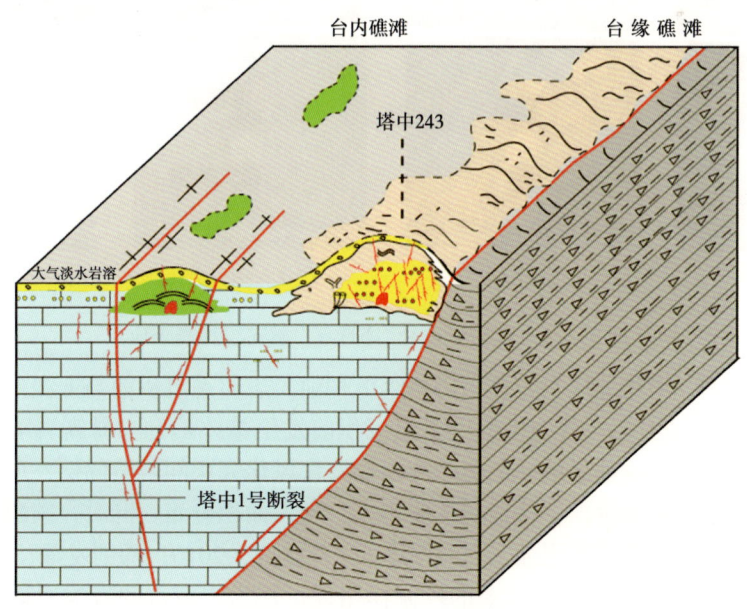

图 3-3-10　塔中地区良里塔格组台礁滩体断裂模式图

## 第四节　走滑断裂与风化壳储集体

风化壳储层是塔中地区与塔北古隆起油气藏评价与开发的重点目标，风化壳叠加走滑断裂可能形成优质的缝洞体储层，塔中地区奥陶系鹰山组风化壳储层重新认识表明沿走滑断裂带是大型缝洞体发育的主体部位。

### 一、走滑断裂带岩溶储层发育特征

塔中地区下奥陶统鹰山组储层段岩性总体上可以划分为石灰岩类、白云岩类及其过渡类型，油气藏储层岩石类型主要为鹰山组上部的石灰岩。塔中地区鹰山组以岩溶缝洞体储层发育为特征，在地震尺度形成"串珠状"大型缝洞体储层，钻井过程中大量钻井液漏失、钻具放空等。测井曲线上未充填的大型溶洞表现为井径显著扩大呈箱形、电阻率降低、声波时差增大、密度减小，取心中可见洞内充填物，且取心收获率常常较低、岩心破碎，从FMI成像图上极板拖行暗色色带夹局部亮色团块。钻井过程中，洞穴中流压下降快，压力有衰竭，远处地层能量供给不充足；关井压力恢复较快，并达到稳定，近井带地层物性较好。小规模洞穴中初产高，油压、油气产量呈下降趋势，稳产难度大，若酸压有效沟通了远井洞穴形成大规模缝洞体，则可能高产、稳产，稳产时间与酸压沟通的缝洞体规模有关。地震剖面上，鹰山组大型缝洞体储层具有明显的"串珠状"反射（图3-4-1）。一般而言，地震资料识别的缝洞体通常是宽度逾10m以上的缝洞集合体。强"串珠状"反射特征表明岩溶缝洞体规模大，是油气钻探的主要对象。

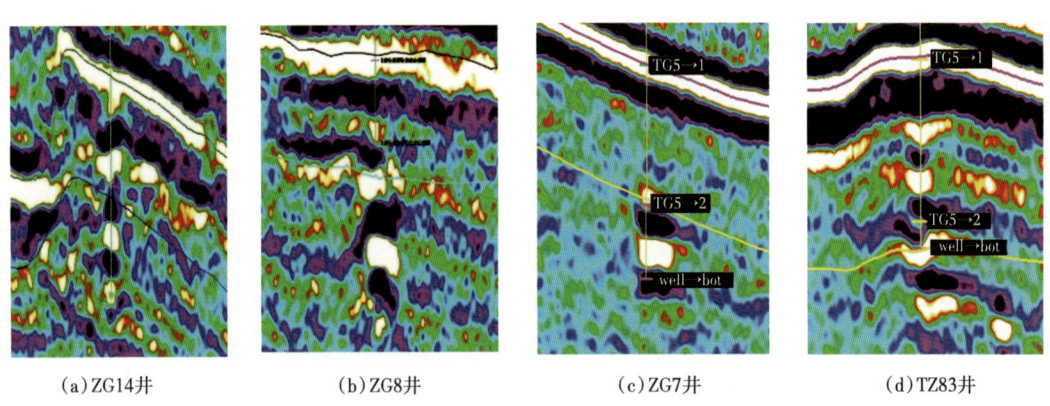

(a) ZG14井　　　(b) ZG8井　　　(c) ZG7井　　　(d) TZ83井

图3-4-1　地震剖面示"串珠状"洞穴段地震响应

前期研究表明，塔中地区发育良里塔格组沉积前、志留系沉积前与上泥盆统沉积前三期不整合（邬光辉等，2016）。其中良里塔格组沉积前发生整体抬升与暴露岩溶，形成遍及塔中隆起的层间岩溶。塔中地区中—下奥陶统顶部发育风化壳层间岩溶储层，风化壳地形起伏小，坡度小，地层缺失较少，下伏地层变化不大，呈大面积分布。同时，碳酸盐岩长期暴露地表，遭受风化淋滤，岩溶作用强，岩溶厚度大（杜金虎，2010；韩剑发等，2012）。

断裂的发育对层间岩溶具有重要的控制作用，可作为岩溶水的渗滤通道，进一步扩大了层间岩溶范围及深度，有利岩溶区在古地貌的基础上进一步扩大。理论上一个发育完整的层间岩溶序列从不整合面向下一般由表层岩溶带、垂直渗流带和潜流溶蚀带三个岩溶带构成，典型岩溶剖面层序的形成过程与沉积相序的形成过程是完全不同的。沉积相序是由下向上逐渐"建造"起来的，各相带之间可以有成因联系，但相互之间不会改造重叠。而岩溶剖面层序却是在由上往下加深"破坏"的过程中造成的。在各种外界条件不变的情况下，随岩溶过程的持续进行，地层的逐渐剥蚀，岩溶影响的深度逐渐下移，各岩溶带也将在此过程中下移，其岩溶特征则可能重叠在一起。因此，岩溶带的发育程度与深度随地区、岩性、构造部位、古地貌位置、古水文条件及暴露时间长短等因素的差异而有较大的变化，鉴别完整的岩溶剖面层序十分困难。各个岩溶带在垂向上表现出岩溶发育强弱的差异性（表3-4-1）。

表 3-4-1 塔里木盆地塔中地区下奥陶统层间岩溶垂向分带特征

| 岩溶分带 | | 常规测井曲线响应 | | | 成像测井 | 钻速 | 地下水作用方式 | 充填物 | 岩溶形态 | 典型井段 |
|---|---|---|---|---|---|---|---|---|---|---|
| | | 自然伽马 | 井径 | 电阻率曲线 | | | | | | |
| 表层岩溶带 | | 曲线呈锯齿状，比渗流带高为30~90API | 扩径 | 比渗流带低，比泥岩高，裂缝储层发育时 $R_D/R_S$ 变小 | 垮塌角砾洞穴半充填—全充填相 | 略加快 | 以地表径流为主 | 岩溶残积物和洼坑、漏斗充填物 | 岩溶谷地、斜坡上的洼地 | TZ162、ZG7、ZG171 |
| 垂向渗滤岩溶带 | 渗入岩溶带 | 比致密灰岩高，一般为30~60API，曲线略呈锯齿状 | 扩径或不扩径 | 比致密灰岩明显降低，呈强烈的锯齿状 | 裂缝全充填、半充填—全充填相 | 略加快 | 以土壤水向下渗流为主，少量横向流动 | 地表残积物、洞壁塌积物 | 溶蚀洼地、溶沟、落水洞 | ZG5、ZG41、ZG7、ZG21、ZG171、TZ84 |
| | 渗流岩溶带 | 与致密灰岩接近，曲线近于平直或呈微齿状 | 不扩径或略扩径 | 双侧向电阻率值较低，且出现正差异 | 裂缝与孔洞溶蚀相 | 不加快或略加快 | 地下水向下渗流，淋滤溶蚀 | 渗流机械充填、化学充填 | 垂直（或近似于）的溶蚀缝及小型溶洞 | |
| 径流岩溶带 | 未充填溶洞、暗河 | 一般较低 | 扩径严重 | 电阻率值低 | 未充填洞穴相 | 钻具加快，钻具放空 | 地下水水平运动及所产生的溶蚀作用 | 机械充填（河成角砾岩）、崩塌堆积机化学充填 | 水平溶洞、暗河 | ZG9、TZ84、TZ724、ZG4、ZG203、ZG5、ZG7、ZG21、ZG171 |
| | 砂泥质充填溶洞、暗河 | 自然伽马值高，一般为45~100API，起伏较大 | 扩径 | 电阻率值低，呈锯齿状，出现正差异 | 泥质全充填洞穴相 | 钻具加快 | | | | |
| | 角砾岩 | 比致密灰岩高，一般为30~60API，曲线略呈锯齿状 | 扩径 | 比致密灰岩明显降低，呈剧烈的锯齿状，并出现正差异 | （泥质）角砾半充填—全充填相 | 略加快 | | | | |

**1. 表层岩溶带**

表层岩溶带一般位于侵蚀面或不整合面附近，纵向影响范围在0~30m之内，为岩溶地区较强岩溶化的表层部分，有些井区由于多期岩溶改造缺乏地表岩溶带。岩溶作用主要是地表附近的大气淡水作用下的风化剥蚀作用，包括地表塌积、生物剥蚀和一定的沉积作用。表层岩溶带的岩溶方式以大气淡水的地表径流为主，岩溶产物主要为大气淡水产生的地表径流冲刷、溶蚀过程中形成的一些溶沟、溶洞、溶缝、溶蚀洼地、溶蚀漏斗及落水洞等。岩溶充填程度高，其充填物主要为地表残积物和洞壁塌积物，地表沉积物多为棕色、红色、墨绿色等氧化沉积，包括铝土质和垮塌角砾等。表层岩溶带纵向上的发育深度与断裂发育的程度有着很大的关系，有时与垂直渗流带难以区分。

表层岩溶带识别特征：在测井曲线上，自然伽马曲线多呈锯齿状，该带顶部的地表残积物被砂泥质充填时则明显增大；深浅双侧向电阻率值明显低于基质石灰岩，总体上呈现出由上而下电阻率呈增加的趋势；声波时差和中子孔隙度出现明显的高异常。钻井过程中可出现明显的放空及钻井液漏失、钻速加快与井径扩大等现象。

受岩溶作用与泥质充填影响，中古29井靠近一间房组顶部6086m附近发育不整合面，自然伽马曲线呈锯齿状，平均值大于80API，远高于碳酸盐岩围岩，同时电阻率值低于基质石灰岩。成像测井显示良里塔格组为泥质条带泥晶灰岩，与下伏一间房组颗粒灰岩呈不整合接触。在一间房组顶部发育多条高角度构造缝，断裂为加快溶蚀提供了快速通道，分别在6089m、6091m和6092m处发育洞穴型储层，被残余泥质充填，洞穴型储层中间夹着孔洞型储层（图3-4-2），为早期层间岩溶形成孔洞层，测井综合解释为洞穴型储层。

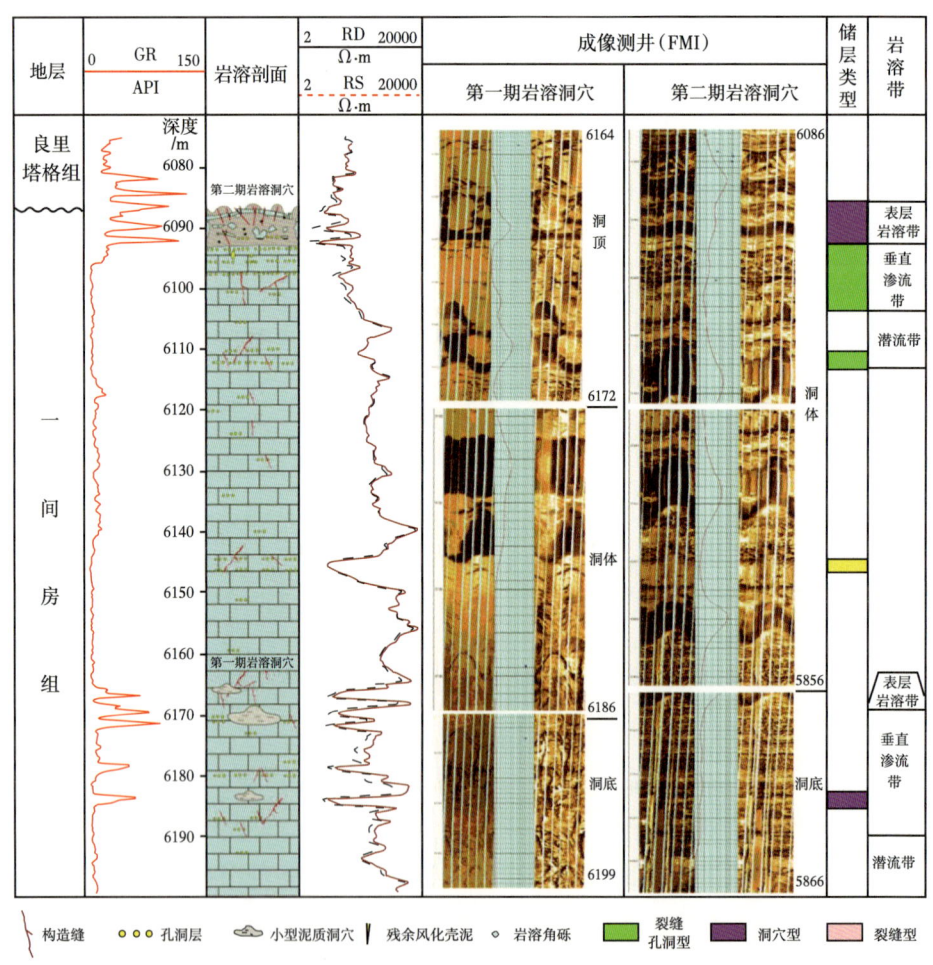

图 3-4-2 中古 29 井单井岩溶模式图

## 2. 垂直渗流带

垂直渗流带位于侵蚀面之下的地下水渗流带，垂向渗滤岩溶带发育于风化壳表层以下、最高潜水面之上。地下水主要沿着岩层中的裂缝向下渗流，其岩溶的发育程度与早期构造裂缝的发育密切相关，以垂向岩溶为主。从岩心观察到的特征主要为高角度溶蚀裂缝、溶蚀缝合线发育，近于垂直的"串珠状"中小型溶蚀孔洞沿溶缝、缝合线分布，在一定条件下可以形成较大规模的溶洞，多为碳酸盐岩角砾、砂泥混合充填。这些充填体的形态不规则，大体上呈与围岩垂直或近于垂直的囊状、脉状产出，与围岩呈清晰的溶蚀接触。

在断裂发育过程中，应力集中在断裂带，断层核裂缝相对发育，形成裂缝和角砾岩发育的网络系统，而破碎带裂缝欠发育。伴随着大气淡水的淋滤作用，在表层裂缝带不发育情况下，大气淡水主要沿断裂带向下渗透，进入潜水面后开始沿水平方向渗滤溶蚀，形成溶蚀孔洞发育带，并在进一步的溶蚀过程中扩大孔洞规模，形成大型缝洞系统。这类缝洞系统有以下特征：（1）溶蚀洞穴规模相对较大，但在下部连通通道堵塞后可能较孤立；（2）充填程度较低，孔洞保存较好；（3）裂缝欠发育，孔洞的横向连通性较差。中古111井鹰山组层间岩溶垂直渗流带分布于6093~6114m之间，厚21m。发育高角度溶蚀缝，为泥质与方解石充填，其间发育垂向溶蚀孔洞。通过成像测井资料分析，在鹰山组顶部发育洞穴型储层被泥质充填，呈暗色块状，中间夹杂亮色坍塌角砾，并发育高导流能力裂缝和小溶洞（图3-4-3）。塔中49井垂向渗滤带5579~5601m井段发育溶缝、溶蚀孔洞，方解石、

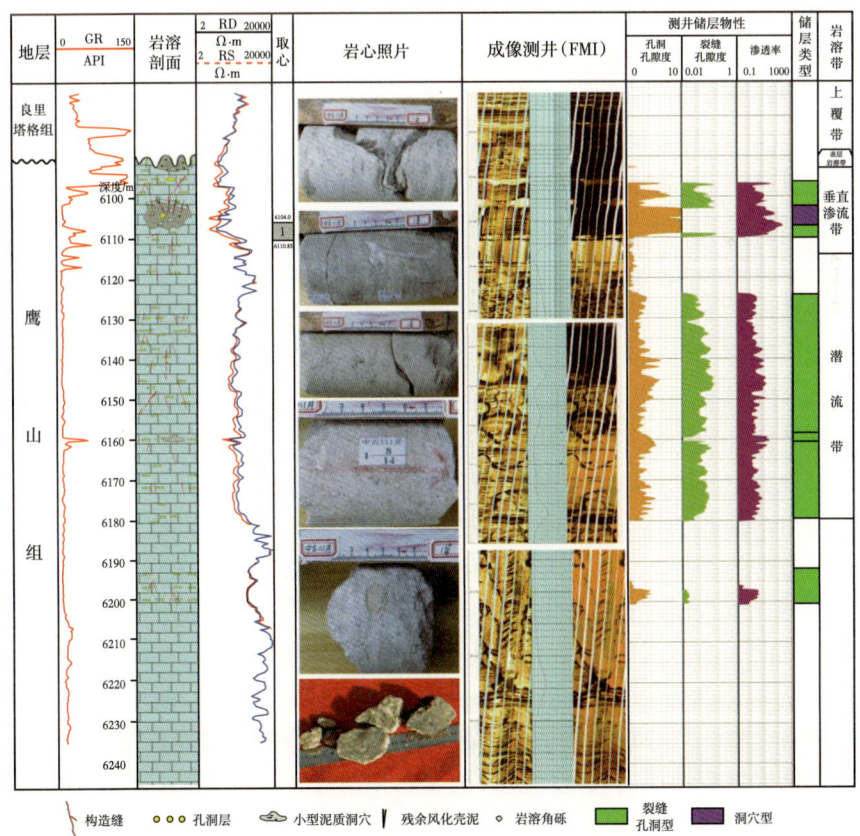

图3-4-3　中古111井单井岩溶模式图

泥质和沥青充填程度高。沥青的充填表明油气注入时孔洞中残留的未充填空间较大，孔洞保存比较好。根据溶蚀孔洞的发育特征分析，可能为沿走滑断裂带输导溶蚀而形成的相对孤立的储集体。

垂直渗流带识别特征：在测井曲线上，自然伽马曲线呈近于平直状或呈锯齿状，与表层岩溶带相比伽马值较低；深浅双侧向电阻率值明显低于基质石灰岩，总体上呈现出由上而下、电阻率增加的趋势，相对表层岩溶带电阻率值要高；声波时差略增大；井径无扩径或略扩径。钻井过程中钻速不加快或略加快，局部出现少量钻井液漏失。成像测井多表现为泥质或方解石半充填高角度构造溶缝，裂缝影响的深度大，对储层的改造范围差异较大。垂直渗流带储层较为发育，充填程度相对较低，多为洞穴型储层或裂缝—孔洞型储层。

中古51井鹰山组顶部5100~5121m发育厚约22m的垂直渗流带，成像测井显示，在垂直渗流带顶部5100~5105m主要为高角度溶蚀缝和溶蚀孔。5106~5118m发育洞穴垮塌角砾、溶缝和溶蚀孔洞，测井解释洞穴型储层孔隙度达13%。5119~5122m为洞穴底部由于裂缝影响深度有限，仅发育孔洞层和少量裂缝。垂直渗流带发育连通的储层，油气显示活跃，出口钻井液相对密度1.16，漏斗黏度41秒，氯离子含量由7450mg/L升至10430mg/L，电导率由2.52S/m升至2.82 S/m，温度52.3℃。槽面集气点火焰高3cm，持续1秒，火焰呈橘红色。这些特征揭示垂直渗流带发育缝洞体储层。

### 3. 深部潜流带

深部潜流带位于垂直渗滤岩溶带之下的地下水潜流带。潜流岩溶带的上限是枯水期的最低潜水面，该带地下水受压力梯度控制并沿水平方向流动。在潜水面附近的地下水中碳酸钙不饱和且$CO_2$含量高，溶蚀能力强，其最明显的岩溶特征是出现大型的水平溶洞、地下暗河及其溶蚀孔、洞、缝发育。该带不仅溶蚀作用强，充填作用也很强，最突出的是出现断层角砾岩、砂泥岩及洞穴崩塌堆积物的充填，还有化学作用的方解石、绢云母和高岭石等，溶洞中以方解石充填为主。

由于溶蚀孔洞的发育程度、充填物与充填程度的差异，在测井曲线上电性特征也有差异。当溶蚀孔洞发育而且未充填时，自然伽马值一般较低，而在砂泥质充填的洞穴中则会很高。深浅双侧向电阻率值明显降低，呈锯齿状，溶洞未充填时表现出非常明显的正差异。同时，声波测井值明显增加，中子孔隙度和密度异常，井径扩径严重。钻速明显加快或略加快，出现放空及大量钻井液漏失。

潜流溶蚀带溶蚀孔洞较大，一般取心破碎严重，很难识别。但成像测井特征明显，可以很好地识别该带的特征。中古7井成像测井图像上井段5820~5823m发育大型溶蚀洞穴，内部被亮色角砾充填，同时自然伽马曲线出现升高，说明溶洞内部不仅被角砾充填，还有泥质充填物，层间岩溶径流溶蚀带，在洞穴底部有溶蚀孔洞发育。在井段5826~5829m发育另一洞穴，为垮塌角砾和泥质充填，在洞穴底部发育溶蚀缝。两层洞穴之间为裂缝沟通，并有方解石充填。岩心观察构造破裂角砾、水平构造缝被方解石充填，见多条高角度构造缝。该段储层发育两层洞穴型储层，被泥质和角砾充填（图3-4-4），分析可能为潜水面两期迁移形成的洞穴层。

第三章 断裂带碳酸盐岩储层

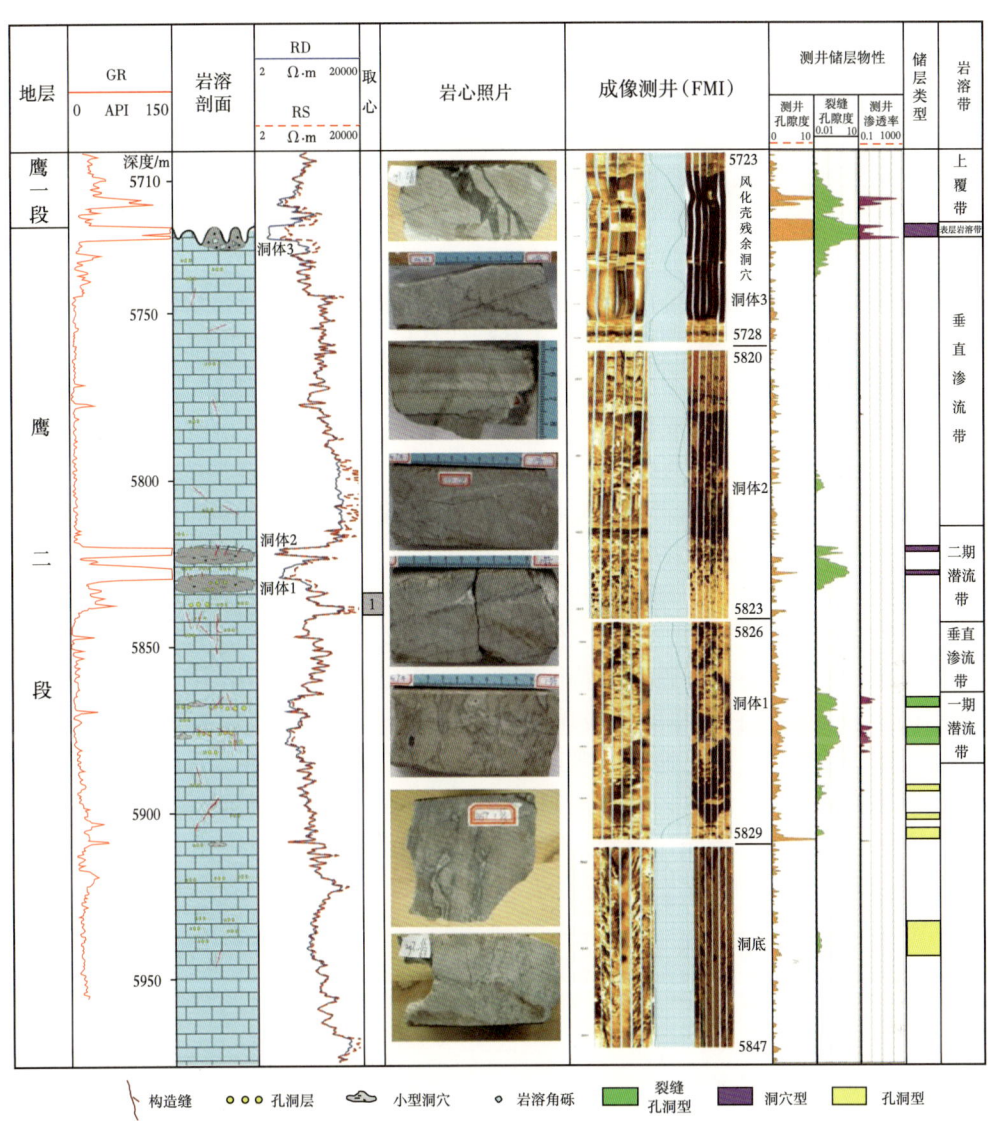

图 3-4-4 中古 7 井下奥陶统鹰山组岩溶剖面及岩溶带划分

## 二、潜山岩溶储层模式

潜山岩溶又称为风化壳型岩溶，地形起伏大，坡度大，地层缺失多，下伏地层变化大，分布较局限；上下地层以角度不整合接触；碳酸盐岩长期暴露地表，遭受风化淋滤，岩溶作用强，岩溶厚度大。水是岩溶发育基本的物质条件之一，岩溶只有在水循环系统中才能发育，各类岩溶缝洞系统均是碳酸盐岩岩体沿节理裂隙或地层层面持续扩溶形成的，不同的水动力条件作用下形成了不同的岩溶空间形态。

晚奥陶世良里塔格组沉积前，塔中地区构造运动整体抬升，吐木休克组和一间房组及大部分区域的鹰一段、鹰二段遭受剥蚀。通过牙形石的对比研究表明，地层间断时间达 10Ma，发育层间岩溶储层。鹰山组层间岩溶的发育程度受古地貌影响比较明显，有利

79

的岩溶发育区主要位于岩溶斜坡和岩溶高地,在这些古地貌较高的区域,岩溶系统发育完善,垂向分带明显,层间岩溶识别标志也比较明显。同时,层间岩溶与断裂带发育关系十分密切,断裂对岩溶储层的控制作用体现在层间岩溶发育期,平行于流体流动方向的断裂是层间岩溶流体运移的优势通道。裂缝带扩溶缝洞体的主要特征有:(1)高角度裂缝发育,扩张溶蚀作用强烈,形成沿裂缝及其周缘发育不规则的溶蚀孔隙;(2)裂缝早期溶蚀形成孔洞,具有较大的缝宽,并多为后期方解石所充填,但局部方解石间仍保留部分有效孔隙;(3)晚期微小裂缝发生改造,沿主裂缝带的缝隙或边缘有继承性活动,规模较小,后期溶蚀改造较弱。由于钻遇缝洞型储层易发生井漏等事故,沿裂缝带溶蚀形成的大型缝洞体特征缺乏岩心资料。但根据裂缝溶蚀扩大的特征分析,可形成扩溶缝洞体储层。这类储层沿断层破碎带发育裂缝带,并形成裂缝网络系统;随着大气淡水淋滤作用的发生,表层裂缝带中的裂缝不断溶蚀扩大,形成裂缝—溶蚀孔洞发育带;在进一步的溶蚀过程中,裂缝、孔洞规模扩大,形成小型缝洞。通过扩大连接,最后形成一系列相互连通的缝洞系统。

通过以上对塔中地区潜山岩溶发育特征分析,可建立鹰山组沉积时期潜山岩溶及储层发育模式(图3-4-5)。潜山岩溶同地貌下的岩溶带发育具有一定的差异性,总体表现为岩溶高地岩溶发育厚度大,但储集空间充填程度较高,同一地貌下表层岩溶带和垂向渗滤带的发育受岩溶残丘控制明显,残丘主体部位岩溶较发育。水平潜流带受潜水面变化的控制,总体分布较稳定。各岩溶带发育特征表现为:表层岩溶带作用范围为距奥陶系顶以下60m范围内,厚40m左右,厚度受残丘控制明显。岩溶作用强,以高角度溶缝、溶洞为主,储层发育,物性好,同一地貌下残丘核部物性好于边坡及沟谷。垂向渗滤带作用范围一般在奥陶系顶面100m以内,岩溶作用中等,以高角度溶蚀裂缝为主,充填程度较高,储层物性中等,发育厚度受残丘控制,储层物性中等。水平潜流带:作用范围一般在奥陶系顶面180m以内,岩溶作用强,水平状岩溶管道发育,储层好,但发育不均。

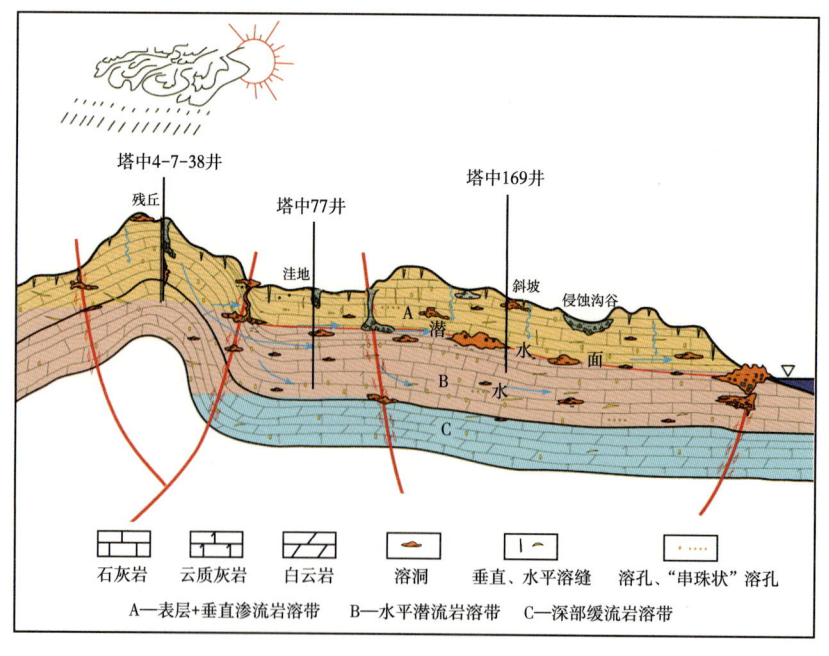

图3-4-5 塔中地区风化壳岩溶储层发育模式

总之，塔中地区走滑断裂对奥陶系碳酸盐岩储层的建设性作用显著，但断裂作用复杂多样，并受多因素影响，形成多种类型的走滑断裂相关储层系统。

## 第五节 走滑断裂与埋藏型储集体

塔里木盆地奥陶系碳酸盐岩经历漫长的复杂埋藏成岩作用，埋藏期的溶蚀作用对储层具有一定的改造作用。

### 一、埋藏岩溶储层特征

埋藏岩溶作用是指碳酸盐岩在中—深埋藏阶段主要与埋藏成岩作用相联系的溶蚀作用现象及过程，主要是指暴露的碳酸盐岩区再次接受沉积后，经准同生期和表生成岩作用的沉积物被埋藏后转入相对封闭体系，在深埋和压实过程中随地温升高，地层水、生物腐解水和有机质热演化的酸性流体等促使碳酸盐岩发生溶解、溶蚀，改变岩石的微观结构。在漫长的埋藏期，塔里木盆地奥陶系碳酸盐岩经历多期复杂的埋藏岩溶作用（杜金虎，2010）。埋藏期岩溶根据溶蚀流体的性质又可分为有机酸岩溶、压释水岩溶、热液岩溶、无机酸水岩溶（TSR）。这几类埋藏期岩溶作用除了有各自的特点之外，在发育机理等方面也存在着一些相同之处。在发育过程中，可能具有同时性或叠加性，有时甚至很难严格区分。

热液岩溶主要指在碳酸盐岩深埋藏阶段由断裂的活动引起深部热液上升而产生的岩溶系统，在塔里木盆地奥陶系碳酸盐岩中广泛发育。热液岩溶与压释水岩溶的根本区别在于岩溶水来源的不同，热液岩溶的岩溶水主要来自地壳深部。这种岩溶水受承压作用朝上运移，与深大断裂的活动紧密相关。埋藏期深层热液流体上行改造是奥陶系碳酸盐岩储层发育的一个显著特点，深层酸性热液沿深大断裂上行进入碳酸盐岩地层，在相对封闭的埋藏成岩环境中，溶蚀作用、胶结作用以孪生关系存在，分别在不同部位出现缝洞发育带和胶结带，是孔隙组构的变化和孔隙空间的重新分配，地层总孔隙空间基本保持不变。碳酸盐岩地层中由热液流体带来的硅、钡、镁、氟等离子的增加，形成新的矿物，可能充填先存孔隙空间，具有减孔作用。因此，热液岩溶具有双刃剑作用。

晚海西期二叠纪火山活动导致热液作用活跃，对奥陶系碳酸盐岩储层改造作用强烈，在此期间热液的活动伴随辉绿岩的侵入，在塔中地区、阿满地区与塔北地区等多口井钻遇辉绿岩夹层也证明了这一点［图3-5-1（a）］，大多发育于良里塔格组，少量于鹰山组见到，这可能由于上覆桑塔木组泥岩对热液上涌起到了隔挡的作用。辉绿岩的侵入主要有两个通道：一是层间缝，沿层间岩性薄弱面进入地层，并延伸一定距离，这一特征在野外剖面中大量发育，如永安坝剖面蓬莱坝组中的侵入岩；二是沿深大断裂发育，地下岩浆在高压作用下沿深大断裂上涌，并断裂相关的裂缝系统向上侵入。此外，火山活动过程中，除辉绿岩之外，会伴随大量热液流体的活动，岩心和薄片中可观察到大量的热液相关矿物，如TE12井和EG9井显微镜下可见萤石、重晶石、天青石、鞍状白云山等（图3-5-1）。

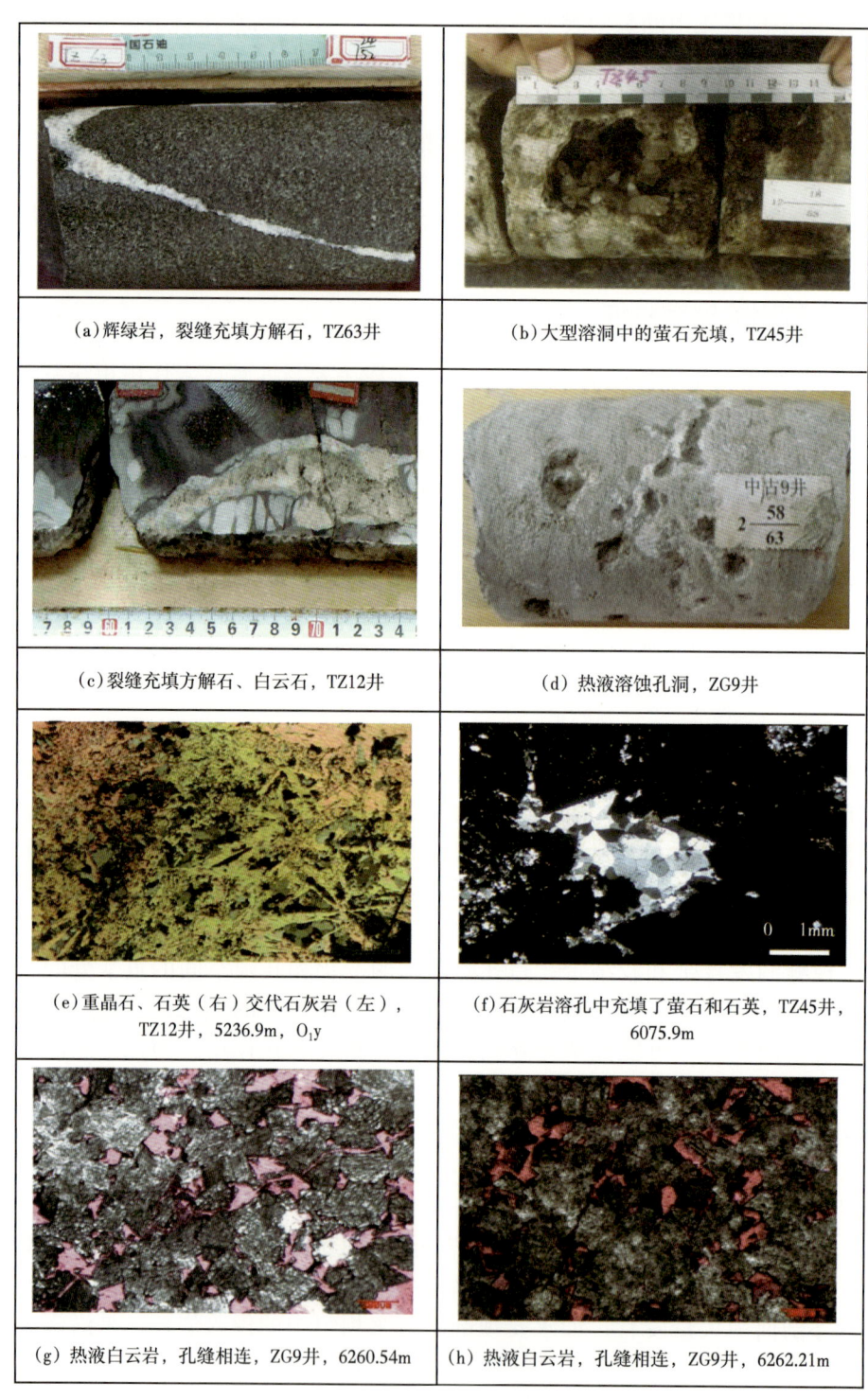

图 3-5-1　热液岩溶矿物图版

环阿满走滑断裂系统发育多条切穿基底的走滑断裂，沿走滑断裂上侵的热液富含 $CO_2$、$H_2S$ 等酸性组分，对碳酸盐矿物具有强烈的溶蚀作用。走滑断裂带下部白云岩地层通常发育断裂—裂缝网络系统，热液更容易渗透进围岩，并对白云石与方解石产生强烈的溶蚀作用（图3-4-2），改善储层物性，同时伴随黄铁矿、石英等热液矿物的沉淀。上部石灰岩地层中由于方解石更容易被溶解并带出，易形成热液改造型储层。不同类型热液流体对碳酸盐岩的改造具有一定差异，从而导致储集空间类型的差异。

塔中Ⅲ区塔中45井萤石半充填的孔洞型储层发育。井段6042.0~6060.1m，岩心观察上部发育方解石充填高角度裂缝，见高角度裂缝被方解石充填。溶洞内充填泥质、方解石及少量砾屑。测井解释孔隙度值为0.1%~4.0%，平均孔隙度为0.5%，渗透率为0.1~0.9mD。井段6060.1~6092.0m发育高角度裂缝，裂缝上部被方解石充填，下部被萤石充填。发育萤石脉或萤石充填缝，萤石呈粒状生长，萤石自形程度高。见大量萤石半充填的晶洞和溶缝，缝洞含油。测井解释平均孔隙度4.8%，渗透率0.1~1000mD。储层评价为洞穴型储层厚6m，孔洞型储层厚12m。井段6092.1~6139.9m发育萤石脉或萤石充填缝，萤石成粒状生长、自形程度高测井解释孔隙度值为0.1%~10%，渗透率为0.1~100mD，储层评价以裂缝—孔洞型和孔洞型储层为主（图3-5-2）。

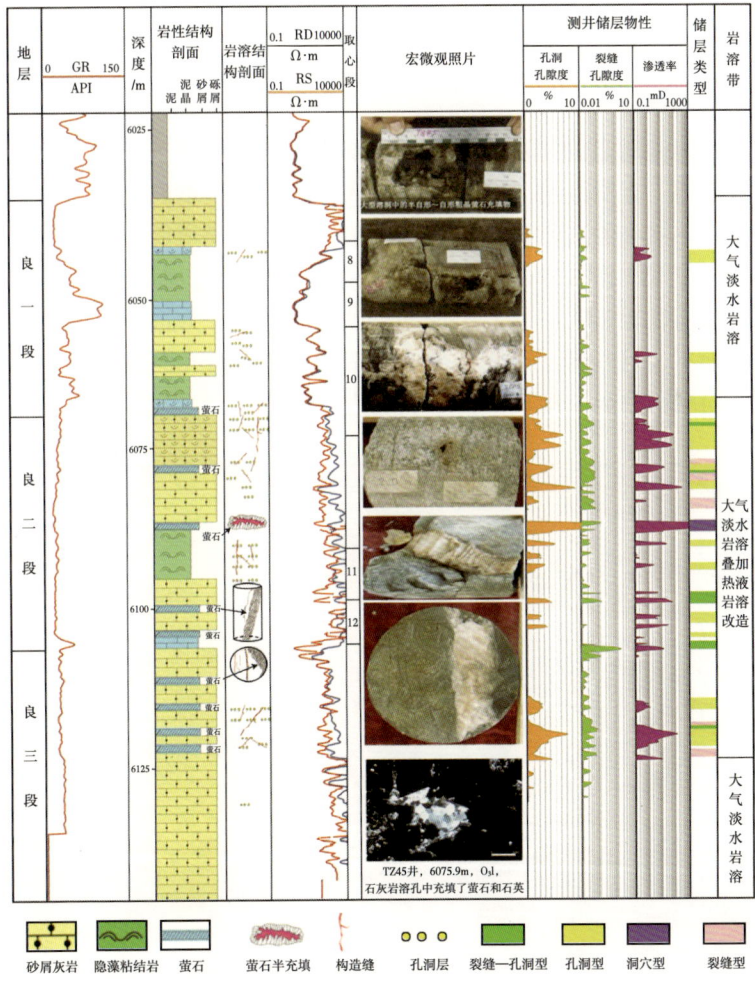

图3-5-2 塔中45井单井岩溶特征图

塔中Ⅱ区中古 512 井发育缝洞型白云岩储层。在鹰山组二段下亚段 5582~5590m 井段岩心为浅灰色薄层亮晶砂屑灰岩，局部见热液形成针眼状溶蚀孔洞，可见黄铁矿，高角度裂缝发育半充填—全充填方解石和黄铁矿。结合岩心与常规测井曲线和 PE 曲线分析，该井段白云岩化程度较高。成像资料分析表明，5562~5564m 井段发育高角度构造缝和小型溶蚀孔隙，5587~5590m 和 5629~5632m 井段发育泥质充填缝洞系统，测井解释为洞穴型储层和裂缝—孔洞型储层，平均孔隙度达 3.0%~17.0%。

## 二、埋藏岩溶储层模式

分析表明，中古 512 井热液岩溶储层的形成受走滑断裂控制，沿走滑断裂热液流体活动及其对岩石的改造作用强烈。晚加里东期—早海西期，北东向深大断裂切割基底并发生大规模走滑活动，形成断裂—裂缝网络，在产生大量空间的同时，为深部热液溶蚀下部白云岩携带 $Mg^{2+}$ 提供了通道和场所。深部富镁热液流体沿走滑断裂活动，对裂缝两侧的石灰岩进行溶蚀，并沉淀了白云石。流体—岩石相互作用的早期，温度与压力快速减低致使 $MgCO_3$ 快速析出，在裂缝边缘形成致密白云岩条带。随着流体与围岩的温度逐渐平衡，流体向石灰岩围岩渗透溶蚀围岩，并沉淀了自形—半自形白云石，从而形成了白云石晶间孔隙。随着热液流体中 $Mg^{2+}$ 的消耗，溶解在流体中的碳酸钙开始析出，形成自形方解石和黄铁矿。

由于热液岩溶溶蚀所需的热液来自地层深部，要到达奥陶系上部碳酸盐岩发育区必须要有连通的渗流通道。走滑断裂带不仅向下深入基底，而且垂向上发育的裂缝和断层是其重要的渗流通道，热液在通过渗流通道时发生溶蚀，因此通道周围岩溶最为发育。在地震剖面上表现为树状扩散（图 3-5-3），渗流通道是树干，通道周围的溶蚀孔洞"树叶"。由于碳酸盐岩的非均质性较强，一些岩层前期溶蚀孔洞发育，为进一步发生热液岩溶提供基础，在长期的溶蚀下，这些岩层遭受强烈的改造，形成溶蚀孔洞发育层，相反另外一些致密岩层的岩溶作用则不明显。地震剖面上表现为即所谓的"层状叠合"（图 3-5-4）。

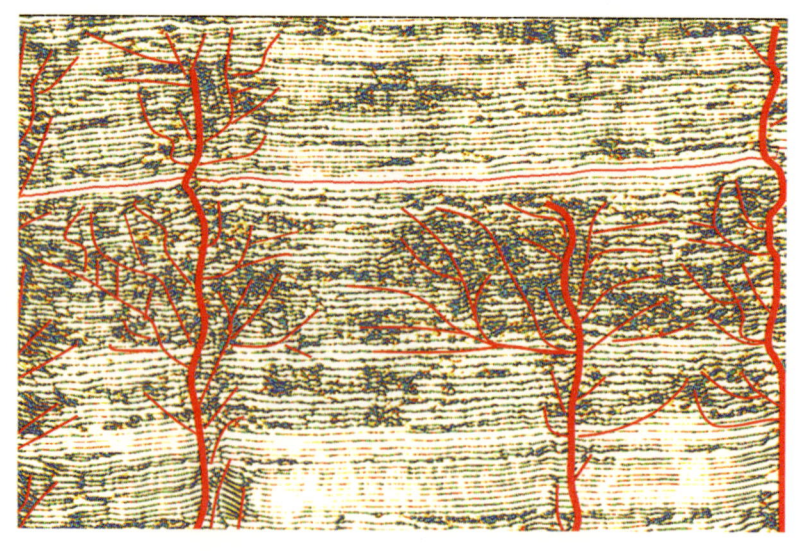

图 3-5-3　碳酸盐岩深层热液作用的"树状扩散"特征

图 3-5-4　碳酸盐岩深层热液作用的"层状叠合"特征

热液活动需要有断裂、不整合面和高渗透层作为热液的通道，更多指示了先期储集空间的存在，是埋藏阶段物质和空间的再分配和再调整过程，从这种意义上讲热液作用对深部储层是建设作用。对比塔中Ⅲ区和塔中Ⅱ区的热液改造储层的发育规模差别巨大，可能与古地貌和走滑断裂带变形影响的断裂—裂隙的发育范围、热流体的上行流动强度、规模差异有关。多口井热液改造机制研究表明，根据埋藏岩溶作用流体性质的不同，可分为原地埋藏岩溶型储层改造机制与异地流体溶蚀型储层改造机制。原地埋藏岩溶型储层通过原地成岩流体（有机酸、热卤水等）溶蚀作用，以组构选择性溶蚀为主，早期发育的孔隙为埋藏溶蚀提供了通道，以渗透性好的颗粒灰岩及洞穴充填物为主。与早期溶蚀作用的最大区别是前者为组分选择性溶蚀，溶孔大多为淡水方解石充填，而后者为结构选择性溶蚀，溶孔为高温埋藏亮晶方解石充填。塔中地区良里塔格组和鹰山组颗粒滩灰岩中普遍见到原地埋藏溶蚀型形成的基质孔隙（图 3-5-5），中古 203 井、塔中 721 井和塔中 83 井较为典型。异地流体埋藏溶蚀型储层指热液通过断层、不整合面及渗透性好的岩石等介质通道，从地壳深部的热源区运移到浅部而发生的地质作用所形成的储层。它们大多不能成为单一成因的储层类型，而是对原有储层的叠加改造，进一步又可划分单一断裂岩溶储层，主要沿断裂分布，深源热液作用可形成斑块状或花朵状白云石，发育白云石晶间孔和晶间溶孔。以中古 512 井、中古 9 井和塔中 12 井为代表的热液活动与富镁热液溶蚀—交代—胶结关系密切，沿走滑断裂溶蚀形成缝洞型储层。富镁流体对碳酸盐岩进行强烈改造，由早期不饱和热流体广泛的溶蚀—交代改造逐渐转变为过饱和流体的石英、方解石、白云石沉淀（图 3-5-5）。另一种是断裂岩溶叠加其他岩溶作用，深源流体沿断裂往往叠加改造原有的岩溶型储层，形成大型缝洞系统，同时热液矿物的沉淀和析出充填部分溶孔、裂缝和溶洞。以塔中 45 井、塔中 451 井、中古 41 井和中古 51 井为代表的热液改造可能与广泛的火成岩侵入体发育有关，表现为侵入岩对围岩的高温蚀变作用，形成蜂窝状孔洞，基质重结晶作用强烈。

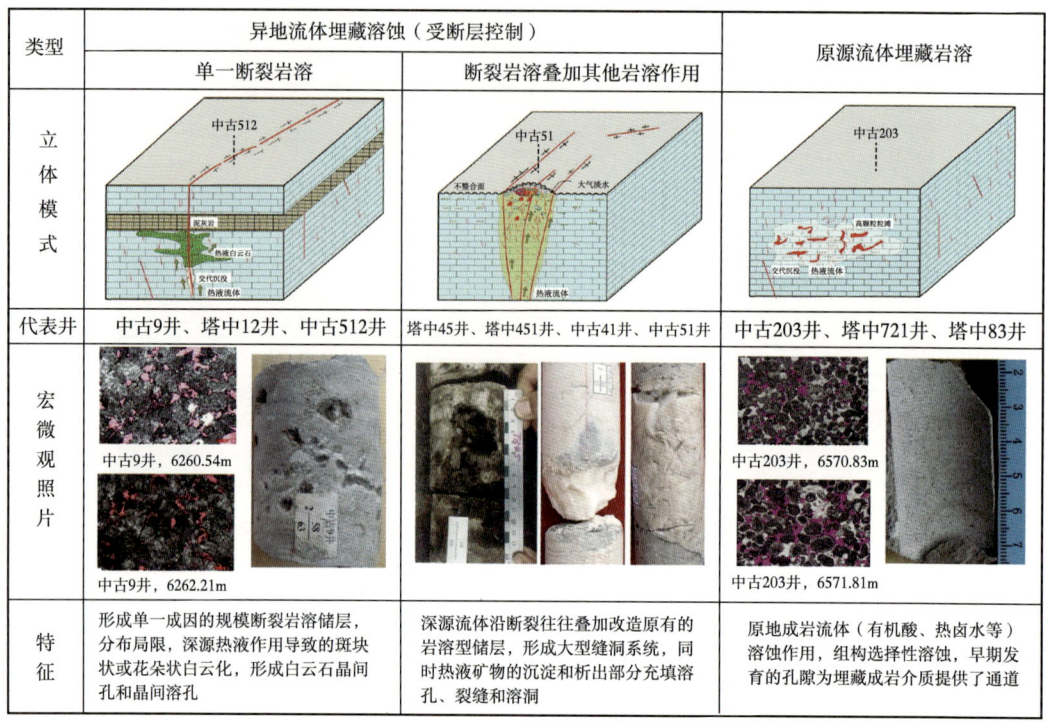

图 3-5-5 塔中地区埋藏热液岩溶储层模式

# 第四章　走滑断裂控储与储层分布

塔里木盆地走滑断裂带奥陶系碳酸盐岩经历复杂的断裂—成岩作用，基质物性差，走滑断裂对缝洞体"甜点"储层具有重要的控制作用，具有复杂的成因与强烈的非均质性，形成沿走滑断裂带差异分布的缝洞系统。

## 第一节　走滑断裂与成岩作用

塔里木盆地奥陶系古老碳酸盐岩致密，碳酸盐岩断裂带不仅具有强烈的构造变形作用，还有复杂的成岩作用，构造作用与成岩作用、流体作用又相互影响、相互作用，形成复杂的次生孔隙系统。通过复查分析发现，早期报道的多期复杂的成岩作用主要位于断裂带。

### 一、成岩减孔作用

#### 1. 压实作用与压溶作用

塔里木盆地奥陶系碳酸盐岩压实作用强烈，碳酸盐岩颗粒压实形成紧密接触，是造成原生孔隙快速减少的重要因素。

断裂带成岩早期，碳酸盐岩颗粒间存在一定的孔隙空间，在压实作用下，可以通过颗粒的旋转与颗粒之间的错动发生重组，形成颗粒长轴的顺层排列的局部薄层变形带。压实变形带颗粒较细，颗粒接触紧密，形成致密层。岩石薄片观察表明，缺乏断裂活动的碳酸盐岩颗粒间的压实作用往往更为强烈，即便基质孔隙发育的台缘礁滩体也呈现较强烈的压实作用。压实作用造成颗粒紧密堆积，多呈线状、曲面状接触，使原生孔隙大幅减少（图4-1-1）。而断垒带碳酸盐岩埋藏浅，压实作用较弱，颗粒点状接触较多［图3-1-10（a）、图4-1-1（c）］，局部粒间残余微孔隙较多。相对压溶作用也较弱，可能与压实作用呈较弱相关关系。但在局部断层核附近的裂缝带，发育碎裂岩与粉细泥质，其岩石碎裂与挤压严重，压实作用反而很强。

碳酸盐岩易于溶蚀，压溶作用普遍，缝合线发育。在长期深埋过程中，塔里木盆地走滑断裂带奥陶系碳酸盐岩缝合线发育过程中，通过颗粒的压实释放孔隙流体，并多被泥质等压溶残余物充填（图3-1-10），不仅是碳酸盐岩减孔的重要因素，而且造成孔隙间分隔不连通。但在断裂抬升与局部引张作用下，可能形成局部缝合线开启、溶蚀，具有一定的孔隙（图3-1-10），对油气运移具有贡献。

#### 2. 充填与胶结作用

奥陶系碳酸盐岩断裂带充填类型多样，根据裂缝的填充物可以划分四类：（1）砂泥质充填，多位于碳酸盐岩风化壳顶部的高角度裂缝，有渗流痕迹，与表生岩溶有关；（2）方解石充填，至少有三期方解石充填，可见溶蚀边缘或伴生矿物；（3）有机质充填，奥陶系碳酸盐岩裂缝沥青质充填较多，表明裂缝在油气运移期形成有效的开启；（4）黄铁矿、硅质和萤石等高温充填物，多与高温方解石充填物伴生，是高温热液流体活动反映。而围岩部位主要为方解石胶结物充填物充填，而且仅见一至二期充填。

塔里木盆地下古生界碳酸盐岩胶结作用强烈，发育多世代、多种类型、多种特征的碳酸盐岩胶结物，一般认为是碳酸盐岩减孔的主要因素。而断裂带的胶结作用更为复杂（图4-1-2），既有海底成岩环境，又有大气淡水与埋藏成岩环境。

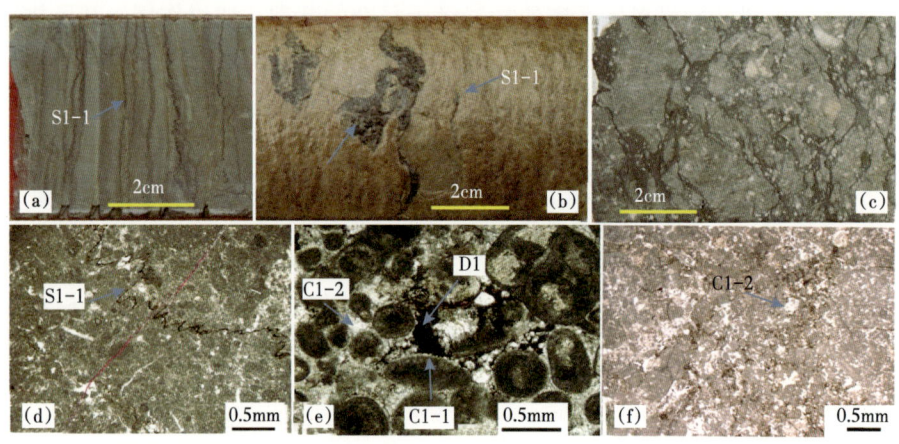

图4-1-1 哈拉哈塘地区奥陶系断裂带围岩岩心（a~c）薄片（d~f）示致密碳酸盐岩成岩类型与期次
（S—缝合线；C—胶结；D—溶蚀；1—1—第一期；1—2—第二期）

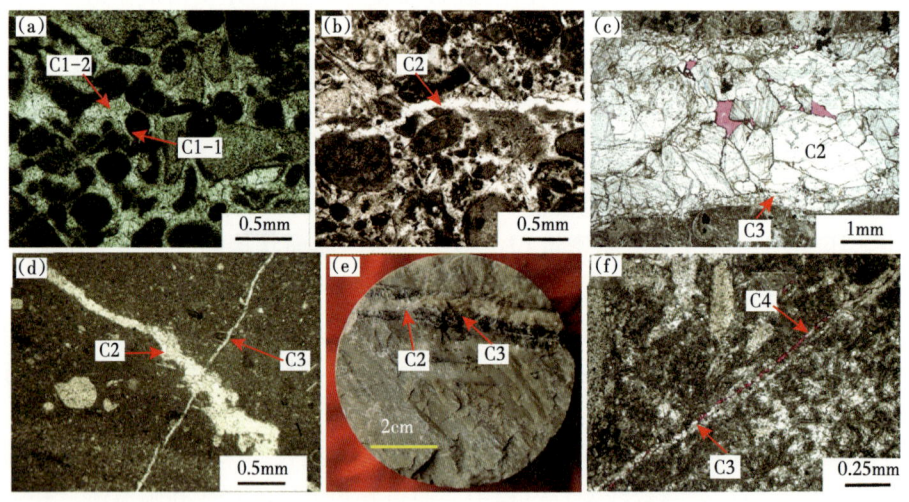

图4-1-2 奥陶系碳酸盐岩断裂带胶结作用
（a）薄片示二期粒间方解石胶结，XK101井，6822.08m；（b）薄片示裂缝方解石胶结，H7-1井，6579.58m；（c）薄片示裂缝二期方解石胶结，粉色铸体示局部残余溶孔，H803井，6598.85m；（d）薄片示二期裂缝方解石，方解石胶结示裂缝切割关系，H11-1井，6683m；（e）岩心示裂缝二期方解石胶结，晚期方解石缝隙为沥青充填，H801井，6733.6m；（f）薄片示二期裂缝，晚期未充填，H7-1井，6581.22m

薄片对比分析发现，早期大气淡水胶结作用大多分布在断裂带构造高部位。主要形成由细粒状方解石组成的新月形或悬垂状胶结物，生物碎屑颗粒上共轴生长的方解石及等轴细粒状、等厚的叶片状或犬牙状胶结物。阴极发光薄片观察发现，早期大气淡水胶结物与埋藏期的胶结明显不同，奥陶系裂缝边部孔洞纤状方解石胶结不发光或很昏暗，代表大气水淋滤成岩环境，表明在早成岩期发生构造抬升与大气水淋滤，继而形成淡水方解石胶结。早期大气淡水胶结物不仅在台内少见。奥陶系碳酸盐岩在进一步埋藏过程中，又有多期埋藏胶结沉淀。埋藏期方解石胶结物多为环带方解石、粗粒亮晶方解石，晶体粗大，阴极发光薄片多具有发光带，呈现橙色荧光。通过胶结物的接触关系分析，存在三个世代以上胶结作用的洞、缝主要分布在断裂带，而围岩胶结期次较少。方解石胶结物的流体包裹体分析不仅可以划分成藏期次，还能反映构造活动期。塔北—阿满地区出现明显的三期峰值，小于50℃的峰值期代表了奥陶纪晚期的断裂主要活动期，该期裂缝发育，见多种类型方解石充填的大—中缝；100~120℃的峰值代表了晚海西期断裂带流体的再活动，普见该期裂缝切割早期裂缝并被后期方解石充填；检测到异常高温流体包裹体是早二叠世火成岩活动的产物。同一样品的不同世代方解石单包裹体测温分析表明，围岩（样品2）多出现一至二期方解石胶结作用，但断裂带孔洞中充填方解石可能出现四至五期的胶结作用，胶结方解石出现三期包裹体，次生加大方解石则显示连续生长的过程，表明胶结物的沉淀与生长的复杂性。

研究一般认为大量的胶结作用发生在晚海西期，但是裂缝方解石胶结物测年表明，加里东晚期—早海西期是主要的胶结沉淀期（图4-1-3）。由于上奥陶统良里塔格组沉积前发生广泛的不整合，断裂形成早于最早充填胶结物的455Ma，推断中奥陶世末已发生断裂，在上奥陶统沉积时期间发生方解石胶结充填。期间沿裂缝发生围岩的破裂、溶解和粗晶

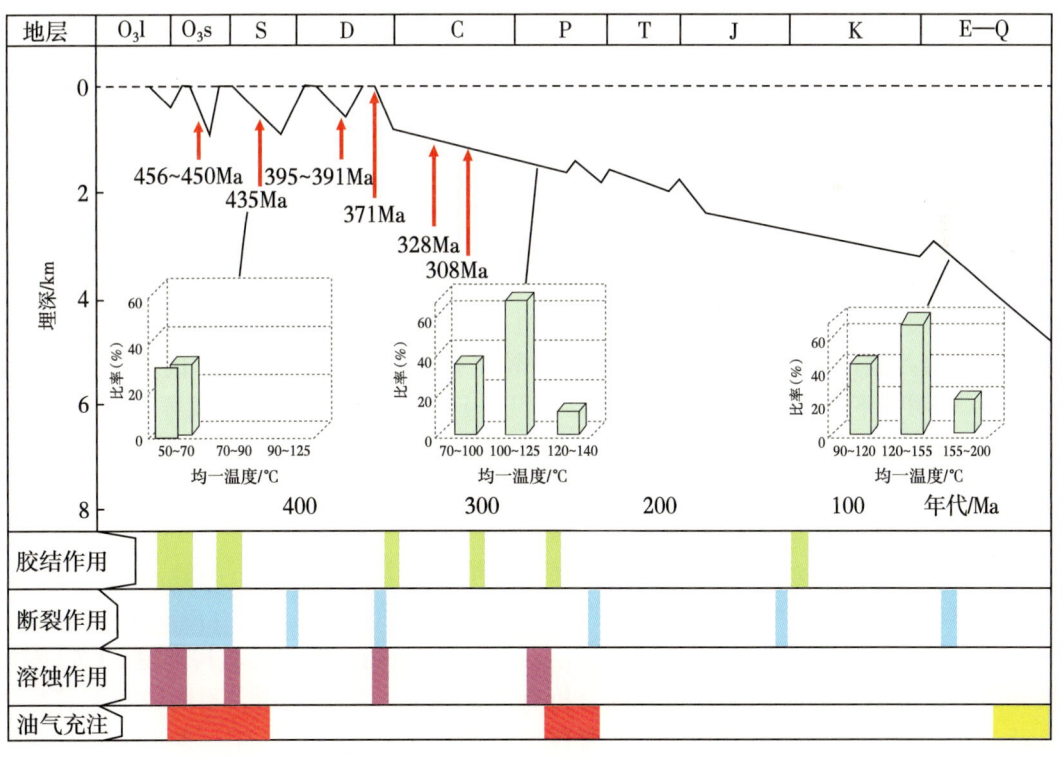

图4-1-3　塔中地区断裂成岩作用综合图

方解石的沉淀，因此，456—435Ma沿断裂形成方解石析出物的REE+Y模式与围岩相似。这些方解石在低温下也有明显的轻稀土富集。然而，相对于围岩它们表现出更大的亏损，这可能也有大气水的参与，因为大气水的参与和低温条件下的降水可能降低REE+Y含量。塔中地区奥陶纪—泥盆纪经历了多阶段的隆起和剥蚀，石炭系沉积前下奥陶统埋藏较浅，温度较低，可能通过断裂通道将大气淡水引入了裂隙中。由此可以推断，断裂作用改善了流体循环，在395—391Ma期间形成了次生粗晶方解石，这些方解石重新溶解，并再次析出了371Ma粗晶方解石。由于晚泥盆世和石炭纪之前存在沉积间断，降水不太可能持续到晚石炭世。晚石炭世粗晶方解石在308—328Ma析出的REE+Y模式与围岩相似。这些晚石炭世碳酸盐胶结物很可能是由于围岩溶蚀作用而形成的。同时，塔中地区发育了低温热液矿物组合，如萤石、黄铁矿和石英，推测方解石沉淀于328—308Ma低温埋藏环境，其流体来源于早期碳酸盐岩的溶蚀作用。

方解石的胶结作用造成碳酸盐岩大部分孔隙的消亡，基质孔隙度小于1.2%。围岩部位孔洞规模较小，充填程度高，90%以上的孔隙空间已被充填。但有的断裂带胶结作用相对较弱，基质孔隙度达2%~5%。在断裂带附近可见礁滩体颗粒呈悬浮状或点接触，其间孔隙为方解石胶结充填，压实作用较弱，晚期溶蚀作用沿早期的孔隙胶结方解石发育，形成再溶蚀孔隙。且孔洞规模越大，胶结充填程度越低，钻探结果统计分析断裂带大型缝洞体极少全充填，大多有一定的有效储集空间。对岩心与薄片的观察发现，具有较大张开宽度的大缝—中缝多为方解石胶结充填，未充填的基本为微小缝，裂缝扩张与方解石的胶结沉淀密切相关。

## 二、断裂破碎作用

岩心分析、测井裂缝统计分析表明，裂缝的张开度随裂缝的倾角增大有增长趋势[图4-1-4（a）]，可能与裂缝面压应力的降低有关。断层破碎带内带裂缝倾角变化大，但向外带与围岩区裂缝倾角逐渐加大[图4-1-4（a）]，裂缝的倾向也有逐渐分区[图4-1-4（c）]。值得注意的是，北西向裂缝较发育[图4-1-4（d）]，可能与北向断裂较发育有关。岩心裂缝宽度一般小于1cm，而断层破碎带岩心裂缝密度一般大于1条/m，裂缝发育井段的裂缝密度一般大于2条/m[图4-1-5（a）]。薄片上裂缝宽度则小于0.04mm[图4-1-5（b）]，因薄片制作一般避免较宽裂缝而缺少较宽裂缝的数据。测井解释的裂缝宽度小于0.1mm，表明井下裂缝的张开度低。裂缝张开度相对较小，微小裂缝较发育，所占比率一般大于75%，是主要的裂缝类型。内幕区裂缝的充填程度低，以晚期的未充填—半充填微小缝为主。而围岩部位仅发育少量的区域中小裂缝为主，而且充填程度高，80%以上裂缝全充填，多闭合。

根据岩心与薄片观察裂缝的切割关系、充填成分及充填序次，裂缝形成先后顺序有七期：（1）成岩缝与早期水平缝合线；（2）晚期低角度缝合线；（3）泥质充填构造缝；（4）早期方解石充填构造缝；（5）构造缝合线；（6）晚期方解石充填构造缝；（7）晚期张开微小构造缝。同时，裂缝包裹体分析有四期流体—岩石作用，不同特征充填物也揭示多期裂缝发育。而围岩部位，通常仅见早期水平缝合线、一至二期方解石充填构造缝。

第四章 走滑断裂控储与储层分布

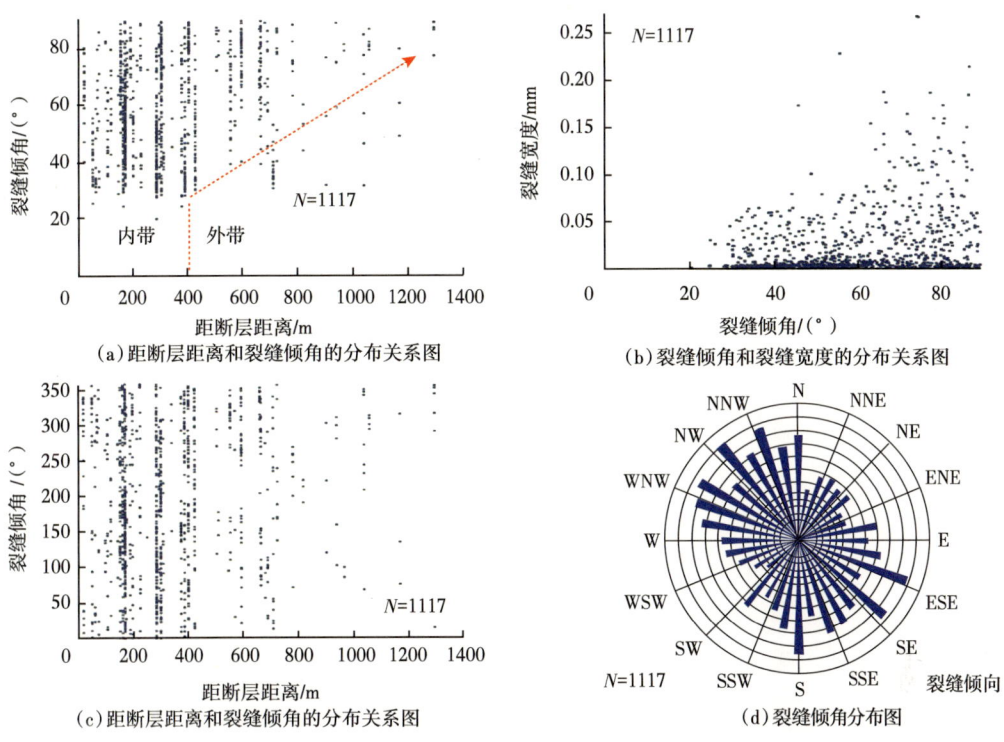

(a) 距断层距离和裂缝倾角的分布关系图
(b) 裂缝倾角和裂缝宽度的分布关系图
(c) 距断层距离和裂缝倾向的分布关系图
(d) 裂缝倾向分布图

图 4-1-4 奥陶系岩心裂缝倾角倾向统计图

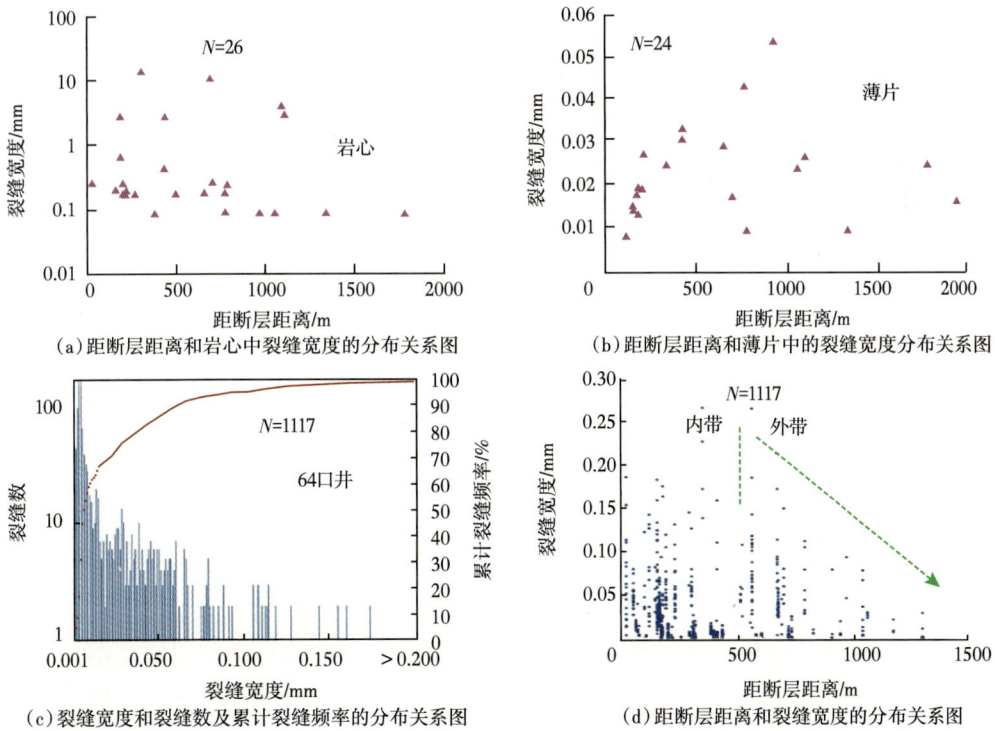

(a) 距断层距离和岩心中裂缝宽度的分布关系图
(b) 距断层距离和薄片中的裂缝宽度分布关系图
(c) 裂缝宽度和裂缝数及累计裂缝频率的分布关系图
(d) 距断层距离和裂缝宽度的分布关系图

图 4-1-5 奥陶系裂缝宽度统计

91

## 三、裂缝物性特征

塔里木盆地经历多期构造运动,碳酸盐岩发育多期、多种类型的裂缝系统。非均质、低渗透率碳酸盐岩储层中,断层破碎带裂缝的发育程度与开启性对储层孔渗性能的改善、烃类运聚等有重要作用。

### 1. 裂缝孔隙度

致密碳酸盐岩储层中裂缝型储层普遍发育,该类储层以裂缝为主要储集空间和连通通道,通常岩石基质物性较差,原生孔隙和次生孔洞均不发育。裂缝型储层一般规模较小,但当裂缝厚度与裂缝孔隙度达到一定数值也可形成大量的油气产出。从本区奥陶系岩心孔渗交会图可以看出正相关关系不明显(图4-1-6),部分低孔隙度岩样的渗透率明显增大,反映了裂缝、微裂缝的存在。

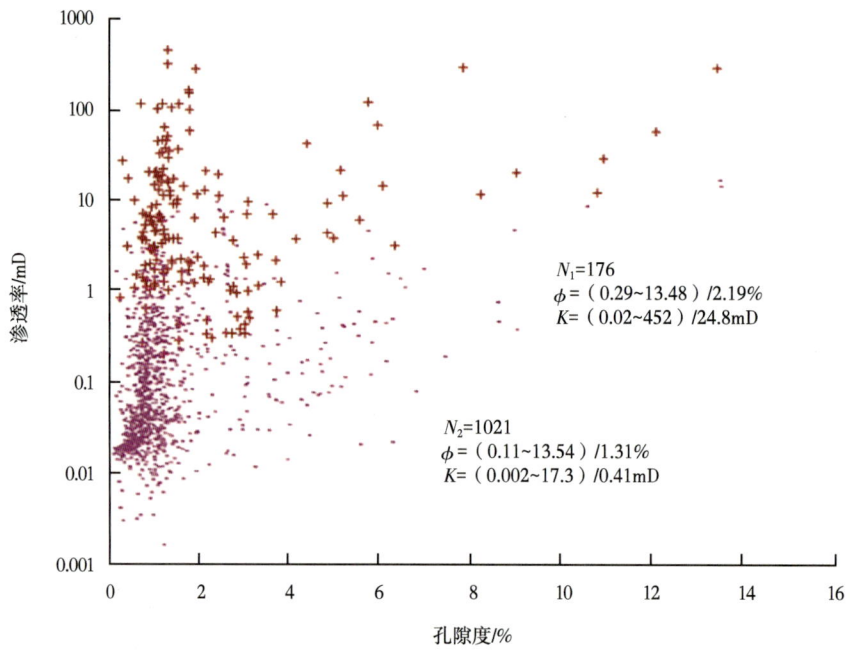

图 4-1-6　奥陶系碳酸盐岩孔渗相关图
($N_1$—含裂缝样品;$N_2$—不含裂缝样品;$\phi$—孔隙度;$K$—渗透率)

裂缝型储层中大多数裂缝孔隙度分布在 0.5%~10% 的较宽范围内。奥陶系碳酸盐岩岩心观察分析裂缝发育井段裂缝率在 0.05%~0.3% 之间,较高可达 0.1%~0.5%。薄片分析裂缝率一般为 0.05%~0.2%,少数可达 1%~3%。测井解释裂缝孔隙度变化范围大,一般在 0.001%~0.8% 之间,其数量级约为 0.1%,在Ⅰ类—Ⅱ类储层段均值在 0.03%~0.5% 之间。总体而言以微小缝为主,裂缝孔隙度较小,裂缝率的数量级为 0.01%~0.1%。

通过岩心、薄片分析发现,塔里木盆地奥陶系碳酸盐岩储集空间以次生溶蚀孔洞为主,多经历早期的溶蚀充填,然后再溶蚀的过程,大多溶蚀孔发育部位都有小断层、裂缝发育,表明晚期的溶蚀可能与裂缝作为通道有关。尽管裂缝孔隙度较低,但沿裂缝普遍有溶蚀孔洞、粒间溶孔、粒内溶孔发育,大多溶蚀孔发育的薄片都有裂缝。在取心中常见溶蚀缝或与溶蚀有关的缝，宽度较大，可达 0.2~5mm。在风化壳潜流带溶蚀缝以低角度为主，溶蚀常沿构造缝或缝合线发生。薄片观察裂缝及相关溶孔面孔率可达 0.5%~3%，提升了储层的有效储集空间，对储层总孔隙度的贡献可达 10%~30%。裂缝不仅是致密碳酸盐岩储层的重要组成部分，还对溶蚀孔洞的发育具有重要作用。

#### 2. 裂缝渗透性

岩心观察裂缝的宽度变化在 0.01~10cm 的很大范围内，但较宽的裂缝全为方解石或泥质充填，有效缝的张开度在 0.1mm 数量级。薄片观察有效缝的宽度多在 0.005~0.05mm 的范围内，个别缝宽可达 0.3~1.2mm，微裂缝的宽度在 0.01mm 数量级。微裂缝的宽度通常很小，可能小于一个孔隙的直径，但在平行裂缝走向的方向也能明显地提高基质的渗透率。在地下 7000m 深处裂缝的张开度会更小，但不会完全闭合，也不会妨碍油气的运移。

尽管裂缝孔隙度一般很低，张开度很小，但连通程度高，其宽度远高于基质孔隙的孔喉半径，对渗透率的影响远比孔隙度高得多，裂缝孔隙度的较小幅度的增加会引起平行裂缝方向渗透率的巨大变化。测井解释裂缝层段渗透率可大于 5mD，但多在 0.1~3mD 之间，远低于含裂缝的岩心样品，可见储层间裂缝没有完全贯通，以低渗透储层为主。碳酸盐岩试油取得的渗透率数值代表大范围储层的整体响应，其数值普遍偏低，多与基质渗透率相当，表明其间裂缝间连通程度较低，没有完全沟通储层，油气储层间的连通介质主要为基质孔隙。

#### 3. 裂缝与油气

塔里木盆地奥陶系致密碳酸盐岩基质渗透率通常低于 0.5mD，即便是礁滩体发育的井区，其渗透率一般低于 1mD。虽然礁滩体大面积含油，但以低产为主，目前礁滩体储层一般都要经过大型的酸化压裂，产能可能提高五倍以上，形成工业油气流。通过大型酸化压裂的工艺改造措施，低产油气流井可能获得高产工业油气流，表明通过储层的改造，能大幅提高缝洞系统的连通性，有效提高油气产能。

塔里木盆地下古生界碳酸盐岩总体上属于低渗透裂缝型油气藏，裂缝对孔隙度与渗透率都有较大的影响作用，但没有完全连通形成整体高渗透的油气藏，造成了储层的非均质性强。奥陶系碳酸盐岩存在局部的裂缝型油气藏，裂缝连通性较好，可促进储层渗透率的提高。局部发育裂缝型油气藏，其基质物性很差，以裂缝为主，规模很小，初始产量高，但递减快。

在裂缝特征相同，仅因空间组合关系的差异造成裂缝连通率不同的条件下，可造成油气产量数倍以至数十倍的差别。连通性好的裂缝型储集体可能保持油气高产、稳产，而连通性差的储集体不仅产量低，而且难稳产。总之，裂缝不仅提高了塔里木盆地碳酸盐岩有效储集空间与有效渗透率，裂缝的分布、规模及连通性对碳酸盐岩油气的产出至关重要。

### 四、破碎带溶蚀作用

对比分析发现，断层破碎带溶蚀作用发育（图 4-1-7），而围岩部位分布很少，而且规模更小。

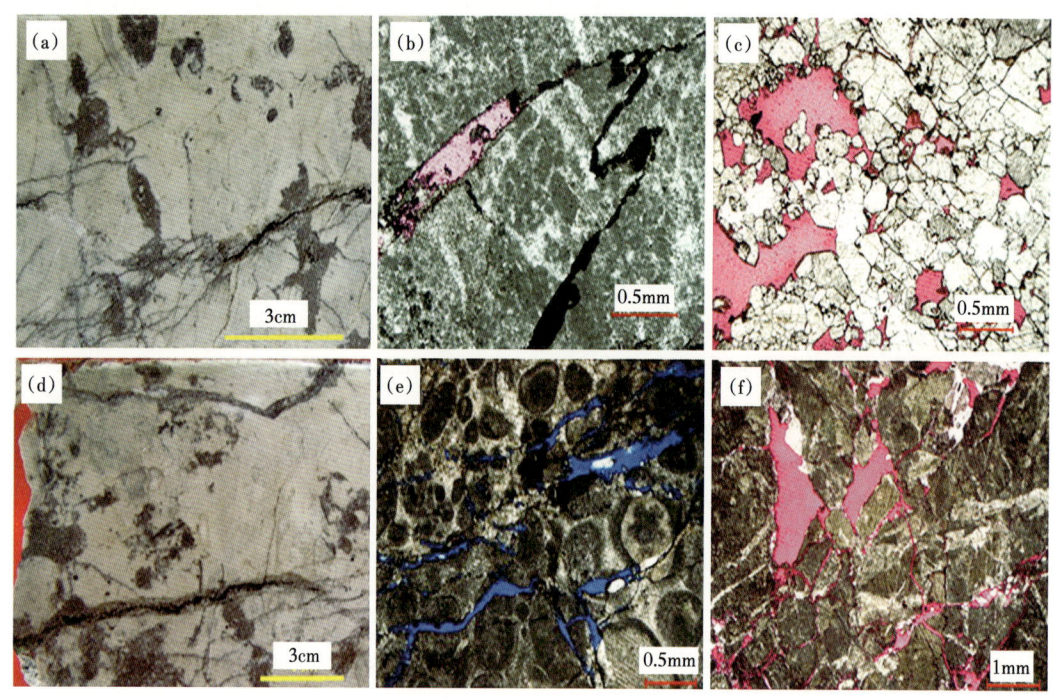

图 4-1-7 哈拉哈塘地区奥陶系碳酸盐岩破碎带溶蚀特征
（a）H601-1 井，岩心，6638m；（b）H601-18 井，薄片，6755.04m；（c）H803 井，薄片，6573.78m

塔北地区岩心普遍见到风化壳岩溶的标志，并向南延伸至富满坳陷区，在富源 206 井等钻遇泥岩充填断裂带，表明有广泛的大气淡水溶蚀作用。断裂带奥陶系碳酸盐岩埋藏期溶蚀作用比围岩更为发育，并有多种溶蚀作用表现形式，如多期方解石的充填与溶蚀，亮晶生物碎屑—砂屑灰岩粒间孔埋藏期形成的港湾状基质孔隙，颗粒边缘被溶蚀。热液白云石是埋藏期热液作用的典型标志，而且多沿断裂分布。埋藏期溶蚀孔隙的发育往往与烃类运移相伴随，埋藏期次生孔隙发育的期次与相应的油气运移事件是相对应的。由于本区存在多套源岩和多次烃类的运聚事件，其埋藏岩溶作用也呈多期发育，其中晚海西期是埋藏岩溶最发育时期。围岩区埋藏溶蚀作用较弱，缺乏大规模孔洞，可见的溶蚀期次也较少，而且有效残余储集空间较少。

断层破碎带大型缝洞体发育。阿满地区大型缝洞体储层基本分布在断层破碎带（Wu et al.，2018），而且断层破碎带的宽度越大，缝洞体储层越发育。大型溶洞主要表现为钻井过程中钻井液漏失、放空等，取心中可见洞内充填物，且取心收获率常常较低、破碎。测井资料上表现为井径显著扩大、自然伽马值升高、电阻率降低，表现出典型溶洞测井响应特征。钻井过程中发生大量的钻井液漏失，并有钻具的放空，有的甚至导致无法钻进而完井。统计分析可见（表 4-1-1），富满油田完钻 154 口井中放空 55 井，占比 35.7%（放空长度 0.05~19m），37 口井放空长度超过 1m，漏失 104 井，占比 67.5%（漏失量 1.6~3231m³）。地震剖面上有明显的杂乱反射与"串珠状"响应。分析表明，大型缝洞体主要分布在断裂发育区，而在断裂不发育的礁滩体的探井基本未获得高产工业油气流，多为低产油气流井。

## 表 4-1-1 富满油田放空漏失井统计表

| 序号 | 井号 | 放空长度/m | 漏失量/m³ | 序号 | 井号 | 放空长度/m | 漏失量/m³ | 序号 | 井号 | 放空长度/m | 漏失量/m³ |
| --- | --- | --- | --- | --- | --- | --- | --- | --- | --- | --- | --- |
| 1 | YueM1-3 | 0.12 | 118.24 | 36 | 跃满25 | 3.69 | 506.10 | 71 | HD23-2 | | 749.30 |
| 2 | YueM1-1 | | 535.70 | 37 | YueM22-2X | 0.57 | 342.60 | 72 | HD23-4-H1 | 2.10 | 600.47 |
| 3 | YueM1-5 | 0.76 | | 38 | YueM22-1X | | 30.20 | 73 | HD25-1 | 4.60 | 707.00 |
| 4 | 跃满1 | 1.92 | 355.00 | 39 | 跃满221H | | 1959.40 | 74 | HD23-1 | 0.49 | 405.00 |
| 5 | 跃满9 | 9.25 | 811.00 | 40 | 跃满21 | | 257.90 | 75 | HD27 | | 1.60 |
| 6 | 跃满10 | | 506.12 | 41 | YueM21-2X | 0.43 | 2768.00 | 76 | HD29 | 0.52 | 1063.10 |
| 7 | YueM2-2C | | 1200.00 | 42 | 富源101 | | 381.95 | 77 | HD29-2 | | 541.23 |
| 8 | YueM2-4X | 1.41 | 2049.00 | 43 | 富源105XC | | 59.40 | 78 | HD28 | 0.06 | 443.80 |
| 9 | YueM5-5 | 1.85 | 148.40 | 44 | FY105-H1 | | 59.70 | 79 | HD251 | 1.13 | 316.70 |
| 10 | YueM5-3 | | 269.40 | 45 | 富源102 | | 473.10 | 80 | HD31 | 4.00 | 786.00 |
| 11 | YueM5-4X | 6.39 | 659.00 | 46 | 富源103 | 3.61 | 385.10 | 81 | HD23-3-2 | 2.89 | 590.60 |
| 12 | 跃满6C | | 215.50 | 47 | 富源104 | | 133.10 | 82 | HD26-3C | 4.61 | 277.10 |
| 13 | 跃满601 | | 373.70 | 48 | 富源1C | 1.82 | 1244.70 | 83 | HD23-5-1 | 0.56 | 608.09 |
| 14 | YueM3-3 | 0.93 | 348.50 | 49 | 富源106X | | 1074.50 | 84 | HD23-4-4 | | 1559.80 |
| 15 | YueM3-5C | 8.00 | 1064.60 | 50 | 富源207 | | 433.50 | 85 | 哈得281C | 3.00 | 23.10 |
| 16 | YueM3-6X | 0.96 | 241.60 | 51 | 富源201 | | 307.30 | 86 | HD26-5 | 0.91 | 170.10 |
| 17 | 跃满3 | | 253.40 | 52 | FY201-2X | | 665.00 | 87 | HD231 | 2.56 | 103.50 |
| 18 | YueM3-7X | | 9.90 | 53 | FY201-1 | | 104.80 | 88 | HD26-H4 | 2.33 | 1158.50 |
| 19 | YueM3-1 | 1.49 | 307.10 | 54 | FY201-H5 | 4.20 | 410.14 | 89 | 玉科1 | | 633.90 |
| 20 | YueM3-2C | | 1063.20 | 55 | FY202-1X | 0.70 | 1044.00 | 90 | 玉科3 | 0.11 | 138.40 |
| 21 | 跃满7JS | 19.10 | 3231.33 | 56 | 富源203 | | 188.10 | 91 | 玉科4 | | 14.70 |
| 22 | YueM7-1X | | 1558.11 | 57 | 富源204 | | 116.50 | 92 | 玉科5 | | 258.96 |
| 23 | YueM7-2X | 0.34 | 1527.19 | 58 | 富源208 | 0.10 | 392.30 | 93 | 玉科6 | | 311.60 |
| 24 | 跃满701 | | 260.40 | 59 | 富源202 | | 547.00 | 94 | YUKE201-H4 | | 1.70 |
| 25 | YueM701-H1 | 1.11 | 1494.40 | 60 | FY204-1X | | 268.37 | 95 | YUKE202-H4 | | 1979.70 |
| 26 | 跃满702 | | 133.20 | 61 | HD25 | 3.08 | 314.20 | 96 | YUKE301-H1 | | 1759.60 |
| 27 | 跃满703 | 2.72 | 252.20 | 62 | HD29-1 | 11.16 | 418.00 | 97 | 玉科201H | | 59.40 |
| 28 | 跃满8 | 4.02 | 773.50 | 63 | HD251-1X | 3.29 | 475.57 | 98 | 玉科202X | 1.64 | 550.92 |
| 29 | YueM8-1 | 6.34 | 286.20 | 64 | HD26-2 | 0.43 | 726.60 | 99 | 玉科301 | 1.39 | 552.32 |
| 30 | 跃满802 | 1.45 | 329.7 | 65 | HD26-1 | 2.70 | 609.10 | 100 | 果勒1 | | 501.29 |
| 31 | 跃满4 | | 43.80 | 66 | HD262 | 0.17 | 226.56 | 101 | 果勒2 | | 839.00 |
| 32 | 跃满801 | 2.79 | 1389.18 | 67 | HD24-2 | 5.00 | 1515.30 | 102 | 鹿场1 | | 927.00 |
| 33 | YueM801-H6 | 2.59 | 549.40 | 68 | HD24-5 | 4.84 | 381.20 | 103 | 鹿场2 | | 571.60 |
| 34 | 跃满20C | | 535.40 | 69 | HD30 | 8.96 | 137.00 | 104 | 鹿场4 | | 1142.80 |
| 35 | 跃满23 | | 808.29 | 70 | HD24-1C | 0.80 | 1090.00 | | | | |

## 五、断裂带成岩作用

构造成岩作用对比分析表明,断层破碎带与未受断裂作用影响的围岩具有显著差异,断裂作用是造成构造成岩作用差异的主控因素。

由于构造抬升与局部应力释放,构造抬升造成断裂带构造高部位压实作用较弱。另外,断裂带不均匀的早期胶结作用与超压流体可能抑制压实作用的进程。断裂带局部挤压应力集中部位可能发生岩石破碎现象,细粒的碎裂岩与泥质容易形成局部较强的压实带,更加致密。同时,局部应力集中部位,可能造成局部薄层颗粒灰岩压实变形带发育(图4-1-1)。

断裂带压溶作用往往更为强烈,构造缝合线更为发育,这类构造缝合线受控长期北东—南西向水平方向的构造挤压作用,其压溶作用往往更为强烈,不同于埋藏压实作用下形成的水平缝合线。同时,断裂带后期局部应力影响,水平缝合线的幅度往往大于围岩区,并在后期有不同程度的扩张加大。而且在断裂活动期由于地层的倾斜与应力的改变,可能产生低角度的缝合线,并截切早期水平缝合线或发生局部继承改造。

断裂带对裂缝发育的控制作用明显,奥陶系碳酸盐岩裂缝发育与断裂密切相关,分布在断裂带1~2km宽度范围内。且断裂活动越强烈,裂缝越发育,裂缝的发育程度也更高,而且大型和中型裂缝更多。微小裂缝更为发育,而且具有多组走向与倾角的裂缝。同时由于多期裂缝的活动,其开启程度高,造成断裂带裂缝的溶蚀作用较强。而围岩以早期较强区域应力场形成的裂缝为主,早海西期以后的裂缝少,长期埋藏期间裂缝充填程度高。

由于漫长地史期断裂的多期活动与开启,以及裂缝网络发育有利于多期流体作用,断裂带胶结期次较多。通过接触关系分析有十余世代胶结作用,流体包裹体资料分析具有四期方解石胶结作用。由于断裂带缝洞规模大及有多期裂缝活动,相对围岩基质孔隙胶结充填的空间更大,流体循环更畅通,胶结充填程度较低,难以完全充填。同时裂缝带、孔隙带发育有利于后期的溶蚀,因此常见溶蚀后再胶结现象。方解石的胶结沉淀不仅支撑裂缝的开度、阻碍裂缝的闭合,而且随着胶结沉淀的集聚,也促进了裂缝的生长。裂缝再活动过程中,早期方解石胶结物发生溶解产生新的缝隙,其中方解石的胶结物残余颗粒可能形成桥塞,形成有效裂缝、孔隙与高渗流通道。

溶蚀作用最大的差异是断裂抬升造成的岩溶作用。由于断裂抬升造成短暂的暴露岩溶作用,造成断裂带发育大型缝洞体,形成高产油气流井集中区。而断裂不发育地区缺少礁滩体出露地表,没有岩溶储层的发育,即使礁滩体基质孔隙发育也仅有低产油气流产出。早期的大气淡水溶蚀发育的礁滩体,也与断裂的抬升作用密切相关,并造成溶蚀孔隙的发育。断裂带及其伴生裂缝带既是流体输导的有利通道,又是溶蚀孔洞发生的有利部位,在早期孔隙层与裂隙的基础上,埋藏期溶蚀作用多具结构选择性溶蚀,沿断裂带附近的缝洞体、孔洞层、裂缝带是发生溶蚀作用的集中部位,可以有效改善早期的储集空间。同时,断裂带较弱的压实作用也有利于形成较高的基质孔隙度,并有利于后期的溶蚀作用。

总之,碳酸盐岩断裂带的构造成岩作用明显不同于围岩区,断裂带的破裂作用与抬升作用是重要控制因素。

## 第二节 走滑断裂与岩溶作用

通过岩心、薄片、成像测井、常规测井、钻井等多类多尺度资料的综合应用，开展断裂对储层控制作用的研究，明确断裂对多种类型岩溶储层的控制方式。

### 一、走滑断裂与礁滩体岩溶作用

#### 1. 影响沉积相带的差异性

1）控制良里塔格组台缘带横向上的差异性

塔中Ⅰ号带上奥陶统良里塔格组台缘礁滩体发育，多期礁滩组合厚度达200~500m，横向展布规模大，沿台地边缘成带状分布，形成大型的镶边台地边缘（王振宇等，2012）。良里塔格组台缘带东西方向上具有明显的区段性（图4-2-1），走滑断裂对其横向差异具有显著的影响。

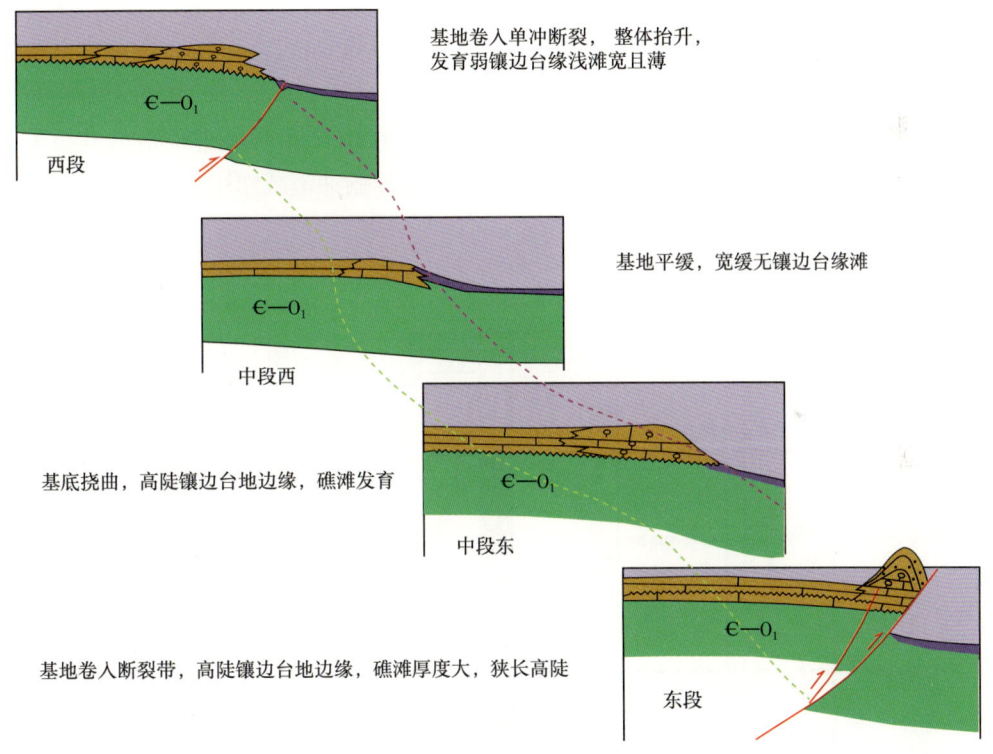

图4-2-1 塔中Ⅰ号构造带上奥陶统礁滩体横向上地质结构的差异

古地貌恢复表明（图4-2-2），在$F_I21$走滑断裂带、$F_I20$走滑断裂带的两侧，古地貌出现明显的差异。走滑断层两侧礁滩体分布出现突变，断层西侧良里塔格组礁滩体窄且薄，而断层东侧礁滩体宽度大、厚度大，并且礁体较发育，沉积微相在平面上出现明显的差异。$F_{II}40$走滑断裂带在塔中Ⅰ号带东部良里塔格组台缘带位置消失，分析很可能为逆冲断裂改造而消失了断裂行迹，但台缘带从东边的北西向转向北西向，东边礁滩体构造变形强烈，西边礁体更发育，能量更高。

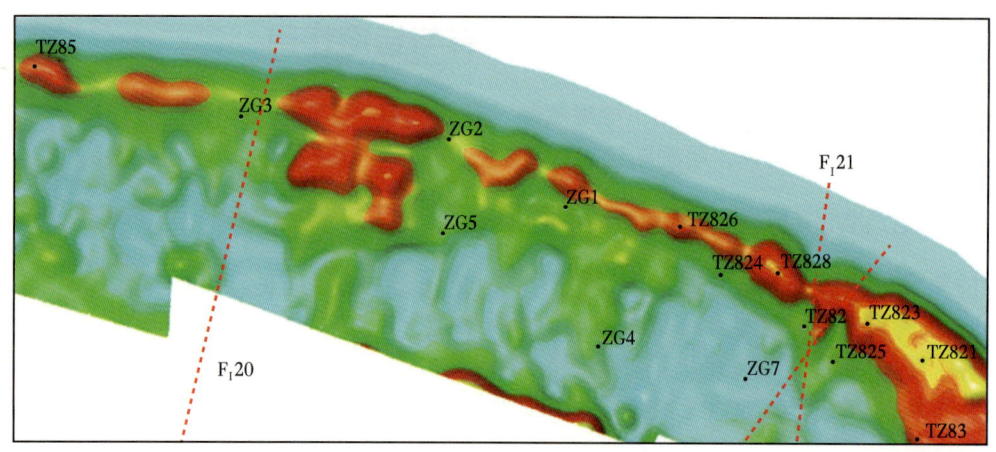

图 4-2-2　塔中Ⅰ号构造带中部上奥陶统礁滩体沉积期古地貌图（红色虚线示走滑断裂带）

2）控制一间房组的分布

$F_{II}21$ 走滑断裂带是塔中 3 区与 2 区的分界断层，在东边良里塔格组礁滩体发育，能量低；而西部形成更为宽缓的平台区，以滩体为主。值得注意的是，该断裂带也是一间房组的分界断层，3 区一间房广泛分布，而 2 区一间房组仅在台缘带构造低部位有分布（图 4-2-3）。分析表明，一间房组沉积后，受原特提斯洋俯冲消减作用，塔中古隆起开展隆

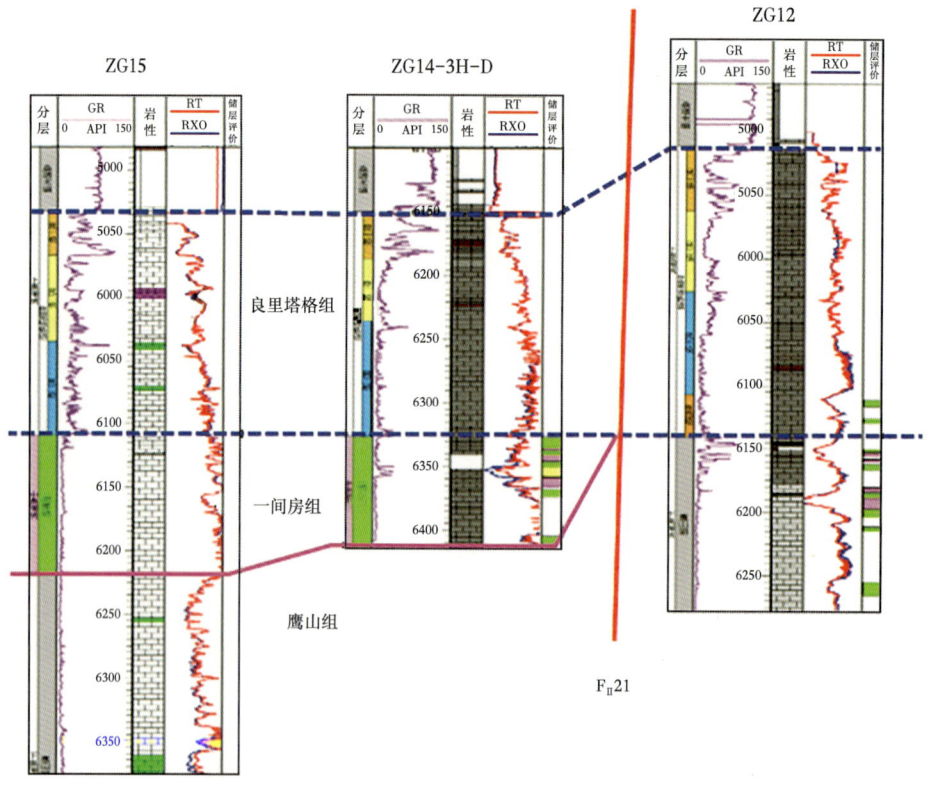

图 4-2-3　$F_{II}21$ 走滑断裂带东西两侧地层对比图

升，形成整体抬升并暴露地表，并具有宽缓的岩溶地貌，并发育北东向走滑断层。但良里塔格组沉积前，塔中中东部遭受广泛的剥蚀，基本缺失一间房组。而塔中3区的古地貌可能比较低，保存了厚约100m的地层。在桑塔木组沉积早期，随着塔中3区塔中Ⅰ号断裂带的持续隆升，造成现今构造高部位保存一间房组的分布，并以$F_{II}21$走滑断裂带分界。

## 2. 断裂对储层的建设性作用

尽管良里塔格组礁滩体储层发育，但基质物性差，难以形成高产稳产井。礁滩体储层段孔隙度一般为1.8%~5%，除裂缝发育样品外，渗透率分布范围在0.01~1mD之间，属特低—低孔隙度、超低—低渗透率储层，裂缝对储层具有重要的改造作用。如塔中82井位于台缘礁滩体内侧的走滑断裂带，具有"近断裂、正地貌、串珠状"的特点（图4-2-4）。钻探结果表明，礁滩体基质孔隙度小于4%、渗透率小于1mD，上部仅获得低产油气流，而下部裂缝发育段5440~5487m井段酸化压裂，12.7mm油嘴，产油485m³/d，产气72.7×10⁴m³/d，礁滩体勘探首获日产千吨井。首次在台盆区走滑断裂带获得油气突破，具有里程碑式的意义。

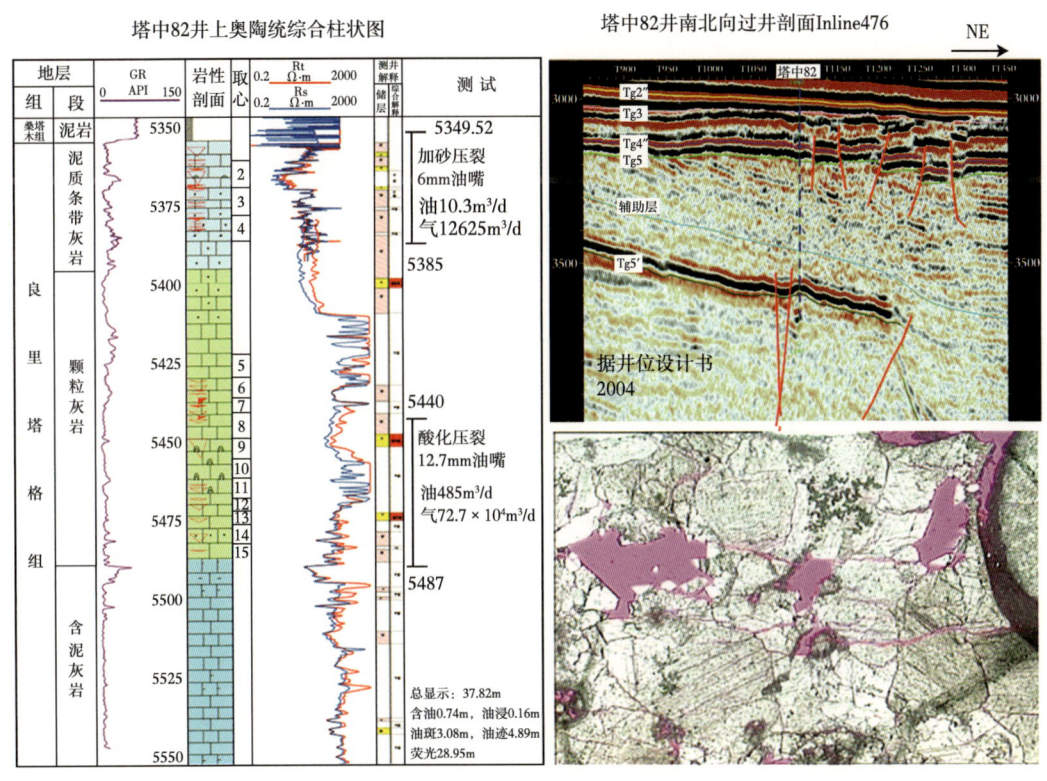

图 4-2-4　塔中奥陶系裂缝类型与特征表

总体而言塔中地区碳酸盐岩以高角度—垂直缝为主，大缝、中缝较少，微缝、小缝居多。裂缝充填程度较高，充填率达50%~80%，且多被方解石与泥质充填（深埋藏为热液方解石充填，风化壳或近地表缝充填泥质）。裂缝的产状、密度、性质、充填情况、开启程度在不同的井与不同的层段均有差异，裂缝的分布在垂向上和纵向上都存在较大的变化，在相互连通的裂缝系统中最重要的是开启的垂直微小缝。对比分析表明，除个别风化壳钻井裂缝发育外，构造活动较弱的斜坡区裂缝发育程度较低，裂缝密度一般低于 0.8 条/m，且延伸短，以垂直微小缝为主。构造活动强烈的断裂带裂缝发育，平均密度大于 5 条/m。同时该区裂缝充填程度也很高，充填率达 80% 以上。

致密碳酸盐岩储层中裂缝型储层普遍发育，该类储层以裂缝为主要储集空间和连通通道，通常岩石基质物性较差，原生孔隙和次生孔洞均不发育。裂缝型储层一般规模较小，但当裂缝厚度与裂缝孔隙度达到一定数值也可形成大量的油气产出。从本区奥陶系岩心孔渗交会图可以看出正相关关系不明显（图 4-2-5），部分低孔隙度岩样的渗透率明显增大，反映了裂缝、微裂缝的存在。在 FMI 成像图上观察到裂缝和缝合线，一般未充填缝或泥质充填缝呈暗色线状，而方解石充填缝呈连续亮色线状，方解石半充填缝呈断续亮色线状。常规测井井径曲线显示明显扩径，密度曲线抖动，声波值增大。

裂缝性储层中大多数裂缝孔隙度分布在 0.5%~10% 的较宽范围内。塔中地区奥陶系碳酸盐岩岩心观察分析裂缝发育井段裂缝率在 0.05%~0.3% 之间，在高产油气井中相对较高，可达 0.1%~0.5%。薄片分析裂缝率一般为 0.05%~0.2%，少数可达 1%~3%。测井解释裂缝孔隙度变化范围大，一般在 0.001%~0.8% 之间，其数量级约为 0.1%，在 Ⅰ 类—Ⅱ 类储层段均值在 0.03%~0.5% 之间。总体而言塔中地区以微小缝为主，裂缝孔隙度较小，裂缝率的数量级为 0.01%~0.1%，但在裂缝连通性较好的层段裂缝孔隙度较高，对储层孔隙度的贡献为 5%~10%。由于连通性较好的裂缝间流体的流动性远高于基质孔隙，采出程度高，对油气藏产量的贡献可达 5%~30%。值得注意的是，由于很多大型缝洞发育段很难取心，也缺少测井资料，裂缝孔隙度没有计算在内，而且大型缝洞计算的孔隙度归入洞穴型储层一类，其中裂缝孔隙度估算值远高于裂缝型储层。

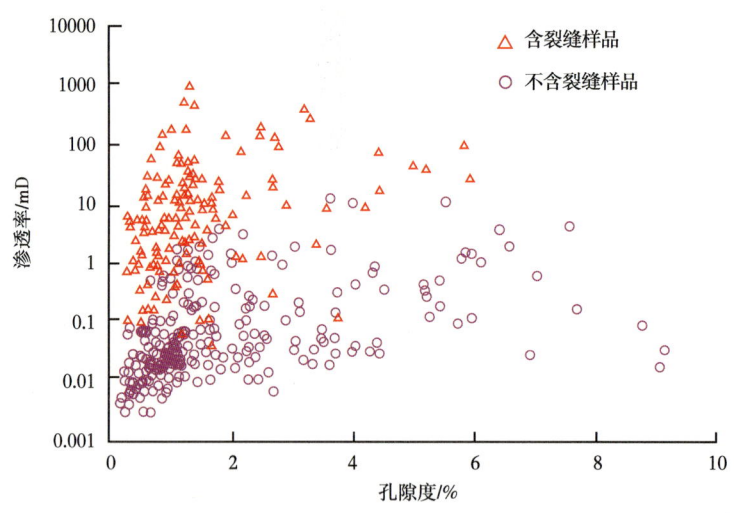

图 4-2-5　奥陶系碳酸盐岩孔渗交会图

通过岩心、薄片分析发现，塔里木盆地奥陶系碳酸盐岩储集空间以次生溶蚀孔洞为主，多经历早期的溶蚀充填，然后再溶蚀的过程，大多溶蚀孔洞发育部位有断裂发育，表明溶蚀作用可能与断裂有关。尽管裂缝孔隙度较低，但沿裂缝普遍有溶蚀孔洞、粒间溶孔、粒内溶孔发育，大多溶蚀孔发育的薄片都有裂缝。在取心中常见溶蚀缝或与溶蚀有关的缝，宽度较大，可达 0.2~5mm。在风化壳潜流带溶蚀缝以低角度为主，溶蚀常沿构造缝或缝合线发生。薄片观察裂缝及相关溶孔面孔率可达 0.5%~3%，提升了储层的有效储集空间，对储层总孔隙度的贡献可达 10%~30%。

裂缝对风化壳储层也有明显作用。岩心与薄片分析表明，鹰山组风化壳裂缝开启程度高，沿裂缝溶蚀作用具有普遍性。风化壳裂缝溶蚀孔隙更为发育，渗流带裂缝发育，沿裂缝溶蚀作用强烈，溶蚀孔洞发育。水平潜流带网状微小缝发育、裂缝溶蚀扩大较多，溶洞发育。很多井高产的原因主要是裂缝发育，沿裂缝溶蚀作用较强、充填较弱。白云岩风化壳储层中也有高角度网状缝发育，沿裂缝溶蚀作用强，是白云岩孔洞发育的主要部位，同时裂缝对储层的改造作用明显，渗透性增高显著。统计分析表明，溶蚀孔洞发育段主要集中在裂缝发育部位。裂缝不仅是致密碳酸盐岩储层的重要组成部分，而且对溶蚀孔洞的发育具有重要作用，甚至形成大型的洞穴。如中古 3 井良里塔格组礁滩体钻遇缝洞储层，并发生漏失，在地震剖面上有明显的"串珠状"响应（图 4-2-6）。

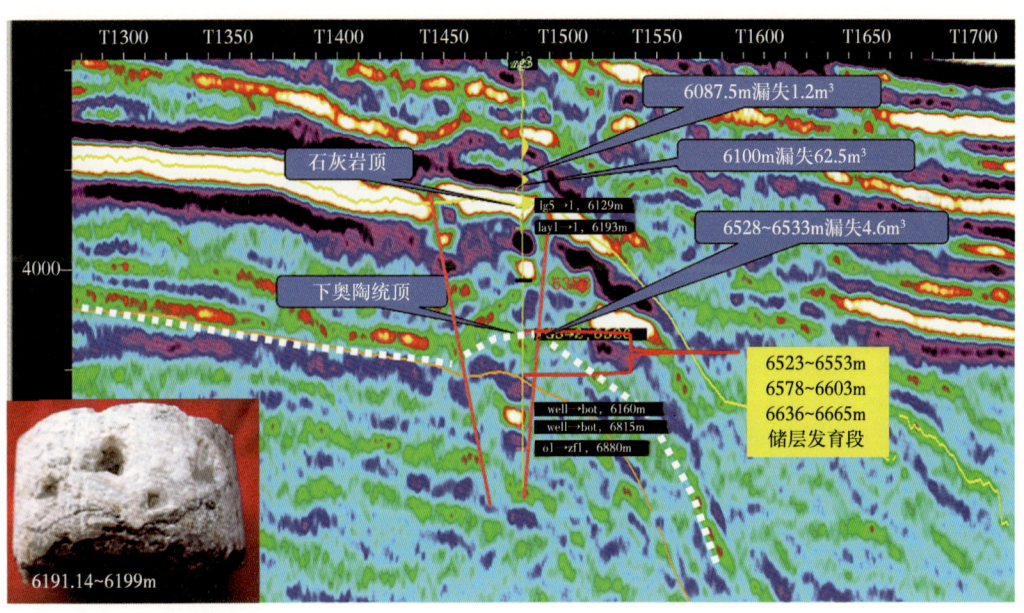

图 4-2-6　过中古 3 井地震剖面

岩心观察裂缝的宽度变化在 0.01~10cm 的很大范围，但较宽的裂缝全被方解石或泥质充填，有效缝的张开度在 0.1mm 数量级。薄片观察有效缝的宽度多在 0.005~0.05mm 的范围内，个别缝宽可达 0.3~1.2mm，微裂缝的宽度在 0.01mm 数量级。微裂缝的宽度通常很小，但在平行裂缝走向的方向也能明显地提高基质的渗透率。

未完全充填的裂缝可以大幅提高岩石的渗透率及总渗透率，不同于裂缝孔隙度，裂缝渗透率与裂缝张开度的平方呈正比，沿单条裂缝方向通常具有非常高的渗透率。高裂缝渗透率仅存在于平行裂缝走向的方向上，而垂直于裂缝走向的渗透率与岩石基质的渗透率基本相当。对于一组平行裂缝，还与裂缝间距相关。同时，由于碳酸盐岩孔洞之间连通性差，通过网状裂缝的沟通可以有效增大孔洞之间的连通性，使孤立的孔洞成为有效储集体。尽管裂缝孔隙度一般很低，张开度很小，但它是高连通的，其宽度远高于基质孔隙的孔喉半径，对渗透率的影响远比孔隙度高得多，裂缝孔隙度的较小幅度增加会引起平行裂缝方向渗透率的巨大变化。

岩心样品的物性分析表明，在不同方向上的渗透率值变化极大，可能相差数千倍，显示出渗透率在不同方向上强烈的非均质性，这与残余次生孔隙的孔喉半径变化大及裂缝的宽度、发育程度有关。奥陶系致密碳酸盐岩基质渗透率通常低于0.5mD（图4-2-7），即便是礁滩体发育的塔中62井区渗透率一般低于1mD。虽然礁滩体大面积含油，但以低产为主，塔中62井试采初期达到30~40t/d，但半年后仅有3~5t/d。而有裂缝发育的井段油气产量较高，如塔中243井岩心裂缝密度最大可达71条/m，未经任何措施获高产工业油气流。而邻近的塔中241井裂缝不发育，仅获低产油气流。另外，通过大型的酸化压裂形成人工裂缝，可能沟通大面积的油气层，提高流体的渗透率。目前礁滩体储层一般都要经过大型的酸化压裂，产能可能提高五倍以上，形成工业油气流。通过大型酸化压裂的工艺改造措施，低产油气流井可能获得高产工业油气流，表明通过储层的改造，能大幅提高缝洞系统的连通性，有效提高油气产能。

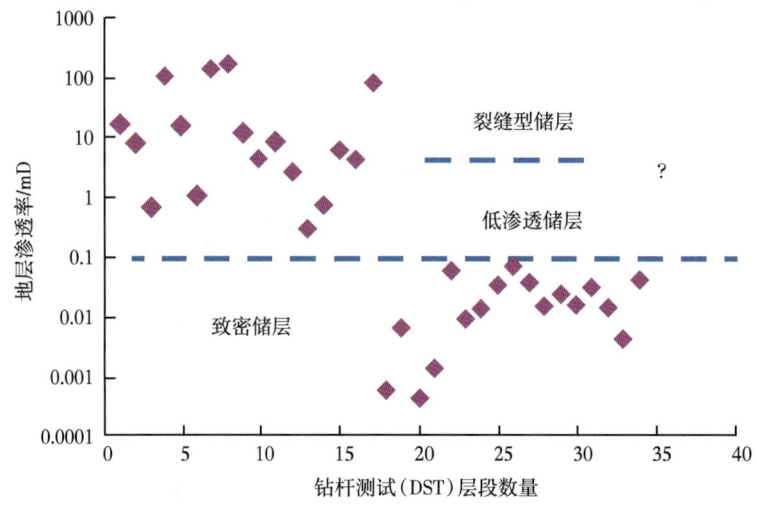

图4-2-7　塔中奥陶系礁滩体钻杆测试解释地层渗透率

总之，塔里木盆地走滑断裂对下古生界碳酸盐岩储层物性具有重要的建设性作用，并造成了储层的强非均质性。裂缝不仅提高塔里木盆地碳酸盐岩有效储集空间与有效渗透率，裂缝的分布、规模及连通性对碳酸盐岩油气的产出至关重要。仅因空间组合关系的差异造成裂缝连通率不同的条件下，也可造成油气产量数倍以至数十倍的差别。

## 二、走滑断裂与风化壳岩溶作用

塔里木盆地经历加里东中期、加里东晚期、加里东末期与早海西期的多期构造活动，风化壳岩溶差异大，储层分布复杂多样。

### 1. 风化壳差异特征

1）不同期次岩溶储层发育的差异

塔里木盆地不同时期构造背景、构造作用方式与形式、构造影响程度的差异大，造成不同时期风化壳岩溶储层的发育特征变化。

中加里东期碳酸盐岩暴露持续时间较短，地层缺失也仅约在10Ma。但此期构造作用强度大，断裂作用及褶皱作用强，是走滑断裂形成的关键时期。受远程构造作用影响，也有短暂的暴露（即层间岩溶）。由于碳酸盐岩没有深埋，较弱的构造抬升就能形成大面积的碳酸盐岩暴露，该期岩溶分布面积最大。此期以整体抬升为主，地层剥蚀缺失较少，鹰山组顶面碳酸盐岩缺少大型的地形起伏，以宽缓的平台和斜坡为主。地下水动力相对较弱，但岩溶影响的深度较大，钻井揭示岩溶作用深度达400m，岩溶缝洞体主要沿断裂带发育。

加里东晚期盆地发生强烈的构造挤压，碳酸盐岩隆升幅度较大，断裂较发育。由于该期岩溶主要发育在上奥陶统铁热克阿瓦提组与上奥陶统桑塔木组之间的短暂期间，属于奥陶系内部的不整合，同时有大量的桑塔木组碎屑岩剥蚀，奥陶系碳酸盐岩的暴露时间推算可能低于3Ma，岩溶作用相对较弱。塔中地区、塔北地区风化壳范围较小，断裂发育，缺少大型地下水系，储层发育的规模不大、连通性较差，储层整体较差。

早海西期风化壳岩溶储层发育，气候转向温暖湿润，岩溶缝洞发育，明显见大量灰色、绿色泥质充填缝洞。轮南地区岩溶峰丛地貌发育比较完整，水系发育，处于岩溶发育的青壮年期，形成平面分区、纵向分层的广泛岩溶储层发育区。和田河气田岩溶作用影响深度逾400m，玛4井在400m深度仍有泥质充填的缝洞出现，单井岩溶孔洞层在3~5层，岩溶分层分带明显。

晚海西期—燕山期风化壳主要分布在塔北轮台断隆与温宿凸起，罗西台地也有大面积该期风化壳。受多期构造作用，而且主要受断裂控制，风化壳范围小、沿断块发育。由于不同地区地貌变化大，暴露的程度不一、间隔时间不同，造成储层差异大、分布复杂。受控强烈的块断隆升，地层剥蚀量大，多岩溶缝洞系统，以至碳酸盐岩地层都可能剥蚀掉，残余的缝洞系统较少。

2）不同地区岩溶储层发育的差异。

由于碳酸盐岩风化壳岩溶作用的差异，不同地区岩溶地貌与岩溶作用不同，岩溶储层发育的特征存在较大差异（表4-2-1）。

表4-2-1 塔中北斜坡下奥陶统与垒带岩溶特征对比

|  | 轮南潜山 | 塔中风化壳 | 富满断裂带 |
| --- | --- | --- | --- |
| 岩溶层位 | 鹰山组为主 | 鹰山组为主 | 一间房组、鹰山组 |
| 岩溶岩性 | 台内颗粒灰岩—泥晶灰岩 | 台内泥晶灰岩 | 台内滩颗粒灰岩与泥晶灰岩 |
| 上覆盖层 | 石炭系 | 上奥陶统—石炭系 | 上奥陶统 |
| 岩溶地貌 | 潜山峰丛地貌 | 宽缓斜坡 | 宽缓平台 |
| 岩溶时间 | 长 | 较短 | 很短 |
| 储层规模 | 大型洞穴 | 大中型缝洞体 | 断裂缝洞体 |
| 储层形态 | 块状、片状分布 | 零星分布 | 条带状分布 |
| 发育部位 | 岩溶斜坡、岩溶高地 | 岩溶斜坡为主 | 沿断裂带分布 |
| 充填 | 少 | 下斜坡—缓坡充填多 | 断裂带充填多 |
| 地震响应 | "串珠状"、杂乱状 | 小型"串珠状"、弱振幅 | "串珠状" |

（1）风化壳的发育时间存在差异。

轮南风化壳的发育时间从加里东晚期直至早海西期，长期发育的古岩溶期长达亿年之久。塔中地区主要发育早奥陶世末—晚奥陶世前、奥陶纪末—志留纪前、东河砂岩沉积前三期岩溶，但每一期的持续的时间不过数百万年，其持续的时间较短。富满油田仅经历中加里东期短暂的层间岩溶或准同生岩溶影响。轮南岩溶发育作用进入青壮年期，岩溶作用强度大，而塔中东部地区岩溶作用的强度较小，富满油田则以岩溶初期的较弱岩溶作用为主。

（2）古地貌存在差异。

轮南古潜山长期保持宽缓的南倾古斜坡，岩溶高地范围很小，岩溶斜坡范围广。而塔中古潜山岩溶高地为突出的断垒带，山壑纵横，地貌高差变化大，岩溶高地范围较大，斜坡区相对范围较小，因此有利的岩溶斜坡区相对较少。富满油田则以断裂岩溶为主，呈现显著的断裂岩溶作用，缝洞体主要沿走滑断裂带分布。

（3）岩相与岩溶模式的差异。

轮南油田、富满油田一间房组—鹰山组碳酸盐岩发育礁滩相的砂屑、生物碎屑、鲕粒滩，有利于岩溶作用，而塔中地区主要为台内潮坪、灰泥丘相的泥晶灰岩，岩溶作用较差。轮南地区古潜山宽缓的斜坡背景、有利的沉积相带、长期的风化淋滤形成准层状的岩溶储层。塔中古潜山地貌复杂，岩溶高地分布广，岩溶作用较差，造成岩溶高地储层呈星点状零星分布，储层预测困难。在构造高部位的垒带上缝洞充填严重，因此塔中1井发现后钻遇了众多储层欠发育的潜山充填相。富满地区位于坳陷区，以断裂带缝洞体发育为主。

（4）地震响应特征有差别。

轮南的"串珠状"强反射分布在潜山面以下200m范围内，岩溶洞穴规模大；而富满油田发育沿断裂分布强"串珠状"反射的缝洞体储层，深度达500m，缝洞体储层沿断裂带分布；塔中地区岩溶"串珠状"地震响应较少，可能是储层规模小，岩溶的缝洞系统的地震响应特征更为复杂，主要分布在风化壳表层100m内。

3）岩溶储层发育的继承性与差异

风化壳发育的继承性，造成同一地区可能经历多期岩溶发育的叠加与改造，形成储层的继承性与不同岩溶系统的叠加。

鹰山组沉积末期塔中古隆起开始形成，与上奥陶统良里塔格组之间广泛发育不整合。随着中部断垒带的发育，在中央主垒带形成岩溶高地，其外围发育宽缓的岩溶斜坡，岩溶范围遍及整个塔中古隆起（图4-2-8）。奥陶纪末期塔中古隆起东部整体抬升，断裂作用向主垒带迁移，沿中部构造高部位出露下奥陶统碳酸盐岩，形成高陡的古潜山与狭长的斜坡，东部古潜山广大围斜带为上奥陶统石灰岩剥蚀区。由于高陡的断块山经受长期的剥蚀与夷平，在志留系沉积前形成比较宽缓的古潜山斜坡区，主要集中在中东部，前志留系古潜山面积约有4200km$^2$。加里东末期—早海西期塔中构造活动较弱，以东西翘倾运动与局部断裂继承性活动为主。东河砂岩沉积前塔中地区东高西低，东河砂岩自西向东逐渐超覆在志留系、奥陶系之上。古潜山的分布继承了志留系的构造格局，但范围缩小。西部志留系仍有大面积分布，潜山范围有限，主要分布在东部潜山高部位，潜山面积约2000km$^2$。

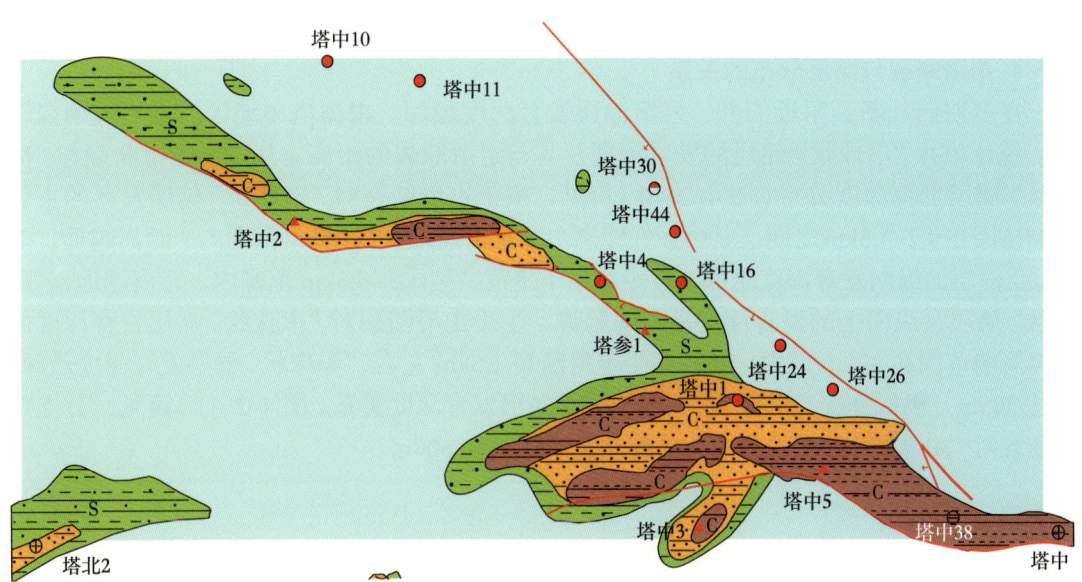

图 4-2-8　塔中潜山区盖层分布图

由此可见，风化壳岩溶发育在古隆起的形成期、改造期、定型期。随着风化壳的变迁与古地貌的变化，岩溶储层差异发育。随着不整合活动强度的减弱，岩溶作用的范围逐渐减小。塔中地区三期不整合形成斜坡中—下奥陶统风化壳与垒带奥陶系潜山两套岩溶系统，渐弱构造作用造成岩溶作用范围逐步收缩。良里塔格组沉积前中—下奥陶统以整体抬升斜坡型岩溶为主，发育更完整。而前志留纪、前石炭纪以断块山为主，储层规模小且分布复杂。受控多期风化壳岩溶与断裂的叠加作用，形成复杂的断裂相关储层（图 4-2-9）。

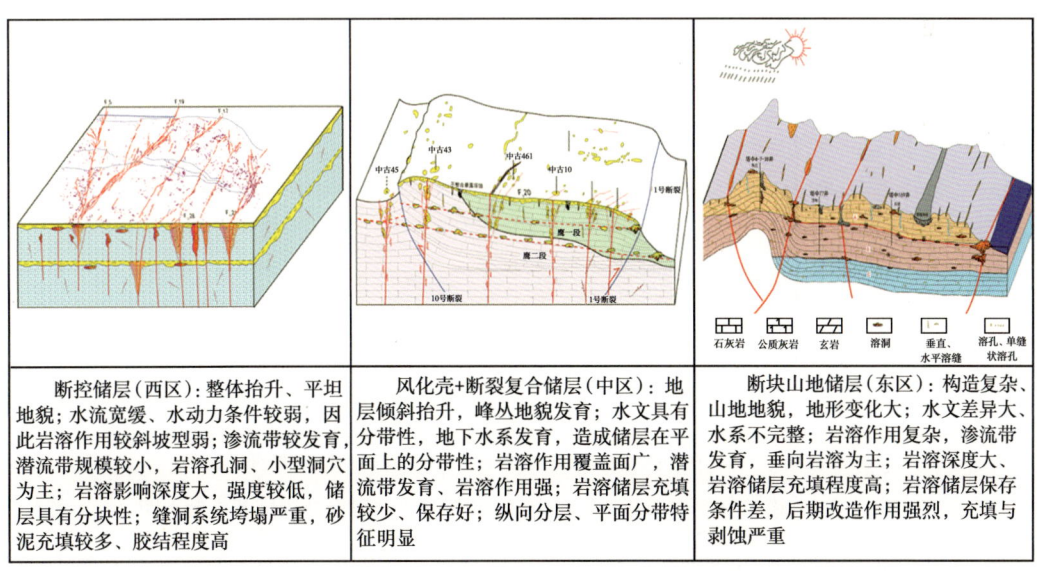

图 4-2-9　塔中奥陶系三类断裂相关岩溶储层模式图

## 三、断裂与岩溶耦合

### 1. 走滑断裂与储层分布的关系

在多期活动断裂附近的井,岩溶储层发育深度最深。根据塔中地区三维地震勘探资料,统计单井"串珠状"储层的发育深度及其与走滑断裂的距离。从主干走滑断裂与"串珠状"储层发育深度关系(图4-2-10)可见,主干走滑断裂对"串珠状"储层发育的主体控制范围在0.2~4.5km之间,其中,在距离主干走滑断裂0.2~1.5km范围内,距离越远,"串珠状"储层的纵向发育深度越深;在距离主干走滑断裂1.5~4.5km范围内,距离越远,"串珠状"储层在纵向上的发育深度呈下降趋势。主干走滑断裂对"串珠状"储层发育深度的主体影响范围在220m以内,距离主干走滑断裂1.5km左右,"串珠状"储层发育深度最深,可达305m。根据分支走滑断裂与"串珠状"储层发育深度关系(图4-2-11)可见,分支走滑断裂对"串珠状"储层发育的主体控制范围在100~600m。

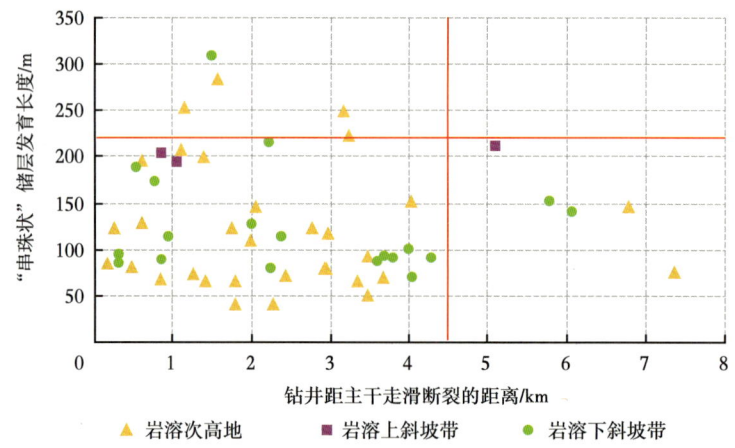

图4-2-10 塔中主干走滑断裂与奥陶系"串珠状"储层发育深度关系散点图

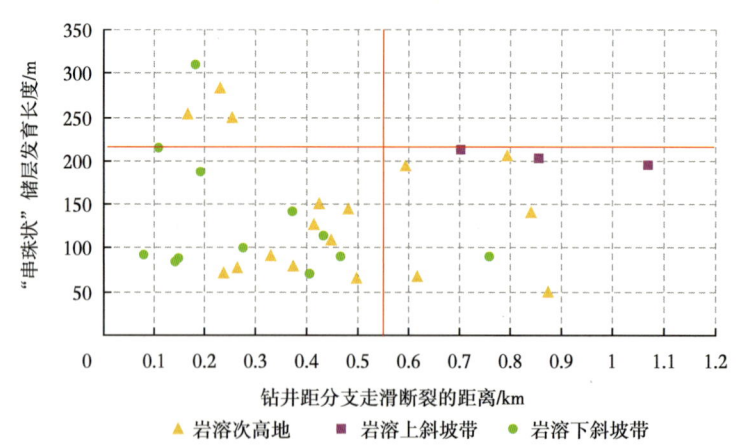

图4-2-11 塔中分支走滑断裂与奥陶系"串珠状"储层发育深度关系散点图

由此可见,塔中地区北东向走滑断裂对"串珠状"岩溶储层的纵向发育深度具有明显的控制作用,在距离主干走滑断裂1.5km、距离分支走滑断裂0.2km处,储层发育深度最深。另外,"串珠状"岩溶储层发育深度与所处的岩溶构造位置高低相关性不大。

通过塔中地区奥陶系测井解释储层厚度与走滑断裂的关系分析(图4-2-12),距离走滑断裂越远,测井解释储层厚度呈下降趋势。其中,主干走滑断裂的主体控制范围在0.2~4.5 km[图4-2-12(a)],分支走滑断裂的主体控制范围在0.1~0.9km之间[图4-2-12(b)]。测井解释储层发育厚度主体范围在110m内,最厚可达180m,相比地震资料统计结果,储层厚度要薄得多,这可能与两种资料解释精度的差异有关。

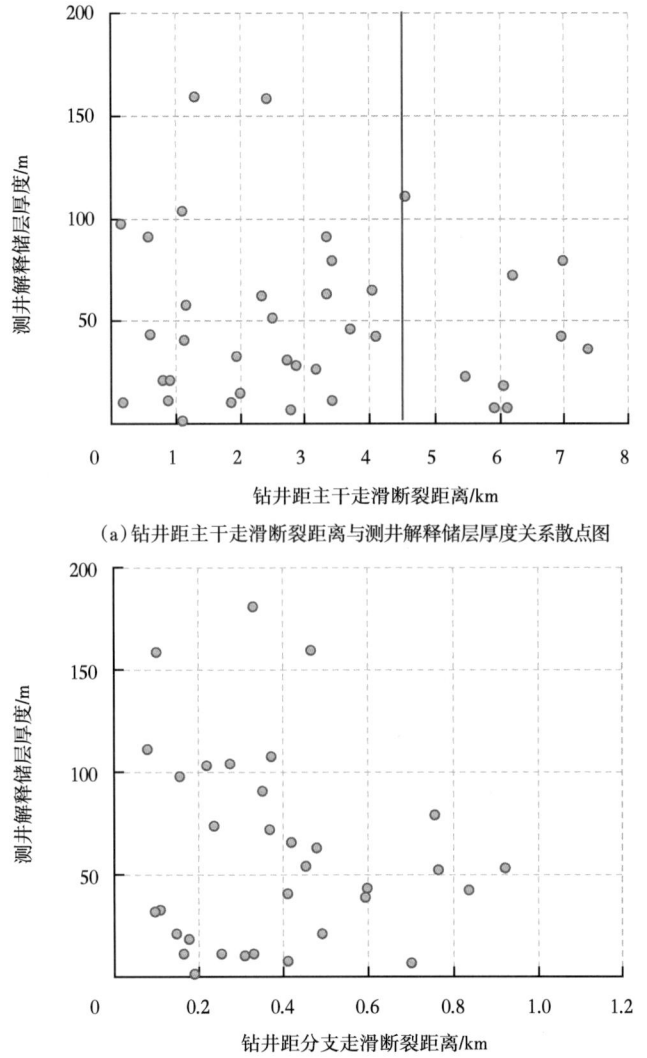

(a)钻井距主干走滑断裂距离与测井解释储层厚度关系散点图

(b)钻井距分支走滑断裂距离与测井解释储层厚度关系散点图

图4-2-12 塔中走滑断裂与奥陶系测井解释储层厚度关系散点图

根据塔中地区奥陶系52口井的漏失放空情况分析(图4-2-13),塔中走滑断裂与奥陶系钻井液漏失量关系密切[图4-2-14(a)],距离主干走滑断裂越远,钻井液漏失量呈对数关系下降。其中,钻井液漏失井主要分布在距离分支走滑断裂0.1~0.9km范围内[图4-2-14(b)]。

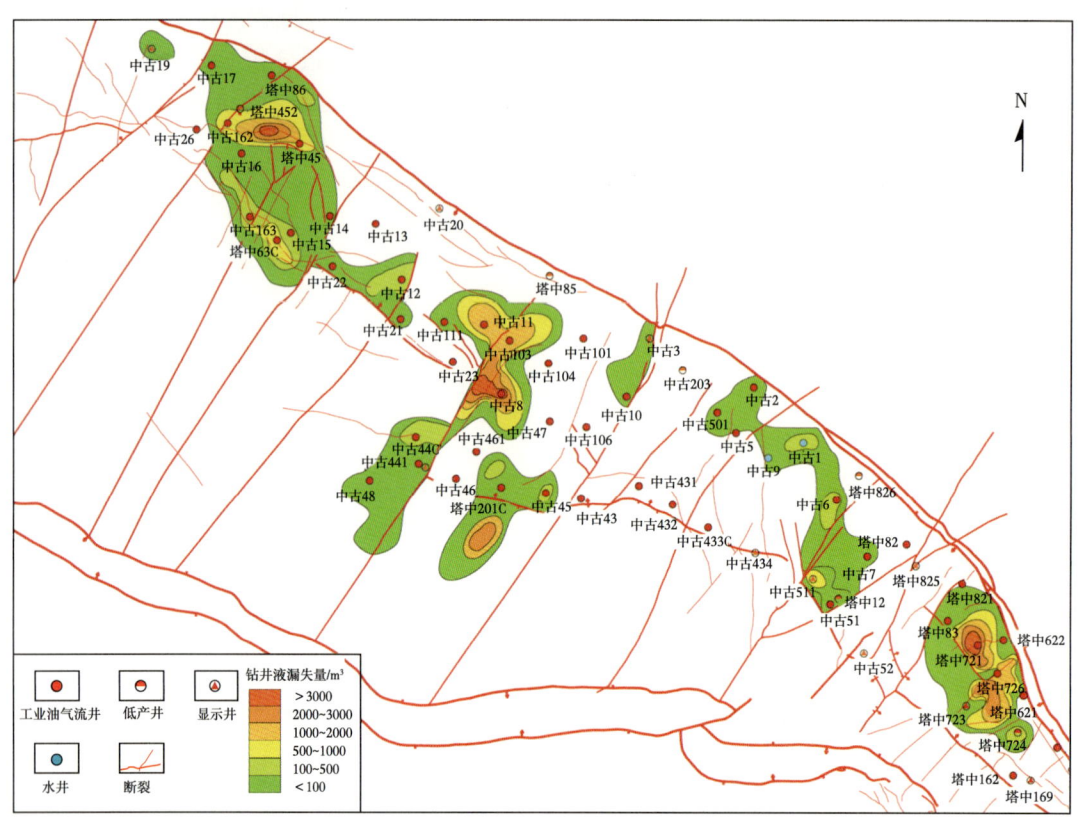

图 4-2-13　塔中奥陶系钻井液漏失量平面分布图

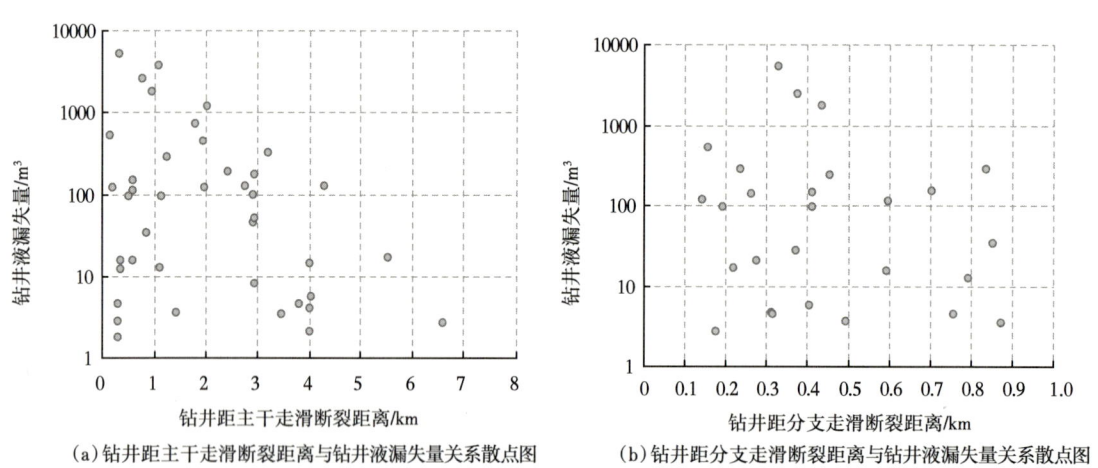

(a) 钻井距主干走滑断裂距离与钻井液漏失量关系散点图　　(b) 钻井距分支走滑断裂距离与钻井液漏失量关系散点图

图 4-2-14　塔中走滑断裂与奥陶系钻井液漏失量关系散点图

2. 走滑断裂与储层空间类型的关系

塔中地区奥陶系碳酸盐岩有效储集空间类型主要有孔、洞、缝三大类。根据塔中地区奥陶系岩溶储层钻井岩心的缝洞统计，岩心溶洞、晶洞和裂缝主要发育在距离主干走滑断裂 0.2~4.5km 范围内、距离分支走滑断裂 0.1~0.8km 范围内（图 4-2-15）。

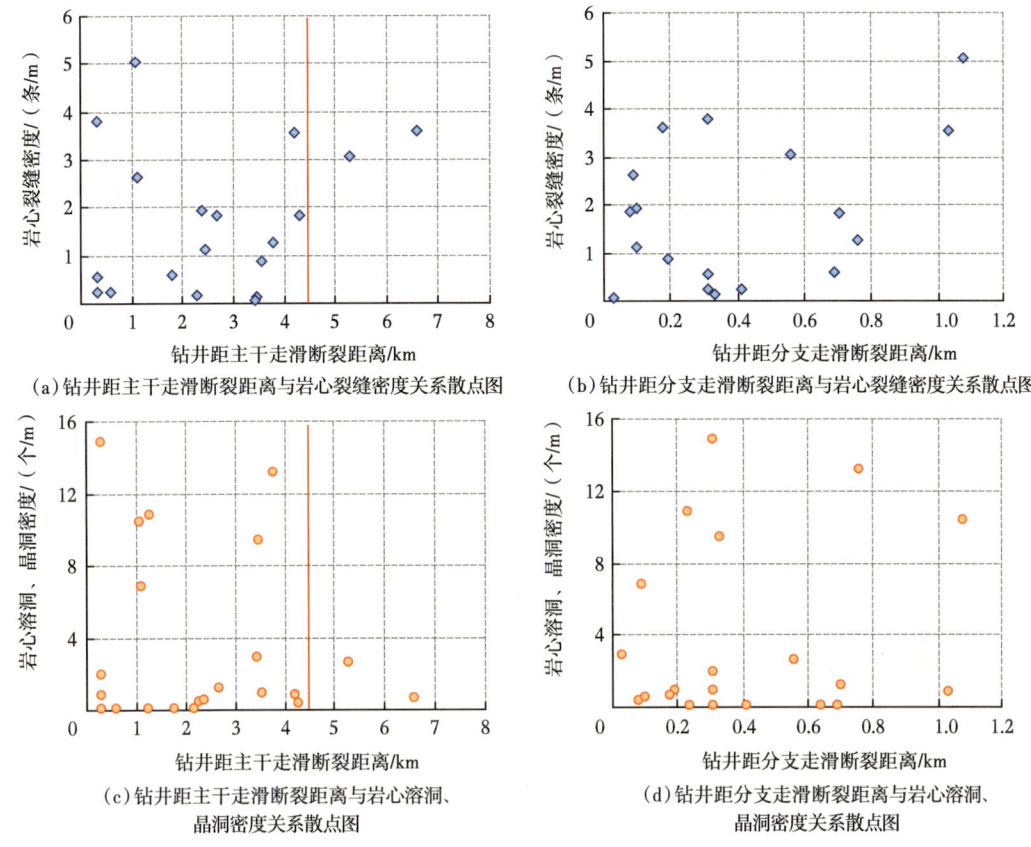

图 4-2-15　塔中走滑断裂与岩心裂缝密度、溶洞和晶洞密度关系散点图

塔中地区奥陶系岩心裂缝以小缝为主，平均占比 63.51%；中缝次之，平均占比 22.50%；大缝所占比例最少，平均占比 13.99%。根据主干走滑断裂与岩心裂缝宽度分类所占比例的关系 [图 4-2-16（a）]，距离主干走滑断裂越远，大缝所占比例呈降低趋势；在距离走滑断裂 0.4 km 左右，大缝和中缝所占比例跨度较大，部分达到最高；在 0.4~2.0km 范围内，大缝和中缝所占比例均呈降低趋势；在 2~4.5km 范围内，中缝所占比例呈增长趋势，大缝所占比例呈降低趋势。

根据分支走滑断裂与岩心裂缝宽度分类所占比例的关系 [图 4-2-16（b）]，在距离分支走滑断裂 0.1~0.42km 和 0.6~0.8km 范围内，大缝、中缝和小缝集中发育；另外，在距离分支走滑断裂 0~0.4km 范围内，中缝和大缝呈增长趋势；在 0~0.4km 范围外，大缝呈降低趋势。

塔中地区奥陶系岩心裂缝产状分析表明，高角度缝占 47.26%，低角度缝占 40.13%，斜交缝所占比例仅为 12.61%。根据主干走滑断裂与岩心裂缝产状分类所占比例的关系 [图 4-2-16（c）]，在距离主干走滑断裂 0~1km 和 2~3km 范围内，裂缝集中发育；在 1~2 km 范围内，主要发育低角度缝，占比达 78%，大缝所占比例呈降低趋势。根据分支走滑断裂与岩心裂缝产状分类所占比例的关系 [图 4-2-16（d）]，在距离分支走滑断裂 0.1~0.42 km 和 0.6~0.8 km 范围内，斜交缝所占比例偏少；在 1~1.2km 范围内，低角度缝所占比例最大。

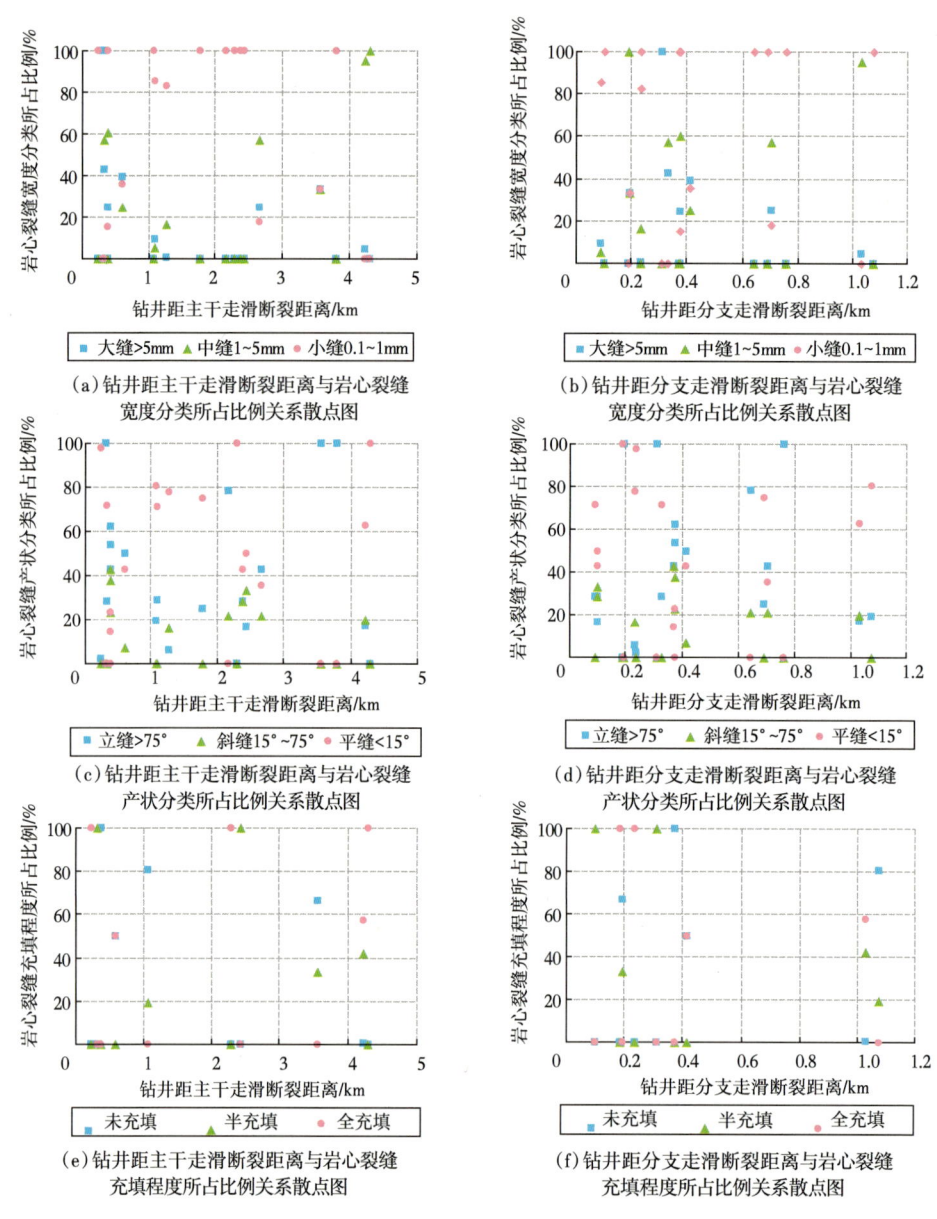

图 4-2-16 塔中走滑断裂与岩心裂缝关系散点图

断裂带裂缝的充填程度影响储层的储集性能，奥陶系岩心裂缝中全充填占比 40.75%，半充填占比 29.46%，未充填占比 29.79%。根据主干走滑断裂与岩心裂缝充填程度关系分析[图 4-2-16（e）]，在距离主干走滑断裂 0~1.2km 范围内，充填程度均呈下降趋势，未充填所占比例相对较高；在 2.4km 左右范围内，以半充填和全充填为主；在 3.5~4.5 km 范围内，以全充填为主，呈增长趋势。根据分支走滑断裂与岩心裂缝充填程度所占比例的关系[图 4-2-16（f）]，距分支走滑断裂距离越远，各种充填程度均呈略微下降趋势。

塔中地区奥陶系岩心溶洞、晶洞中以小洞为主，平均占比 41.41%；中洞次之，平均占比 34.87%；大洞所占比例最小，平均占比 23.72%。根据主干走滑断裂与岩心溶洞、晶洞直径分类所占比例的关系［图4-2-17（a）］，大洞、中洞和小洞主要在距离主干走滑断裂0~4.5 km范围内发育，随着距离越远，均呈下降趋势；在1~3 km范围内，大洞最发育；在3~5.5 km范围内，小洞最发育。根据分支走滑断裂与岩心溶洞、晶洞直径分类所占比例的关系［图4-2-17（b）］，距离分支走滑断裂0.42 km范围内，大洞、中洞和小洞集中发育，大洞和中洞所占比例呈上升趋势，在0.6~1.1 km范围内，中洞和小洞所占比例呈下降趋势。塔中地区奥陶系岩心溶洞、晶洞充填程度以半充填为主，平均占比76.42%；未充填次之，平均占比13.02%；全充填所占比例最少，平均占比10.56%。根据主干走滑断裂与岩心溶洞、晶洞充填程度所占比例的关系［图4-2-17（c）］，在距离主干走滑断裂5.5 km范围内，半充填洞最发育。根据分支走滑断裂与岩心溶洞、晶洞充填程度所占比例的关系［图4-2-17（d）］，在距离分支走滑断裂0~0.7km和1.0~1.1km范围内，半充填洞最发育，其次为全充填洞。

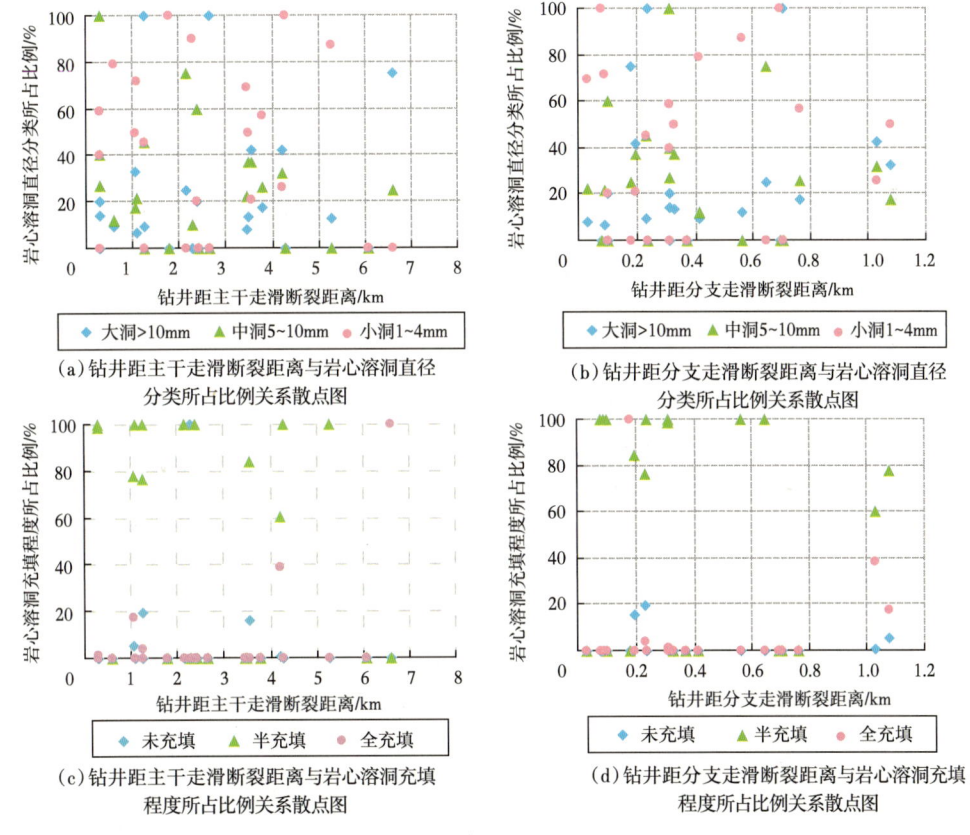

图4-2-17 塔中走滑断裂与奥陶系岩心孔洞关系散点图

综上所述，塔中走滑断裂对岩溶储层的储集空间类型具有一定的控制作用，在不同范围，不同分类的溶洞、晶洞和裂缝的发育程度及其充填程度不尽相同，具有较大的差异性。这一现象与走滑断裂对储层厚度的控制范围基本一致，控制范围部分重叠。对比认为，距离主干走滑断层4.5km和距离分支走滑断层0.4km范围内，溶洞、晶洞和裂缝相对发育，储层厚度相对较厚，岩溶储层相对最发育。多期的断裂活动导致多期的裂缝发育，多期的裂缝和断裂形成复杂的网络系统。受不同应力场的影响，在断裂—裂缝系统连通性好的局部地区，储层物性得到改善，一方面通过断裂溶蚀作用提高了有效储集空间，另一方面增加了裂缝网络的连通性，使其内部的流体更易于流动，对断裂相关储层溶蚀作用起到建设性的通道作用。

总之断裂对储层发育的控制作用主要表现在三个方面：（1）形成裂缝网络，使储层渗透率提高 1~3 个数量级；（2）有利于暴露期大气淡水透镜体的形成与地下水流动，成为溶蚀孔洞发育的优势部位；（3）断裂具有多期继承性活动，有利于晚期断裂与埋藏溶蚀作用的发生。由于复杂的断裂网络影响，形成沿断裂非均匀分布的复杂缝洞系统。断裂对储层发育的主要控制作用体现在为地表大气淡水的下渗及深层热液的侵入提供渗流通道，导致断层破碎带及其周缘的岩层发生扩溶，形成大型叠合复合岩溶缝洞体。奥陶系碳酸盐岩发育礁滩复合体、层间岩溶体、潜山岩溶及热液岩溶等海相碳酸盐岩岩溶储层，同时由于奥陶系碳酸盐岩发育多期走滑断裂，强烈的区域构造应力产生大型断裂及其破碎带，因此多期发育的断裂会在多期次的岩溶发育过程中扮演重要的角色，使得碳酸盐岩具有更易溶蚀的表面积，大量的大气淡水、深层有机酸液与热液沿走滑断裂带汇聚有利于在断裂带附近发育岩溶作用，形成受断裂控制或叠加的岩溶缝洞体，控制了储层的发育。

## 第三节 断控缝洞体发育模式

塔里木盆地奥陶系碳酸盐岩储层经历了多期次岩溶与断裂作用的叠加改造，断裂规模和发育强度控制了岩溶储层的发育规模和模式。

### 一、碳酸盐岩沉积演化与储层发育

中奥陶世末受原特提斯洋闭合影响，塔里木盆地出现构造多期海平面升降，古隆起开始形成，在一间房组沉积末期、良里塔格组沉积末期均有碳酸盐岩暴露的层间岩溶发育，受古岩溶作用与古隆起构造的叠加作用，导致奥陶系碳酸盐岩储层在不同区域发育的差异性（图 4-3-1）。

以塔北地区奥陶系碳酸盐岩储层为例，其发育可分为四个阶段：一间房组准同生阶段、良里塔格组台缘滩沉积阶段、志留系前潜山岩溶阶段与后期埋藏溶蚀阶段（图 4-3-1）。各阶段对储层的形成发育有继承关系：准同生期岩溶为后期的埋藏岩溶准备了基础通道；台缘礁滩易受构造破裂作用和岩溶作用的影响，出现较好的储层发育段，随后发育的埋藏及风化壳岩溶则是继承并叠加早期准同生岩溶通道的发育，最终成为潜在的优质储层。

#### 1. 一间房组准同生阶段

寒武纪末至奥陶纪，沉积暴露及短暂的喀斯特化在塔里木盆地具普遍性，加里东早期运动就导致了塔北地区上寒武统与下奥陶统的平行不整合接触关系，此外，鹰山组（$O_{1-2}y$）/蓬莱坝组（$O_1p$），一间房组（$O_2yj$）/鹰山组（$O_{1-2}y$）2 期较为显著的平行不整合面均形成在加里东运动早期。晚奥陶世早期（加里东中期Ⅰ幕）发生一次较大规模的海退，准同生阶段的一间房组发生短暂暴露，暴露期间的岩溶作用与高能相带的发育对储层的形成有重要作用。

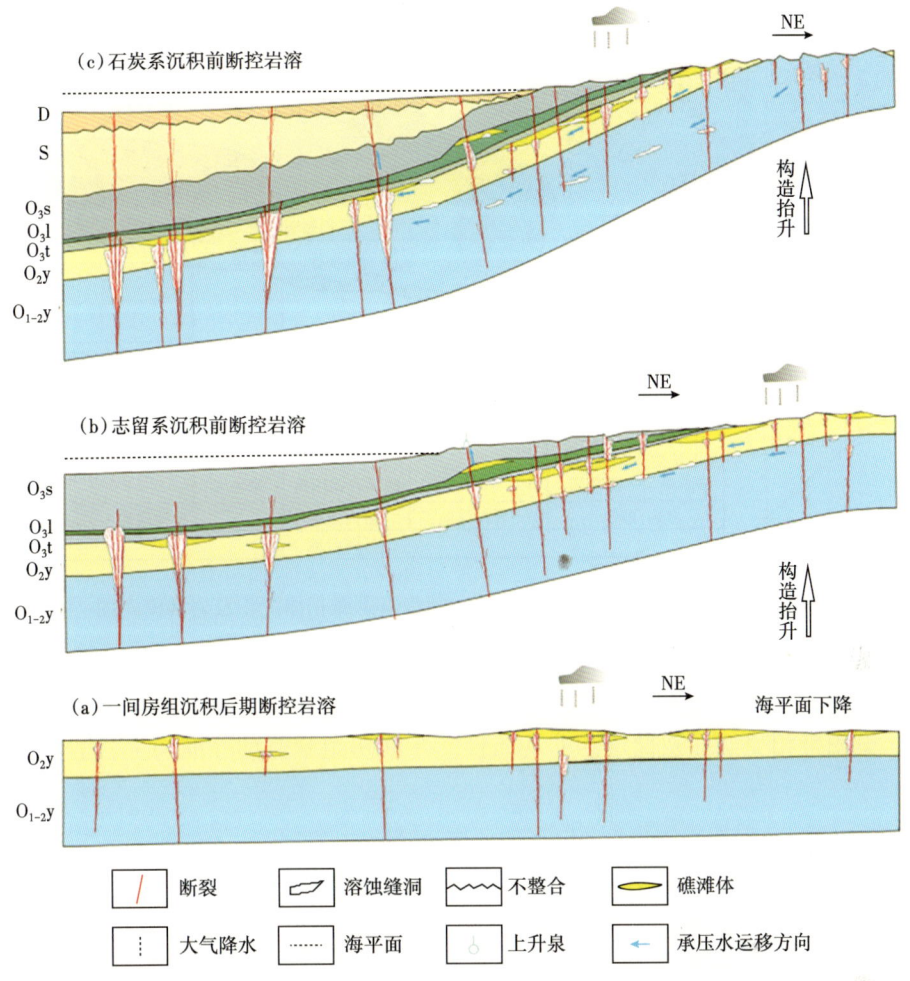

图 4-3-1 塔北奥陶系碳酸盐岩断控岩溶储层发育阶段模式图

加里东中期—晚奥陶纪早期（加里东中期Ⅰ幕），区内发生了一次较大规模的海退，一间房组由于构造隆升而发生大范围暴露，暴露出海平面的海岛或沙洲等地貌单元（图4-3-2）。在层间岩溶的作用下，滩体出现了局部发育的孔洞层，但暴露时间短暂，没有发生大规模的喀斯特化，这种短期暴露岩溶（层间岩溶）又可称为幼年喀斯特岩溶，主要形成小规模的溶蚀孔洞，这些局部发育的孔洞层的发育程度取决于后期的保存条件，对中奥陶统、下奥陶统碳酸盐岩古岩溶储层的储渗空间的具有一定的贡献。由于构造低部位地貌差异小、风化壳岩溶作用影响小，从古隆起构造高部位向坳陷方向断裂对岩溶储层的作用逐渐增大。

裂缝对准同生期岩溶的发育有较大的促进作用。在溶蚀过程中，部分岩溶水体沿断裂等向下渗透，形成沿断裂发育的溶蚀作用。大部分岩溶水体呈分散面状快速沿断裂向下淋滤，在潜水面之上的渗流带形成分散的溶蚀孔洞，这些孔洞以选择性的粒内孔、铸模孔、粒间孔（被部分胶结减小）和非选择性的溶蚀孔洞为主，规模较小，但相互连通。

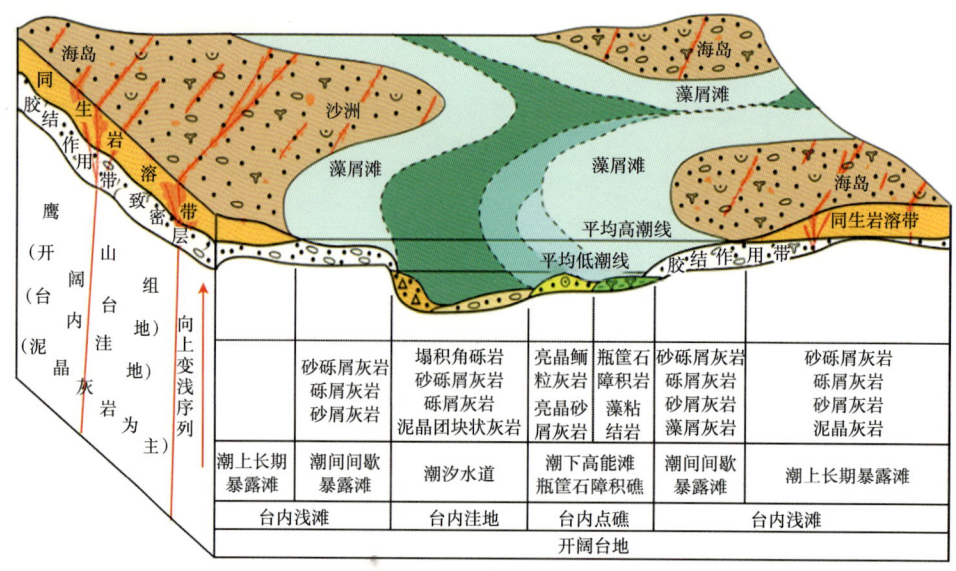

图 4-3-2 塔北西部地区中奥陶统一间房组礁滩相体沉积及岩溶模式图

研究表明构造高部位往往受控于压扭断裂带,断垒带的形成及演化直接控制了正地貌分布,从而控制了奥陶系一间房组组优质礁滩体的发育与分布(图 4-3-3),并导致不同区段储集相带相变明显及储层的非均质性。一间房组暴露期除准同生岩溶大面积发育

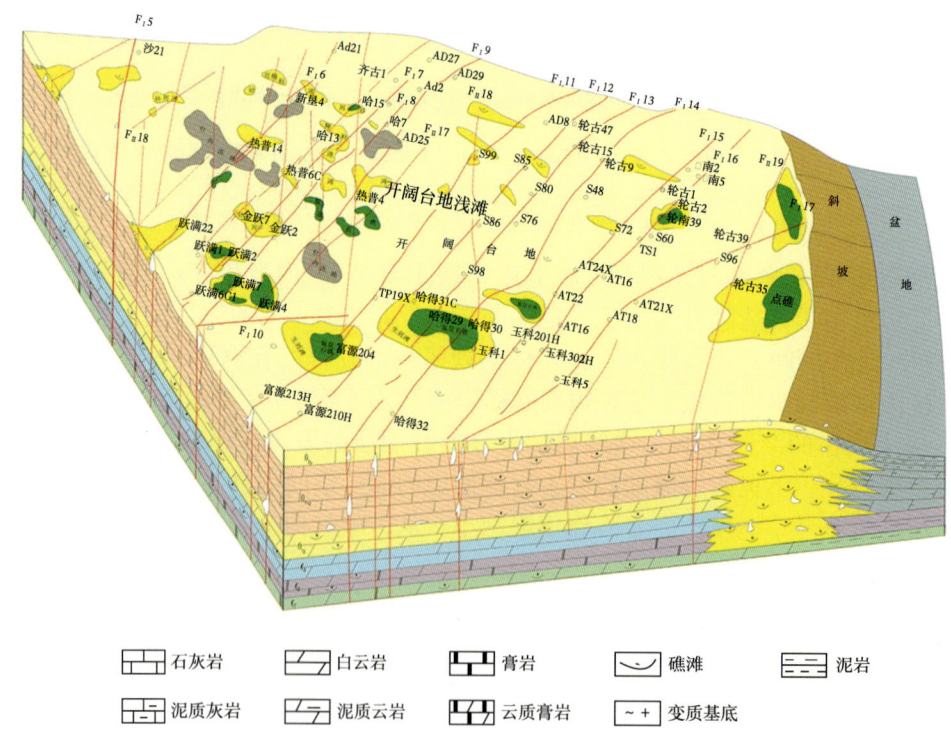

图 4-3-3 轮南断裂控储三维模式(一间房组沉积时期)

外,断裂通过控制微地貌变化而影响礁滩相体的发育(图4-3-2)。断裂部位礁滩相沉积体的岩石结构有利于原生孔隙的保存,且多断裂的岩层具有较好的孔渗性,也可为成岩流体提供通道,易发生成岩改造形成次生孔隙。礁滩体常沿走滑断裂带的构造高部位发育,礁滩体叠加走滑断裂的输导作用,有利于沿断裂带形成大型的准同生期缝洞体储层。因此,受构造破裂作用和岩溶作用的影响,可能出现较好的准同生期储层发育段。走滑断裂在加里东中期Ⅰ幕活动强弱的差异性奠定了优质礁滩体发育的基础,而后各阶段的演化造成了其构造样式的变化,而这又影响了台地的内部结构,并控制了其上优质礁滩体的垂向叠加方式。

## 2. 良里塔格礁滩发育阶段

塔北地区在上奥陶统良里塔格组沉积期间由于古隆起开始形成,处于隆起边缘地区,形成了台地边缘—斜坡沉积体系,台地边缘沉积加厚,良里塔格组顶部形成了礁滩体沉积,礁滩体沿热瓦普区块中部呈近东西向展布,晚期良里塔格组顶部隆升暴露,形成海岛岛链式暴露礁滩体,在层间岩溶的作用下出现了表层溶洞和孔洞层。如轮古东的轮古37井良里塔格组顶部第2筒取心见溶洞,溶洞内充填桑塔木组深灰色泥岩,表明良里塔格组顶部发生了隆升暴露,形成了层间岩溶的溶洞和孔洞层。哈拉哈塘地区地震资料的处理过程中发现良里塔格组顶部存在明显的河流发育(图4-3-4),表明在上奥陶统良里塔格组顶部发生过海岛式暴露岩溶。

哈拉哈塘地区哈13-6井在上奥陶统良里塔格组良一段取心发现孔洞层(图4-3-5),也是良里塔格组顶部暴露岩溶的结果。哈13-6井铸体薄片分析可见粒间溶蚀孔洞发育,残余孔洞中充填沥青。该区良里塔格组沉积后也发生了一期暴露岩溶,在其顶面发育孔洞层。

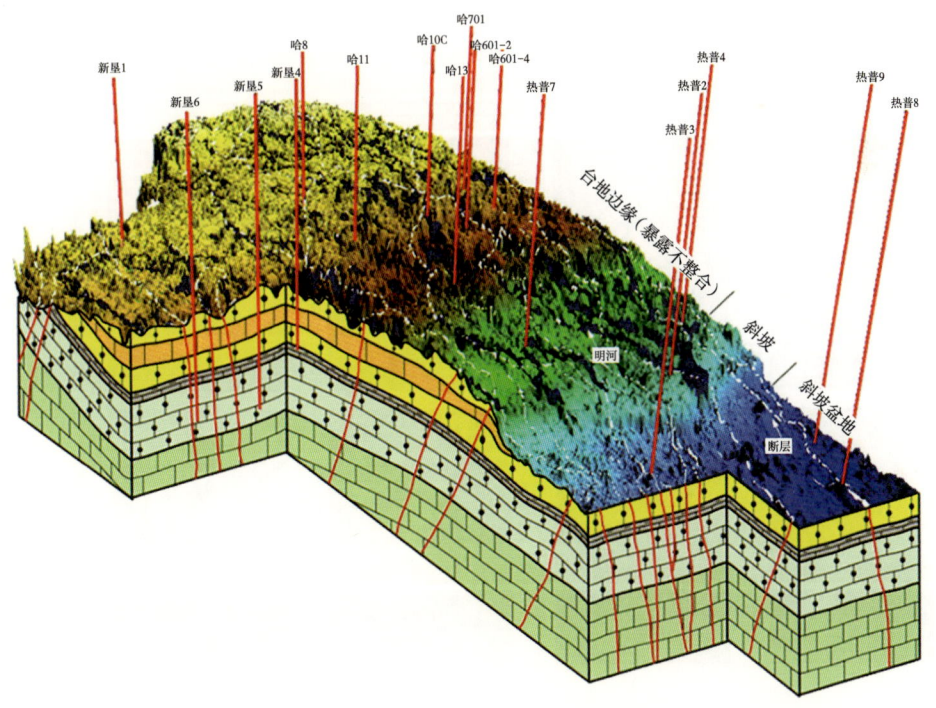

图4-3-4 哈拉哈塘地区地震在良里塔格组顶面发现有明河系统

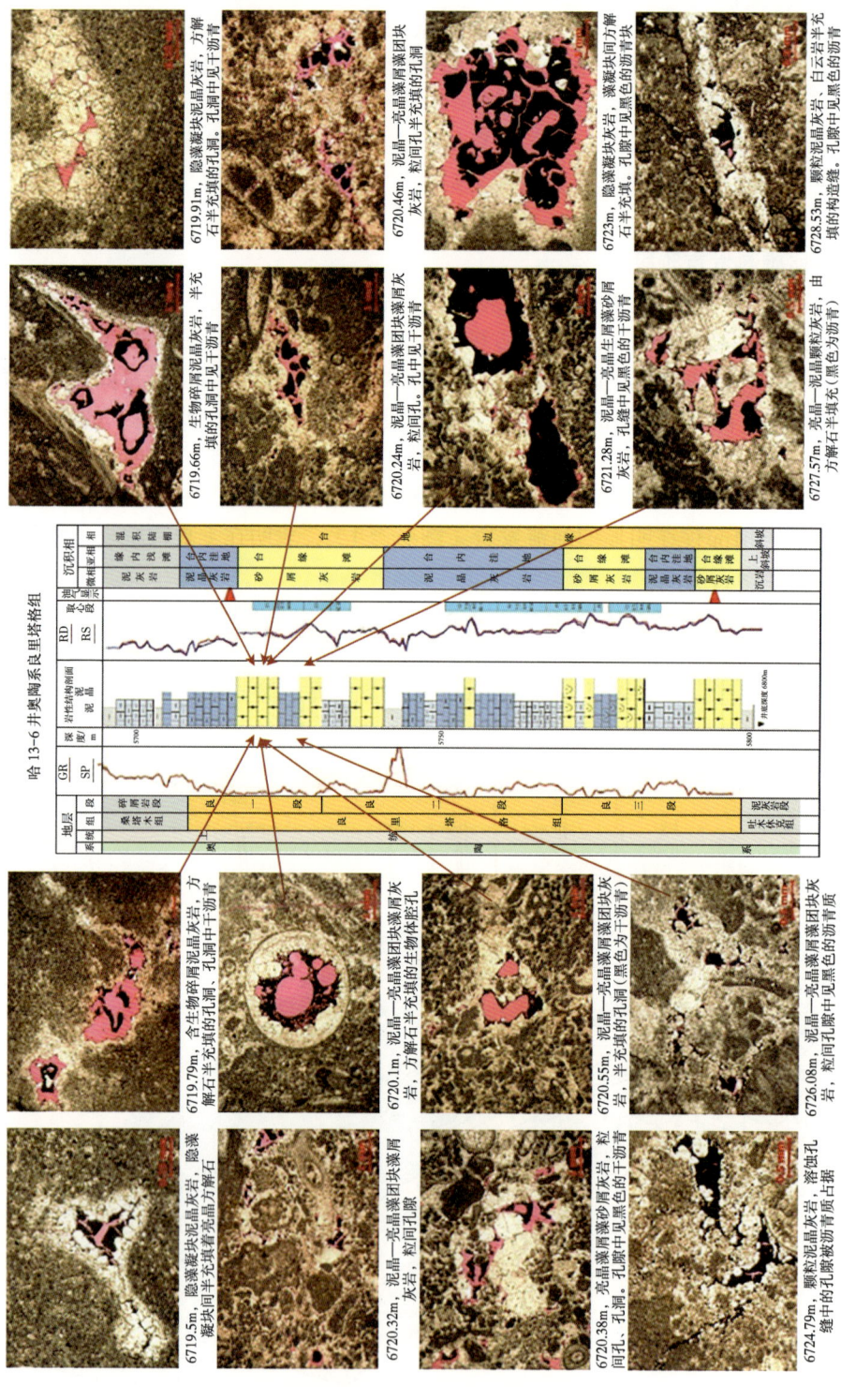

图 4-3-5 哈拉哈塘地区哈 13-6 井良里塔格组良一段层间岩溶孔洞图片

### 3. 构造高部位剥蚀阶段

奥陶系沉积末期、志留系沉积前，海水几乎完全退出塔里木盆地，加里东中期Ⅲ幕构造运动造成塔北地区隆升形成塔北大背斜，强烈的剥蚀作用使背斜核部奥陶系碳酸盐岩地层剥蚀暴露，由北向南的剥蚀作用造成奥陶系由南向北剥蚀减薄尖灭，桑塔木组、良里塔格组和吐木休克组均被剥蚀而依次出露地表，奥陶系碳酸盐岩地层剥蚀量巨大，古潜山喀斯特地貌形成，形成了最强一期岩溶作用。

古潜山及围斜部位的溶洞暗河系统多形成于这一期岩溶作用（图4-3-6）。古隆起持续发育导致塔北地区南北高度差异加大，最北部地区奥陶系一间房组碳酸盐岩地层剥蚀出露，形成喀斯特地貌，储层受潜山岩溶叠加改造。良里塔格组尖灭线以南，上覆吐木休克组致密层阻隔了表生岩溶作用，使得该区碳酸盐岩储层受到顺层岩溶作用的叠加改造。潜山区地表水顺天坑和落水洞向南进入良里塔格组覆盖区形成溶洞暗河系统，出现了非常发育的溶蚀孔洞层和地下溶洞暗河系统，该区储层系统基本分布在一间房组—鹰山组一段上部厚约200m的碳酸盐岩地层中。溶洞暗河系统在哈拉哈塘北部最发育，向南部发育程度逐渐变差并且出现向断层集中现象。最南部地区奥陶系一间房组碳酸盐岩地层在良里塔格组沉积时期就已经进入埋藏阶段，远离潜山区，受顺层岩溶作用影响小，该区储层主要沿断裂带发生埋藏岩溶作用的叠加改造。

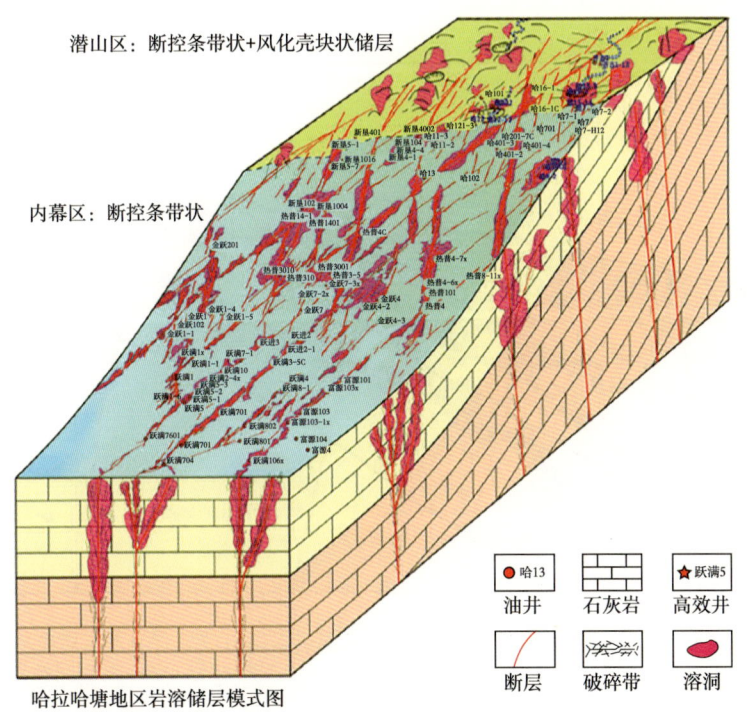

图4-3-6 塔北地区志留系沉积前奥陶系碳酸盐岩潜山及围斜岩溶储层发育模式

断裂在岩溶作用过程中至关重要，一方面作为渗流通道，潜山区表层岩溶水体顺断层快速渗流到水平潜流带，促进水平潜流带缝洞发育；另一方面也促进了沿断裂带岩溶作用，形成断裂岩溶储层。南部一间房组和鹰山组一段，埋藏深度自北向南逐渐增加，最多可达几百米。虽然此时压溶作用不强，但埋藏压实作用和胶结作用会使加里东中期Ⅰ幕岩溶作用形成的溶蚀孔洞和风化缝部分被破坏，导致孔隙度持续降低，故一间房组与鹰山组的孔隙度自南向北逐渐升高。桑塔木组沉积末期，一间房组与鹰山组孔隙度较好的碳酸盐岩易受北部潜山区向下排泄的流水溶蚀，发生顺层岩溶。由于保存了部分加里东Ⅰ幕岩溶所形成的溶蚀孔洞，在北部山区发育的水体顺层进入一间房组和鹰山组时，水体呈现潜流带水的特征。潜水面与地形基本一致，即自北向南缓慢倾斜，直至哈拉哈塘以南与海平面大致相接。在先前发育的溶蚀孔洞的基础上，岩溶作用由北至南沿潜流带顺层进行。在裂缝发育带，大气淡水沿裂缝下渗并形成相关溶蚀，或裂缝沟通潜水，潜水由裂缝向上运移至地表，形成上升泉，并发生溶蚀（图4-3-7），北部奥陶系碳酸盐岩喀斯特地貌暴露区是主要的供水区，河流沿落水洞进入地下暗河，地下暗河顺断层破碎带溶蚀进入南部围斜区，然后顺断裂以涌泉的方式返回地表泄水，从而形成岩溶水的补给排泄系统。

围斜区溶洞系统通过断裂泄水的原理会导致一系列的地质现象，最主要的现象之一就是围斜区的溶洞发育程度不及潜山区。越向南溶洞发育程度越低，并且出现溶洞系统沿断层破碎带集中分布现象，这一点在哈拉哈塘南部的热瓦普和金跃区块很明显。其次就是清水溶蚀现象，围斜区几乎找不到泥质或粉砂质充填的溶洞。再次就是溶洞系统满水溶蚀现象，这一现象有助于形成大的溶洞。最后就是岩溶带的差异，相较于喀斯特地貌区，围斜区只发育两个岩溶带，即水平潜流岩溶带和深部缓流岩溶带。

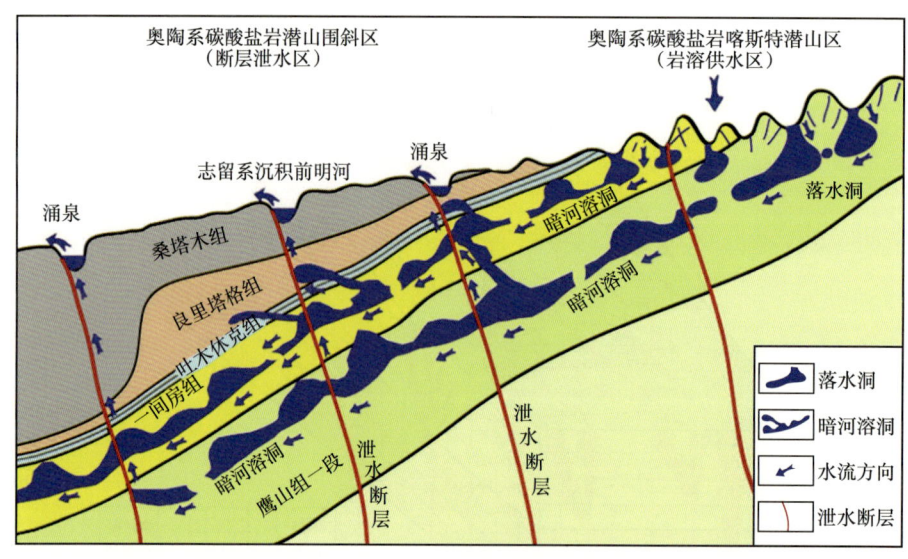

图4-3-7　哈拉哈塘奥陶系潜山围斜区溶洞系统形成的岩溶水循环模型

总之，加里东中期Ⅲ幕构造运动期间走滑断裂控制了岩溶缝洞带的发育方向和规模，奥陶系碳酸盐岩断层破碎带是岩溶水最好的渗流溶蚀通道，并形成溶洞暗河系统，同时也只有断层破碎带才能完全断穿巨厚的桑塔木组泥岩盖层，使岩溶水顺断层以涌泉的方式返回地表形成岩溶水的循环。

**4. 后期埋藏溶蚀阶段**

塔里木盆地奥陶系深部碳酸盐岩具有埋藏岩溶的期次多、现象明显、规模较大的特点，所形成的各种溶蚀孔、洞、缝是油气的有效储集空间。由于奥陶系石灰岩经历了多次构造—成岩旋回的改造，相应地发育了多期埋藏岩溶作用。研究发现，埋藏期溶蚀孔隙的发育往往与烃类运移相伴随，因此埋藏期次生孔隙发育的期次与相应的油气运移事件相对应。埋藏岩溶期，岩溶作用往往沿断裂发育，呈断裂控储模式（图4-3-8）。但是，岩心与薄片分析后认为，埋藏期的溶蚀作用弱，保留的孔洞更少。

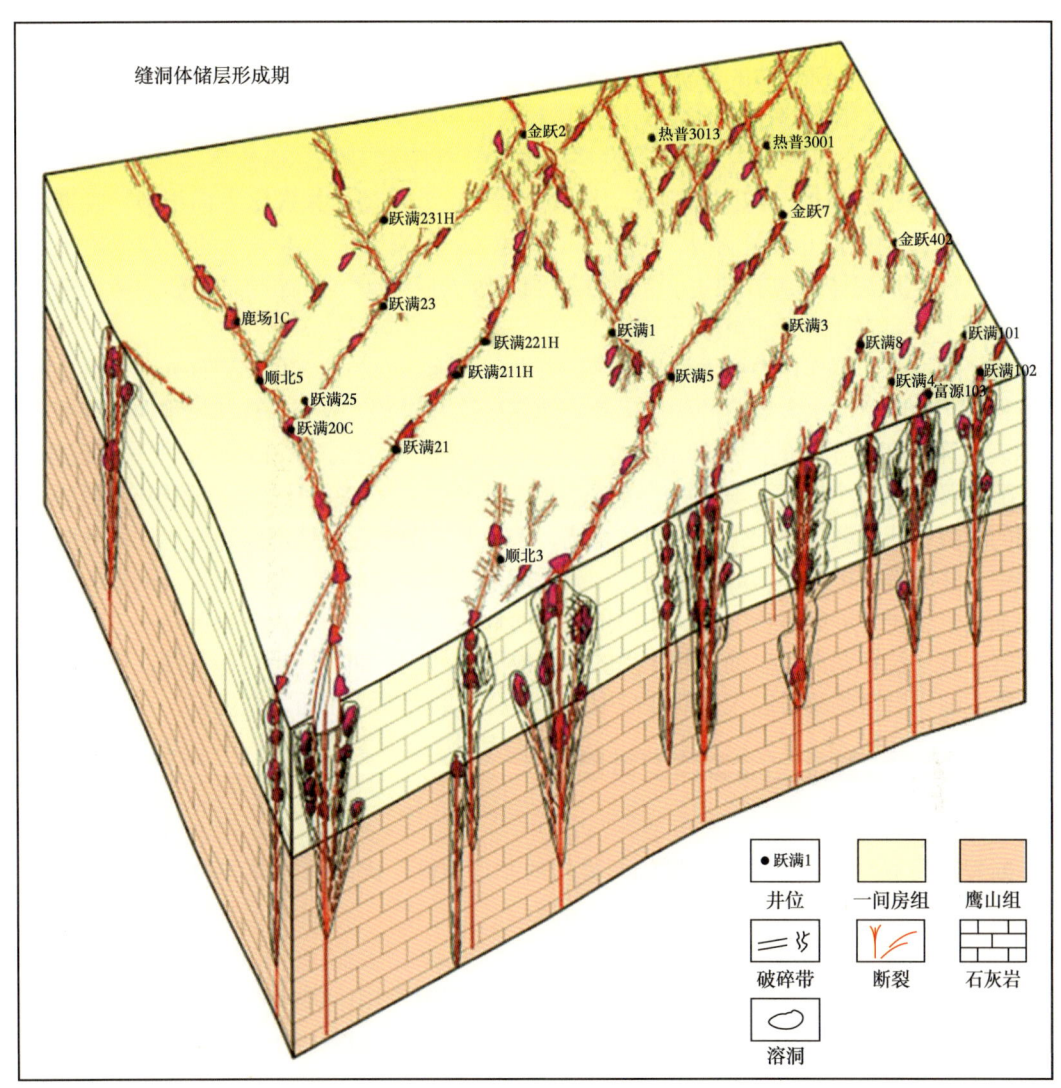

图 4-3-8　跃满区块储层模式图

第一期埋藏岩溶作用发生于晚加里东期至早海西期，全区分布较广，但其溶蚀作用较弱。埋藏溶蚀作用的主要动力为来自北部坳陷的含有机酸、$CO_2$ 的酸性地层水，导致孔隙度增加在 1%~3% 之间。溶蚀作用的场所主要是沿先期断裂带岩溶作用形成的缝洞系统。在纵向、横向剖面上并未改变储层发育段受先期岩溶缝洞控制的趋势，即经该期溶蚀作用改造后，储层发育位置并未产生明显的偏移。但随着溶蚀—胶结作用的变化，缝洞体局部储渗性能会发生改变。伴随第一期的油气运移和注入，晚加里东期—早海西期埋藏溶蚀作用改造缝洞体储层后捕聚油气而成藏，这些早期的油气藏大多属成岩圈闭和岩性圈闭，受早期缝洞体储层的控制。

第二期埋藏岩溶作用主要发生于晚海西期—印支期，奥陶系碳酸盐岩埋藏岩溶的形成大致经历了以下两个过程：（1）埋藏期腐蚀性流体沿断裂向上运移。当运移至走滑断裂带先期存在的层状孔洞储层时，顺层向上倾方向运移循环。伴随流体的运移，靠近流体来源方向上，由于酸性水的不饱和性强，先期的孔、洞、缝被扩溶或形成新的缝洞系统，其溶解的 $CaCO_3$ 被搬运到远端的滞流区或弱循环区在先期孔、洞、缝中沉淀下来，溶蚀和充填维持着物质、空间平衡；（2）随流体运移和溶蚀、胶结作用的发展。靠近流体来源方向的区域，孔、洞、缝进一步扩溶，孔洞空间增大，孔隙度升高。而流体运移的远端方向，孔、洞、缝被不断充填，孔隙度降低，形成胶结带，并向流体来源区方向扩展。晚期随酸性流体流动减弱或停止，孔隙水中过饱和的 $CaCO_3$ 在流体来源方向区的孔洞中出现少量沉淀。总体上从流体来源方向上，依次出现强溶蚀弱胶结带、溶蚀胶结带和弱溶蚀强胶结带，孔隙发育带多出现于充填带下方。

第三期埋藏岩溶作用主要发生于喜马拉雅期，与第三期的油气运移事件相匹配。在晚喜马拉雅早期发生了一次大规模的构造运动，油气运移方向发生改变。喜马拉雅期的埋藏岩溶作用表现为晚期未充填的溶缝和沿裂缝分布的"串珠状"溶孔。从溶蚀区的发育情况推测，酸性流体可能有两个来源，其中一个来源是断裂下部方向。在喜马拉雅期随构造活动增强，早期的断裂重新活动，并产生新的裂缝系统，来自下部的酸性流体沿断裂进入先期孔隙层或油层中，并沿裂缝扩溶，形成复合的孔、洞、缝系统，伴随来自盆地方向干气的进入，对先期原油发生气侵，形成凝析气藏，孔洞中发育沥青质沉淀。另一个流体来源是中—上奥陶统烃源岩在喜马拉雅期大量生油，相伴生的有机酸沿喜马拉雅期裂缝运移、溶蚀，形成少量溶蚀孔缝，油气沿这些通道进入先期油藏中发生混合，形成现今的油气藏规模。

## 二、断控碳酸盐岩储集体发育模式

### 1. 断裂控储作用

断裂带具有复杂的三维空间结构与强烈的非均质性，碳酸盐岩储层的改造与断裂带密切相关。

1）风化壳岩溶作用沿断裂更发育

油气藏评价与开发实践表明，风化壳大气淡水岩溶作用广泛分布，但在断裂带更为发育，是大型缝洞体储层发育的主要部位。哈拉哈塘—轮南地区、塔中鹰山组等高产工业油气流井多，其明显特征是邻近断裂带，大型缝洞体储层发育。在三维地震勘探剖面上，大型缝洞体储层通常出现明显长"串珠状"强反射，影响深度大，横向变化快，井间缝洞体的形态、分布的深度变化大。其中绝大部分"串珠状"强反射与断裂相伴生，表明风化壳岩溶大型缝洞体与断裂带密切相关。钻井发现缝洞体纵向上发育层段多，横向变化大，裂缝发育，垮塌充填多，容易发生大量漏失。大型缝洞体出现的深度范围达300m、横向变化大，没有明显的层段对比性，而且主要沿"串珠状"地震反射异常出现，过井点不远缝洞体就消失。断裂带缝洞体测试与生产过程中产量高，但底水活跃，尤其是易于发生深部的底水水窜，造成油气藏的快速水淹。这表明沿断裂带纵向的缝洞体储层深度可能深达数百米。

奥陶系风化壳岩溶古地貌受断裂发育程度、分布、作用方式等条件控制。由于暴露时间长、水文系统发育，岩溶作用具有一定的选择性，大量的地表水、地下水具有沿断裂带汇聚的趋势，有利于断裂带附近的岩溶作用发育，形成一系列"串珠状"缝洞体储层。风化壳岩溶发育过程中，断裂对储层的发育作用主要体现在三方面：一是断裂活动控制或改变古地貌，从而控制岩溶地貌的特征。在隆起背景上，由于断裂发育，造成地形起伏变化与分区分带，形成局部峰丛地貌，有利于岩溶作用沿断裂带发育。哈拉哈塘地区、塔中地区岩溶储层发育区多有断裂发育，造成缝洞体深度大、横向变化大；二是断裂控制古水系的分布，沿地形坡度方向发育的断裂带有利于流体的输导，可能控制水文走向；斜交区段有利于水流的注入与溶蚀，形成有利岩溶储层发育区段。不同级别断裂形成的网络系统是地下暗河发育的有利先决条件，通常对地表与地下水系有明显的控制作用，从而影响缝洞系统的分布。哈拉哈塘是古水系发育完善的地区，古水系与断裂的分布密切相关；三是断裂带是应力释放区，有利于裂缝带的发育，是大气淡水溶蚀的有利部位。由于下古生界碳酸盐岩基质渗透率低，岩石内部流体多沿裂缝带溶蚀，并向岩层内部扩展，影响流体输导与溶蚀作用进行的方向。

在岩溶高地断裂发育区，受块断作用控制，地貌高陡，分布范围有限，而且多期构造活动造成构造的分段性明显。由于块体分隔强，岩溶作用时间短，没有形成完整的纵向分层、平面分带的岩溶发育系统。在不同级别断裂的交错叠置下，沿断裂带大气淡水运移的主要通道，岩溶作用主要垂向上发育。通过地震精细解释，大量"串珠状"强反射沿断裂带垂向分布，明显受控于断裂。钻探表明潜山区地层、岩性变化大，岩溶作用差异大，井间岩溶特征差别大。可见断块潜山区岩溶储层具有沿断裂垂向发育、变化大、充填复杂的特征。

岩溶斜坡区断裂作用也明显。轮南、塔中北斜坡、麦盖提斜坡奥陶系风化壳发育大面积的岩溶斜坡，古水流平缓，岩溶作用整体较弱。而断裂发育区可能形成局部的峰丛地貌，通过对地貌的改变与古水系的影响及裂缝带的发育，形成大气淡水的有利通道，沿断裂带岩溶作用较强，是岩溶洞穴发育的有利部位（图4-3-9）。当然，广大风化壳岩溶斜坡区断裂没有断块潜山区发育，岩溶缝洞体也不完全集中在断裂上，受地下水系影响更明显，缝洞体储层可能距断裂距离更大。塔北古隆起斜坡—坳陷区目前钻遇的洞穴多位于断裂附近，而宽缓斜坡区洞穴欠发育，向南部寻找古岩溶的斜坡区断裂与裂缝发育区的峰丛地貌高，岩溶储层可能更发育，岩溶充填也会少很多。

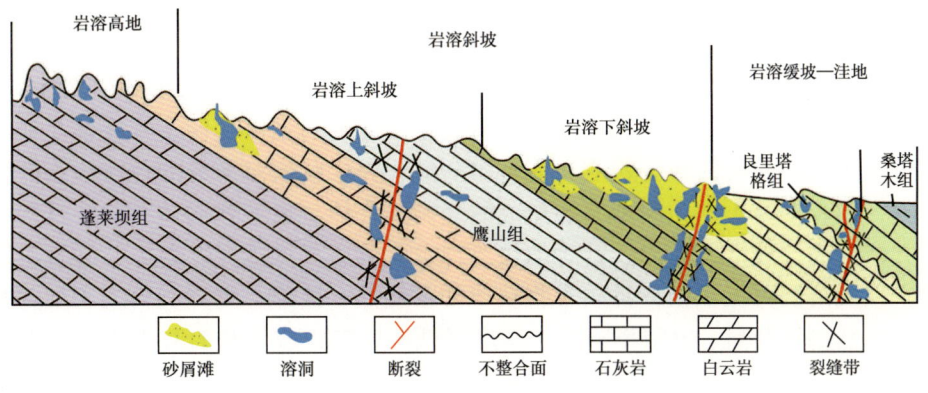

图4-3-9 塔里木盆地奥陶系风化壳岩溶发育模式

环阿满地区碳酸盐岩风化壳构造缝、缝合线和溶蚀缝发育，多期构造演化过程中主要为泥质或钙质半充填。同时，裂缝密度变化大，主要集中在古隆起斜坡的断裂带附近。沿裂缝溶蚀孔、洞较常见。裂缝孔隙度通常低于 0.5%，裂缝张开度达 0.2~20mm，但多被充填。在低基质孔隙中裂缝可能使渗透率提高 1~3 个数量级。大型岩溶洞穴顶底通常发育裂缝带，或是裂缝带逐步溶蚀形成洞穴，由一系列裂缝连通的洞穴、孔洞形成了统一的缝洞系统（图 4-3-10）。风化壳岩溶储层的发育主要受控于古地貌、古水文条件，不同地貌背景下洞穴的规模、特征有差异。岩溶洞穴的发育还与岩溶演化阶段有关，储层主要发育在青壮年期，老年期则发生洞穴的垮塌、充填，以致剥蚀消亡，如轮台断隆、轮南断垒带早期的缝洞系统多被剥蚀消亡。

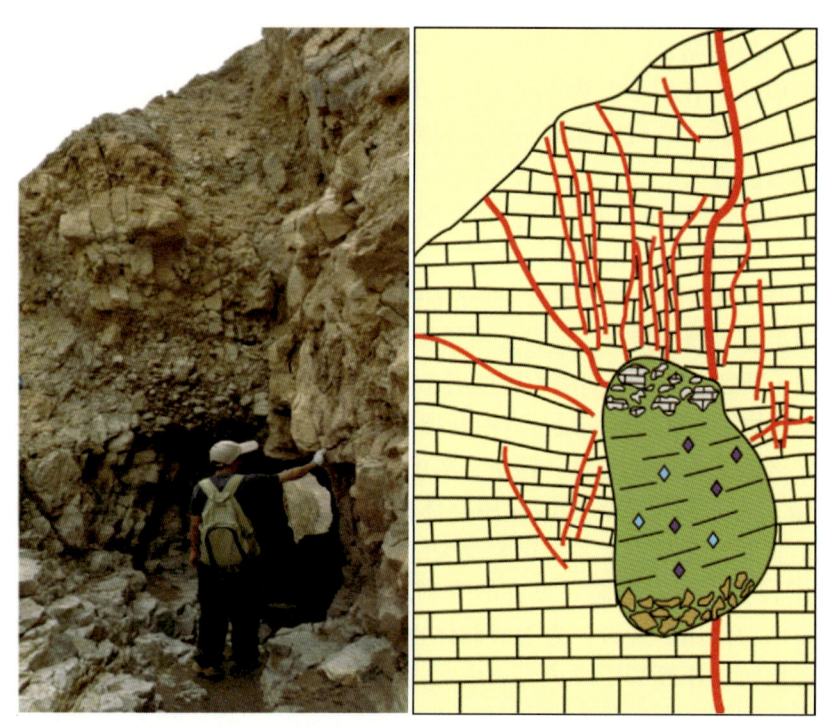

图 4-3-10　柯坪露头奥陶系碳酸盐岩洞穴

目前风化壳油气勘探也是以大型的缝洞体储层为主，80% 以上的高产油气流钻遇大型缝洞体。地震剖面上大型洞穴通常出现"串珠状"强反射，常见于古岩溶残丘、斜坡、缓坡或溶蚀沟谷部位，代表的多是孤立的大型缝洞体储层。而断层破碎带"串珠状"强反射通常为大型的连通的多缝洞体储层。地震正演研究与钻探表明，片状强反射、杂乱反射也可能为有利储层的地震响应，前者多与风化壳层状岩溶形成的片状连通的缝洞储集体有关，后者多为小型孔洞型储层形成的缝洞集合体。大型缝洞体在钻井过程中通常出现钻井液漏失、放空、溢流、钻时加快等现象，取心可见砂泥、角砾、方解石等洞内充填物，以及溶洞再沉积物，且取心收获率常常较低、破碎。测井资料上表现为井径显著扩大、自然伽马升高、电阻率降低、密度降低等，FMI 成像和 DSI 图像上缝洞测井响应清楚。

由于断裂活动强烈、构造复杂，造成山地型岩溶的复杂性。其主要特征是：（1）构造复杂、山地地貌，地形变化大；（2）水文条件差异大、水系不完整；（3）岩溶作用复杂，渗流带发育，垂向岩溶为主；（4）岩溶深度大、岩溶储层充填程度高；（5）岩溶储层保存条件差，后期改造作用强烈，充填与剥蚀严重。在塔北古隆起斜坡区发育多期的斜坡型岩溶。主要分布在岩溶斜坡部位，以整体抬升、宽缓斜坡地貌为特征，地形地貌起伏不平。其特点是：（1）地层倾斜抬升，峰丛地貌发育；（2）水文具有分带性，地下水系发育，造成储层在平面上的分带性；（3）岩溶作用覆盖面广，潜流带发育、岩溶作用强；（4）岩溶储层充填较少、保存好；（5）纵向上分层、平面分带特征明显。哈拉哈塘北部最为典型。轮南古地貌分带、水文分带明显，岩溶高地、岩溶斜坡、岩溶洼地呈现不同的微地貌。岩溶斜坡宽广，地表径流与地下水流丰富，岩溶作用较为充分，有利于形成大型风化壳岩溶储层。纵向上垂直渗流带、水平潜流带分带明显，岩溶斜坡渗流带和潜流带均发育，垂直渗流带以垂向溶蚀孔洞发育为特征，甚至形成大型落水洞，跨度大，垂向多层段分布。同时，水平潜流带大型洞穴、河道发育，以水平溶蚀扩大为特征，岩溶作用强，大型孔洞发育。斜坡区岩溶孔洞充填较少、保存好，通常以砂泥半充填为主。

在短暂暴露期有利于发生层间岩溶。克拉通内部相对板块边缘构造活动较弱，地形地貌宽缓，形成平缓的平台区。碳酸盐岩呈整体抬升出露的地层层位基本相当，地层没有明显的掀斜，剥蚀量较小。不同于风化壳岩溶，其岩溶的特点表现为：（1）整体抬升、平坦地貌；（2）水流宽缓、水动力较弱，岩溶作用较斜坡型弱；（3）渗流带较发育，潜流带规模较小，以岩溶孔洞、小型洞穴为主；（4）岩溶影响范围大，强度较低，储层具有分块性；（5）渗流带砂泥充填较多，潜流带储层胶结程度高。

顺层岩溶受控于不整合形成的基准面分布与高差（图4-3-7）。受控内幕区构造抬升掀斜形成的地势，抬升区与潜水基准面的高差形成侧向水压潜流，大气淡水向下流动过程中发生溶蚀，形成不同规模的孔洞。碳酸盐岩层间岩溶面或早期层面孔洞层为后期地下水的侧向顺层溶蚀提供了条件。构造抬升高于地下水基准面的范围越大，顺层岩溶分布规模越大；构造抬升的幅度越大，大气淡水作用的强度越大。由于该类岩溶水属承压水，而水动力强度较大，溶蚀性较强。在远离暴露淋滤区，断裂是主要的输导系统，往往在断裂带附近形成岩溶强烈发育带。内幕区水文基准面通常变平缓，水动力与溶蚀作用逐渐降低，岩溶洞穴发育程度降低，孔洞增多，储层规模逐渐变小，逐渐呈零星分布。在断裂带附近，也可能形成承压水向上流动溶蚀，形成垂向岩溶缝洞体。

2）埋藏期溶蚀缝洞主要沿断裂发育

断裂带及其伴生裂缝带既是流体输导的有利通道，也是有机酸性水溶蚀发生的有利部位，在早期孔隙层与裂隙的基础上，埋藏期溶蚀作用多具结构选择性溶蚀，沿断裂带附近的缝洞体、孔洞层、裂缝带是发生溶蚀作用的集中部位，可以有效改善早期的储集空间。埋藏溶蚀作用不仅期次多，而且分布较普遍，规模也较大。其形成的各种"串珠状"溶蚀孔洞、扩溶缝，是油气有效的储集空间，并使储层的非均质性加强。虽然绝大多数埋藏期的流体作用发生在密闭的非开放空间，不能形成整体的增孔作用，甚至以破坏性为主。但在断裂带或是储层发育带多是流体溶蚀作用的主体部位，容易形成增孔作用，而在孔隙较低、流体动能弱化区则以沉淀减孔为主，形成局部储层发育区及储层的非均质性。

断裂带与流体的配置形成多种类型的埋藏期溶蚀作用（图 4-3-11）。盆地压实流不仅是烃类运移的重要动力，而且可以改变断裂带周边的流体势与流体性质，改变流体的溶蚀性能，在有利部位发生溶蚀［图 4-3-11（a）］。塔里木盆地中—上奥陶统发育巨厚的桑塔木组泥岩，随着压实作用的进行，形成巨大规模的盆地压实流，通过断裂的通道作用，可以在邻近碳酸盐岩储集体中形成规模不等的溶蚀孔洞，以渗透性好的颗粒灰岩及洞穴充填物为主，多有埋藏亮晶方解石充填。塔中Ⅰ号带、轮古东奥陶系礁滩体均发育早期溶蚀孔洞储层，见早期马牙状低温方解石胶结，可能与早期的压实流作用有关。

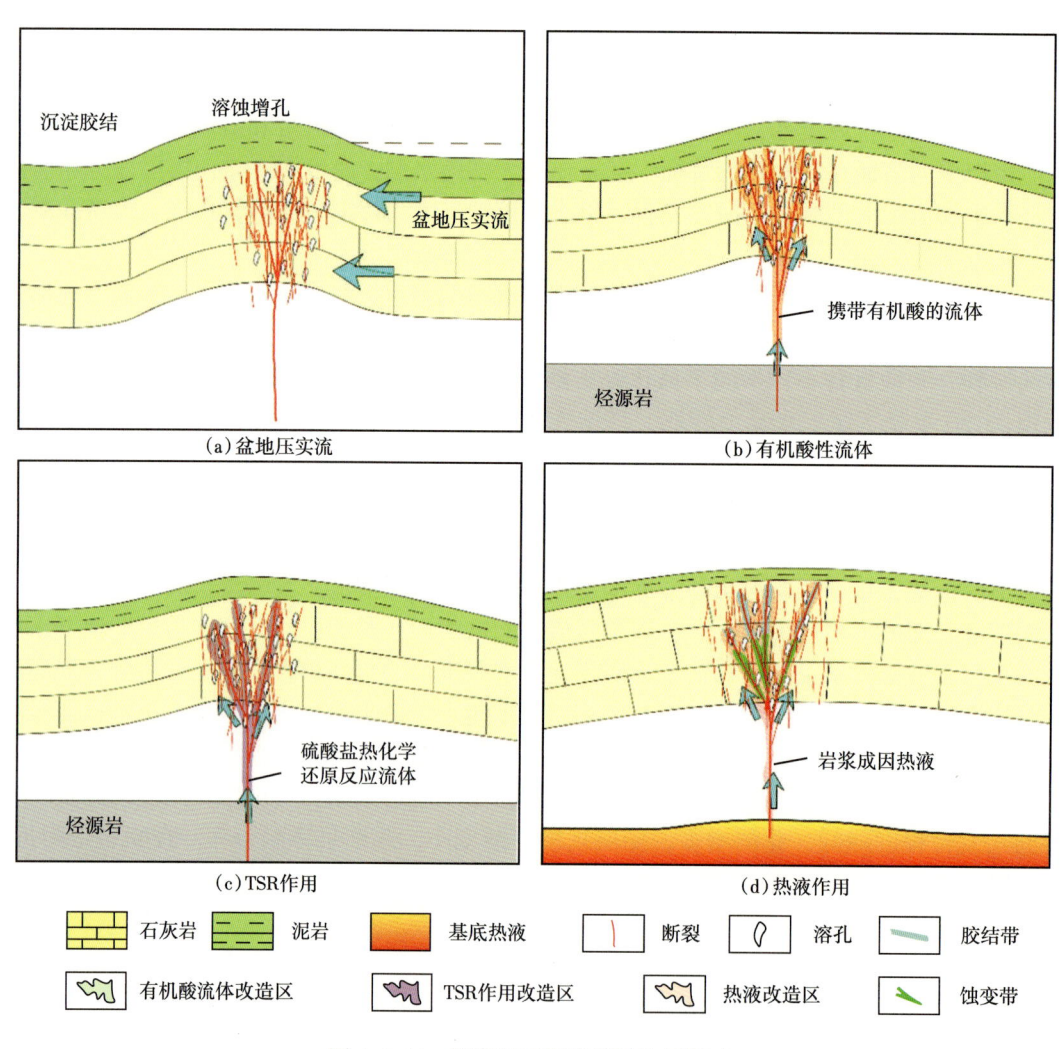

图 4-3-11　埋藏期沿断裂溶蚀作用模式

烃类生成过程中伴随大量的有机酸，虽然其溶蚀作用较弱，但随着烃类沿断裂带源源不断的输导，也能形成局部的强烈溶蚀作用［图 4-3-11（b）］。塔中地区奥陶系碳酸盐岩检测到烃类的溶蚀作用（王振宇等，2007），表现出多种形式的作用方式。塔中地区发育 3 期埋藏溶蚀作用，与晚加里东期、晚海西期、喜马拉雅期三期油气充注密切相关。钻探结果与研究表明，油气充注较高的地区溶蚀强度明显高于油气成藏较差的地区，塔中台缘相带的孔洞发育程度远高于油气充注较弱的内带。早期充注油气伴生的酸性流体不仅有利于溶蚀孔洞的发育，阻碍了胶结充填作用，对储层的保存也有重要作用。在油气充注的地区，成岩胶结作用普遍较低，保存下来的储集空间比率远大于没有油气充注的区域。在缺少油气的地区尽管也有大型的孔洞发育，但方解石充填程度非常高，其充填率普遍达90%以上。而塔中、塔北碳酸盐岩油气藏中，由于有油气的注入，有效地抑制了方解石的胶结作用，而且孔隙流体形成超压的存在阻碍了储层的压实作用，对古老碳酸盐岩储层具有良好的保存作用，孔洞的充填程度远低于没有油气的地区。

TSR（Thermochemical sulfate reduction）是一种硫酸盐热化学还原作用，是发生在油气藏中复杂的有机—无机相互作用，它不仅会引起含$H_2S$天然气的富集，其产生的酸性气体对碳酸盐岩储层还具有明显的溶蚀改造作用（张水昌等，2011）。塔里木盆地下古生界海相碳酸盐岩也具有TRS形成的地质背景，奥陶系碳酸盐岩地层中常见大量自生黄铁矿存于碳酸盐岩、裂缝和溶蚀孔洞以及岩溶角砾和岩溶孔洞充填砂泥碎屑物质中，研究认为主要是热化学硫酸盐还原作用（TSR）下形成的。奥陶系天然气中较高含量的$H_2S$主要是TSR作用的产物（朱东亚等，2010），对碳酸盐岩储层具有建设性作用［图4-3-11（c）］。

热液作用在塔里木盆地也广泛存在（潘文庆等，2009），热液一般通过断裂从基底深部的运移到上覆沉积岩中而发生作用。塔里木盆地碳酸盐岩热液作用主要存在4种方式［图4-3-11（d）］：一是石灰岩受镁离子含量高的热液通过交代作用形成热液白云岩，细粒灰岩转化为细—中晶白云石时，出现增孔作用；二是热液携带的高温流体通常有较强的溶蚀性，在流体进入地层横向流动的通道部位，受热液溶蚀作用沿运移通道的断裂带形成较大规模的溶洞。很多邻近断裂的钻井发现有热液岩溶作用相伴生的萤石、天青石、白云石等矿物，同时发育大型缝洞体；三是热液在白云岩中容易形成白云岩热液重结晶，白云岩经受热液作用形成重结晶的作用与热液白云岩化不同，由于没有矿物的交代，重结晶往往造成孔隙的降低。随着白云岩颗粒的增大，粒间也可能发育晶间孔，形成较好的局部储层；四是热液矿物的沉淀充填作用，在热液上升过程中，随着热液温度的快速降低，会析出大量的热液矿物而发生充填作用。如西克尔剖面萤石矿脉进入风化壳洞穴后，充填了大多数的储集空间。热液作用以叠加改造先期已经发育的储层为主，自身的分布很局限。因此，储集空间除与热液作用相关的晶间孔、晶间溶孔及热液溶蚀孔洞外，还与先期储层的孔隙类型有关（沈安江等，2009）。由此可见，热液作用通常具有双刃剑的作用，在热液进入断裂向上运移过程中，随着温度的快速下降，通常会有很多热液矿物沉淀析出，造成邻近缝洞体的堵塞减孔。随热液动能逐渐消失，溶蚀作用减弱的流动尾端，流体趋向饱和，可能发生热液矿物的大量沉淀析出，形成孔隙的充填减孔。除局部热液溶蚀与石灰岩热液白云岩化，随着流体快速降温与矿物的沉淀，在很多情况下以充填作用为主，对储层起破坏作用。

### 2. 断裂相关岩溶模式

综合分析，断裂带与表生岩溶、埋藏期溶蚀作用形成的大型缝洞体的发育密切相关，断裂带附近、断裂交会处是大型缝洞体储层分布的有利部位。沿断裂带可能发生多种类型流体成岩作用，形成不同的溶蚀作用方式与特征，沿走滑断裂带主要存在三种作用、四种岩溶方式（图4-3-12）。

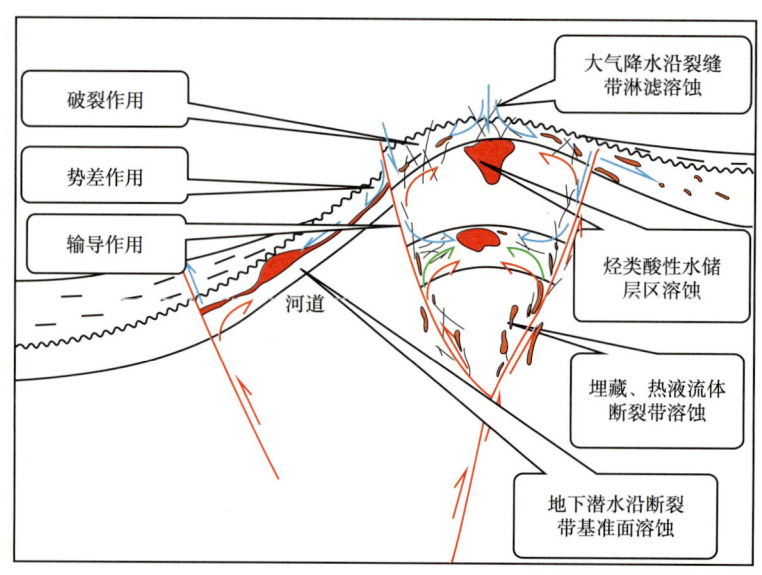

图 4-3-12　碳酸盐岩沿断裂带溶蚀作用模式图

一是大气淡水岩溶作用。在断裂活动连通地表的条件下，大量大气淡水沿断裂带下渗，可能发生大规模的岩溶作用。轮南、塔中北斜坡等风化壳储层发育区，岩溶缝洞体多沿断裂带分布。二是沿断裂带附近的裂缝带是各种类型酸性溶蚀水运移的优势通道区，有利于不同类型的埋藏溶蚀作用发育。断层破碎带的裂缝系统是表生期与埋藏期流体重要通道，沿断裂带的裂缝溶蚀作用通常比远离断裂的地区更强，可能受控于断裂系统。三是深部热液流体向上沿断裂带运移过程中发生热液溶蚀作用、热液交代作用、热液重结晶作用等，形成多种类型的溶蚀孔洞、白云岩孔隙等。四是埋藏期烃类运移过程中酸性流体、盆地压实流等流体的活动与调整，沿断裂带形成的溶蚀孔洞。大型油源断裂在烃类运移聚集过程中，油气的充注携带的大量酸性流体是埋藏期溶蚀的主体。五是大气淡水、热液流体、沉积岩系的酸性水混合，沿断裂带发生共同作用，形成溶蚀孔洞。即便是已经饱和的不同类型流体混合后，通常也能形成较强的溶蚀作用。

由于多期、多种类型流体的作用，沿断裂带的流体作用通常出现叠加作用。可能同时出现不同的流体，形成混合水作用或是作用于不同的区域。晚海西期既有热液流体的作用，又有烃类携带酸性流体的影响。也可能出现不同时期流体作用的叠加，出现多期的方解石胶结物，在塔中北斜坡、塔北南缘比较常见。后期的流体通常沿早期流体作用形成的缝隙发育，形成多期流体共同改造的孔洞层。碳酸盐岩中沿断裂带发生多期埋藏溶蚀作用，分布较普遍，规模也较大。在早期缝洞的基础上，埋藏期溶蚀作用大幅改善了早期的储集空间，所形成的各种溶蚀孔洞、扩溶缝使储集体的连通性增加，成为油气有效的储集空间。

由于走滑断裂带具有复杂的三维空间结构，断裂带储层形成与分布复杂。其主要特征是沿断裂垂向发育，沿断裂带可能钻遇数百米的溶洞系统。同时，水文作用复杂、变化大，可以是大气淡水岩溶，也可能是来自深部的溶液岩溶，或者是混合水的岩溶作用。这类断裂带岩溶作用强，但延伸面小，变化大，缝洞充填少，差异大。

### 3. 断控碳酸盐岩缝洞体储层发育模式

奥陶系碳酸盐岩储层以大型缝洞为主，主要分布在断裂带附近。根据断裂带缝洞发育特征与岩心观察，本区断裂带可能存在裂缝带扩溶缝洞体、断裂通道岩溶洞穴、断裂带应力释放岩溶缝洞体共三种储层发育模式。

1）裂缝带扩溶缝洞体

断裂带内部及其周缘破碎带往往裂缝发育，形成连通性较好的裂缝网络系统，随着大气淡水的注入，裂缝发生改造与扩张，沿裂缝发生扩溶溶蚀，并在裂缝周缘孔隙较好部位形成溶蚀孔洞（图4-3-13）。这类溶蚀有以下特征：

（1）高角度缝合线发育，并有较强溶蚀，经历后期的强烈改造。由此推断可能是在缝合线形成期不久的时期内发生大气淡水的溶蚀作用，形成可能比较早，不然由于泥质充填，缝合线容易闭合；

（2）高角度裂缝发育，扩张溶蚀作用强烈，形成沿裂缝及其周缘不规则的溶蚀。裂缝早期溶蚀形成港湾状，具有较大的缝宽，并为后期方解石所充填。但局部方解石晶体粗大，其间仍保留有效孔隙空间；

（3）多见晚期微小缝改造。沿主裂缝带的缝隙或是边缘，晚期微小缝继承性活动，规模较小。可见溶蚀作用主要是早期形成的，后期溶蚀改造较弱。

由于下部缝洞体的主体缺乏岩心资料，沿裂缝带溶蚀形成大型缝洞体的特征并不清楚。但根据裂缝溶蚀扩大的特征分析，可能形成大型的扩溶缝洞体储层（图4-3-13）。首先受控断裂的发育，沿断层破碎带发育裂缝带，形成裂缝发育的网络系统［图4-3-13(a)］。随着大气淡水的淋滤作用，在表层裂缝带不断发生裂缝的溶蚀扩大，形成裂缝—溶蚀孔洞发育带［图4-3-13(c)］。在进一步的溶蚀过程中，裂缝—孔洞规模扩大，形成小型的缝洞，裂缝—孔洞系统的扩大与连接，最后形成一系列相互连通的缝—洞系统［图4-3-13(c)、(d)］。

  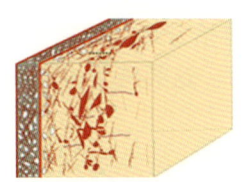 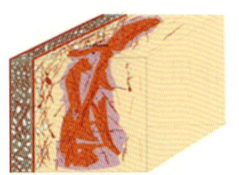

(a) 沿断层破碎带发育裂缝带模式图　　(b) 大气淡水淋滤作用下裂缝溶蚀扩大模式图　　(c) 裂缝—溶蚀孔洞发育模式图　　(d) 缝—洞系统模式图

图4-3-13　裂缝带扩溶缝洞体发育模式图

这类缝洞系统有以下特征：一是裂缝发育，通过裂缝连通的裂缝—孔洞集合体；二是单一的溶蚀洞穴规模相对较小，但可能连通形成较大的规模；三是内部连通性变化大，可能造成油气产出的变化大。

2）断裂通道岩溶洞穴

断裂带周缘也见到一定数量裂缝欠发育的洞穴储层，虽然可能是钻遇裂缝间的致密部位，但也很可能存在本身裂缝不发育的区段。岩心分析发现，这类缝洞体有以下特征：

（1）裂缝欠发育，溶蚀孔洞发育。岩心上溶蚀孔洞较发育，其间及其以上裂缝欠发育，孔洞相对孤立，表明溶蚀孔洞的发育可能不受上部垂向裂缝发育的控制；

（2）水平溶蚀作用较强。水平展布的溶蚀孔洞可见溶蚀作用发育于潜流带，呈水平状的流体作用，可能是沿早期的孔洞层发育；

（3）普见方解石胶结，以及沥青再充填。除少量泥质充填外，洞壁一般为方解石充填，但未充满。沿洞壁有扩溶现象，可能有后期溶蚀，但以早期溶蚀作用为主。沥青充填表明油气注入时孔洞尚未充填空间较大，孔洞保存状态比较好。

根据溶蚀孔洞发育特征分析，可能是沿断裂带输导溶蚀形成的相对孤立的洞穴储层。在断裂的发育过程中，应力集中在断裂带，形成断层核相对发育，而破碎带裂缝欠发育的构造特征，断层核形成裂缝、碎裂岩发育的网络系统［图4-3-14（a）］。随着大气淡水的淋滤作用，在表层裂缝带不发育情况下，大气水主要沿断裂带向下渗透，进入潜水面后开始沿水平方向渗透溶蚀，形成溶蚀孔洞发育带［图4-3-14（b）］。在进一步的溶蚀过程中，孔洞规模扩大，逐步形成大型洞穴系统［图4-3-14（c）］。

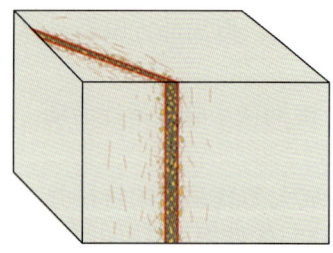 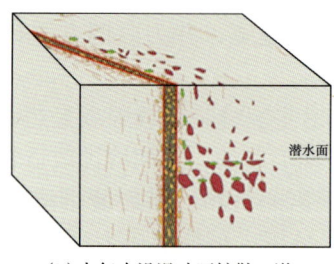 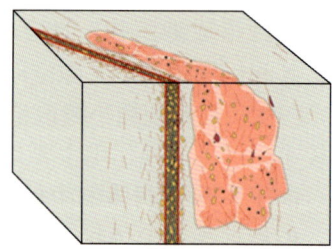

(a) 断层核致密，破碎带局限　　(b) 大气水沿滑动面扩散，潜水面上下溶蚀　　(c) 大型洞穴系统

图 4-3-14　断裂通道岩溶洞穴发育模式图

这类缝洞系统有以下特征：一是溶蚀洞穴规模相对较大，但下部连通通道堵塞后可能较孤立；二是充填程度较低，孔洞保存较好；三是裂缝欠发育，孔洞横向连通性较差。

3）断裂带应力释放岩溶缝洞体

在潜山区，可见构造抬升造成的应力释放形成的非构造缝（图4-3-15），沿裂缝有溶蚀作用，下部缝洞体发育。这类缝洞体顶部封顶带特征有：

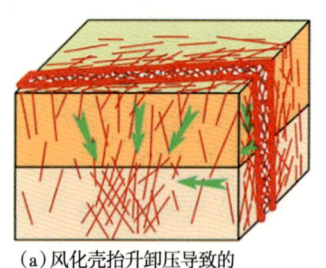 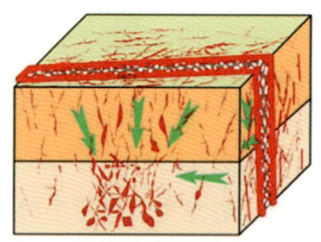 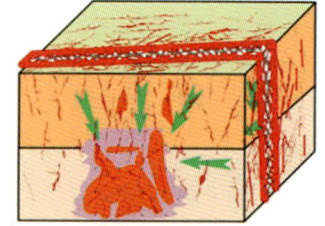

(a) 风化壳抬升卸压导致的张性缝发育模式图　　(b) 渗滤溶蚀作用形成的溶蚀孔洞模式图　　(c) 垂向溶蚀作用形成孔洞模式图

图 4-3-15　破碎带大型缝洞体发育模式图

（1）风化壳抬升卸压张性缝发育。岩心见应力释放形成的角砾岩，周边为不规则裂缝，多延伸短，伴随碎裂岩发育，形成较宽的变形带；

（2）裂缝渗滤溶蚀作用较强。沿裂缝有不同程度的溶蚀，局部形成不规则溶蚀孔洞；

（3）垂向溶蚀作用较强，孔洞多为泥质充填，可见岩溶作用接近地表。

根据溶蚀孔洞发育特征分析，可能沿应力卸载缝溶蚀形成的缝洞型储层。在断裂的发育过程中，随着碳酸盐岩的抬升至出露地表，岩体地层压应力降低，同时周缘边界围限逐渐消失，形成风化壳应力的释放，产生应力卸载缝。随着大气淡水的淋滤作用，在裂缝带发育渗流管道，局部形成溶蚀孔洞。在淋滤带下部，随着溶蚀作用的进行与裂缝系统的发育，发生岩溶洞穴的形成与洞顶的垮塌，上部裂缝进一步发育，并形成局部裂缝区段的缝洞体储层。

这类缝洞系统缝洞集合规模相对较大，但连通性可能较差；溶蚀作用较强，但充填程度较高。

## 第四节　断控储集体分布规律

走滑断裂带储层纵横向变化大，具有强烈的非均质性，主要受控于走滑断裂的分布与规模，一系列不规则的缝洞体储层沿走滑断层破碎带条带状断续分布，形成呈带状展布的缝洞群集合体规模储层。

### 一、走滑断裂相关储层识别与预测

由于塔里木盆地台盆区地表为大沙漠、油气藏埋藏深、储集体规模小，常规地震资料信噪比低，难以有效刻画微小走滑断裂及其相关缝洞体储层，开展了一系列的地震采集处理与储层预测技术攻关，取得了显著的成效。

#### 1. 走滑断层破碎带的刻画

在地震采集处理技术攻关基础上，常规方法已识别出一系列大型走滑断裂带，但断层破碎带的内部结构复杂，识别困难。哈拉哈塘地区奥陶系碳酸盐岩埋深大、地震分辨率较低，常规相干属性对断层破碎带的边界、裂缝带的发育与分布响应模糊［图4-4-1（a）］。高精度相干加强裂缝扫描技术可以将一定范围内的相干信息按照一定的参数进行线性组合，通过线性加强，最终得到裂缝扫描结果。然后利用测井解释结果来标定与检查验证，从而预测裂缝发育区，确定断层破碎带的分布范围［图4-4-1（b）］。结果表明，新垦—热瓦普区块裂缝密集程度受控于断裂带，总体上分为北东—南西走向和北西—南东走向的两组断层破碎带，与区内发育的X型大断裂的延伸方向一致。另外，工区内还发育其他方向延伸的微裂缝，其方向规律性不强，分析其主要为岩溶裂缝和受各期构造运动影响形成的构造缝。测井约束的相干加强研究成果可以直观地反映裂缝的发育程度和发育特征，与钻探实际吻合较好，该技术成为研究碳酸盐岩断层破碎带发育特征的有效手段。

塔里木盆地富满油田发现超深（大于6000m）碳酸盐岩走滑断裂断控特大型油田，断层破碎带控制了碳酸盐岩储层的分布与油气富集，但大沙漠超深层地震资料分辨率低，常规方法技术难以刻画断层破碎带，制约了碳酸盐岩油气藏的高效评价与开发。根据走滑断层破碎带的空间结构，基于结构张量的原理，提出张量厚度刻画超深碳酸盐岩断层破碎带的方法。通过在塔里木盆地碳酸盐岩走滑断裂带的应用，利用厚度叠加算法可以很好地压

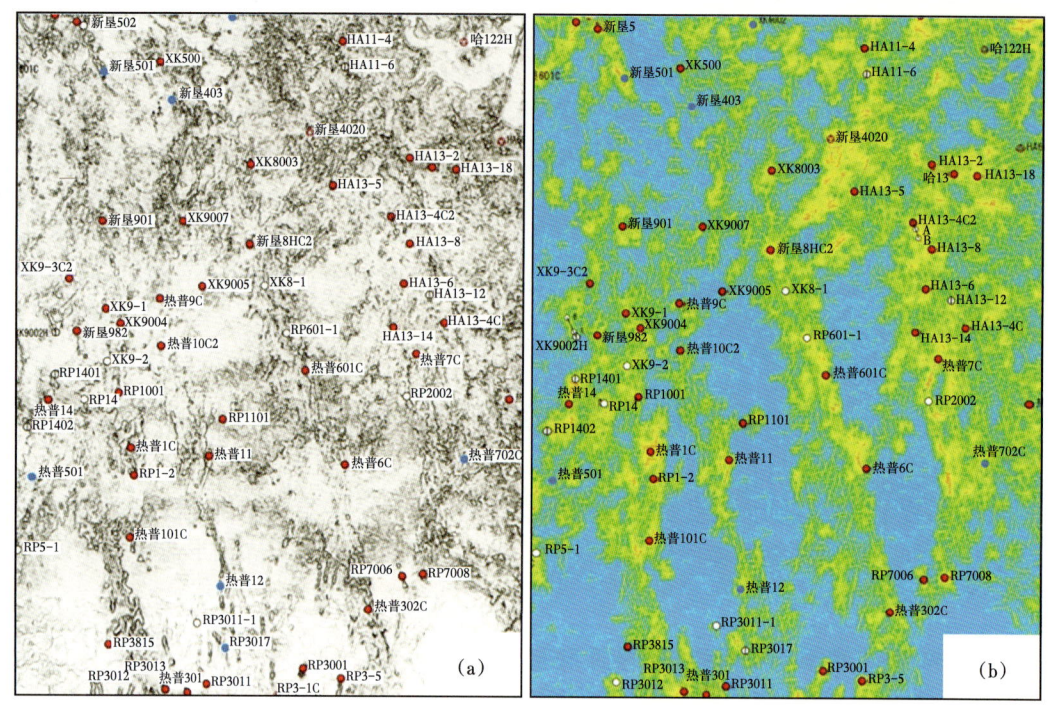

图 4-4-1 哈拉哈塘地区奥陶系顶相干平面图(a)与相干加强破碎带预测平面图(b)

图(a)中黑色为极弱相干,条带状弱相干主要为断裂响应;浅黑色—深灰色为中弱相干,指示小断裂、裂缝;团块状、点状为强相干为大型缝洞体的响应。图(b)中黄色为裂缝带发育部位,线条方向代表裂缝带走向,颜色加深代表裂缝带密度加强

制明暗河、风化壳、储层等地质体对断层破碎带刻画带来的影响,更加利于断裂破碎的刻画(图4-4-2)。常规地震属性上[图4-4-2(a)、(b)],断层破碎带的外部边界比较模糊、内部强度不清。在钻井标定基础上,通过张量厚度分析[图4-4-2(c)、图4-4-3],断层破碎带的纵向分布与强度特征清晰。大型断裂带显示更宽的破碎带,同时破碎带的强度更大,这与地质模型一致。张量厚度属性显示断层破碎带在纵向上具有明显的差异性,可能存在纵向上的分段性,形成局部的条带状、团块状分布的破碎带,并反映断裂在纵向上的变化。纵向分段可能是由于分支断裂的影响,并造成破碎带变宽。同时,断层破碎带在不同层段中的破碎程度不一致,造成破碎带破碎强度不一致。钻探资料验证表明,预测破碎带破碎强度越大的部位,往往断层破碎带与缝洞型储层发育。由于碳酸盐岩埋深大、地震分辨率较低,张量厚度属性反映的断层破碎带边界往往是破碎带内部裂缝带的外部边界,部分较弱的破碎带外带并没有显现出来。但是,破碎带宽度在空间的相对大小与实际大小较一致。此外,有些微小断层在张量厚度剖面上具有较明显的响应,有助于微小断层的解释。平面上,沿断裂带走向碳酸盐岩断层破碎带变化大,并具有分段性。在断层起始段,张量厚度属性上断层破碎带狭窄,剖面上比较高陡平直,破碎带的强度较弱,以线状、条带状为特征。在断裂带中部,断层破碎带宽度变大,尤其是奥陶系碳酸盐岩一间房组顶面破碎带的宽度异常增宽,远大于相同位移的破碎带宽度报道。这可能与断裂叠覆与分支生长作用有关,也与一间房组顶面可能经历强烈的层间岩溶作用有关。剖面上断层破碎带形态渐趋复杂,并在深部发育有分支断裂的破碎带,具有多段叠加特征。在断层破碎

带的尾端，则可能出现马尾状构造，从而形成向外散开的宽阔的扇状破碎带。也有一些断裂带尾端以单一线性断层为主，则出现与断裂起始段相同的高陡狭窄破碎带。

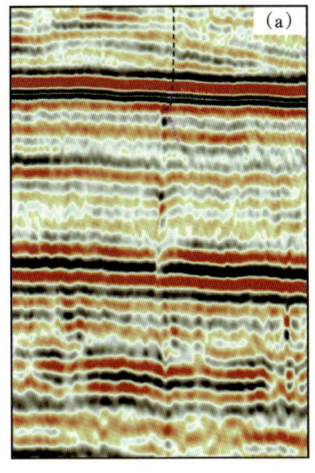 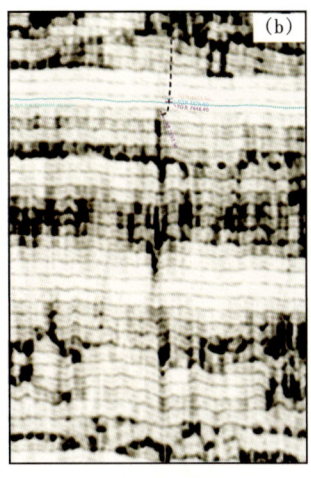 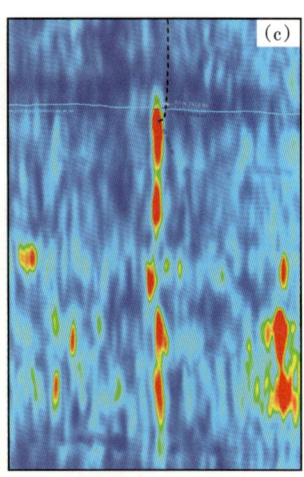

图 4-4-2　富满油田常规地震剖面（a）、常规相干（b）与张量厚度剖面对比（c）

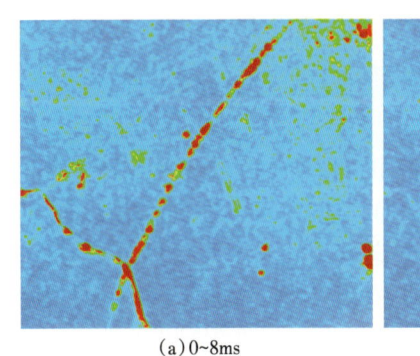 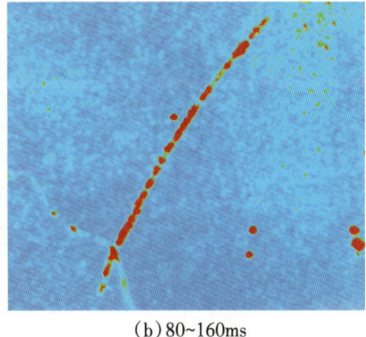 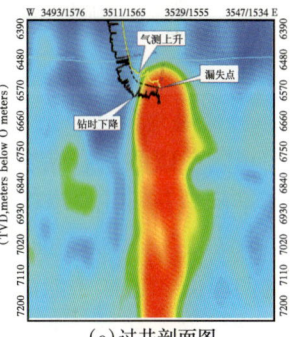

(a) 0~8ms　　　　　　　　(b) 80~160ms　　　　　　　　(c) 过井剖面图

图 4-4-3　富满油田富源 210 断裂带一间房组张量厚度振幅属性

通过张量厚度方法的应用，可以刻画碳酸盐岩断层破碎带的宽度与强度，可以用来评价破碎带的发育程度，富满油田碳酸盐岩走滑断层破碎带及其相关缝洞体储层主要沿走滑断裂带 100~800m 范围内分布，与钻井吻合度大于 95%。

**2. 走滑断裂带缝洞体储层识别**

针对超深层复杂断裂及其储层识别面临的问题，开展了多种处理技术的攻关，在地震资料处理上实现了由叠后向叠前、由时间域向深度域、由各向同性向各向异性处理思路和技术的转变，形成了一系列针对性的去噪技术、保幅各向异性处理技术、速度建模技术、偏移处理技术等。在此基础上，通过一系列地震储层预测方法技术的集成攻关，不仅发现了更多缝洞体储层，而且对缝洞体储层的空间位置的定位更为准确，为目标评价奠定了基础。

1）振幅梯度

走滑断裂控制奥陶系碳酸盐岩缝洞型储层发育，储层沿走滑断裂展布，储层和断裂相伴生，并且在地震资料上与围岩有明显的差异。利用这些特征，在多重滤波的基础上，计算振幅值沿平面变化的梯度,得到振幅梯度属性,振幅变化越剧烈的位置梯度值越大,这样可以突出断裂、储层等异常反射(图 4-4-4)。

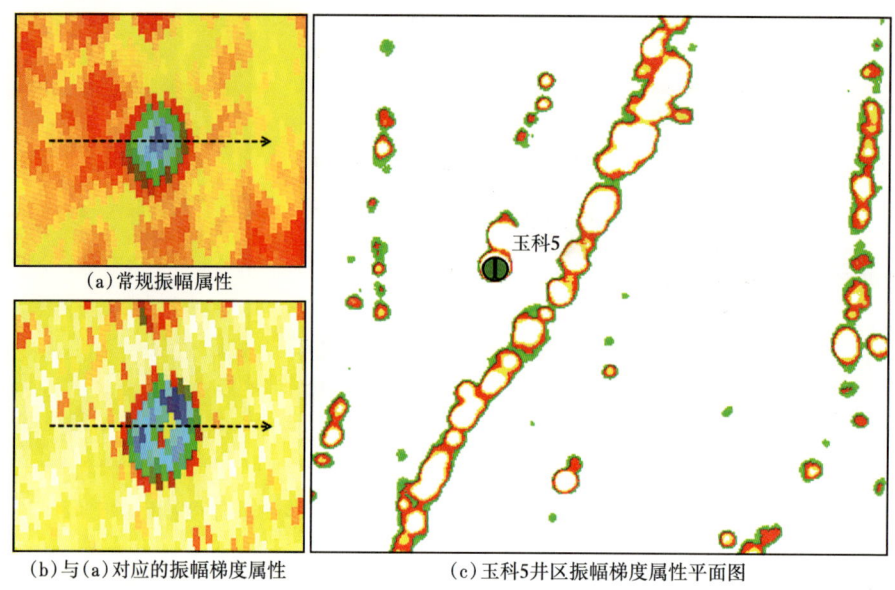

图 4-4-4 振幅梯度属性平面图

2)储层地震相识别预测技术

奥陶系碳酸盐岩储层在地震上储层主要表现为"串珠状"反射、片状反射、杂乱反射。为了准确地刻画出"串珠状"反射、片状反射、杂乱反射的空间范围,在利用属性定性识别"串珠状"、片状、杂乱此三类地震反射同时,还需要定量刻画出不同反射特征空间范围的门槛值,这样才能满足储量精细定量刻画要求。利用振幅变化率属性、相干属性及地震相波形聚类属性三种属性来进行交会分析,其中用聚类属性来定性识别"串珠状"、片状、杂乱的范围,用振幅变化率属性和相干属性来确定这三类地震相刻画的门槛值。通过多属性结合,精细刻画出了跃满区块奥陶系一间房组以下 0~70m 储层地震相分布特征(图 4-4-5),"串珠状"反射主要发育在工区中部,呈北东向、北西向条带状分布;片状反射较少,主要分布在 YM4 井北部、YM6 井西南部;杂乱反射主要分布在"串珠状"反射周缘,沿断裂呈条带状分布。

3)相控储层反演

在走滑断裂精细解释基础上,开展多种地震属性进行走滑断裂带缝洞体储层的识别与刻画,确定储集体的平面分布范围。然后运用叠后/叠前波阻抗反演技术及岩石物理分析建模技术对缝洞体进行三维立体雕刻,确定缝洞体储层的空间分布与体积及缝洞体之间的连通关系。在储层反演方面,根据非均质、不规则碳酸盐岩储层特点,在宽方位和高密度三维地震勘探的基础上,紧抓断裂、裂缝预测的关键难题,不断深化地质认识,形成了以振幅、频率、阻抗、相干体技术等叠后预测技术,发展了相控反演等技术(图 4-4-6)。通过走滑断裂带缝洞体储层识别技术的优选应用,储层钻与率提高到 95% 以上,钻井成功率也大幅提升。

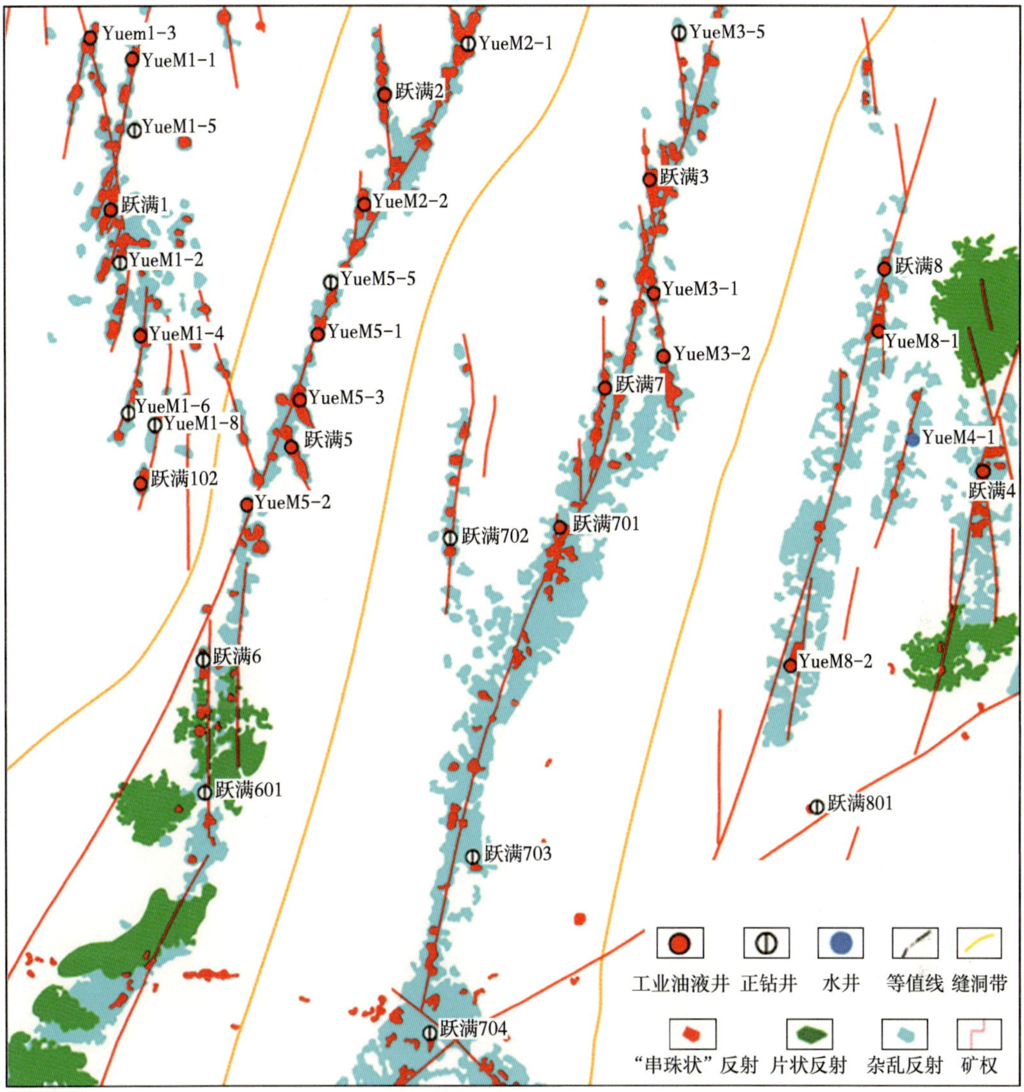

Yuem1-3
YueM1-1
YueM1-5
跃满1
YueM1-2
YueM1-4
YueM1-6
YueM1-8
跃满102
YueM2-1
跃满2
YueM2-2
YueM5-5
YueM5-1
YueM5-3
跃满5
YueM5-2
跃满6
跃满601
跃满702
跃满703
跃满704
YueM3-5
跃满3
YueM3-1
YueM3-2
跃满7
跃满701
跃满8
YueM8-1
YueM4-1
跃满4
YueM8-2
跃满801
工业油液井
正钻井
水井
等值线
缝洞带
“串珠状”反射
片状反射
杂乱反射
矿权

图 4-4-5　跃满区块奥陶系一间房顶面以下 0~70m 储层地震相平面图

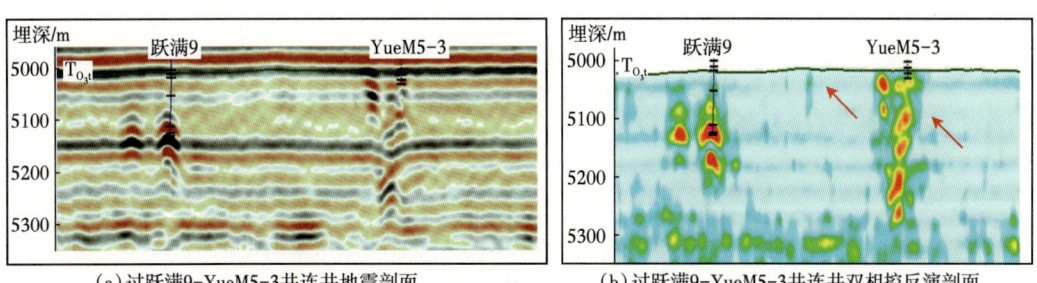

埋深/m
跃满9
YueM5-3
5000
5100
5200
5300
(a)过跃满9-YueM5-3井连井地震剖面
埋深/m
跃满9
YueM5-3
5000
5100
5200
5300
(b)过跃满9-YueM5-3井连井双相控反演剖面

图 4-4-6　原始地震剖面（a）与双相控（地震相与沉积相）约束储层反演效果图（b）

4）缝洞体量化雕刻

量化雕刻是通过对地震敏感属性体、地震测井联合波阻抗反演体以及地震相约束下的缝洞储层建模方法，进行体积量化雕刻攻关，计算出不同储层类型的有效储集空间，分储层类型雕刻计算含油面积、有效厚度、平均孔隙度等关键参数，实现储量计算。反演的波阻抗体虽准确地刻画出了缝洞储层的空间形态，但还不能确定单个缝洞体的有效储集空间，因为碳酸盐岩储层类型多样，有裂缝型、孔洞型、裂缝孔洞型、洞穴型，储层内充填物质也不一样，刻画的每个缝洞体都是不同类型储层的组合体，只有计算出各个缝洞体的孔隙度，才能准确地计算它们的有效储集空间。因此计算碳酸盐岩缝洞储层的孔隙度属性体，也是碳酸盐岩缝洞储层定量刻画最关键的一步。通过测井解释孔隙度与测井波阻抗曲线进行交会，得到孔隙度与波阻抗相互转换的关系，进而就可以得到孔隙度属性体。有了孔隙度属性体后，在储层地震相轮廓范围的约束下，就可以从孔隙度模型中计算的总孔隙度中扣除小于有效孔隙度下限的部分，就可以得到缝洞连通体的有效孔隙度模型（图4-4-7）。由于缝洞连通体储层是以缝洞连通体内的有效网格为单位，可以通过积分法求取有效体积，单个有效网格的有效储集空间等于单个有效网格体积乘以相对应的有效孔隙度，缝洞连通体的有效储集空间等于缝洞连通体内所有有效网格的有效储集空间之和，区块内有效储集空间等于区块内所有缝洞连通体的有效储集空间之和。

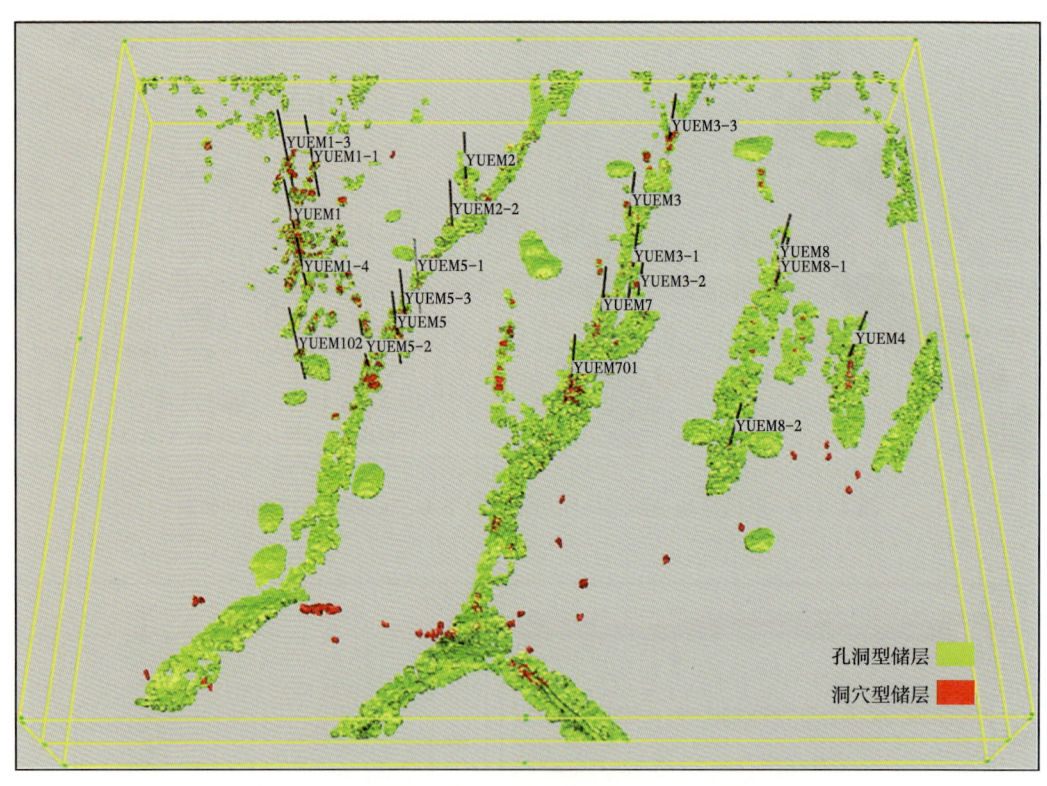

图4-4-7 跃满区块奥陶系洞穴型与孔洞型储层立体雕刻融合图

结合走滑断裂带储层地质特征，地震储层预测表明不同成因类型的走滑断裂带储层具有不同的分布特征。在致密的碳酸盐岩中，走滑断裂带是多期多类溶蚀作用的有利部位，容易形成不同成因、不同类型的缝洞储层。储层预测表明，走滑断裂带缝洞体储层发育，一系列不规则的缝洞体储层沿走滑断层破碎带呈条带状断续分布，形成带状展布的缝洞群集合体规模储层。

## 二、断控碳酸盐岩储集体分布规律

塔里木盆地奥陶系碳酸盐岩油气藏主要有礁滩型和风化壳型储层，油气藏评价开发实践表明，奥陶系碳酸盐岩储层分布极不均匀，并非准层状大面积连续分布，沿断裂带储层更为发育，是高效井的主要分布部位，因此逐渐构建断控碳酸盐岩储层模型。

塔里木盆地寒武系—奥陶系发育多期多类型的台缘礁滩体，形成叠合面积达 $2\times10^4\ km^2$ 的礁滩体储层发育区，同时还有大面积的台内滩发育，是海相碳酸盐岩勘探的重点储层类型。但油气藏评价与研究表明，礁滩体基质储层致密，难以形成有效储层，断裂作用对储层具有重要作用。上奥陶统良里塔格组与中奥陶统一间房组发育台缘带礁滩体与台内礁滩体储层，岩心物性样品统计分析储层段孔隙度一般为1.2%~5.0%（图4-1-6、图4-2-5），测井解释基质孔隙发育储层段孔隙度一般在2%~6%，除裂缝发育样品外，渗透率分布范围在0.01~2mD之间，缺少断裂与岩溶改造的礁滩体储层油气产量极低。同时，地层测试分析的地层渗透率远低于岩心与测井分析的数值（图4-2-7），缺少裂缝的孔隙与孔洞层基本未获工业产量，表明远井筒大范围内储层的渗透率更低。其他地区如良里塔格组台缘带奥陶系礁滩体沉积微相虽有差异，但基质孔渗都很低，物性差别很小，礁滩体基质物性与塔中良里塔格组相当，基质孔隙储层也是以低产或油气显示为主。而高产油气流井多与走滑断裂带相关，多是钻遇大型缝洞体，孔隙度多大于10%、渗透率大于5mD，并发生大量的钻井液漏失与放空现象。因此可见，礁滩体以低孔隙度、低渗透率储层为主，仅凭基质孔隙难以形成高产工业油气流，高效井油气产出主要分布在走滑断层破碎带的缝洞体储层。

研究表明，早奥陶世中晚期受原特提斯洋闭合的影响，塔里木盆地从稳定的弱伸展构造背景转向振荡升降的多阶段挤压背景，发育多期短暂的层间岩溶。虽然难以形成完整的大规模风化壳岩洞穴储层，但沿同期发育的走滑断层破碎带更容易发生岩溶缝洞体储层。此外，在后期风化壳岩溶与埋藏溶蚀过程中，也能发生的断裂带溶蚀作用，形成多期多种类型的断层破碎带缝洞体储层。统计分析表明，哈拉哈塘地区一间房组礁滩体中缝洞体储层主要距离走滑断裂带600m范围内［图4-4-8（a）］，塔中鹰山组风化壳缝洞体储层则主要分布在距离走滑断裂带1500m范围内［图4-4-8（b）］，表明断裂带对内幕区缝洞体储层的发育更为重要。阿满地区钻探揭示构造低部位8000m以下深层也有储层，主要沿走滑断层破碎带发育。

塔里木盆地下古生界古老碳酸盐岩受构造改造作用明显，储层具有强烈的非均质性，沿断裂带缝洞体储层局部发育。断裂带不仅是大气淡水渗滤岩溶作用的有利部位，同时也是埋藏期深部热液、油气运移携带的酸性流体输导的优势通道，有利于埋藏期的溶蚀作用，缝洞体储层发育。环阿满走滑断裂系经历中奥陶统一间房组沉积前、上奥陶统沉积前与桑塔木组沉积前发育多期短暂的层间岩溶，并发育加里东末期、早海西期、晚海西期与印支期的风化壳岩溶，还有埋藏期间的多期溶蚀作用。在致密的碳酸盐岩中，走滑断裂带是这些岩溶与溶蚀作用的有利部位，容易形成不同成因、不同类型的缝洞体储层，主要沿断裂带分布，走滑断裂带此外，在后期风化壳岩溶与埋藏溶蚀过程中，也能发生的断裂带溶蚀作用,形成多期多种类型的断层破碎带缝洞体储层或断溶体储层。走滑断裂带具有破裂作用、势差作用与输导作用,形成断层破碎带,不仅造成渗透率增加1~2个数量级,而且控制了溶蚀作用的发生部位与强度。在表生环境大气淡水岩溶与断裂带输导的地下基准面岩溶、埋藏期热液溶蚀与酸性流体溶蚀作用下,沿断裂带可能发生多种类型的流—岩作用,形成不同的溶蚀作用方式与特征,发育断裂相关的大型缝洞体储层。

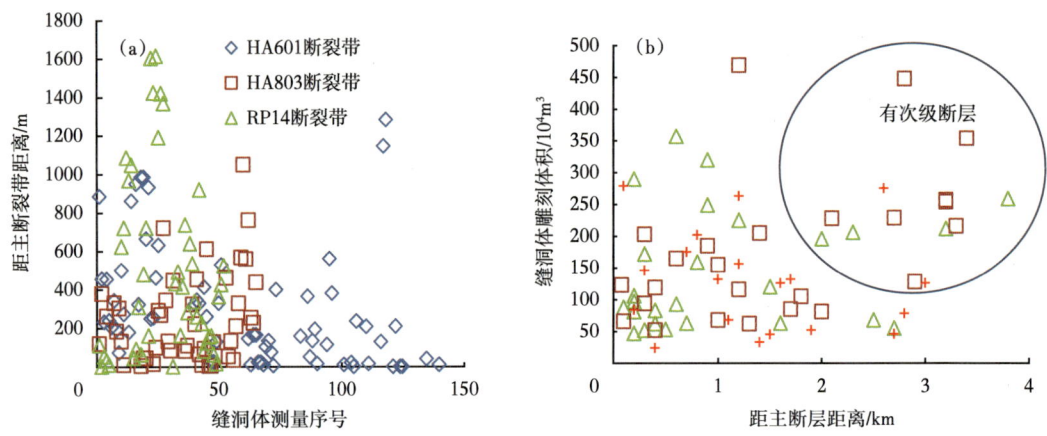

图 4-4-8　哈拉哈塘地区一间房组缝洞体距走滑断裂距离(a)与塔中地区鹰山组缝洞体雕刻体积与距走滑断裂距离(b)

总之,奥陶系碳酸盐岩经历多期断裂的叠加、改造,准同生岩溶储层、风化壳岩溶储层和埋藏岩溶储层沿走滑断裂带更为发育,自古隆起潜山向内幕,走滑断裂控储作用逐步增强,缝洞体储层主要沿走滑断裂带呈条带状分布。

### 三、碳酸盐岩储层沿走滑断层破碎带差异分布

#### 1. 走滑断层的类型控制酸盐岩储层的分布

沿断裂带储层更为发育,是高效井的主要分布部位,走滑断裂断控岩溶储层受控于断裂的类型与分布。在断裂活动较弱的雁列/斜列断裂构造,缝洞体储层主要沿主干断层线性分布,规模较小;在发生硬连接的叠覆构造部位,断层破碎带变宽,缝洞体储层更发育,连通性变好,沿断裂带呈条带状分布;而在贯穿的辫状构造或拉分地堑,断裂带宽度增大,缝洞体沿断垒或地堑边缘分布(图4-4-9)。

在走滑断裂发育的初始阶段,断裂呈现向上散开的、具有一定宽度的变形带,断裂细小、相互独立,呈孤立状分段分布。受控于主干断层发育的范围较小的断层破碎带,以裂缝发育为特征。溶蚀孔洞以断层核为中心,逐步扩大溶蚀,形成规模较小的缝洞体储层,横向上受控于分段断层,相互之间连通性差。模拟实验对比分析表明,Y型剪切断裂大量发育的成熟期即进入走滑断裂带贯穿的阶段(肖阳等,2017)。在大量P型剪切断裂形成过程中,Y型剪切断裂的发育多是以新生的破裂面发育为主,逐渐形成断裂的连接生长。在分段断层生长叠覆过程中,发生分段断层之间的连接作用,断层破碎带不断扩大,并发生相互作用。因此,在叠覆逐渐形成断裂局化作用,断层破碎带更加发育,形成多条断层控制的较宽的断层破碎带叠覆区。在此基础上,形成沿断层破碎带发育的溶蚀孔洞,储层的分布范围加宽。

断层破碎带形成相互连通的断裂网络，岩溶孔洞也有较好的连通性。而在走滑断裂带的贯穿阶段，辫状构造、拉分构造发育，其中的断裂系统因为应力作用与断层泥发育，以及断裂的充填作用，断裂网络发生充填，尤其是拉分地堑与主断层的断层核封闭性加强，从而形成相互分隔的裂缝网络。在此基础上，岩溶缝洞体沿走滑断裂带的分支断层、断层破碎带分块发育，从而形成沿断垒分布、地堑肩隆分布的团块状缝洞体储集体，其间的连通关系复杂。

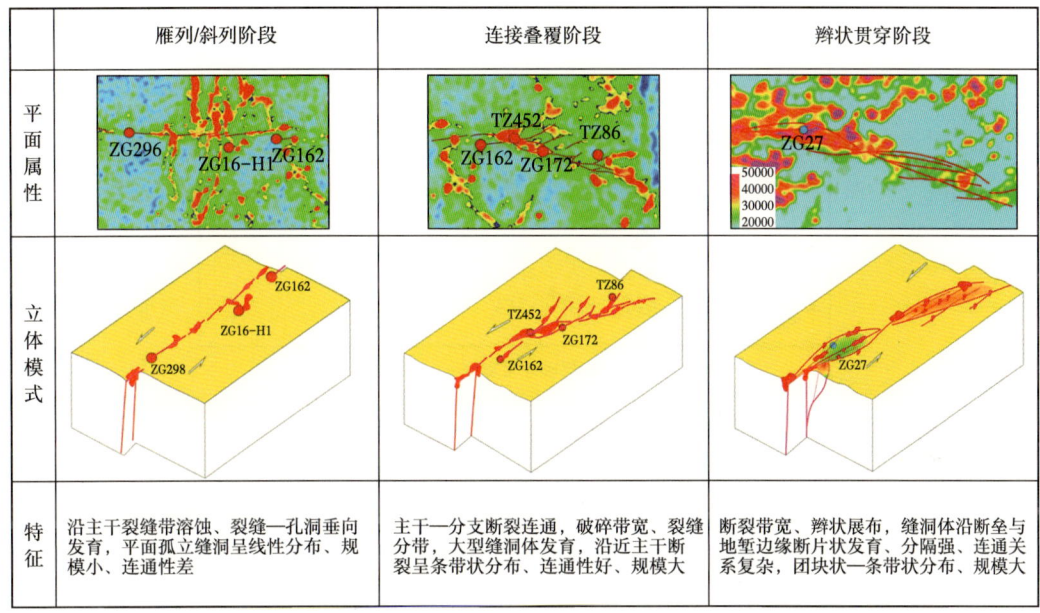

图4-4-9 走滑断裂断控岩溶缝洞体储层模式图

### 2. 断层破碎带的规模控制了缝洞体储层的规模

研究表明，断层破碎带与表生岩溶、埋藏期溶蚀作用形成的大型缝洞体的发育密切相关，断裂带附近、断裂交会处是大型缝洞体储层分布的有利部位。沿断裂带可能发生多种类型流—岩作用，形成不同的溶蚀作用方式与特征，存在多种类型的相关岩溶作用。由于复杂的断裂网络影响，容易形成沿断裂带非均匀分布的复杂缝洞体系统（图4-4-4至图4-4-7），目前发现的大规模缝洞系统多沿断层破碎带多层段差异分布。

断层破碎带大型缝洞体发育。阿满地区大型缝洞体储层基本分布在断层破碎带（Wu et al., 2018），而且断层破碎带的宽度越大，缝洞体储层越发育（图4-4-10）。在哈拉哈塘地区受风化壳岩溶作用，缝洞体沿断裂带分布的宽度达5km，大型缝洞体储层围绕断裂带发育，但也有缝洞体不受断裂控制。哈拉哈塘哈6井区统计分析可见，79%的溶洞发育在距断裂800m的范围内，而且距断裂越远溶洞发育越少，溶洞的规模也快速减小，表明溶洞与断裂之间具有良好的相关性，沿断裂碎裂带岩溶洞穴最发育。储层发育受控于断层破碎带的分布，哈6井区奥陶系10条主断裂周围800m内发育溶洞占总数的31%，断层破碎带规模越大，溶洞越发育。平面上，系列缝洞体储层沿断层破碎带分布，或是与断裂低角度斜列。

断层破碎带不仅裂缝发育，而且能形成相互连通的储层，有利于油气的产出。统计分析断层破碎带内裂缝发育，而且能形成相互连通的储层，有利于油气的产出。而远离断层破碎带的裂缝系统相对较孤立，裂缝的发育程度也很快降低，连通的储集体规模相对较小，虽然有油气产出，但产量低，难以稳产。由于裂缝发育，这类储层不仅能获得高产，而且裂缝沟通范围大，连通储集体多，在断层破碎带裂缝有效沟通型储层较发育，有利于油气的稳产。

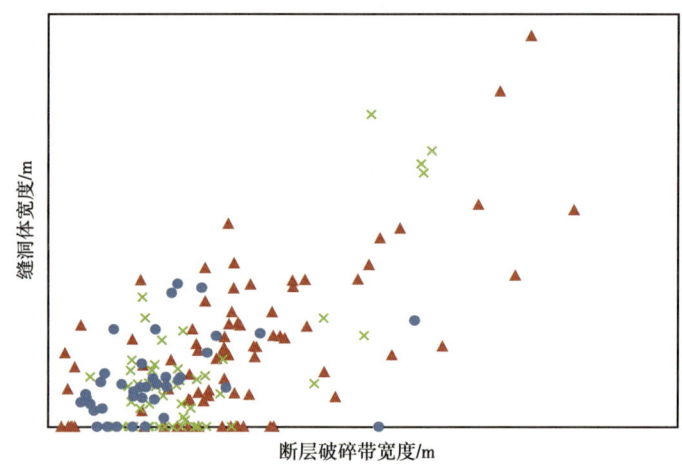

图 4-4-10　哈拉哈塘地区奥陶系碳酸盐岩断层破碎带宽度与缝洞体宽度相关关系

纵向上，断层破碎带的规模越大，缝洞体规模也越大。沿断裂带可能形成巨厚的储层发育段，能影响到碳酸盐岩的顶（底）面逾 2000m 的深度。沿断裂带可能形成纵向上贯穿的连通的缝洞系统，在地震剖面上可见很长的"串珠状"强反射，厚度逾 500m。虽然不是单一的洞穴，但多套的缝洞纵向上叠置连通，钻井发生大量的钻井液漏失，并有多层段放空现象，生产过程中容易"出大水"，沟通深层水引起暴性水淹。另外，沿断裂带也可能出现多套缝洞系统在垂向上间断分布，受控于地层岩性，在良里塔格组顶部与鹰山组顶部可能同时有缝洞体储层发育，深层蓬莱坝组与寒武系白云岩也有缝洞体储层的地震响应，其间有隔层分布，形成多套油气产层。沿小型断层破碎带也有局部孤立的缝洞体发育，地震剖面上呈现单"串珠状"特征，储层规模相对较小。

**3. 断裂的组合方式控制了局部"甜点"储层分布**

碳酸盐岩断层破碎带复杂多样，空间变化大。结合露头观察与井下地震、钻井资料分析，一般断裂带规模越大，断层破碎带也越发育。而在分布上，距离断层核越近，断层破碎带越发育。在同一断层破碎带上，断层交会部位、断层散开端、断层张扭部位、断层拐弯部位、断层叠覆部位、断层倾没端共 6 种部位有利于断层破碎带的发育（图 4-4-11）。通常这些部位是应力释放区，有利于裂缝与微小断层的发育，并有利于岩溶作用发育。

断层破碎带往往集中在活动盘发育，有利于断裂溶蚀。由于走滑断层两侧多有构造抬升或下降，其中活动盘断裂作用强烈，有利于不同类型溶蚀作用的发育；而另一侧范围局限，断裂发育程度也低。富满油田的钻探表明，在断裂发育早期，活动断裂的主干部位往往是储层的集中发育部位（图 4-4-12）。

断裂交会部位有利于形成网状缝，是局部构造应力集中部位，往往裂缝较为发育，构造角砾岩、碎裂岩较发育。这些裂缝发育网络是大气淡水与埋藏溶蚀的有利部位。在北西向与北东向 X 型剪切断裂带的交会部位往往是应力集中部位，也是裂缝发育的有利区段，

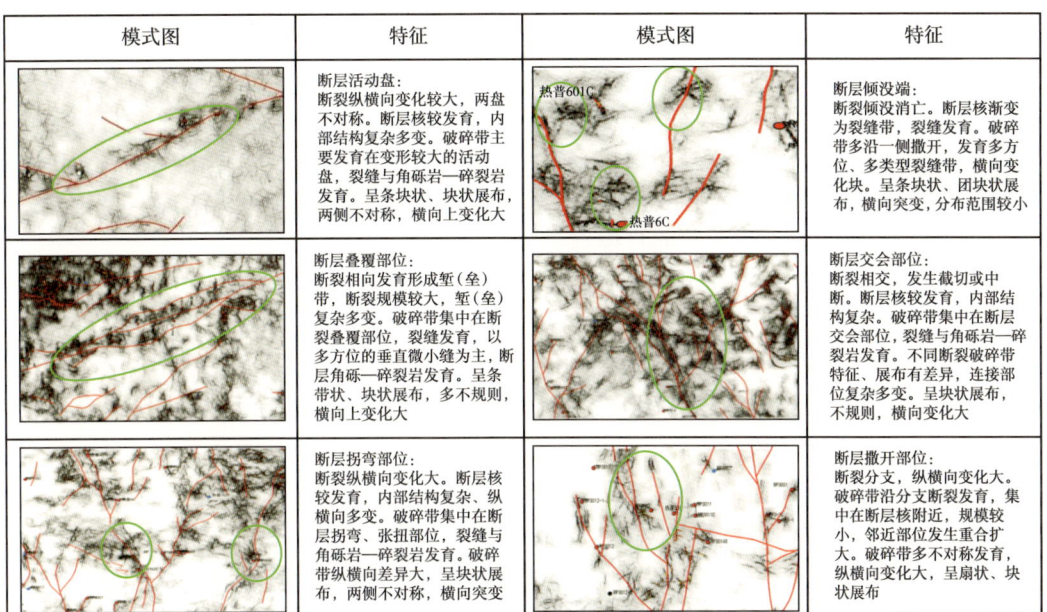

图 4-4-11 奥陶系碳酸盐岩断层破碎带有利发育部位与特征

图 4-4-12 富源区块地震剖面与地震属性示断裂主干部位缝洞体发育

构造活动较强烈，有利于破裂改造。同时沿断裂带流体的注入形成汇流，岩溶作用加强，有利于洞穴的发育。断裂交会部位多形成局部平台构造高，有利于岩溶垮塌与河道堆积物随水流带走，洞穴充填相对较弱。如HA601-7井区不仅岩溶洞穴的规模大，而且供液能量充足，稳产高效。

断裂叠覆区多为两条主断裂夹持的断垒带，断裂活动强度较大，大多断垒带成为破碎带的主体部分。断层叠覆区具有挤压抬升，也有张扭下陷区，应力状况比较复杂，其间多有局部应力集中区，形成局部裂缝发育系统，并有利于流体的输导，有利于岩溶作用发育。HA902井位于张扭性断裂叠覆区，形成局部张性负地形，岩溶缝洞体发育，这在露头处常见。主断裂的次级断裂带也往往形成局部断裂应力释放区，是岩溶作用发育的有利部位。HA15-3井、HA15井、HA15-11井等位于次级断裂与裂缝发育区段，是长期岩溶发育作用区，岩溶洞穴规模大，而且保存较好。

断裂散开部位与断裂倾没端是应力释放部位，也多有破碎带较发育区，但变化较大，有的也欠发育。在断裂散开端，如马尾状构造、羽状构造，容易形成张剪性的应力松弛区，开启裂缝发育，同时也是沿断裂输导流体集中作用区，有利于大型缝洞的发育。如XK9-1井区马尾状构造发育，并形成一系列局部短轴断背斜，岩溶作用发育，地震储层预测缝洞体也是沿断裂发散状分布。断层的倾没端也是断裂扩张与裂缝发育部位，可能形成局部裂缝发育区，在有利的地下水文背景下，有利岩溶缝洞体的发育。如HA15-10井、HA901-2井等位于断层倾没端的局部缝洞体，油气产能较高。

在断裂拐弯部位，也是应力集中或应力松弛部位，发育局部构造早或构造低，同时裂缝、微小断层发育，形成较大范围的裂缝网络系统，有利于岩溶作用的集中发育，可能形成裂缝沟通系列缝洞集合体。如HA9001井位于断裂拐弯的局部高，缝洞体储层发育，油气稳产效果好。

油气藏评价开发实践表明，沿断裂带大型缝洞发育，获得高产稳产油气流井多，而远离断裂的低产油气流井与不稳产井多。缝洞系统分布与断裂的位置、性质、产状、规模等有关（图4-4-13），不同部位缝洞体的特征变化大，需要具体分析。

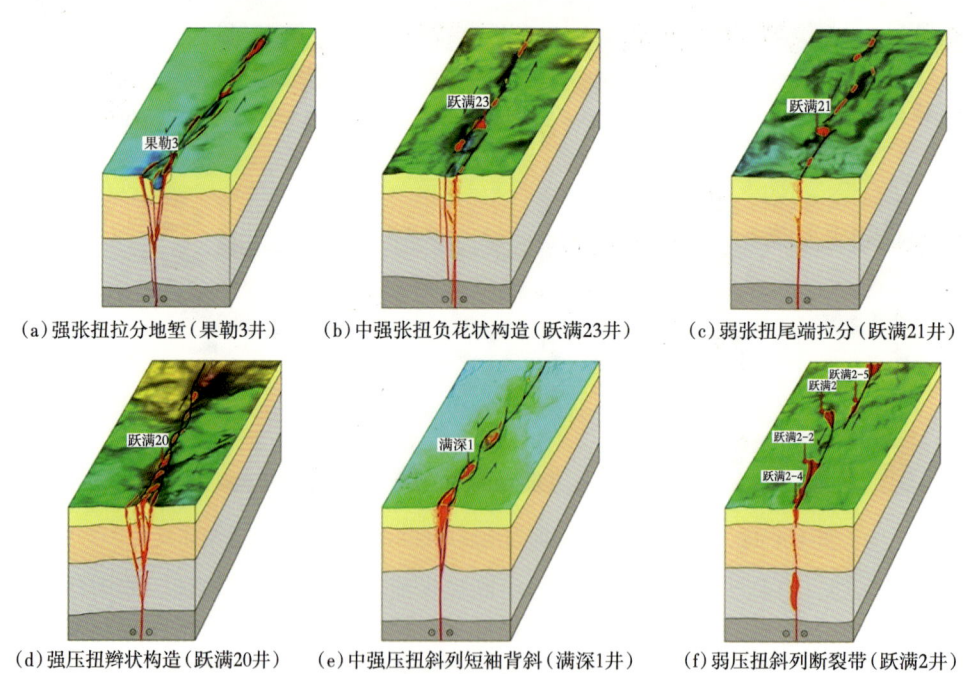

(a) 强张扭拉分地堑（果勒3井）　(b) 中强张扭负花状构造（跃满23井）　(c) 弱张扭尾端拉分（跃满21井）

(d) 强压扭辫状构造（跃满20井）　(e) 中强压扭斜列短袖背斜（满深1井）　(f) 弱压扭斜列断裂带（跃满2井）

图4-4-13　走滑断裂规模、性质与储层分布模式

# 第五章　断控油气特征及成因

塔里木盆地发育多期复杂多样的走滑断裂，对油气的运聚成藏与保存具有重要的控制作用，并造成油气分布与富集的差异性。

## 第一节　富满油田地质特征

富满油田走滑断裂断控缝洞体储层发育，缝洞体油藏油柱高度大、能量充足，是高效开发的主力碳酸盐岩油田。

### 一、地质背景

富满油田位于塔里木盆地沙漠腹地北部坳陷阿满过渡带北部（图 5-1-1），北接塔北隆起、南与中国石化顺北—顺南油气田、西邻阿瓦提凹陷、东接满加尔凹陷，面积约 $1.8×10^4 km^2$，区域内分布有中国石油富满油田主体区块及中国石化顺北油田部分区块，具体可划分为顺北（SB）、跃满（YM）、富源（FY）、玉科（YK）、满深（MS）、果勒（GL）、哈得（HD）共 7 个断裂带。

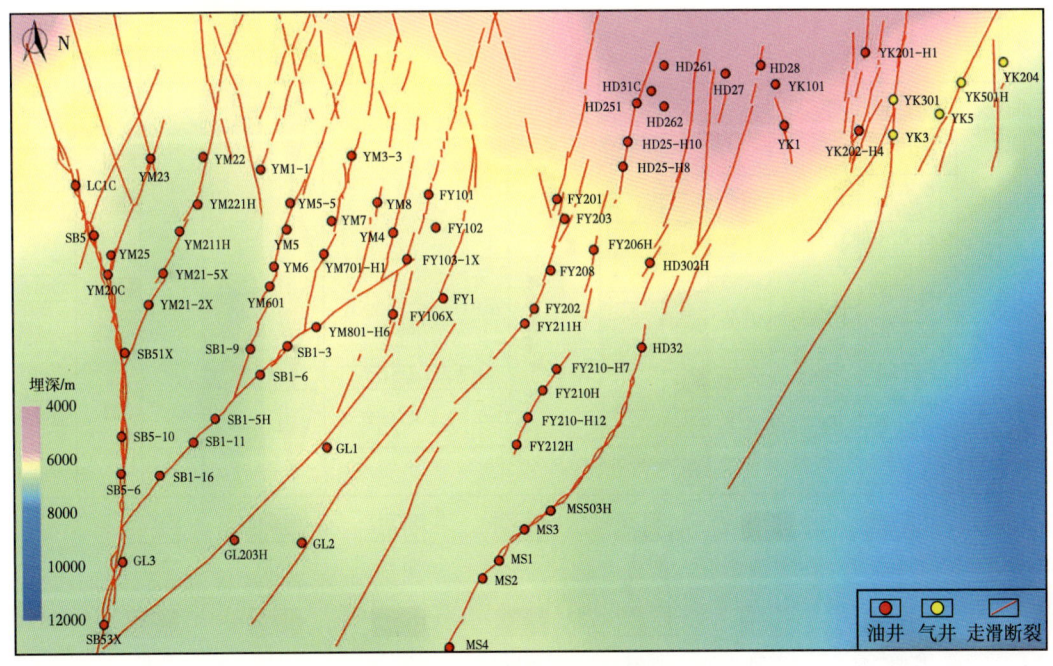

图 5-1-1　富满油田走滑断裂分布图

富满油田古生代—新生代地层发育较为齐全。研究表明，本区发育南华纪—震旦纪裂陷—坳陷体系及寒武纪—奥陶纪克拉通内碳酸盐岩台地，形成了厚逾3000m的寒武系—奥陶系生—储—盖组合（图5-1-2）。该区位于前寒武纪裂陷体系的沉积中心，受早寒武世

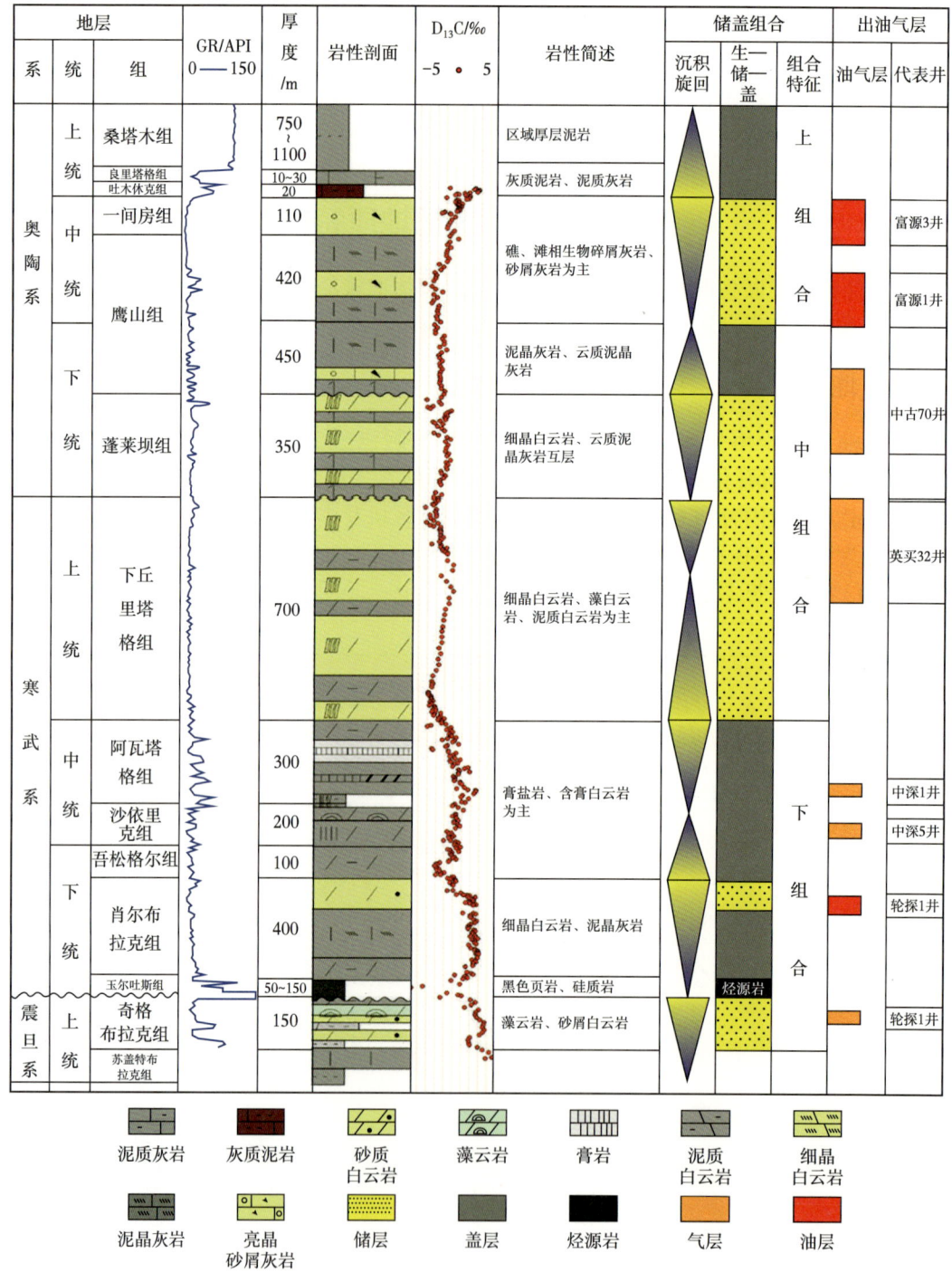

图 5-1-2　富满油田寒武系—奥陶系综合柱状图

的海侵作用的影响，发育厚层陆棚相—盆地相的泥质烃源岩。寒武纪—中奥陶世发育巨厚海相碳酸盐岩沉积地层，形成上、中、下三套储—盖组合。其中，下寒武统潮坪相白云岩与中寒武统潟湖相膏盐层构成下部储—盖组合；受中奥陶统自身致密石灰岩的遮挡，上寒武统—中奥陶统白云岩与致密碳酸盐岩储—盖组合；中奥陶统鹰山组及一间房组石灰岩与上覆巨厚桑塔木组泥岩形成上部储—盖组合。目前区域内查明18条大型走滑断裂带，主要油气层为中奥陶统一间房组与鹰山组，油气藏埋深大于7000m。受控于走滑断裂带的复杂结构与储层非均质性，富满油田碳酸盐岩油气主要沿走滑断裂带分布，但储层与流体纵横向上变化大。

## 二、跃满区块

跃满区块主要发育北东向走滑断裂带，区块高效井多（图5-1-3）。

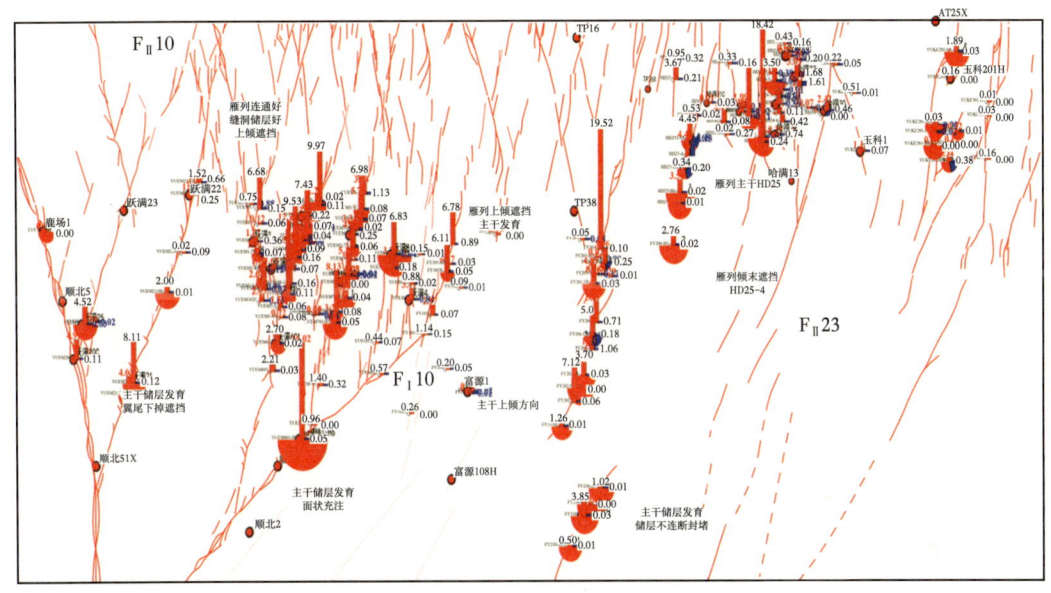

图 5-1-3　富满油田油气产量图示

**1. 储层特征**

跃满区块储层主要分布在奥陶系一间房组，地层厚约200m。一间房组发育开阔台地台内滩高能相带，但基质储层致密，孔洞型储层的孔隙度低（小于3%），渗透率更低（小于1mD）。奥陶系一间房组岩心孔渗性分析结果表明，岩心孔隙度分布范围0.22%~3.09%，平均值1.00%，主峰位于0~1.8%之间；渗透率分布范围0.003~33mD，平均值1.16mD，主峰位于0.1~1.0mD之间。奥陶系一间房组石灰岩储层的孔渗交会图分析表明，孔隙度与渗透率相关性不明显。测井解释物性分析跃满区块内奥陶系一间房组测井孔隙度分布范围0.04%~12.97%，平均值0.50%；测井解释渗透率分布范围0.01~15.94mD。

跃满区块奥陶系碳酸盐岩储层裂缝普遍发育，裂缝的产状变化较大，高角度裂缝、低角度裂缝甚至水平裂缝均有发育，但以中—高角度裂缝为主。裂缝孔洞型储层以次生溶蚀孔洞为主要储集空间，分布广泛。根据测井储层解释成果和单井储层综合评价结果，并结合储层主控因素分析结果，跃满区块内奥陶系碳酸盐岩储层的分布具有明显的层位性，本区的主要储层位于一间房组内，在一间房组生物碎屑砂屑灰岩地层内岩溶缝洞型储层异常发育，但储层主要沿断裂带发育，没有出现准层状特点，储层非均质性强，纵横向变化大（图 5-1-4）。

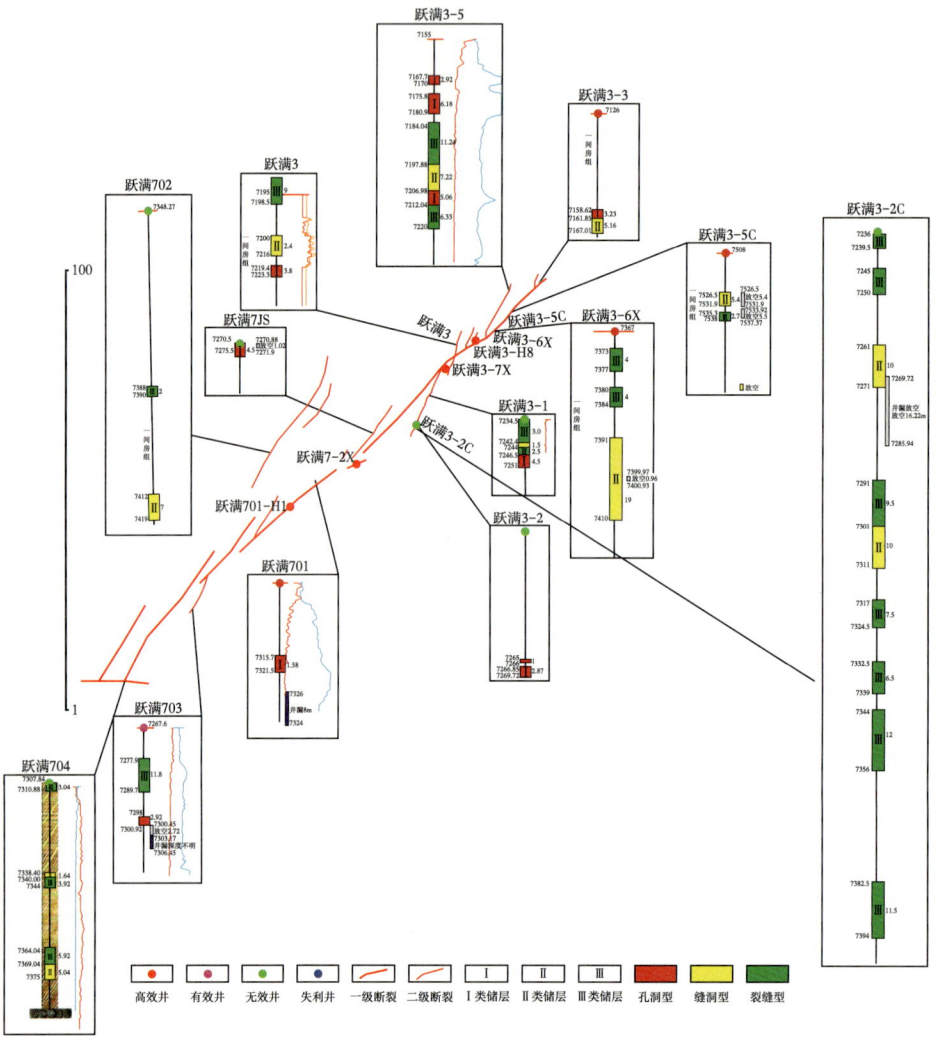

图 5-1-4　YM3 断裂带奥陶系碳酸盐岩储层分布图

从钻探及试采情况来看，本区奥陶系碳酸盐岩的主要油气储集空间以大型溶蚀缝洞体为主，储层的非均质性极强，沿断裂带大面积分布。缝洞体储层在地震剖面中表现为"串珠状"反射特征，在钻进过程中主要会发生钻具放空、钻井液漏失等现象。储量区块内奥陶系探井放空漏失现象比较普遍，共 14 口井发生放空漏失现象，油井投产后日产量及累计产量高。

**2. 流体性质**

原油性质：跃满区块奥陶系油藏原油属于低黏度、低含硫、高含蜡和少胶质沥青质的轻质原油（图 5-1-5）。18 口井取样分析原油密度为 0.798~0.825g/cm$^3$ 左右，总体上本井区原油密度差异很小，属于轻质原油。原油黏度分布范围 1.28~3.04mPa·s，平均值为 1.83mPa·s，属于低黏度原油。原油凝固点分布范围-30~10℃，平均值为-15℃，凝固点较低。原油含硫量分布范围0.11%~0.43%，平均值为0.22%，属于低含硫原油。原油含蜡量分布范围3.4%~9.2%，平均值为5.5%，属于高蜡原油。胶质+沥青质含量分布范围0.12%~2.97%，平均值为0.88%。

地层流体PVT分析：据本区跃满2井的PVT资料分析资料，地层条件下，原油密度0.74g/cm$^3$，黏度1.16mPa·s；原油体积系数1.178；原始气油比51m$^3$/m$^3$，本区奥陶系油藏饱和压力12.60MPa，属于未饱和油藏。

天然气性质：跃满区块奥陶系油藏天然气取样分析结果表明，天然气相对密度0.6668~0.9585，平均0.7694；甲烷含量46.7%~84.6%，平均72.38%，乙烷以上含量平均18.59%，二氧化碳平均含量5.99%，硫化氢含量总体较低，局部井区含量异常高（YM1-1井硫化氢含量达15482mg/m$^3$），部分井不含硫化氢，分布范围0~15482mg/m$^3$。

地层水性质：地层水密度1.069g/cm$^3$，氯离子含量51155mg/L，水型为CaCl$_2$型。

通过流体性质分析（图5-1-5），本区原油与天然气性质、天然气干燥系数、原油饱芳比沿断裂带有一定的差异，具有分段性，而且不同断裂带的流体性质差异较大，表明具有不同的油藏特征。

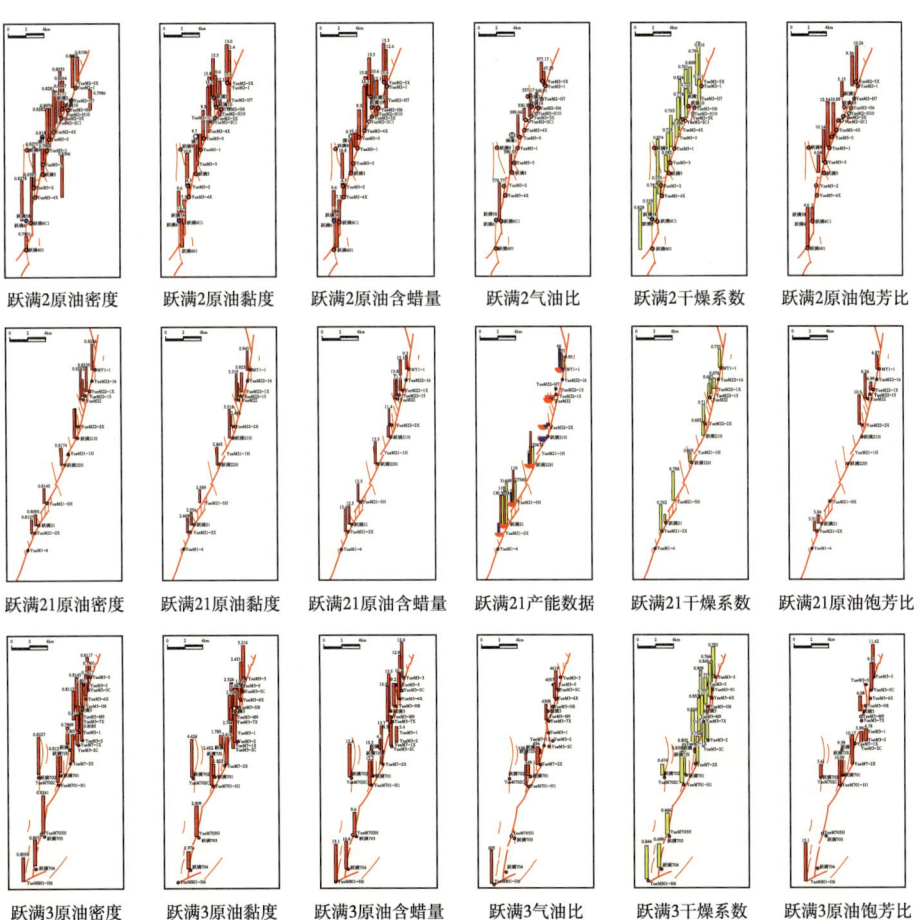

图5-1-5 跃满区块走滑断裂带流体性质特征

本区油井产量高（图5-1-6），是目前开发效益最好的区块。本区单井产量高，平均单井产量在50~100t/d之间，而且单井产量较稳定，含水率低。但油井产量也有一定的波动，部分井产量下降较快。结合断裂带的分段性、储层的分段性研究，在井间对比与油气生产动态分析基础上，进行油藏对比分析，同一断裂带可分为不同的油藏单元（图5-1-7）。油藏单元之间断裂、储层或流体有分段差异，表明单个油藏小。总体而言，受控于相对独立的缝洞体储层，呈现沿走滑断裂带条带状分布的小油藏群。

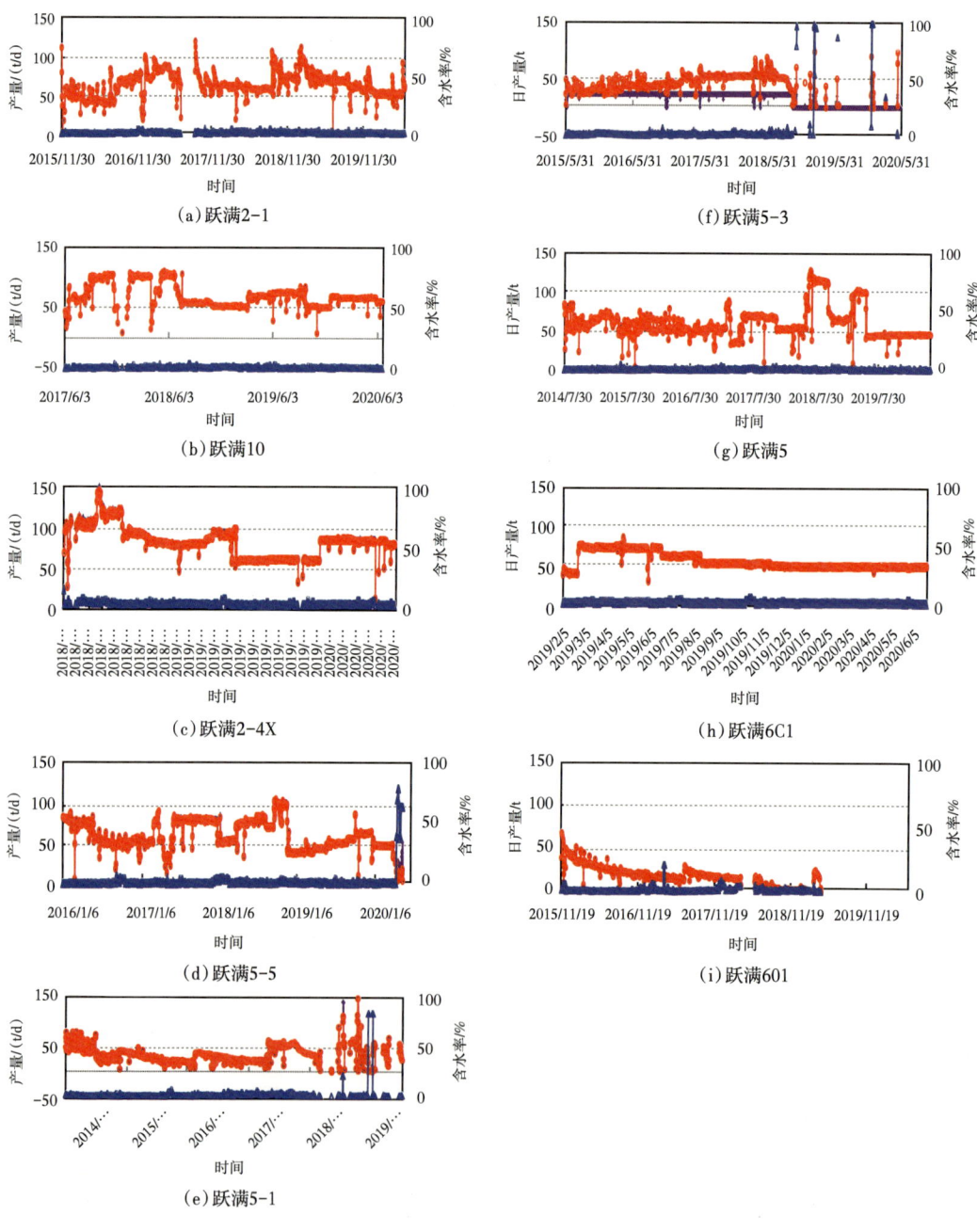

图5-1-6　跃满2走滑断裂带生产曲线图（截至2020年7月）

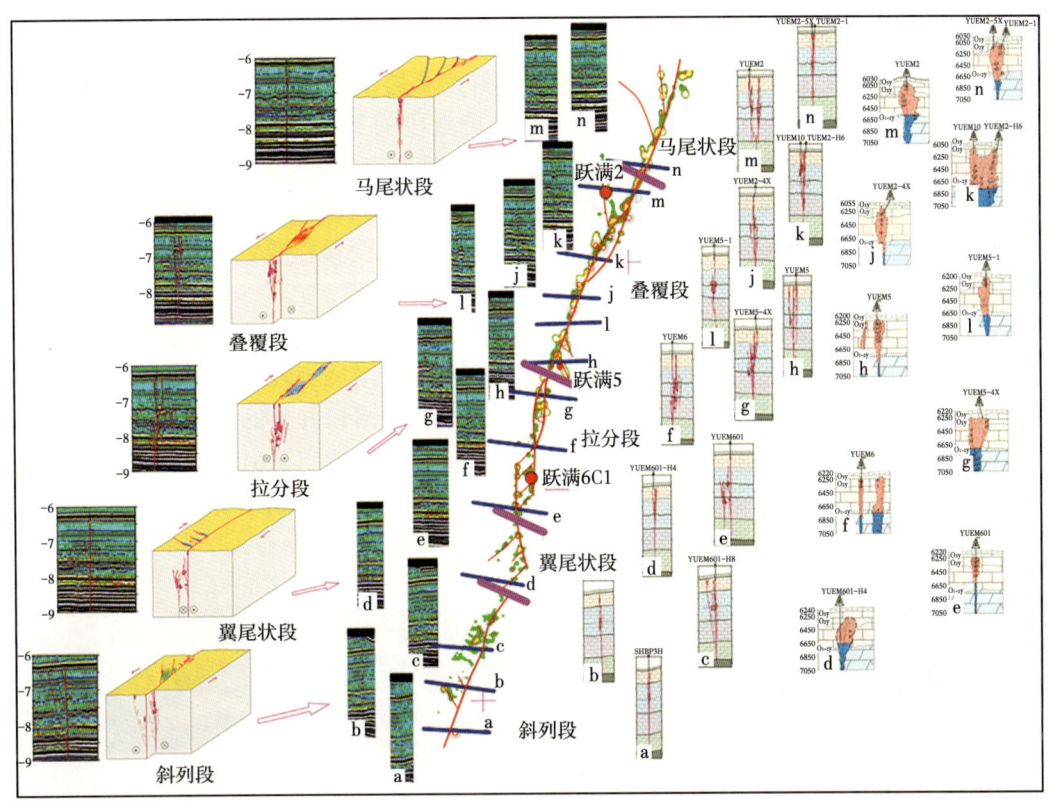

图 5-1-7 跃满2走滑断裂带油藏综合建模图

图中 a~n 分别代表地震剖面及其在断裂上对应的导航线位置序号、储层模式图和油藏模式图

## 三、富源区块

### 1. 储层特征

富源区块奥陶系储层主要分布在一间房组和鹰山组二段，在沉积、构造、岩溶作用的叠加改造下形成了大型岩溶缝洞型储层。

根据奥陶系一间房组 113 个岩心岩屑薄片资料统计，岩性主要为亮晶砂屑灰岩、亮晶砂砾屑灰岩、亮晶颗粒灰岩、亮晶生物碎屑灰岩、托盘类生物灰岩和泥晶颗粒灰岩。亮晶颗粒灰岩占 37%、泥晶颗粒灰岩占 18%、颗粒泥晶灰岩占 33%、泥晶灰岩占 12%。主要是台地边缘相的台缘砂屑、藻屑滩沉积岩类，与哈拉哈塘油田一间房组整体沉积岩类分布一致；根据奥陶系鹰山组鹰 2 段 28 个岩心岩屑薄片资料统计，岩性主要为亮晶砂屑灰岩、亮晶砂砾屑灰岩、泥晶灰岩和泥晶颗粒灰岩为主，其中亮晶颗粒灰岩占 46%、泥晶灰岩占 43%、泥晶颗粒灰岩占 11%，主要为开阔台地内台内滩和滩间海沉积产物。

奥陶系一间房组岩心孔隙度和渗透率的分析结果表明，岩心孔隙度分布范围 0.54%~7.46%，平均值 2.17%，主峰位于 1.8%~4.5% 之间；渗透率分布范围 0.0079~391mD，平均值 11.31mD，主峰位于 0.1~1mD 之间，高渗透样品含微裂缝。鹰山组鹰 2 段岩心孔隙度分布范围 0.53%~2.01%，平均值 1.19%，主峰位于 1.8%~4.5% 之间；渗透率分布范围 0.005~0.05mD，平均值 0.02mD，主峰低于 0.1mD。一间房组石灰岩储层的孔渗交会图分析表明，奥陶系储层孔隙度与渗透率相关性不明显。

富源区块内奥陶系一间房组有效储层测井孔隙度分布范围1.80%~8.66%，平均值2.65%，主峰分布在1.8%~4.5%区间范围内；测井渗透率分布范围0.17~175.49mD，平均值2.99mD，主峰分布在0.1~1mD。鹰山组鹰2段有效储层测井孔隙度分布范围1.83%~4.58%，平均值2.84%，主峰分布在1.8%~4.5%范围内；测井渗透率分布范围4.38~1293.99mD，平均值206.81mD，主峰分布范围大于10mD。由于裂缝发育部位难以取到岩心，测井解释渗透率高于岩心渗透率1~2个数量级，岩心样品仅代表基岩物性，并不能真实地反映储层的物性特征。

据奥陶系碳酸盐岩岩心薄片观察统计，其中孔隙主要包括粒间溶孔（图5-1-8），以及少量的粒内孔、晶间孔、晶间溶孔，构造缝、压溶缝、溶蚀缝较发育。钻井工程、地震反射、测井等信息识别，本区也是缝洞体储层为主。本区多口井目的层钻进期间均出现钻井液漏失或放空现象，富源103井在钻至井深7286.61m处放空3.61m，累计漏失钻井液385.1m³，表明钻遇了大型缝洞体储层。地震剖面中表现为"串珠状"反射特征，在钻进过程中主要会发生钻具放空、钻井液漏失等现象。

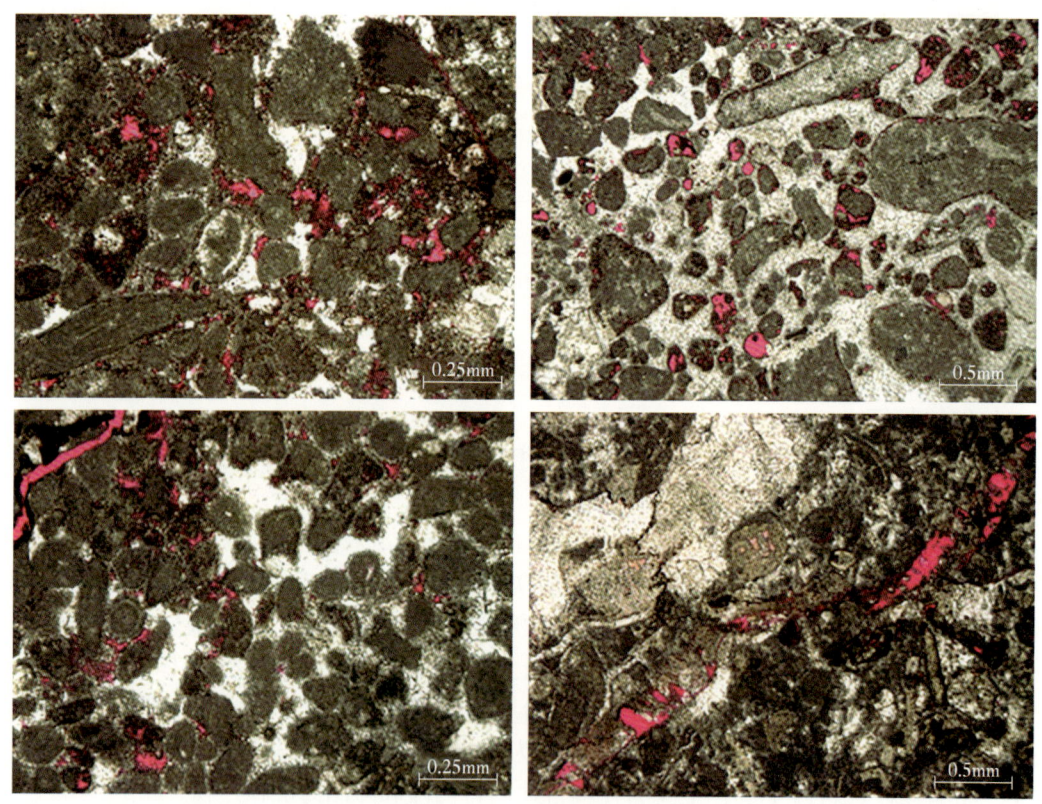

图5-1-8　富源井区一间房组铸体薄片照片

根据测井储层解释成果和单井储层综合评价结果，并结合储层主控因素分析结果，富源区块内奥陶系一间房组、鹰2段碳酸盐岩储层的分布均沿走滑断裂带分布，而且主要沿走滑断裂带的主干部位分布，并没有大面积分布的受层间岩溶控制的呈准层状分布特点。

地震储层预测表明，整体上富源区块处于层间岩溶叠加断裂改造区，平面上，储层物性表现为沿走滑断裂带最发育、远离断裂带储层物性变差，主要受近北东向走滑断裂带控制。一间房组有效储层厚度范围为 0~50m，鹰 2 段有效储层厚度范围为 0~60m。

### 2. 流体性质

富源区块奥陶系油藏原油属于低黏度、低含硫、高含蜡和少胶质沥青质的轻质原油（图 5-1-9）。7 口井取样分析原油密度为 0.8032~0.8475g/cm³，总体上本区块原油密度差异很小，属于轻质原油。原油黏度分布范围 1.532~4.942mPa·s，平均值为 3.127mPa·s，属于低黏度原油。原油凝固点分布范围 -26.0~22.0℃，平均值为 2.4℃，凝固点较低。原油含硫量分布范围 0.046%~0.355%，平均值为 0.173%，属于低含硫原油。原油含蜡量分布范围 2.8%~21.8%，平均值为 9.0%，属于含蜡—高含蜡原油。胶质+沥青质含量分布范围 0.35%~2.59%，平均值为 1.32%。

富源区块有 7 口井进行了 PVT 地面取样分析，压缩系数分布范围在 1.3682~1.8154 之间，气油比分布范围在 123~309m³/m³ 之间，综合判断本区奥陶系油藏仍属于弱挥发性未饱和油藏。富源区块奥陶系油藏天然气取样分析结果表明，天然气相对密度 0.6728~0.8587，平均值为 0.7781；甲烷含量 63.00%~84.40%，平均值为 71.53%，乙烷以上含量平均值为 23%，氮气平均含量 3.72%，二氧化碳平均含量 1.22%，硫化氢含量总体较低，部分井不含硫化氢，分布范围 0~230mg/m³。

本区流体性质比较接近，但也存在南北方向上的差异（图 5-1-9）。

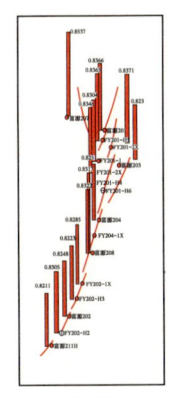
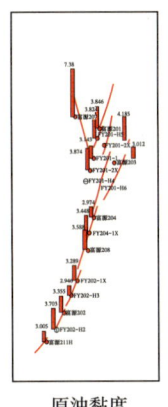
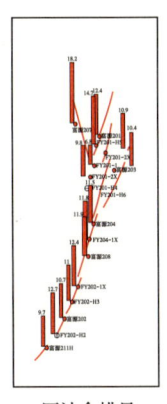
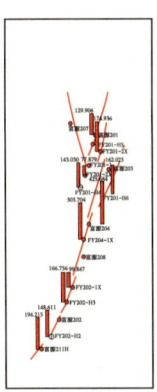
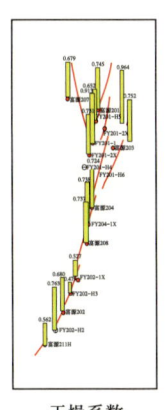
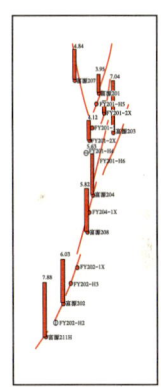

原油密度　　　原油黏度　　　原油含蜡量　　　气油比　　　干燥系数　　　原油饱芳比

图 5-1-9　富源 211H 断裂带流体性质特征

由于富源区块碳酸盐岩油藏极强的非均质性，油井试采特征存在较大差异，一间房组生产井表现为多种生产类型：生产稳定型、缓慢递减型（油压及产量下降都较缓，单位压降产液量高，能量比较充足）、快速递减型（油压及产量下降相对较快，单位压降产液量低，油藏能量中等）等，鹰 2 段生产井表现为快速递减型。

结合断裂带的分段性、储层的分段性研究，在井间对比与油气生产动态分析基础上，进行油藏对比分析，将同一断裂带划分为不同的油藏单元（图 5-1-10）。油藏单元之间断裂、储层或流体有分段差异，分属不同的油藏。由于资料有限，还很难判断同一油藏单元究竟由多少个油藏组成。

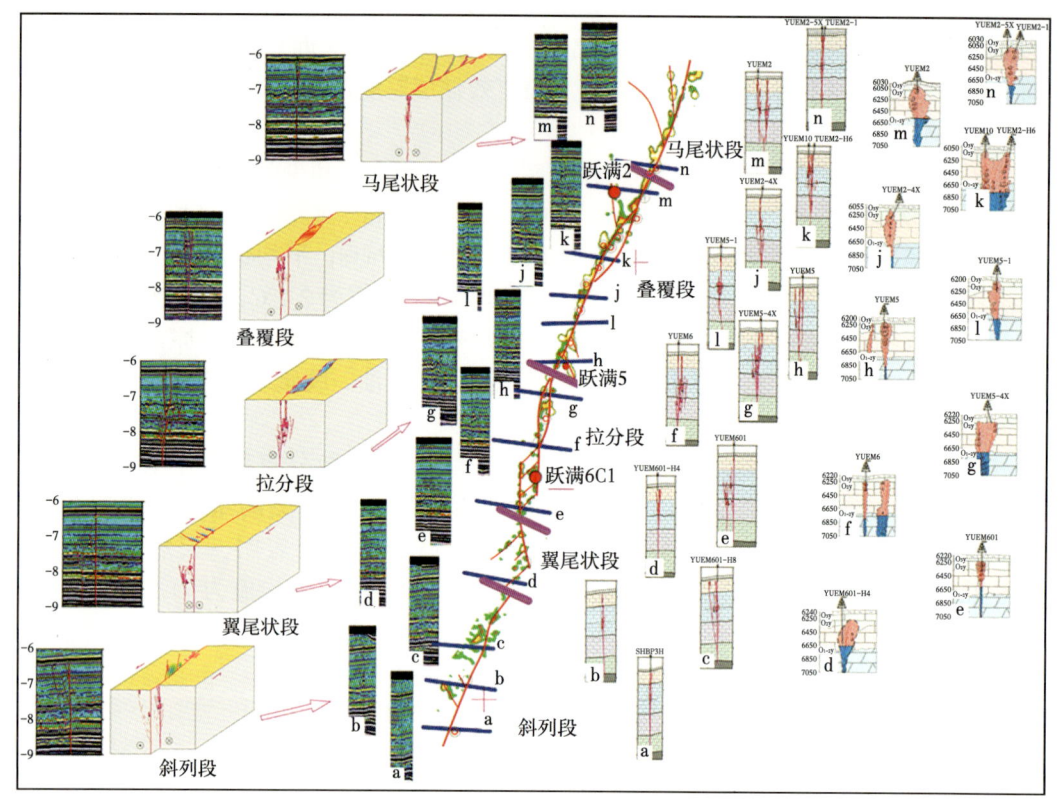

图 5-1-10 富源 2 走滑断裂带油藏综合建模图

图中 a~n 分别代表地震剖面及其在断裂上对应的导航线位置序号、储层模式图和油藏模式图

## 四、哈得区块

### 1. 储层特征

哈得 23 井区奥陶系储层主要分布在中奥陶统一间房组上部，在岩溶、沉积、构造等改造作用下形成了次生孔隙。

储层主要发育在一间房组，在鹰山组局部也有储层。一间房组储集岩主要为灰褐色亮晶鲕粒灰岩、亮晶砂屑灰岩、亮晶砂砾屑灰岩、亮晶生物屑碎灰岩、瓶筐石生物礁灰岩、藻粘结岩。表明一间房组的储层形成于开阔台地水动力非常强的鲕粒滩、生物碎屑滩、粒屑滩内和生物礁环境中，原始储集性能非常优越。鹰山组储集岩主要为褐灰色亮晶砂屑灰岩、泥晶砂屑灰岩、砂屑泥晶灰岩和泥晶灰岩，各占三分之一，还夹有塌积角砾岩、似团块泥晶灰岩和含生物碎屑泥晶灰岩等，水动力条件中等偏弱。

岩心物性分析 8 口井岩心常规物性分析数据统计，奥陶系碳酸盐岩储层的平均孔隙度为 2.21%，平均渗透率为 0.78mD。奥陶系一间房组的实测孔隙度分布范围 0.5%~5.94%，平均值为 2.21%，其中孔隙度在 1.8%~4.5% 之间的样品占了 51.6%，由于储层较好段常发生放空漏失，难以取心，因此取心段一般只能代表碳酸盐岩基岩物性。岩心孔渗性相关分析表明，奥陶系碳酸盐岩储层孔隙度和渗透率的相关性很差，基本无相关性，碳酸盐岩储层渗透率主要取决于裂缝的发育程度。测井物性分析一间房组测井孔隙度变化范围

0.1%~35.4%，平均值为3.5%，其中孔隙度在1.8%~4.5%之间的样品占了48.6%；测井渗透率变化范围是0.08~120.6mD，平均值为3.58mD，其中渗透率在0.1~1mD之间的样品占了55.9%。

同样，本区也以大型缝洞体储层为主，多是由于断层有关的溶蚀作用形成，是区块内重要的储层类型。钻遇洞穴的井多出现大量钻井液漏失、钻具放空、溢流等工程异常，取心看见洞穴内充填物。哈得23C井在侧钻至6419.35~6419.65m井段放空0.3m，累计漏失钻井液1194m³；哈得25井在6539.96~6543.04m井段放空3.08m，漏失钻井液625m³，说明钻遇了大型洞穴。通过缝洞体雕刻（图5-1-11），缝洞体主要沿断裂带条带状分布，缝洞体之间连通性复杂。

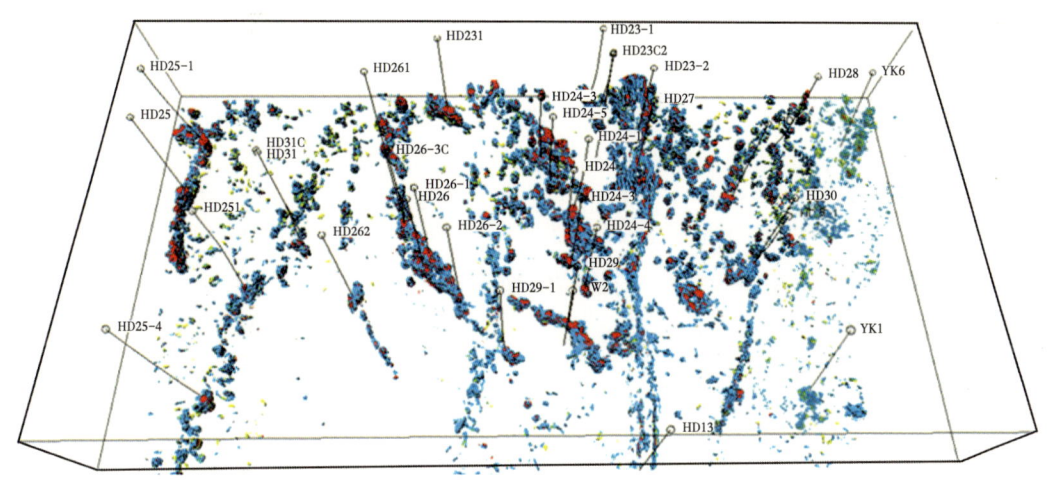

图5-1-11　哈得23井区奥陶系石灰岩储层顶面0~26ms缝洞几何结构立体雕刻图

### 2. 流体性质

哈得23井区奥陶系油藏原油属于低黏度、低含硫、高含蜡的中轻质原油。原油性质总体差异较小，原油密度分布范围0.8124~0.8772g/cm³，平均值为0.8338g/cm³，属于轻质油。50℃下原油黏度2.91mPa·s，属于低黏度原油。原油凝固点分布在-30~8℃之间，平均值为-12℃，凝固点较低。原油含硫量0.33%，属于低含硫原油。原油含蜡量5.7%，属于高含蜡原油。胶质+沥青质含量1.12%。目前，哈得23井区有6口井取得PVT样品。地层条件下，原油密度0.6887~0.7901g/cm³，平均值为0.7408g/cm³；黏度平均值为1.12mPa·s；原油体积系数1.142~1.6494，平均值为1.3361。PVT分析饱和压力15.74~26.83MPa，属未饱和油藏。

哈得23井区天然气取样分析结果表明，天然气相对密度0.64~1.03，平均值为0.77；甲烷含量46.8%~87.5%，平均值为72.57%，乙烷以上含量平均值为10.17%，表现出典型湿气特征，氮气平均含量4.52%，二氧化碳平均含量2.99%，$H_2S$含量总体较低，局部井区$H_2S$含量高（哈得23$C_2$井$H_2S$含量4300mg/m³），部分井不含$H_2S$，分布范围0~4300mg/m³，平均值为251mg/m³，气油比46~412m³/t，平均气油比177m³/t，整体呈东南高、西北低的特点。天然气按产状和相态可划分为气藏气、凝析气藏气、油藏伴生气。对比天然气类型的几项指标，判定研究区内地面天然气为油藏伴生气。

哈得23井区地层水资料以$CaCl_2$型为主，总矿化度平均值为107888mg/L，氯离子平均含量为63497mg/L。

结合生产动态资料分析，本区油藏同样不具有大面积、准层状整体含油气的特征。总体上，奥陶系油藏没有统一的油水界面，油气的富集与油水分布受构造控制不明显。成藏时的构造格局与储层连通性是控制奥陶系油气分布主要因素，局部构造高部位与连通缝洞单元高部位油气更富集，断裂对油气富集具有明显的控制作用，Ⅰ级断裂、Ⅱ级断裂附近岩溶储层发育、缝洞连通性好，油气易沿断裂带整体富集，油井产能较高，不易见水。

## 五、果勒区块

### 1. 储层特征

跃满—果勒区块奥陶系储层主要分布在一间房组—鹰山组，在断裂、岩溶作用的叠加改造下形成了大型缝洞型储层。

跃满—果勒区块中奥陶统一间房组—鹰山组的储集岩主要为亮晶生屑藻砂屑灰岩、亮晶藻团块生屑灰岩、亮晶藻砂屑灰岩、亮晶—泥晶生屑灰岩、泥晶棘屑藻砂屑灰岩和生屑泥晶灰岩。据岩心资料统计，亮晶颗粒灰岩占28.5%、泥晶颗粒灰岩占45.4%、颗粒泥晶灰岩占16.9%，泥晶灰岩9.2%。主要是开阔台地相的台内砂屑、藻屑滩到开阔台地内台内滩和滩间海沉积产物，与哈拉哈塘油田一间房组—鹰山组整体沉积岩类分布一致。

跃满—果勒区块奥陶系碳酸盐岩储集空间主要有孔、洞、缝三大类，也以大型缝洞体储层为主。钻遇洞穴的井多出现大量钻井液漏失、钻具放空、溢流等工程异常，取心看见溶洞内充填物。跃满1井在钻至7282m处放空1.92m，并累计漏失钻井液355m³；跃满9井在7590.5m井段放空9.25m，并漏失钻井液811m³，说明均钻遇了大型洞穴。

岩心物性分析一间房组岩心孔隙度和渗透率分析结果表明，岩心孔隙度分布范围0.22%~3.09%，平均值为1.00%，主峰位于0~1.8%之间；渗透率分布范围0.003~33mD，平均值为1.160mD，主峰位于0.1~1mD之间。奥陶系一间房组石灰岩储层的孔渗交会图分析表明，孔隙度与渗透率相关性不明。测井物性分析：跃满—果勒区块内奥陶系一间房组—鹰山组测井孔隙度分布范围0.04%~12.97%，平均值为0.50%；测井渗透率分布范围0.01~15.94mD。

跃满—果勒区块奥陶系碳酸盐岩储层的实测孔隙度和渗透率均非常低，宏观上以大型溶蚀缝洞体为主，储层发育的非均质性极强。通过多种地震储层预测技术的综合分析研究，并结合测井、钻井、地质等资料分析，本区一间房组顶面向下70~350m范围内储层发育，横向上既存在一定的连通性，又具有极强的非均质特点。储层类型多样，既发育洞穴型储层，又发育孔洞型和裂缝型储层，纵向上叠合发育。

整体上跃满—果勒区块处于层间岩溶叠加断裂改造区，断裂控储特征明显。平面上，储层物性表现为沿走滑断裂带最好，远离断裂带储层物性变差，主要受北东向、北西向走滑断裂带控制。储层整体表现为靠近断裂储层发育最厚、远离断裂储层变薄的特征。

### 2. 流体性质

跃满—果勒区块奥陶系油藏原油属于低黏度、低含硫、高含蜡和少胶质沥青质的轻质原油。原油密度：41口井取样分析密度为0.7829~0.8417g/cm³，总体上本井区原油密度差异很小，属于轻质原油。原油黏度分布范围1.18~4.91mPa·s，平均值为1.83mPa·s，属于低黏度原油。原油凝固点分布范围-30~30℃，平均值为-15℃，凝固点较低。原油含硫量分布范围0.02%~0.43%，平均值为0.18%，属于低含硫原油。原油含蜡量分布范围2.4%~20.2%，平均值为8.3%，属于高含蜡原油。

目前，跃满—果勒区块有6口井进行了PVT地面取样分析，因此据本区6口井的PVT资料分析资料，地层条件下，原油密度0.6689g/cm³，黏度0.595mPa·s；原油体积系数1.5459；原始气油比219m³/m³，本区奥陶系油藏饱和压力25.44MPa，属于未饱和油藏。

跃满—果勒区块奥陶系油藏天然气取样分析结果表明，天然气相对密度0.6668~0.9787，平均值为0.7677；甲烷含量24.5%~83.9%，平均值为72.37%，乙烷以上含量平均值为16.67%，二氧化碳平均含量2.16%，硫化氢含量总体较低，局部井区含量异常高（YM801井硫化氢含量39500mg/m³），部分井不含硫化氢，分布范围0~39500mg/m³。

由于碳酸盐岩油藏的极强非均质性，油井试采特征存在较大差异，根据油压、产量及含水变化规律可将试采井大致分为三类：（1）生产稳定无递减型，地层天然能量充足，均无水自喷生产，共7口井、占比35%；（2）产量缓慢递减型，地层天然能量较充足——一般，停喷后注水替油生产，均未见水，共5口井，占比25%；（3）产量快速递减型，地层天然能量不足，自喷期短，停喷后注水替油或转机采，部分井见水，共8口井，占比40%。

## 六、玉科区块

### 1. 储层特征

玉科区块奥陶系一间房组储层在沉积、构造、岩溶作用的叠加改造下形成了大型岩溶缝洞型储层。

玉科—哈得逊区块储层主要发育在一间房组，储集岩主要为亮晶颗粒灰岩，包括亮晶鲕粒灰岩、亮晶砂屑灰岩、亮晶砂砾屑灰岩、亮晶生物碎屑灰岩、瓶筐石生物礁灰岩、藻粘结岩等。表明一间房组的储层形成于台地边缘水动力非常强的鲕粒滩、生物碎屑滩、粒屑滩内和生物礁环境中，原始储集性能优越。

岩心物性分析8口井一间房组的实测孔隙度分布范围0.5%~5.94%，中值2.52%，平均值为2.21%，其中孔隙度在1.8%~4.5%之间的样品占了51.6%；渗透率范围0.005~51.3mD，中值0.36mD，平均渗透率为0.78mD，大于0.1mD的样品占比59.4%。由于储层较好井段常发生放空漏失，难以取心或者岩心破碎，因此岩心物性分析结果只能代表碳酸盐岩基质物性。测井物性分析孔隙度变化范围0.5%~9.0%，平均值2.8%，中值2.3%，其中孔隙度在1.8%以上的井段占了87.2%；测井渗透率变化范围是0.03~1025.83mD，平均值67.6mD，中值0.29mD，其中渗透率在0.1mD以上的井段占了92.3%，渗透率明显好于岩心分析得到基质物性，表明裂缝对渗透率的提升作用显著。

目前钻遇的油井均为缝洞体储层，多是由于断层有关的溶蚀作用形成，是区块内重要的储层类型。钻遇洞穴的井多出现大量钻井液漏失、钻具放空、溢流等工程异常，取心看见溶洞内充填物。玉科区块完钻井15口井中有14口井在奥陶系发生放空、漏失，表明本区大型洞穴非常发育。玉科区块内奥陶系碳酸盐岩储层的分布受一间房组层间岩溶控制，叠加断裂改造，横向上呈准层状分布特点。平面上，储层物性表现为沿走滑断裂带最发育、远离断裂带储层物性变差，主要受近北北东向、北东向走滑断裂控制，沿北北东向断裂尤为发育。储层总体厚度范围为0~85m，平均值为55m，整体表现为靠近断裂储层发育最厚、远离断裂储层变薄的特征，玉科2断裂带、玉科3断裂带储层较厚、物性较好，主要与该井区"串珠状"反射、杂乱反射发育有关。

**2. 流体性质**

由于更靠近满加尔凹陷生烃中心，受晚期（喜马拉雅期）气侵的影响，气油比自西向东明显增大，玉科2井区气油比平均值为408m$^3$/m$^3$，玉科3井区气油比平均值为2079m$^3$/m$^3$，呈"西油东气"的流体格局，与塔中油气田、轮古油气田类似。本次储量申报区西部的玉科2井区油气藏类型为油藏，玉科3井区油气藏类型为凝析气藏。

玉科2井区原油具有"轻质、低黏度、低含硫、低胶质+沥青质、高含蜡"特征。玉科区块天然气取样分析结果表明，玉科2井区单井天然气相对密度0.6567~0.7660，平均值为0.7023；甲烷含量72.02%~84.05%，平均值为78.95%；乙烷以上含量8.030%~15.975%，平均值为11.87%。氮气含量平均值为5.53%，二氧化碳含量平均值为2.71%，H$_2$S含量1.4~60mg/m$^3$，平均值为25.9mg/m$^3$。整体表现为非烃类含量较高的溶解气特征。

玉科3井流体成分中，$C_1$+$N_2$含量为88.996%，$C_2$—$C_6$+$CO_2$含量为8.156%，$C_{7+}$含量为2.848%，置于三角相图上，属于凝析气流体范围。对玉科3井流体PVT图分析，地层温度处于临界温度右侧，露点压力64.34MPa，地露压差12.25MPa，凝析油含量为196.979g/m$^3$，为中低凝析油含量的凝析气藏。气藏压力下气体偏差系数1.514，体积系数2.8929×10$^{-3}$。玉科101井流体成分中，$C_1$+$N_2$含量为67.32%，$C_2$—$C_6$+$CO_2$含量为12.75%，$C_{7+}$含量为19.93%，置于三角相图上，在挥发性原油范畴。在PVT图上，地层温度位于临界温度左侧，远离临界点；饱和压力42.63MPa，地饱压差大，达38.15MPa，原始气油比330m$^3$/m$^3$；地层条件下原油密度0.6018g/cm$^3$；黏度0.98mPa·s，原油体积系数1.8596，属未饱和油藏。

截至2019年9月30日，玉科探明储量申报区内完钻井9口，其中玉科2井区完钻井5口、试采井3口，玉科3井区完钻井4口、试采井2口。YK201H井于2016年8月13日投产，采用4mm油嘴生产，油压27.91MPa，日产油66t、日产气35820m$^3$，不含水；关井前采用4mm油嘴，油压24MPa，日产油77t、日产气39623m$^3$，不含水。YK202-H4井钻探强"串珠状"反射，目的层发生较严重的漏失现象，漏失钻井液2047.7m$^3$，揭示钻遇洞穴型+裂缝孔洞型储层。2019年2月26日投产，初期采用3mm油嘴，油压33.00MPa，日产油99t、日产气24495m$^3$，不含水。生产中压力与产量稳定生产一段时间后，台阶式下降到一定值内继续较稳定生产，初期不含水；一段时间后含水台阶式上升到一定值，然后一直稳定在中低含水阶段，变化小。截至2019年9月30日，累计产油1.08×10$^4$t，累计产气0.0395×10$^8$m$^3$，稳定生产气油比约为303m$^3$/t。

## 第二节 富满油田油层物理

富满油田奥陶系油气性质复杂多样，但流体性质特征具有相似性，油气具有沿走滑断裂带差异分布的特性。

## 一、原油性质及平面分布特征

### 1. 油气藏相态分类

流体 PVT 相态判别法及储层流体三角图判别法是判识划分油气藏类型的主要方法。流体 PVT 相态判别法利用 ACPTB 曲线、泡点线、露点线直观地反映油气于储层中的赋存状态，可将油气藏划分为气藏、凝析气藏、油气藏、挥发油藏及正常油藏。

储层流体三角图判识法可根据流体组分将其划分为三端元组分：轻质组分、中质组分及重质组分；其中轻质组分中包含甲烷与氮气，中质组分中含有二氧化碳、乙烷、丙烷、丁烷、戊烷和己烷等烷烃，重质组分主要由庚烷以上的烷烃气组成；依据油气藏流体三端元组成在三角判识图版上投点可将油气藏划分为凝析气藏、挥发油藏及正常油藏。

然而，在基础地质研究中，由于实验数据的不足也常用油气藏气油比、原油相对密度、天然气干燥系数等参数判别油气藏类型，该方法在塔里木盆地烃类相态判别中得到了广泛应用（表 5-2-1）。

表 5-2-1 油气藏相态类别及判识标准（据塔里木油田公司，2013）

| 油气藏相态类别 | | 原始气油比 / $m^3/m^3$ | 原油相对密度 |
| --- | --- | --- | --- |
| 大类 | 亚类 | | |
| 气藏 | 正常气藏 | > 12467 | 0.6 |
| | 凝析气藏 | 1425~12467 | 0.6~0.8 |
| 临界状态油气藏 | 含凝析油的凝析气藏 | 900~1425 | 0.76~0.82 |
| 油藏 | 轻质油藏 | 125~625 | 0.76~0.83 |
| | 常规油藏 | < 125 | 0.83~0.87 |
| | 重质油藏 | | > 0.87 |

本次研究中主要依据气油比、原油相对密度等参数辅以烃类三角图版判识法及流体 PVT 相态判别法判识富满油田地区油气藏类别，划分油气藏相态平面分布特征。

### 2. 原油性质及平面分布

根据富满油田地区 130 口井奥陶系油气藏流体数据分析，原油密度分布于 0.77~0.88g/$cm^3$ 之间，平均值为 0.82g/$cm^3$，原油 50℃ 下动力黏度介于 0.89~9.78mPa·s 之间，平均值为 2.3mPa·s，原油含蜡量分布于 0.2~19.8% 之间，均值为 11%，原油胶质+沥青质含量分布于 0~6.4% 之间，均值为 0.89%，原油硫含量介于 0~0.77% 之间，均值为 0.19%；原油密度与原油黏度、含蜡量、胶质+沥青质含量、含硫量具有较好的相关性（图 5-2-1）。总体而言富满油田地区原油具有"四低一高"特征：低密度、低黏度、低含蜡量、低含硫量、高含蜡量的轻质原油特征，但不同区块原油性质具有较大的差异。玉科、满深、果勒地区相较其他区块而言具有较低的原油密度、黏度、含蜡量、胶质+沥青质含量及含硫量，跃满及富源地区原油物性参数波动幅度较大，哈得地区具有较高的原油密度、黏度、含硫量、胶质+沥青质含量。

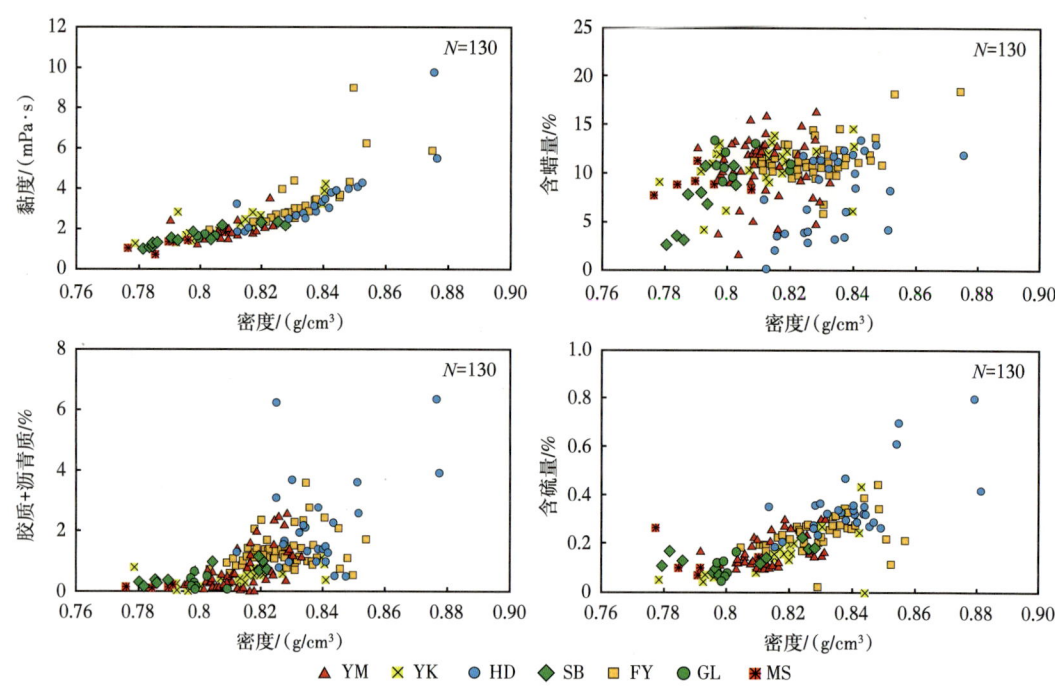

图 5-2-1　富满油田地区奥陶系原油性质交会图

从原油物性参数平面分布来看,富满油田地区自南向北、自东向西原油密度与含蜡量等物性参数呈增大趋势(图 5-2-2、图 5-2-3)。研究区油气具有沿走滑断裂富集特征,

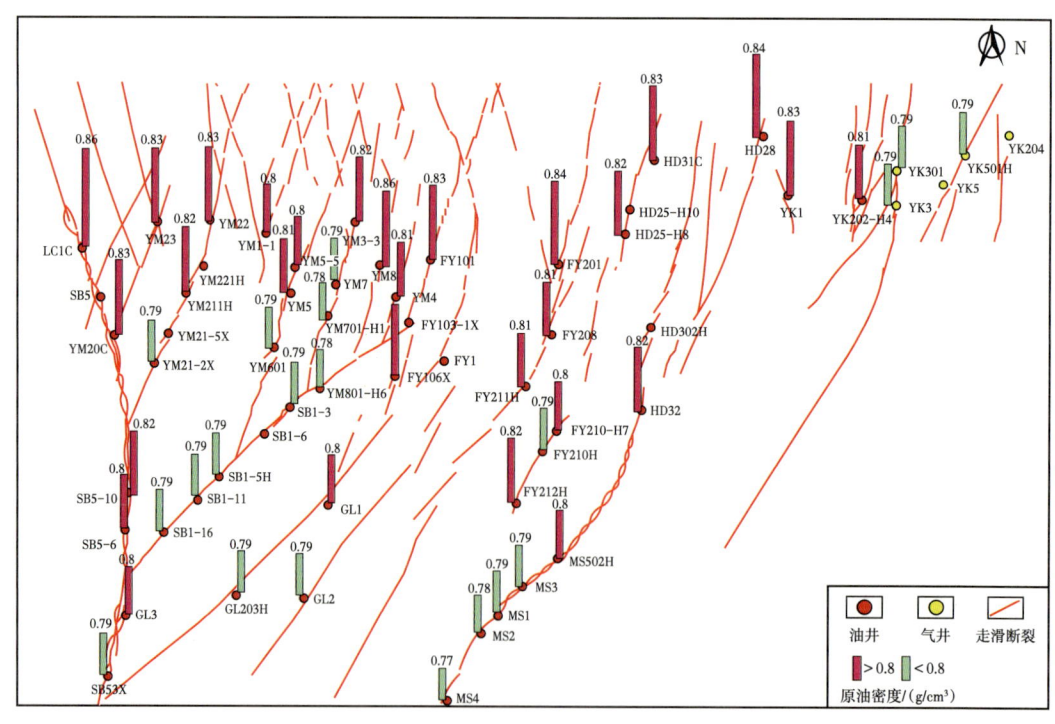

图 5-2-2　富满油田地区奥陶系原油密度平面分布图

根据柱状图分析，不同走滑断裂间原油密度及含蜡量等参数存在显著差异，顺北1号断裂带、顺北5号断裂带南部（SB53X）、满深断裂带、玉科3号断裂带及5号断裂带具有较低的原油密度，原油密度低于0.8g/cm³，原油含蜡量低于11.5%。沿走滑断裂带，原油密度与原油含蜡量自南向北呈规律性变化；如满深区块，从南部MS4井开始至北部HD32井，原油密度从0.77g/cm³增加至0.82g/cm³，原油含蜡量从7.5%增加至11.8%，但部分走滑断裂带内原油物性参数变化并无规律，呈突然减小或增大趋势，如跃满地区走滑断裂带（图5-2-2、图5-2-3）。

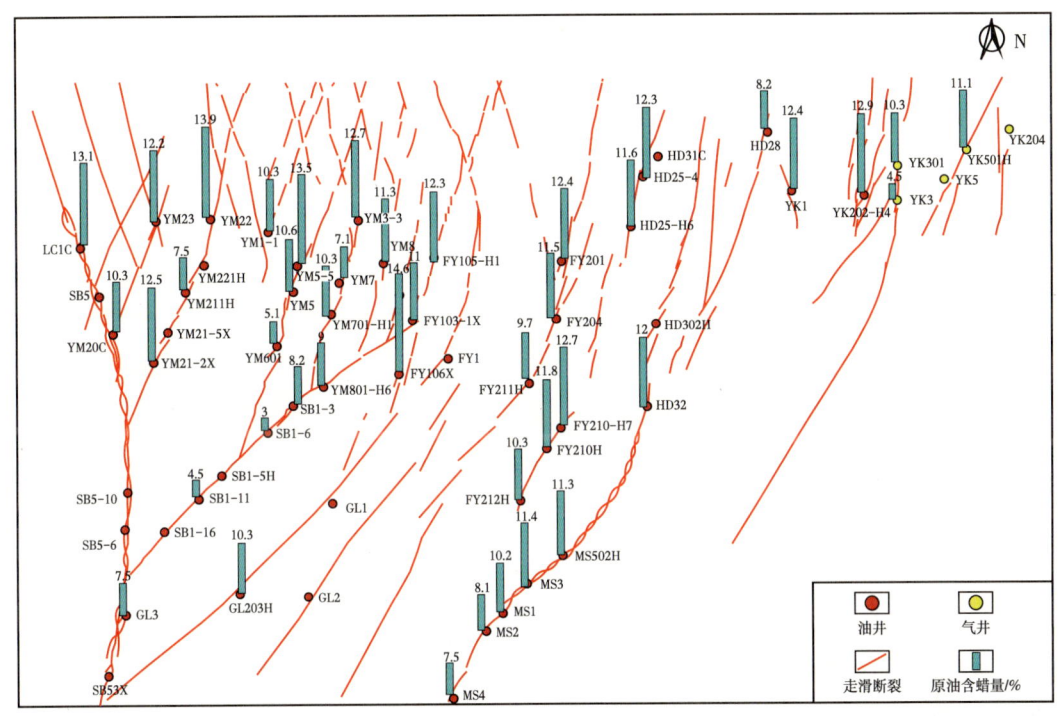

图5-2-3 富满油田地区奥陶系原油含蜡量平面分布图

## 二、天然气性质及平面分布特征

根据富满油田地区奥陶系油气藏天然气分析数据及初始气油比数据显示，天然气干燥系数分布于0.48%~0.98%之间，平均值为0.75%，天然气中氮气含量介于0.67%~24.7%之间，平均值为6.5%，二氧化碳含量分布于0.1%~9.6%之间，平均值为1.94%，硫化氢含量介于0.001%~1.25%之间，平均值为0.12%，油气藏初始气油比（GOR）分布于46~3405m³/m³之间，均值为361m³/m³；天然气干燥系数与氮气含量、气油比数据具有较好的相关性，与硫化氢、二氧化碳含量相关性较差；随着干燥系数的增大，氮气含量呈减小趋势，而气油比呈增大趋势（图5-2-4）。总体而言富满油田地区奥陶系油气藏中天然气干燥系数等参数变化较大，干气与湿气并存。玉科、满深、果勒地区相较其他区块而言，具有较低的氮气含量、较高的气油比及干燥系数，值得注意的是玉科地区天然气干燥系数分布于0.73%~0.98%，平均值为0.89%，气油比最高可达3405m³/m³，该区块天然气大部分表现为干气特征。

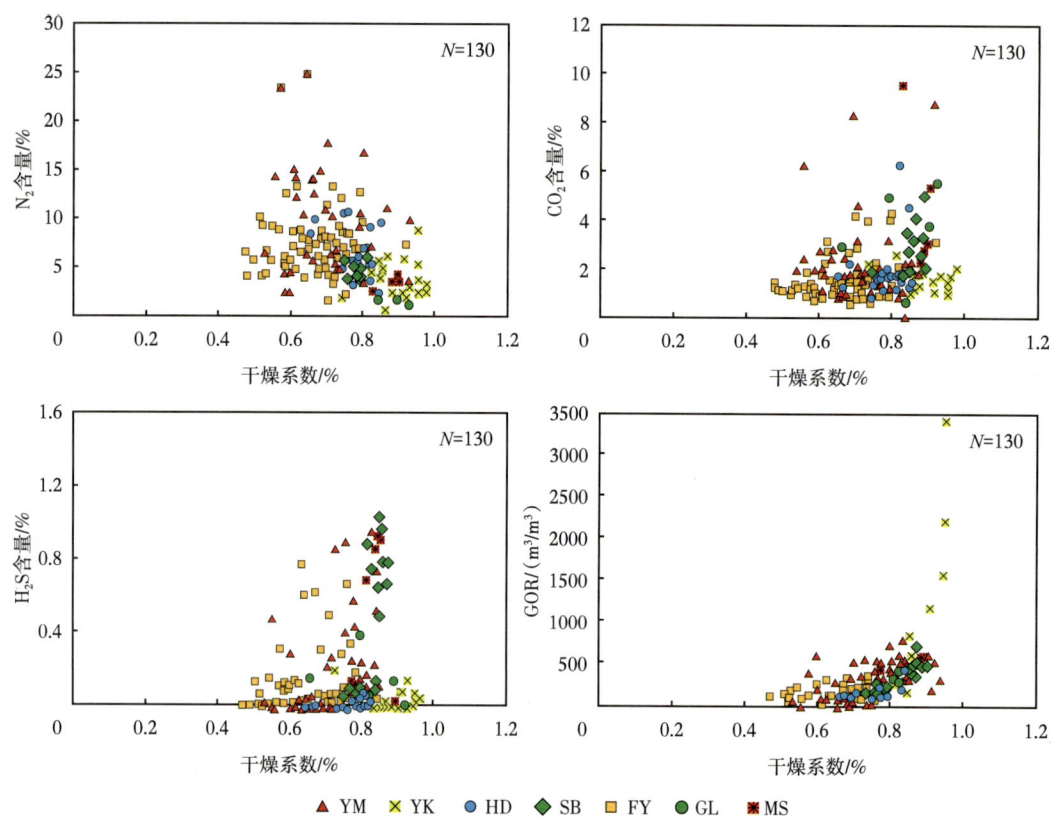

图 5-2-4　富满油田地区奥陶系天然气性质交会图

从天然气分析数据及气油比参数平面分布来看，富满油田地区自南向北、自东向西天然气干燥系数与气油比呈增大趋势，玉科地区具有最高的气油比及天然气干燥系数，指示出富满油田奥陶系东气西油的分布格局（图5-2-5、图5-2-6）。同原油物性分布规律类似，不同走滑断裂间天然气干燥系数、硫化氢含量及气油比等参数存在显著差异，顺北1号断裂带、顺北5号断裂带南部与满深断裂带具有较高的气油比、干燥系数及硫化氢含量，天然气干燥系数大于0.8%，气油比高于350$m^3/m^3$，硫化氢含量大于2200μg/g。沿走滑断裂带，天然气干燥系数与气油比数据自南向北呈规律性变化；如满深断裂带、顺北5号断裂带；同样，顺北1号断裂带等部分断裂带此规律并不明显，气油比数据呈北高南低的趋势（图5-2-5至图5-2-7）。

综上分析，结合PVT烃类三角图版判识法及流体PVT相态判别法可划分出富满油田地区奥陶系油气藏平面展布特征，研究区凝析气藏、挥发油气藏、正藏油藏等多相态油气藏共存（图5-2-8）。从油气藏平面分布来看，富满油田地区奥陶系油气沿走滑断裂带富集，具有东气西油的分布格局，玉科3—玉科5区块发育凝析气藏，其余区块整体富油。需要注意的是，不同走滑断裂带间发育不同类型的油气藏，区域内满深断裂带、顺北1号断裂带、顺北5号断裂带南部发育挥发油藏，原油密度小于0.8g/$cm^3$，气油比普遍大于400$m^3/m^3$，顺北53X区块气油比高达805$m^3/m^3$，PVT烃类判识图版分析指示其为凝析气藏。

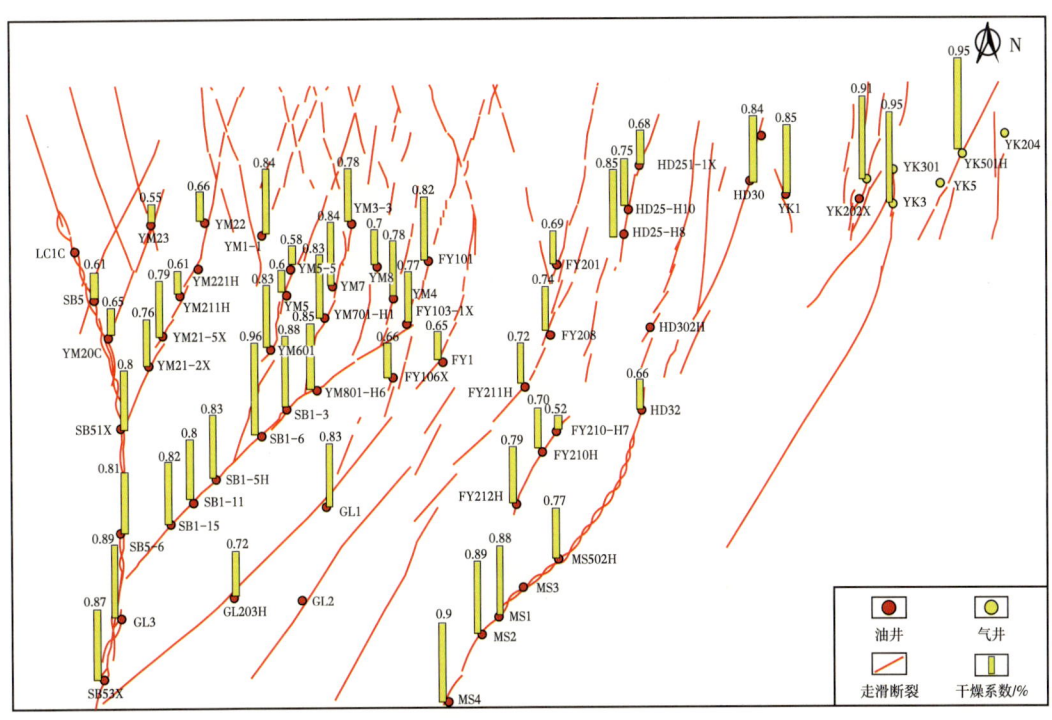

图 5-2-5 富满油田地区奥陶系天然气干燥系数分布图

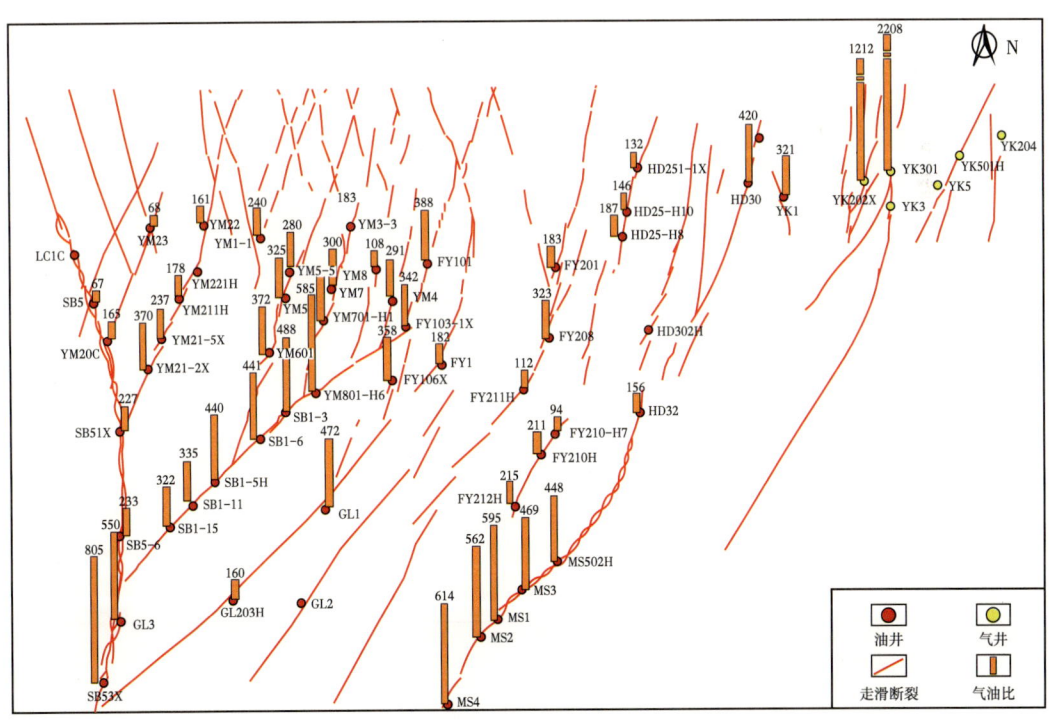

图 5-2-6 富满油田地区奥陶系气油比数据分布图

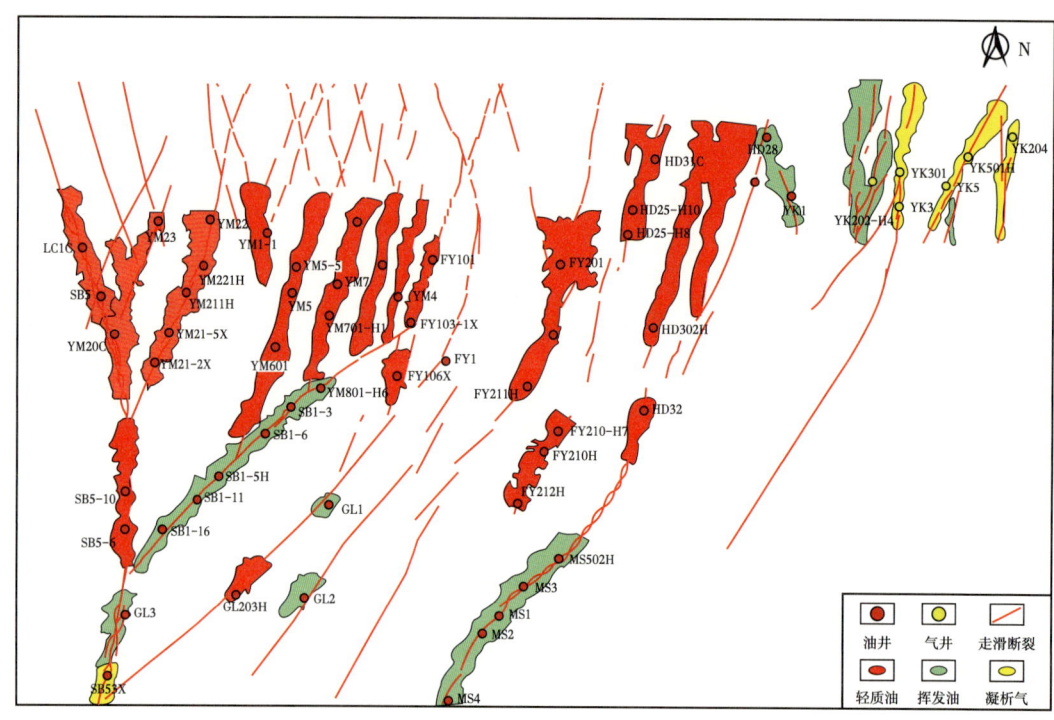

图 5-2-7 富满油田地区奥陶系油气分布图

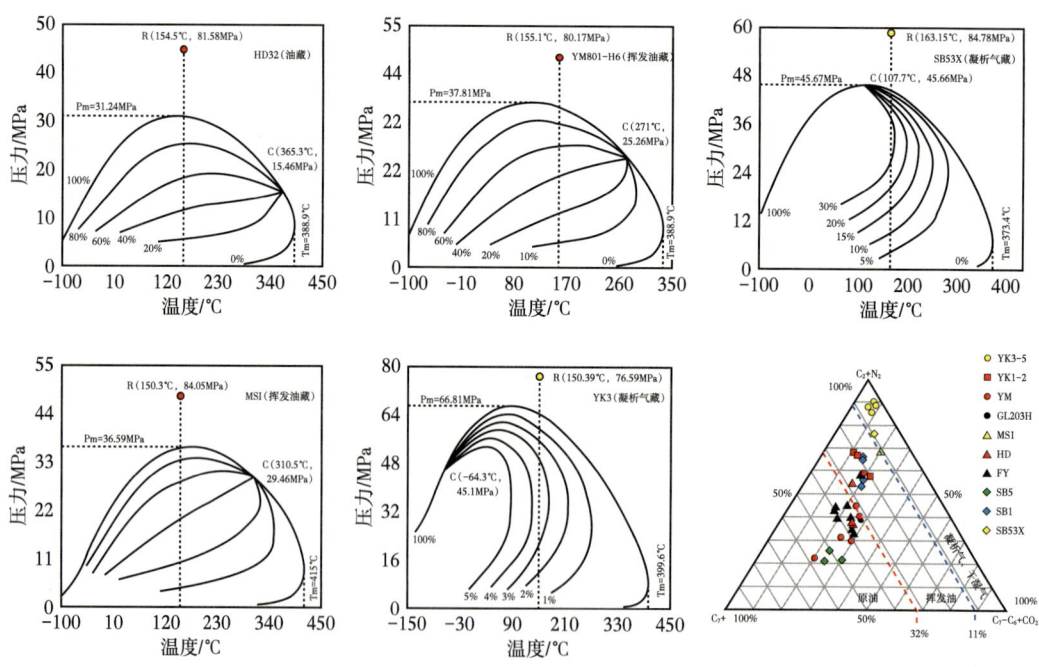

图 5-2-8 富满油田地区奥陶系油气藏相态平面分布图及典型井相态特征

## 第三节　富满油田地球化学特征

富满油田油气地球化学特征与成因相似，具有寒武系油源特征，天然气以原油裂解气为主。

### 一、原油地球化学特征及成因

塔里木盆地下古生界存在两套烃源岩，分别为寒武系—下奥陶统烃源岩、中—上奥陶统烃源岩，台盆区海相油气来源素有争议，主力烃源岩认识不清（张水昌，2002；孙永革，2004；Cai et al.，2009；朱光有，2011）。本次研究从原油地球化学特征入手，从原油族组分、生物标志化合物、芳香烃化合物、轻烃分子等方面判识富满油田地区下古生界主力烃源岩。

**1. 原油族组分特征**

对富满油田地区奥陶系原油族组分的分析表明，原油族组分中饱和烃含量远高于其他组分，且分布较为集中，其含量介于60.52%~87.58%，平均值为78.17%；芳香烃含量介于4.15%~21.66%，平均值为11.6%；非烃+沥青质含量极低，含量介于0.6%~12.5%，平均值为3.42%，饱芳比分布于3.10~20.52之间，平均值为8。分区块来看，果勒与满深地区饱和烃含量较高，均值达到83%以上，玉科区块饱和烃含量变化较大，跃满、富源区块饱和烃含量值较为接近，其中位于顺北1号断裂带的YM801-H6井具有最高的饱和烃含量，其值为85.24%；相比而言，哈得区块饱和烃含量较低，均值为69.6%，原油族组分特征与原油物性具有良好的对应关系（表5-3-1）。整体来看，富满油田地区奥陶系原油族组分具有"两低一高"的特征，即较低的芳香烃含量、非烃+沥青质含量，较高的饱和烃含量，指示富满油田地区原油具有较高的成熟度，也指示富满油田地区原油来源较为一致（图5-3-1）。

表 5-3-1　富满油田地区奥陶系原油族组分数据分析表

| 区块 | 层位 | 项目 | 饱和烃/% | 芳香烃/% | 非烃+沥青质/% | 饱芳比 |
|---|---|---|---|---|---|---|
| 跃满 | $O_2y$ | 最小值 | 70.30 | 6.36 | 1.40 | 3.75 |
| | | 最大值 | 85.24 | 18.76 | 7.03 | 13.30 |
| | | 平均值 | 79.24 | 10.56 | 3.07 | 8.27 |
| 富源 | $O_2y$ | 最小值 | 67.53 | 10.60 | 1.30 | 3.48 |
| | | 最大值 | 83.71 | 19.62 | 9.67 | 5.85 |
| | | 平均值 | 75.95 | 13.76 | 3.94 | 7.88 |
| 哈得 | $O_2y$ | 最小值 | 60.52 | 12.07 | 3.90 | 3.10 |
| | | 最大值 | 75.47 | 21.66 | 12.5 | 6.25 |
| | | 平均值 | 69.60 | 17.53 | 5.57 | 4.10 |

续表

| 区块 | 层位 | 项目 | 饱和烃/% | 芳香烃/% | 非烃+沥青质/% | 饱芳比 |
|---|---|---|---|---|---|---|
| 玉科 | $O_2y$ | 最小值 | 68.17 | 4.37 | 1.18 | 3.95 |
| | | 最大值 | 87.58 | 17.24 | 6.58 | 20.00 |
| | | 平均值 | 81.29 | 9.41 | 9.41 | 10.00 |
| 果勒 | $O_2y$ | 最小值 | 82.23 | 4.15 | 1.08 | 6.70 |
| | | 最大值 | 85.19 | 12.42 | 3.89 | 20.52 |
| | | 平均值 | 83.91 | 8.61 | 2.15 | 11.16 |
| 满深 | $O_2y$ | 最小值 | 80.50 | 5.36 | 0.60 | 10.39 |
| | | 最大值 | 87.06 | 7.75 | 1.77 | 16.24 |
| | | 平均值 | 84.60 | 6.57 | 1.29 | 13.20 |

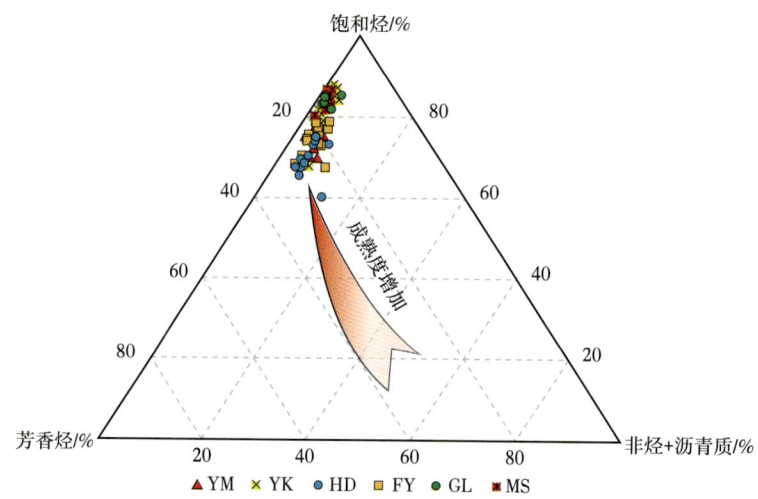

图 5-3-1 富满油田地区奥陶系原油族组分分布特征图

### 2. 生物标志化合物组成及特征

原油饱和烃色谱—质谱的分析显示，富满油田地区奥陶系原油中生物标志化合物丰富。萜烷化合物分布特征（特征离子为 $m/z=191$）显示，原油中三环萜烷相对丰度较高，其中 $C_{23}$ 三环萜烷（$C_{23}TT$）相对丰度最高，$C_{21}$ 三环萜烷（$C_{21}TT$）次之，但部分样品中 $C_{20}$ 三环萜烷（$C_{20}TT$）具有相对较高的丰度，$C_{22}TT/C_{21}TT$ 相对含量的比值介于 0.25~0.46，$C_{24}TT/C_{23}TT$ 相对含量的比值介于 0.51~0.78，分布较为集中，指示原油来源较为一致，与轮探 1 井寒武系原油及烃源岩三环萜烷分布特征类似。Zumber 等（1981）的研究表明原油中较高的 $C_{20}TT$ 可能由高等植物的贡献导致，也可能由三环萜烷和二环倍半萜烷烃的侧链断裂生成，而 $C_{23}TT$ 等主要来源于低等藻类生物，因此部分样品中较高的 $C_{20}TT$ 的含量可能由三环萜烷烷基侧链断裂而导致。富满油田地区奥陶系原油中五环萜烷相对丰度较低，质量色谱图中以 $C_{30}$ 藿烷（$C_{30}H$）为主峰，升藿烷系列化合物（$C_{30}$—$C_{35}$）呈递减趋势，指示其生烃母质主要为低等水生藻类，分布特征与轮探 1 井寒武系原油及烃源岩相似，需要注意的是藿烷系列化合物极易受到热成熟作用的影响,高成熟作用下藿烷化合物会逐渐消失(Peters et al.,2005),如轮探 1 井寒武系原油中并未检测到 $C_{31}$—$C_{35}$ 等升藿烷系列化合物。

甾烷系列化合物中(特征离子为 $m/z=217$),富满油田地区奥陶系原油中孕甾烷($C_{21}P$)及升孕甾烷($C_{22}P$)含量丰富,规则甾烷中 $C_{27}\alpha\alpha R$ 规则甾烷 > $C_{28}\alpha\alpha R$ 规则甾烷 < $C_{29}\alpha\alpha R$ 规则甾烷,呈倒"V"形分布特征,与轮探 1 井烃源岩及寒武系原油分布特征一致(图 5-3-2)。整体而言,富满油田地区奥陶系原油中甾萜烷分布特征较为一致,与轮探 1 井寒武系玉尔吐斯组烃源岩及原油具有相似性,指示原油来源较为一致,生烃母质主要为低等藻类生物。

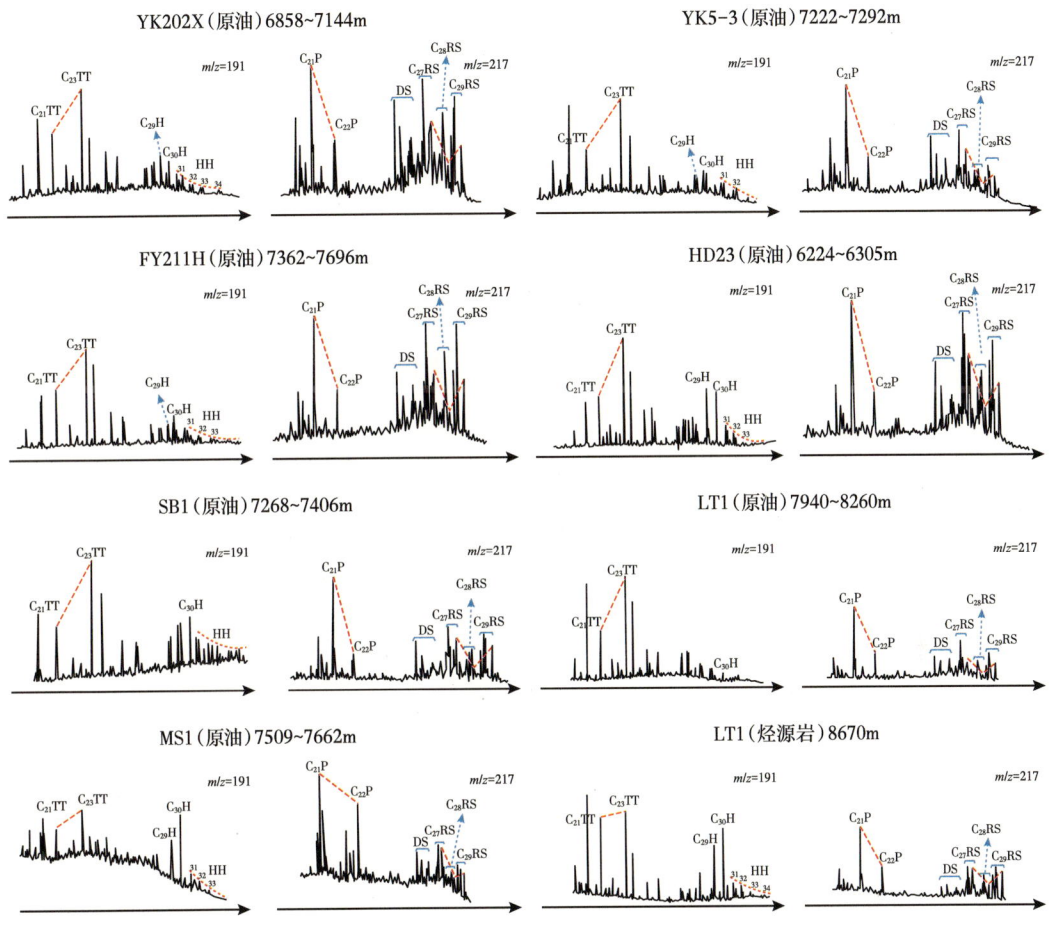

图 5-3-2 富满油田地区奥陶系原油饱和烃色谱—质谱图

类异戊二烯化合物姥鲛烷(Pr)、植烷(Ph)由于对成岩环境异常敏感,因此可作为分析生烃母质沉积环境的有效参数,此外,原油中 $C_{29}/C_{27}\alpha\alpha R$ 甾烷的比值可反应生烃母质类型(Connan et al.,1980;Peters et al.,2019)。$Pr/nC_{17}$ 及 $Ph/nC_{18}$ 的关系图指示,富满油田地区奥陶系原油生烃母质为腐泥型干酪根,沉积环境为还原环境 [图 5-3-3(a)],原油中 Pr/Ph 值分布于 0.53~1.5 之间,$C_{29}/C_{27}\alpha\alpha R$ 比值介于 0.19~2.88 之间,根据 Peters 提出的划分依据,研究区生烃母质沉积环境介于咸水强还原环境—淡水弱还原环境之间,生烃母质主要以低等水生生物藻类为主［图 5-3-3(b)］。

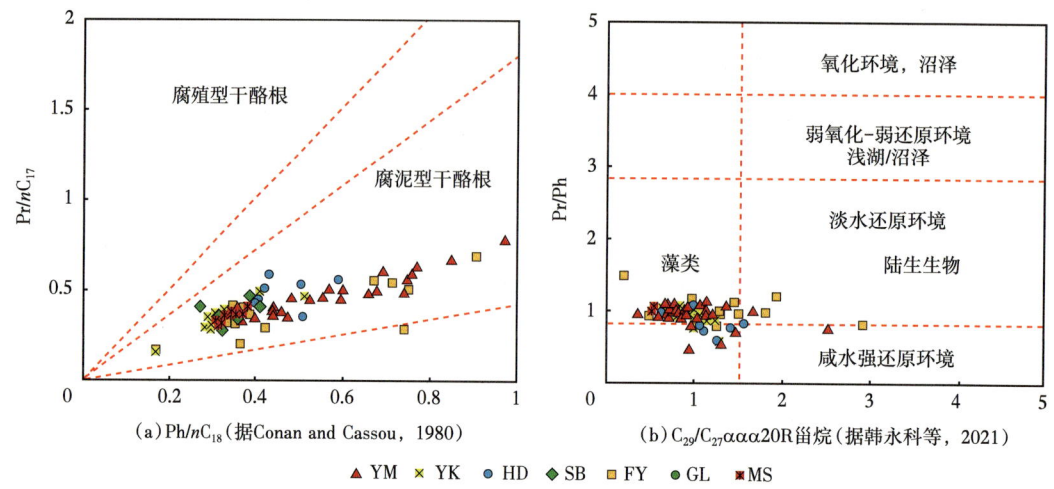

图 5-3-3　富满油田地区奥陶系原油 $Pr/nC_{17}$-$Ph/nC_{18}$、$Pr/Ph$-$C_{29}/C_{27}\alpha\alpha\alpha R$ 交会图

### 3. 芳香烃化合物组成及特征

芳香烃类化合物中，二苯并噻吩（硫芴）、二苯并呋喃（氧芴）、芴三类化合物由于具有相同的分子结构可能由相同的前驱物产生，因此常用于判识生烃母质的沉积环境（Chakhmakhchev et al.，1995）。Hughes 的研究表明硫芴化合物（DBT）、氧芴化合物（DBF）分别指示缺氧沉积环境及富氧沉积环境（Hughes，1984；Hughes et al.，1995）。富满油田地区奥陶系原油中氧芴含量极低，含量仅占三芴含量中的 0.6%~7.2%，硫芴化合物含量最高，占比 38.95%~78.92%，芴含量占比 22%~58%，指示其生烃母质为缺氧沉积环境［图 5-3-4(a)］。分区块来看，顺北、跃满、满深、果勒区块硫芴含量相对较高，满深 1 井硫芴含量高达 78%，顺北地区硫芴含量分布于 50%~80% 之间，顺北 1 号断裂带原油富含硫芴化合物，顺北 5 号断裂带北部相对贫含硫芴化合物，哈得地区及玉科地区含硫芴化合物含量较低，分布于 38.95%~62.6% 之间，平均值为 49.49%。

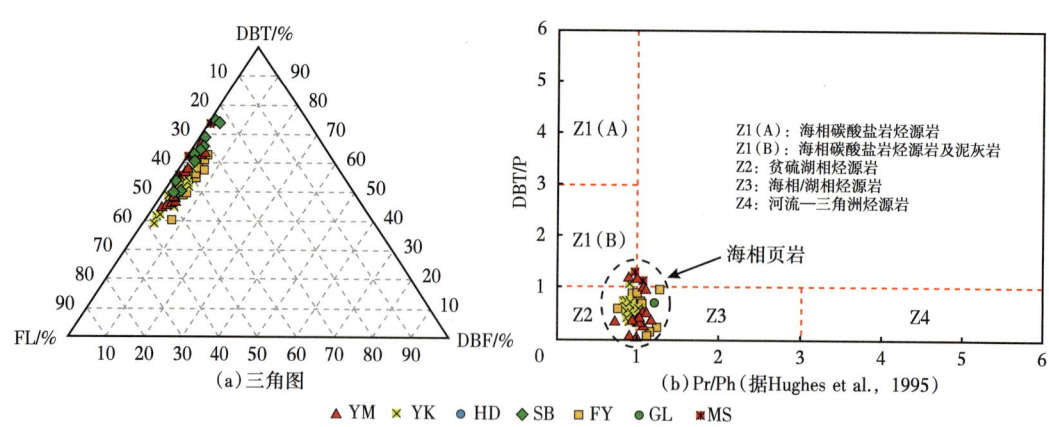

图 5-3-4　富满油田地区奥陶系原油三芴系列化合物三角图及 $Pr/Ph$ 与 DBT/P 交会图

二苯并噻吩/菲（DBT/P）与Pr/Ph的交会图版同样可以判别烃源岩的沉积环境（Hughes et al，1995）。富满油田地区奥陶系原油中DBT/P比值为0.03~1.28，平均值为0.05，样品点数据多处于Z2与Z3之间，即贫硫湖相烃源岩—海相页岩之间，结合区域地质背景分析，塔里木盆地下古生界并不存在湖相烃源岩，因此富满油田地区奥陶系原油生烃母质主要为海相页岩［图5-3-4（b）］。

#### 4. 原油轻烃分子组成及特征

原油中轻烃分子指碳数为$C_1$—$C_{14}$的烃类化合物，在原油中大量存在，蕴含着大量的地球化学信息，被广泛应用于油源对比、油气藏次生蚀变作用及原油成熟度评价（Thompson，1979；戴金星，1993；王详等，2008b，王培荣等，2013）。富满油田地区奥陶系超深层油藏中轻质油藏与凝析油藏共存，而甾萜烷等生物标志化合物容易受到成熟度等次生蚀变作用的影响，难以提供准确的地球化学信息，因此，对富满油田地区奥陶系原油中轻烃分子的研究无疑具有重要意义。

根据Mango提出的轻烃催化理论，同一烃源岩生成的原油在任何成熟度阶段均具有相同的$K_1$值，其中$K_1$=（2-甲基己烷+2,3-二甲基戊烷）/（3-甲基己烷+2,4-二甲基戊烷），为进一步发展其理论，Mango随后提出了$P_2$、$P_3$、$N_2$等一系列参数，$P_2$与$N_2/P_3$及$P_3$与$N_2+P_2$交会图常用于判识不同类型的油组（Mango，1987，1990，1992，1994，1997；ten Haven et al.，1996）。对富满油田地区奥陶系原油的分析表明，$N_2/P_3$与$P_2$、$P_3$与$N_2+P_2$均具有良好的线性关系，指示原油来源基本一致（图5-3-5）。

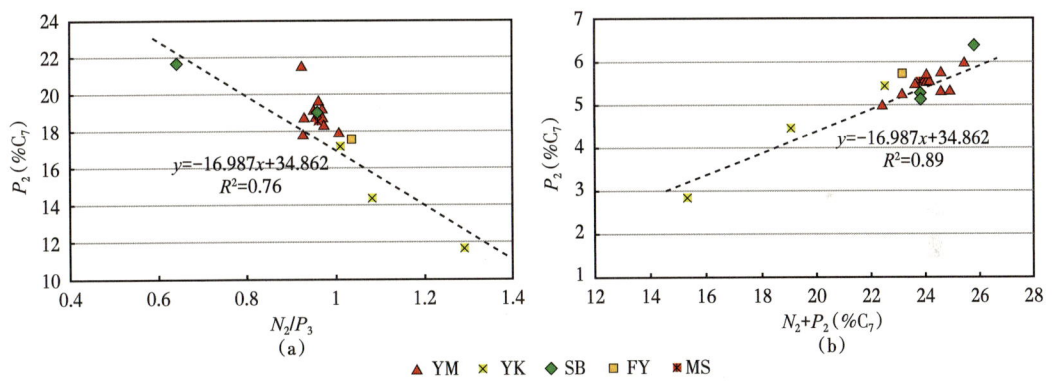

注：$P_2$=2-甲基己烷+3-甲基己烷，$P_3$=3-乙基戊烷+3,3-二甲基戊烷+2,2-二甲基戊烷+2,3-二甲基戊烷+2,4-二甲基戊烷+2,2,3-三甲基丁烷；$N_2$=1,1-二甲基环戊烷+1,3-（顺+反）-二甲基环戊烷

图5-3-5 富满油田地区奥陶系原油$N_2/P_3$与$P_2$（a）、$P_3$与$N_2+P_2$（b）交会图

原油中$C_7$系列化合物常用于划分原油生烃母质的沉积环境及来源。Dai提出以正庚烷（$nC_7$）、二甲基环戊烷（ΣDMCP）、甲基环己烷（MCH）的相对含量常用以划分生烃母质沉积环境及来源（Dai，1992）；ten Havenc提出利用二甲基环戊烷（ΣDMCP）、甲苯+甲基环己烷（Tol+MCH）、（2-+3-）甲基己烷（2-+3-MH）的相对含量划分生烃母质来源（ten Haven et al.，1996）。图版判识显示，富满油田地区奥陶系原油均为海相原油，原油中$nC_7$含量最高，指示生烃母质为低等水生生物：藻类、细菌等有机质（图5-3-6）。

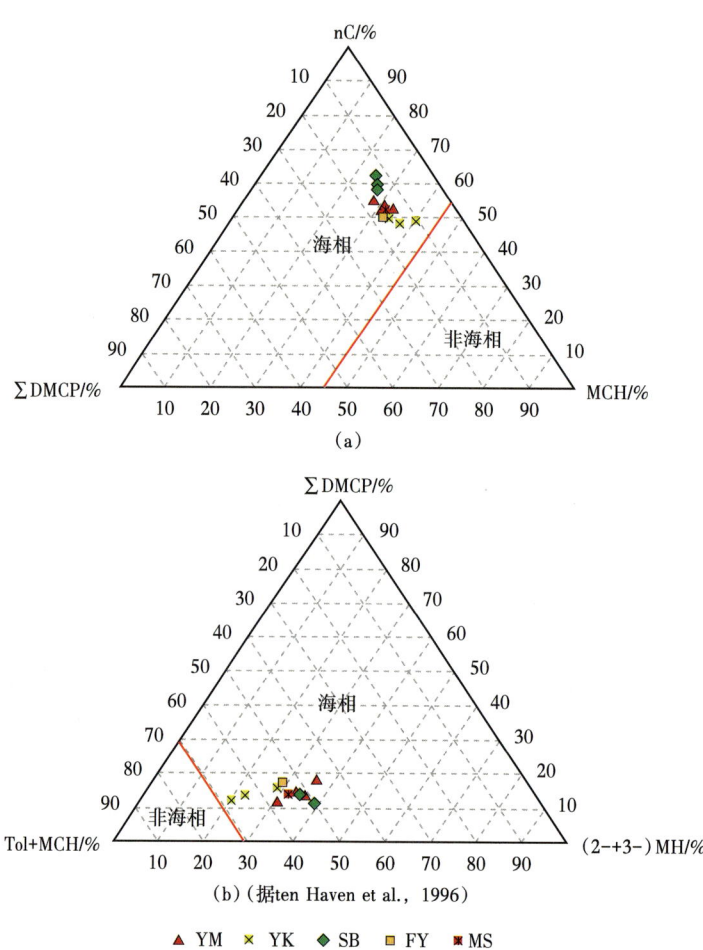

图 5-3-6　富满油田地区奥陶系原油 $C_7$ 系列轻烃组成三角图

同样，由于正庚烷值与异庚烷值参数受到生烃母质的强烈影响，也常用于判别干酪根类型（Thompson，1983；Wang et al.，2010）。数据分析表明，富满油田地区奥陶系原油正庚烷值分布于 34.00~39.68 之间，异庚烷值介于 1.84~3.91，正庚烷值较高，图版判识表明研究区干酪根类型为腐泥型 [图 5-3-7（a）]。对 $C_5$—$C_7$ 轻烃分子的分析表明，富满油田地区奥陶系原油中具有较高的正己烷、正戊烷、正庚烷含量，三角图版中原油样品点分布较为一致 [图 5-3-7（b）]，指示原油来源相同（song，2016，2019）。

前人研究表明，轻烃指纹分析为油气源的对比的有效手段（王海清等，1991；唐艳等，2001；张居和等，2006）。分析显示，富满油田奥陶系原油轻烃参数分布趋势基本一致，指示富满油田奥陶系原油同源，值得注意的是，富满油田地区轻烃指纹参数分布与塔中地区奥陶系原油相似，指示两者具有相同的来源，而同台盆区中—上奥陶统烃源岩轻烃指纹参数分布趋势并不相同，指示富满油田奥陶系原油来源并不是前期研究所认为的中—上奥陶统烃源岩（图 5-3-8）。

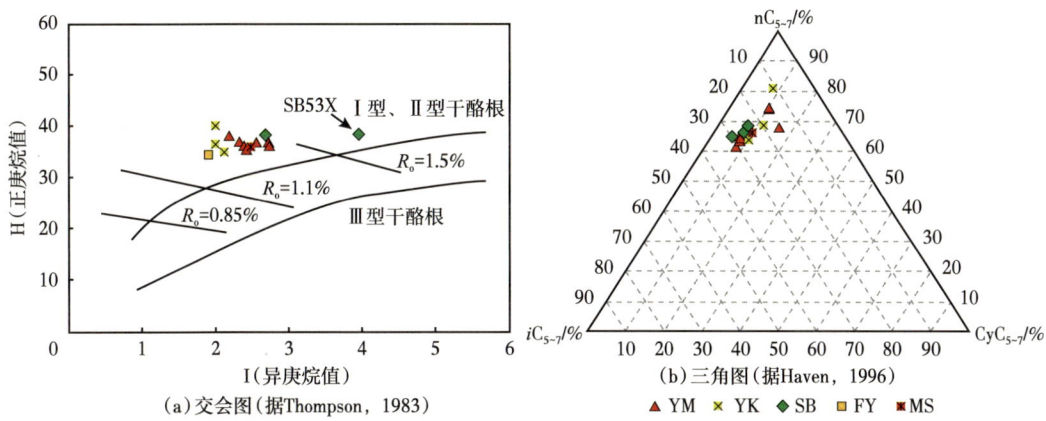

图 5-3-7 富满油田地区奥陶系原油庚烷值与异庚烷值交会图（a）及 $C_{5-7}$ 化合物三角图（b）

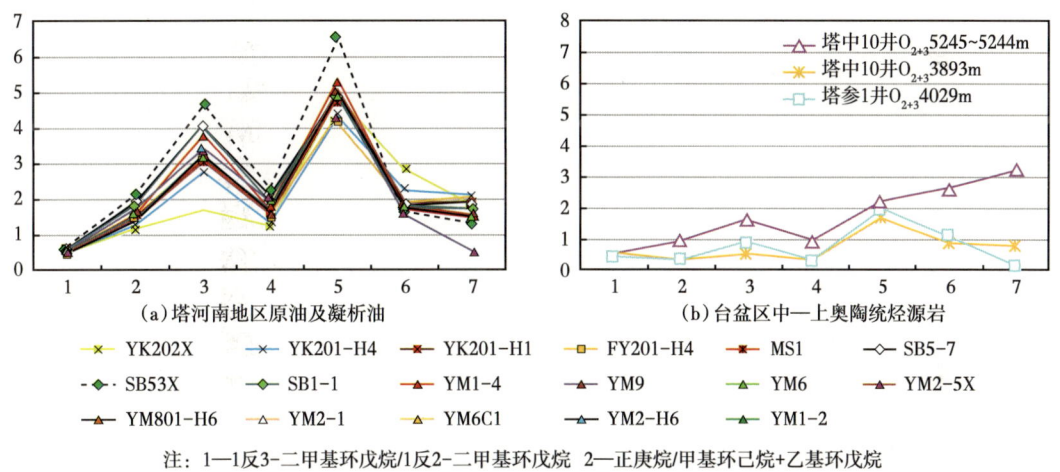

注：1—1反3-二甲基环戊烷/1反2-二甲基环戊烷　2—正庚烷/甲基己烷+乙基戊烷
3—正己烷/2,2二甲基丁烷+甲基环戊烷　4—正庚烷/甲基己烷　5—3-甲基己烷/1顺3-二甲基环戊烷
6—正庚烷/2-甲基己烷+3-甲基己烷　7—正辛烷/2-甲基庚烷+3-甲基庚烷

图 5-3-8　富满油田地区奥陶系原油与台盆区奥陶系烃源岩轻烃指纹对比图
（中—上奥陶统烃源岩数据来源于王廷栋等，2002）

通过以上大量生物标志化合物参数、芳香烃化合物参数及轻烃分子参数的分析表明，富满油田地区奥陶系原油来源相同，生烃母质沉积环境为海相还原环境，干酪根类型主要为腐泥型干酪根；轻烃指纹参数对比指示富满油田地区原油并非主要来自中—上奥陶统烃源岩；此外，台盆区原油中监测到了大量的指示生烃母质为厌氧、强还原环境的芳基类异戊二烯化合物，说明台盆区原油主要来源于下寒武统烃源岩玉尔吐斯组，但需要注意的是芳基类异戊二烯化合物易受热成熟度的影响，高温环境下易裂解，因此富满油田地区原油中并未检测到丰富的该类化合物，油藏埋深较浅的塔中与塔北哈拉哈塘油田均检测到了丰富的该类化合物（Sun et al.，2003）；蔡春芳等通过原油硫同位素的对比，也指示台盆区原

油来自寒武系烃源岩（蔡春芳等，2007；Cai et al.，2009），李峰等对此进行了补充，富满油田地区富源 202 井、富源 205 井原油噻吩单体烃硫同位素数据与玉尔吐斯组烃源岩硫同位素数据具有良好的对应关系（李峰等，2021），指示富满油田地区原油主要来源于下寒武统烃源岩玉尔吐斯组。

从油气勘探进展来看，塔里木盆地台盆区油气勘探历经三十多年，并未钻遇高丰度奥陶系烃源岩，对奥陶系 9680 余件泥岩及泥灰岩样品的 TOC 的测试指示其 TOC 含量大部分低于 0.41%，只有少部分大于 0.5%。结合地震资料分析，奥陶系烃源岩分布整体比较局限，下奥陶统烃源岩黑土凹组主要发育在满加尔坳陷，厚度约 50m，中—上奥陶统烃源岩于塔中地区及满加尔坳陷局部发育（图 5-3-9）；由此可知，奥陶系烃源岩整体分布局限且 TOC 含量较低，生烃潜力有限，不足以形成塔河、顺北、富满等超亿吨级大油田，此外，轮探 1 井、中深 1 井等寒武系钻井的突破均揭示下寒武统烃源岩玉尔吐斯组为台盆区优质烃源岩，综合分析认为，富满油田地区油气主要来源于下寒武统烃源岩。

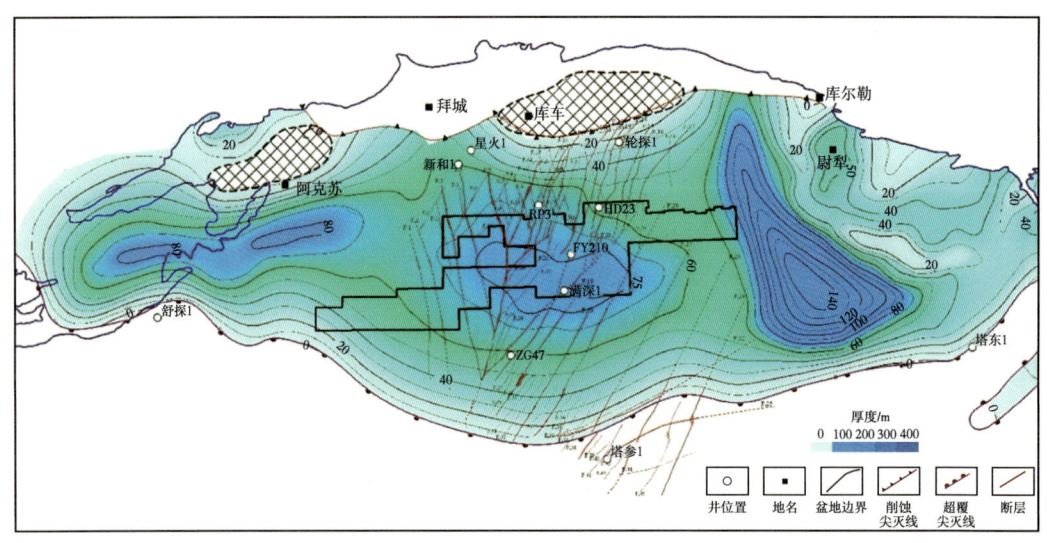

图 5-3-9 塔里木盆地北部下寒武统烃源岩厚度图

## 二、天然气地球化学特征及成因

前人已对于富满油田地区不同区块的天然气碳同位素特征及成因进行了大量论证（Zhang et al.，2012，2018；Li et al.，2020；Zhu et al.，2020；Chen et al.，2021；马安来等，2021），但缺乏整体性研究，本文在前人研究的基础上对天然气碳同位素数据进行了补充，并综合各区块及相邻油气田数据对富满油田地区奥陶系天然气地球化学特征及成因进行系统性研究。

富满油田地区奥陶系天然气碳同位素值变化区间较大（表 5-3-2）。$\delta^{13}C_1$ 值分布于 $-52.3‰\sim-34.2‰$ 之间，$\delta^{13}C_2$ 值分布于 $-39.3‰\sim-31.7‰$ 之间，$\delta^{13}C_3$ 值分布于 $-35.6‰\sim-30.6‰$ 之间，$\delta^{13}C_4$ 值分布于 $-34.7‰\sim-29‰$ 之间。分区块来看，玉科地区具有较重的天然气碳同位素值，$\delta^{13}C_1$ 值分布于 $-45.4‰\sim-34.2‰$ 之间，变化区间较大，其余区块天然气碳同位素基本相近。

表 5-3-2 富满油田地区奥陶系天然气碳同位素组成

| 井号 | 深度 /m | $\delta^{13}$C/‰（VPDB） | | | | 井号 | 深度 /m | $\delta^{13}$C/‰（VPDB） | | | |
|---|---|---|---|---|---|---|---|---|---|---|---|
| | | $CH_4$ | $C_2H_6$ | $C_3H_8$ | $C_4H_{10}$ | | | $CH_4$ | $C_2H_6$ | $C_3H_8$ | $C_4H_{10}$ |
| YM701 | 7243~7334 | -44.1 | -35.6 | | | SB1-3CH*[4] | 7274~7358 | -44.7 | -33.3 | -30.8 | -29 |
| YM2-1*[1] | 7324~7507 | -45.9 | -35.7 | | | SB1*[4] | 7270~7320 | -44.7 | -33.1 | -30.8 | -29.8 |
| YM1 | 7221~7289 | -47.3 | -35.1 | -32.0 | | SB1CX*[4] | 7268~7319 | -46.0 | -34.4 | -32.1 | -31.4 |
| YM2 | 7153~7203 | -51.4 | -38.2 | -33.3 | | SB1-23*[4] | 7495~8070 | -48.1 | -34.8 | -32.3 | -32.0 |
| YM3 | 6799~7040 | -52.3 | -36.7 | -32.7 | | SB1-4*[4] | 7459~7562 | -47.0 | -33.8 | -31.2 | -29.4 |
| HD23 | 6253~6440 | -44.7 | -36.0 | -33.5 | | SB1-11*[4] | 7572~7737 | -46.6 | -34.1 | -32.0 | -31.4 |
| HD24*[2] | 6314~6451 | -46.5 | -36.1 | -33.1 | -31.9 | SB1-14*[4] | 7589~7710 | -48.8 | -34.7 | -32.2 | -31.5 |
| HD25*[2] | 6818~7026 | -47.2 | -36.8 | -34.0 | -32.7 | SB1-9*[4] | 7373~7360 | -46.4 | -34.2 | -31.9 | -31.2 |
| HD26*[2] | 6417~6489 | -47.1 | -36.5 | -33.7 | -32.8 | SB1-8*[4] | 7416~7572 | -47.2 | -33.8 | -31.2 | -30.7 |
| HD261*[3] | 6339~6434 | -47.5 | -37.4 | -34.3 | -31.3 | SB5-4*[4] | 7393~7480 | -49.2 | -39.1 | -35.1 | -33.1 |
| HD27*[3] | 6226~6375 | -45.7 | -36.9 | -34.1 | -31.3 | SB5*[4] | 7314~7650 | -48.9 | -39.3 | -35.6 | -33.4 |
| HD30*[3] | 6489~6540 | -44.5 | -37.9 | -35.5 | -32.9 | SB5-2*[4] | 7460~7527 | -49.0 | -37.7 | -34.1 | -32.2 |
| HD301*[3] | 6411~6440 | -44.9 | -37.1 | -34.5 | -32.2 | SB51X*[4] | 7554~7876 | -49.6 | -35.0 | -32.5 | -31.8 |
| YK1*[3] | 6629~6772 | -39.6 | -37.4 | -35.3 | -32.9 | SB5-7*[4] | 7563~7636 | -47.8 | -33.6 | -30.9 | -29.7 |
| YK201H*[3] | 7112~7423 | -37.5 | -36.8 | -35.2 | -33.5 | SB5-10*[4] | 7639~8038 | -47.5 | -33.5 | -30.7 | -29.4 |
| YK301*[3] | 6801~6908 | -36.4 | -36.5 | -35.3 | -33.4 | SB5-15*[4] | 7632~7877 | -47.6 | -33.3 | -30.6 | -29.5 |
| YK3*[3] | 6876~6945 | -36.2 | -36.7 | -35.6 | -33.8 | SB53X*[4] | 7738~7915 | -47.2 | -32.5 | -30.6 | -29.6 |
| YK4*[3] | 7133~7194 | -34.2 | -36.3 | -35.4 | -33.9 | FY201-2X | 7124~7275 | -46.4 | -37.1 | -34.2 | -34.2 |
| YK3-H2 | 6994~7368 | -38.5 | -31.7 | -30.7 | -30.7 | FY102*[5] | 7177~7569 | -49.5 | -38.1 | -35.1 | -33.8 |
| YK202-H4 | 6860~7381 | -45.4 | -35.8 | -33.6 | -32.9 | FY201*[5] | 7003~7106 | -46.9 | -37.5 | -34.7 | -34.7 |
| YK201-H1 | 6649~6950 | -42.3 | -35.9 | -33.9 | -32.9 | MS1 | 7509~7663 | -44.8 | -34.2 | -32.3 | -30.1 |
| YK301-H1 | 6971~7184 | -38.5 | -31.9 | -31.1 | -30.9 | | | | | | |

（注：*[1] 来源于 Li et al.，2020；*[2] 来源于 Zhang et al.，2022；*[3] 来源于 Zhang et al.，2018；*[4] 来源于马安来等，2021；*[5] 来源于 Zhu et al.，2020）

从烷烃气碳同位素分布特征来看，富满油田地区奥陶系天然气于富源、满深哈得、顺北区块呈现出正碳同位素分布趋势（$\delta^{13}C_1 < \delta^{13}C_2 < \delta^{13}C_3 < \delta^{13}C_4$），玉科部分井区天然气（YK4 井、YK3 井、YK3-H2 井、YK1 井）出现甲烷碳同位素倒转现象，指示玉科地区可能存在晚期干气的充注，导致玉科地区部分井区具有较高的甲烷碳同位素值、天然气干燥系数及气油比（图 5-3-10）。

对于天然气成因的判识及成熟度分析往往借助于天然气组分数据及碳同位素数据。富满油田地区奥陶系天然气中烷烃气碳同位素的正序已说明研究区天然气具有有机成因特

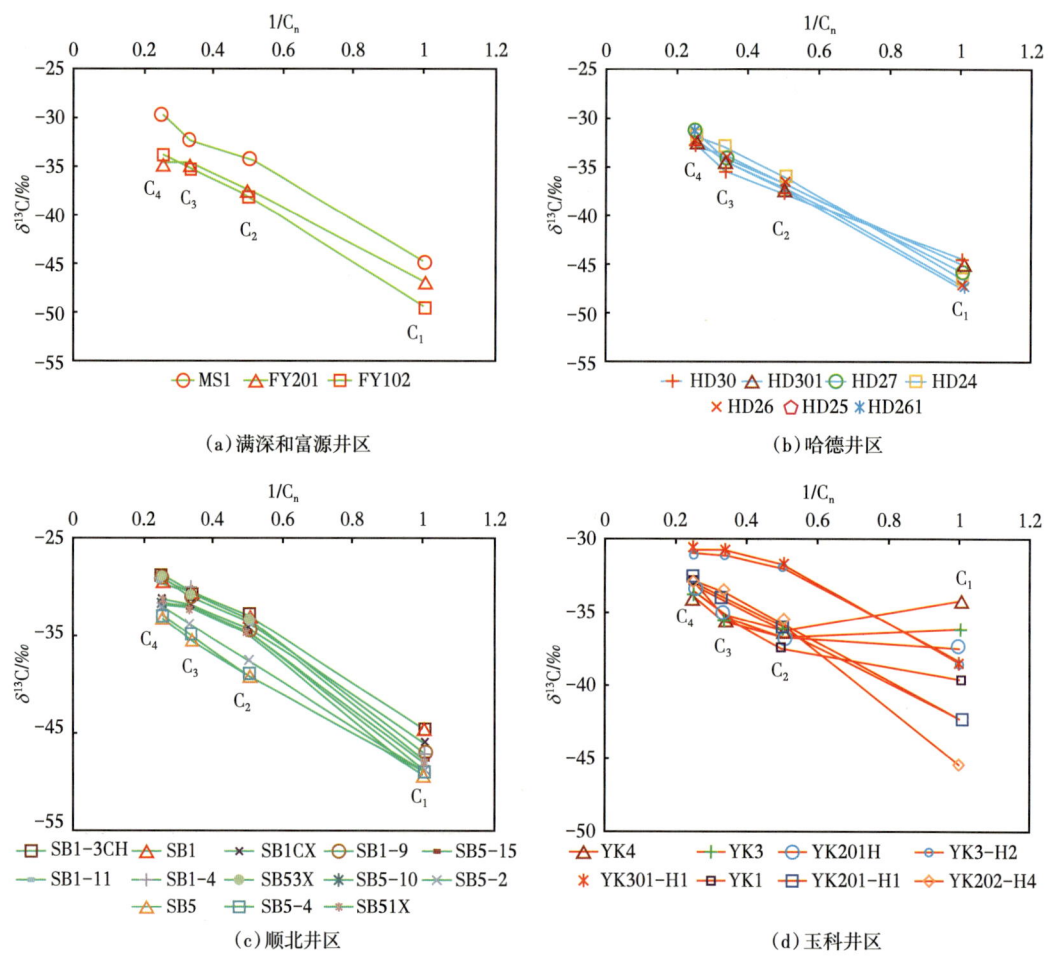

图 5-3-10 富满油田地区奥陶系天然气碳同位素分布特征

征，根据 Bernard 等（1976）提出的天然气判识图版分析显示富满油田地区奥陶系天然气为热成因有机气，玉科地区部分天然气相较其余区块而言具有更高的成熟度［图 5-3-11（a）］。乙烷碳同位素也常用于划分天然气成因类型，国内学者通常将乙烷碳同位素值 -29‰ 或 -28‰ 作为划分油型气与煤型气的界限（戴金星等，1992），富满油田地区奥陶系天然气乙烷碳同位素值远低于 -29‰，指示富满油田地区奥陶系天然气为油型气。天然气成因判识图版也指示富满油田奥陶系天然气与 Delware/Val Verde 盆地 Ⅱ 型干酪根生成的天然气相近［图 5-3-11（b）］，综合分析认为富满油田地区奥陶系天然气为油型气。

上述油源对比部分已确定台盆区下古生界主力烃源岩为寒武系烃源岩，富满油田地区奥陶系天然气应具有相同来源。前人对塔里木盆地台盆区天然气的研究表明，台盆区存在两种来源的天然气：以轮古东为代表的原油裂解气及以解放渠为代表的干酪根裂解气（赵孟军等，2001）。根据李剑建立的判识腐泥型有机质不同演化阶段的原油裂解气与干酪根裂解气的图版，富满油田地区奥陶系天然气具有混合特征，跃满、哈得、顺北、富源等区块天然气主体位于干酪根裂解区域，$R_o$ 小于 1，为原油伴生气，而玉科地区部分天然气 $R_o$ 大于 1.5 落入原油裂解气区域，跃满、顺北部分井区落入干酪根裂解气与原油裂解气的中间区域，指示该部分天然气具有混合特征，可能混入了晚期原油裂解气[图5-3-12（a）]；结合哈拉哈塘及轮古东天然气特征及干燥系数来看，随着干燥系数的增大，天然气甲烷碳同位素呈增大趋势；富满油田地区顺北、富源、跃满、哈得、满深等区块与哈拉哈塘油田天然气干燥系数及甲烷碳同位素分布较为一致，均为干酪根裂解气，而玉科地区部分天然气与轮古东原油裂解气干燥系数与甲烷碳同位素分布一致，为原油裂解气[图5-3-12（b）]。

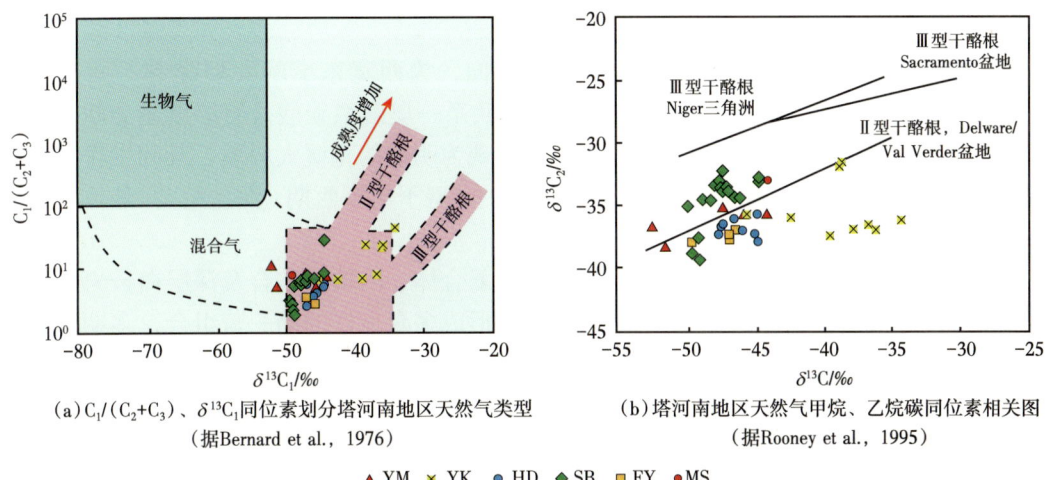

(a) $C_1/(C_2+C_3)$、$\delta^{13}C_1$同位素划分塔河南地区天然气类型
（据Bernard et al., 1976）

(b) 塔河南地区天然气甲烷、乙烷碳同位素相关图
（据Rooney et al., 1995）

图 5-3-11　富满油田地区奥陶系天然气成因类型判识图版

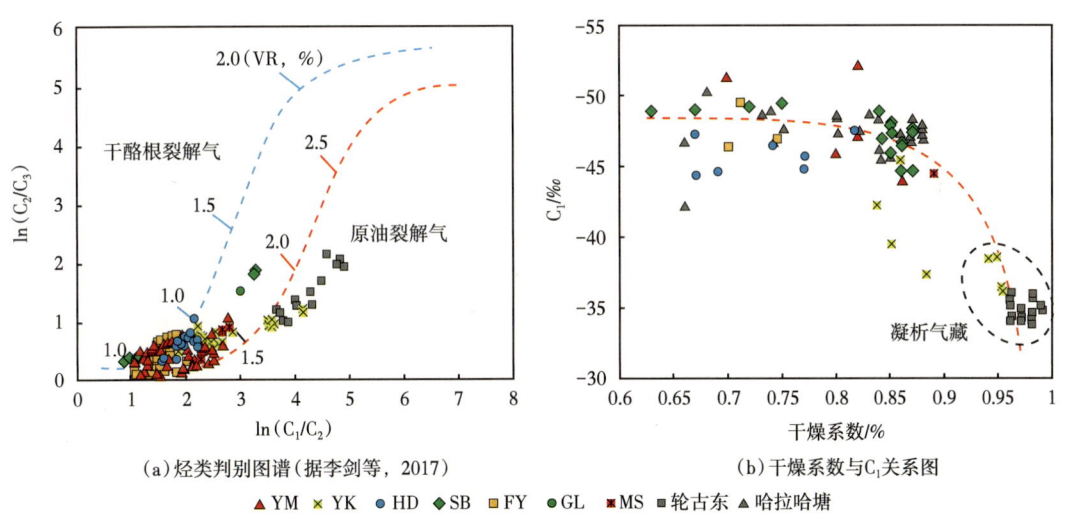

(a) 烃类判别图谱（据李剑等，2017）

(b) 干燥系数与$C_1$关系图

图 5-3-12　富满油田地区奥陶系天然气成因类型判识图版

综上，通过大量原油地球化学数据、天然气组分、碳同位素数据分析指示富满油田地区奥陶系原油生烃母质为海相腐泥型有机质，油气来源于下寒武统玉尔吐斯组烃源岩；天然气具有原油裂解气与干酪根裂解气两种来源类型，分区块来看，玉科3—玉科5井区天然气为原油裂解气，跃满、哈得、顺北、富源等区块天然气主体为干酪根裂解气，部分井区天然气具有混合特征，在早期的干酪根裂解气中混入了原油裂解气。

## 第四节 塔中凝析气田地质特征

塔中奥陶系鹰山组—良里塔格组灰岩凝析气田面积大、丰度低、差异大,油气储层复杂多样、油气产出变化大,但近年评价开发成果揭示沿走滑断裂带油气富集高产。

### 一、油气分布

塔中隆起位于塔里木盆地中部,呈北西西向,为西宽东窄的大型隆起,面积约为 $2.2\times10^4 km^2$。塔中隆起显生宙地层比较齐全,寒武系—奥陶系碳酸盐岩厚度逾 2000m,组成大型复式台背斜,志留系及其上碎屑岩地层表现为明显的宽缓大斜坡,其间发育多套不整合。塔中隆起形成于中晚加里东期(奥陶纪),定型于早海西期(泥盆纪),是长期继承性发育的稳定古隆起(贾承造,1997)。

塔中隆起具有寒武系—奥陶系碳酸盐岩礁滩复合体、内幕不整合及深层白云岩等碳酸盐岩储层及志留系、泥盆系—石炭系砂岩储层,形成多套良好的储—盖组合,多期构造运动形成了构造、地层、岩性等多种圈闭类型。目前已经发现油气田 33 个,石油三级储量 $5.2\times10^8 t$、天然气三级储量 $8100\times10^8 m^3$,既富油又富气,形成稠油、常规油、凝析油、凝析气、干气等多种类型的油气藏。油气平面上主要分布在塔中北斜坡,纵向上油气主要分布在奥陶系,以及泥盆系—石炭系、志留系与寒武系(图 5-4-1)。目前油气勘探向纵深发展,勘探深度已突破 7000m,并在北部凹陷区获得新发现。志留系—石炭系碎屑岩油藏已进入开发晚期,奥陶系碳酸盐岩油藏为开发重点领域。碳酸盐岩油气评价开发揭示油气分布复杂,碎屑岩油藏评价与勘探阶段"大型准层状"油气藏模式不能有效指导开发部署。

塔中隆起自下而上发育寒武系—奥陶系海相碳酸盐岩、志留系与泥盆系—石炭系碎屑岩等油气藏,主要分布在塔中北斜坡(表 5-4-1)。石炭系以常规油藏为主;志留系则为常规油藏与重质油藏;石炭系—志留系"下油上气"油气重力分异明显;奥陶系碳酸盐岩以凝析气藏为主,流体性质变化大,具"下气上油"异常分布特征,油气水分布复杂、相态分异不明显。石炭系油气分布在断裂周缘 1.5km 范围,为受控于断裂带的构造型油藏,具有高产稳产的产能特征。志留系含油范围广且沿断裂带富集,以岩性—构造型重质油藏为主,油气富集受控于断裂、岩性及保存条件,单井产量较低。奥陶系油气受储层控制,分布范围广泛,但断裂带油气更为富集,并控制了高效井的分布。

表 5-4-1 塔中隆起油气藏分层特征

| 层位 | 岩性 | 圈闭类型 | 孔隙类型 | 孔隙度/% | 渗透率/mD | 流体特征 | 油藏类型 | 产能特征 |
| --- | --- | --- | --- | --- | --- | --- | --- | --- |
| 泥盆系—石炭系 | 砂岩及少量碳酸盐岩 | 背斜 | 原生 | 12~20 | 10~1 000 | 常规油、少量气 | 底水块状与边水层状 | 高产稳产,采收率高 |
| 志留系 | 砂岩 | 岩性、断背斜 | 原生 | 8~15 | 0.2~50.0 | 重质油、少量常规油 | 底水块状与边水层状 | 低产较稳产,采收率低 |
| 奥陶系 | 石灰岩、白云岩 | 岩性、地层 | 次生 | 3~8 | <2 | 复杂 | 复杂 | 变化大,采收率低 |

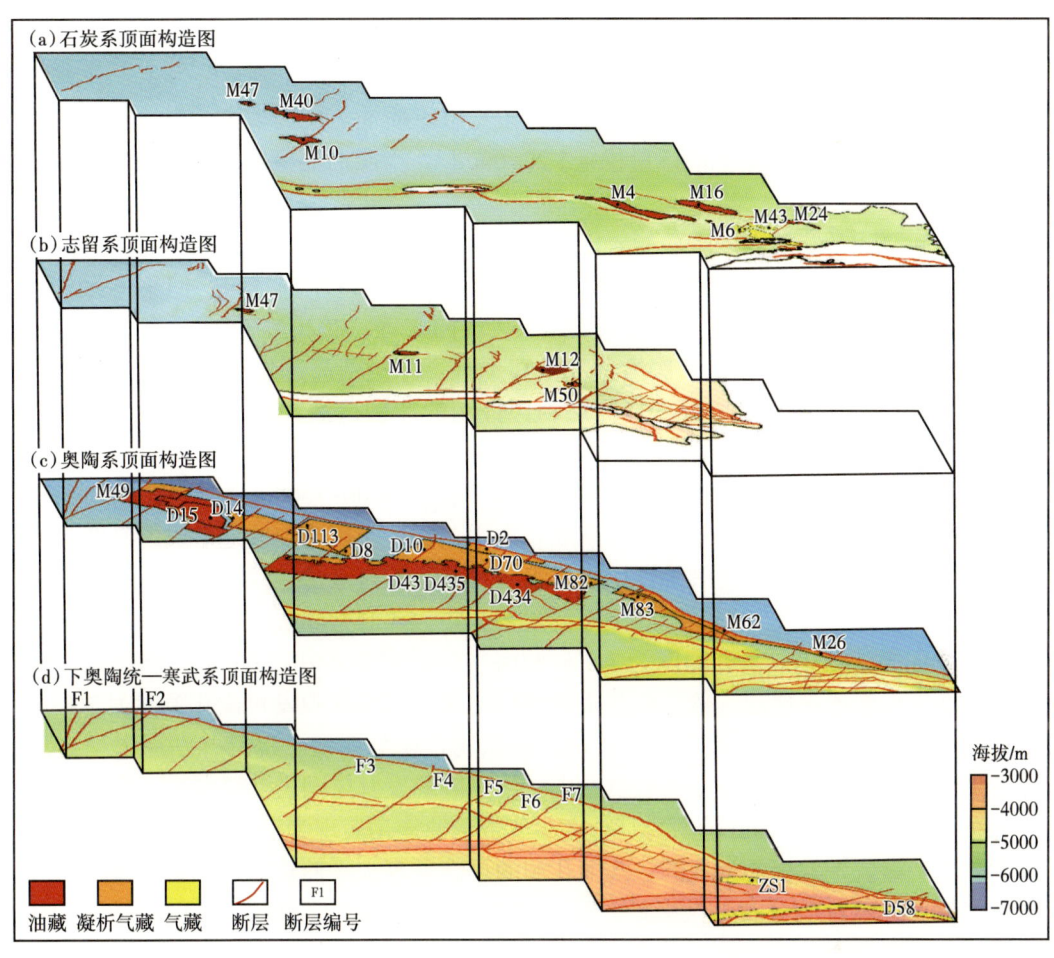

图 5-4-1 塔中隆起北斜坡主要目的层构造与油气分布

塔中隆起泥盆系—石炭系高孔隙度、高渗透率砂岩储层厚度大、延伸广，以东西向局部构造圈闭为主，已发现 M4、M16、M47 等 8 个油气藏。除隆起高部位 M6 地层超覆型气藏外，其余均为构造型油藏。构造型油气藏中，M4 油田存在石炭系碳酸盐岩与碎屑岩层状油藏与气藏及东河砂岩块状油藏。累计探明石油地质储量 $7500×10^4$t、天然气地质储量 $166×10^8m^3$。油田储量丰度为 $(17~174)×10^4$t/km$^2$，平均值为 $52×10^4$t/km$^2$，属于中—高丰度油田。东河砂岩是塔中隆起泥盆系—石炭系油气富集段，岩性为块状厚层状中细石英砂岩，厚度大于 100m。孔隙类型以粒间孔和粒间溶蚀孔为主，孔隙度为 12%~20%，渗透率为 10~1000mD，孔渗相关性好，为中高孔隙度、高渗透率储层。泥盆系—石炭系以常规油为主，其次为凝析油，原油性质较好，具低含蜡、低含硫、低密度、低黏度等特点。

塔中隆起志留系中低孔渗砂岩储集层厚度薄、横向变化大，发育构造—岩性圈闭。志留系已发现 5 个油藏，属于构造型、构造—岩性型油藏，主要分布在塔中 10 构造带，累计三级石油地质储量 $7520×10^4$t，储量丰度为 $(35~69)×10^4$t/km$^2$，平均值为 $22×10^4$t/km$^2$，属于中—低丰度油藏。塔中隆起志留系砂岩成分成熟度总体较低，以岩屑砂岩为主。孔隙类型主要有残余原生粒间孔、溶蚀孔、微孔隙、微裂缝，多数层段以残余原生粒间孔和微孔隙为主。志留系油层粒度为细砂岩及以上级别，以中低孔渗储层为主，孔隙度为8%~15%，渗透率为0.1~50.0mD。塔中隆起志留系以重质油—稠油为主，少量常规油，流体性质差异较大。常规油藏原油产量稳定（20~60t/d），重质油油藏产量（小于20t/d）低且不稳定。

塔中隆起寒武系—奥陶系碳酸盐岩以次生缝洞体储层为主，具有强烈的非均质性，发育岩性圈闭。奥陶系碳酸盐岩油气资源十分丰富，已发现20个油气藏，储集体为上奥陶统礁滩复合体与中—下奥陶统层间岩溶缝洞体（江同文等，2020），构成了塔中Ⅰ号气田的主体。流体以凝析气为主，其次为常规油和干气。除构造高部位塔中1井可能受控局部构造圈闭外，其余均为受碳酸盐岩储层物性控制的非构造油气藏，累计探明石油地质储量$3.7×10^8$t、天然气地质储量$7900×10^8m^3$。奥陶系上部（上奥陶统）以石灰岩为主、下部（中—下奥陶统）由石灰岩逐渐过渡为白云岩，埋深4000~7500m，原生孔隙几乎消失殆尽，以次生溶蚀孔隙为主，是经历多期成岩作用、构造作用叠加改造形成的复杂次生储集系统。塔中Ⅰ号构造带上奥陶统良里塔格组发育典型的台缘带礁滩型储层，以礁滩相颗粒灰岩为主，发育溶蚀孔、洞、缝等储集空间，主要为孔洞型和裂缝—孔洞型储层。岩心样品物性数据统计结果显示孔隙度为1.2%~8.0%、渗透率为0.01~2.00mD，属特低—低孔隙度、超低—低渗透率储层。依据测井资料解释结果，基质孔隙发育段孔隙度为2%~6%，大型缝洞发育段孔隙度可能大于10%，两类储层物性差异明显。部分井钻遇大型缝洞系统，发生大量的钻井液漏失与钻具放空。中—下奥陶统发育层间岩溶缝洞体，有利储集体主要分布在鹰山组顶部200m范围内，垂直渗流带溶蚀作用表现为沿裂缝发育的溶蚀孔洞、落水洞，水平潜流带发育大型孔洞，溶蚀孔洞的形态具有水平伸长特点。塔中奥陶系碳酸盐岩油气藏流体特征与分布复杂多样，既有重质油、常规油、凝析油，也有湿气、干气，井间流体性质变化大。

## 二、油气特征

### 1. 油气物性特征

塔中地区原油物性差异较为明显，由于所分布的层位及区块的不同，包含了稠油、挥发油、轻质油、凝析油等多种类型。以塔中Ⅲ区为例，奥陶系油气具有沿断裂带周缘富集的特征。根据该区58口井奥陶系油气藏流体数据分析，东北部塔中86井区—中古14井区流体密度分布于$0.719~0.800g/cm^3$，原油含蜡量介于1.5%~10.0%，平均值为5.59%，原油中胶质+沥青质含量平均值为0.38%，原油黏度均值为0.81mPa·s，原油中硫含量均值为0.133%，整体表现为低密度、低含蜡、低黏度、低胶质+沥青质含量的凝析油藏特征；中部162井区—中古15井区流体密度分布于$0.79~0.83g/cm^3$，原油含蜡量介于5%~13.2%，原油中胶质+沥青质含量平均值为0.61%，原油黏度平均值为1.46mPa·s，原油中硫含量均值为0.24%，表现为低密度、高含蜡、中黏度、低胶质+沥青质含量的挥发油特征；西南部中古26井区—中古29井区流体密度分布于$0.81~0.87g/cm^3$，均值为$0.83g/cm^3$，原油含蜡量介于8.3%~20.6%，原油中胶质+沥青质含量介于0.07%~6.09%，原油黏度介于1.56~5.35mPa·s，原油中硫含量介于0.17%~0.42%，表现为低密度、高含蜡、中黏度、低胶质+沥青质含量的轻质油特征。从平面分布来看，原油物理性质自东北至西南方向呈增大趋势，原油密度与原油含蜡量、黏度、胶质+沥青质、含硫量具有良好的正相关关系。研究区原油物理性质平面分布上非均质性强，研究区自塔中Ⅰ号断裂带向南，密度逐渐降低，原油的含蜡量逐渐增大。

原油的族组成差异相当显著。对塔中地区不同层段原油族组成统计可以看出（表5-4-2），石炭系原油平均族组分为：饱和烃含量52.47%，芳香烃含量20.93%，非烃+沥青质含量为22.86%，志留系为：饱和烃含量42.02%，芳香烃含量23.17%，非烃+沥青质含量为30.57%，奥陶系为：饱和烃含量73.74%，芳香烃含量10.74%，非烃+沥青质含量为10.85%。整体来看，奥陶系饱和烃含量较高，芳香烃和非烃含量较低，石炭系和志留系沥青质含量较高，这与塔中地区原油的多期充注，浅层原油成熟度较低的地质情况基本相符。塔中地区原油族组分饱和烃含量分布在15.9%~93.38%之间，平均值为64.58%；芳香烃含量分布在1.52%~45%之间，平均值为14.97%；非烃+沥青质含量分布在0.07%~59.82%之间，平均值为16.03%。整体原油族组分饱和烃含量较高，非烃和沥青质含量低，显示原油成熟度较高。纵向上分析，奥陶系原油饱和烃含量高于志留系和石炭系，表明成熟度最高，反映了塔中地区多期油气充注、垂向运移聚集的特征。

表5-4-2 塔中地区不同层段原油族组分含量统计表

| 层位 | | 饱和烃含量/% | 芳香烃含量/% | 非烃含量/% | 沥青质含量/% |
| --- | --- | --- | --- | --- | --- |
| 石炭系 | 最大值 | 77.83 | 40.38 | 19.09 | 43.24 |
| | 最小值 | 27.36 | 4.22 | 1.09 | 0.61 |
| | 平均值 | 52.47 | 20.93 | 8.16 | 14.70 |
| 志留系 | 最大值 | 85.21 | 45.00 | 22.86 | 39.42 |
| | 最小值 | 17.52 | 5.90 | 4.00 | 2.01 |
| | 平均值 | 42.02 | 23.17 | 10.26 | 20.31 |
| 奥陶系 | 最大值 | 93.38 | 32.07 | 25.30 | 48.64 |
| | 最小值 | 15.90 | 1.52 | 0.03 | 0.04 |
| | 平均值 | 73.74 | 10.74 | 3.73 | 7.12 |

深层油气藏流体相态有效判识是油气藏成因研究的重要内容，在相同油气来源条件下油气藏相态主要受控于流体化学成分及油气藏自身温度、压力环境。塔中Ⅲ区奥陶系油气藏温度在140~158℃之间，地层压力在56~78MPa之间，相态较为复杂。PVT测试分析是准确判识流体相态的重要方式，根据该区3口典型井的PVT模拟实验显示，中古262-H4井为油藏［图5-4-2（a）］，中古162井为挥发性油藏［图5-4-2（b）］，中古172井为凝析气藏［图5-4-2（c）］。根据储层流体三元组成三角图判别法［图5-4-2（d）］，也取得与PVT相图判断结果一致，证实研究区存在油藏、挥发性油藏、凝析气藏等多种油气藏共存。

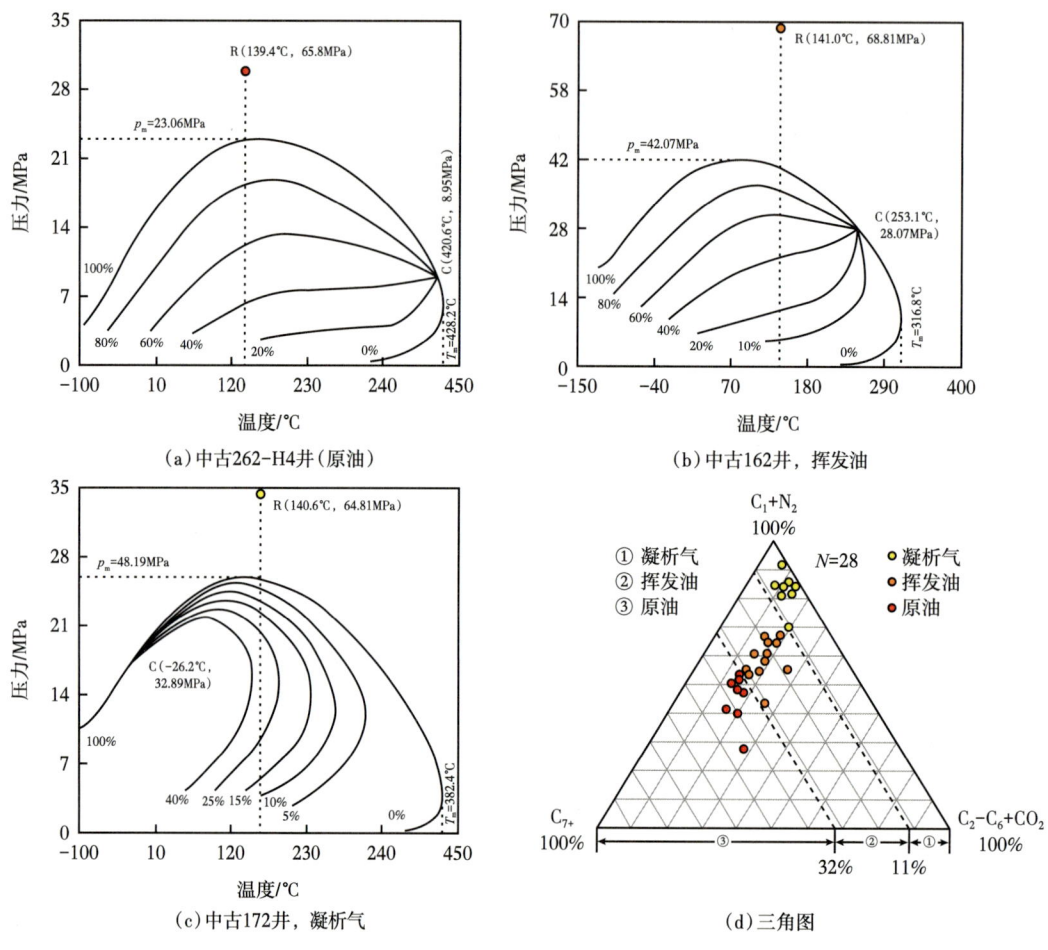

图 5-4-2 塔中Ⅲ区奥陶系流体 PVT 实验相图

塔中地区奥陶系天然气的组分变化明显。根据塔中Ⅲ区 50 口井天然气组分统计分析，东北部凝析气藏区天然气干燥系数、甲烷、氮气、硫化氢含量最高，气油比大于 1000m³/m³；中部挥发油区天然气干燥系数、甲烷含量、氮气、硫化氢含量中等，气油比大于 500m³/m³；西南部轻质油区天然气干燥系数、甲烷、氮气、硫化氢含量较低，气油比小于 500m³/m³，重烃含量较高，具有典型的原油溶解气特征。从平面分布来看，奥陶系天然气干燥系数在平面上呈东北—西南方向减小趋势，干气与湿气并存，气油比亦呈相同趋势。分析干燥系数与非烃关系也表明，随着干燥系数的增加，硫化氢含量增高，氮气含量减小，二氧化碳含量增大。

**2. 原油的成熟度特征**

油气的成熟度判识是解析油气成因及其形成演化的重要手段，由于饱和烃生物标志化合物分子对深层轻质油气的成熟度判识存在局限性，目前学界多参考原油中的芳香烃参数，如甲基菲指数、二苯并噻吩、金刚烷等参数系列。

以塔中Ⅲ区为例，根据甲基菲拟合成熟度显示，凝析油成熟度（$R_{c1}$）分布于 0.78%~1.1% 之间，挥发油成熟度分布于 0.81%~0.83% 之间，轻质原油成熟度分布于 0.74%~0.81% 之间[图5-4-3(a)];根据二苯并噻吩参数所换算的等效镜质组反射率显示:凝析油成熟度为0.8%~1.4%,挥发油成熟度分布于0.74%~1.49%之间,轻质油成熟度分布于0.72%~1.0%之间[图5-4-3(b)]。以上参数均表明塔中Ⅲ区原油为成熟—高成熟油,原油成熟度随油气藏相态变化呈梯度变化,表明该区存在多期油气充注。

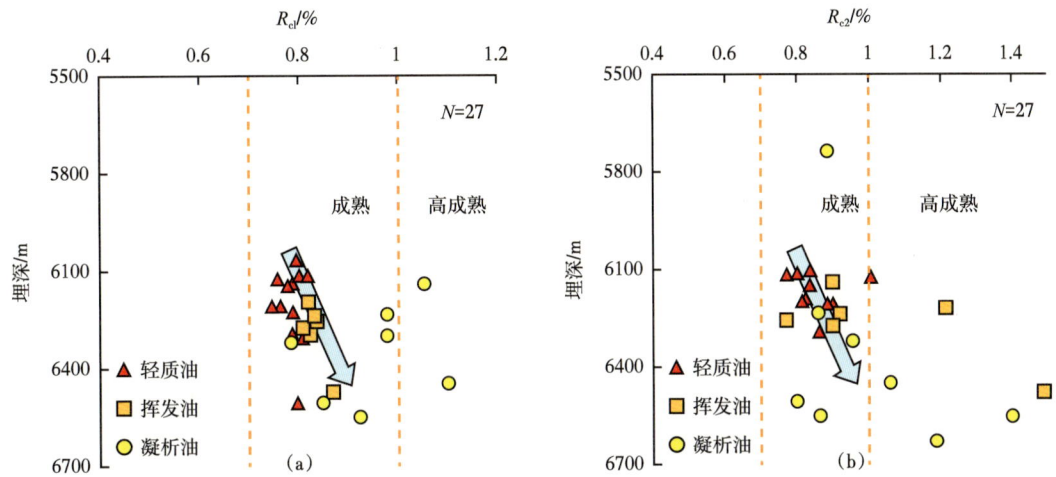

图 5-4-3　塔中Ⅲ区奥陶系原油等效镜质组反射率分布图
(a)中 $R_{c1}$(%)=0.6×$MPI_1$+0.4,$MPI_1$=1.5×(3-MP+2-MP)/(P+9-MP+1-MP);
(b)中 $R_{c2}$(%)=0.35$K_{2,4}$+0.46,$K_{2,4}$=2,4-DMDBT/1,4-DMDBT

## 第五节　塔中地区凝析气藏成因

结合前人研究成果对比分析,开展塔中地区奥陶系油气源对比,研究表明主力烃源岩为寒武系,油气具有多期、多种成因方式。

### 一、原油成因

关于塔中地区奥陶系主力烃源岩尚存争议,存在奥陶系烃源岩和下寒武统来源两种不同观点,随着中深5井、轮探1井和中寒1井的突破,多数学者倾向于油气来自下寒武统烃源岩玉尔吐斯组的认识。目前主要根据相关地球分子化学特征、碳同位素值及生物标志化合物来进行油源对比。本次研究也将通过以上方法来进行各种相态原油来源的判别。

#### 1. 生物标志化合物

生物标志化合物对于原油来源的分析研究极具意义,也是常用的方法。从奥陶系原油的饱和烃色谱显示其正构烷烃分布完整,自东北—西南方向,低分子量正构烷烃含量呈现逐渐减小的趋势(图5-5-1)。根据萜烷(m/z=191)生物标志化合物对比,三环萜烷相对丰度较高,以$C_{23}$为主峰,$C_{20}$、$C_{21}$和$C_{24}$三环萜烷含量也相对较高,且藿烷含量相对低于萜烷,重排藿烷与伽马蜡烷的含量相对较低,$C_{30}$—$C_{34}$藿烷系列呈递减趋势。甾烷(m/z=217)生物标志化合物碎片离子显示,低分子量的孕甾烷与升孕甾烷丰度较高,且孕甾烷含量高于升孕甾烷。重排甾烷含量中等呈递减趋势，规则甾烷中 $C_{27}\alpha\alpha R$ 甾烷的相对丰度最高，其次是 $C_{29}\alpha\alpha R$ 甾烷，$C_{28}\alpha\alpha R$ 甾烷的相对丰度最低，其中 $C_{28}\alpha\alpha R$ 甾烷含量最低，倒"L"形的分布特征与寒武系原油规则甾烷具有一定相似性（图 5-5-2），表明其具有同源特征。生物标志化合物成熟度参数 $C_{29}$（20S）/（20S+20R）分析显示，凝析油区其值分布于 0.44~0.92 之间，平均值为 0.52，挥发油区分布于 0.43~0.55 之间，平均值为 0.49，轻质油区分布于 0.43~0.49 之间，平均值为 0.47，对比分析表明，研究区凝析油至轻质油区原油成熟度具有递减趋势，成熟度的差异可能与多期油气充注有关。

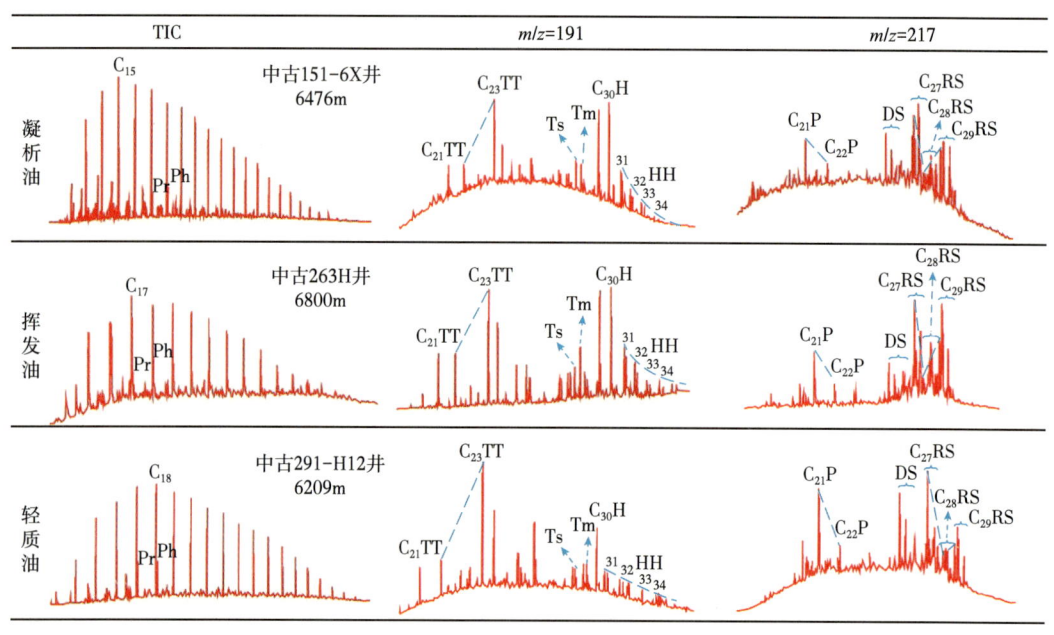

图 5-5-1　塔中Ⅲ区奥陶系原油饱和烃色谱—色质图

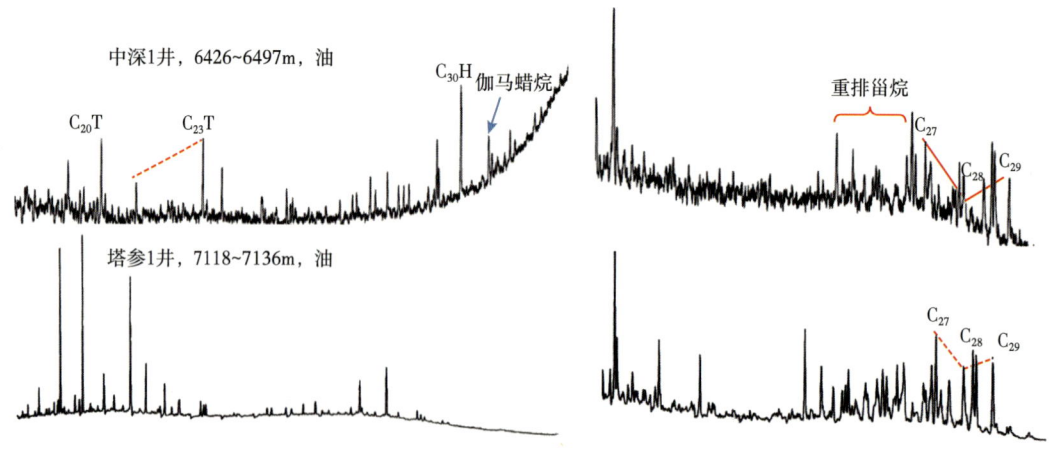

图 5-5-2　塔中地区中深 1 井和塔参 1 井寒武系原油饱和烃色质谱图

三芳甾烷（TAS）是规则甾烷芳构化产物，其中 $C_{26}$—$C_{28}$ 三芳甾烷系列稳定布于原油和烃源岩有机质中（图 5-5-3）。相对于规则甾烷和单芳甾烷，三芳甾烷具有更高的热稳定性，因而在高成熟轻质油和凝析油中，规则甾烷丰度低而难以用常规的色质谱分析技术进行检测和鉴定。因而三芳甾烷具有更广泛的适用范围，特别是高成熟原油的油源研究中，三芳甾烷是重要的油源对比生物标志物。

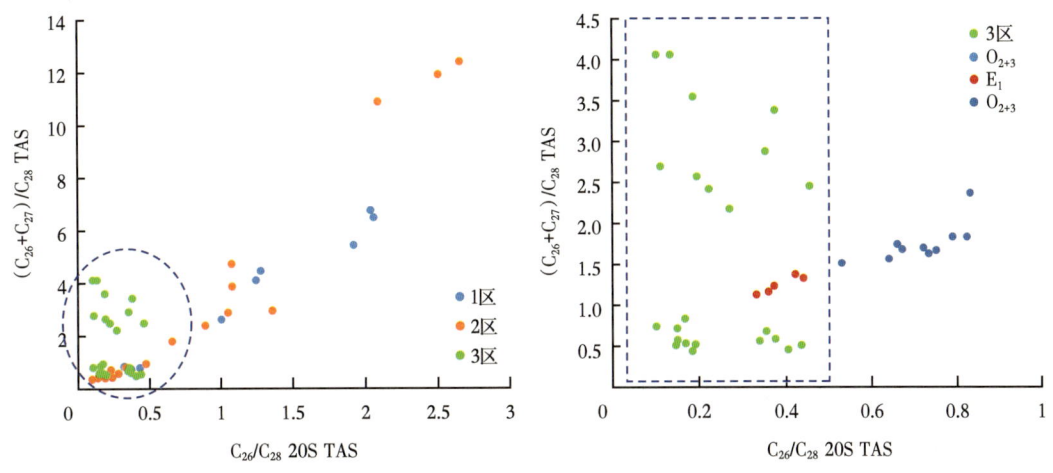

图 5-5-3  塔中地区原油三芳甾烷 $C_{26}$—$C_{28}$ 相对含量交会图

本次研究计算了塔里木盆地台盆区古生界代表性原油样品 $C_{26}$—$C_{28}$ 三芳甾烷相对含量，编制烃源岩和原油交会图（图 5-5-3）。从图 5-5-3 可以看出，塔中地区原油三芳甾烷含量差异较大，尤其是 1 区和 2 区原油样品分布范围较广，推测可能与 1 区和 2 区原油为源外充注、多期混合有关，而 3 区原油成熟度较为一致，受底部烃源岩影响，油气来源及充注期次具有一致性，对比认为 3 区原油主要为下寒武统烃源岩贡献。

### 2. 碳和硫同位素

碳和硫同位素值由于具有母质源岩的继承性，因此在油气源对比中具有重要的参考价值。其中，原油碳同位素是油气源对比中常用的参数。本次研究对塔中地区 24 口井奥陶系原油饱和烃和芳香烃进行了碳同位素测试，从数据分析显示，饱和烃碳同位素分布于 -33.49‰~29.36‰ 之间，芳香烃碳同位素分布于 -32.69‰~27.23‰ 之间，对单井碳同位素和寒武系及奥陶系碳同位素对比（图 5-5-4）可以看出，塔中地区大部分饱和烃和芳香烃碳同位素与下寒武统烃源岩碳同位素分布范围较为接近，表明下寒武统烃源岩对奥陶系油气来源贡献较大。

采用硫同位素开展油气源对比研究是近年来塔里木盆地海相烃源岩研究的一个重要进展。随着部分学者对玉尔吐斯组烃源岩中有机显微组分的深入研究发现：玉尔吐斯组烃源岩发育在透光缺氧带，反映大气缺氧，海水含氧带较浅，在透光缺氧带发育特殊的化学自养细菌和产甲烷细菌化学自养细菌主要为绿硫细菌，消耗硫化海洋中的硫化物导致富含 $SO_4^{2-}$，同时，绿硫细菌会产生特殊的芳基类异戊二烯烃类化合物，并使细菌微生物的沉淀导致有机质的碳同位素变轻。

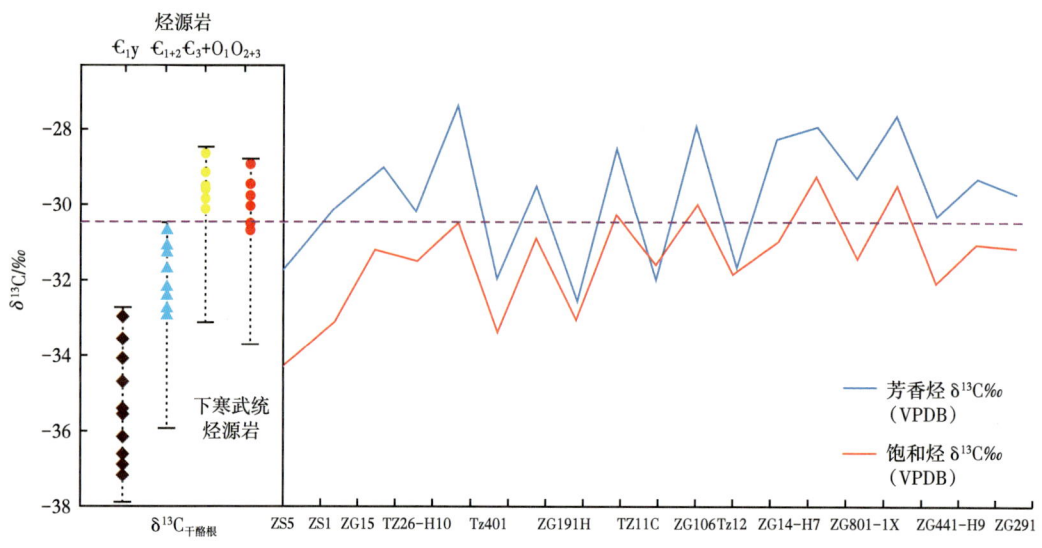

图 5-5-4　塔中地区烃源岩与单井原油饱和烃及芳香烃碳同位素分布图

区域研究认为：台盆区下寒武统烃源岩与奥陶系烃源岩从沉积环境上存在一定差异，下寒武统主要发育深水陆棚相页岩，奥陶系烃源岩主要为碳酸盐岩，由于沉积环境的差异，造成两套烃源岩中硫同位素特征存在明显差异。据塔里木盆地研究院测试结果表明：寒武系烃源岩干酪根 $\delta^{34}S$ 分布在 10‰~24‰ 之间；奥陶系烃源岩干酪根分布在 3‰~9‰ 之间，因此，采用硫同位素进行海相油源对比具有明显的优势（图 5-5-5）。根据塔中原油中噻吩类单体烃硫同位素分布显示：含硫化合物硫同位素主体 20‰ 左右，与寒武系烃源岩相近。

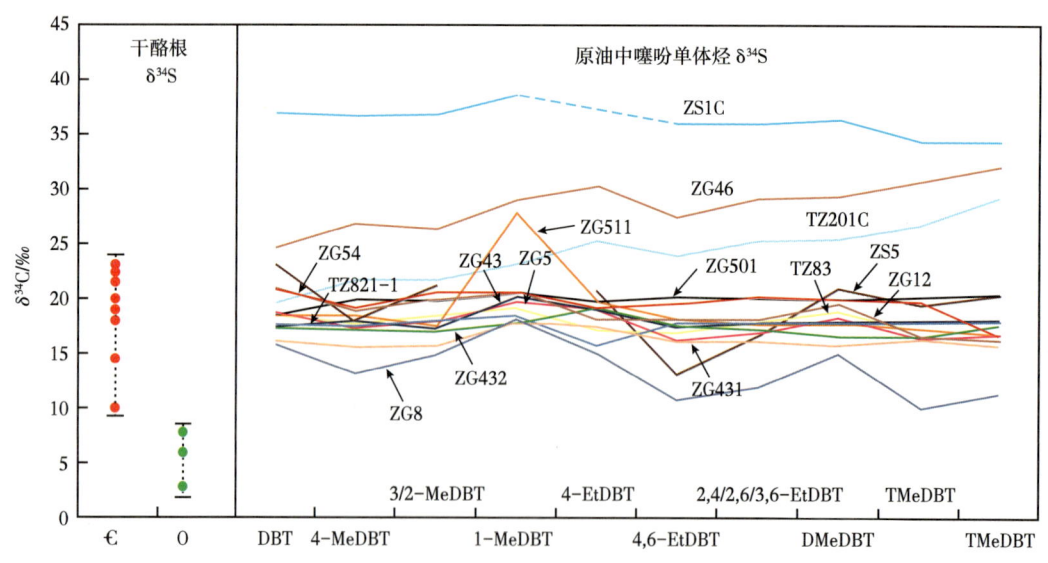

图 5-5-5　塔中地区烃源岩与单井原油噻分类单体烃硫同位素分布图

## 二、天然气成因

天然气碳同位素是判识天然气成因类型及形成机制的直接依据。从塔中地区 53 单井的天然气组分碳同位素统计显示（图 5-5-6、图 5-6-7），天然气组分 $\delta^{13}C_1 < \delta^{13}C_2 < \delta^{13}C_3 < \delta^{13}C_4$ 明显，显示有机成因气特征。且甲烷碳同位素分布在 -61.4‰~35.7‰ 之间，平均值为 -44.25‰，具有明显的油型气特征。

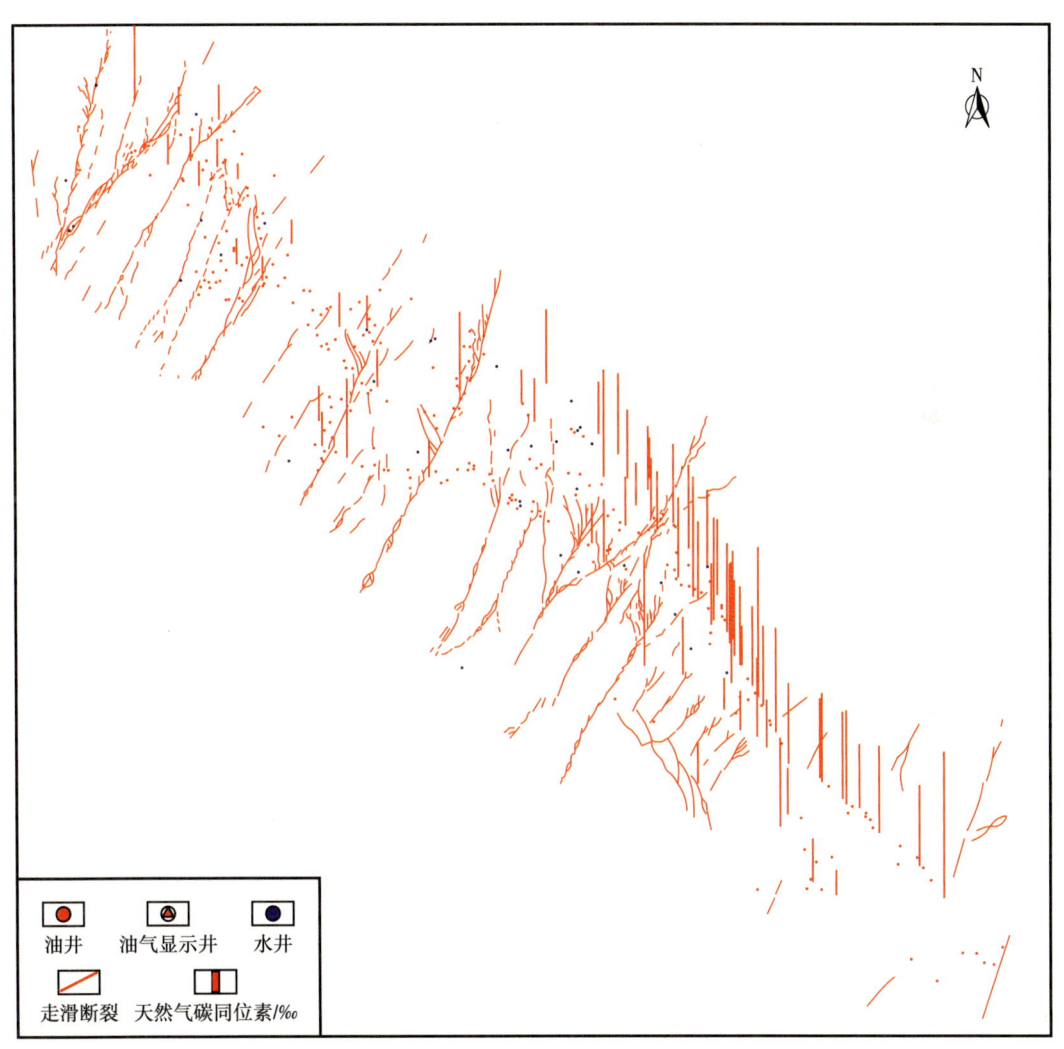

图 5-5-6　塔中地区天然气碳同位素分布图

根据塔中Ⅲ区天然气碳同位素分析，凝析气藏区甲烷碳同位素（$\delta^{13}C_1$）分布于 -51.0‰~ -45.8‰ 之间，挥发油区 $\delta^{13}C_1$ 分布于 -53.4‰~-49.3‰ 之间，轻质油区 $\delta^{13}C_1$ 分布于 -61.4‰~-51.6‰ 之间，整体表现为东北—西南方向甲烷碳同位素值逐渐变轻，凝析气藏区甲烷碳同位素值最重，可达 -45.8‰。乙烷、丙烷、正丁烷、异丁烷碳同位素平面分布模式与甲烷碳同位素相似。

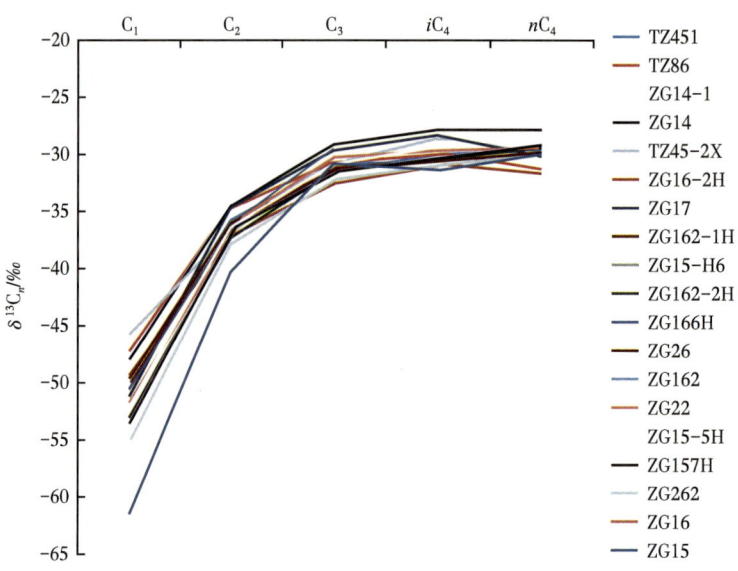

图 5-5-7　塔中单井天然气组分碳同位素分布图

关于天然气成因类型判识方法较多，目前根据热解模拟实验图谱及烃类比值图谱判别近年来受到了广泛重视。笔者通过上述两种方法对塔中Ⅲ区天然气成因进行综合分析。热解模拟实验图谱判别显示[图 5-5-8（a）]，凝析气处于原油裂解气区，挥发油区天然气处于原油裂解气与干酪根降解气的交界过渡带，轻质油区天然气为干酪根降解气。烃类判别图谱显示[图 5-5-8（b）]，凝析气主要位于原油裂解气区域中，成熟度大于 1.5（$R_o$ 大于 1.5%），挥发油区天然气处于干酪根降解气与原油裂解气过渡带，轻质油区天然气处于干酪根降解气区域，$R_o$ 低于 1%。由此可以看出，塔中Ⅲ区奥陶系天然气存在原油裂解气和干酪根降解气两种来源，其中凝析气主要为原油裂解气，轻质油藏的溶解气来自干酪根降解，挥发油区的油气为两种来源天然气的混合。

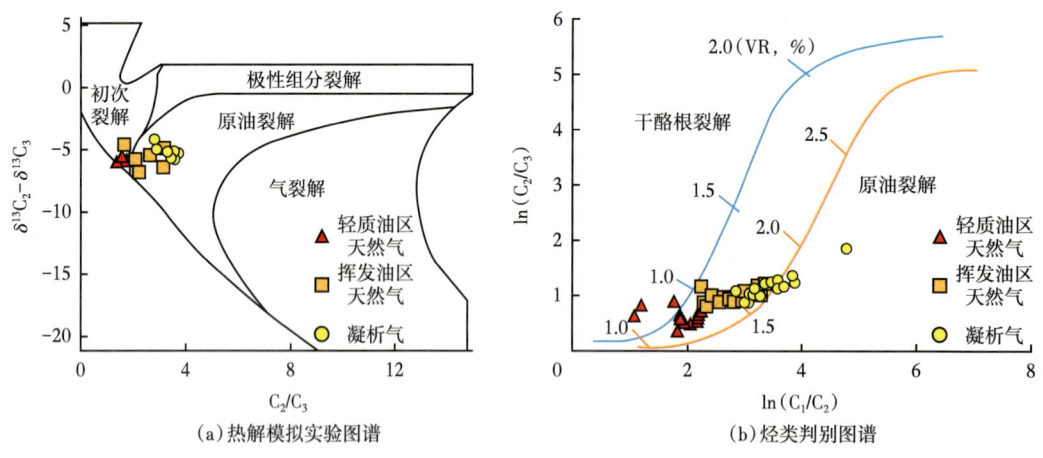

(a) 热解模拟实验图谱　　　(b) 烃类判别图谱

图 5-5-8　塔中Ⅲ区奥陶系天然气成因鉴别图谱

天然气的碳同位素的组成是目前研究其成因的重要方法及手段，其中甲烷碳同位素多反映气体的成熟度，乙烷碳同位素相对较为稳定，具有明显的母质继承性特征。已有的研究证实，腐殖型干酪根生成的天然气的乙烷碳同位素值大于-28‰，而腐泥型干酪根生成的天然气的乙烷碳同位素值则小于-28‰。从塔中地区53口单井天然气碳同位素分布情况表明（图5-5-9），其碳同位素分布在-41.1‰~29.4‰，属于典型的腐泥型干酪根特征。对比烃源岩碳同位素分布可以看出，天然气碳同位素与下寒武统烃源岩对应较好，显示下寒武统烃源岩对天然气贡献较大。

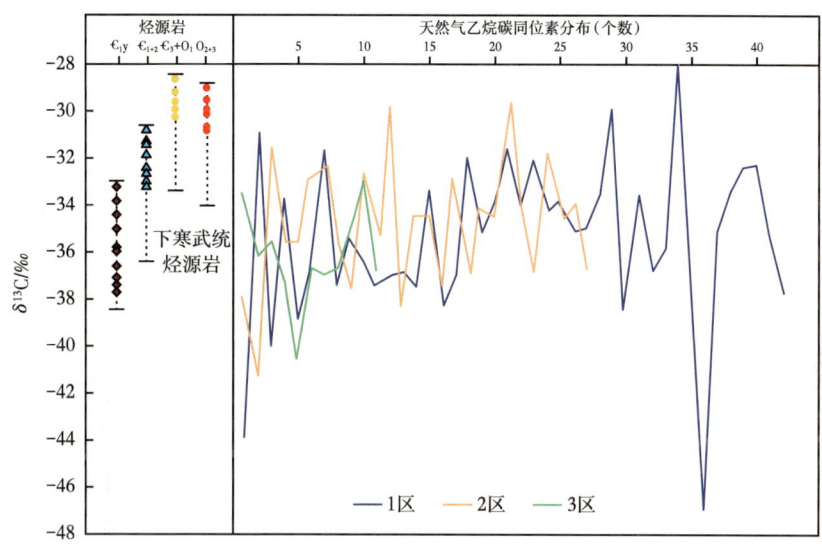

图 5-5-9　塔中地区奥陶系油气藏乙烷碳同位素分布图

## 三、凝析气藏成因

凝析气藏是一种特定温度、压力条件下形成的特殊相态类型气藏。俄罗斯、中东、中亚、美国和中国塔里木、四川等盆地均有凝析气藏分布，其中大型凝析气田主要位于石炭系—新近系（杨德彬等，2010）。塔里木盆地塔中凝析气田地层时代最老，主要分布在奥陶系，近年在中—下寒武统也发现了凝析气藏。凝析气藏具有原生与次生成因类型，原生凝析气藏通过有机质生成凝析气并以气相运聚成藏，成藏过程中不存在相态变化；次生凝析气藏则通过油溶解于气中形成，成藏过程中流体相态发生了变化。前期研究成果表明，塔中凝析气田是以早期形成的古油藏经历晚期气侵而形成的次生凝析气藏。但是，前期研究缺少支持气侵的直接证据，凝析气藏相态演化过程不明确，单一的成藏模式难以解释复杂的油气分布。同时，如果塔中凝析气田的油源主要来自中—上奥陶统烃源岩，并于喜马拉雅期成藏，则次生凝析气藏的机制可能不成立。因此，深入研究塔中凝析气田的气藏成因机制与模式对塔中隆起的油气勘探开发具有重要意义。

塔中凝析气田产层主要为上奥陶统良里塔格组礁滩体储层与中—下奥陶统鹰山组风化壳储层，埋深一般介于5000~7000m。奥陶系古老碳酸盐岩成岩胶结作用强烈，原生孔隙不发育，次生溶蚀孔、洞、缝构成了复杂的非均质储集体。其中，良里塔格组台缘带礁滩体孔洞发育，储层孔隙度介于2%~6%，渗透率介于0.1~5.0mD，为致密基质储层，而局部大型缝洞体孔隙度多大于6%；鹰山组风化壳以岩溶缝洞体储层为主，广泛分布于北部斜坡带，呈条带状、团块状沿断裂带发育。塔中凝析气田以凝析气藏为主，并存在正常油藏、弱挥发油藏、重质油藏、干气等多种类型的油气藏。根据塔中隆起奥陶系凝析气藏凝析油含量及其在地层条件下的赋存状态，将塔中凝析气藏分为带油环凝析气藏、无油环中—高含凝析油凝析气藏和无油环低（微）含凝析油凝析气藏，油气相态复杂多样。由于塔中隆起奥陶系碳酸盐岩储层与油气藏形成演化过程复杂多样，不同井间油气产量、相态、气油比、天然能量及产出的稳定性变化大，勘探开发面临一系列技术难题，并制约了塔中凝析气藏的效益开发。

**1. 次生凝析气藏的证据**

前期研究成果中关于气侵形成次生凝析气藏的证据较少，通过油气藏解剖结合地球化学分析，明确了判别次生凝析气藏的一系列证据。

地球化学指标研究结果多揭示塔中隆起凝析气藏的油源主要来自中—上奥陶统烃源岩，但近年来的钻探表明塔中隆起及其邻区中—上奥陶统缺乏有效烃源岩，而在深部下寒武统发现了优质的烃源岩，塔中隆起凝析气藏的油源主要来自下寒武统烃源岩的可能性更大。热演化史分析结果表明，下寒武统烃源岩在埋藏过程中，在加里东晚期—晚海西期可能形成大量的石油，而天然气则形成于喜马拉雅晚期深埋过程中。由此可见，塔中隆起具有通过早期成油、晚期气侵形成次生凝析气藏的地质条件。

塔中凝析气田天然气总体上以中—高含硫、低—中含氮气、低—高含二氧化碳的天然气为主，天然气干燥系数介于0.89~0.98，原油密度较高（多大于$0.8g/cm^3$），呈现"气干油重"的特征。塔中凝析气田天然气不具有湿气特征，不同于原油同期生成的伴生气。因此，塔中凝析气田即使有中—上奥陶统烃源岩的贡献，也很难同时在喜马拉雅期生成中等成熟度的石油与高成熟度的干气。塔中凝析气田原油总体上具有低密度、低黏度、低胶质＋沥青质含量、中低含蜡量、中低含硫量的特征。不同井点的原油性质有较大差异，并出现高密度、中高含蜡量、中等含硫量的异常。值得注意的是，在凝析气藏中可能出现局部的油藏。M62井区最为典型，该井区的M621井呈现局部正常原油特征，原油密度大于$0.85g/cm^3$，气油比低于$400m^3/m^3$，揭示凝析气田中局部气侵较弱的部位仍保留古油藏。

庚烷值和异庚烷值可以作为划分原油成熟度的标准。庚烷值和异庚烷值分析结果表明，塔中凝析气田中西部奥陶系原油均分布于脂肪族曲线上方的区域［图5-5-10（a）］，呈现相似的腐泥型—混合型有机质烃源岩特征，而且油与凝析油均处于高成熟阶段。油与凝析油的碳同位素一致［图5-5-10（b）］，说明凝析油并非比油的碳同位素重，不是更高成熟凝析气生成阶段的产物。综合相关资料分析，凝析油与正常油的成熟度相当，并非形成于后期更高成熟度阶段，而可能是油藏遭受气侵改造而成。

原油的蜡通常为碳数大于$nC_{22}$的正构烷烃，以藻类和细菌为主要有机质来源的塔里木盆地寒武系烃源岩生成的原油一般低含蜡，而塔中凝析气田原油出现异常高的含蜡量，鹰山组原油含蜡量介于5.75%~10.29%，良里塔格组原油含蜡量高达16.08%。高含蜡量原油一般受控于原油成熟度、油气藏类型、气洗作用和原油运移作用。由于高含蜡量原油主要出现在气侵强烈的高气油比井中，其原油成熟度、油气藏类型和原油运移作用与邻井相近，这些原油很可能是油藏受气侵之后$nC_{22}$以上的正构烷烃相对富集形成的次生高蜡油。另外，油藏受气侵之后容易形成沥青质沉淀（图5-5-11），这种现象在凝析气藏中比较普遍。

第五章 断控油气特征及成因

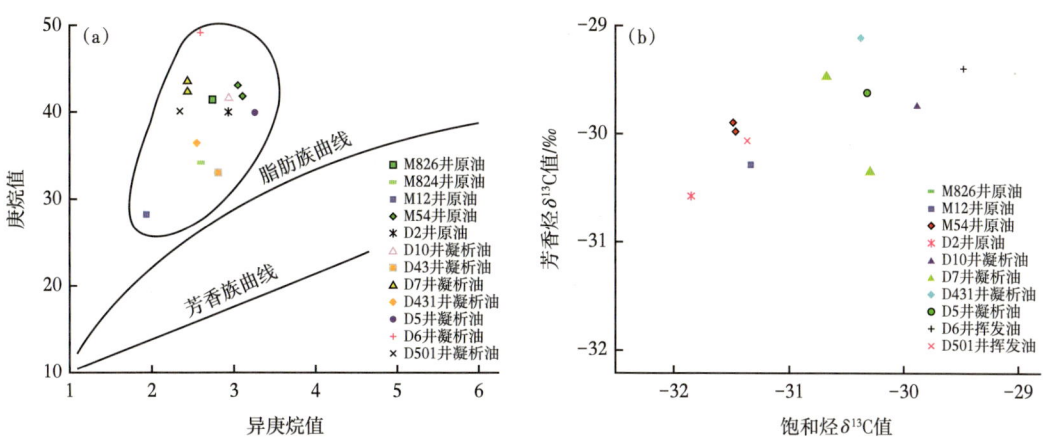

图 5-5-10 塔中凝析气田凝析油、原油庚烷值和异庚烷值关系图（a）及油的碳同位素分布图（b）

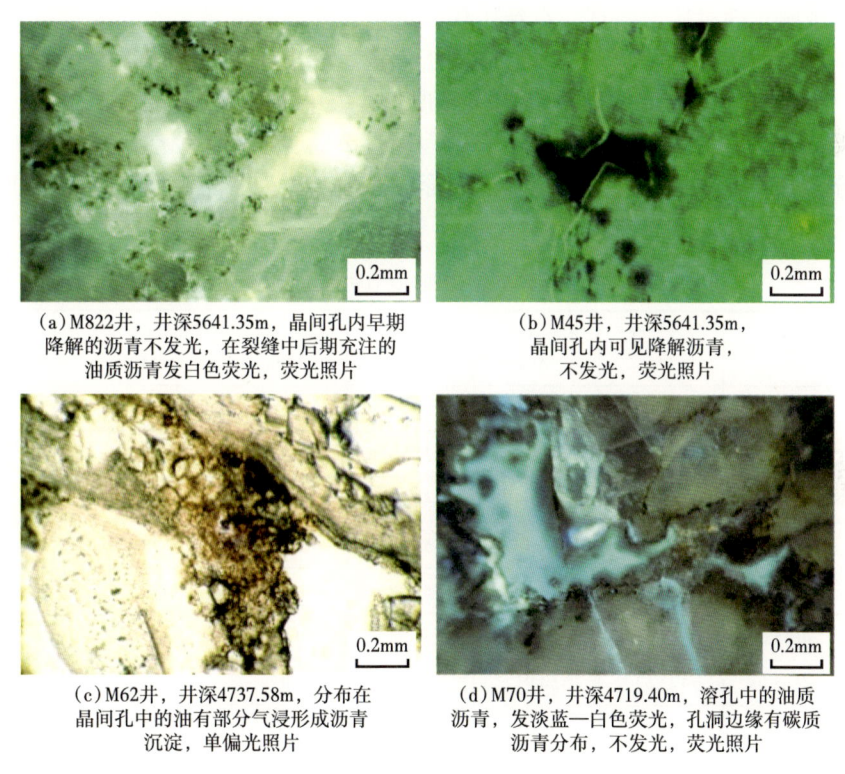

图 5-5-11 良里塔格组油藏受气侵的沥青质沉淀特征照片

综合流体包裹体资料分析，塔中隆起奥陶系凝析气藏中检测到三期与油气包裹体共生的盐水包裹体。第一期包裹体均匀密集或成群成带分布于重结晶粒屑、微—细晶方解石中，为深褐色的液烃包裹体，盐水包裹体均一温度一般介于70~90℃。第二期烃类包裹体丰度高，成群、成带分布于溶蚀孔洞早期充填的方解石矿物中，多呈深褐色的液烃包裹体，并出现气液两相包裹体，盐水包裹体均一温度介于90~120℃。第三期烃类包裹体发育于溶蚀孔洞晚期充填的方解石中，发育丰度较高，气液两相包裹体和气相包裹体的含量

185

增多，液烃呈强的浅蓝绿色、浅绿色及浅黄色荧光，气烃呈弱黄色荧光，包裹体均一温度介于120~150℃。三期包裹体均一温度峰值分布对应热成熟史曲线上的晚加里东期与晚海西期成油期及喜马拉雅期的天然气充注期。这些丰富的包裹体资料支持塔中隆起存在古油藏的认识，并确证天然气形成于喜马拉雅期。

### 2. 次生凝析气藏成因与气藏类型

研究结果表明，塔中隆起北部斜坡带广泛分布古油藏，尤其是良里塔格组台缘礁滩体上覆巨厚的上奥陶统桑塔木组泥岩，保存条件优越，存在大量前新生代形成的古油藏。在喜马拉雅期气侵过程中，可能形成次生凝析气藏，并形成前文所述的油气特征。

值得注意的是，形成凝析气藏的前提不仅需要烃类物系中气体数量多于液体数量，而且地层温度介于临界温度与临界凝析温度之间，地层压力超过该温度时的露点压力。塔中隆起寒武系—奥陶系碳酸盐岩凝析气藏临界温度与临界凝析温度差异大，地层温度介于其间，具备形成凝析气藏的温度条件。但是，地层温度所在的地层压力与该温度下的露点压力比较接近，尤其是塔中凝析气田东部的凝析气藏（表5-5-1），表明凝析气藏的相态对地层压力极为敏感。通过压力推算，在新生代沉积前，即便有大量天然气的充注，大多数气藏的地层压力仍低于露点压力，难以形成凝析气藏。塔中4井区石炭系油气藏埋深浅，地层压力小，天然气较多的部位形成气藏或气顶。在塔中隆起东部塔中62井区，尽管有大量的晚期天然气充注，在凝析气藏的开采过程中由于地层压力的亏空，部分凝析气藏很快出现油气分异，并随着天然气产量的减少，形成原油产出为主的现象。因此，地层压力对凝析气藏的形成具有重要的控制作用。

表5-5-1 塔中隆起碳酸盐岩凝析气藏地层压力与温度数据表

| 气藏名称 | 中深/m | 气藏温度/℃ | 地层压力/MPa | 露点压力/MPa | 压力差/MPa | 临界凝析压力/MPa | 临界凝析温度/℃ |
|---|---|---|---|---|---|---|---|
| 塔中86 | 6296.5 | 139.8 | 67.71 | 55.39 | 11.46 | 57.11 | 346.0 |
| 塔中45 | 6280.0 | 139.66 | 69.15 | 31.30 | 33.44 | 32.58 | 292.9 |
| 中古8 | 6195.0 | 140.39 | 71.94 | 44.61 | 21.50 | 45.61 | 345.6 |
| 中古43 | 5680.0 | 137.44 | 64.67 | 56.99 | 5.21 | 58.89 | 346.9 |
| 中古7 | 5633.0 | 136.77 | 65.49 | 51.78 | 16.33 | 56.10 | 291.2 |
| 塔中24 | 4655.0 | 127.67 | 54.91 | 51.83 | 1.27 | 55.82 | 309.3 |
| 塔中26 | 4665.0 | 127.67 | 54.91 | 41.26 | 0 | 50.14 | 247.3 |
| 塔中82 | 5206.0 | 131.55 | 59.05 | 61.43 | 2.53 | 62.71 | 407.2 |
| 塔中62 | 4560.0 | 131.79 | 57.42 | 55.64 | 0 | 59.20 | 315.3 |
| 塔中83 | 5120.0 | 135.67 | 54.66 | 61.67 | 0 | 63.44 | 387.3 |
| 中古58 | 3642.0 | 142.36 | 63.77 | 30.72 | 8.78 | 33.07 | 235.3 |

综合分析认为，在喜马拉雅期深埋过程中，塔中隆起深部形成大量的原油裂解气或干酪根裂解气，并通过断裂带向上部奥陶系碳酸盐岩已形成的古油藏中运移，溶解于油藏中形成溶解气。随着天然气气侵的增加，油藏中溶解的天然气渐趋饱和，形成弱气侵挥发油藏[图5-5-12(a)]。塔中45井区、中古15井区多见这种类型的油藏，气油比低于500m³/m³，

处于凝析气藏形成的前期阶段。随着油藏埋深增大，地层压力逐渐高于临界压力，以及气侵的加强，油藏顶部的原油可能溶于天然气中，从油相向凝析气相发生转化，从而形成带凝析气顶的油藏[图5-5-12（b）]。塔中622井区存在该类型油藏，该井在凝析气生产一年后，开始产出正常原油。由于天然气的供给不断增长及地层压力的增大，原油不断反溶于天然气中，成为底部带油环的凝析气藏[图5-5-12（c）]。这种类型的凝析气藏在塔中62井区较多。伴随地层温度与压力的持续增长，圈闭中注入的天然气量可能溶解所有的原油，或是圈闭不足以保存油环时，可能形成无油环的中高凝析油—微凝析油含量的凝析气藏[图5-5-12（d）]。中古8井区—塔中83井区大多凝析气藏属于这种类型，气油比一般大于1000m³/m³，凝析油产量低。此外，塔中隆起的凝析气藏也可能存在气洗（蒸发分馏）机制，随着深部裂解气沿断裂带向上侵入，规模较小的古油藏受后期大量高成熟天然气的"气洗"作用，形成芳香烃富集的凝析油，并导致含蜡量增高。同时，邻近断裂带的奥陶系碳酸盐岩缝洞体油藏压力条件容易遭受破坏，原油中轻分子组分以气相形式发生分馏形成凝析气。

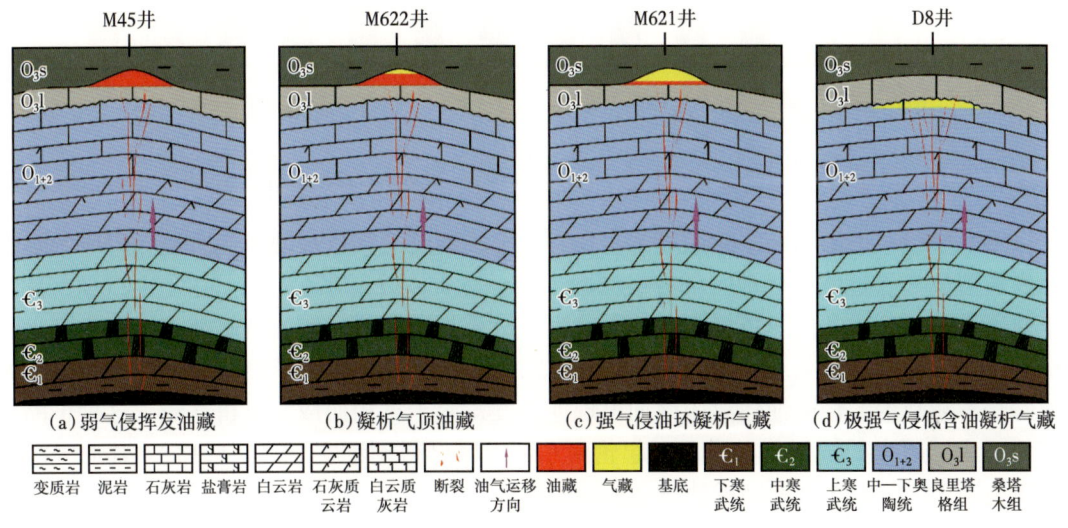

图5-5-12 塔中次生凝析气藏模式图

由于喜马拉雅期塔中隆起寒武系—奥陶系碳酸盐岩基质储层致密、缝洞型储层分布复杂，即使同一井区不同部位的气侵程度也有很大的变化，受气侵程度与古油藏规模差异的影响，不同类型油气藏流体相态与流体性质差异极大。随着油藏中天然气的不断注入，原油不断溶于天然气时，在古油藏中形成凝析油含量很高的凝析气顶，并导致"油重气干"的流体差。

**3. 原生凝析气藏的形成条件**

塔中隆起较多凝析气藏是古油藏遭受气侵而形成的次生凝析气藏，但综合相关资料分析塔中隆起也存在原生凝析气藏。

较多的研究成果认为，塔中隆起的天然气主要为油型裂解气，可能与深部的古油藏原油裂解有关，也可能来自深部烃源岩中未排出的原油与运移输导通道的分散油裂解。天然气甲烷碳同位素可以判别天然气的来源，塔中凝析气田$\delta^{13}C_1$值介于-56‰~-37‰（图

5-5-13），主要为原油裂解气。塔中隆起部分凝析气藏高含 $H_2S$，是天然气经过中寒武统盐膏层时发生硫酸盐热化学还原反应的产物，表明为下寒武统原油裂解气。由于塔中隆起及其周缘寒武系—下奥陶统在喜马拉雅晚期深埋至 8000m 以深，进入原油裂解的门限，原油裂解气容易溶解尚未裂解的原油而形成凝析气，而深层烃源岩中与输导通道中的分散液态烃更可能裂解直接形成凝析气，在向上运移过程中可能聚集在缺少古油藏的圈闭中形成原生凝析气藏。这类凝析油的成熟度高，轻组分较多，可能具有运移分馏作用形成的油环。

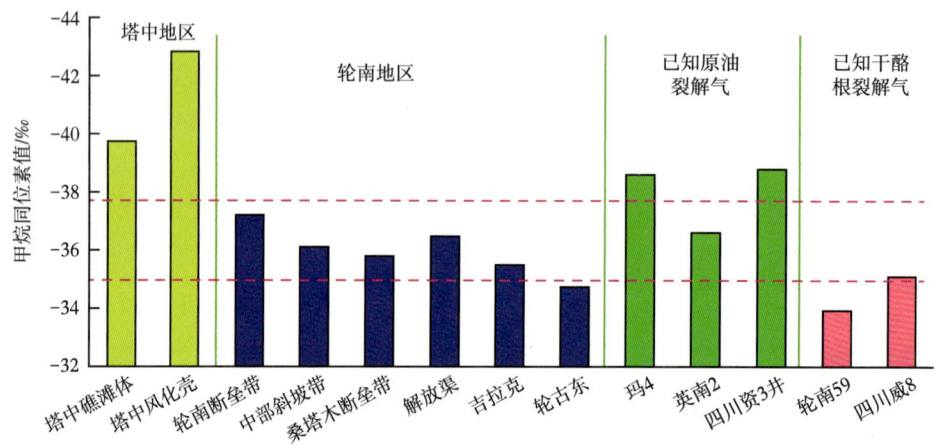

图 5-5-13　塔里木盆地天然气甲烷碳同位素对比图

塔中隆起周边坳陷区寒武系烃源岩在喜马拉雅期已进入过成熟干气阶段，但塔中隆起的斜坡部位与邻近的满西地区部分烃源岩干酪根镜质体反射率（$R_o$）可能低于 2.0%，具有生成凝析气的地质条件。塔里木盆地台盆区寒武系与奥陶系烃源岩以腐泥型—混合型干酪根为主，当 $R_o$=1.2%~2.0% 时，由于 C—C 链断裂与溶解天然气释放，气态烃不断增加而液态烃不断减少，轻质油随温压增加出现逆蒸发，溶于气相而成为凝析气藏。这种干酪根裂解形成的原生凝析气藏在塔北隆起轮南东部地区已得到证实（图 5-5-13），其油气源来自东边满东凹陷斜坡区的高成熟—过成熟烃源岩。

近期的地球化学研究结果表明，塔中隆起天然气复杂多样，同时存在原油裂解气和干酪根裂解气的混合体，可能既有寒武系烃源岩，也有中—上奥陶统烃源岩的贡献。来源于寒武系烃源岩的天然气处于高成熟—过成熟阶段，以原油裂解气为主；而处于成熟阶段的天然气很可能来源于周边深层中—上奥陶统烃源岩干酪根的裂解气。因此，干酪根裂解气也很可能存在，从而形成特征复杂的混合气。

**4. 原生凝析气藏成因与类型**

综合分析认为，塔中隆起凝析气藏具有多种原生凝析气藏的成因模式。

塔中隆起东部地区缺少古油藏，同时有利于接受来源于已证实的满东地区中—上奥陶统烃源岩生成的油气，在喜马拉雅期形成的干酪根裂解气向隆起构造高部位缺少古油藏的圈闭中运聚，可能形成干酪根生成的低凝析油含量的凝析气藏［图 5-5-14（a）］。

研究结果表明，塔中凝析气田气源主要来自原油裂解气，原油裂解气的来源可能来自深部的古油藏、输导路径与烃源岩中滞留的分散液态烃，液态烃裂解的油型气初始阶段溶于古油藏中，但随着裂解气与轻烃的增长，凝析气可能分离为气液两相，并伴随温压的增长导致原油中的轻质组分反溶于天然气中。由于喜马拉雅期寒武系—奥陶系地层温度介于临界温度和临界凝析温度，地层压力普遍高于露点压力，可能形成大量的深部凝析气源。在缺少古油藏的凝析气源地层中，就近形成原生凝析气藏 [图 5-5-14（b）]。

此外，在喜马拉雅期的温度压力条件下，凝析气向上运移过程中的相态不变，在奥陶系上部缺少古油藏的圈闭中，聚集形成原生凝析气藏 [图 5-5-14（c）]。后期凝析气充注到已有凝析气藏或少量原油的圈闭中也可能形成原生凝析气藏 [图 5-5-14（d）]。如塔中162 井下奥陶统天然气以偏干的凝析气为主。此外，凝析气继续向上运移过程中，可能在奥陶系上部的古油藏中聚集，进一步溶解原油，形成次生凝析气藏与原生凝析气藏共生的现象 [图 5-5-14（d）]。当然，在向上运移过程中，由于温度压力降低，地层压力趋近露点压力时则析出凝析油，形成带油环的次生凝析气藏，也可能形成带凝析气顶的油藏，而缺少气侵的油藏仍保持油藏特征。

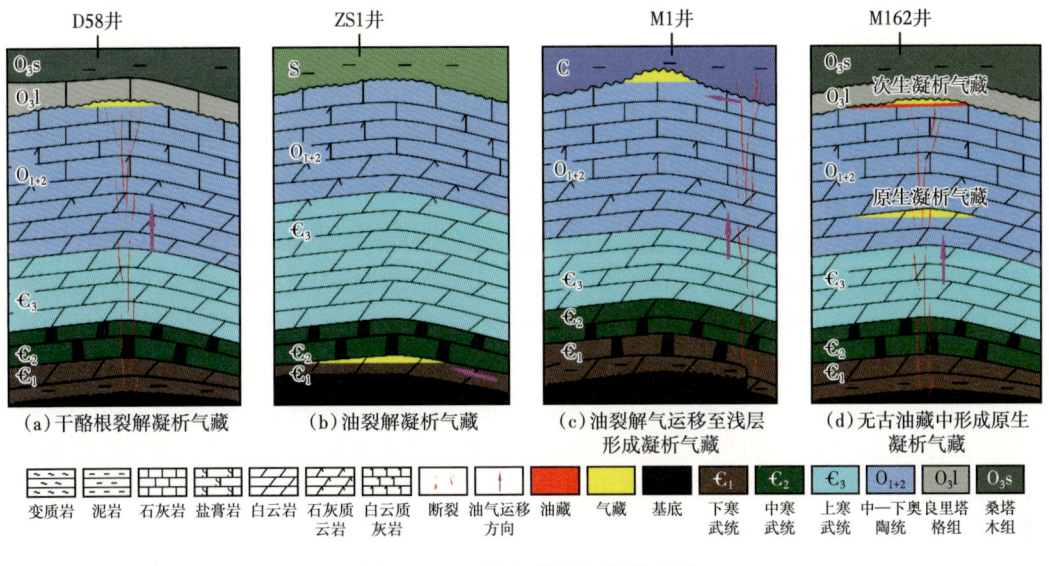

图 5-5-14 原生凝析气藏模式图

由于凝析气藏成因多样，储层非均质性极强，晚期气侵程度与古油藏规模的差异，造成塔中凝析气田复杂的流体性质与相态，很多油气井的流体相态具有接近临界露点压力与饱和压力的特征，从而形成气油比变化极大、凝析油含量变化极大的复杂流体分布的非常规碳酸盐岩凝析气田，并导致油气产出的复杂性，需要采取针对性的开发措施。

总之，塔中凝析气田主要为古油藏遭受后期气侵与气洗形成的次生凝析气藏；超深层下寒武统的干酪根裂解气与原油裂解气可能以凝析气相态供烃形成原生凝析气藏，主要分布在超深层寒武系—下奥陶统与缺少古油藏的东部潜山区；塔中凝析气田形成于喜马拉雅期，并与快速增长的地层压力密切相关，形成相态类型与成因多样的油气藏模式。塔中凝析气田同时存在原生与次生凝析气藏的成因类型，受控于地层压力系统、气侵强度与古油藏规模三大要素，并导致了复杂的流体分布与油气产出，不同于常规凝析气藏，在油气藏评价与开发过程需要区别对待。

# 第六章  断控油气成藏与演化

塔里木盆地发育多期走滑断裂与多期油气充注史，断裂与油气充注的配置关系复杂多样，断裂对油气运聚成藏与保存具有重要的控制作用，走滑断裂断控油气成藏演化研究对油气富集与勘探开发部署具有重要的意义。

## 第一节  油藏次生变化与成因

奥陶系超深层多相态油气藏共存，笔者从油气藏次生蚀变入手，结合油气充注期次的研究及地质背景分析，揭示奥陶系多相态油气藏次生变化。

### 一、富满油田次生蚀变作用

油气藏相态往往受到多种复杂因素的控制，前人对塔里木盆地台盆区海相油气的研究表明多期油气充注及油气藏次生蚀变作用控制了其油气藏相态（Zhu et al., 2019; 张水昌等, 2021）。马柯阳（1995）首次提出轮古东凝析气藏为次生凝析藏，非烃源岩高成熟演化阶段的产物，后续研究表明轮古东地区多相态油气藏的形成与多期油气充注密切相关，喜马拉雅期原油裂解气的充注是轮古东凝析气藏形成的重要原因（Zhang et al., 2011; 赵文智等, 2012; Zhu et al., 2020）。众多学者对塔中凝析气藏的研究也指示，喜马拉雅期中寒武统膏盐层下原油裂解气的充注是塔中地区高含硫化氢凝析气藏形成的重要原因（Shen et al., 2019; Li et al., 2021; Su et al., 2021; 韩剑发等, 2021）；而古城墟隆起奥陶系原位油藏大规模裂解是其天然气藏形成的重要原因（马庆佑等, 2015; 庄新兵等, 2017; 曹颖辉等, 2019）。

油气藏次生蚀变作用一般有生物降解作用，原油裂解、硫酸盐热还原作用（TSR）、蒸发分馏作用等。生物降解作用一般指微生物对油气藏中轻烃组分进行氧化降解，致使原油密度增大，非烃+沥青质含量增高；而对于深层油气藏而言，TSR、原油裂解、气侵作用更为普遍，富满油田地区奥陶系油气藏具有埋深大、温度高的特点，部分油藏温度超过150℃，甚至超过160℃，达到原油"死亡界限"，但原油并未裂解；对油气藏次生蚀变作用做出正确评价，厘清油气分布格局对富满油田地区古生界油气勘探至关重要。

#### 1. 生物降解作用

生物降解作用一般发生在浅层油气藏中，且油气藏温度小于80℃，对油气藏中轻烃组分氧化分解，致使原油密度、胶质+沥青质含量增大，通常会在饱和烃色谱显示中"UCM"（未分辨的复杂混合物）基线鼓包（Bernard et al., 1992; Jones, 2019; Peters et al., 2005）。对富满油田地区原油饱和烃色谱的分析显示，跃满、顺北、富源、满深、玉科等区块原油正构烷烃分布完整，饱和烃色谱呈单峰前峰型，主峰碳数分布于$C_{16}$—$C_{19}$之间，指示原油保存良好；而哈得地区哈得23井样品中监测到了"UCM"基线鼓包，主峰碳数为$C_{23}$（图6-1-1），指示哈得区块原油发生了一定的生物降解作用。

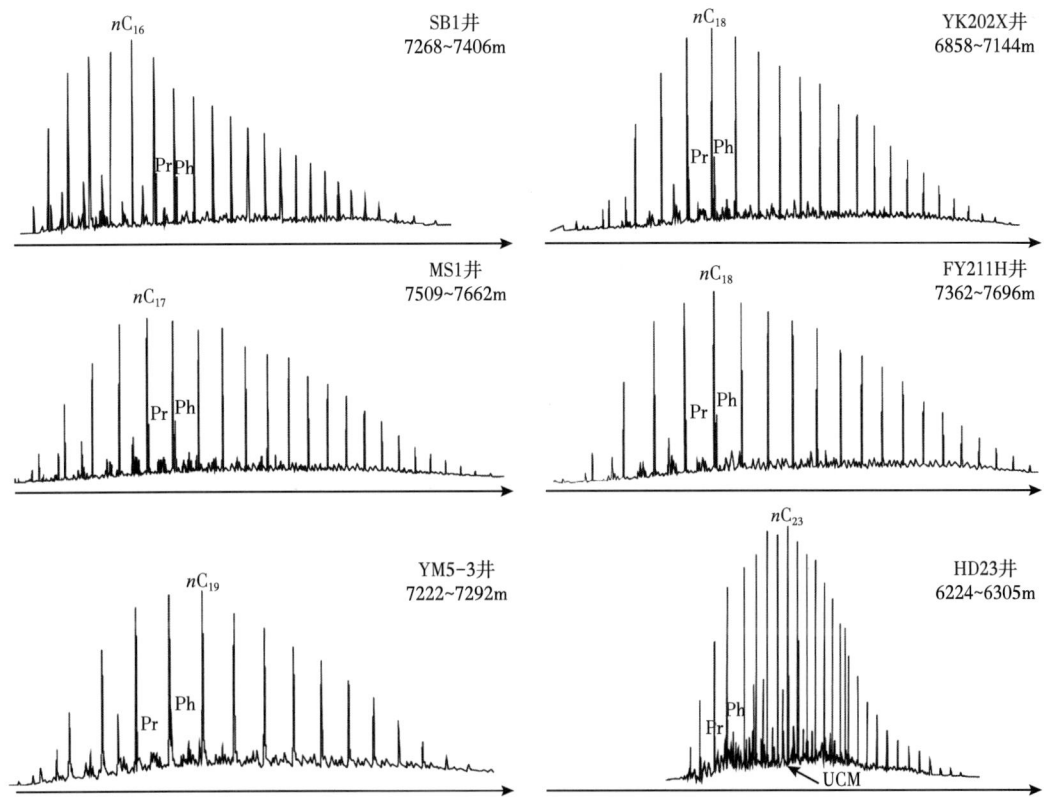

图6-1-1　富满油田地区奥陶系原油饱和烃色谱分析图

结合区域地质背景分析，哈得区块毗邻中国石化塔河油田，位于塔北隆起鼻状凸起部位。前人对塔河油田油气藏次生蚀变作用的研究表明，塔河油田原油中检测到了大量的"UCM"基线鼓包及25-降藿烷，指示原油经历了强烈的生物降解作用（张水昌等，2011；张渠等，2014），分析认为，海西早期塔北地区经历了强烈的构造隆升，形成鼻状凸起，奥陶系油气藏遭到严重破坏，由于哈得地区处于隆起区南部高部位，因此经历了较弱的生物降解作用，致使哈得区块北部地区具有较高的原油密度、含蜡量、胶质+沥青质含量。

**2. 原油裂解作用**

传统石油地质学理论认为超深层油藏保存温度下限为150℃，埋深下限为6000m，当油藏温度超过150℃或埋深超过6000m时，油藏发生大规模裂解（Horsfield et al.，1992；Hunt，1996；Schenk et al.，1997）。然而，随着深层油气勘探的不断突破，指示原油裂解门限温度更高与埋深更深；Waples（2000）通过大量原油热裂解模拟实验提出原油大规模裂解门限为170℃，对于"冷盆"（盆地具有较低的低温梯度）而言，原油保存下限可能超过200℃。富满油田地区奥陶系油气藏属于超深层油气藏，油气藏埋深介于6300~7800m，部分井区井底温度超过160℃，原油裂解程度尚不明确，笔者结合生物标志化合物成熟度参数、芳香烃成熟度参数、轻烃分子成熟度参数的分析及金刚烷化合物分析揭示富满油田地区奥陶系原油裂解程度。

1）原油成熟度分析

原油裂解程度与其成熟度密切相关，生物标志化合物参数是原油成熟度评价的重要手段（Zhang et al.，2018）。富满油田地区奥陶系原油成熟度在 0.25~0.46 之间，$C_{24}TT/C_{23}TT$ 相对含量的比值介于 0.51~0.78，分布较为集中 [图 6-1-2（a）]，指示原油成熟度相似；规则甾烷 $C_{29}\beta\beta/(\alpha\alpha+\beta\beta)$ 分布于 0.46~0.75 之间，$C_{29}20S/(20S+20R)$ 分布于 0.43~0.54 之间，图版判识表明原油为成熟原油，成熟度相似，均达到均衡值 [图 6-1-2（b）]；$Ts/(Tm+Ts)$ 值分布于 0.42~1.21 之间 [图 6-1-2（c）]，原油无明显奇偶优势系数 [图 6-1-2（d）] 以上生物标志化合物成熟度指标及正构烷烃奇偶优势系数均指示富满油田奥陶系原油为成熟原油。需要注意的是上述参数只适用于烃源岩生烃高峰前原油成熟度的评价，并不适用于高成熟原油的评价。

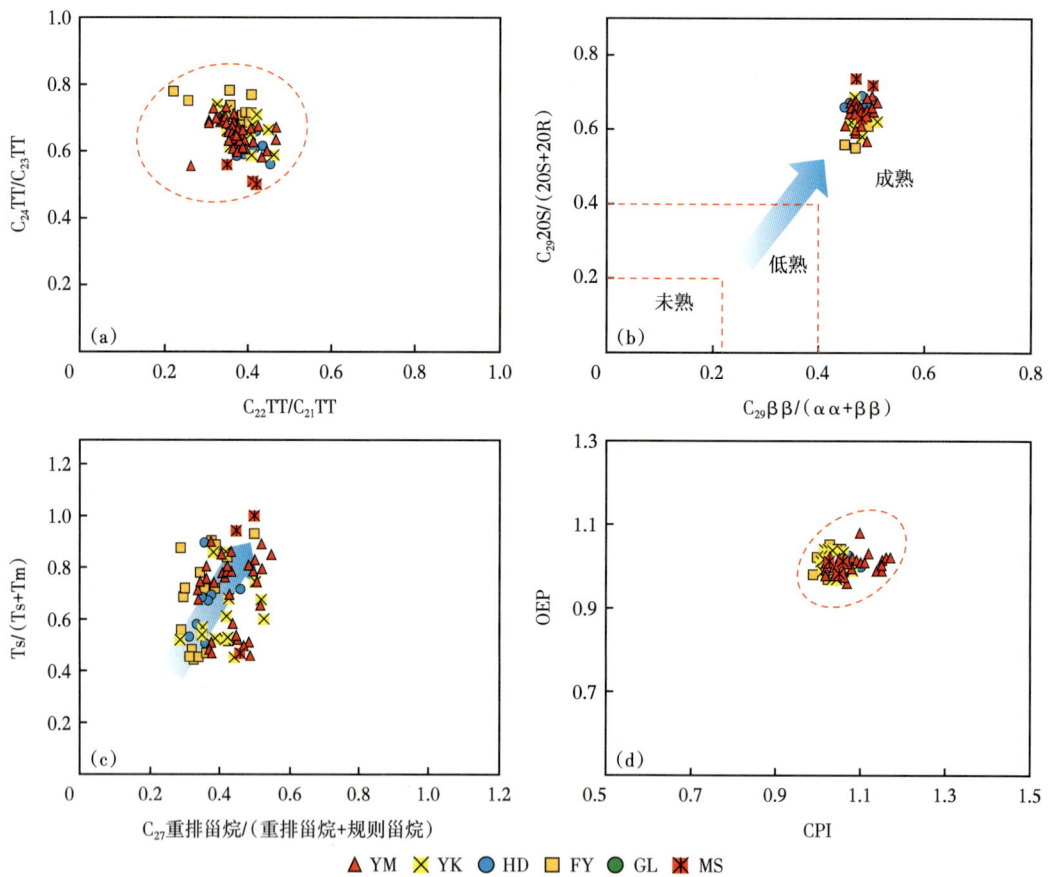

图 6-1-2　富满油田地区奥陶系原油 $C_{22}TT/C_{21}TT$ 与 $C_{24}TT/C_{23}TT$（a）、$C_{29}\beta\beta/(\alpha\alpha+\beta\beta)$ 与 $C_{29}20S/(20S+20R)$（b）、$C_{27}$ 重排甾烷/(重排甾烷+规则甾烷) 与 $Ts/(Tm+Ts)$（c）、CPI 与 OEP（d）交会图

与生物标志化合物参数不同，芳香烃化合物由于具有较高的热稳定性，因此常用于原油成熟度的评价，其中甲基菲指数是常用的芳香烃成熟度参数（朱杨明等，1998）。根据

Radke 提出的甲基菲指数（MPI-1）与镜质组反射率，MPI-1 与 $R_o$ 在生油窗范围内（$R_o$ 为 0.65%~1.35%）具有良好的线性正相关关系，当 $R_o$ 为 1.35%~2.00% 时具有良好的线性负相关关系（Radke，1981，1983）。计算结果表明，富满油田地区 $R_{c1}$ 处于 0.68%~1.27% 之间，主体区域位于 0.7%~1.1% 之间[图 6-1-3（a）]；甲基菲比值（F1）拟合的成熟度处于 0.42%~1.4% 之间，主体区域也位于 0.7%~1.1% 之间[图 6-1-3（b）]，甲基菲指数（MPI）与甲基菲比值（F1）均指示富满油田原油属于正常成熟度原油，并非烃源岩高成熟度演化阶段的产物。

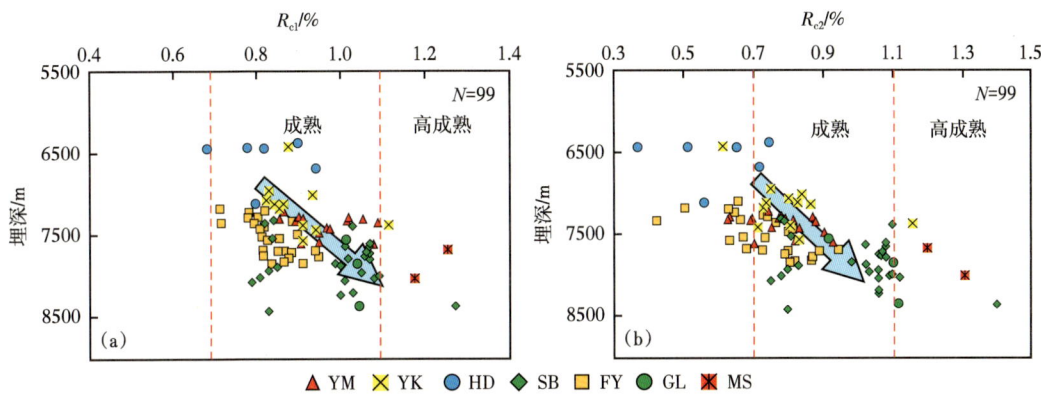

图 6-1-3　富满油田地区奥陶系原油甲基菲参数拟合等效镜质组反射率分布图
（a）$R_{c1}$（%）=0.6×MPI1+0.4，mPI1=1.5×（3-MP+2-MP）/（P+9-MP+1-MP）；
（b）$R_{c2}$（%）=0.166+F1×2.242，F1=（3-MP+2-MP）/（1-+2-+3-+9-）MP
（注：顺北地区数据来源于马安来等，2021）

轻烃参数分析显示，富满油田地区奥陶系原油具有较高的正庚烷值与异庚烷值，指示原油具有较高的成熟度。根据 Walters 等所划分的图版（Walters et al.，2003），富满油田地区奥陶系原油所拟合的镜质组反射率介于 1.1%~1.5%，值得注意的是 SB53X 油样具有更高的成熟度，其拟合的 $R_o$ 大于 1.5%。

综上所述，富满油田地区奥陶系原油主体为正常成熟度原油，并非烃源岩高成熟演化阶段的产物。

2）原油裂解程度评价

金刚烷化合物因为其独特的"笼"型结构，具有较高的热稳定性及抗裂解性，常由于原油裂解程度的评价（Chen et al.，1996；Dahl et al.，1999；马安来等，2009）。在塔里木海相油气的研究中，金刚烷化合物作为原油裂解程度的评判标准，已得到了广泛应用，其中（3-+4-）甲基双金刚烷浓度常作为反映原油裂解程度的重要指标（Zhang et al.，2005，2011；Li et al.，2018；Zhu et al.，2020；马安来等 2021）。

金刚烷化合物分析结果显示，富满油田地区（3-+4-）MD 浓度在 5.62~97μg/g 之间。分区块来看，玉科地区具有最高的（3-+4-）MD 浓度，玉科 4 井原油样品中（3-+4-）MD 浓度达到 97μg/g，顺北地区原油中（3-+4-）MD 浓度较高，其中顺北 53X 原油（3-+4-）MD 浓度达到 82μg/g，其余区块中原油（3-+4-）MD 浓度相差不大，实验结果与之间研究结果符合（Zhou et al.，2021；马安来等 2021）。结合油藏气油比数据，原油（3-+4-）MD

浓度随着气油比的增大呈增加趋势，与轮古东凝析油相比，玉科地区凝析油（3-+4-）MD浓度与其相似。值得注意的是，顺北5号断裂带具有较高的（3-+4-）MD浓度，但是其具有较低的气油比［图6-1-4（a）］。

豆甾烷浓度与（3-+4-）MD浓度的相互关系常用于原油成熟度与裂解程度的评价（Dahl et al., 1999）。随着原油成熟度的增加，豆甾烷发生裂解，浓度降低，（3-+4-）MD浓度几乎不变，后期随着原油裂解程度的增加，（3-+4-）MD浓度增大。分析表明，富满油田地区原油豆甾烷含量在1~84μg/g之间，玉科与顺北部分井区具有较低的豆甾烷含量及较高的（3-+4-）MD浓度，与轮古地区凝析油相似，需要注意的是除顺北53井外，顺北5号断裂带与其他井区相比具有较高的豆甾烷与（3-+4-）MD含量［图6-1-4（b）］。

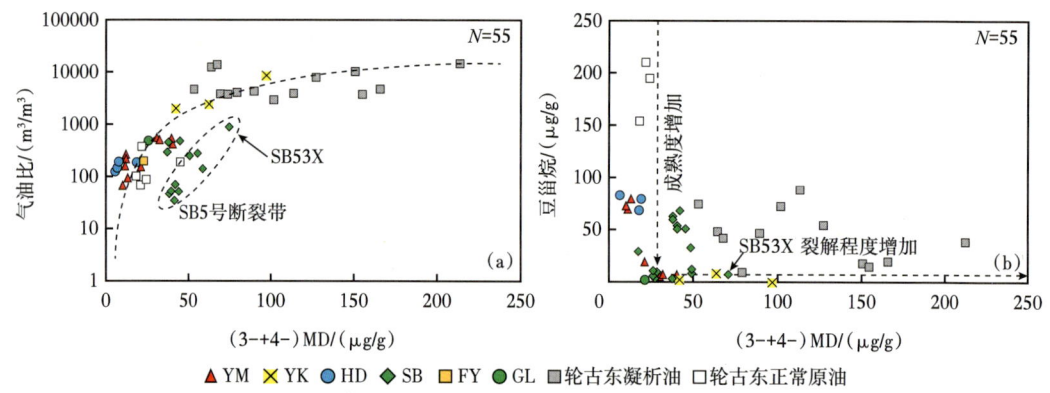

图6-1-4　富满油田地区奥陶系原油（3-+4-）MD浓度与气油比（a）、豆甾烷含量（b）交会图
（注：顺北部分数据来源于马安来等，2021；轮古东数据来源于Zhang et al., 2011；图版b来源于Dahl et al., 1999）

结合地质背景分析，SB5号断裂带断裂规模较大，中国石化西北石油局在5号断裂带钻探过程中志留系普遍发生放空漏失现象，其中SB5-6井于志留系获油气藏；原油挥发实验表明，单金刚烷与双金刚烷相比，具有更高的挥发性（Li et al., 2014），因此单金刚烷化合物的散失是造成顺北5号断裂带（3-+4-）MD浓度增高的重要原因，对于顺北51X井区而言，其气油比高达805m³/m³，油藏裂解可能是（3-+4-）MD浓度升高的主要原因。总体而言，图版判识指示顺北53X井区及玉科区块原油具有较高的裂解程度，富满油田其余区块原油并未大规模裂解。

富满油田地区井底测试表明，油藏压力介于31.28~135MPa，主体区介于60~90MPa［图6-1-5（a）］；油藏温度主要分布于130~160℃之间，只有少量井区超过160℃［图6-1-5（b）］，其中玉科区块油藏温度小于155℃，原油成熟度分析也指示玉科地区原油为正常成熟度原油。显然玉科地区奥陶系油藏不具备原位裂解条件，其较高的（3-+4-）MD来源可能与轮古东地区凝析油相似，玉科地区凝析气藏可能为次生凝析气藏，原油裂解气来自深部地区，而不是原位裂解（Zhang et al., 2005；Zhu et al., 2020）。由于本次研究资料有限，未能获得中国石化顺北地区油藏温压数据，推测其温压数据与之毗邻的果勒区块应该相似，果勒区块具有较低的气油比，地震剖面显示其奥陶系油藏埋深相似，因此顺北53X较高的（3-+4-）MD可能也具有深部原油裂解气的贡献。

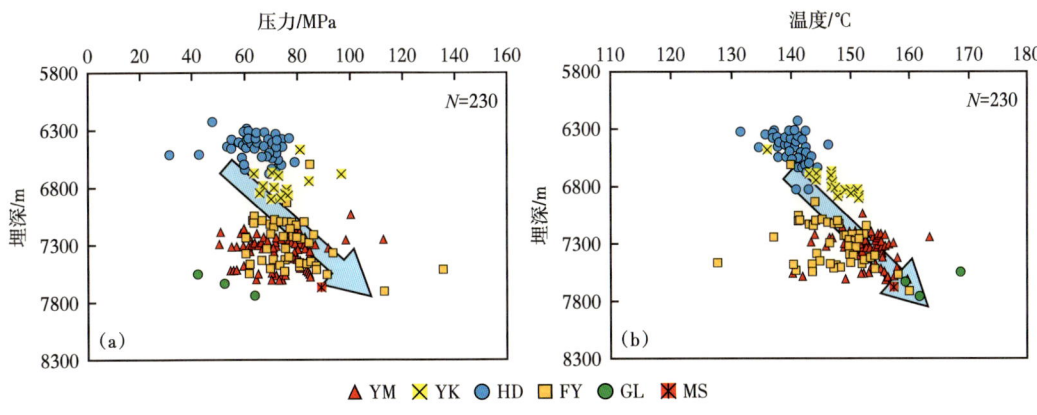

图 6-1-5　富满油田地区奥陶系油气藏压力（a）、温度（b）与埋深交会图

### 3. 硫酸盐热化学还原反应（TSR）

研究表明，深层碳酸盐岩油气藏中常伴随着硫酸盐热化学还原反应（TSR），致使油藏发生裂解，产生大量的 $H_2S$ 气体及二苯并噻吩等一系列含硫化合物（Orr，1997；Machel，2001）。前人对塔里木盆地奥陶系—寒武系油气藏的研究发现 TSR 反应广泛存在，如麦盖提斜坡奥陶系油气藏中高含量的 $H_2S$ 气体由 TSR 作用产生（马安来等，2018），塔中地区深层 $H_2S$ 气体的产生也与 TSR 反应密切相关（Zhu et al.，2014；Cai et al.，2016）。天然气组分分析指示富满油田地区部分井区天然中具有较高含量的 $H_2S$ 气体，其成因尚不明确，需要进一步分析。

Mango 在轻烃成因催化理论中提出，同类型原油具有相同的 $K_1$ 值（$K_1$=（2-MH+2,3-DMP）/（3-MH+2,4-DMP）），不同类型原油中 $K_1$ 存在较大的差距，此外，TSR 作用也能明显改变原油 $K_1$ 值（Mango，1987，1990；Haven，1996）。Song 等学者对塔中地区奥陶系—寒武系油气藏次生蚀变作用的研究表明，与塔中北斜坡、塔北地区奥陶系原油相比，塔中 4 油田与 ZS1C 寒武系原油受到了强烈的 TSR 作用，其具有异常高的 $K_1$ 值，同时在原油中检测到了异常高的二苯并噻吩系列化合物，指示塔中 4 油田原油发生了强烈的 TSR 作用（Song et al，2017）。分析显示，富满油田地区奥陶系原油具有相似的 $K_1$ 值，值域范围分布在 0.96~1.07 之间［图 6-1-6（a）］，原油中二苯并噻吩与菲的比值介于 0.03~1.28，二苯并噻吩系列化合物与芳香烃化合物的比值分布在 0.016~0.32 之间［图 6-1-6（b）］，远小于塔中 4 油田原油中二苯并噻吩系列化合物含量，指示富满油田地区奥陶系原油并未经历强烈的 TSR 作用；此外马安来等学者对顺北地区金刚烷化合物的研究中检测到了完整序列的低聚硫代金刚烷，含量分布于 0.76~18.88μg/g 之间，均指示原油未经历明显的 TSR 作用（马安来等，2020）。

然而，从富满油田地区天然气中硫化氢含量平面发布来看，顺北 1 号断裂带、顺北 5 号断裂带南部、满深断裂带及部分跃满地区断裂带具有较高的硫化氢含量（图 6-1-7）。结合区域地质背景分析，富满油田地区下古生界中寒武统膏盐层广泛发育，提供了 TSR 作用发生的条件，因此寒武系盐下裂解油气的充注可能是部分奥陶系油气藏中富含 $H_2S$ 及（3-+4-）MD 含量的重要原因，$H_2S$ 含量平面的分布不均可能与走滑断裂活动的期次及强弱相关。

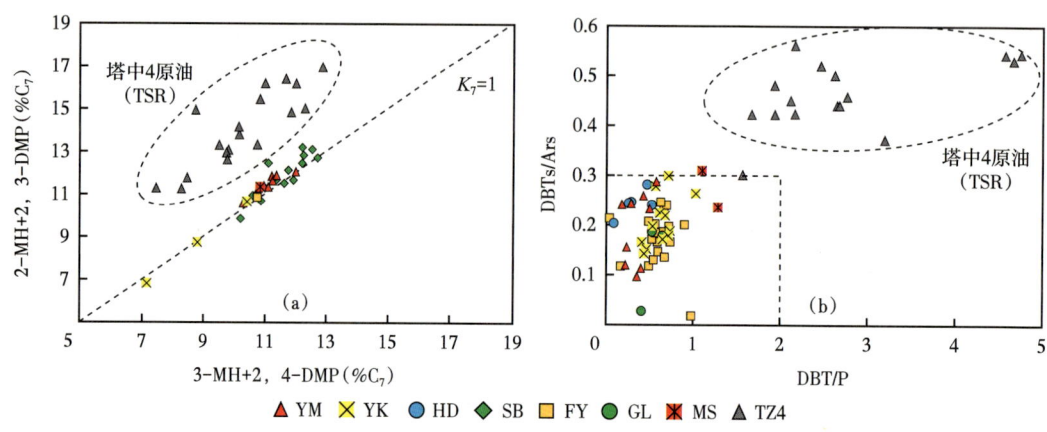

图 6-1-6 富满油田地区奥陶系原油 3-MH+2，4-DMP（a）与 2-MH+2，3-DMP、DBT/P（b）与 DBTs/Ars 交会图
（注：塔中 4 数据来源 Song et al.，2017）

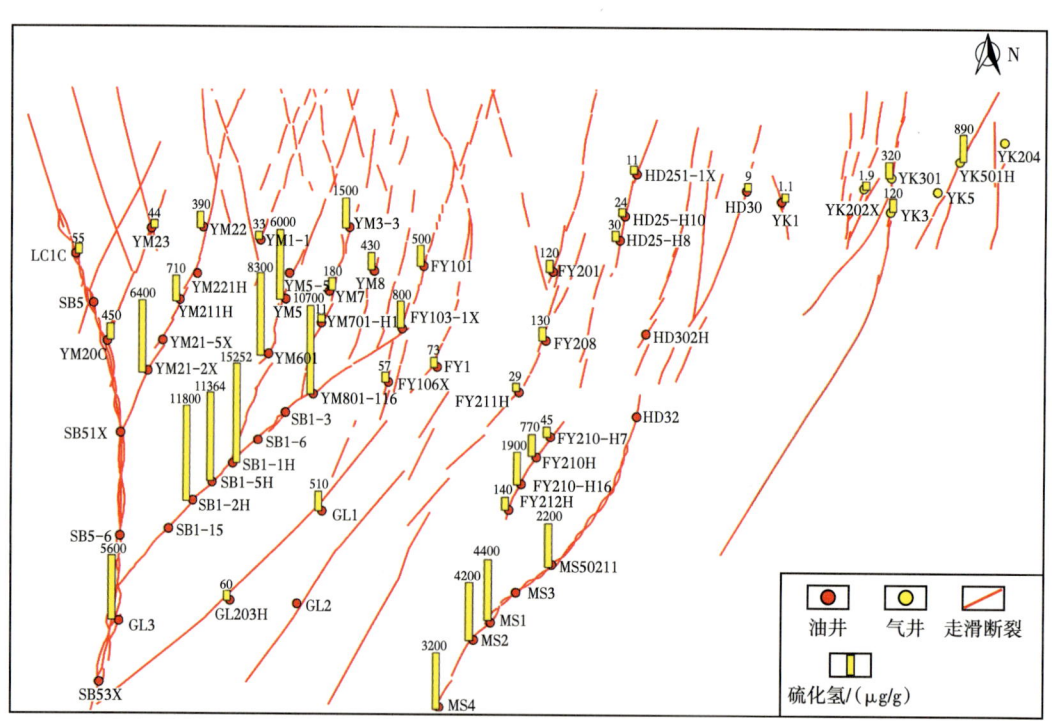

图 6-1-7 富满油田地区奥陶系 $H_2S$ 含量分布图

### 4. 蒸发分馏作用

蒸发分馏作用也称为气洗、相控分馏作用，常用于解释多相态油气藏成因（Thompson，1987；Kissin，1987；Losh et al.，2002）。塔里木盆地海相多相态油气藏研究表明，轮古、塔中地区凝析气藏的成因与蒸发分馏作用密切相关（Zhang et al.，2011；Li et al.，2021；Su et al.，2021；赵星星等，2022）。富满油田地区奥陶系多相态油气藏共存，玉科地区的

气油比高达 3400m³/m³，原油成熟度分析指示玉科地区原油为正常成熟度原油，而天然气干燥系数较高，因此玉科地区早期油藏可能受到了晚期深部原油裂解气的强烈充注，形成次生凝析气藏。

蒸发分馏作用往往会改变原油组分，其中轻烃组分的变化更加显著：轻烃中正构烷烃的相对丰度降低，环烷烃与芳香烃类的相对丰度增高。据此，Thompson 提出利用轻烃指标 $F(nC_7/MCH)$、$B(Tol/nC_7)$ 用于蒸发分馏作用强度的评价，随着蒸发分馏作用的增强，$F$ 值呈增高趋势，$B$ 值降低趋势；但 $B$ 与 $F$ 值也受到热成熟作用的影响，成熟度较高的原油往往伴随着较高 $B$ 与 $F$ 值（Thompson，1987，1988）。富满油田地区奥陶系原油中 $B$ 与 $F$ 值各自分布于 0.12~0.48、1.26~2.28 之间（表 6-1-1），其中 YK202X 井及 YK201-H4 井具有较高的 $B$ 值与较低的 $F$ 值，与轮古东地区遭受了强气侵的凝析油及挥发油具有相似性[图 6-1-8（a）]。值得注意的是顺北 1 号断裂带及顺北 53X 井具有较高的 $F$ 值与 $B$ 值相对较低，因此推断热成熟作用是顺北地区部分井区具有较高的 $F$ 值与 $B$ 值的重要原因，顺北 53X 凝析气藏可能为原生凝析气藏，未遭受晚期强烈的蒸发分馏作用，顺北 1 号断裂带与顺北 5 号断裂带油藏未遭受蒸发分馏作用，随后的研究中部分学者等通过全油色谱分析也指示顺北地区油藏未遭受蒸发分馏作用（Chen et al.，2020；马安来等，2021），与 Chai 等（2020）的研究结果存在一定的差异。

表 6-1-1 富满油田地区奥陶系原油轻烃分析表

| 井号 | YM801-H6 | YM6C1 | YM1-4 | YM1-1 | YM6 | YM2-1 | YM2-H6 | YM2-5X | YM1-2 | YM9 |
|---|---|---|---|---|---|---|---|---|---|---|
| $F$ | 1.54 | 1.53 | 1.67 | 1.60 | 1.60 | 1.60 | 1.63 | 1.57 | 1.67 | 1.90 |
| $B$ | 0.35 | 0.30 | 0.30 | 0.28 | 0.28 | 0.27 | 0.27 | 0.28 | 0.30 | 0.12 |
| 井号 | FY201-H4 | MS1 | YK202X | YK201-H1 | YK201-H4 | SB53X | SB1-1 | SB5-7 | SB1[a] | SB1-1H[a] |
| $F$ | 1.50 | 1.57 | 1.26 | 1.50 | 1.33 | 2.28 | 1.96 | 2.07 | 1.37 | 1.37 |
| $B$ | 0.28 | 0.28 | 0.48 | 0.36 | 0.45 | 0.35 | 0.33 | 0.29 | 0.25 | 0.28 |
| 井号 | SB1-2H[a] | SB1-3CH[a] | SB1-4H[a] | SB1-5H[a] | SB1-6H[a] | SB1-7H[a] | SB1-9H[a] | SB5-2H[a] | SB5-4H[a] | SB5H[a] |
| $F$ | 1.44 | 1.77 | 1.67 | 1.63 | 1.72 | 1.72 | 1.30 | 1.50 | 1.77 | 1.76 |
| $B$ | 0.26 | 0.36 | 0.33 | 0.35 | 0.38 | 0.37 | 0.27 | 0.18 | 0.14 | 0.18 |

注：[a] 数据来源于 Chai et al.，2020。

此外，蒸发分馏作用的产生需要大量天然气的充注。天然气分析表明玉科地区凝析气藏区天然气为原油裂解气，具有较高的成熟度。根据赵文智、刘文汇（2008）所建立的天然气成熟度计算公式（$\delta^{13}C_1=27.55\times \lg R_o-47.22$）计算表明，玉科地区凝析气藏中天然气成熟度高于 1.5%，远高于甲基菲指数所拟合的原油成熟度[图 6-1-8（b）]，值得注意的是顺北 53X 井与满深 1 井的天然气成熟度与原油成熟度相似，指示顺北 53X 凝析气藏可能为原生凝析气藏；吴鲜等（2022）对顺托果勒地区下古生界地温场的研究表明，由北至南，下寒武统的地层温度逐渐增高，与原油成熟度具有良好的对应关系，因此顺北 53X 凝析气藏的形成受控于烃源岩热演化程度。综合分析认为晚期高熟天然气对早期形成的油藏充注改造是玉科地区凝析气藏形成的重要原因，而顺北 53X 凝析气藏为烃源岩高成熟演化阶段产生的原生凝析气藏。

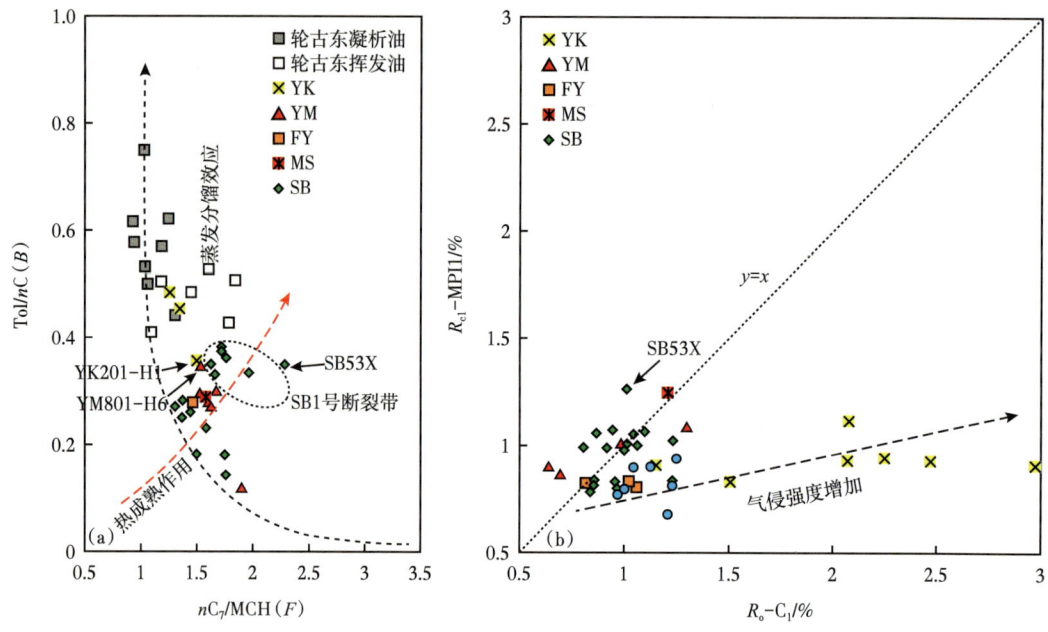

图 6-1-8 富满油田地区原油 $nC_7$/MCH 与 Tol/$nC_7$、天然气 $R_o$—$C_1$ 与原油 $R_{c1}$—MPI1 交会图

（注：轮古东数据来源于池林贤，2020）

综上所述，富满油田地区奥陶系原油主体保存良好，仅有哈得区块鼻状凸起部位经历了生物降解作用；原油为正常成熟度原油，未经历大规模裂解及 TSR 作用，部分井区高含量的硫化氢可能具有中寒武统盐下原油裂解气的贡献；玉科地区遭受了较为强烈的蒸发分馏作用，晚期高成熟原油裂解气的充注改造是其凝析气藏形成的重要原因，而顺北 53X 井为原生凝析气藏，其较高（4-+3-）MD 的浓度可能有两方面成因：（1）顺北 5 号断裂带油气藏保存条件较差，甲基金刚烷大量散失致使（4-+3-）MD 浓度升高；（2）凝析气藏形成后，受到了少量盐下裂解油气的充注，致使原油中（4-+3-）MD 浓度升高，天然气中具有较高含量的 $H_2S$。

## 二、塔中油气藏次生蚀变

深层油气藏受高温、高压及特殊岩性的影响，流体组分和性质通常会发生明显的蚀变，如裂解、硫酸盐热还原作用（TSR）、生物降解和气侵等。从塔中Ⅲ区油藏温度统计，分布于 140~158℃ 之间，同时，饱和烃色谱—质谱分析显示（图 6-1-9），原油基线平整并未检测到"UCM"，证明原油未经历生物降解。结合油藏硫化氢含量较低，奥陶系缺乏 TSR 发生所需的膏岩层这一地质条件，笔者认为晚期气侵作用可能是造成塔中Ⅲ区油气藏相态差异分布的重要原因。其中凝析气藏区靠近Ⅰ号断层，由于晚期强气侵影响，从而导致天然气具有较高的成熟度、干燥系数、硫化氢含量、气油比；挥发油藏区受到晚期部分气侵导致天然气成熟度、干燥系数、硫化氢含量等参数居中；轻质油区可能主要受底部高成熟油气充注控制，天然气成熟度、干燥系数、硫化氢含量等各项参数较低。

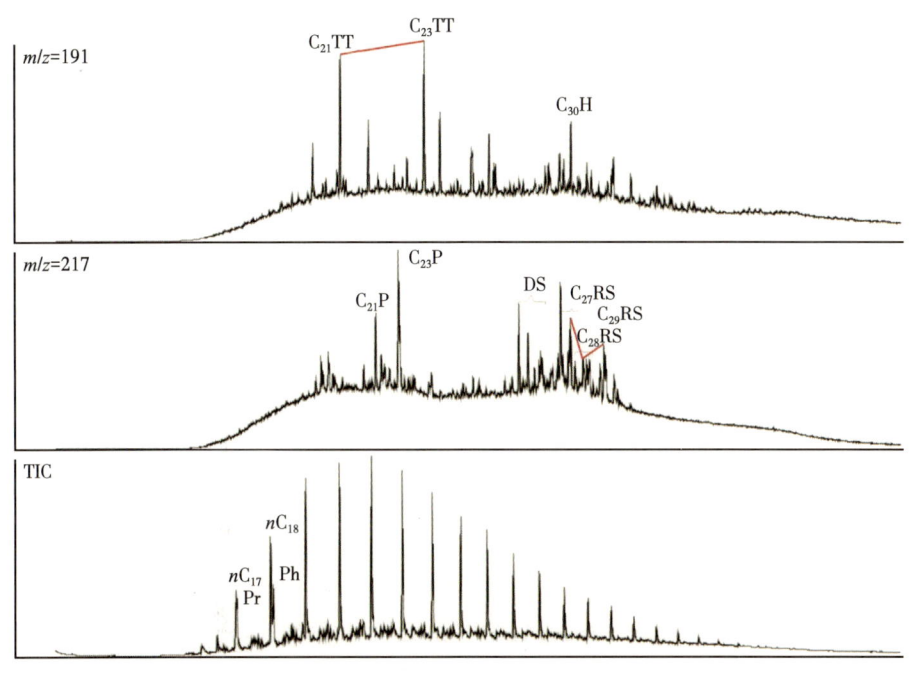

图 6-1-9 ZG291-5X 井奥陶系原油饱和烃色谱—质谱图

### 1. 生物降解作用

生物降解是最为常见的油气藏次生蚀变作用之一,也是世界上大多数油气藏都会经历的一个过程。生物降解作用会使得原油中的烃类化合物被外界的细菌等微生物消耗或破坏掉,从而导致原油中胶质及沥青质的含量增多,原油的密度、黏度和酸度等物性参数值也有所增加。对于人类而言,生物降解作用对油气藏是一种破坏作用,它使得原油可以利用的经济价值呈下降的趋势。根据图 6-1-9 可以直观地看出,其原油基线大多平整,显示该地区奥陶系原油并未遭受过生物降解作用。

### 2. 热蚀变作用

热蚀变作用主要通过温度的影响来改变油气的组成部分。在石油和天然气通过断裂构造等输导体系运移到有效圈闭,并被储存成藏的过程中,随着地温的不断升高,油气会发生热蚀变作用。由于热蚀变作用的影响,油气中分子量较高的重质组分逐渐减少,而分子量较低的轻质组分却不断增加。目前的研究认为:原油中金刚烷与成熟度、裂解程度、有机相及生物降解关系密切(马安来等,2016),金刚烷的抗裂解性成为近年来地球化学家研究原油裂解的重要参数。学者张永昌等曾利用原油中(3-+4-)二甲基双金刚烷的含量,对塔里木盆地英南 2 井凝析油的裂解程度进行了研究,英南 2 井(3-+4-)二甲基双金刚烷含量 36.79~39.86μg/g,计算原油裂解程度为 60% 左右。本次研究计算了塔中地区 20 口单井的(3-+4-)二甲基双金刚烷的含量,含量分布在 11.55~222.48μg/g 之间,参考前人在塔中地区确定的原油裂解基线 10μg/g,计算该区原油裂解率分布在 13.45%~99.55% 之间(图 6-1-10),平均值为 75.88%,整体处于裂解基线以上,显示该区原油的成因裂解率极高,推测可能与盐下古油藏发育演化有关。

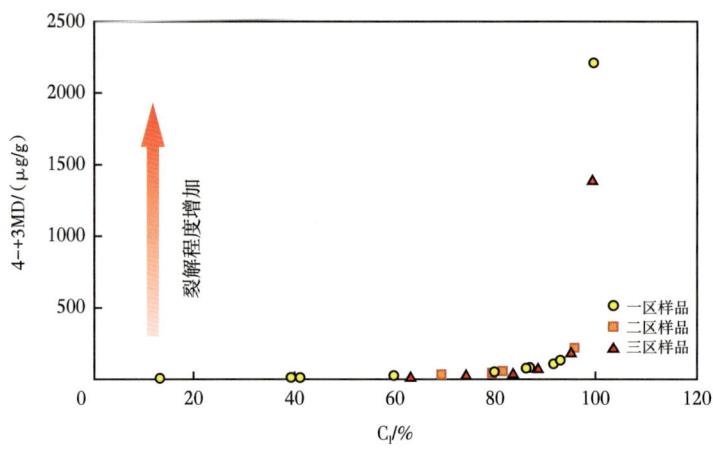

图 6-1-10　原油裂解程度与金刚烷含量相关关系图

硫酸盐热化学还原反应（TSR），是指发生在油气藏中复杂的化学反应，反应不仅会引起天然气中硫化氢在含量上的富集，而且所产生的酸性气体还会与碳酸盐岩发生反应，并对储层起到溶蚀改造的作用。油气在运移的过程中，在地层温度达到或大于120℃时，才会发生 TSR 反应。由于 TSR 反应会导致油气的烃类化合物部分或完全破坏，并产生二氧化碳、硫化氢及其他含硫化合物等。因此，TSR 反应会对天然气的组分造成较为明显的影响。塔中地区 $H_2S$ 纵向上主要分布在奥陶系碳酸盐岩，硫化氢含量与深度关系不明显。平面上主要分布在中部地区，$F_I20$ 走滑断裂带附近最富集。

二苯并噻吩/菲（DBT/P）常用来划分烃源岩的沉积环境，近年来的研究显示成熟作用和 TSR 作用对 DBT/P 比值具有不同的影响，TSR 作用使得 DBT/P 比值增加，成熟作用则相反。Zhang 等认为在塔中地区 DBT/P 大于 3.0 的原油多发生了 TSR 作用，因而 DBT/P 的比值不再是一个划分源岩沉积环境的指标，可以作为判识原油 TSR 作用的参考依据。从塔中Ⅲ区单井 DBT/P 分布来看（图 6-1-11），整体低于 2.0，表明该区 TSR 作用并不显著。结合区域地质背景，考虑到三区奥陶系缺乏 TSR 反应中最重要的条件，即膏盐层的存在，因此，该地区油气藏并未发生 TSR 反应。

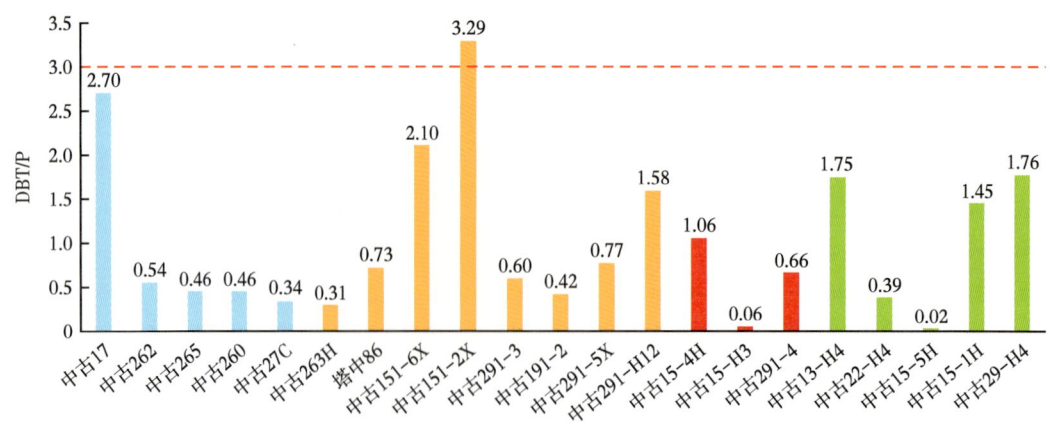

图 6-1-11　塔中Ⅲ区沿走滑断裂带 DBT/P 分布图

### 3. 气侵分馏作用

气侵分馏作用被广泛用于解释含油气盆地原油多样性问题，Zhang 等学者利用蒸发分馏作用解释了塔里木盆地轮古东地区奥陶系凝析油及塔中部分凝析油成因，但对塔中北斜坡地区（塔中Ⅲ区）是否发生气侵分馏作用研究还不明确。全油色谱正构烷烃摩尔分数对数 [lnMC(i)] 与正构烷烃碳数之间的关系可以用来反应原油遭受蒸发分馏作用的强度。由图 6-1-12 可以看出 TZ86 井、ZG17 井、ZG162 井和 ZG27C 井原油正构烷烃 [lnMC(i)] 与碳数之间为一条直线，相关系数高，表明塔中Ⅲ区原油为基态原油，未遭受明显的气侵分馏作用。

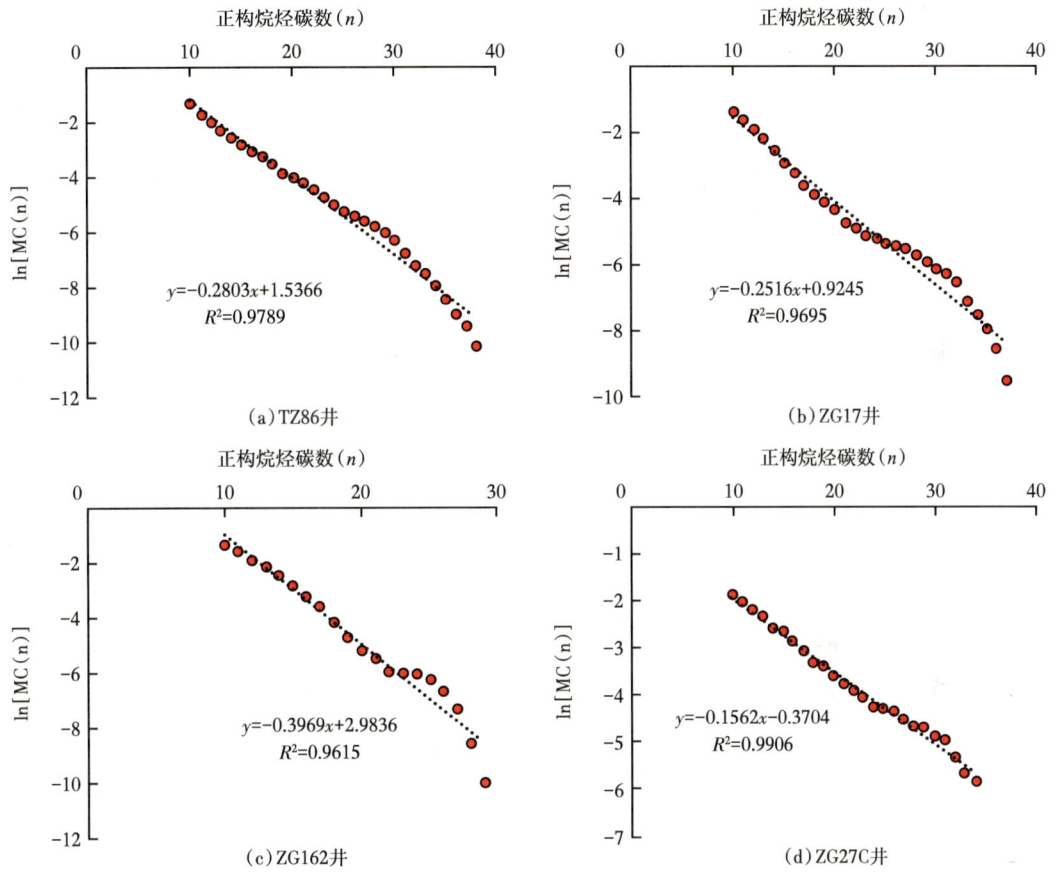

图 6-1-12　塔中Ⅲ区奥陶系原油正构摩尔浓度与碳数的分布关系

## 第二节　油气成藏期次

流体包裹体测温是油气成藏期次判识的常用方法，但受后期热事件的影响，早期的测温数据往往不能用来进行成藏期的准确判别，需要开展精细的岩相学分析。

### 一、研究概况

前人研究表明，塔里木盆地超深层走滑断裂不仅控制了奥陶系油气储集规模，还控制了油气运聚与富集（韩剑发等，2019；云露，2021），但由于走滑断裂经历多期构造运动，致使台盆区油气成藏史异常复杂。由于流体包裹体可在油气充注期间捕获烃内形成油包裹体，是判识油气成藏期次的重要研究手段，前人据此对塔河南地区奥陶系油气成藏期次已做了大量研究，但存在较大的争议：Zhang 等（2018）通过对塔河南哈得区块、玉科区块流体包裹体的分析指出晚海西期为油主成藏期，喜马拉雅期为气充注期；王玉伟等（2019）通过对顺北1号断裂带奥陶系储层岩心地球化学及流体包裹体的分析指出顺北1号断裂带存在"五幕三期"的油充注及一期天然气充注：晚加里东期存在两幕油的充注，晚海西期存在一幕油的充注，喜马拉雅期存在两幕油气的充注；王斌等（2020）通过对顺北5号断裂带方解石脉体及流体包裹体的分析指出该断裂带北端存在晚加里东期、晚海西期两期油气充注，其中主成藏期为晚海西期；Zhu 等（2020）则认为晚海西期为台盆区油气主成藏期；丛富云（2021）通过流体包裹体分析指示跃满区块具有晚加里东期—早海西期、晚海西期、喜马拉雅期三期油气充注，其中晚海西期为主要成藏期，而对顺北地区油气成藏期次的研究表明，顺北1号断裂带存在晚海西期、燕山期—喜马拉雅期两期油充注，5号带存在晚加里东期、晚海西期两次油气充注；Lu 等（2020）通过对顺北地区方解石脉体中流体包裹体的测温认为中奥陶世末及志留纪末为油气主成藏期（图6-2-1）。相邻区块哈拉哈塘油田油气充注期次的研究也争论不休，但大多数学者认为哈拉哈塘油田及塔河油田晚海西期存在大规模油气充注，形成地质资源储量超十亿吨级的大油田。

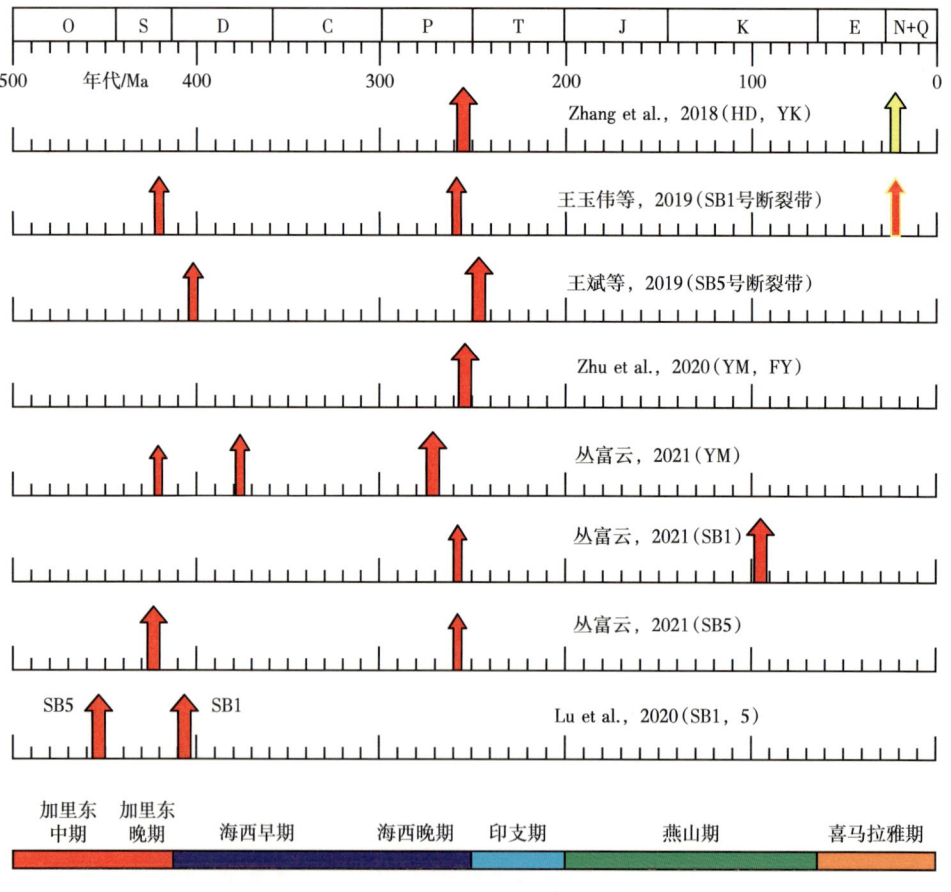

图 6-2-1 塔河南地区奥陶系油气成藏期次调研

以上研究均以流体包裹体测温研究为主，但研究结果存在较大差异，究其原因，可能有以下三方面：（1）塔里木盆地属于典型叠合盆地，经历了复杂的地温场演化，由于后期深埋增温或热事件的影响致使早期流体包裹体发生热改造再平衡，包裹体均一温度升高，不再具有原始地质信息，无法指示成藏期；（2）流体包裹体包裹体测温受人为经验干扰较大，当选取的盐水包裹体不是与油包裹体同期捕获时，测温结果无法指示成藏期；（3）标定均一温度所用的热埋藏史图不准确。由此可见，流体包裹体的岩相学分析、选样及数据的准确性分析对成藏期次的判识非常重要。此外，流体包裹体组合（FIA）是通过包裹体岩相学观察分辨出来的同一包裹体捕获事件形成的一组包裹体，以 FIA 为研究对象是超深层流体包裹体均一温度数据有效性分析的重要基础（Goldstein，2003；薛楠等，2022）。由于本次研究塔河南地区钻井取心有限，仅有 YM22 井、YM5 井、FY1 井有方解石脉样品，因此采取塔北地区 10 口钻井碳酸盐岩储层样品，在岩相学观察的基础上，严格挑选与油包裹体共生的盐水包裹体组合（FIA）进行流体包裹体测温，避免不同期次盐水包裹体及并不是与油包裹体共生的盐水包裹体的影响，结合烃源岩生排烃史研究及断层定年分析探讨研究区奥陶系油气关键成藏期次。

## 二、流体包裹体测温

笔者以塔里木盆地北部地区哈拉哈塘—富满油田走滑断裂带为主，兼顾轮南东部走滑断裂带，以奥陶系碳酸盐岩岩心裂缝充填的方解石脉体为研究对象，严格以流体包裹体组合为研究基本单元，主要包括岩相学观察、荧光观察、荧光光谱分析及显微测温（采用循环测温法），并在 12 口井奥陶系碳酸盐岩储层段岩心获得流体包裹体测温的有效数据。在此基础上，结合烃源岩与生烃史、断裂定年、储层与圈闭形成期分析，探讨塔里木盆地北部地区超深断控油藏关键成藏期。

### 1. 研究流程

流体包裹体为油气运移历史提供了最好的记录。油气包裹体的存在就是微观的油显示，并具有重要的意义。将油气包裹体置于成岩共生格架中，可以确定油气运移的相对时间。来自油气包裹体的温度信息可以用于确定地质格架中油气运移的相对时间。另外，油气包裹体的成分可用于示踪盆地中油气的运移历史。

优质的流体包裹体研究应当遵循以下流程，不能跳过其中的任何一步。步骤如下：（1）任何流体包裹体研究的第一步都是提出问题；（2）接下来是在野外工作和地层学研究的约束下选择样品；（3）如果进行成岩作用研究，必须确定感兴趣的矿物的共生关系，以便将流体包裹体研究置于成岩共生框架中；（4）确定流体包裹体的岩相学特征；（5）如果存在合适的流体包裹体，进行流体包裹体显微测温；（6）最后，研究人员可能想通过更精细的分析技术确定流体包裹体的成分。

本次运用流体包裹体研究需要解决的问题是：塔北地区走滑断裂对奥陶系碳酸盐岩油气成藏的控制作用。所以本次选取了塔北地区走滑断裂带上取心井奥陶系目的层可用于流体包裹体研究的岩心 40 余件，并且对其中 30 余件进行了局部取样。选取的样品为塔北地区奥陶系碳酸盐岩裂缝中充填的流体脉体，脉体多为方解石脉，少量萤石脉。流体包裹体薄片制片在廊坊岩拓地质服务有限公司完成。随后在西南石油大学地球科学与技术学院碳酸盐岩实验室进行了岩石学观察，在西南石油大学地球科学与技术学院阴极发光实验室对流体期次进行了初步判断，在西南石油大学地球科学与技术学院冷热台—荧光显微镜实验室进行了流体包裹体岩相学研究与测温,在长江大学地球科学学院成藏动力学微观检测实验室进行了荧光光谱定量化分析。

### 2. 原理与方法

本次流体包裹体研究主要以流体包裹体组合(FIA)对数据进行约束,流体包裹体组合及其对测温数据有效性制约的原理如下:一个流体包裹体组合指的是"岩相学上能够分得最细的有关联的一组包裹体"或"通过岩相学方法能够分辨出来的、代表最细分的包裹体捕获事件的一组包裹体"(Goldstein et al., 1994)。每个FIA都是建立在岩相学关系上的,代表了一个在时间上分得最细的包裹体封存事件(Goldstein, 2003)。在这个定义中有两点需要强调:(1) FIA是岩相学上可分辨的;(2) FIA内的所有包裹体都是同时捕获的。FIA的最佳例子是同一愈合裂隙内的次生包裹体,也称为流体包裹体面(Fluid Inclusion Plane, FIP),以及同一生长环带内的原生包裹体(Goldstein et al., 1994)。

油包裹体的均一温度具有极其复杂的控制因素,所以一般来说油包裹体均一温度的地质意义难以解释,因此直接用油包裹体的均一温度代表其成藏时期的温度是不合理的。本次主要寻找盐水包裹体与油包裹体共生的流体包裹体组合(FIA),根据流体包裹体组合的定义可知FIA内的所有包裹体都是同时捕获的,即具有等时性,从而具有相同的捕获温度。所以FIA内的盐水包裹体的均一温度是可以代表与之共生的油包裹体的成藏温度的,只需要测量同一FIA内与油包裹体共生的盐水包裹体的均一温度即可,这样得出的数据具有较高的可靠性。

均一温度即随温度的升高气/液相比例发生变化,当升到一定温度时,就发生了相的转变,即从两相(或多相)转变成一相,这时的温度即为均一温度(卢焕章, 2004)。目前行业内大多数的流体包裹体测温方法为:将从室温到某一较高温度(例如200℃)的温度范围按照选定的观测分辨率(例如10℃)等分,也即每升高10℃进行一次检查,直到观察到(检查确认)气泡消失为止。这样的方法得出的数据是不可靠的,因为有可能气泡并非完全消失,只是肉眼观察不到了而已。所以本次流体包裹体研究采用了较为合理的循环测温法,具体操作如下:选择一个观测温度,观测温度小于均一温度,当升温通过观测温度的时候,可以看到气泡;但均一后降温通过观测温度的时候,由于气泡成核亚稳态,看不到气泡,如果已经均一,进行降温气泡不会很快出现;如果没有均一,进行降温气泡很快会出现。循环测温法虽然比较费时,但是得出的数据相对较为可靠。

油包裹体的识别主要利用油的荧光性,通过在荧光显微镜下观察包裹体薄片,具有荧光性的包裹体为油包裹体,不具有荧光性的包裹体为盐水包裹体。油包裹体的荧光颜色对其成熟度、油来源及充注分期具有一定的指示意义。但是肉眼观察到的荧光颜色只是定性的描述,可能存在误差,所以需要对荧光颜色进行定量化表征,即荧光光谱分析,荧光光谱分析主要分析油包裹体荧光的主峰波长,不同的主峰波长区间可以代表不同的荧光颜色特征。

### 3. 流体包裹体类型

流体包裹体类型的识别是流体包裹体岩相学观察的内容之一,本次研究一共识别出了三大类流体包裹体,分别为盐水包裹体、油包裹体及气包裹体,根据相态的不同又可以具体细分为八种类型(部分包裹体图像如图6-2-2至图6-2-5所示),分别为富液相气液两相盐水包裹体、富气相气液两相盐水包裹体、单一液相盐水包裹体、富液相气液两相油包裹体、富气相气液两相油包裹体、单一液相油包裹体、油气水三相包裹体及单一气相包裹体。

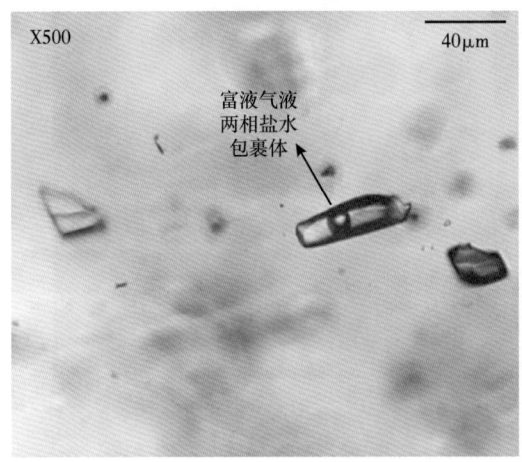 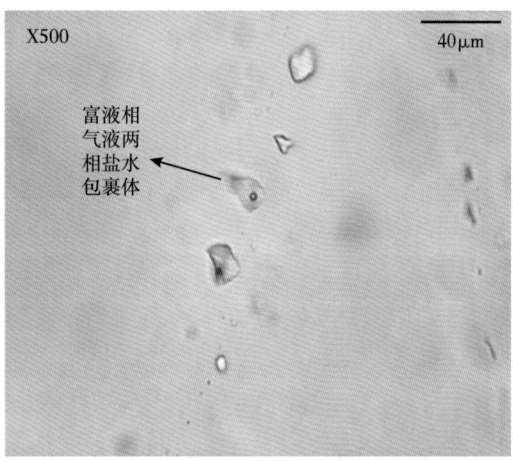

图 6-2-2　显微镜下的富液相气液两相盐水包裹体

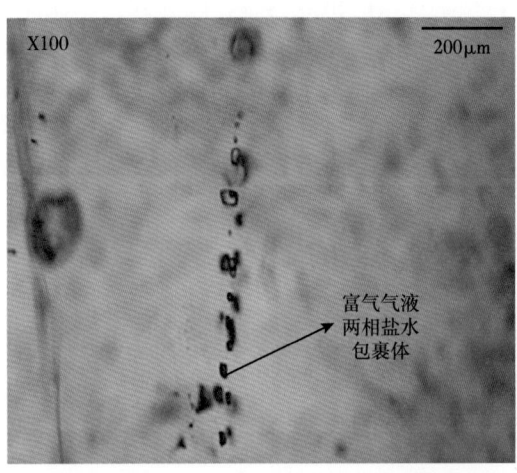 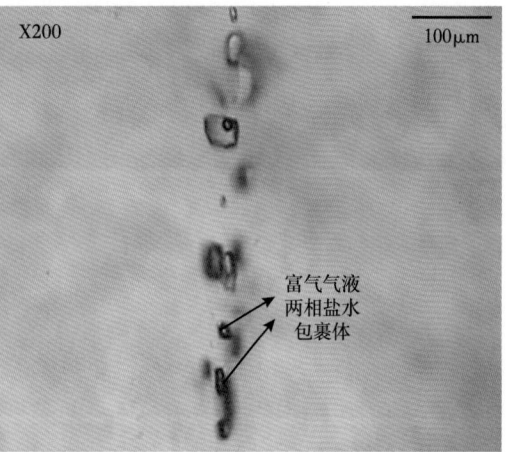

图 6-2-3　显微镜下的富气相气液两相盐水包裹体

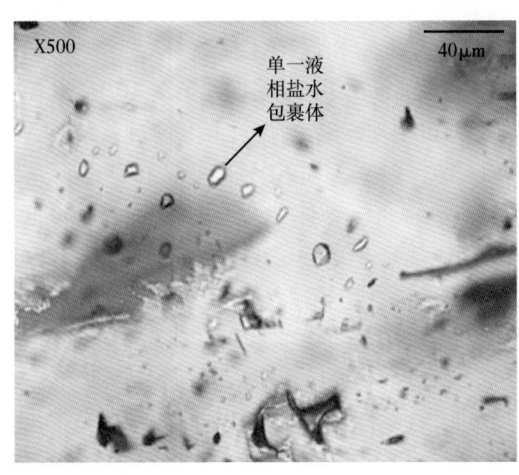 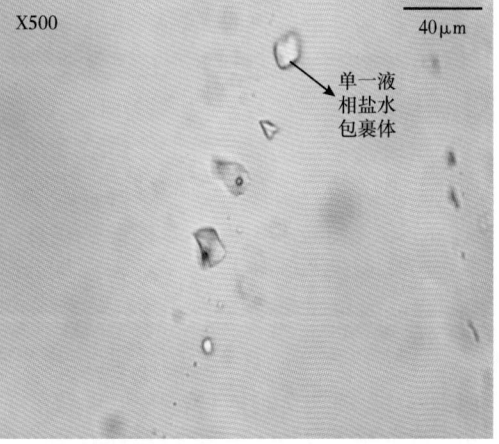

图 6-2-4　显微镜下的单一液相盐水包裹体

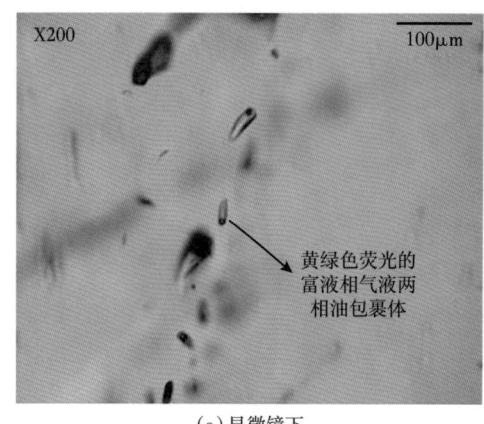 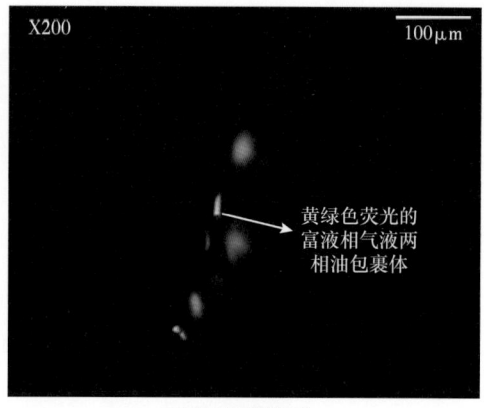

(a)显微镜下　　　　　　　　　　　　(b)荧光显微镜下

图 6-2-5　富液相气液两相油包裹体

**4. 流体包裹体组合类型**

流体包裹体组合类型的研究是流体包裹体岩相学观察的重点内容，因为同一个流体包裹体组合中可能会发育几种不同类型的流体包裹体，不同类型的流体包裹体组合类型具有不同的演化意义，对油气成藏也具有一定的指示意义。本次研究主要解决"塔北地区走滑断裂对奥陶系碳酸盐岩油气成藏的控制作用"这个问题，所以只需要研究盐水包裹体与油包裹体共生的流体包裹体组合中的流体包裹体组合类型，本次一共识别出了多种不同的组合类型（图 6-2-6）。

**5. 油包裹体荧光特征**

本次对油包裹体的荧光特征进行了观察描述，主要发育两种颜色的荧光，分别为黄色荧光（图 6-2-7）与黄绿色荧光（图 6-2-8）。对这两种荧光进行了荧光光谱分析，所得到的荧光主峰波长主要分布于两个区间范围（450~500nm、500~550nm）（图 6-2-9），说明该批样品中的油包裹体确实主要发育两种类型的荧光，肉眼的观察结果是可靠的。

**6. 均一温度分析**

由于该批样品中的油包裹体的荧光颜色主要为黄色与黄绿色，所以假定该批样品主要分为两期成藏，不同的油包裹体荧光颜色分别代表一期成藏，所以按照油包裹体荧光颜色的不同来分别分析各自流体包裹体组合的均一温度，并进行相应的温度解释。

与黄色荧光油包裹体共生的盐水包裹体均一温度统计分析表明（图 6-2-10），低温区间数据占比较大，而且绝大多数 FIA 具有低温区间和相对较高的温度区间数据，FIA3 仅具有相对较高的温度区间数据，FIA5、FIA6、FIA10、FIA13 和 FIA16 只具有低温区间数据。以上温度差异可能存在两种解释：（1）黄色荧光的油包裹体代表一期低温充注（低温成因的单一液相盐水包裹体具有重要意义，其均一温度一般小于 50℃），油气充注时间较早，其中的高温信息为低温盐水包裹体在不断埋藏过程中受到了不同程度热改造的结果，其中大多 FIA 发生部分热改造再平衡。其中 FIA3 完全发生热改造再平衡，FIA5、FIA6、FIA10、FIA13 和 FIA16 未发生热改造再平衡，所以其中的高温数据不具有成藏温度意义；（2）黄色荧光的油包裹体具有一期低温充注与一期高温充注，但是由于受到了不同程度的热改造再平衡，使得高温区间数据较为分散。其中 FIA5、FIA6、FIA10、FIA13 和 FIA16 缺少高温数据，可能是样品有效数据点较少，未检测到高温包裹体所致。

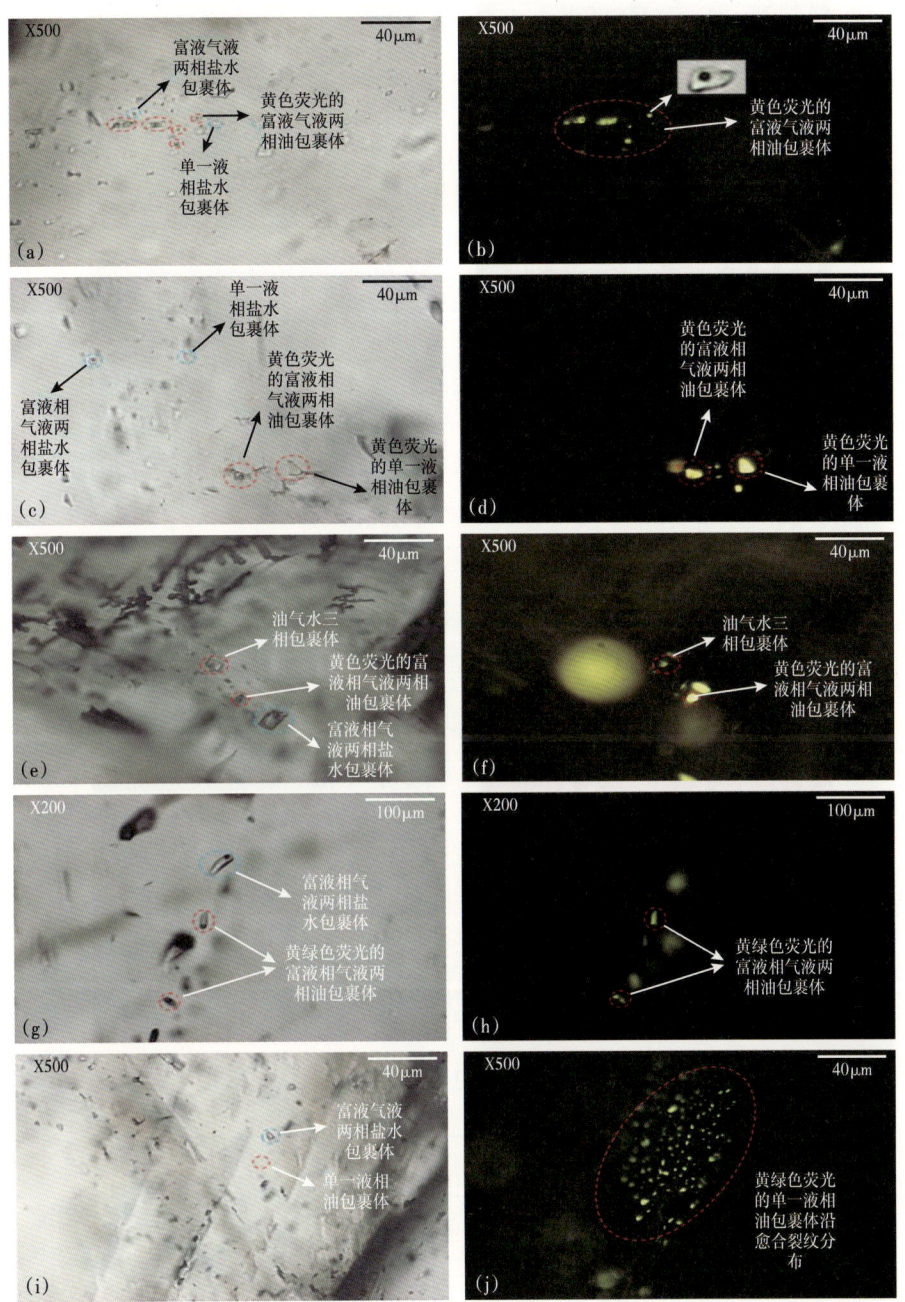

**图 6-2-6 流体包裹体组合类型**

（a）黄色荧光的富液气液两相油包裹体、富液气液两相盐水包裹体、单一液相盐水包裹体共生于愈合裂纹；（b）黄色荧光的单一液相和富液气液两相油包裹体、富液气液两相和单一液相盐水包裹体共生于愈合裂纹；（c）黄色荧光的富液相气液两相油包裹体、油气水三相包裹体、富液相气液两相盐水包裹体共生于愈合裂纹；（d）黄绿色荧光的富液相气液两相油包裹体、富液相气液两相盐水包裹体共生于愈合裂纹；（e）黄绿色荧光的单一液相油包裹体、富液气液两相盐水包裹体共生于愈合裂纹；（f）黄色荧光的富气相液两相油包裹体、黄色荧光的富液相气液两相油包裹体、富液相气液两相盐水包裹体共生于愈合裂纹；（g）黄色荧光的富液气液两相油包裹体、单一液相盐水包裹体共生于愈合裂纹；（h）绿色荧光的单一液相油包裹体、单一液相盐水包裹体共生于愈合裂纹；（i）黄色荧光的单一液相油包裹体、富液气液两相盐水包裹体、单一液相盐水包裹体共生于愈合裂纹；（j）黄色荧光的单一液相、富液相气液两相油包裹体、富液气液两相盐水包裹体共生于愈合裂纹

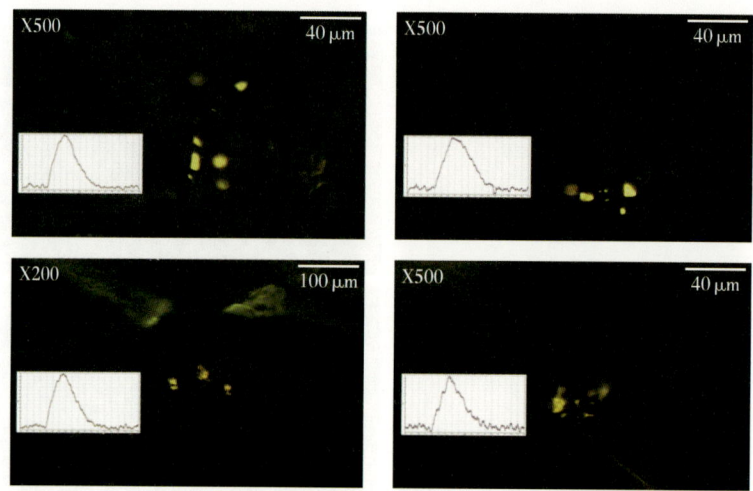

图 6-2-7 黄色荧光的油包裹体

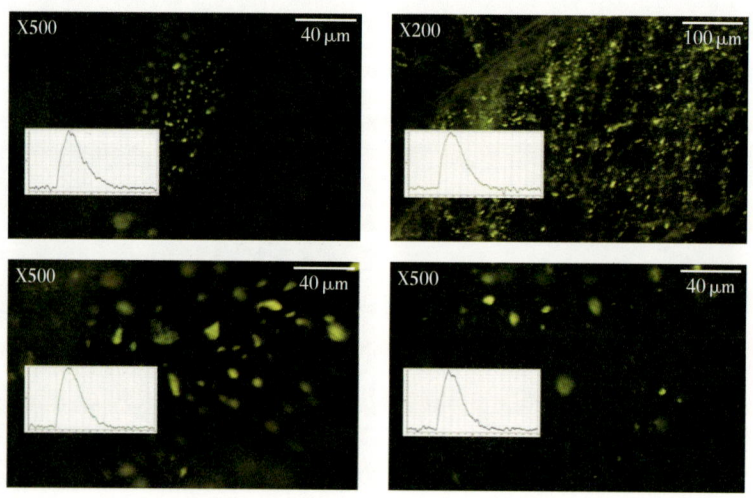

图 6-2-8 黄绿色荧光的油包裹体

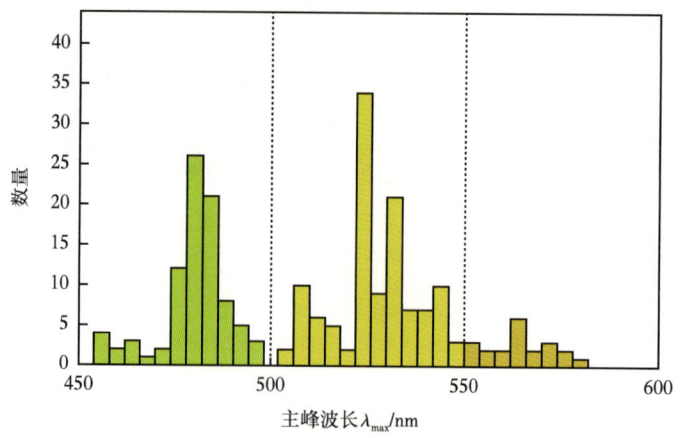

图 6-2-9 黄绿色荧光与黄色荧光主峰波长统计直方图

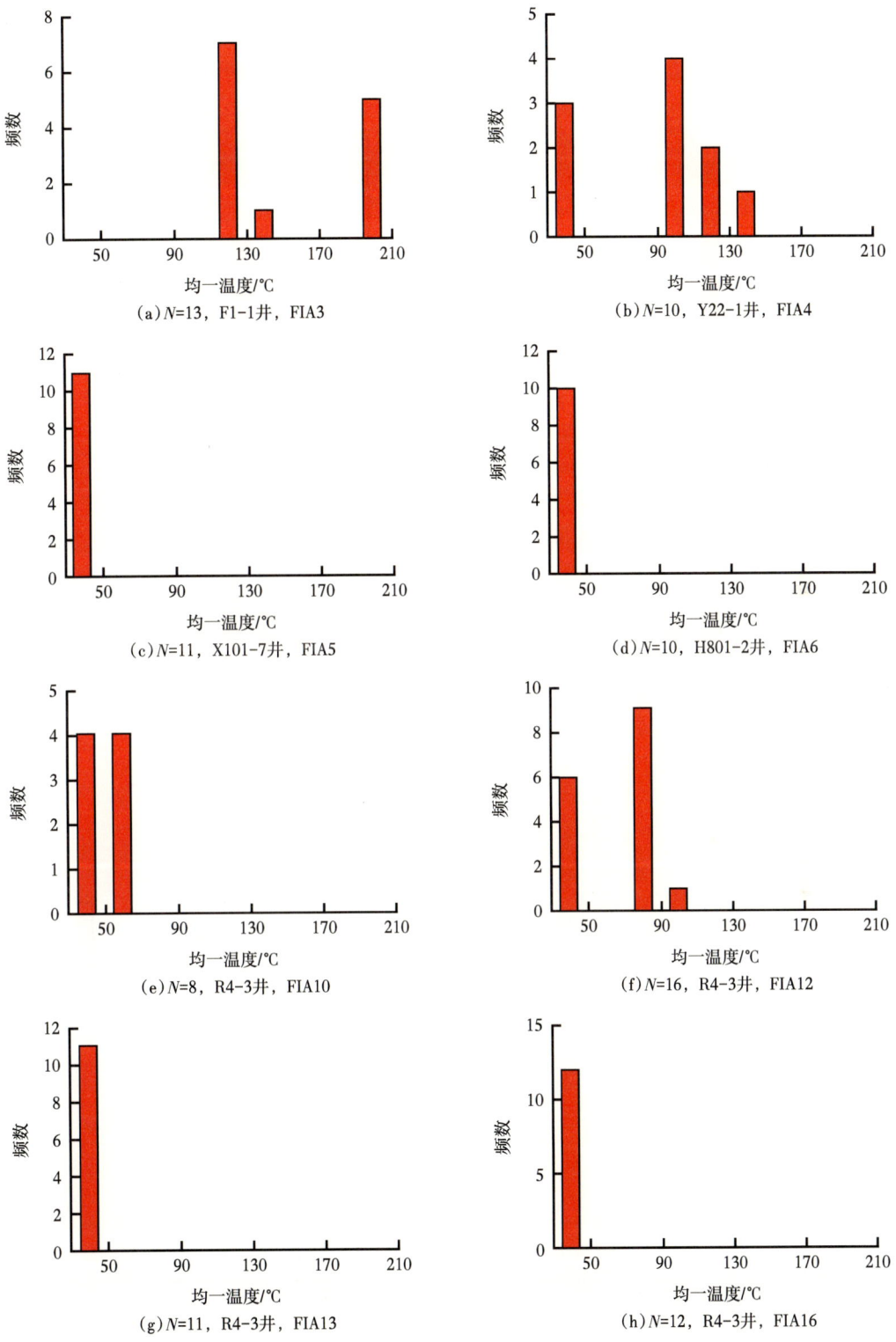

图 6-2-10 黄色荧光的油包裹体共生盐水包裹体均一温度直方图

与黄绿色荧光的油包裹体共生盐水包裹体均一温度统计分析表明（图6-2-11），该类FIA不包含低温区间数据，其中FIA1、FIA2、FIA3和FIA4的均一温度数据区间较为一致，FIA1与FIA3的均一温度分布区间为90~130℃，其中90~110℃的温度占主导；FIA2的均

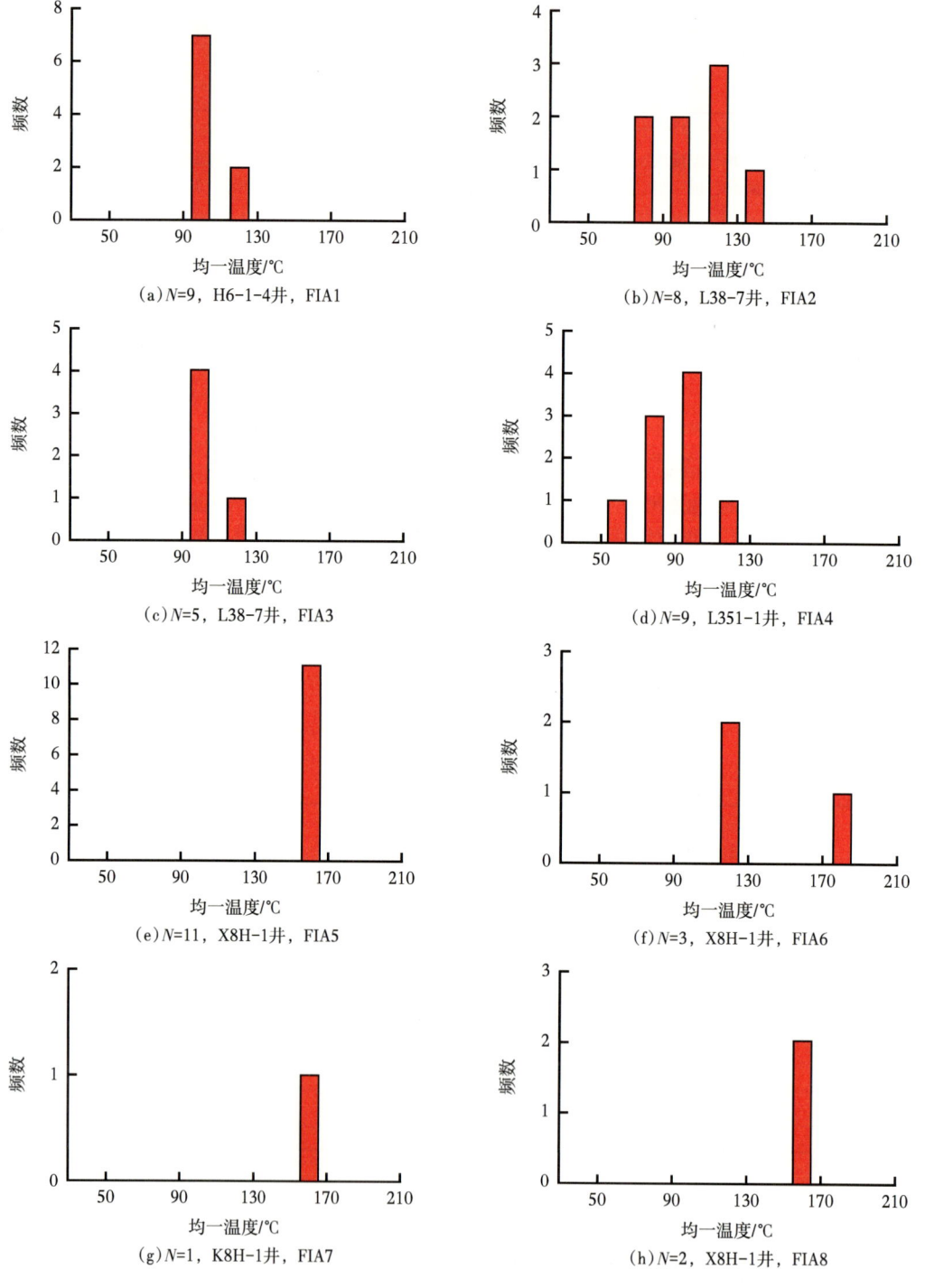

图6-2-11　黄绿色荧光的油包裹体共生盐水包裹体均一温度直方图

一温度分布区间为70~150℃，其中110~130℃的温度占主导；FIA4的均一温度分布区间为50~130℃，其中90~110℃的温度占主导；FIA5、FIA6、FIA7、FIA8都记录了一期大于150℃的高温数据，可能与构造热事件（岩浆活动）有关。综上所述，本次研究认为黄绿色荧光的油包裹体代表一次较高温充注期，其油气充注温度区间为90~110℃，同时在黄色荧光油包裹体共生的盐水包裹体中也记录了这一区间的温度值。值得注意的是，这类包裹体组合分布在构造较高部位的隆起区。

综合以上分析，结合黄色荧光的油包裹体共生盐水包裹体均一温度数据与黄绿色荧光的油包裹体共生盐水包裹体均一温度数据，认为该批样品中油包裹体至少具有两期成藏，分别为一期低温成藏，成藏时间较早，其成藏温度范围为40~50℃以下；一期高温成藏，成藏时间较晚，其成藏温度范围为100~116℃。肉眼识别的黄色荧光（荧光光谱主峰波长范围为500~550nm）与黄绿色荧光（荧光光谱主峰波长范围为450~500nm）的油包裹体一般都具有相对较高的热成熟度（Ping et al.，2019），低温的那一期油包裹体具有较高的热成熟度可能是由于后期埋藏使得其温度升高造成的。

### 三、成藏期次

塔里木盆地奥陶系碳酸盐岩经历多期复杂的成藏演化，以下采用多种方法综合厘定富满—塔北地区奥陶碳酸盐岩油藏成藏期。

**1. 包裹体测温法判别成藏期。**

尽管包裹体测温法已在塔里木盆地成藏期研究中得到广泛应用，但由于包裹体容易受到后期热作用的影响，导致数据可信度低。因此，需要对包裹体数据加以甄别，排除因后期热作用（包括火山活动）等因素干扰影响的数据，才能更为准确地判别成藏期的年代。

塔北地区以前的工作通常忽略了单一液相盐水包裹体，没有检测与分析低于50℃的单一液相盐水包裹体，将70~80℃的盐水包裹体标定加里东期的成藏。但是，本次研究表明，塔北隆起奥陶系风化壳以南的FIA均检测到与油包裹体共生的低于50℃的单一液相盐水包裹体（图6-2-10），尤其是其中FIA5、FIA6、FIA10、FIA13和FIA16仅有该温度的盐水包裹体，对应厚达1000m的上奥陶统桑塔木组泥岩沉积期（距今约440~450Ma）。在具有低温液相盐水包裹体的FIA中也伴随大量高温数据（图6-2-10），表明FIA经历了后期的热作用，发生了热改造再平衡。由于不同包裹体的封闭性存在差异，导致升温存在差异，形成较大范围的温度区间，可能对应海西期—燕山期的热作用，但不能用来指示成藏期。

值得注意的是，远离古隆起风化壳的南部内幕区没有检测到后期成藏的包裹体，分析可能有如下原因：（1）以晚奥陶世成藏为主，已形成大量强充注，缺少后期油气充注；（2）晚海西期油气充注没有形成包裹体，这可能是原油已饱和或是方解石中裂隙已完全封闭；（3）样品少而没有检测到该期包裹体。阿满过渡带顺北地区也检测到温度低于50℃的单一液相盐水包裹体，表明加里东期成藏具有普遍性。而顺北地区检测到的高温盐水包裹体的温度区间变化大，而且没有分析低于50℃的单一液相盐水包裹体，与本研究检测到的70~130℃温度一致，这很可能是后期热作用影响造成的。

在哈拉哈塘北部地区，X101井、H801井也检测到了温度低于50℃的与油包裹体共生的单一液相盐水包裹体，表明具有加里东晚期的原油充注。但塔北潜山区更多的是检测到较高温度的包裹体，本研究在X8H井、H6-1井等也没有检测到低温包裹体，而且X8H井检测到大量温度大于150℃的包裹体（图6-2-11）。分析该区邻近古隆起风化壳，早期的古油藏已遭受破坏。而且该区志留系见大量的沥青砂岩，一般认为是加里东期古油藏破坏的产物。而70~130℃温度范围内的包裹体可能经历后期的热升温，不宜于用均一温度的峰值代表成藏期，但FIA的最低温度数据可能代表成藏期温度。因此分析，黄绿色荧光的油包裹体共生的盐水包裹体均一温度代表了成熟度较高的一期成藏期，其中同一FIA中70~90℃区间的较低温度数据可以指示成藏期（图6-2-11），对应大多研究认为的晚海西期成藏期。综合相关资料，轮南—塔河—哈拉哈塘—英买力地区检测到大量的70~90℃的包裹体数据，指示了一期重要成藏期，揭示塔北古隆起地区主要以晚海西期成藏为主。其中检测到的高温则是后期热作用影响的结果，X8H井检测到的异常高温则可能是受到二叠纪火成岩的影响。在轮南—塔河地区也检测到范围很宽的包裹体均一温度数据，其中大量晚海西期的温度数据也可能是油气调整期的结果，不能因此判定多期成藏期。

**2. 其他方法和依据判别成藏期**

由于缺少资料，塔里木盆地台盆区长期存在中—下寒武统与中—上奥陶统主力烃源岩的争议。近年来，塔中—阿满—塔北油气区不同区带均钻遇中—上奥陶统，但没有发现中—上奥陶统的有效烃源岩。近期露头与井下均发现厚度为10~30m的下寒武统玉尔吐斯组高丰度暗色泥岩烃源岩，平均TOC值大于2%，为Ⅰ型—Ⅱ型干酪根，镜质组反射率为1.3%~1.8%，是处于高成熟—过成熟阶段的优质烃源岩。通过地震剖面追踪，发现在阿满过渡带下寒武统明显加厚，可能是有效的生烃中心。通过油源对比，目前发现的油气主要来自下寒武统，是台盆区的主力烃源岩。

通过埋藏史与热史分析，在桑塔木组大量充填沉降期，下寒武统烃源岩埋深达3000~5000m，进入大量生排烃期。前期研究表明，除二叠纪早期的火成岩活动期影响外，塔里木盆地显生宙地温场是逐渐退火的过程，古地温梯度从35℃/km逐渐降低到20℃/km。结合前人的研究成果，通过轮探1井$R_o$值约束与剥蚀量校对，编制了阿满过渡带与哈拉哈塘斜坡区典型井的埋藏史与热史曲线图（图6-2-12）。结果表明，哈拉哈塘地区古生代具有多期振荡升降作用下的缓慢沉降过程，可能存在分别对应于奥陶纪晚期—志留纪（中晚加里东期）与二叠纪（晚海西期）的两期原油成藏期，中新生代进入干气阶段[图6-2-12（a）]。而阿满过渡带生烃中心部位具有早古生代快速沉降、晚古生代减速沉降、中生代—古近纪缓慢沉降与新近纪以来的快速沉降过程。由于古地温梯度持续降低，下寒武统底部烃源岩在中晚加里东期已进入生油高峰期[图6-2-12（b）]，晚海西期进入过成熟生气阶段，中生代以后生烃停滞。

值得注意的是，最近完钻的LT1井在8600m深度钻遇下寒武统底部玉尔吐斯组高丰度烃源岩，利用沥青质反射率、拉曼光谱和岩石抽提物有机地球化学参数确定烃源岩的成熟度为1.5%~1.7%（杨海军等，2020），远低于早期研究推断的成熟度，揭示隆起区下寒武统烃源岩在晚海西期还可能生油。由此可见，塔里木盆地环阿满地区具有多期生油的烃源岩条件。同时，研究发现塔北—阿满过渡带原油成熟度值主要分布于0.7%~1.2%之间，少量大于1.2%（图6-2-13），表明已发现油藏以早期生成的原油为主，主要对应中晚加里东期。

第六章 断控油气成藏与演化

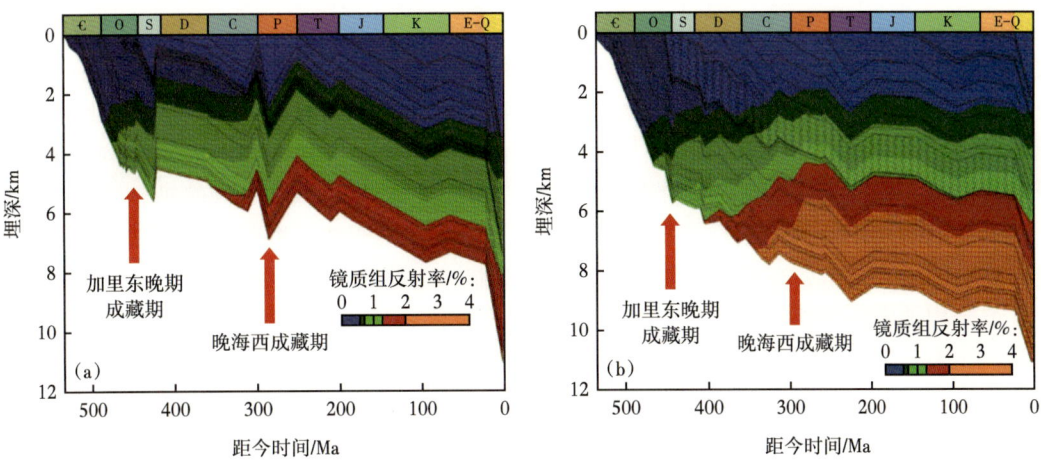

图 6-2-12 哈拉哈塘地区 H6-1 井（a）与阿满过渡带 M1 井（b）热史图

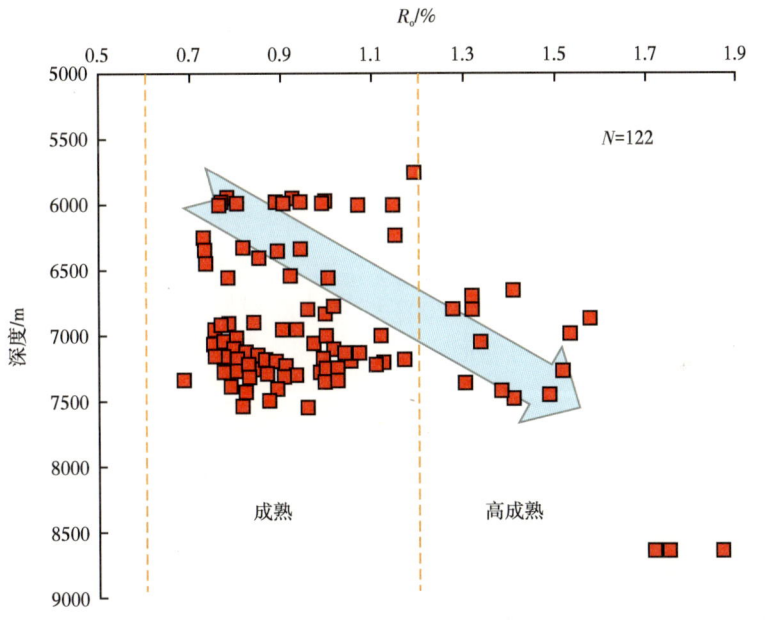

图 6-2-13 塔北—富满地区原油等效镜质组反射率

通过断裂方解石测年与地震资料解析表明，环阿满走滑断裂系统形成于中奥陶世末（邬光辉等，2021），并在上奥陶统良里塔格组沉积前发生了层间岩溶作用，形成了沿走滑断裂带—间房组—鹰山组顶面的优质缝洞体储层。本研究也获得了裂缝胶结物精确的 U-Pb 年龄，R4 井—间房组顶面裂缝方解石沉淀年龄为 462.6±6.8Ma、468±16Ma，Q1 井鹰山组碳酸盐岩顶面裂缝方解石沉淀年龄为 459±28Ma，H6-1 井—间房组碳酸盐岩顶面裂缝方解石沉淀年龄为 449.8±7.3Ma。这些数据表明沿走滑断裂有大量年龄为 460—450Ma 的方解石沉淀充填，揭示晚奥陶世良里塔格组沉积前已形成了沿走滑断裂带分布的缝洞体储层。此外，原位稀土元素分析表明，裂缝方解石具有正 Y 异常，可能代表浅埋

213

藏低温环境；而且 Y/Ho（化学风化强度，钇与镧系元素含量之比）值大于 27，指示浅埋藏低温环境。此外，Eu 负异常可能排除岩浆热液流体和深埋高温环境，而 REE+Y 指示无大气淡水参与的明显衰竭特征。综合分析，裂缝方解石样品为浅埋藏溶蚀沉淀充填成因或淡水溶蚀后埋藏期充填成因，对应距今 460—450Ma 埋藏早期的裂缝充填。随着晚奥陶世桑塔木组的快速沉降，形成了下古生界的生—储—盖组合，并以走滑断裂垂向沟通形成了断控古油藏。由此可见，中—晚奥陶世不仅下寒武统烃源岩进入生烃高峰期，并具有形成大规模油藏的圈闭与运聚条件。反之，如果缺乏该期油气充注，奥陶系碳酸盐岩孔隙在深埋过程中可能胶结殆尽，可见早期的油气充注对储层孔隙的保存也具有重要作用。

综合相关资料分析认为，塔里木盆地阿满过渡带—塔北隆起古生界烃源岩以下寒武统为主，在中—晚加里东期已进入生油高峰期，是该区关键成藏期，并奠定了该区的油气资源基础。阿满过渡带保存了大量的中—晚加里东期古油藏，而且古油藏热演化程度并未达到裂解程度，使富液相油藏特征得以保持，因此检测到大量低于 50℃ 的包裹体均一温度。而塔北隆起区中—晚加里东期古油藏遭受破坏，后期原地生油很少，以坳陷区古油藏在晚海西期的调整再成藏为主，从而检测到 70~90℃ 的包裹体均一温度。

## 第三节　断控油气运移作用

### 一、油气输导作用

#### 1. 油气运移动力

油气自烃源岩向储层中的初次运移或排烃过程相当复杂，目前认为初次运移的动力主要有压实作用、水热增压作用、黏土矿物脱水作用、毛细管力作用等，微裂缝排烃作用也受到关注（郝石生等，1994；查明等，2003）。走滑断裂发育过程中，不仅会沿断裂带形成大量的裂缝（图 6-3-1），而且可能形成区域微裂缝，从而对烃源岩的油气初次运移产生作用。

图 6-3-1　柯坪露头下寒武统玉尔吐斯组裂缝分布图

构造作用对压实作用、排烃作用微裂缝排烃两个阶段都有明显的影响，压实作用、排烃作用阶段，需要有一定的构造沉降使烃源岩进入生烃窗，而烃类的排出仍需要持续的构造沉降形成足够的压实作用，随着孔隙度的降低排出孔隙水与烃类（李明诚，2004）。烃源岩深埋时，压实作用、减孔作用峰期已过，孔隙度与渗透率都很小，尤其是类似塔里木低地温梯度的克拉通盆地，压实作用对流体排出作用可能很小，排烃动力与模式可能与常规有很大不同。随着上覆地层沉降的重力作用增大、温度升高、烃类生成等因素影响，烃源岩层容易形成异常高的孔隙流体压力，微裂缝的发育可能起重要作用。因此，尽管塔里木盆地走滑断裂控源作用不明显，但满西走滑断裂系统中断裂广泛分布，在烃源岩中产生的微裂缝可能形成有效的大面积的排烃网络，对烃类的初次运移具有重要的作用。

烃类从烃源岩析出后可能有四种运移机制（Matthews，1996）：一是烃类毛细管吸力作用从低渗透烃源岩进入高孔渗性输导层，并形成液滴或气泡；二是在输导层中主要由于浮力驱动向上运移；三是圈闭内烃类聚集形成不断增加的浮力，可能克服毛细管阻力渗透进入上覆低渗透盖层；四是烃类在毛细管力的驱动下进入新的储层。李明诚（2004）根据油气在地层中流动的状态和通道将油气二次运移归纳为浮力流、渗流、扩散流和势平衡流（涌流）。在断控油气系统中，由于基质孔隙孔喉半径一般小于0.1μm（图6-3-2），而断裂网络系统发育，尽管大多孔隙与喉道被充填，微裂缝喉道远大于1μm，浮力是常规油气藏运聚的主要动力。

塔里木盆地碳酸盐岩油气藏复杂多样，可能也存在扩散流、势平衡流等多种类型的运移方式。塔里木盆地碳酸盐岩通常具有正常的压力系统，但由于强烈的非均质性，发育受缝洞体控制的封隔体，在埋藏过程中受油气充注、水热及成岩作用影响，也有出现局部高压的封隔体，当流体压力大于封隔层的破裂压力时，油气就可能以势平衡流方式涌出，如此间歇出现形成与外界有限连通。由烃浓度差产生的分子扩散流的速率比渗流要小几个数量级，但在漫长的地质时期中，可能形成积聚效应。在缺少断裂与裂缝的低渗透碳酸盐岩，地史时期扩散作用可能是油气运移的重要动力。

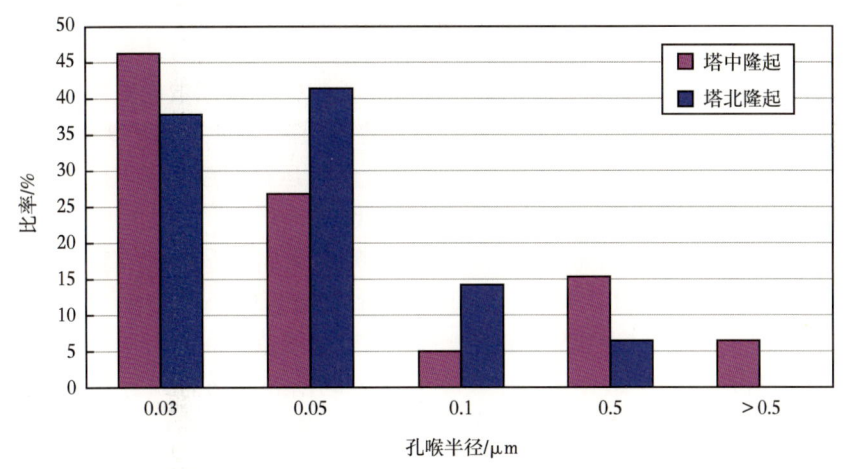

图6-3-2 奥陶系碳酸盐岩平均孔喉半径分布柱状图

**2. 油气输导作用**

油气输导通道类型及其空间组合分布是控制油气运移与油气分布的重要因素，一般由渗透性岩层、断裂裂缝系统、不整合面三要素构成，通过孔隙与裂缝双重介质组合而成。碳酸盐岩断裂网络连通的渗透层为孔、洞、缝组成的储层，输导性能主要受储层上倾方向的渗透性、连通性及倾斜角度影响，具有比碎屑岩更为复杂的孔隙空间与连通性。结合最大似然性与"蚂蚁"体追踪，通过地震剖面的解译，走滑断裂系统可能形成多种形式的输导样式。

断裂输导是最快捷、最有效的一种油气输导方式。断裂处于静止期时，油气运移的主要动力为浮力，油气沿断裂破碎带中的裂缝或连通孔隙垂向渗流；断裂处于活动期时，深浅层存在着压力差，油气沿断面附近破碎带的裂隙形成阻力很小甚至负压的优势运移通道，呈涌流向断层带上盘的储层中高速运移。岩心裂缝中可见原油或软沥青充填，说明烃源岩生烃期、排烃期开启的油源断裂在油气大规模垂向运移中扮演了重要角色。塔中地区先后经历了加里东期、海西期、印支期—燕山期及喜马拉雅期等多次构造运动，发育不同级别、组系、期次叠加的大小百余条断裂。断裂活动是塔中油气藏调整的主因，也是横向调整运移的根源。依据断裂活动期次、形状、规模、成因机制将塔中断裂划分为四个级别，各级别断裂的主要特征在前面已详细分析介绍。大多数断裂贯穿奥陶系底界，沟通下部油源，深部油气沿断裂向上运移。

根据塔中地区岩心观察，奥陶系碳酸盐岩储层中发育大量的构造缝、溶蚀缝、溶孔、溶洞和晶洞，一些未被泥质或方解石充填或未被完全充填的缝洞、可作为油气运移的通道和有效的储集空间；在方解石脉中发育的溶蚀孔洞，也可作为有效孔洞，有利于油气的运移聚集。在方解石脉形成过程中，捕获的大量烃类包裹体，也可证明方解石脉在未被充填之前曾作为油气运移的通道，有油气运移发生。原油密度越小，其成熟度越高，即随着油气运移距离越远，原油密度呈增长趋势。分析表明，对走滑断裂花状构造而言，在深层，主干走滑断裂起到主导的油气运移通道作用，在上部各储层中，分支走滑断裂起到分流作用。当不同成藏期的油气，从深部沿主干走滑断裂垂向运移至上部花状分支走滑断裂后，油气沿着断面呈上缓下陡形态的分支断裂分流，当到达不整合面或高孔渗性储层时再分流，进行侧向运移，由此导致平面上虽然距离主干走滑断裂越近，但部分原油密度值却较高的现象。另外，由于走滑断裂的应力场分段性，有些部位的花状构造不发育，基本呈纯剪切构造，那么，原油密度距离主干走滑断裂越近数值越低。随着油气运移距离越远，天然气干燥系数呈下降趋势。根据走滑断裂与奥陶系天然气干燥系数的关系，发现在距离主干走滑断裂距离越远，天然气干燥系数呈上升趋势；距离分支走滑断裂600m范围内，天然气干燥系数普遍偏低。可见，分支走滑断裂对天然气运移的控制作用比主干走滑断裂的更强。随着油气运移距离越远，天然气成熟度越低，天然气$\delta^{13}C_1$含量由重变轻。根据走滑断裂与奥陶系天然气$\delta^{13}C_1$含量的关系，在走滑断裂带天然气$\delta^{13}C_1$含量跨度较大，反映不同期不同成熟度天然气充注的特征。在距离走滑断裂带3km范围内，天然气$\delta^{13}C_1$含量呈上升趋势，反映了高成熟度天然气在走滑断裂附近成藏范围。

由于寒武系盐膏层的屏蔽作用，中—下寒武统的断裂网络难以有效刻画。通过上寒武统—奥陶系碳酸盐岩走滑断裂带的破碎带解译，根据破碎带输导结构特征划分为五类（图6-3-3）。其中主干发育型以沿主干发育为特征，通常规模较小。由于主干规模小，很可能在纵向上呈孤立分段、软连接分段与硬连接分段发育，因此，又可以分为五种形态类型。随着主干断层向上扩张，通常会在断层分段的上部发育尾端破碎带，形成裂缝发育的向上开花的多级主干开花破碎带，沿主干断层向上开发的破碎带大多位于断层的上部，同时在鹰山组下部—蓬莱坝组也有大量的发育，形成多层段的强输导层，多种部位的破碎带发育组合主要形成四种类型。随着断层规模的扩大，沿主干断层通常会产生分支的次级断层，从而形成主干输导与分支输导，并形成主干输导与分支独立发育及连接发育。

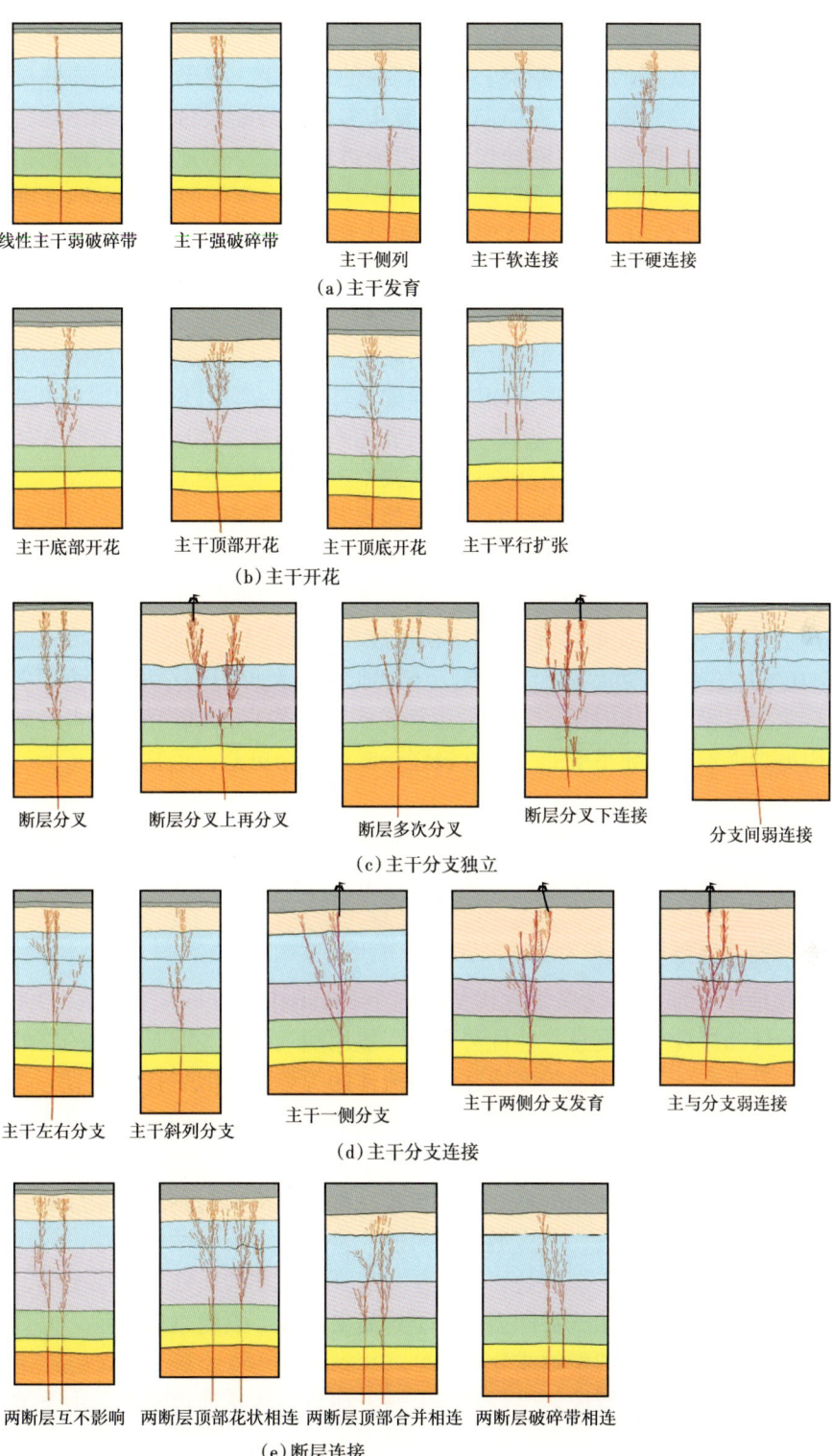

图 6-3-3 走滑断裂破碎带输导组合模式图

塔里木盆地碳酸盐岩孔隙在奥陶纪晚期已开始大量消亡，断裂裂缝对油气的运移输导作用更强。在非均质碳酸盐岩中储层连通性差，断裂输导作用更明显。断裂带具有复杂的结构，通常发育次级的小型断层、不同规模的裂缝带、变形带、泥质隔层等，造成沿断裂带垂向运移及穿过断裂带的横向运移复杂多变，与断裂带的内部结构、力学性质及活动强度密切相关。断裂垂向输导作用可以通过地球化学指标判识，地化指标苯并咔唑[a]/[c]对油气的运移具有指向意义，轮南断裂带原油自下而上该指标逐渐减小，而1,8-DMCA/1,7-DMCA、1,8-DMCA/2,7-DMCA则向上逐渐增大，表明三叠系的油是从下向上运移成藏的结果。油气组分、气油比与干燥系数等也有利于油气运移判识，轮南断裂带、桑塔木断裂带东部深层奥陶系为天然气气藏，而上覆三叠系为油藏。表明晚期高成熟度天然气尚未运移到三叠系，同时也表明上部地层中断裂在喜马拉雅期是封闭的。

致密碳酸盐岩中，裂缝可能形成油气输导的优势通道，同时裂缝的发育也造成盖层质量的下降，出现油气散失或破坏。塔里木盆地奥陶系碳酸盐岩储层成岩胶结作用强，储层连通性差，基质渗透率低，裂缝是油气运聚与调整改造的重要因素。断裂裂缝系统能成为有效的优势通道，主要原因是渗透性能远大于储层基质渗透率，岩心分析含裂缝的样品的渗透率是未含裂缝样品的2~3个数量级。虽然断裂—裂缝形成的输导系统分布有限，但在非均质、低渗透基质孔隙的碳酸盐岩中是油气运移的主体通道。Hippler（1997）利用达西公式计算浮力作用下的均质断裂带石油运移速度在$1km/(10^5\sim10^6a)$，天然气运移速度在$1km/(10^3\sim10^4a)$，主要受控断层的渗透率。尽管地下实际油气运移影响因素很多，但能反映油气运移成藏过程的大体时限，油气的运移成藏大约在1~10Ma完成。古老碳酸盐岩成岩胶结作用更为强烈，输导系统非均质性极强，渗流作用更差，运移速度更低，可能要经历更长的时间才能达到平衡。

因此可见，断裂带具有复杂的断裂系统，是控制断层开启程度的主要因素，断裂带的内部结构、充填胶结与溶蚀程度等，也是造成碳酸盐岩断裂带输导作用比碎屑岩更为复杂的原因。

### 3. 油气运移的路径与距离

含油气盆地中大部分油气聚集在优势通道上（Pratsch，1996；李明诚，2004），研究优势通道对油气勘探具有重要意义。优势通道一般用油气运移关键时期目的层的古构造图描述，在缺少异常高压下，构造等高线往往与流体的等势线近似平行，垂直等高线方向就是油气运移的宏观方向。碳酸盐岩裂缝与储层空间分布的强烈非均质性造成油气运移更为复杂，构造特征的些许变化，就可能造成流线流量很大改变。一条裂缝的改变就可能影响油气运移路径的根本改变，油气的输导网络更难以准确地模拟与预测。盖层的分布和几何形状对油气运移也有重要影响，在区域性泥页岩、膏盐岩之下，油气在浮力作用下沿输导层顶面向上倾方向运移。由于碳酸盐岩输导层具有强烈的非均质性，地层平缓，在碳酸盐岩内幕盖层条件差的区段，油气在浮力作用下容易沿断裂、裂缝垂向运移，而且盖层横向上的变化也会造成油气运移的聚敛或分散。

油气运移的距离不仅与烃源岩生烃规模有关，而且与运移通道密切。由于油气运移也是油气大量散失的过程，一般商业性油气田的垂向运移距离小于5km，横向运移距离大多小于30km（Demaison et al.，1991）。塔里木盆地下古生界海相碳酸盐岩发育多组方向的断裂裂缝，为油气远距离运移提供了便利。在纵向上断裂与多期不整合面形成向上多层段的油气聚集，目前轮探 1 井在 8000m 以下已有油气发现。大量的地球化学证据表明碳酸盐岩天然气主要来源于原油裂解气，在现今的低地温场中，原油裂解至少应在 8000m 以下，原油的保存深度可达 9000m（朱光有等，2011）。已证实是原油裂解气的和田河气田构造高部位埋深在 1500m 左右，以原油裂解气转化率达 20% 进入大量排烃期的 8500m 推算，垂向上油气运移高差逾 7000m。侧向上，由于寒武系烃源岩的边界范围目前难以准确确定，不能根据油气田的位置直接判断。但塔参 1 井钻探表明塔中东部缺失下寒武统烃源岩，塔中 1 井高成熟的天然气气源来自西部或塔中 I 号带以北，推算侧向运移距离大于 30km；轮古东地区晚期天然气自东向西运移，影响的侧向范围大约 40km。塔东古城地区发现过成熟的天然气，古城 6 井钻探分析是原油裂解气，推算来自北部 8000m 以下的台缘斜坡区，运移距离达 50km。

轮南—塔河探明逾十亿吨级的大油田，依据 Tissot（1978）生油量与聚集量之间关系的均衡算法估计，则生烃中心距离油田距离达 100km。虽然实际应用中需要考虑更多的因素，但也反映轮南—塔河大油田需要大面积的烃源岩供烃，存在长距离运移。统计分析表明，哈拉哈塘与富满油田地区油气主要分布在距断层 400m 范围内，少量达 2km（图 6-3-4），表明致密碳酸盐岩中油气远离断裂带聚集的距离较小，走滑断裂带是优势运移通道。同时，塔里木盆地碳酸盐岩油气平面运移距离比较大，可能与早期断裂形成的优势通道密切有关。

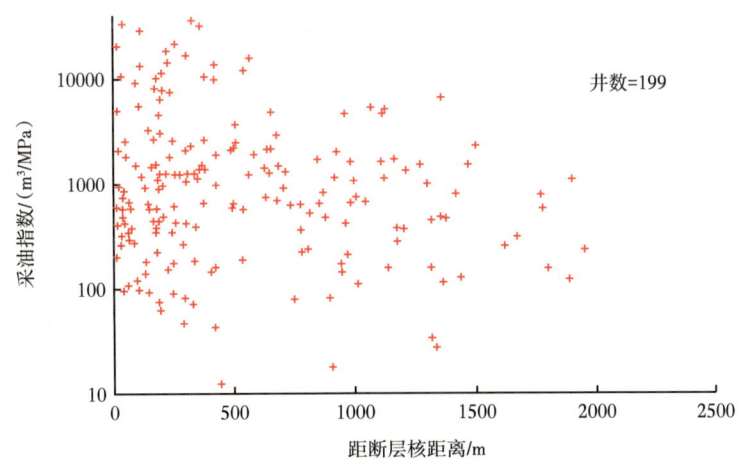

图 6-3-4　哈拉哈塘—富满油田地区采油指数与距断层相关图

### 4. 断裂破碎带结构与渗流性

走滑断层对于致密油气储层中油气的运移和聚集具有重要的意义。致密油气储层中的走滑断裂带在没有充注流体的情况下，断层核不能很好地封闭油气，此时断层核与破碎带均可以提高储层物性，并且可以起到油气输导体的作用（邬光辉等，2011；付晓飞等，2013）。当致密油气储层中的走滑断裂带在充注流体的情况下，走滑断裂带可以使储层发育裂缝及溶蚀增孔，从而有效的改善储层的物性条件（韩革华等，2006）。

成熟的走滑断裂带主要包括高渗透性的破碎带和低渗透性的断层核两个重要组成部分，一般情况下断裂带的渗透率要比非裂缝储层的渗透率高两个数量级（Wu et al.,

2020），且断层核的渗透性受控于多种因素。走滑断层的微观变形机制受控于温度与压力，当温度低于100℃、压力低于100MPa时，断裂变形机制主要为碎裂作用，颗粒沿着裂缝边界发生旋转与磨损，并形成大量细粒基质，此时的碎裂带渗透性较低主要起到遮挡作用（Fisher et al.，2001；Cook et al.，2006）。围压对走滑断裂带中断层核与破碎带的渗透率有着明显的控制作用，围岩、破碎带和断层核的渗透率均会随着围压的增大而降低，围压相等的情况下破碎带的渗透率最高，断层核中无内聚力的碎裂岩的渗透率高于有内聚力的碎裂岩，且渗透率均会因胶结作用而降低（Wibberley et al.，2003；Boutareaud et al.，2008）。埋藏深度对于致密油气储层中的断裂变形具有重要的控制作用，当埋深小于3~4km或者因构造抬升至3~4km时，断裂变形主要以破裂作用为主，破裂作用可以导致断层核内形成裂缝，使得断层核内发育无内聚力的断层角砾岩，从而提高致密油气储层断层核的渗透率，增强流体垂向和侧向运移能力，所以埋深小于3~4km的断层核不能遮挡油气（付晓飞等，2013）。当埋深大于4km时，裂缝两侧岩石会发生相对滑动和相互摩擦，断层核内会发育有内聚力的角砾岩和碎裂岩，此时断层核渗透率较低，可以遮挡油气（付晓飞等，2014）。有效压力对断层核的孔隙度与渗透率具有明显的控制作用，有效压力与围压呈正相关关系，因此有效压力对走滑断裂带渗透性的影响类似于围压的影响，断层核的孔隙度与渗透率随着有效压力的增加而降低（Boutareaud et al.，2008；Duan et al.，2017）。当有效压力约为100MPa时，围岩渗透率比断层核渗透率高1~3个数量级，破碎带渗透率比断层核高2~4个数量级（Chu et al.，1981；Lockner et al.，1999；Faulkner et al.，2003）。

走滑断裂带渗透率受控于原岩渗透率、宏观裂缝网络系统（使渗透率增加）、低渗透变形带和压实带（使渗透率降低）的存在及几何结构（Faulkner et al.，2010）。低孔隙度岩石（致密储层）走滑断裂带渗透率主要由裂缝及宏观裂缝网络的连通性所控制（Balsamo et al.，2010）。实验表明，低孔隙度岩石（致密储层）破裂后的渗透率会增加两到三个数量级（Simpson et al.，2001；Oda et al.，2002；Uehara et al.，2004；Mitchell et al.，2008）。这与高孔隙度岩石（非致密储层）形成鲜明的对比，非致密岩石的走滑断裂带渗透率变化可能更为复杂（Shipton et al.，2002），渗透率受控于低渗透变形带与高渗透滑动面的频率和连通性（Lunn et al.，2008），渗透率可能会随着破碎带的变形而显著降低（Main et al.，2000）。通常情况下，宏观尺度的裂缝网络和变形带的频率都随着距断层核距离的增加而降低（Rawling et al.，2001；Shipton et al.，2002；Wilson et al.，2003；Mitchell et al.，2009），相应的渗透率、裂缝频率及储层产油量也会随着距断层核的距离的增加而呈下降趋势（Wu et al.，2020）。

结合塔里木盆地奥陶系露头与钻井资料分析，碳酸盐岩主要有5种断裂带结构组合模式（图6-3-5）。在小规模断裂与断裂发育早期，常见颗粒支撑的断层核发育。高角度裂缝发育，颗粒间充填物少，缺少成岩期的胶结，渗透性能好，可能成为断裂期流体运移的优势通道。沿主裂缝带发育的断裂在早期应变主要集中在断层核部，周缘的破碎带往往欠发育，以裂缝发育为主，缺少碎裂岩，因此渗透性可能低于断层核。断层核通常是断层岩发育、应变集中的致密带（Caine et al.，1996；Shipton et al.，2003；Faulkner et al.，2010；Olierook et al.，2014），但这类颗粒支撑断层核+欠发育的破碎带组合可能形成高渗透带。露头也见颗粒支撑的断层核与破碎带同时发育的组合，断层核虽然裂缝发育，但构造作用较强，细粒基质较多，而破碎带裂缝发育，可能共同组成高渗流带。

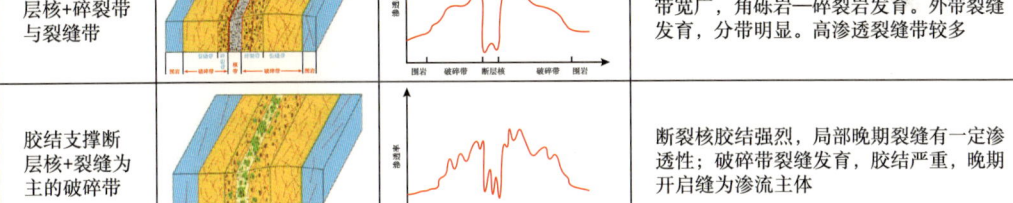

| 组合类型 | 模式图 | 渗透性 | 特征 |
| --- | --- | --- | --- |
| 颗粒支撑断层核+欠发育的破碎带 | | | 断层核裂缝发育，细粒碎裂岩支撑，渗流主体；破碎带较窄，裂缝较少，碎裂岩少 |
| 颗粒支撑的断层核+裂缝带发育的破碎带 | | | 断层核较窄，角砾—断层泥发育，渗透性较好。破碎带宽度较大，裂缝发育，碎裂岩较少，高渗流带 |
| 基质支撑断层核+裂缝为主的破碎带 | | | 断层泥发育，致密。破碎带宽，多组类裂缝发育，局部碎裂岩发育，渗流性强 |
| 基质支撑断层核+碎裂带与裂缝带 | | | 断层核窄，泥质—颗粒支撑，致密。碎裂带宽广，角砾岩—碎裂岩。外带裂缝发育，分带明显。高渗透裂缝带较多 |
| 胶结支撑断层核+裂缝为主的破碎带 | | | 断裂核胶结强烈，局部晚期裂缝有一定渗透性；破碎带裂缝发育，胶结严重，晚期开启缝为渗流主体 |

图 6-3-5 碳酸盐岩断裂带结构组合模式图

基质支撑的断层核在露头比较常见，通常具有更大的应变与变形作用，形成有明显位移的主滑动面及次级滑动面。断层角砾多经受旋转、碾磨，裂缝行迹逐步消失，发育细小碎裂岩及断层泥。随着断层泥的增多，断层核形成致密的充填带，孔渗性能远低于围岩。碳酸盐岩破碎带宽度通常较大，远高于相同断距的碎屑岩，形成宽阔的裂缝走廊，构成复杂的大型三维渗流网络。邻近断层核碎裂岩较发育，可能形成角砾岩、碎裂岩组成的一定宽度的碎裂带，是渗流作用的主体。向外一般渐变至裂缝带，裂缝发育程度降低，尤其是裂缝的连通性降低，渗透性能也逐步降低。在大型断裂带内部及其周缘可能发育一系列的次级断层，并形成局部的高强度破碎带，具有局部高渗透性。随着断裂破碎带的发育，碳酸盐岩的结构逐步复杂化，颗粒也逐渐细粒化，渗透性出现分带与突变，高渗透带主要集中在内—外带结合部的裂缝发育带。

断裂破碎带埋藏后，构造成岩作用（主要是胶结作用、后期裂缝与溶蚀作用）成为渗透率的主控因素（张丽娟等，2016；Wu et al.，2019b）。胶结支撑的断层核是主体，破碎带也多经受不同程度的胶结作用。塔里木盆地下古生界碳酸盐岩胶结作用强烈，发育多世代、多种类型、多种特征的碳酸盐岩胶结物，一般认为胶结作用是碳酸盐岩减孔隙度的主要因素（王振宇等，2009），而且从围岩向断层核胶结作用呈较强趋势。在抬升的断裂破碎带可见压实作用较弱，而且油晚期溶蚀作用沿早期的孔隙胶结方解石发育，形成再溶蚀孔隙。在强胶结作用下，断层核与破碎带的孔隙逐渐消失殆尽（张丽娟等，2016）。但裂缝胶结物后期多有裂缝再活动过程，早期方解石胶结物也可能发生溶解产生新的缝隙，其中方解石的胶结物残余颗粒可能形成桥塞，形成有效裂缝孔隙与高渗流通道。可见胶结充填严重的断层核与破碎带也可能形成局部高渗透带，并造成渗流作用的复杂性。

综合分析，不同断裂破碎带类型、组合模式对断裂带渗流性能具有重要的影响（图6-3-5），根据露头与井下断裂带的观察，除缺乏成岩胶结的颗粒支撑断层核外，绝大部分断层核为低渗透带，破碎带是渗流作用的主体部位。而且围岩物性越差，破碎带所起的作用越大。由于碎裂带邻近断层核的区域变形复杂，胶结作用强烈，往往不是渗透性最佳的部位，而在碎裂带与裂缝带结合的区域往往是裂缝连通性最好的部位。

## 二、油气运移的地球化学响应

England等建立了油藏充注模式，由此提出成熟度相对最高的原油分布在最接近油气充注点的地方，即随着热演化程度的升高，油气充注到达的时间越晚，原油成熟度越高，越靠近有效烃源岩。因此，沿着原油成熟度降低的方向，就是油气运移的方向。

由于热演化程度的不同，同一套烃源岩在不同的生排烃期产生的原油在物理性质与化学组成上存在差异性。早期生成的低成熟度原油中芳香烃、胶质和沥青质的含量偏高，饱和烃以长链烃为主；而成熟度高的原油中更富集饱和烃，但胶质和沥青质的含量将会降低。选取不受或很少受其他地质因素影响的成熟度参数，示踪石油运移充注过程。由于热裂解作用，塔中奥陶系部分原油的甾萜异构化指标，如$C_{29}$甾烷$\alpha\alpha\alpha20S/(S+R)$和$C_{29}$甾烷$\alpha\beta\beta/(\alpha\alpha\alpha+\beta\beta\beta)$出现倒转现象，不能有效地反映原油的成熟度。选取适用于未成熟、成熟—过成熟阶段的饱和烃成熟度参数Ts/(Ts+Tm)（$18\alpha(H)$-$C_{27}$三降藿烷/$18\alpha(H)$-$C_{27}$三降藿烷+$17\alpha(H)$-$C_{27}$三降藿烷和芳香烃成熟度参数4-/1-MDBT（4-甲基二苯并噻吩/1-甲基二苯并噻吩，又称为MDR参数）。

**1. 饱和烃的运移效应**

断层往往是油气垂向运移的最重要的输导体，选取塔中走滑断裂带上及其附近地区的井，分析其随着距离走滑断裂越远的烃类成分变化特征。原油成熟度参数Ts/(Ts+Tm)中，Ts是相对稳定的藿烷，Tm可以转化为成熟的藿烷。随着原油成熟度的增加，Ts/(Ts+Tm)呈现出增加的趋势，在同一层位，该比值差别不大。

从图6-3-6中可以看出，塔中中部鹰山组原油成熟度较高，以中古23井最高；塔中西部，良里塔格组原油成熟度较高，以塔中63C井最高。塔中63C井处于北西向次级逆冲断裂带上，相邻的中古163井成熟度也很高，反映了这条断裂也起到油气输导作用。塔中12井从鹰山组—良里塔格组成熟度降低，塔中825井在良里塔格组内部从深向浅，成熟度变低，说明塔中82走滑断裂南段及交会点均起到油气垂向输导通道的作用。

塔中原油表现出距主干走滑断裂2~8km范围内，原油成熟度参数Ts/(Ts+Tm)有降低的趋势[图6-3-7（a）]，这反映了距离主干走滑断裂越远，原油成熟度越低的特征。距分支走滑断裂0.30~0.45km范围内，Ts/(Ts+Tm)变化范围较大[图6-3-7（b）]，这可能反映了多期活动的走滑断裂对不同期不同成熟度原油的运移输导特征。

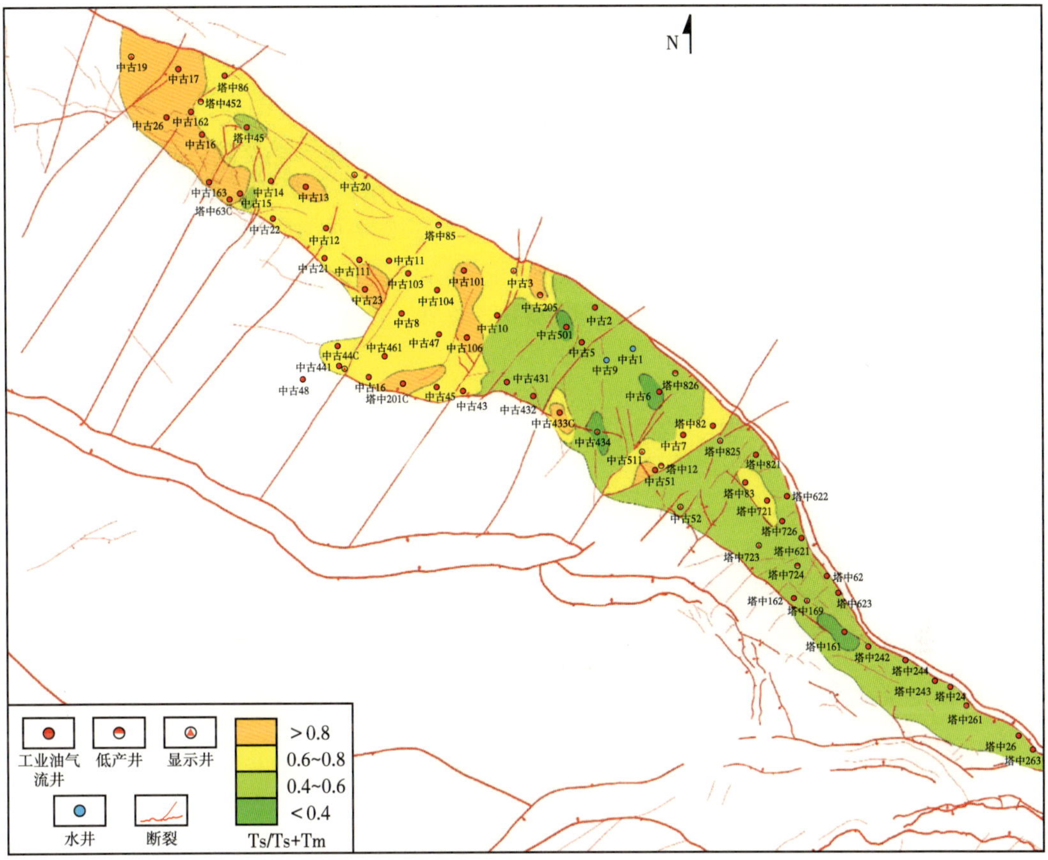

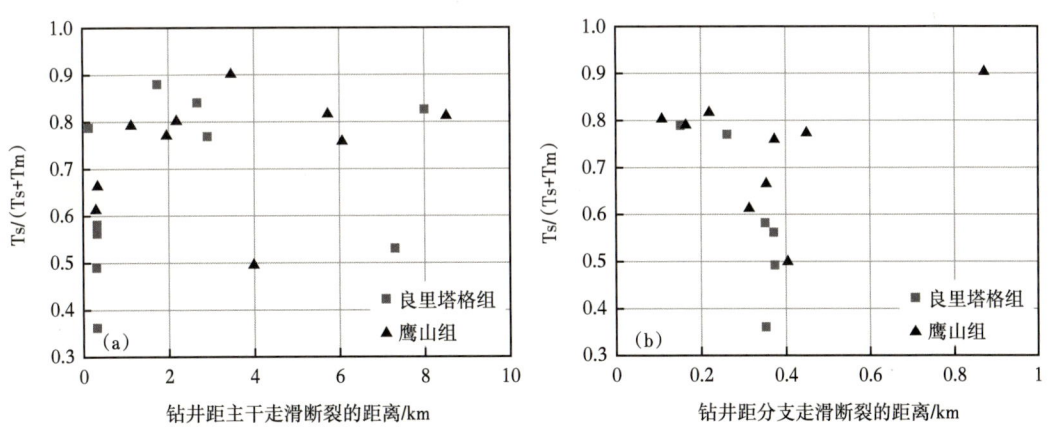

图 6-3-6 塔中隆起奥陶系原油成熟度参数 Ts/(Ts+Tm)平面分布图

图 6-3-7 塔中走滑断裂与奥陶系原油成熟度参数 Ts/(Ts+Tm)关系散点图

## 2. 芳香烃的运移效应

王铁冠等基于分子结构的热稳定性和氢键形成的机理,发现随着运移距离增长,含硫芳烃甲基二苯并噻吩屏蔽型分子 1-甲基二苯并噻吩(1-MDBT)的数量相对增加,4-甲基二苯并噻吩(4-MDBT)相对减少,那么比值降低,所以,沿 4-/1-MDBT 值降低的指向,就是原油运移充注的方向,即随着油气运移距离增加,4-/1-MDBT 值降低。

从塔中奥陶系原油甲基二苯并噻吩 4-/1-MDBT 比值的分布可见(图 6-3-8),在塔中中部,鹰山组原油成熟度以塔中 201C 井、中古 43 井和中古 10 井偏高,反映了中古 10 走滑断裂北段及与塔中 10 号带交会处是油气注入口,对晚期高成熟度油气运聚起垂向输导作用;在塔中西部,良里塔格组原油成熟度以塔中 45 井最高,反映了塔中 45 井旁发育的次级逆冲断裂对其油气运聚起输导作用;在塔中东部,以塔中 825 井最高,且该井良里塔格组内部原油成熟度有差异,反映了塔中 82 走滑断裂交会处是多期油气注入口;另外,在塔中 12 井良里塔格组内部也存在成熟度差异,反映了塔中 82 走滑断裂南段也可作为油气注入口输导多期油气垂向运移。

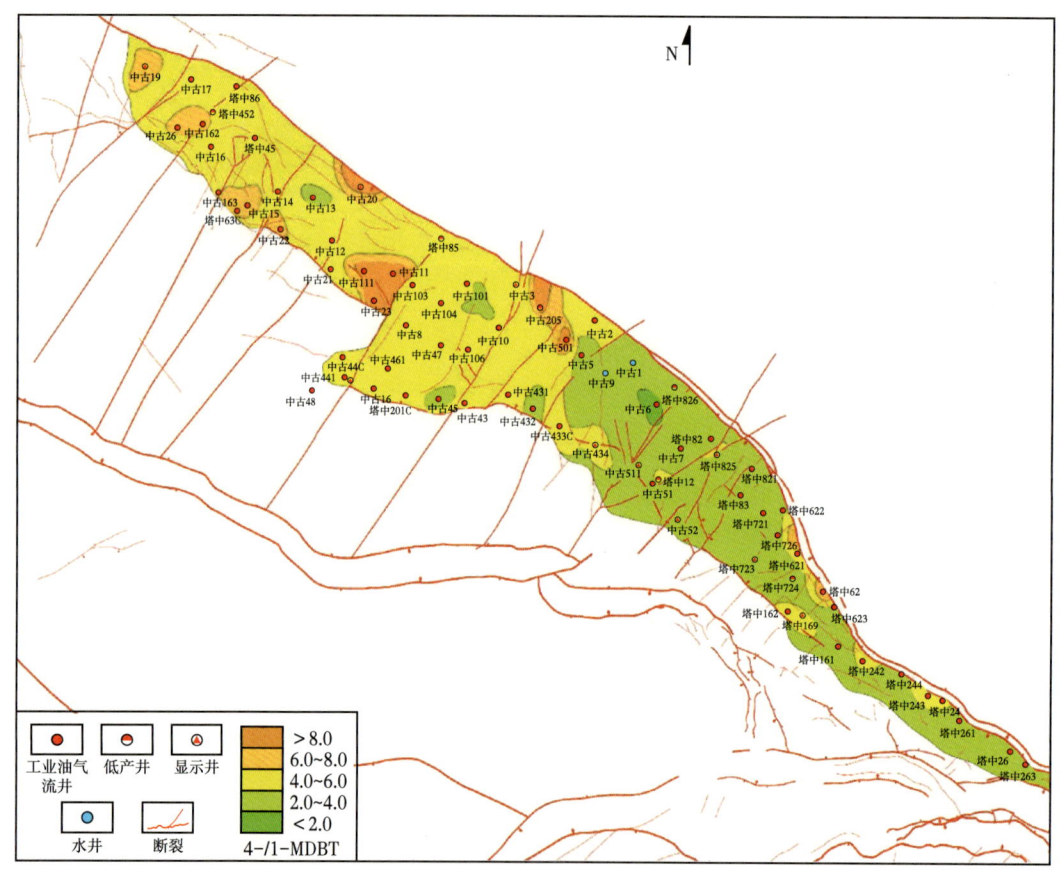

图 6-3-8 塔中奥陶系原油成熟度参数 4-/1-MDBT 平面分布图

根据原油甲基二苯并噻吩 4-/1-MDBT 比值与走滑断裂的关系,在距离主干走滑断裂到 0.5km 和 2km 左右范围内[图 6-3-9(a)],距离分支走滑断裂 0.1~0.4km 范围内[图 6-3-9(b)],4-/1-MDBT 比值跨度较大,不同成熟度的原油较混杂,可能反映了多期油气注入口所处的大概范围;在距离主干走滑断裂 3~4km 范围内,原油成熟度相对较高,可能反映了油气聚集的范围。

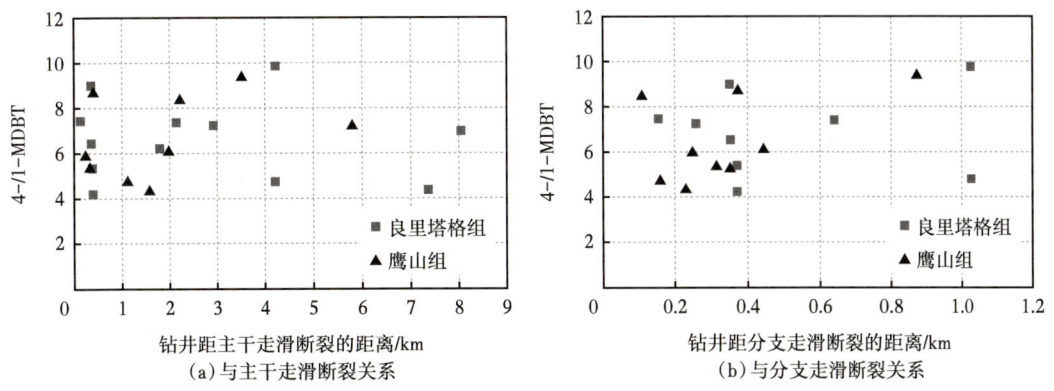

图 6-3-9　塔中走滑断裂与奥陶系原油成熟度参数 4-/1-MDBT 关系图

综上所述，通过对塔中奥陶系油气的性质以及成熟度参数的对比，发现距离中古 8 走滑断裂、中古 10 走滑断裂、中古 5 走滑断裂和塔中 82 走滑断裂一定范围内的油气成熟度较高，而其他走滑断裂附近的油气相对处于中等成熟阶段。分析说明，塔中地区自西向东不同构造位置发育的走滑断裂同一条走滑断裂所处的不同应力场或者是否与逆冲断裂相交，对不同成熟阶段油气充注的控制存在差异性。一般处在走滑断裂张扭应力场的构造环境及走滑断裂与逆冲断裂交会处可作为奥陶系油气充注的注入口，距其一定范围内的油气成熟度较高。

### 三、富满油田走滑断控运聚

尽管资料较少，富满油田甲基二苯并噻吩参数、三甲基萘指数也可以表征油气运移。如图 6-3-10 所示，随着油气藏埋深的增大，4-/1-MDBT、TMNr 值呈增大趋势，油气垂向运移分馏效应明显。除玉科地区外，气油比参数也随油藏埋深呈增大趋势，指示塔河南地区油气从深部运移至奥陶系聚集成藏，具有"下气上油"的分布特征，由深至浅形成气

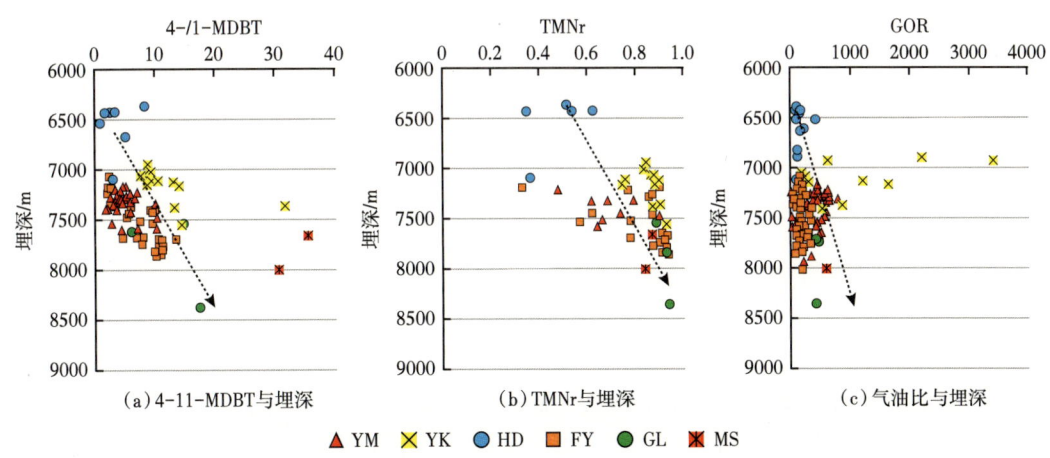

图 6-3-10　塔河南地区奥陶系原油成熟度参数、气油比与埋深交会图
（注：TMNr=1，3，7-/（1，3，7+1，2，5）-三甲基萘，GOR 为气油比）

藏—油气藏的有序分布模式。值得注意的是，由于走滑断裂活动强度的不同，不同走滑断裂带之间及同一走滑断裂带内部，油气充注强度不同，如顺北1号断裂带、顺北5号断裂带南部、满深断裂带具有原油成熟度参数较高，走滑断裂构造解析发现，其规模较大，活动强劲，因此油气充注强度较大，原油成熟度较高。

　　断裂系统与不整合面一般而言可作为油气二次运移的优势输导系统，其中断裂系统具有运移距离短、运移渗透性高、运移损失量小等优势，不仅是油气垂向运移的主要通道，也是侧向运移的优势通道（邬光辉等，2016）。构造演化分析表明塔河南地区未受到强烈构造活动的影响，古生界保存良好，缺乏渗透性输导层，而塔河南地区大型走滑断裂系统发育，为油气侧向运移的优势通道。地球化学运移分馏效应参数4, 6-/1, 4-DMDBT指示油气具有沿北东向、北西走向走滑断裂运移的趋势，局部高值点可能是底部油气充注强度较大的结果（图6-3-11）。由此可见，塔河南地区奥陶系油气运移不仅受到古构造背景的控制，而且受到走滑断裂的控制。

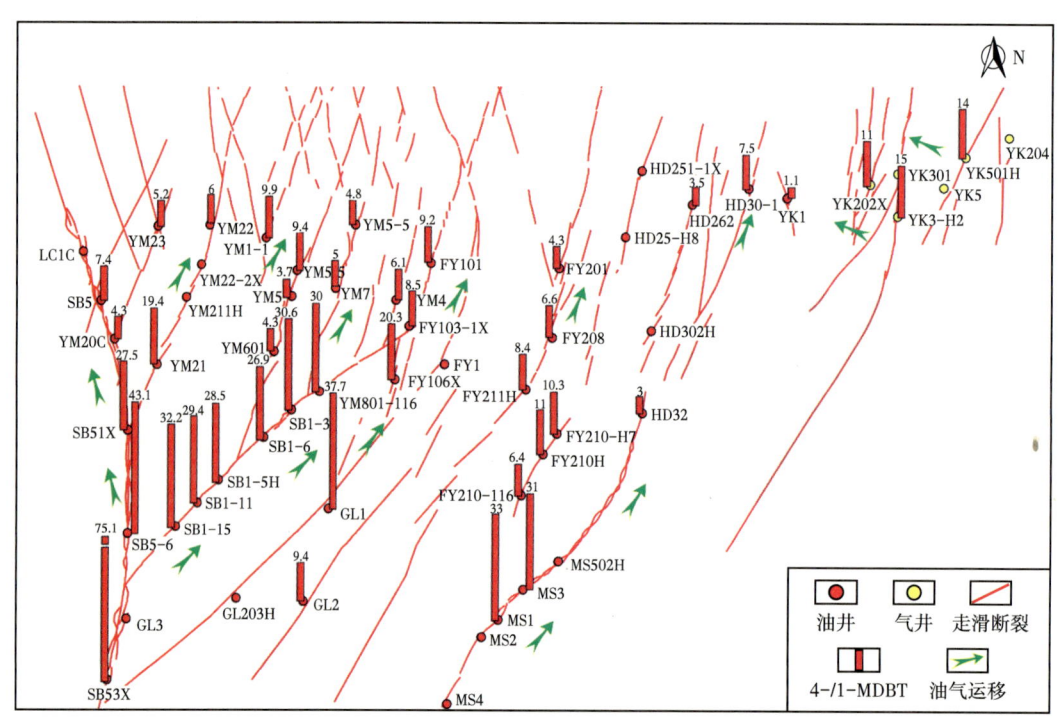

图6-3-11　塔河南地区奥陶系油气运聚趋势图

　　以跃满3断裂带为例，原油成熟度参数4-/1-MDBT、Ts/（Ts+Tm）沿断裂带呈规律性变化，指示油气具有北东向运移趋势，YM704井、YM701井、YM3井、YM3-3井部位油气充注强度较高，为油气有利充注点，因此原油成熟度较大（图6-3-12）。需要注意的是，塔河南地区油气富集受控于走滑断裂，储层非均质性极强，井间多不连通，形成孤立的油藏单元；断裂活动停滞期，裂缝被充填胶结殆尽，缝洞体内油藏受地层水浮力作用有限，加之塔河南区整体处于宽缓斜坡区，因此油气不会发生大规模侧向运移，这也是晚加里东期形成的大规模古油藏能保存至今的重要原因。

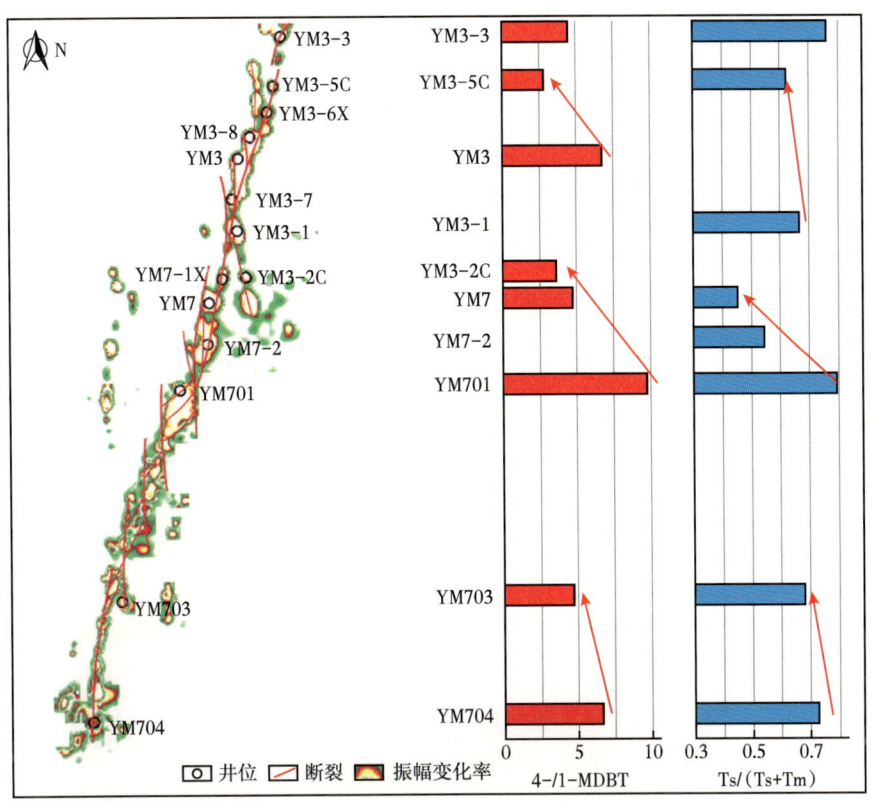

图 6-3-12　跃满 3 断裂带振幅变化率平面属性图及成熟度参数变化图

综合分析认为，塔河南地区奥陶系油气侧向运聚受到古构造背景及走滑断裂的双重控制。构造活动期，塔河南地区油气沿走滑断裂带向构造高部位运移，玉科地区、哈得地区构造背景占据了主导因素，油气呈北西向运移；由于研究区发育孤立的油藏单元，因此在构造稳定、断裂活动停滞期，油藏单元受地层水浮力作用有限无法大规模向北运聚，油藏得以在塔河南地区得到保存，加之喜马拉雅期塔里木盆地地温梯度下降，盆地迅速转为冷盆，油藏未经历明显次生蚀变作用，晚加里东期形成的古油藏得以保存至今。

## 第四节　断控油气充注过程

### 一、油气充注过程模拟

准确恢复油气沿走滑断裂带充注的过程是揭示断裂控藏的关键。前人多从走滑断裂样式和单井产能对走滑断裂带油气聚集的规律研究进行分析，已取得较为客观的认识和成果。但对走滑断裂演化和油气充注关系的认识较模糊。本次采用成藏动力学方法和手段对塔中走滑断裂带奥陶系油气充注的过程开展了数值模拟。

为有效揭示塔中地区深层油气运聚过程，本次重点开展了以下工作：（1）典型地震剖面选取。本次研究选取塔中 $F_1 17$ 走滑断裂带作为模拟剖面，以剖面附近单井 ZG172 井和 ZG296 井作为地质参数的约束；（2）确定研究区含油气系统地质要素参数。本次二维油气运聚模拟研究主要层位为寒武系，因此对寒武系进一步的细分，其中以下寒武统玉尔吐斯组为主力烃源岩，储层以下寒武统肖尔布拉克组、中寒武统沙依里克组、上寒武统下丘里塔格群为主，中—下奥陶统也为有利的储层；而盖层以中寒武统膏岩及上奥陶统桑塔木组泥岩为主，整体来看塔北地区寒武系生—储—盖匹配良好，因此以次参数进行混合流典型剖面的含油气系统模拟；（3）参考区域基础地质研究成果，确定含油气系统成藏动力学模拟地层参数、断层设置参数，边界条件参数等的背景参数；（4）单井温度和镜质组反射率对模型结果进行校正，进一步调整模型的合理性。本次研究基于SweeneyBurnham（1990）Easy% $R_o$建立的镜质组热演化成熟度模型，对下寒武统烃源岩热成熟度进行评价。本次通过模拟ZG172井和ZG296井单井古地温曲线，将测得镜质组反射率成熟度与模拟反射率拟合结果较好，认为塔中地区二维剖面热演化史模拟结果合理，模型可靠；（5）利用PetroMod模拟软件中2D-PetroBuilder模块对塔北地区寒武系典型二维剖面进行了模拟；（6）当模拟结果可靠，进一步分析模型油气运聚趋势。

在上述地质参数设置的基础上，研究恢复了塔中地区ZG172井和ZG296井的单井有机质热演化史［图6-4-1（a）］和生排烃史图［图6-4-1（b）］。从图中可以看出，塔中地

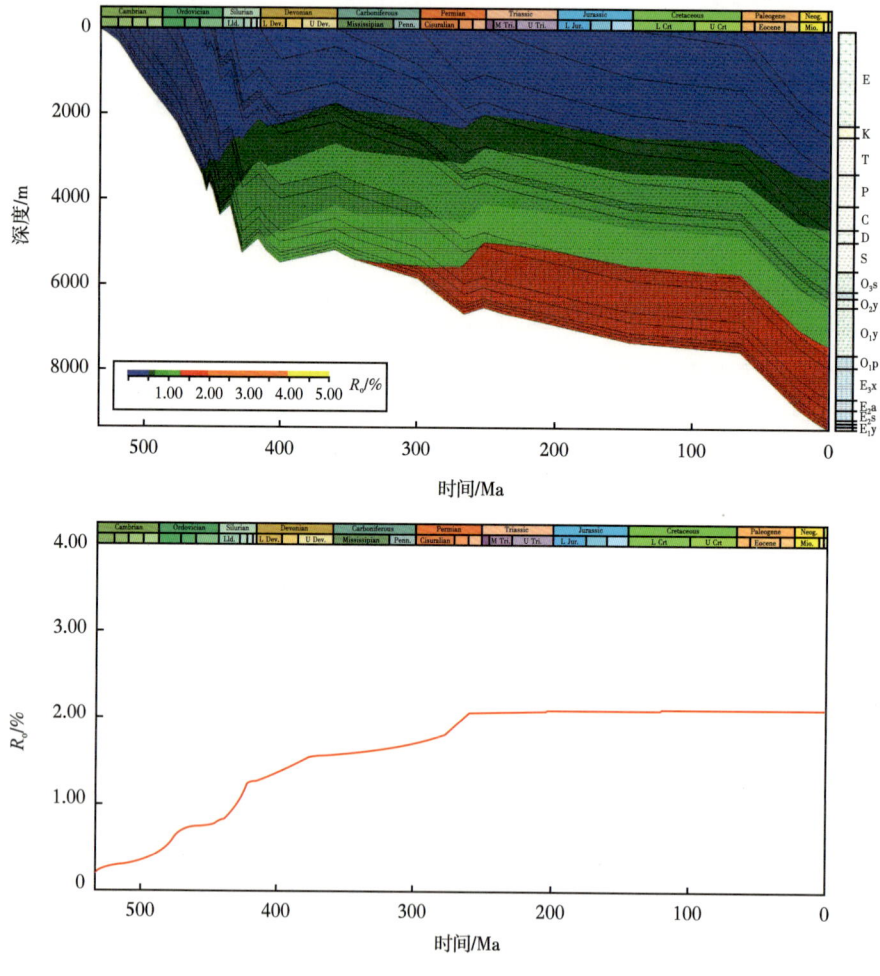

图6-4-1 塔中地区ZG296井热演化史图（a）与生排烃史图（b）

区烃源岩热演化经历了多期构造作用影响,整体具有持续加热和排烃的特征。下寒武统烃源岩从加里东早期进入成熟阶段,从加里东晚期进入高成熟阶段,并一致持续到喜马拉雅期,镜质组反射率低于2%。但受不同构造带埋深影响,ZG172井和ZG296井有机质热演化存在一定差异,塔中地区靠近满加尔西部坳陷带烃源岩热演化成熟度较高,局部镜质组反射率高于2%。从生排烃史演化表明塔中地区下寒武统烃源岩目前处于高成熟—过成熟阶段,且高成熟—过成熟阶段持续时间长,目前仍然具有产生高成熟油和天然气的潜力。

### 1. 侧生邻储—外源充注模式

烃源岩是油气成藏的关键要素,目前,困扰塔中地区深层油气成藏的一个重要难题是下寒武统烃源岩分布,涉及对该区深层油气的来源和充注方式的认识。现有的勘探开发初步证实塔中地区下寒武统烃源岩的发育存在差异性,其中塔中Ⅰ区和Ⅱ区底部下寒武统烃源岩不发育,塔中Ⅲ区底部发育厚度10~50m的泥页岩层。针对上述问题,研究设计了侧生邻储—外源充注的成藏含油气系统,即台地相区下寒武统烃源岩不发育,烃源岩分布在塔中1号断裂带以东地区,研究采用混合流算法模拟了加里东早期、加里东晚期、海西晚期和喜马拉雅期四个关键时刻含油气系统的演化特征(图6-4-2)。

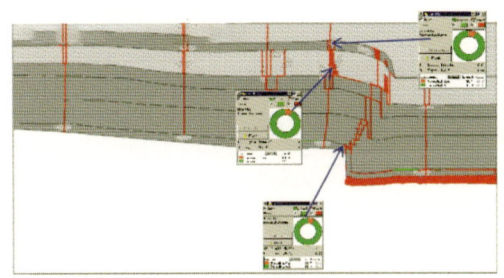
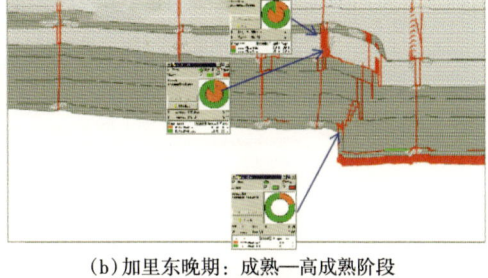

(a)加里东早期:低成熟—成熟阶段     (b)加里东晚期:成熟—高成熟阶段

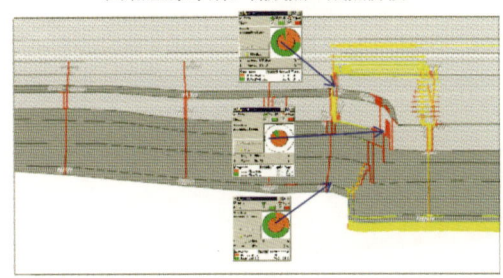
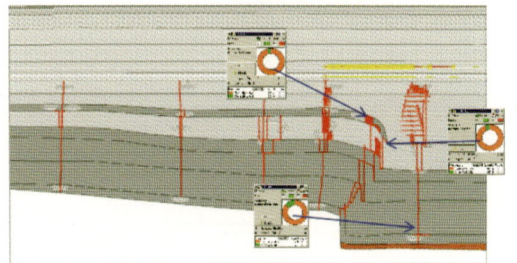

(c)海西期:高成熟—成熟阶段        (d)喜马拉雅期:高成熟—过成熟阶段

图6-4-2 塔中$F_1$17断裂带奥陶系侧生邻储含油气系统演化过程

从该含油气系统的成藏过程对比可以看出以下特征:(1)油气近源充注的特征明显。台地相区深层底部烃源岩的发育对油气充注的影响较大,1号断裂带附近是深层油气富集的有利区;(2)流体相态呈现早油晚气、西油东气特征。油气藏相态演化受外源成熟度控制,加里东期圈闭聚集原油和伴生气形成油藏和油气藏,海西期随着高成熟气充注,靠近气源发育油气藏和凝析气藏,喜马拉雅期大量高成熟和干气充注形成气藏和凝析气藏;(3)油气差异聚集特征不明显。整体来看侧生邻储模式含油气系统中流体排替作用和渗滤作用特征都很强,排烃作用主要体现在时间上:早先的圈闭随着天然气的充注逐渐由油藏变成油气藏—凝析气藏—气藏,显示气侵作用的排替作用是影响油气藏相态发育和分布的关键因素,从每个关键时期油气空间分布显示:垂向相态运移分异不明显,表明气体的渗滤扩散作用强。

### 2. 下生上储—源内充注模式

为探讨底部烃源岩对油气聚集的影响,本次研究设计了下生上储—源内充注的含油气系统模型,该模型在台地相区底部发育下寒武统烃源岩,有机质地球化学参数参考台盆区已有的烃源岩地球化学分析结果,采用混合流算法恢复了加里东期和海西期四个关键时刻油气运聚的过程(图6-4-3)。

该含油气系统的成藏过程对比具有以下特征:(1)油气近源充注的特征明显。走滑断裂带附近圈闭是油气优先聚集的有利场所;(2)流体相态呈现早油晚气、西油东气特征。油气藏相态演化受底部烃源岩差异演化的控制,加里东期圈闭聚集原油和伴生气形成油藏和油气藏,海西期随着高成熟气充注,寒武系发育凝析气藏,喜马拉雅期大量高成熟气和干气充注,在靠近1号断裂带形成气藏和凝析气藏;(3)油气差异聚集特征明显。下生上储含油气系统差异聚集特征明显,受流体排替作用控制,各时期含油气系统都可以看出流体相态在垂向上分布具有明显的差异性,沿走滑断裂带底部天然气聚集较多,顶部液态烃聚集,总体形成下气上油差异富集模式。

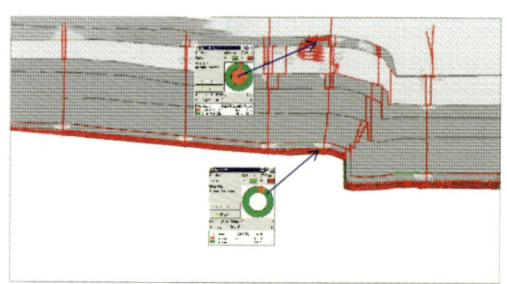

(a)加里东早期:低成熟—成熟阶段

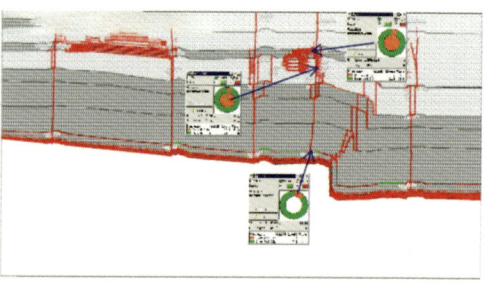

(b)加里东晚期:成熟—高成熟阶段

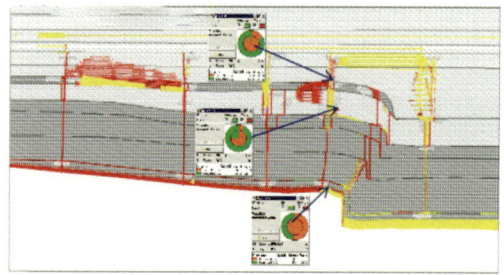

(c)海西期:高成熟—成熟阶段

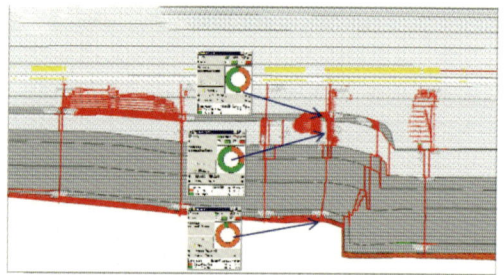

(d)喜马拉雅期:高成熟—过成熟阶段

图6-4-3 塔中$F_I17$断裂带奥陶系下生上储含油气系统演化过程

### 3. 多期油气差异充注过程

为探讨烃源岩热演化过程对油气聚集的影响,研究以塔中Ⅲ区实际地质条件为约束,模拟了$F_I17$断裂带多期油气充注过程中流体相态的演化(图6-4-4)。

从含油气系统的成藏过程对比具有以下特征:(1)下寒武统烃源岩多期充注是塔中地区深层油气相态差异聚集的重要因素;(2)海西期油气充注强度较大。从深部到浅层发育油藏—凝析气藏—油藏;(3)塔中1号断裂带是气侵的主要因素。喜马拉雅期油气聚集显示深层和东部以凝析气藏为主,台地相区西部发育油藏;(4)塔中Ⅲ区存在两种油气充注方式,台地相区油气以垂向充注为主,靠近1号断裂带存在侧向充注。

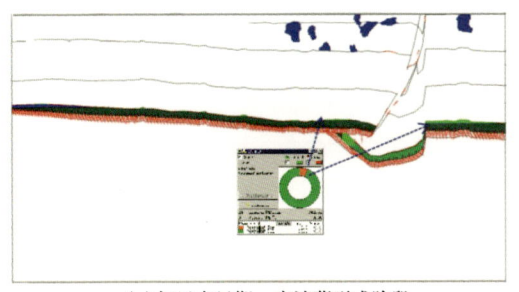

(a) 加里东早期: 古油藏形成阶段　　　　(b) 加里东晚期: 油藏形成阶段

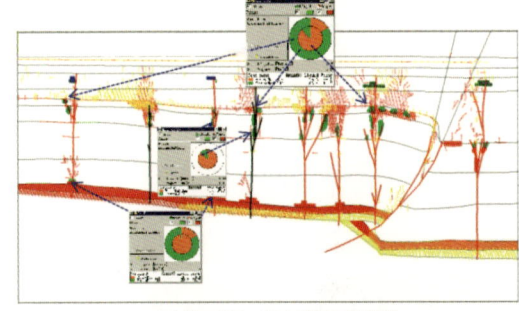
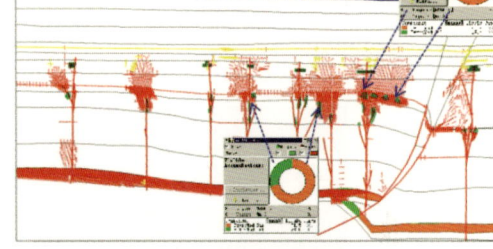

(c) 海西期: 油气藏形成阶段　　　　(d) 喜马拉雅期: 凝析气藏形成阶段

图 6-4-4　塔中 $F_I 17$ 断裂带奥陶系下生上储含油气系统演化过程

### 4. 典型油气藏解剖——ZG15 井区

塔中地区过 ZG15 井区在奥陶系发育多个与断裂相关的油气藏,但油气藏非均质性较强,油水界面不统一。现场试验中令人困惑的是 ZG15-1H 井的气油比明显高于 ZG14-2H 井,这与 ZG14-2H 井靠近满加尔西部坳陷带烃源岩,更容易遭受气侵的地质背景不符。为此,研究针对 ZG15 井走滑断裂带地质特征,采集过井地震剖面,建立过 ZG15 井断裂带下古生界含油气系统,相关地质参数参考塔中地区。

研究采用混合流技术开展数值模拟,恢复了 ZG15 井下古生界含油气系统加里东期、海西晚期和喜马拉雅期油气充注和运移聚集的过程(图 6-4-5)。为探讨 F5 断裂带和 F6 断裂带对油气运聚的影响,研究假设 F6 断裂带和 F7 断裂带输导性存在差异,海西期之前的断裂具有较好的输导性,海西期后断裂封闭,参数的设置见喜马拉雅期剖面。从含油气系统模拟的结果可以看出:加里东晚期,随着该区底部烃源岩进入成熟阶段,油气沿走滑断裂带向上运移,在中—上奥陶统形成油藏和油气藏,不同断裂带油气藏相态差异不大。海西期随着烃源岩进入高成熟阶段,油气沿走滑断裂带持续垂向充注进入中—上奥陶统圈闭,但受到断裂和盖层顶封性影响,天然气存在泄漏,奥陶系发育含溶解气的油藏。喜马拉雅期底部烃源岩进入高成熟—过成熟阶段,产生大量天然气向上充注,但断裂发育存在明显的差异性,研究认为 F1—F5 断裂带为持续开启状态,而 F6—F7 断裂带处于封闭状态,由此可见,F4—F2 断裂带随着天然气大量充注,形成气藏和油气藏,F6 断裂带则发育含溶解气的油藏。该含油气系统的模拟的结果与实际勘探开发结果基本一致,由此可以认为: ZG15 断裂带 ZG15-1H 井的气油比明显高于 ZG14-2H 井,可能与喜马拉雅期走滑断裂的输导性有紧密的联系。

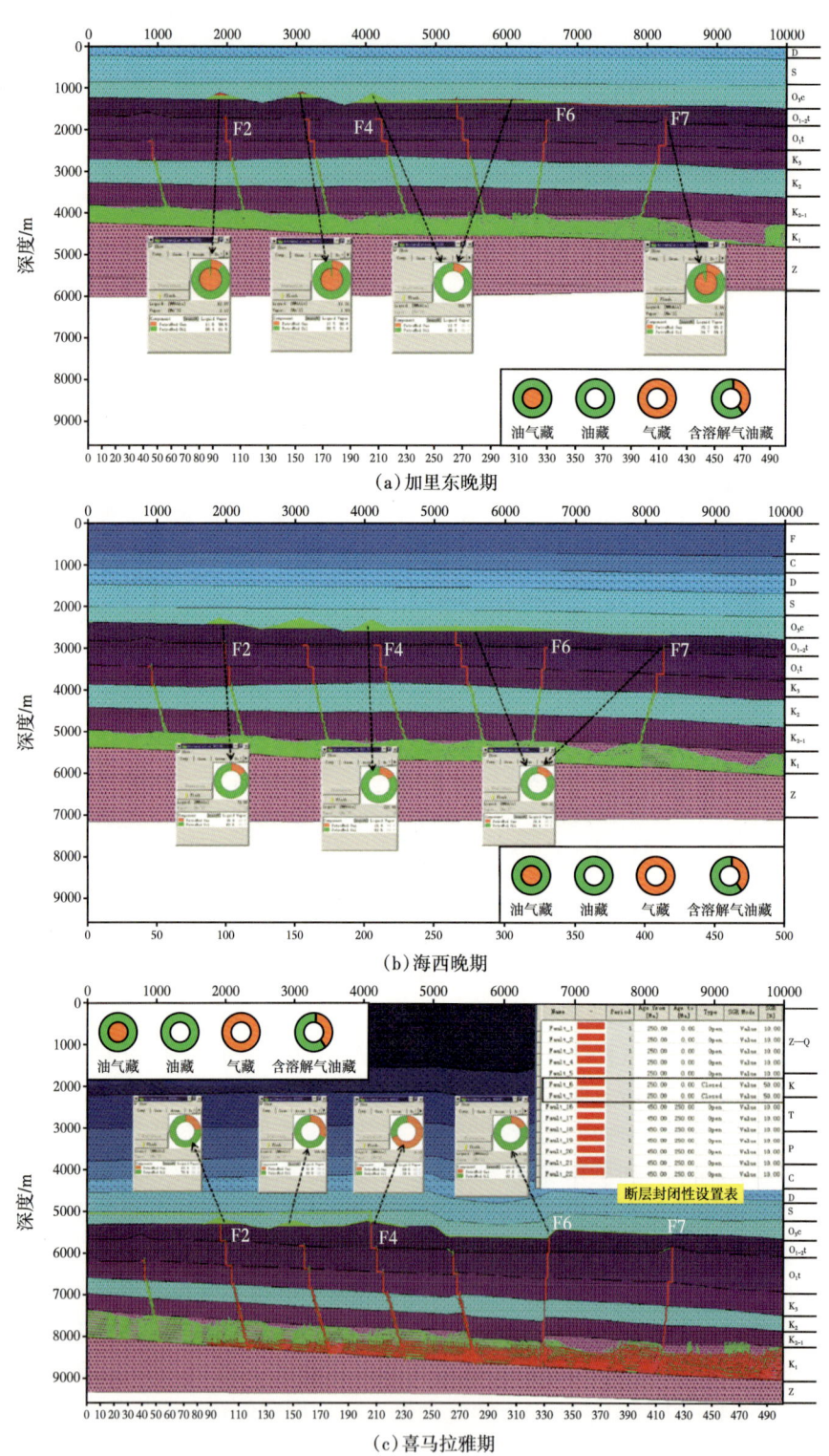

图 6-4-5 塔中过 ZG15 井下古生界含油气系统演化过程

## 5. 油气差异聚集模式

关于塔中地区油气沿走滑断裂带的聚集模式讨论较多，存在"断溶体""断裂破碎带""孔洞体油藏"等多种观点，多数学者发现该区深层油气富集模式与传统油气差异聚集方式存在明显差别，主要原因有：(1) 油气充注运移存在垂向和侧向两种，传统差异聚集强调油气来自侧向下倾方向；(2) 经典油气差异聚集理论强调圈闭形态多为背斜，并且溢出点逐次升高，便于排替作用进行，但塔中走滑断裂带圈闭形态不规则，存在缝洞体、断裂破碎带、裂缝带等多种构造—岩性控制的复合圈闭，流体运聚存在多种方式；(3) 经典油气差异聚集理论强调油气沿主运移方向没有支流干扰，这与走滑断裂带多期断裂交叉活动地质条件完全不一致。

综合本次典型剖面的成藏动力学模拟认为：塔中Ⅲ区走滑断裂带发育的是一种非典型性油气差异聚集的模式，具有多期生烃、断裂控运、多向充注、差异富集的特征（图 6-4-6）。台地相区轻质油藏油气来源底部烃源岩，油气垂向充注主要沿断裂—裂缝带向上运移，在破碎缝洞体中聚集形成油气藏，油气到达顶部受桑塔木组致密泥灰岩盖层封堵，在储层和盖层附近圈闭中聚集成藏，油气垂向运聚过程主要受到烃源岩成熟度和构造岩性圈闭的控制，晚期轻质油气进入早期油气藏中，驱替圈闭中正常油，从而形成轻质油藏，从深到浅形成气藏—油气藏—油藏的差异聚集的模式，沿走滑断裂深层仍然存在较好的勘探开发潜力。靠近 1 号断裂带附近收到满加尔坳陷深埋烃源岩排烃影响，油气沿走滑断裂带存在侧向充注，尤其是喜马拉雅期高成熟—过成熟天然气气侵，是该区凝析气藏的主要成因。

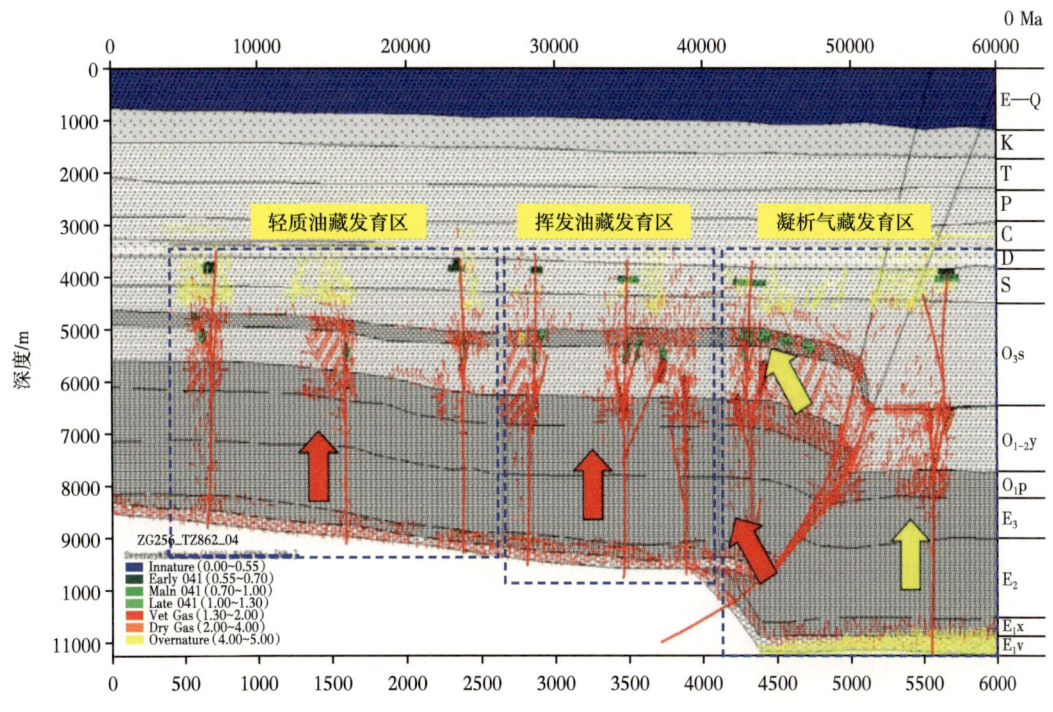

图 6-4-6　塔中 $F_I17$ 断裂带奥陶系下生上储含油气系统演化过程

## 二、成藏演化过程

综合分析，环阿满走滑断裂断控油气系统形成于中晚加里东期，并经历多期调整改造过程（图6-4-7）。

中奥陶世末，环阿满走滑断裂体系形成，同时发生断控岩溶，形成中奥陶统断控碳酸盐岩缝洞体储集层。在晚奥陶世桑塔木组巨厚泥岩快速沉降作用下，不仅形成了保存优越的断控缝洞体圈闭，而且下寒武统烃源岩进入生烃高峰期，生—储—盖—运配置优越。通过走滑断裂的沟通，发育下寒武统、上寒武统、下奥陶统蓬莱坝组与鹰山组、中奥陶统一间房组与上奥陶统良里塔格组等多套含油气层段，形成"垂向运聚、复式成藏"的走滑断裂相关的断控油藏模式［图6-4-7（a）］。由于生烃中心位于南部阿满过渡带，加里东期已进入生油高峰期，晚海西期已进入过成熟生气阶段，因此南部坳陷区持续沉降区仅有中晚加里东期的生油期，而北部古隆起区可能还有晚海西运动生油期。通过盆地模拟发现，中晚加里东期大量生油可能将坳陷区走滑断裂带的缝洞体圈闭全部充注。

加里东末期—早海西期，塔里木盆地经历强烈的构造改造作用（邬光辉等，2016）。在古隆起抬升剥蚀与走滑断裂继承性发育过程中，古隆起高部位的油气破坏殆尽，哈拉哈塘北部—轮南地区的古油藏遭受破坏，普见沥青。隆坳结合的斜坡区有显著的调整改造，检测到该期流体包裹体代表油藏的调整，而坳陷区有厚度逾1000m的上奥陶统泥岩盖层，构造平缓，可能保存了更多的石油资源［图6-4-7（b）］。

晚海西期，随着石炭系—二叠系的整体沉降，坳陷区下寒武系烃源岩进入过成熟阶段，而斜坡区可能继续生油，对古油藏具有一定补充。哈拉哈塘北部Q1井碳酸盐岩检测到288.6±8.8Ma的裂缝方解石沉淀年龄，表明存在该期的断裂与流体活动，可能形成断裂的开启与油气运聚。此前用大量包裹体均一温度进行统计分析，但受埋藏期热作用影响，产生80~120℃较大范围的盐水包裹体均一温度数据，难以区分是二叠纪火成岩形成前或形成后的流体活动。本次测试结果110~116℃基本限定在二叠系沉降最大的时间段［图6-2-12（a）］，分析处于早二叠世火成岩发生后的快速沉降期，因此较好地限定了该期成藏时间。

值得注意的是，前人研究也检测到二叠纪的流体包裹体，但是不一定代表成藏期。由于晚海西期轮南古隆起定型，很多油藏遭受改造与破坏，检测到的包裹体很可能与油气的调整再充注有关，而不是来自烃源岩二次生烃形成的原油。塔北古隆起斜坡区玉尔吐斯组从厚约30m向北减薄尖灭，二次生油的潜力有限，而且以生气为主，难以形成塔河—轮南地区逾十亿吨级地质储量的巨大石油资源。另一方面，由于晚海西期构造运动与走滑断裂的复活，通过断裂输导，坳陷区与深部的古油藏可能发生向上倾方向的调整，从而形成塔河油田与哈拉哈塘油田［图6-4-7（c）］。因此，塔北隆起测到的晚海西期包裹体，可能是古油藏从坳陷区与深部向上调整再成藏的响应。晚海西期末、印支期—燕山期，塔北隆起又发生了多期构造运动，构造沉降缓慢，烃源岩生烃基本停滞，但古油藏仍有调整改造。

喜马拉雅晚期进入原油裂解气、干酪根裂解气充注期，这已取得共识。值得注意的是，轮古东—富满油田东中寒武统盐膏层缺失的部位天然气充注强烈，形成了凝析气藏。而西部地区走滑断裂停止活动，原油裂解气可能仍位于中寒武统盐膏层之下，因而保存了大量的古油藏。

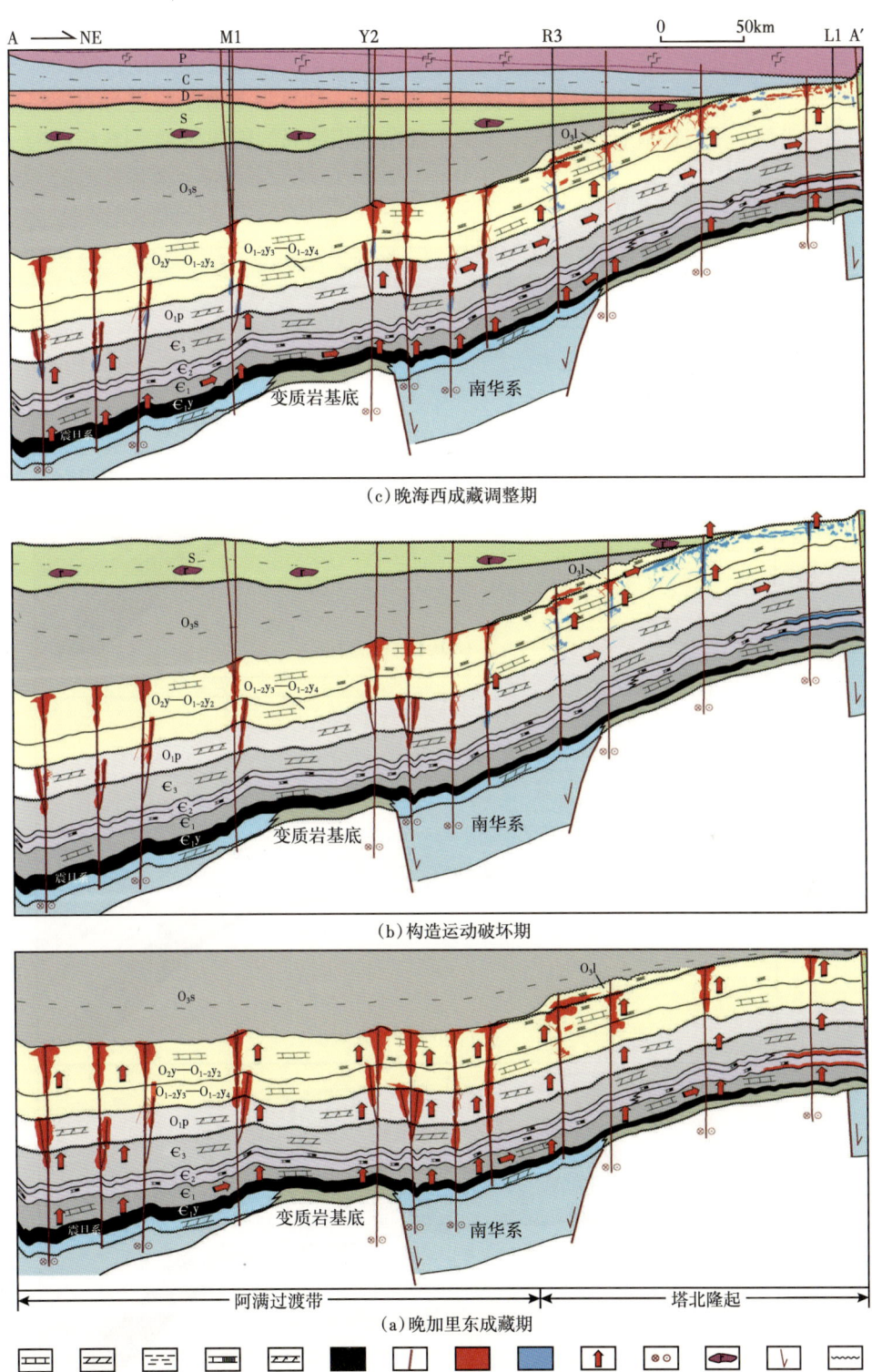

图 6-4-7 塔里木盆地北部地区油田成藏演化模式图

轮古东—富满东—古城—塔中东部地区富气，分析也具有相似的成藏演化，单晚期具有更多的天然气充注。中奥陶世走滑断裂系统形成，晚奥陶世桑塔木组泥岩的快速沉降作用下，阿满过渡带寒武系下部烃源岩与满加尔坳陷烃源岩进入生烃高峰期，寒武系—下奥陶统台缘带与中—上奥陶统缝洞体储层接受多源供烃，油气沿走滑断裂进行大规模垂向充注，同时寒武系—下奥陶统台缘丘滩体接受东部盆地相油气的侧向运聚[图6-4-8（a）]。

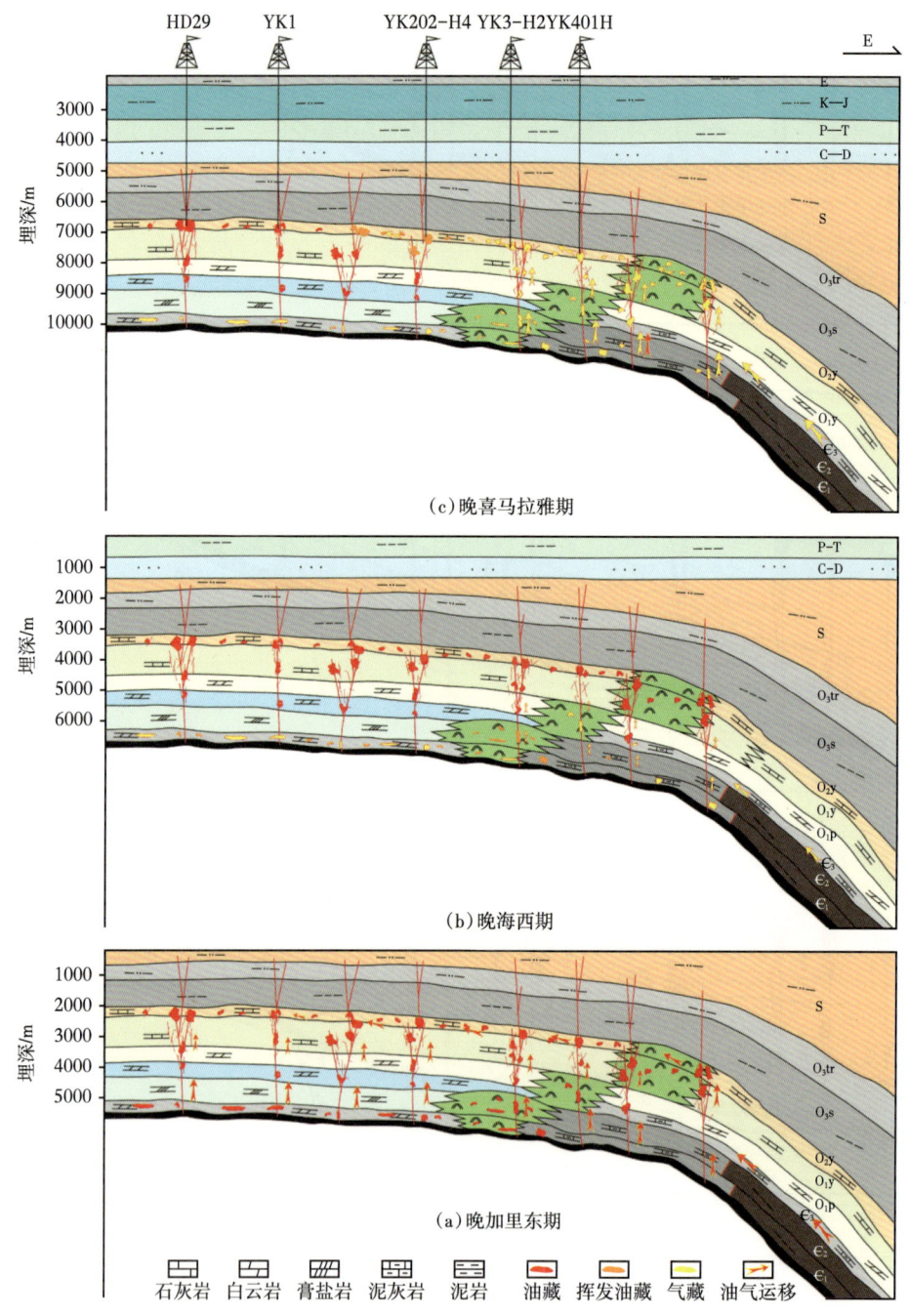

图6-4-8 玉科地区奥陶系凝析气藏成藏演化模式

晚海西期，满加尔坳陷烃源岩与阿满过渡带寒武系底部烃源岩已进入过成熟生气阶段，而满加尔坳陷内古生界由于埋深较大，在此阶段寒武系古油藏可能已经部分裂解，天然气运移至底部沿走滑断裂带开始垂向扩散充注，充注主要发生于东部台缘带发育区域，充注强度有限，西部走滑断裂活动基本停滞，膏盐层对盐下油气形成有效封堵，未发生大规模充注[图6-4-8（b）]。晚喜马拉雅期进入快速沉降深埋阶段，寒武系古油藏大规模裂解，东部台缘带发育区域受到大量原油裂解气的充注，形成凝析气藏，受构造背景影响，发生侧向气侵，自东向西依次形成凝析气藏、挥发油藏、油藏的有序分布模式，西部区域膏盐层下封堵了大量原油裂解气，奥陶系古油藏未遭受强烈气侵[图6-4-8（c）]。由此可见，阿满过渡带东部地区奥陶系油气成藏具有"多源供烃、早油晚气、垂向充注、侧向运聚"的特点，以外期的凝析气资源为主。

在塔里木盆地巨厚碳酸盐岩中，由于断裂、不整合与渗透岩层的空间组合差异，大多油气运聚成藏是由三者组成的复杂输导系统，经历了多期的油气调整改造过程，形成多种类型的油气运聚模式（图6-4-9）。通过油藏的解剖，油藏形成后断裂的改造主要有三种形式（图6-4-10）。

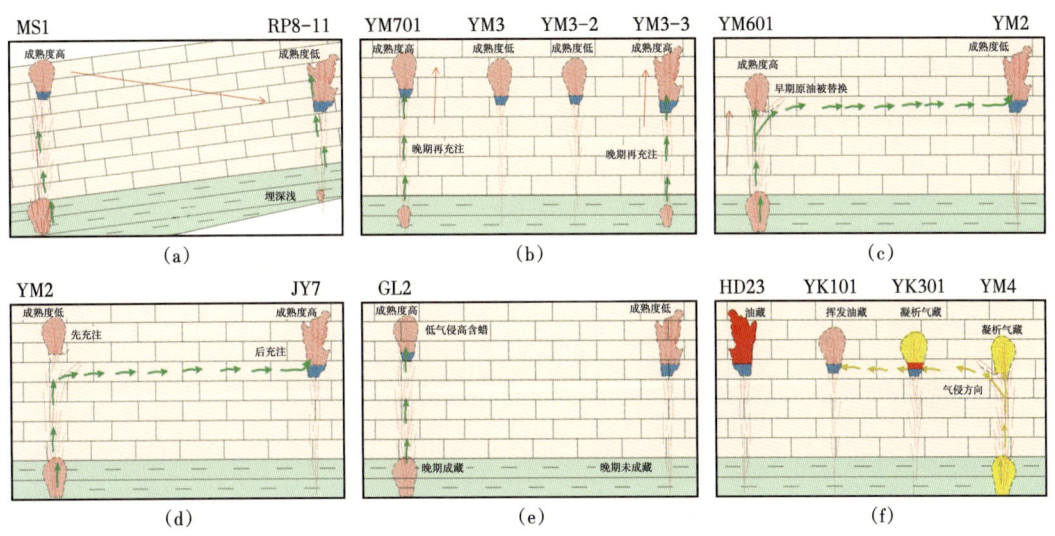

图6-4-9　富满油田下古生界碳酸盐岩油气运聚与调整模式

综合分析表明，环阿满油气系统多期构造—沉积演变形成了多套储盖组合与多种圈闭类型，通过断裂沟通在寒武系、奥陶系、志留系、泥盆系—石炭系、三叠系、侏罗系等层位的圈闭聚集成藏，断裂断至的层位控制了油气的纵向分布。在坳陷区以垂向运聚成藏为主，向古隆起区沿断裂带或不整合面侧向运聚作用增强，构成断控差异运聚模式，是典型的走滑断裂相关的断控的多期成藏与调整改造的油气系统，并造成了油气相态的复杂性。在此基础上，形成了坳陷区"早期成藏、垂向运聚、分段富集"的断控油藏模式与隆起区"多期调整、多元控藏、局部富集"的断裂相关油藏模式。由于经历多期成藏与改造，古隆起区大量的油气资源遭受破坏，而坳陷区保存条件优越，油气更为富集，并为富满油田和顺北油田的勘探开发所证实。

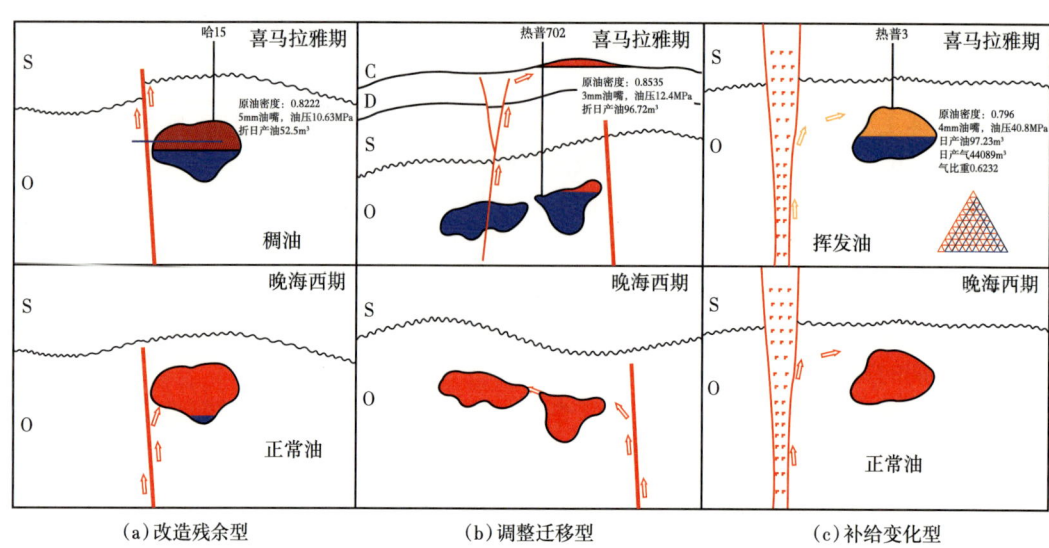

图 6-4-10 断裂对油藏改造分类模式图

# 第七章 断控油气分布与实践

环阿满走滑断裂断控油气系统具有复杂的成藏作用，形成多种类型的沿走滑断裂带差异富集模式，油气分布复杂多样，并造成油气富集的差异性。

## 第一节 走滑断裂带油气分布规律

不同于礁滩体与风化壳"古隆起控油、斜坡富集"的准层状大面积油气分布规律，走滑断裂断控油气藏具有特殊性，主要沿断裂带差异分布。

### 一、走滑断裂断控油气藏的特性

#### 1. 断控油气藏的特殊性

综合塔里木盆地的勘探开发资料与近年研究成果，塔里木盆地走滑断裂带奥陶系碳酸盐岩圈闭，不同于储盖分明、遮挡受控岩层弯曲与断层封闭的常规断控圈闭。

（1）沿断层破碎带发育的次生孔、洞、洞穴与裂缝组成的强非均质性储层。由于经历极强构造—成岩作用，塔里木盆地奥陶系碳酸盐岩形成极低孔隙度（＜5%）与渗透率（＜0.5mD）的基质储层，局部沿断裂带破碎带发育的极高孔隙度（＞8%）与渗透率（＞1mD）的缝洞体储层，组成特殊的二元特殊储层单元。碳酸盐岩油气藏和碎屑岩油气藏对应的储层具有不同的特点，演化规律也不完全相同（图7-1-1）。前期根据储层形成的环境可以分为礁滩型储层与风化壳型储层，近期研究表明，礁滩体优质储层主要是沿断裂带分布的遭受断裂作用与岩溶作用改造的缝洞体，走滑断层破碎带发育部位的风化壳岩溶残丘储层发育、油气更富集。同时，在长期的埋藏期间，沿碳酸盐岩断层破碎带埋藏岩溶与热液岩溶储层发育。由于缝洞发育的多期性、非组构选择性，造成碳酸盐岩储层强烈的非均质性，一是平面上储层横向变化大，二是纵向上储层段缝洞发育的深度、厚度都有很大的差异，三是储层的物性变化大，孔渗相关性很差。即使在同一井区，由于礁滩体储层受控多种溶蚀、破裂作用，储层纵向上、横向上都有变化。储层预测也发现井间储层变化大，并非完全连通的储集体，并造成复杂的油气产出。

（2）盖层与遮挡条件特殊。塔里木盆地奥陶系碳酸盐岩有上奥陶统桑塔木组泥岩与吐木休克组泥灰岩两种区域盖层，并与上奥陶统良里塔格组及中奥陶统一间房组—鹰山组顶部储层组成良好的储—盖组合。此外，上奥陶统良里塔格组中—下部、鹰山组与蓬莱坝组等碳酸盐岩内幕也发育圈闭并有油气发现，以断层破碎带储集体周缘的致密碳酸盐岩构成油气圈闭的盖层和遮挡层，盖层与遮挡条件在纵横向变化大，没有明显的层位性。此外，沿断层核部位的缝洞体也有一系列的油气发现，断层的封闭性不同于砂泥岩互层的碎屑岩，断层遮挡的作用也不显著。在漫长的成岩演化过程中，盖层与遮挡条件有一定的相对性，可能随断裂—成岩作用的变化而发生较大的改变。

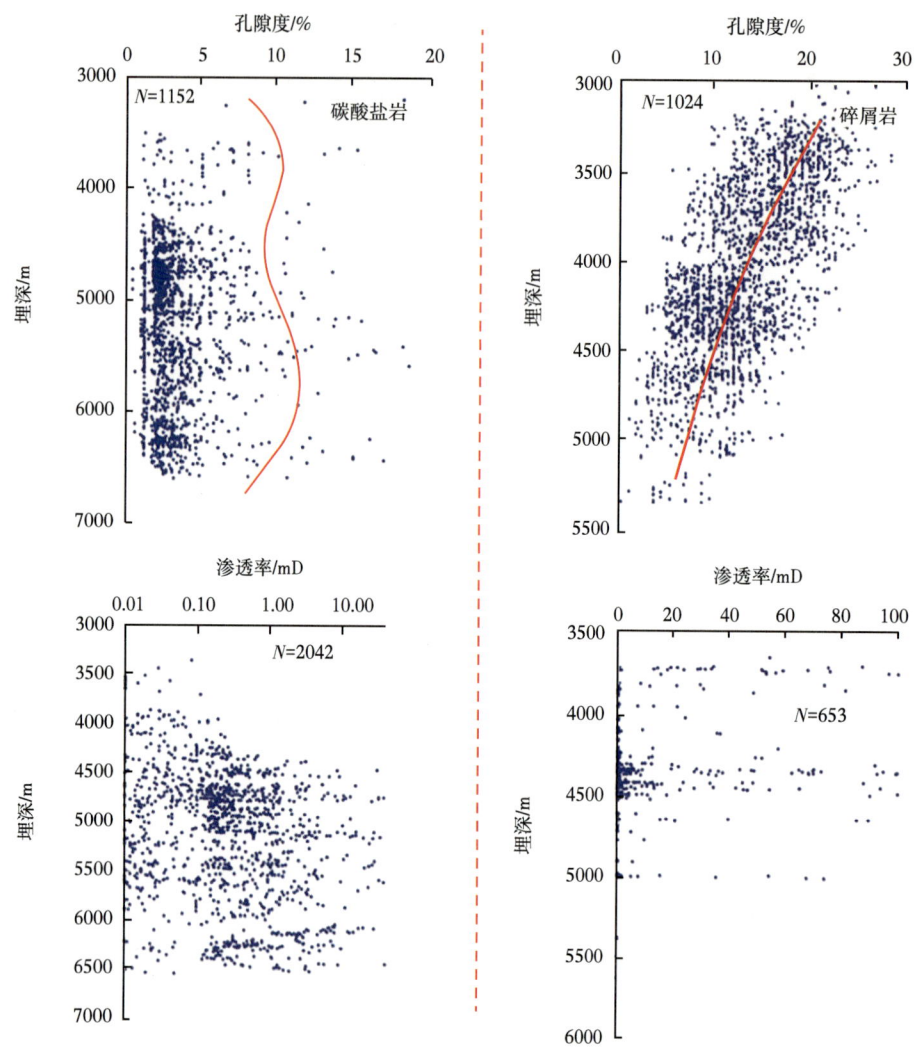

图 7-1-1　碳酸盐岩油气藏和碎屑岩油气藏的孔隙度和渗透率随深度变化

（3）圈闭空间分布复杂。走滑断层破碎带具有复杂的三维结构与空间分布，并造成储集体及其连通性的复杂变化。通过大量的断控圈闭地震描述，大多数断控圈闭具有复杂的三维形态，极少有规则的圈闭边界形态。同时，生产数据表明圈闭内部缝洞体连通性复杂，在一定压差下可以发生缝洞体的连通，其连通性具有相对性。

（4）受控于走滑断层破碎带的分布与结构。常规的断控型圈闭是通过断层封闭圈闭的某一面，而塔里木走滑断裂断控圈闭一般不是依靠走滑断层面封闭，而是以致密的碳酸盐岩物性封闭为主，受控于断层破碎带的成岩作用。走滑断裂带在多期断裂作用下，形成宽阔的破碎带，大型断层破碎带带宽逾 3km。断裂带破碎带不仅形成裂缝型储层，同时大气淡水、埋藏热液与油气充注酸性水沿破碎带形成大量的溶蚀孔洞、洞穴，组成多种类型储层。多类型储层控制的碳酸盐岩圈闭空间分布复杂、边界难以界定，同时单个圈闭小、油气产量递减快，组合成圈闭群，形成一系列小型油气藏的复合体。

（5）常规技术难以准确确定圈闭边界。针对塔里木盆地复杂的碳酸盐岩油气藏，近年来在碳酸盐岩地震勘探技术上多有创新，在走滑断裂带的识别也有很大进展。但由于圈闭处于碳酸盐岩内部，圈闭的外部边界与围岩没有绝对的波阻抗界面，圈闭边界及其形态难以有效确定，导致油气藏评价开发阶段仍然不清楚圈闭的空间分布。

断裂不仅控制油气的运移与聚集，同时对油气圈闭的形成具有重要的控制作用。受断裂作用形成的圈闭通常称为断控型圈闭（包括断层圈闭与断层相关的背斜圈闭），是常规油气资源的主要圈闭类型。常规的断控型圈闭是以盖层本身的弯曲变形的遮挡与断层封闭形成圈闭，受控于背斜、断背斜、断块及断鼻等断裂构造形态与断层的封闭性。而深—超深层断裂带碳酸盐岩中以断裂作用相关次生孔、洞、缝组成主要储集空间，以连通的储集体上部与周边致密岩层和断裂封闭为遮挡形成圈闭，构成复杂空间形态，并随构造—成岩作用发生变化。因此，不同于常规的构造、地层岩性类圈闭，也不同于一般的成岩圈闭，这类圈闭通过断裂作用控制致密碳酸盐岩中储层的发育，从而控制致密碳酸盐岩盖层与遮挡层，从而控制圈闭的形态与分布，是一种类型的非常规断控型圈闭。这类断控型圈闭包括断控岩溶缝洞体构成的断溶体圈闭，也包括受断裂带控制的裂缝性圈闭和断层圈闭，以及断裂带成岩圈闭等断裂相关的圈闭。断控型圈闭受控于断层破碎带的构造—成岩作用，并受沉积相与先存孔隙的影响。由于致密基质碳酸盐岩低孔隙度、低渗透率，受断裂带裂缝与岩溶作用的改造，可以形成低孔隙度、高渗透率的裂缝型储层、中—高孔隙度、中—高渗透率的裂缝孔洞型储层与高孔隙度、高渗透率的缝洞型储层，具有复杂的储层成因与发育模式。由于断裂带构造—成岩作用复杂，次生储层外部边界复杂，难以识别，属于隐蔽油气藏（图7-1-2）。

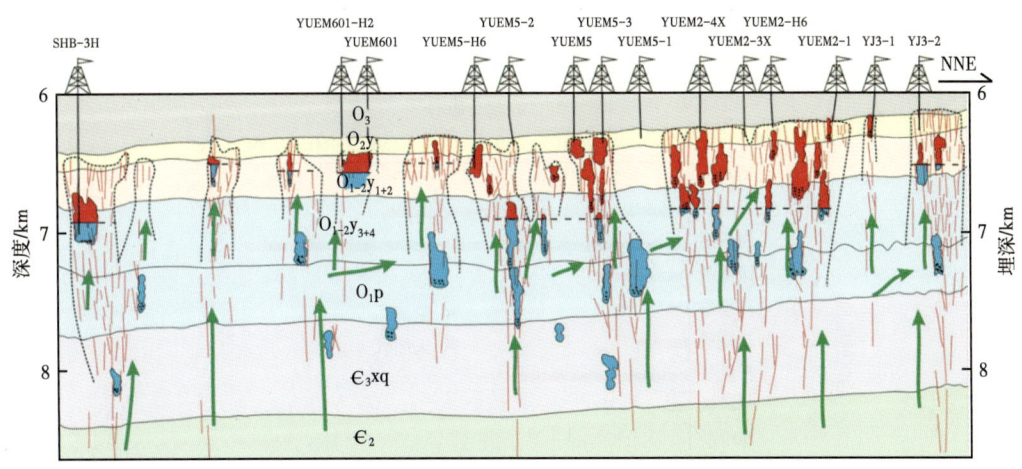

图7-1-2　富满油田跃满2走滑断裂带油藏模式图

### 2. 与国内外典型油气藏对比

1）产出层位古老、埋深大

碳酸盐岩是油气富集与勘探开发的重要领域，在世界油气资源中占有重要地位（Halbouty，2003；江怀友等，2008；谷志东等，2012）。截至2009年底，全球共发现碳酸盐岩油气田 5879 个，石油探明可采储量为 $0.15×10^{12}$t 油当量，天然气探明可采储量为 $0.12×10^{12}$t（油当量）（谷志东等，2012）；其中大型油气田有 320 个（探明可采储量油超过 $5×10^8$ bbl、可采气量大于 $3×10^{12}$ ft³），占碳酸盐岩总储量的 89%，占大油气田总储量的 56%。碳酸盐岩以大型、特大型油气田为主（白国平，2006），世界最大的 Ghawar 油田与 North 气田均属碳酸盐岩气田，碳酸盐岩大油气田的储量与产量都占有主导作用。碳酸盐岩油气的时空分布极不均衡，中东波斯湾盆地、扎格罗斯盆地占有超过四分之三的石油储量，天然气主要分布在苏联、中东地区和北美地区；层系上石油主要集中在侏罗系、白垩系和新生界，二叠系、三叠系的天然气比重较大（图 7-1-3）。下古生界碳酸盐岩大油气田极少，主要分布在古老的克拉通盆地，包括中国的塔里木盆地、鄂尔多斯盆地和四川盆地，俄罗斯东西伯利亚盆地和美国的威利斯顿盆地、密歇根盆地、二叠盆地等。90% 以上的碳酸盐岩油气藏埋深小于 4000m，深层多是以白云岩为主的天然气气藏或凝析气气藏。

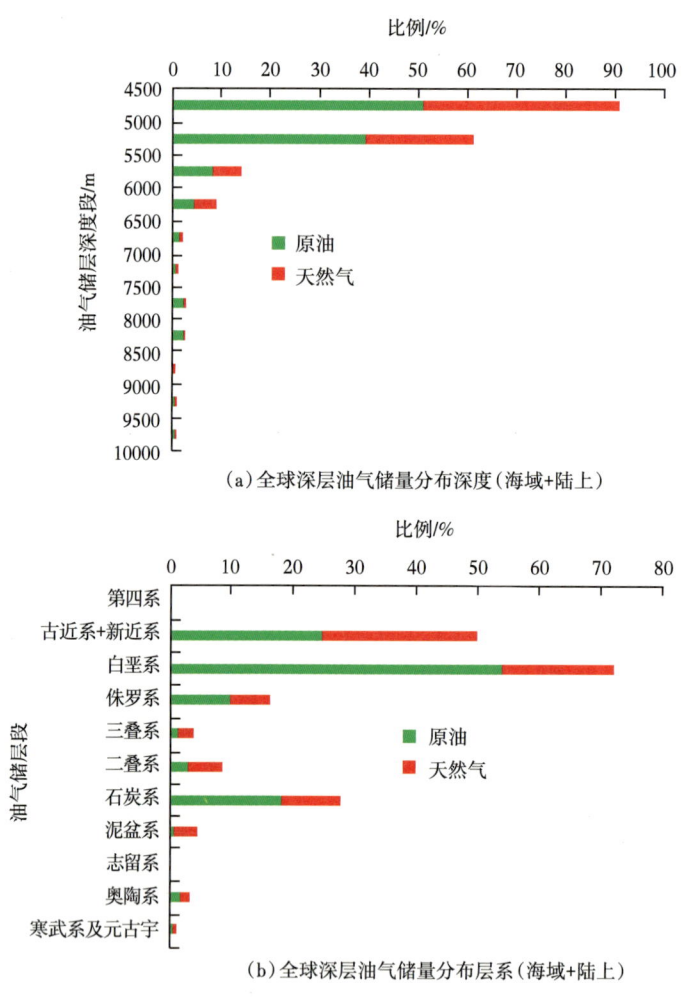

图 7-1-3　全球碳酸盐岩大型油气田统计直方图（据张光亚等，2015）

走滑断裂断控油气田统计分析表明（表 7-1-1），目前发现的油气藏分布在中生界和新生界，塔里木盆地的走滑断裂断控油气藏最为古老。在走滑断裂断控油气藏中，塔里木盆地油气藏埋深最大,富满油田油藏埋深接近8000m,是全球最深的走滑断裂断控油田。这一特点带来三方面问题:一是古老碳酸盐岩经历复杂的成岩演化,原生孔隙消失殆尽,基质孔隙度极低;二是断裂控制的储层成因复杂、非均质性极强;三是油气藏调整改造作用复杂,油气的分布非常复杂;四是勘探目的层埋藏深,钻井工艺和井筒技术复杂,增加了钻探与开发难度。

表 7-1-1 走滑断裂相关油气田统计表

| 走滑断裂油气田 | 层位 | 储量 | 油藏类型 |
| --- | --- | --- | --- |
| 叙利亚 Tishrine 油田 | 上白垩统 | 不详 | 裂缝型碳酸盐岩油藏 |
| 哈萨克斯坦南图尔盖盆地南肯尼斯油田 | 白垩系 | 探明石油储量 $1.43\times10^8$ t,探明天然气储量 $269\times10^8 m^3$ | 构造—岩性地层复合型油气藏 |
| 莱州湾凹陷 KL6 油田 | 沙河街组、东营组 | 不详 | 断背斜圈闭油藏 |
| 辽中凹陷 W 油田 | 沙河街组 | 探明石油储量近 $600\times10^4 m^3$ | 雁行排列断块油藏 |
| 萨利纳斯盆地圣阿尔多油田 | 中新世蒙特利组 | 生产超过 $5\times10^8$ bbl 石油 | 页岩气气藏、裂缝型油藏 |
| 塔拉纳基盆地 Maari 油田 | 白垩系 | 不详 | 裂缝型油藏 |
| 塔拉纳基盆地 Maui 油田 | | 不详 | 裂缝型油藏 |
| 塔拉纳基盆地 Tui 油田 | | 不详 | 裂缝型油藏 |
| 塔拉纳基盆地 Kapuni 油田 | | 不详 | 裂缝型油藏 |
| 塔拉纳基盆地 Kauri 油田 | | 不详 | 裂缝型油藏 |
| 塔拉纳基盆地 Rimu 油田 | | 不详 | 裂缝型油藏 |
| 塔拉纳基盆地 Kupe 油田 | | 不详 | 裂缝型油藏 |
| 西西伯利亚盆地 | 侏罗系、白垩系 | 探明+控制总储量油 $24.46\times10^8$ t、天然气 $47.8\times10^{12} m^3$ | 裂缝型油藏 |
| 渤海湾盆地蓬莱油田 | 白垩系—第四系 | 储量 $6\times10^8$ t | 裂缝型油藏 |
| 渤海湾盆地金县 1-1 油田 | 沙河街组和东营组 | $1.5\times10^8 m^3$ | 裂缝型油藏 |
| 渤海湾盆地垦利 9-1 油田 | 沙河街组和东营组 | $4.014\times10^4$ t | 裂缝型油藏 |
| 柴达木盆地昆北油田 | 古近系 | 亿吨级 | 裂缝型油藏 |
| 柴达木盆地扎哈泉油田 | 古近系、新近系 | 亿吨级 | 裂缝型油藏 |
| 俄罗斯北萨哈林盆地油气田 | 古近系—新近系 | 探明+控制油储量 $6.04\times10^8$ t、天然气 $1.08\times10^{12} m^3$ | 裂缝型油藏 |

2）油气藏特征更为复杂

塔里木盆地古老碳酸盐岩经历多旋回构造作用、漫长的成岩演化过程、多期油气充注与调整改造，油气表现出明显的特殊性与复杂性，塔里木盆地最为典型（表7-1-2）。

表 7-1-2 塔里木盆地断控碳酸盐岩油气田与世界碳酸盐岩大油气田特征对比

| | | 塔里木盆地 | 世界典型大油气田 |
|---|---|---|---|
| 构造背景 | 盆地类型 | 克拉通内盆地 | 被动边缘、裂谷盆地、前陆盆地 |
| | 盆地规模 | 小 | 大 |
| | 地质结构 | 复杂 | 简单 |
| | 构造运动 | 多旋回 | 单旋回为主 |
| | 构造改造 | 强烈 | 弱 |
| 储层 | 主要层位 | 寒武系—奥陶系 | 侏罗系—新近系 |
| | 埋深 | >7000m | >90%的油气田<4000m |
| | 沉积相 | 台地内部—台地边缘 | 台地内部、陆棚边缘、生物建隆 |
| | 岩性 | 石灰岩 | 石灰岩与白云岩，前白垩纪以白云岩为主 |
| | 储集空间 | 次生断裂与溶蚀孔洞 | 原生孔隙 |
| | 孔隙类型 | 溶洞、溶孔、裂缝 | 粒间/晶间孔、溶洞、铸模孔、裂缝 |
| | 孔隙建设性作用 | 岩溶作用、埋藏溶蚀作用、裂缝作用 | 埋藏溶蚀作用、白云岩化作用、裂缝作用 |
| | 储层类型 | 断裂相关缝洞体、裂缝性储层 | 台内滩、建隆、深海白垩、风化壳 |
| | 孔隙度 | 一般2%~5%，局部大型洞穴>10% | 5%~26% |
| | 渗透率 | 基质<1mD | 10~100mD |
| | 均质性 | 非均质性极强 | 均质性好 |
| | 分布 | 变化大、不稳定，沿断裂带分布 | 连续稳定，相控为主 |
| 烃源岩 | 沉积环境 | 台间盆地、台内洼地 | 陆棚盆地、陆棚斜坡 |
| | 层位/岩性 | 寒武系泥岩、泥灰岩 | 中生界、新生界、泥盆系/页岩、泥岩 |
| | 干酪根类型 | Ⅰ、Ⅱ、Ⅲ型 | Ⅱ型及Ⅰ型 |
| | TOC范围/均值 | 0.2%~5%/<1% | 0.3%~12%/>3% |
| | 成熟度 | 高成熟—过成熟、成熟 | 成熟—高成熟 |

续表

| | | 塔里木盆地 | 世界典型大油气田 |
|---|---|---|---|
| 圈闭 | 圈闭类型 | 断裂相关圈闭 | 构造圈闭、岩性圈闭 |
| | 圈闭规模/形态 | 小/不规则、隐蔽 | 大/规则、简单 |
| | 圈闭描述 | 描述难 | 易于描述 |
| 保存 | 盖层岩性 | 泥岩、致密灰岩 | 页岩、蒸发岩、泥岩 |
| | 盖层厚度/连续性 | 大/不好 | 大/好 |
| | 改造作用 | 大 | 小 |
| 油气藏 | 油藏类型 | 断裂相关岩溶缝洞型油气藏 | 构造类、岩性类油气藏 |
| | 成藏期次 | 多期成藏 | 单期次为主 |
| | 流体连通性 | 差、复杂 | 好 |
| | 流体性质 | 复杂 | 单一 |
| | 油气产出 | 井间变化大、产量不稳定、递减快 | 井间差异小、产量稳定、递减慢 |
| | 原油采收率 | <20% | 20%~45% |

塔里木盆地发育十余期构造运动，造成了盆地不同地区、甚至同一地区在不同地质时期具有不同的演化历史，发生多期复杂构造改造作用，形成强烈的储层改造以及油气调整改造。全球深层走滑断裂断控油气储层一般有一定的孔隙度（大于 8%），断裂主要提升储层的渗透率，形成裂缝—孔隙型或裂缝型储层。而塔里木盆地断裂对碳酸盐岩储层的控制作用更强，奥陶系碳酸盐岩储层以次生溶蚀孔、洞与裂缝组成复杂的三重孔隙空间，基质孔隙度多小于 3%、渗透率一般小于 1mD（图 7-1-4）。但钻遇大型缝洞体的孔隙度高达 10%~50%、渗透率多大于 5mD。前期研究认为塔里木盆地奥陶系碳酸盐岩油气藏是大型准层状风化壳型油气藏与礁滩型油气藏，随着油气藏评价与开发实践的深入，发现碳酸盐

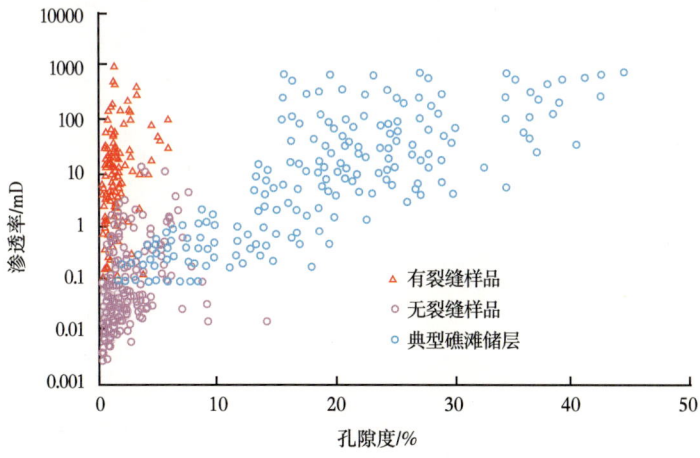

图 7-1-4  塔中奥陶系碳酸盐岩岩心柱塞样孔隙度和渗透率与全球典型滩相碳酸盐岩对比图

岩中油气虽然大面积分布，但基质储层致密，优质缝洞体储层主要沿断裂带分布，并成为勘探开发的主要对象。同时，油气主要沿断裂带富集，流体分布和流动方式复杂，油气井开采动态特征差异大，无统一的油水界面，难以准确刻画油气藏的边界，不同于"相控"准层状礁滩体与风化壳油气藏，勘探开发难度极大。

## 二、走滑断裂断控油气的分布规律

### 1. 走滑断裂断控复式油气系统

塔里木盆地前石炭纪形成了塔中、塔北、塔南、东南共四个古隆起，除遭受多期强烈的构造作用形成以前寒武系变质岩为主体的东南隆起外，另三大古隆起发育下古生界碳酸盐岩。寒武系—奥陶系海相碳酸盐岩大面积稳定分布，厚度逾2500m，塔北古隆起、塔中古隆起、塔南古隆起斜坡面积分别达 $3.2×10^4 km^2$、$2.1×10^4 km^2$、$7.8×10^4 km^2$。古隆起斜坡都具有纵向分层、平面分带的构造特征，下古生界碳酸盐岩形成古隆起下构造层，上构造层为志留系—新生界多期沉积变迁的碎屑岩，一系列不整合与断裂系统造成构造平面分区分带。受多期构造变迁作用，古隆起高部位及斜坡区上覆碎屑岩分布不稳定，变化大，三大古隆起都是以下古生界碳酸盐岩为主体。

塔北与塔中古隆起早期具有相似的形成与演化特征（图7-1-5至图7-1-7）。在区域统一的构造作用下，塔里木盆地发育古生代碳酸盐岩古隆起，构成了塔中—阿满—塔北地区"两隆夹一坳"的构造格局。塔里木盆地基底古隆起对显生宙隆起发育具有重要影响作用，塔里木盆地下古生界海相碳酸盐岩古隆起经历多期、多种形式的构造演化，形成于中奥陶世，为挤压型古隆起。塔里木盆地碳酸盐岩古隆起经历基底隆起发育阶段、古隆起形成阶段、古隆起继承与改造阶段、古隆起晚期沉降与迁移阶段四大演化阶段，经历震旦纪

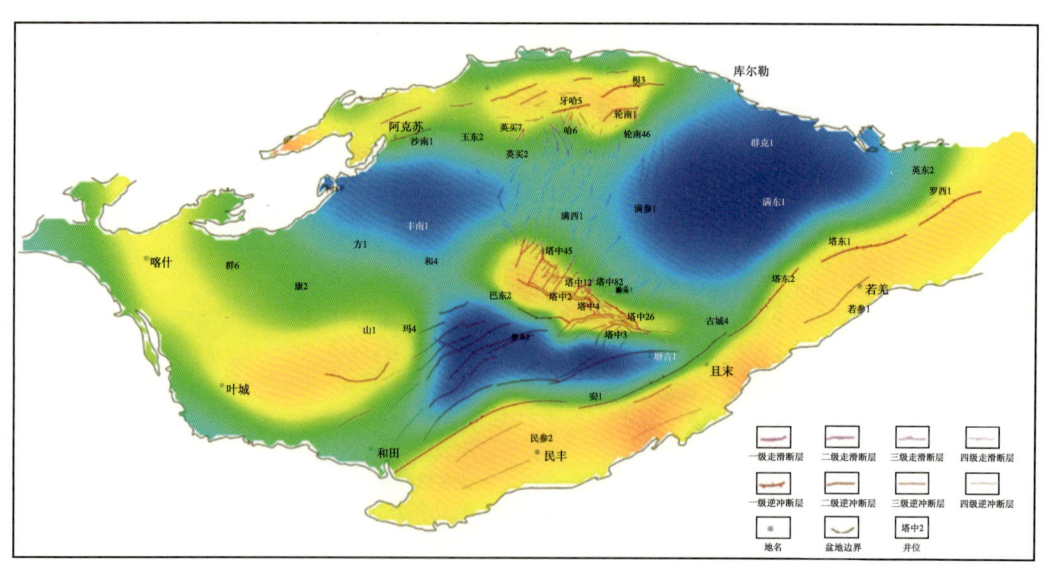

图7-1-5 塔里木盆地加里东末期—早海西期断层分布图（底图为石炭系沉积前奥陶系碳酸盐岩顶面古构造形态）

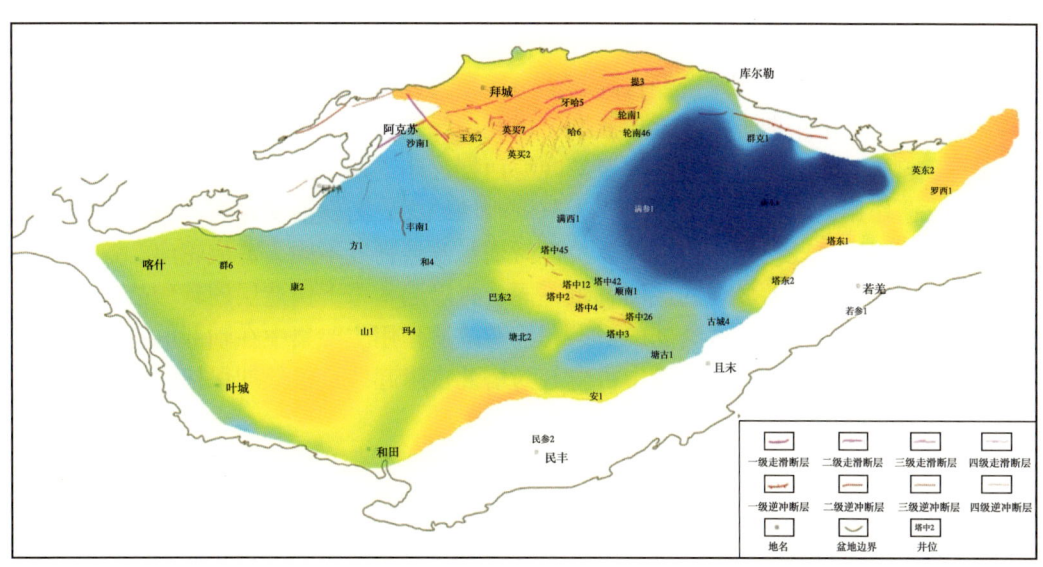

图 7-1-6 塔里木盆地晚海西期断层系统分布图（底图为三叠系沉积前奥陶系碳酸盐岩顶面古构造形态）

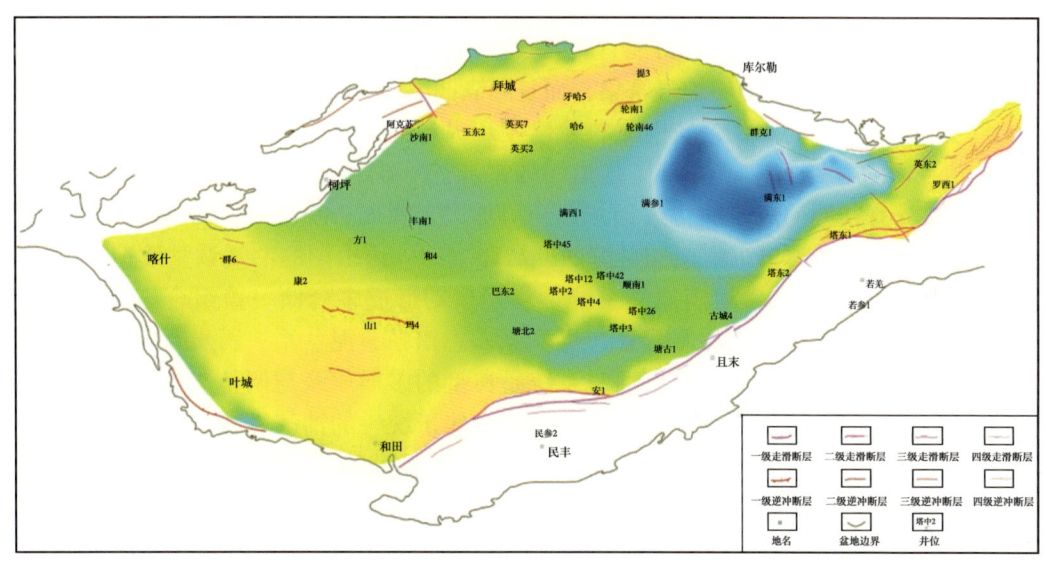

图 7-1-7 塔里木盆地印支期断层系统分布图（底图为侏罗系沉积前奥陶系碳酸盐岩顶面古构造形态）

末基底隆起期、早—中寒武世沉积隆起继承发育期、中奥陶世古隆起雏形期、奥陶纪末古隆起形成期、志留纪—中泥盆世古隆起改造期、二叠纪末古隆起定型期、中生代稳定升降与调整期、新近纪快速深埋与迁移期共八期构造演化。塔中、塔北、塔西南三大古隆起都是加里东期的古隆起，古隆起发育具有多期性、继承性、迁移性、改造性的特点。塔中古隆起形成早、定型早，中奥陶世已经形成，以断块运动为主；志留系沉积前基本定型，以褶皱运动为特点。塔中古隆起形成演化北早南晚、构造作用西弱东强。塔中古隆起经历多期构造作用叠加，但下古生界碳酸盐岩背斜古隆起的形态未变，继承性明显，改造作用较弱，为继承型古隆起。塔北改造型古隆起经历多期差异构造作用的调整改造，构造复杂多样，差异性大。加里东期是古隆起形成期，塔北南缘轮南—哈拉哈塘—英买力地区同是依附塔北古隆起的斜坡区。塔北古隆起经历晚海西期、印支期、燕山期与喜马拉雅晚期等多期的构造改造作用，晚古生界—中生界大范围剥蚀缺失，断裂活动强烈。海西运动是构造主要改造期，不同区段构造作用方式、关键时期与改造强度不同，造成轮南、英买力、温宿三大凸起构造演化的差异与成油背景不同。古隆起南缘下构造层的碳酸盐岩改造作用相对较小，长期保持东西向古隆起的形态，构造改造作用主要集中在轴部的轮台断隆与西部的温宿凸起。阿满过渡带位于塔中古隆起与塔北古隆起之间，长期保持稳定沉降的低梁面貌，具有宽缓的构造形态。

塔北南坡—阿满—塔中北坡组成了环阿满油气系统（图 7-1-8），集中了台盆区已发现的绝大多数油气资源。由于缺少资料，本区长期存在下寒武统、中—上奥陶统主力烃源岩的争议。近年钻探表明，环阿满地区中—上奥陶统以石灰岩为主，烃源岩差，没有发现连续厚层分布区。近期研究表明，中—下寒武统碳酸盐岩烃源岩品质差，下寒武统玉尔吐斯组泥页岩 TOC 一般大于 1%，是优质烃源岩，但厚度多小于 20m，不足以形成百亿吨级环阿满油气系统。尽管露头区厚度较薄，但通过地震剖面追踪，发现在阿满地区下寒武统明显加厚，存在与南华系—震旦系裂谷继承性发育的凹陷，根据地层厚度趋势推测下寒武统烃源岩厚度很可能大于 50m，也可能有晚新元古代裂谷烃源岩，形成强生烃中心。这不仅可以解释塔中北坡与塔北南坡油气富集，而且阿满凹陷中部含水。

环阿满地区的塔北南缘、塔中北斜坡已发现大量的油气，其原油和天然气的特征与成因有很多相同之处，一般认为具有相同的来源（庞雄奇等，2010）。塔北、塔中寒武系—奥陶系具有相同的成藏演化过程，都经历加里东晚期、晚海西期和喜马拉雅晚期三期的油气充注，以及加里东末期—早海西期、印支期—燕山期的油气调整改造（杜金虎，2010；邬光辉等，2016）。阿满油气系统多旋回运动形成多套储—盖组合与多种圈闭类型，非构造圈闭是主体，已在寒武系、奥陶系、志留系、泥盆系—石炭系、三叠系、侏罗系等层位获得工业油气流。阿满油气系统是典型的多期成藏与调整改造的，该区油气相态复杂多样，但都围绕阿满烃源岩中心分布，属于统一的油气系统。从坳陷到隆起高部位，油气分布相似，都具有低部位富气、高部位富油的特点，原油从低到高由轻变重。塔北—塔中地区海相碳酸盐岩平面上普遍含油气、纵向多层位复式聚集，具有相似的成藏运聚模式（图 7-1-9）。

通过走滑断裂的识别与评价，目前已发现大型走滑断裂带达 70 条（图 7-1-8），总长度达 4000km，覆盖轮廓面积达 $9\times10^4km^2$。奥陶系碳酸盐岩断层破碎带的宽度达 3000m、一般为 200~1500m，有利面积达 $5000km^2$，沿走滑断裂带的奥陶系碳酸盐岩油气地质储量达 $20\times10^8t$ 级油当量，成为全球最大超深走滑断裂断控碳酸盐岩油气田，并在塔北隆起—阿满凹陷—塔中隆起形成 $50\times10^8t$ 级资源规模的"隆坳连片"大油气区，成为我国"深地"超深油气战略发展的新领域。综合分析，环阿满走滑断裂系统对奥陶系碳酸盐岩储层与油气分布及其产出具有重要的控制作用，呈现明显"断控"特征，不同于风化壳与礁滩体控制的大型"准层状"油气藏及国内外常规"断控"油气藏。

# 第七章 断控油气分布与实践

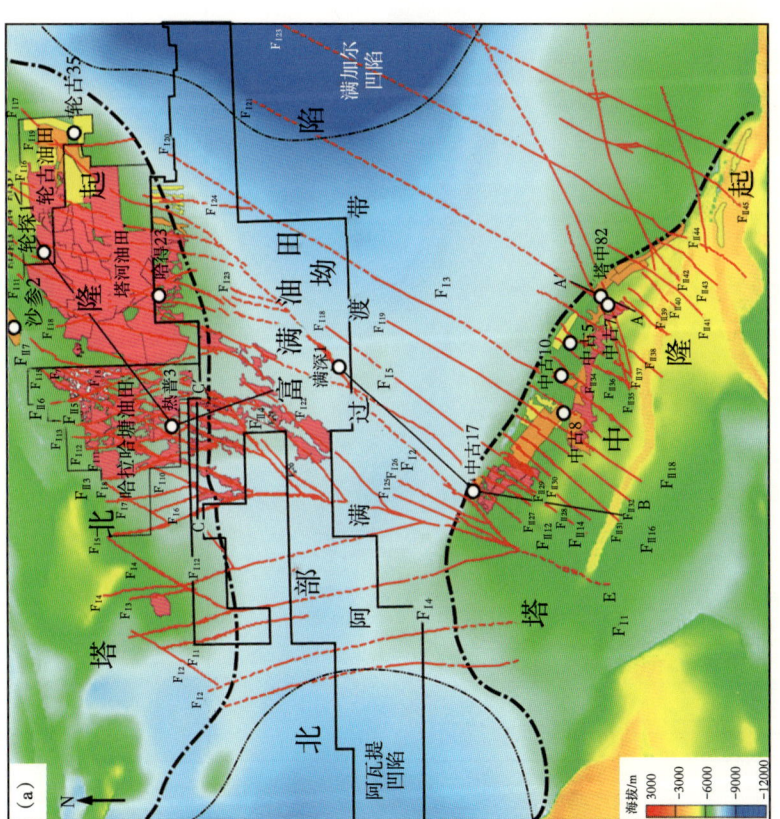

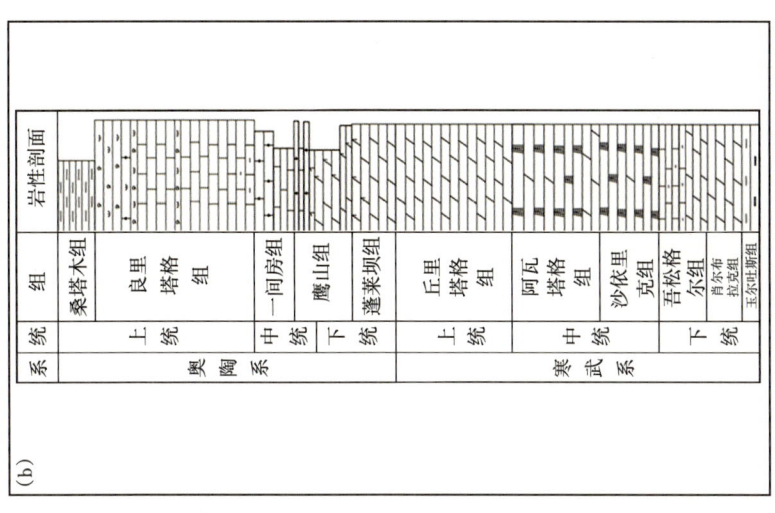

图7-1-8 塔里木盆地环阿满走滑断裂系统分布图(a)及其下古生界综合柱状图(b)

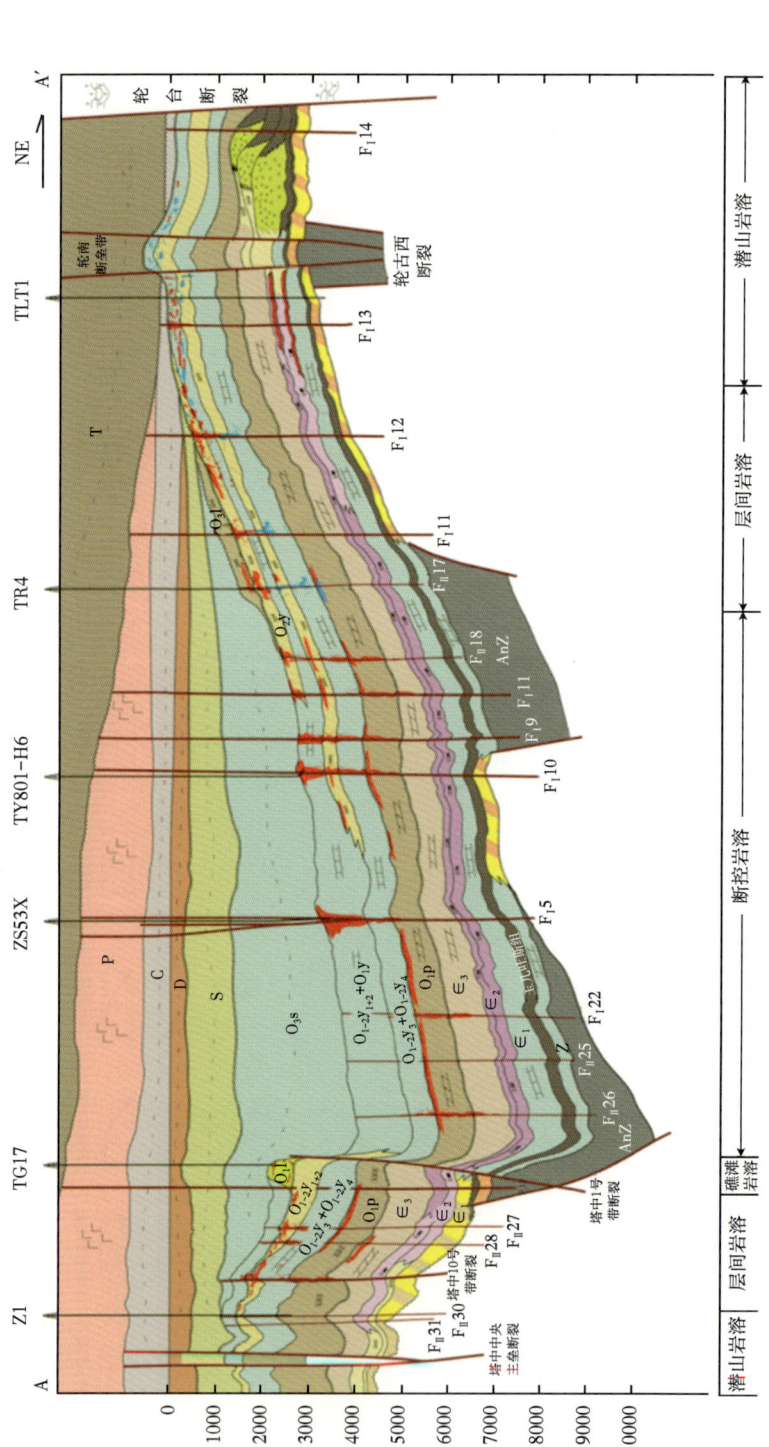

图7-1-9 环阿满走滑断裂控油气系统油气藏剖面模式图

**2. 油气沿走滑断层破碎带富集**

1）突破古隆起控油理论、建立走滑断裂断控油气藏模式

随着三维地震勘探技术的进步，塔里木盆地中部发现一系列走滑断裂，并开展了不同区块走滑断裂的分类、分级、分段、分层、分期研究，探讨了断裂的生长发育机制与演化模式，揭示了走滑断裂的多样性与复杂性。研究表明，沿走滑断裂带缝洞体储层发育，可能形成断裂相关的缝、洞储集系统，并可能形成大型的"断溶体"油气藏，控制了碳酸盐岩内幕区储层的分布，并对隆起区的碳酸盐岩风化壳储层具有重要的改造作用。油气藏评价与开发实践表明，走滑断裂带对油气成藏与分布具有明显控制作用，是塔中和塔北隆起礁滩体与风化壳油气藏开发的主要钻探对象。

近年油气藏评价表明，沿走滑断裂带风化壳储层发育，缝洞体储层的分布已超出风化壳的范围，进入凹陷内幕区，在哈拉哈塘走滑断裂带、塔河南走滑断裂带、顺北走滑断裂带与顺南走滑断裂带发现大量的缝洞体储层。同时，在塔中鹰山组风化壳的中古4井、中古8井、中古10井、中古15井、中古16井等高产油气流井区，高效井基本位于走滑断层破碎带上，距离断裂1500m内。在轮南—塔河风化壳的油气富集区的轮古15井区、托普台等高产油区，也都发育大型走滑断裂，大型缝洞体储层主要分布在走滑断层破碎带上。近期研究也表明，控制风化壳缝洞体储层发育的河道也与走滑断裂密切相关。

综合勘探开发资料，结合近年研究成果，建立不同于层状"相（层）控"油藏的塔里木盆地走滑断裂断控碳酸盐岩油气藏模式（图7-1-9）。塔里木盆地台盆区走滑断裂形成于中奥陶世，并经历晚加里东期、早海西期、晚海西期、印支期—燕山期与喜马拉雅早期等多期继承性活动，形成宽阔的破碎带，与中加里东期、晚加里东期及早海西期的风化壳岩溶及层间岩溶作用时期匹配，有利于大气淡水沿断层破碎带发生溶蚀作用，形成大型缝洞体储层。同时，走滑断裂带也是碳酸盐岩高能相带后期岩溶作用发生的主体部位，形成叠加在礁滩体储层之上的局部缝洞体储层。在走滑断层破碎带的裂缝储层基础上，同时大气淡水、埋藏热液与油气充注酸性水沿破碎带形成大量的溶蚀孔洞、洞穴，组成多种类型储层。因此形成断控三重孔隙组合的复杂缝洞储集空间，奠定了油气富集的"甜点"储层沿断裂带分布的格局。

综合油气成藏研究成果分析，塔里木盆地下古生界海相碳酸盐岩经历加里东晚期、晚海西期成油期与喜马拉雅期成气期，以及加里东末期、早海西期等多期油气调整与破坏，具有复杂的油气运聚与成藏过程（图7-1-10）。在多期油气成藏与调整过程中，沿断裂带纵向多层段聚集成藏，从而形成走滑断裂断控复式成藏系统。

2）油气沿断层破碎带分布

统计分析表明，碳酸盐岩目前发现的90%以上油气分布在断裂带上及其附近，尤其是高效井。断裂控制油气的富集主要体现在三方面。

（1）断裂带是油气运聚的最有利方向。统计分析表明，裂缝、缝洞体储层主要沿断层破碎带分布。同时，断裂网络也可形成油气运移优势通道，控制了油气的运聚与成藏。不同类型、不同级别的断裂系统在空间形成复杂的三维输导网络，同时断裂带裂缝发育，造成油气运聚的差异性。大多油气藏具有垂向运移的特点，油气藏地球化学特征显现明显的垂向运移证据。同时断裂形成局部构造高，是油气侧向运移的指向区。断裂带上95%以上的探井有油气或沥青显示，而没有任何显示的失利井几乎都远离断裂带，表明断裂带普

遍发生过油气充注。

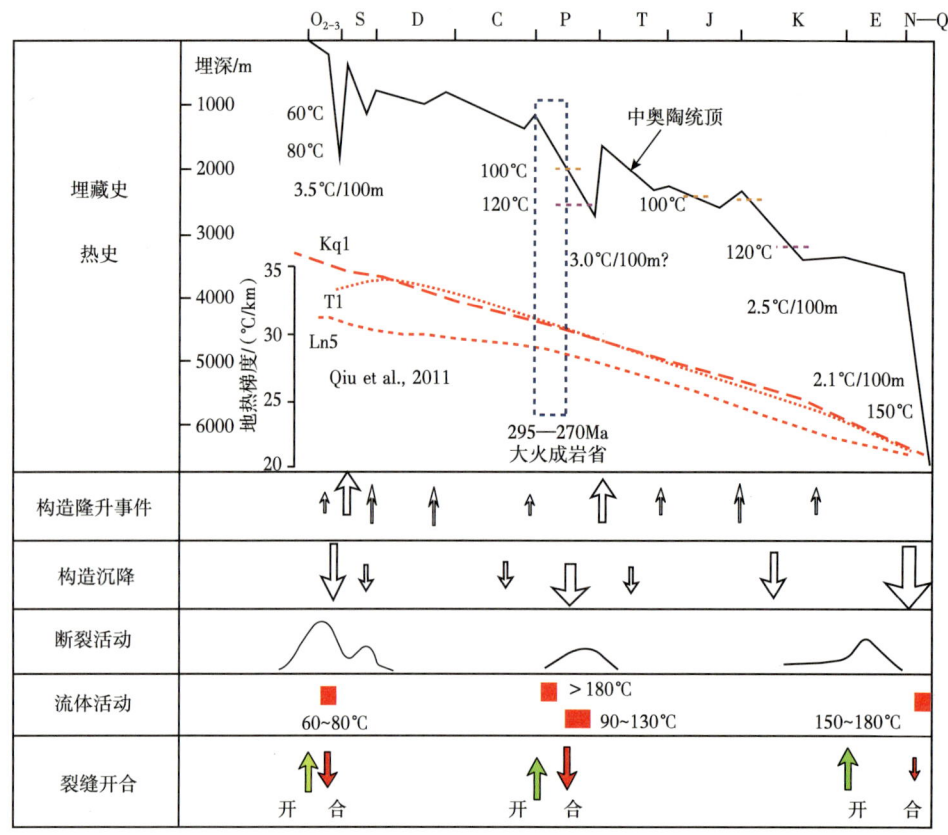

图 7-1-10 环阿满走滑断裂断控油气系统构造与成藏事件综合图

（2）断裂控制了油气的纵向分布。统计分析表明，油气的产出主要集中在断裂断至的不整合面附近。油气纵向分布与断裂断开层位密切相关，奥陶系顶部断裂最为发育，油气显示与发现集中在奥陶系碳酸盐岩。局部断裂向上断至中生代，志留系、石炭系、三叠系与白垩系，虽然断裂活动的强度明显减弱，分布也局限，但也可能形成高效的碎屑岩油藏，也值得关注。

（3）断裂带油气富集。断裂带是多种成因碳酸盐岩缝洞体发育的有利部位，地震储层预测沿断裂带储层最发育，70%以上碳酸盐岩缝洞发育的探井直接与断裂相关。统计分析表明，碳酸盐岩油气流井可能距离油气源断裂达6km，但大多也分布在距断裂2km范围内（图7-1-11）。碳酸盐岩油气主要受缝洞系统控制，而断裂带及其周缘破碎带是缝洞体储层最发育的地区，目前奥陶系发现的油气富集区块都分布在断裂带上，占90%以上的碳酸盐岩油气储量。

邻近断裂带不仅缝洞型储层发育，而且裂缝发育，有利于储层之间的连通，形成高产井、稳产井多，断垒带上与断裂带附近裂缝有效沟通型储层较发育。由于裂缝发育，这类储层不仅能获得高产，而且裂缝沟通范围大，连通储集体多，有利于油气的稳产（图7-1-12）。统计分析绝大多数高产井、稳产井在邻近断裂2km范围内，稳产效果好。虽然近断裂带也有低产井、不稳产井，但大多数远离断裂带的井难以形成高产、稳产。

第七章 断控油气分布与实践

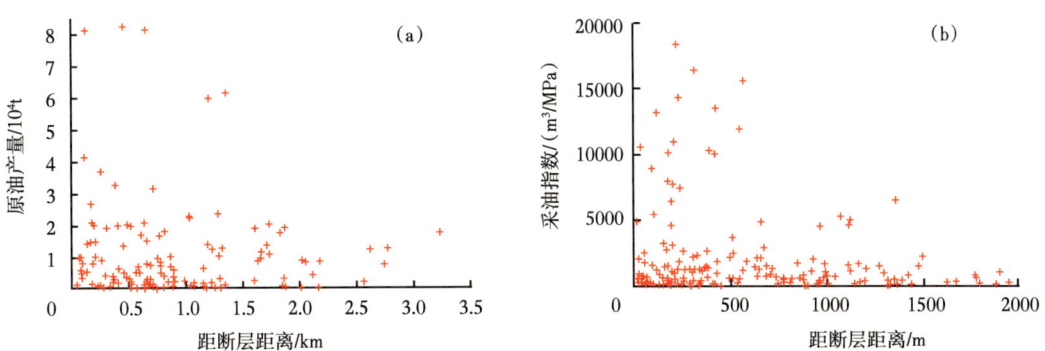

图 7-1-11 塔北地区探井原油产量（a）、采油指数（b）与主断裂距离关系

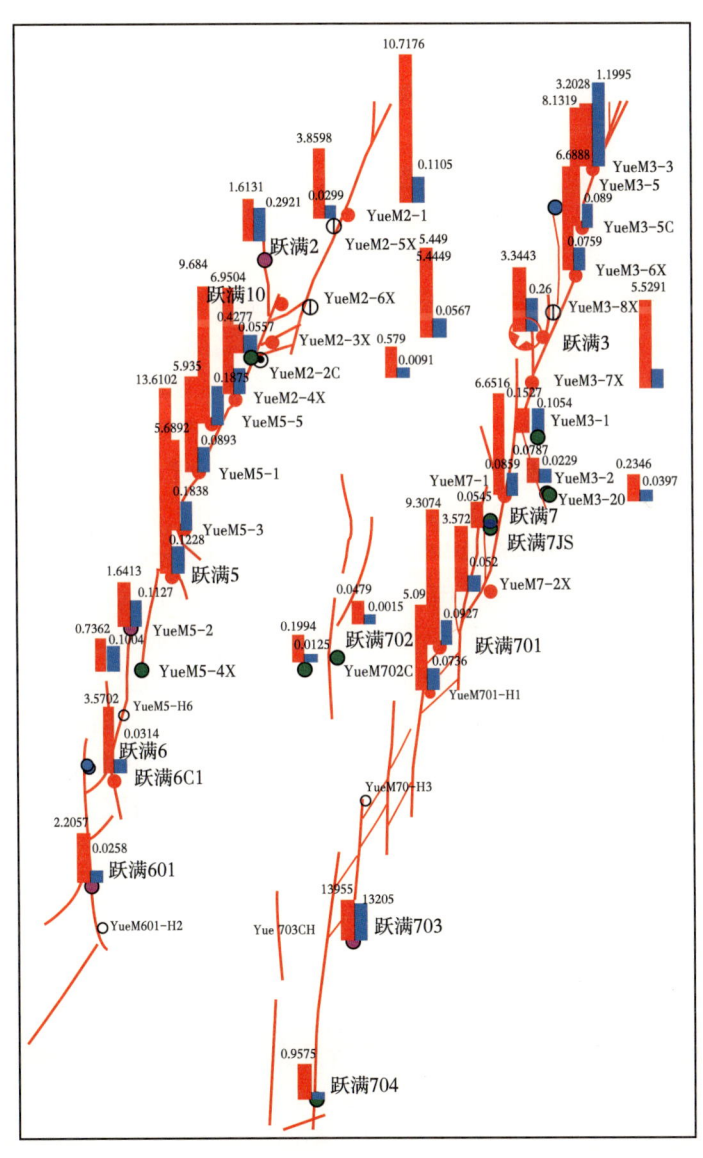

图 7-1-12 跃满 2-3 走滑断裂带累计原油产量与累计水产量分布图（单位：$10^4$t）

### 3. "下气上油""隆凹连片"分布

油气藏解剖发现晚期成藏是一种普遍现象（杜金虎，2010；邬光辉等，2016），塔中、轮南、和田河等碳酸盐岩油气田都有大量晚期成藏的包裹体均一温度证据，主要来自气态烃类包裹体，表明存在大量的晚期天然气充注，喜马拉雅期以来的晚期成藏对塔里木盆地具有关键作用。

奥陶系碳酸盐岩油气藏都是"下气上油"的油气分布（图 7-1-13、图 7-1-14）。喜马拉雅期塔里木盆地受新构造运动作用，位于斜坡区深层的古油藏、烃源岩与输导系统中分散油质，在深埋下可能发生裂解（$R_o$ 大于 2%），形成的油裂解气，古隆起深埋斜坡区是晚期油气运聚成藏的最有利部位。斜坡区的塔中 I 号构造带、轮东地区等已发现大量晚期成藏的天然气储量。由于晚期天然气正处于充注期，而早期残余的古油藏较少，新生成的油气质轻量大，溶解速度大于逸散速度，使得原始油藏中的原油反溶于天然气中，从构造低部位向构造高部位气油比逐渐降低，油气没有明显的分界。塔中凝析气向南构造高部位过渡为正常原油，表明天然气还没有运移到古隆起高部位，形成纵向上与平面上"下气上油"的特殊现象。

由于晚期天然气的大量充注，不仅提升了古油藏的品位，有利于油气的产出，还形成大规模油气资源，塔中 I 号带台缘礁滩体、塔中鹰山组风化壳、轮东奥陶系等大型凝析气田都分布在古隆起斜坡区，古隆起高部位很少有天然气分布。由此可见，晚期成藏是下古生界海相碳酸盐岩油气成藏的普遍现象，古隆起斜坡是天然气的富集区。

由于塔里木板块小、经历多期的构造演化，古隆起高部位碳酸盐岩油气藏保存条件差，主要表现在两方面：一是剥蚀地层多，造成古油藏的破坏。如塔中主垒带是石炭系覆盖在奥陶系风化壳上，加里东期—早海西期，潜山区出露天窗，古油气藏遭受强烈破坏，轮南潜山见到大量的沥青；二是断裂发育，盖层条件差，油气向上进入上覆碎屑岩中形成次生油气藏。由于古隆起轴部经历多期的构造演化，其构造高部位由于风化剥蚀盖层条件差，甚至早期的地层遭受剥蚀破坏，成为碳酸盐岩水体活跃区。而斜坡—凹陷区则有利于古油藏的保存。斜坡—凹陷区发育奥陶系桑塔木组巨厚泥岩盖层，有利于古油藏的运聚与后期保存，塔河南区油柱高度大、水体活跃程度低，不仅是断控油气运聚的有利部位，还是油气保存的有利部位。由于中央主垒带古潜山和东部风化壳在石炭系沉积前构造活动强烈，在北斜坡高部位古油藏也容易遭受水洗与生物降解，大量油气遭受破坏，其油气储量丰度低。

由于油藏保存条件的差异性，造成塔里木盆地古隆起高部位油气主要分布在上构造层碎屑岩中，而下古生界海相碳酸盐岩油气集中分布在古隆起斜坡区，向斜坡—凹陷低部位、深层碳酸盐岩仍具有巨大的油气勘探潜力。

### 4. 沿走滑断裂带差异分布

1）流体性质的差异性

塔北哈拉哈塘地区原油密度分布呈从北到南、从东向西依次减小的趋势。哈拉哈塘地区的哈 7 井、哈 15 井奥陶系原油密度达 0.9g/cm³ 以上，平均凝固点小于 30℃，平均含硫量为 1.14%，平均含蜡量为 5.31%，胶质+沥青质含量为 12.065%，黏度平均值为 89.285mPa·s，属于重质油。哈拉哈塘地区的哈 11 井、哈 12 井、哈 13 井及热普 6C 井的原油密度小于 0.85g/cm³，哈 9 井、哈 6C 井及新垦 1 哈井奥陶系原油密度较大，为 0.87~0.90g/cm³，平均凝固点为 25.1℃，平均含硫量为 0.49%，平均含蜡量为 6.63%，胶质+沥青质含量为 6.43%，

# 第七章 断控油气分布与实践

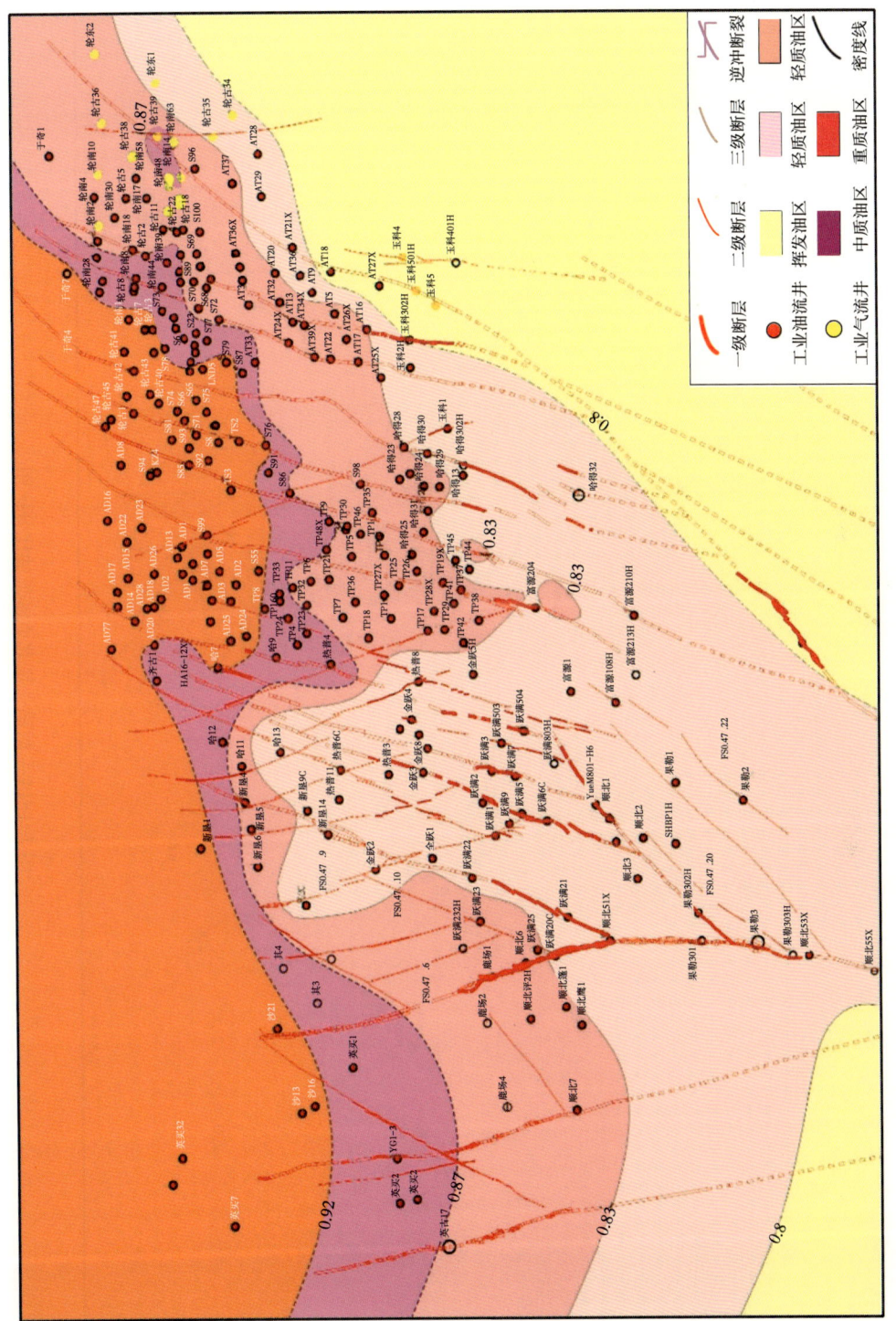

图 7-1-13 阿满—塔北地区原油类型分布图

# 塔里木盆地走滑断裂控储控藏作用与油气富集规律

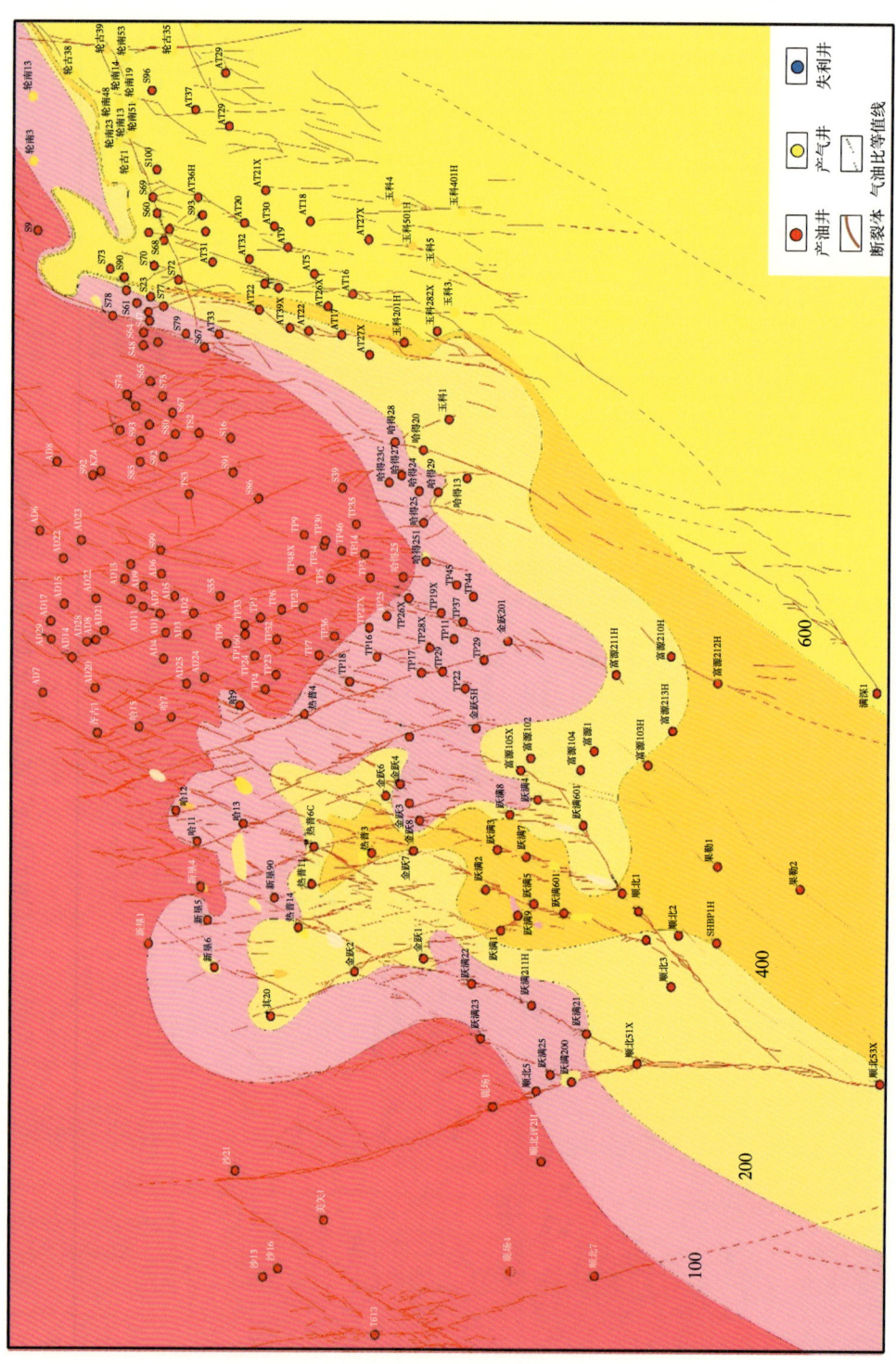

图 7-1-14 阿满—塔北地区气油比分区图

黏度平均值为10.09mPa·s。属于中质油—轻质油。总体上，原油密度、黏度、胶质+沥青质含量和含硫量由西南向北部潜山地区变稀，流体性质的变化是由于北部潜山地区地层剥蚀强度大，原油保存条件较差。西南部埋深较大，保存条件较好。哈拉哈塘总体上天然气为湿气，干燥系数为0.52~0.87，哈拉哈塘中南部干燥系数最大，干燥系数普遍大于0.85，向北呈逐渐减小的趋势，代金跃101井区附近的天然气干燥系数大于0.85；甲烷含量10.16%~82.80%，哈拉哈塘南部的热普地区甲烷含量较高，甲烷含量普遍大于80%；氮气含量普遍小于8%；$CO_2$含量普遍较低，多数样品低于10%。受生物降解作用影响，哈拉哈塘地区硫化氢气体含量北部含量较高，在哈7井区附近大于10000μg/g，向西南方向逐渐减小，其中热普301井和金跃101井附近的硫化氢气体含量较低，向南向跃满方向硫化氢气体含量有逐渐升高。

塔中地区碳酸盐岩油气分布规律复杂，平面上呈现出"南北分带、东西分块、西油东气、内油外气"的特征，纵向上表现为上奥陶统良里塔格组礁滩体油气藏与下奥陶统鹰山组风化壳型油气藏多类型多层位叠加复合的特点，但总体呈现沿走滑断裂带更富集的特点。下奥陶统鹰山组气油比在塔中Ⅰ号构造带外带地区大部分井气油比都在500m³/m³以上，并且塔中Ⅰ号断裂与走滑断裂交会的充注点区域，如塔中83井区、塔中726井区存在异常高气油比区，最高可达44897m³/m³，为明显的凝析气藏特征。外带远离充注点的局部地区，如塔中85井区、塔中826井区，表现为正常原油。随着远离塔中Ⅰ号断裂逐步向内带过渡，原油密度从0.76g/cm³增加到0.87g/cm³，黏度从0.753mPa·s增大到26.1mPa·s，逐渐表现为正藏油藏的特征。同一构造带的油气分布具有明显的"东西分块"性。以塔中Ⅰ号坡折带油气藏为例，无论是油气藏类型还是其性质均表现出具有明显的分段性，且分段点与北东向走滑断层吻合。原油油质呈现三分现象，东西两端偏重，中部较轻。以塔中82井附近的X形剪切断裂和中古21井附近的走滑断裂为界，中部的中古5井区和中古10井区，原油普遍偏轻；而两端的中古21井区和塔中83井区原油颜色较深，油质偏重。从油气藏类型上来说，从西向东表现出明显的分段性，每一个分断点与一个走滑断层大致吻合。同时链烷烃、甾萜类生物标志物分布与丰度显示塔中Ⅰ号构造带内部不同部位油气成熟度具有显著差异，这种差异主要与北东向断层主导的晚期油气充注量不等有关。良里塔格组发育大型镶边台地礁滩相沉积体系，平面上Ⅰ号坡折带礁滩复合体中均含油气，纵向上气层主要位于储层发育较好的良里塔格组的颗粒灰岩段，良一段—良五段均有油气产出，其中良一段、良二段为主力产层，油气藏东西高差为2000~2400m。根据塔中地区已有探井距主干走滑断裂的距离与试油结果的相关性，在距走滑断裂1.5km范围内，随着探井距离走滑断裂越近，日产油气当量具有逐渐增高的趋势。因此，多期活动的走滑断裂有利于沟通有效烃源岩，对油气的运移起到控制作用。从油源断裂与油气藏平面图可以看出，油气围绕油源断裂聚集成藏，靠近断裂带油气产能高，主要是工业油气流井，随着远离油源断裂，产能逐渐降低，逐步过渡为水井。

2）油气分层、分区充注差异性

不同于中国东部含油气盆地复式油气富集特征，塔里木盆地塔中隆起的断裂带油气聚集具有较大的分层与分区差异性。

环阿满走滑断裂系统油气具有沿断裂带复式成藏、差异聚集的典型特征。以塔中北斜坡为例，泥盆系—石炭系以常规油藏为主；志留系以重质油为主，有常规油，普遍存在沥青砂；奥陶系以凝析气为主，既有凝析气藏，又有挥发油藏和常规油藏，向上原油增多，呈现"上油下气、油重气干"的特点。流体分析结果表明，奥陶系底部的蓬莱坝组和鹰山组三段至四段基本为干气藏；鹰山组一段至二段为典型的凝析气藏，气油比为910~3900$m^3/m^3$，平均值为2180$m^3/m^3$；中古434井区良里塔格组气油比继续降低，一般为83~531$m^3/m^3$，平均值为306$m^3/m^3$，为油藏或凝析气藏。综合分析认为，泥盆系—石炭系油气富集主要受控于断裂带圈闭规模，志留系油气富集受控于油源断裂与保存，奥陶系碳酸盐岩油气富集受控于断层相关岩溶缝洞体，是油气富集的主要目的层。塔中北斜坡由于存在一套良三段—良五段致密石灰岩直接盖层，油气主要集中在鹰山组，但是鹰山组内部分布多套高阻层，对鹰山组油气产生一定的封隔作用。塔中北斜坡西部中古15井区和中古8井区都缺失良四段—良五段，但由于良三段泥质含量的不同，中古15井区油气分布在良三段顶部，经统计，该井区良一段—良二段分布一套高伽马值隔层段，可能对良三段顶部油气起直接遮挡作用，而中古8井区良三段泥质含量高可作为鹰山组的有效盖层，因此油气分布在鹰山组。塔中地区中部和东部良三段—良五段发育齐全，油气大多数分布在鹰山组，少数几口井在良里塔格组产油气或见油气显示，很可能是良三段—良五段盖层被断裂破坏，油气沿断裂运移至良里塔格组，在桑塔木组巨厚泥岩的封盖下聚集成藏。鹰山组顶面遭受了强烈的风化剥蚀，在鹰一段出露地表时，中古8井区—中古10井区、中古5井区—中古7井区还有塔中83井区鹰一段上亚段发育一套较致密的高阻层段，储层主要发育在鹰一段下亚段，即在鹰一段上亚段致密高阻层的遮挡下，油气聚集在鹰一段下亚段的储层中；在鹰一段剥蚀殆尽，鹰二段出露地表时，中古43井区、中古51井区鹰二致密段内发育一套稳定的高阻层，鹰二段上下储层段内储层比较发育，在鹰二段致密层内高阻层的封盖条件下，油气分布聚集在鹰二段上下储层段中。总体上，从西向东，由于良三段—良五段直接盖层厚度及泥质含量的差异，西部油气聚集在良三段顶部，而中东部油气聚集在鹰山组中；由北向南，由于鹰山组出露情况不一，在鹰山组内部高阻层的遮挡作用下，岩溶洼地和岩溶斜坡上油气主要聚集在鹰一段下亚段，而岩溶高地上油气主要聚集在鹰二段上下储层段中。

贯穿寒武系—奥陶系的深大断裂通常是主力油源断裂，控制了油气的运聚成藏；次级断裂对局部构造圈闭与岩性圈闭具有一定控制作用，对碳酸盐岩缝洞体的发育亦具有重要影响并导致油气沿大型断裂带差异性分布；横向上塔中北斜坡油气主要沿大型断裂带富集，远离断层与缺少大断裂带的区域极少有油气分布。钻探表明北西向大型逆冲断裂对局部构造圈闭油气聚集具有明显控制作用，其中，塔中I号构造带奥陶系碳酸盐岩富集凝析气藏，塔中10号构造带与中央主垒带东部奥陶系—石炭系多层系含油气；北东向大型走滑断裂对奥陶系碳酸盐岩缝洞体发育具有重要的建设性作用，并控制碳酸盐岩油气富集成藏，自北向南从凝析气藏向油藏过渡。受控于断裂分类、分级、分段与分布的差异性，塔中隆起油气聚集在横向上具有较大的差异，不同层段流体性质具有较大的差异，以北东向的走滑断裂带最为典型。大型走滑断裂带横向通常可划分为马尾状破碎段、斜列走滑段、线性走滑段等。走滑断裂带自北向南呈现出气油比逐渐降低，原油密度、黏度、胶质和沥青质逐渐升高的特征，油气层物理化学性质呈规律性变化，反映断裂带各段的巨大差异，揭示了自北向南油气充注的过程。综合分析，塔中地区在"古隆起控油"基础上具有断控复式富集的特点，断裂带控制了绝大多数储量与产量，断裂带的差异性导致了油气分布与流体性质的分层、分带、分段等差异性。

## 第二节 走滑断裂带油气富集模式

受控于走滑断裂带不同的成藏地质条件，不同地区走滑断裂带的油气富集具有较大的差异性。

### 一、油气藏富集模式

#### 1.富满油田富集模式

由于不同的演化特征，造成不同区块的油气成藏演化与油气富集的差异性，形成多种成藏模式。

富满断裂带具有"整带含油、分段富集"的特点。跃满地区最大的特点是构造平缓，位于油气运聚的低势区，而且上倾方向油气泄露相对较少（图7-2-1）。其特点为平凹近源、断强烃足、缝洞发育、封盖优越、斜列多藏。富满地区断裂、储层形成早，一间房组沉积末期断裂开始发育［图7-2-1（b）］，在准同生期的溶蚀作用下，形成断控缝洞体储层［图7-2-1（c）］。石油形成早、成藏早，晚奥陶世末断控成藏体系形成［图7-2-1（d）］，由于位于生烃中心部位，断裂通源条件优越，油气充注程度高。其关键是在后期的演化过程中，长期处于稳定的深埋环境，油气散失少，保存条件优越，并可能有晚海西期的油气补给［图7-2-1（e）、（f）］。由于不同区段的构造、储层与圈闭条件差异，形成分段富集。

勘探开发实践表明，本区油气沿主干走滑断层富集（图7-2-1、图7-2-2）。本区主干走滑断层不仅断层破碎带规模大，同时储层更为发育，是缝洞体储层集中发育的部位。统计分析表明，断层规模越大，断层破碎带宽度越大，缝洞体规模越大（图7-2-3）。除少数缝洞体外，大多缝洞体储层的平面宽度与断层破碎带的宽度成正相关关系，表明断层的规模控制了缝洞体的规模。同时，本区缝洞体储层主要沿断层核分布，主要分布在距断层核300m范围内。而哈拉哈塘地区、塔中地区的缝洞体储层主要分布在断层破碎带1500m的较宽范围内，具有典型的断层核控储层的特征。本区缝洞体储层与流体分布沿走滑断裂带具有显著的分段性，沿不同分段具有较大的差异，呈现分段富集的特点。此外，受控分支断层的影响，油气的分布也与断层的组合及结构有关。

结合油气生产动态资料分析，本区具有沿主干走滑断裂带富集的四种模式（图7-2-4）。一是沿主干断裂富集，这种类型在主干分段断层部位普遍分布，如跃满5井区［图7-2-4（a）］。其中主干断裂发育程度高，分支断裂欠发育，多以线性断裂构造为主。在主干断层控制下，其中缝洞体储层沿主干断层的断层核分布，高产井也沿断层核分布。这类富集模式呈现显著的线性分布特征，高产井、高效井主要位于规模较大的分段断层核部位。在一些分段断层的尾段发育有翼尾状断裂或马尾状断裂［图7-2-4（b）］，构成断裂上倾方向的尾端，同时也构成了断控圈闭的上倾边界，限制了油气向上倾方向的逸散。在翼尾断裂的遮挡作用下，形成局部的油气富集区段。大型走滑断裂带通常形成贯穿的断裂带，具有复杂的断裂结构，其中的张扭段的翼部高油气较富集，如$F_1 5$走滑断裂带、$F_1 10$走滑断裂

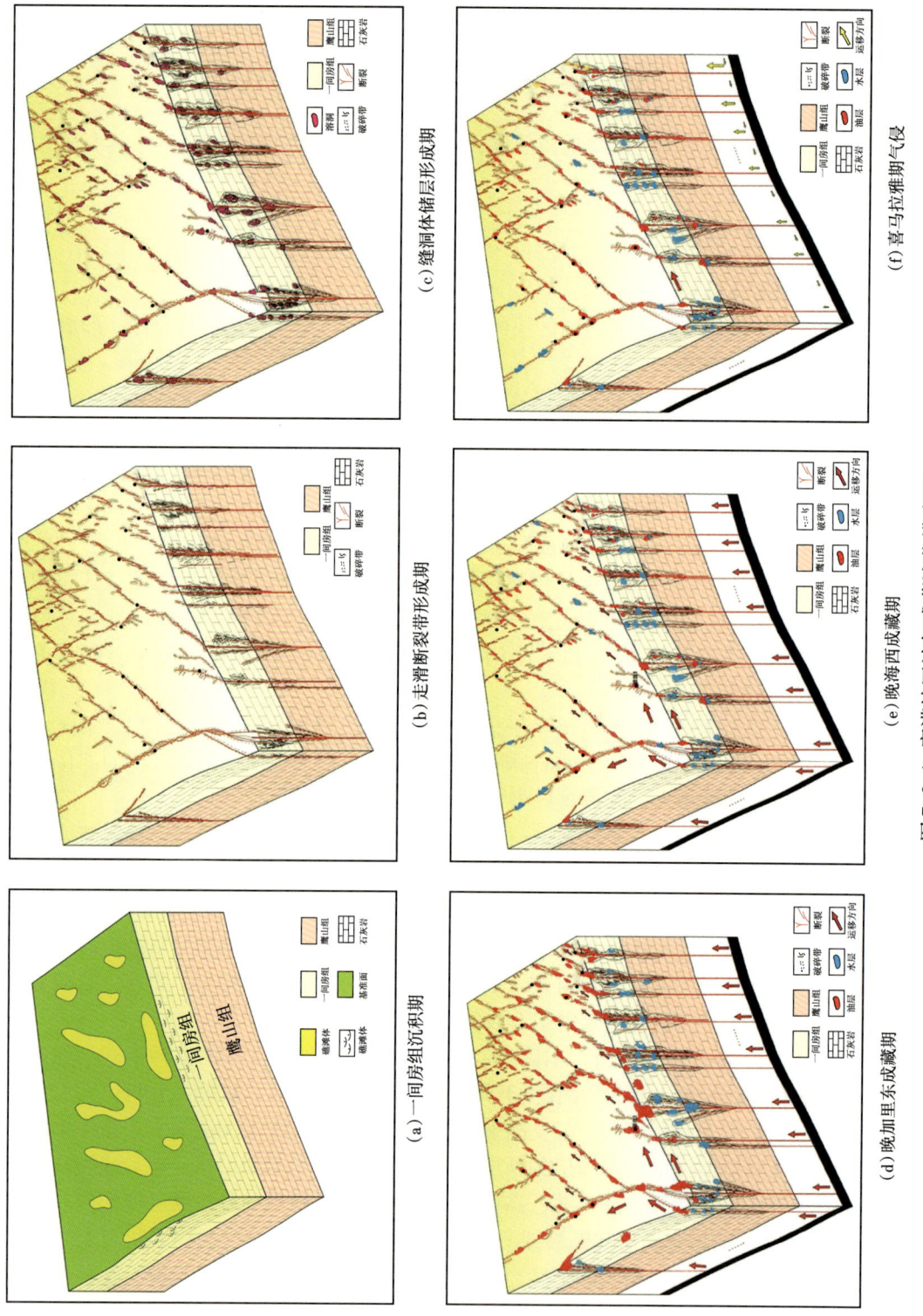

图 7-2-1 富满地区油气成藏演化模式图

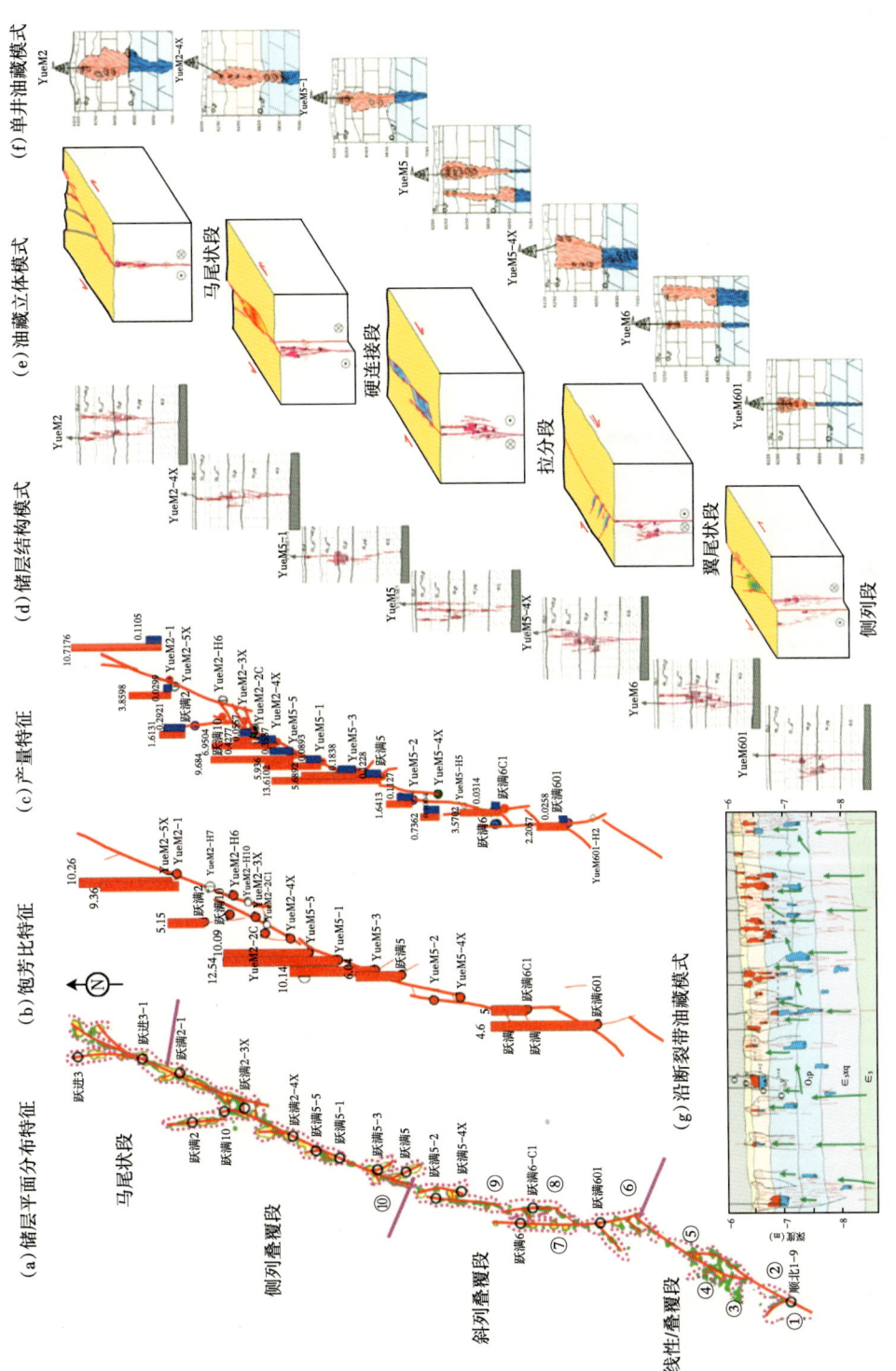

图 7-2-2 富满油田跃满 2 走滑断裂带油藏分段模式图

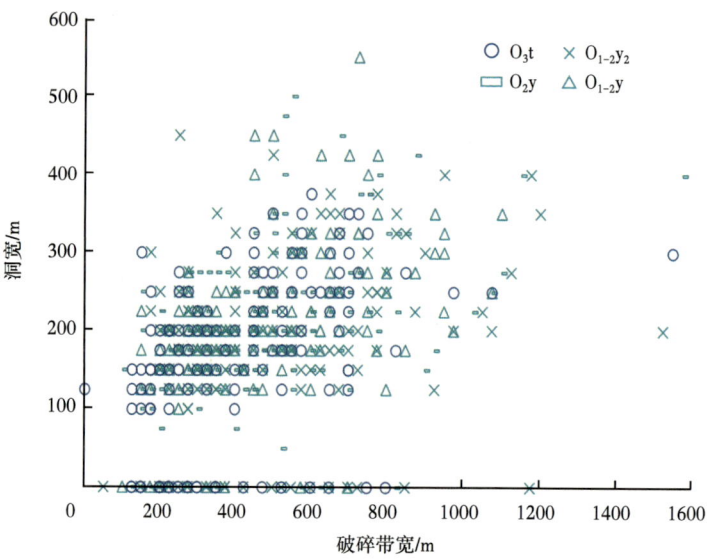

图 7-2-3　富满油田垂直走滑断层走向的缝洞体储层平面宽度—断层破碎带宽度相关性

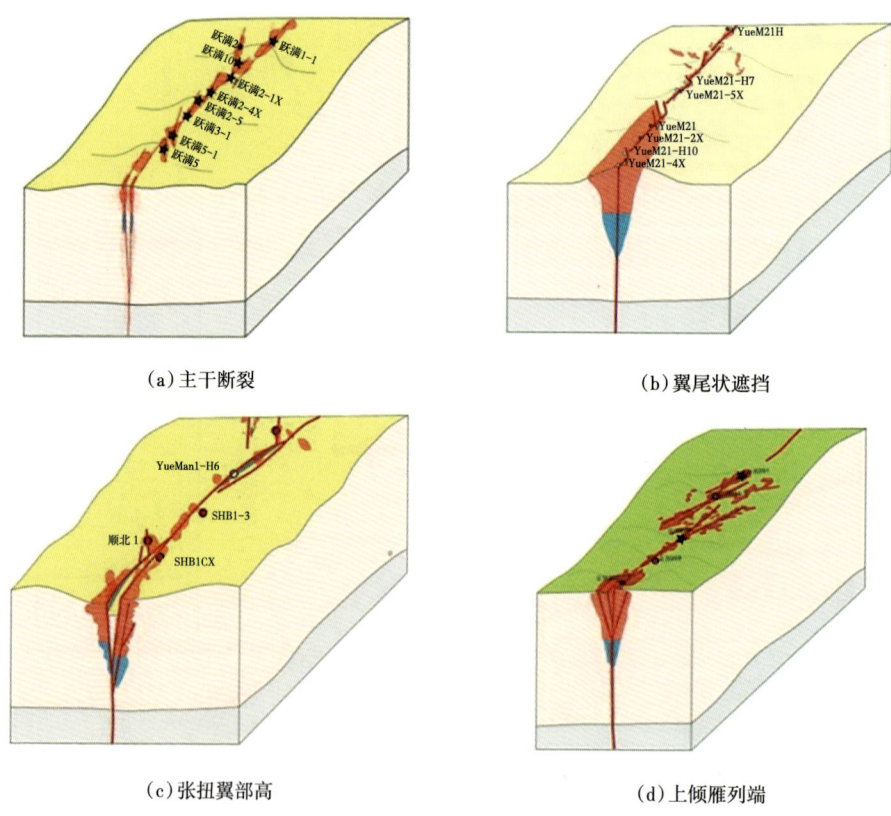

(a) 主干断裂　　　　　　　　　　　　(b) 翼尾状遮挡

(c) 张扭翼部高　　　　　　　　　　　(d) 上倾雁列端

图 7-2-4　富满油田跃满 2 走滑断裂带油藏分段模式图

带。张扭断裂部位断裂开启程度高，通常具有较好的油气运聚条件。在张扭的肩隆部位，其中的局部构造高部位可能发育断控的缝洞体储层，有利于油气的富集。由于本区奥陶系碳酸盐岩以压扭断裂为主，这种类型比较少见，在跃满南部有部分井区可见这种类型[图7-2-4（c）]。贯穿的大型断裂带中的分段叠覆部位通常发育断垒构造，形成具有富集的构造高。$F_I5$走滑断裂带、$F_I17$走滑断裂带发育这种类型的井，如满深1井。满深1井位于阿满过渡带中部，三维地震资料解析表明该井位于辫状构造的局部构造高，走滑断裂向下断至基底、向上断至一间房组；缝洞体储层平面上沿断裂呈条带状分布，满深1井具有显著的"串珠状"地震反射特征。在奥陶系一间房组7519.22~7519.74m、7569.68~7570.94m、7664.29~7664.71m分别发生放空，累计放空3段2.2m，累计漏失2259.68$m^3$钻井液，表明7500m以深仍有优质储层发育。10mm油嘴测试折日产油624$m^3$、日产气37.13×$10^4 m^3$，是走滑断垒构造控制的高产井区。此外，主干断裂向上倾方向散开的叠覆部位也有高效井发育（图7-2-4）。此外，在$F_I5$、$F_I10$、$F_I17$等大型的走滑断裂带上，也发育分支走滑断层，并形成向北部上倾方向撒开的断层破碎带，有利于油气的富集与保存[图7-2-4（d）]。这种类型的油气藏也以主干断层破碎带为主，但有些分支断层破碎带也可能发育较好的缝洞体储层，造成油气的分布距离主干走滑断层较远，形成较宽的油气富集带，并呈现局部的团块状、扇形分布。

### 2. 哈拉哈塘油田富集模式

哈拉哈塘地区则具有"北东向断裂带分段富集"的特点（图7-2-5）。该区也是在加里东期聚集了大量的油气资源，但是受早海西期的破坏作用，油气几乎消失殆尽，向南保存条件逐渐加强，保留油气资源量增加。晚海西期，北东向断裂带位于古隆起指向区的斜坡部位，是油气补充的有利部位，而北西向断裂带运移条件较弱，补给的油气少。喜马拉雅期受到的气侵影响微弱，保留了大量的古油藏。

尽管哈拉哈塘地区发育大面积一间房组礁滩体基质储层，但评价开发成果表明，"大面积准层状"礁滩体储层只能形成低产油流，即使大型酸化压裂，尚不能达到稳定的工业产能，产量基本来自大型缝洞体储层。通过地震储层预测与钻井分析，奥陶系碳酸盐岩缝洞体储层主要沿断层破碎带呈条带状分布（图7-2-6）。叠加地震储层预测成果分析可见：（1）大型缝洞体储层围绕断层破碎带发育。南部北西向断裂活动强烈，缝洞体储层也呈北西向沿断裂带发育；北部北东向断裂较发育，北东向缝洞体也较发育；（2）断层破碎带规模越大，储层越发育。碳酸盐岩缝洞体储层主要围绕Ⅰ级走滑断裂带与Ⅱ走滑断裂带分布，在小型断裂主要发育裂缝带；（3）北西向断裂带较北东向断裂带缝洞体储层更为发育，可能与北西向断裂规模整体更大有关；（4）向南大型缝洞体与断裂关系更趋密切，可能是北部为风化壳，受古地貌、古水文条件的影响更强。哈拉哈塘典型断裂带统计分析可见，缝洞体主要发育在距断裂1800m的范围内，一般在600m范围内，而且距断裂越远，溶洞发育越少，溶洞的规模也快速减小，表明溶洞与断裂之间具有良好的相关性，沿断裂碎裂带岩溶洞穴最发育。储层发育与断裂的规模、性质、走向、断裂带的破碎及充填程度相关，哈6井区奥陶系10%的主断裂周围800m内发育溶洞33个，占总数的31%，表明断裂规模越大，溶洞越发育。平面上，系列缝洞体储层可能平行断裂带分布，或是与断裂低角度斜列。对比分析发现，沿断裂带储层富集有三种方式：（1）线性分布。在内幕区，线状单一主断裂发育，断裂活动的强度相对较小，缝洞体储层主要沿断层破碎带发育。由于破

塔里木盆地走滑断裂控储控藏作用与油气富集规律

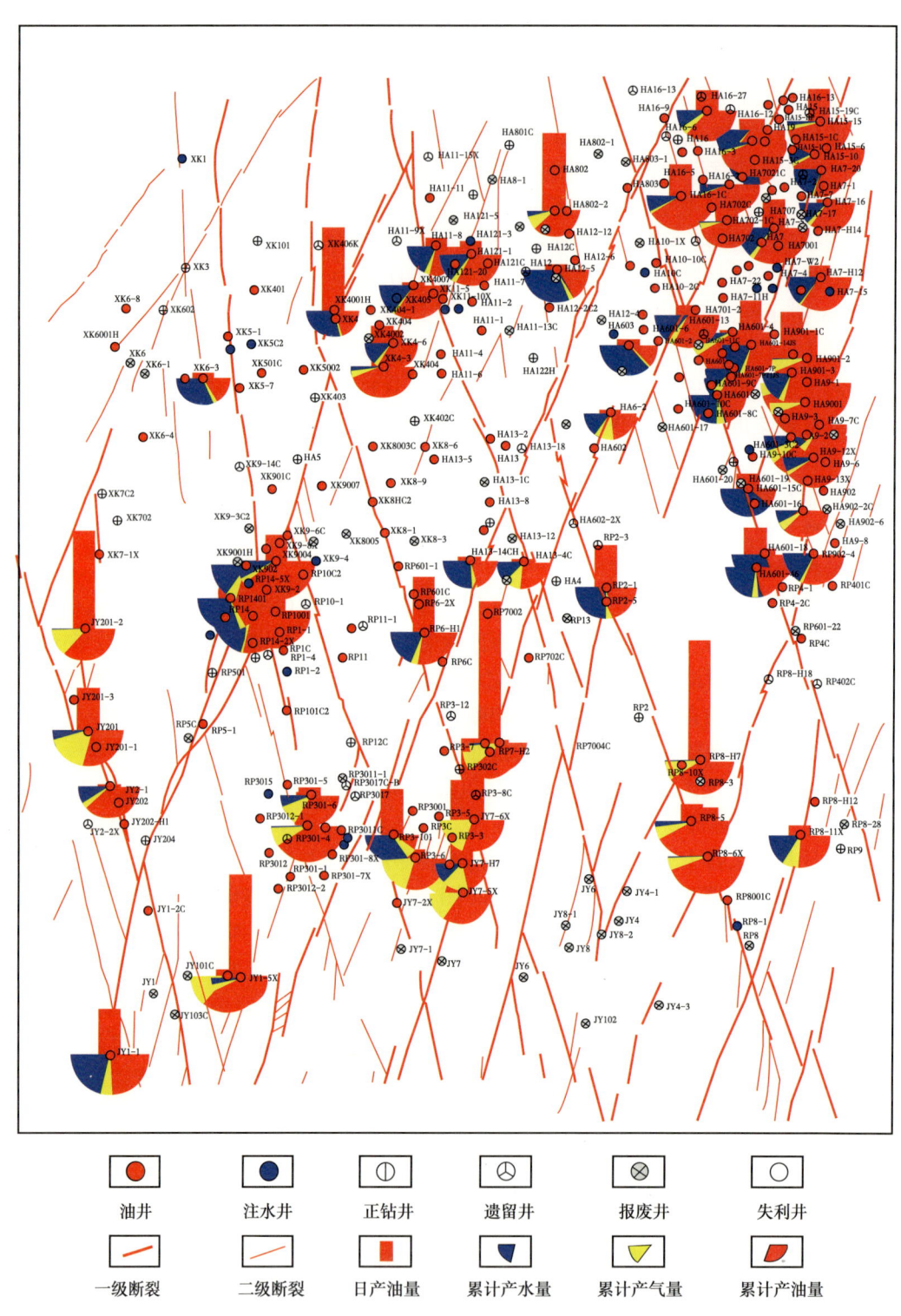

图 7-2-5 哈拉哈塘油田单井产量分布图

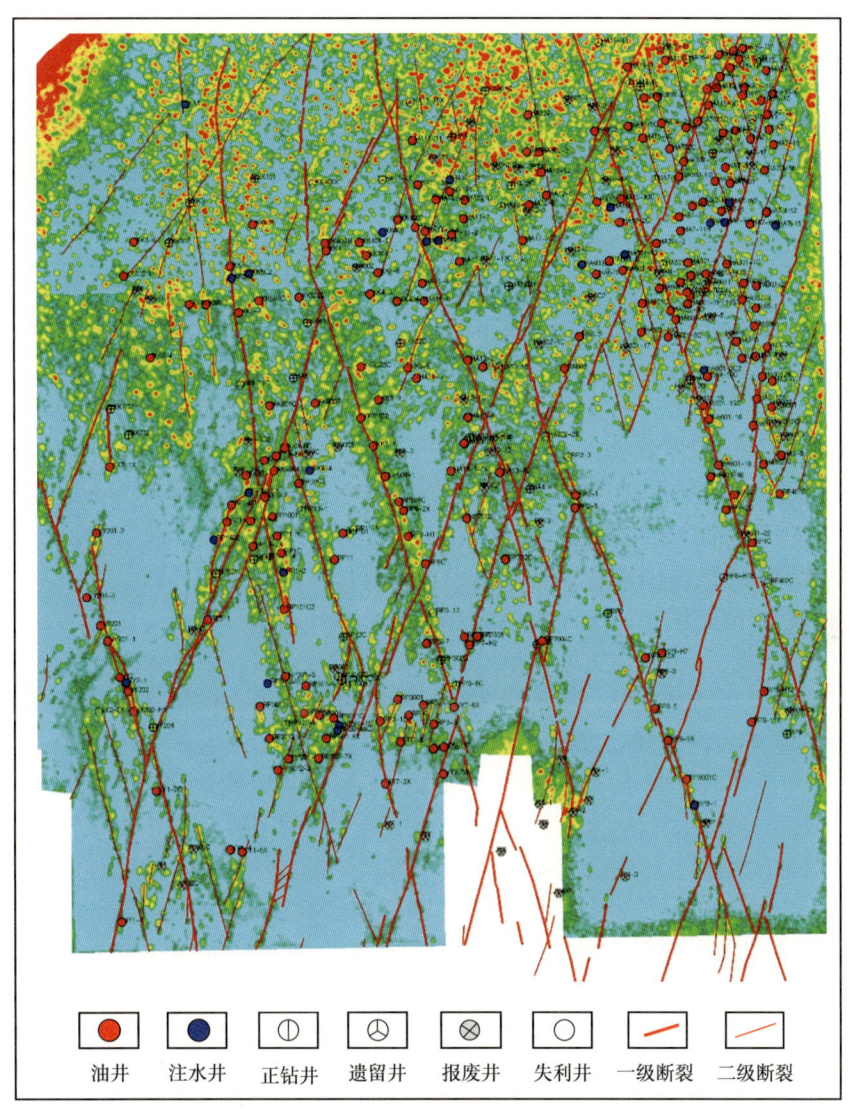

图 7-2-6 缝洞体与断层破碎带叠合图

碎带规模也不大,一般距断层核较近,在此基础上缝洞体的紧邻断裂的破碎带发育,形成一系列近断裂的线状展布储层发育区。由于断裂两侧的构造活动差异,一般以一侧破碎带发育为特征,缝洞体储层也集中在一侧。在热普2、哈15等线状构造带上,储层通常以这种形式分布;(2)片状分布。在次级断裂发育区,主断裂与一系列次级断裂形成宽度较大的条带状破碎带,其中不均匀发育大型的缝洞体储层。或是断裂带—河道的组合,形成储层发育宽度变化较大,但比较分散的缝洞体储层。在哈12-1等井区多见这类储层发育,其单个储集体的规模较大,平面上有一定的宽度范围,不完全集中在断裂带,形成的储集体规模较大;(3)块状分布。这类储层主要分布在风化壳断裂周缘,在风化壳岩溶的基础上,沿断裂带组成的断裂—裂缝网络形成较大范围的有利岩溶储层发育区,储层分布已超出断层破碎带的狭长区域,形成团块状分布。

从整个哈拉哈塘油田的储层分布分析（图7-2-5），沿北西向和北东向断裂上的储层都是十分发育的，受海西期应力场及表生水岩溶作用的影响，北西向断裂活动更强，伴生的岩溶作用也更强烈，储层相对更发育。说明储层规模并不是影响油气高效富集的主要因素。通过构造演化研究，本区位于轮南古隆起西南倾伏部位，北东方向是油气长期运聚的优势方向，有利于北东向断裂带的油气运移与聚集。同时，南部深大的油源走滑断裂带基本为北东向，与本区的北东向断裂一致，相互连接，而与北西向断裂连接性差，更有利于北东向油气的输导。断裂活动期与油气充注期次也是一个重要影响因素。北西向断裂向上最多断至二叠系，而北东向断裂从燕山期至今处于继承性活动状态，接受喜马拉雅期油气充注时间长，单井油气柱高度都分布在100m以上，出现北东向断裂带生产效果好。另外，统计整个哈拉哈塘地区共86口井的现今主应力方向，以北东向为主（北偏东20°~80°）。分析表明，受现今主应力方向影响，北西向断裂整体受到挤压而相对闭合，储层连通性相对北东向断裂要差。以跃满20C井为例，位于跃满20—顺北5北西向断裂带上，原井眼钻揭一间房组101m未钻遇储层，平面向南斜侧10m，进入一间房组19m，常规测试获得高产，同时中国石化西北局在同断裂带上的多口井都是通过侧钻才获得成功，同为北西走向的哈601断裂带上的井因储层孤立，压力下降快，生产时间不长，效果不太理想，这些都说明北西向断裂的储层连通性差，导致开发效果不好。同时受现今应力场影响，沿北东向断裂发育的储层现今连通性更好，单井控制储量规模更大，生产效果更好。在走滑断裂油气差异富集规律基础上，近一年来沿北东向断裂带部署了一批新井，并取得了很好的生产效果，特别是塔河南区块，2018—2019年共完钻33口井，成功率达100%，其中高效生产井（预计单井累计产量大于$5 \times 10^4$t）有25口，高效井比例达到了75.8%，这些新投产的井目前日产油达到了1500t，大幅提高了油田的经济开发效益。

哈拉哈塘地区油藏主要的油气富集区多沿通源的深大断裂带附近或与之相关的次级断裂发育区，呈带状分布。统计分析绝大多数高产稳产井在邻近断裂2km范围内，稳产效果好。虽然近断裂带也有低产井、不稳产井，但大多数远离断裂带的井难以形成高产、稳产。原油累计产量大于$5 \times 10^4$t的高产油气井大多数（约70%）深大断裂有密切关系（图7-2-5），主要位于主干断裂600m范围内。在平面上具有通源断裂到哪里、油气就富集到哪里的分布特征，其中在研究区的北西向及北东向相互切割的断裂体系上油气富集程度最高。北东向大断裂油气更富集。统计整个哈拉哈塘地区效益井（单井累计产原油量大于$3 \times 10^4$t）分布特征，共151口效益井，全部分布在主干断裂带上，其中115口井分布在北东向断裂带上，占比76%，另外36口井分布在北西向断裂带上，北东向断裂明显优势控藏。通过高效井解剖，具有与断裂相关的四种油藏模式（图7-2-7）：油源断裂上盘局部构造高、压扭断裂带、断裂上倾倾没端、油源断裂交会带。高效井一般都具有距干断裂近、局部构造高、储层规模大的特点。

### 3. 塔中断控油气藏富集模式

塔中地区多套烃源岩、多期构造变动、多期调整改造的地质特征，形成塔中地区油气多期充注、多期生排油气、多期成藏的特点。对于研究区油气成藏期次的研究，不同的学者具有不同的观点，现今主要认为研究区奥陶系主成藏期为晚加里东期—早海西期、海西期和喜马拉雅期，其中晚加里东期—早海西期、海西期以原油充注为主，喜马拉雅期主要为高成熟度的天然气，且喜马拉雅期的天然气对早期形成的原油具有极大的改造作用。

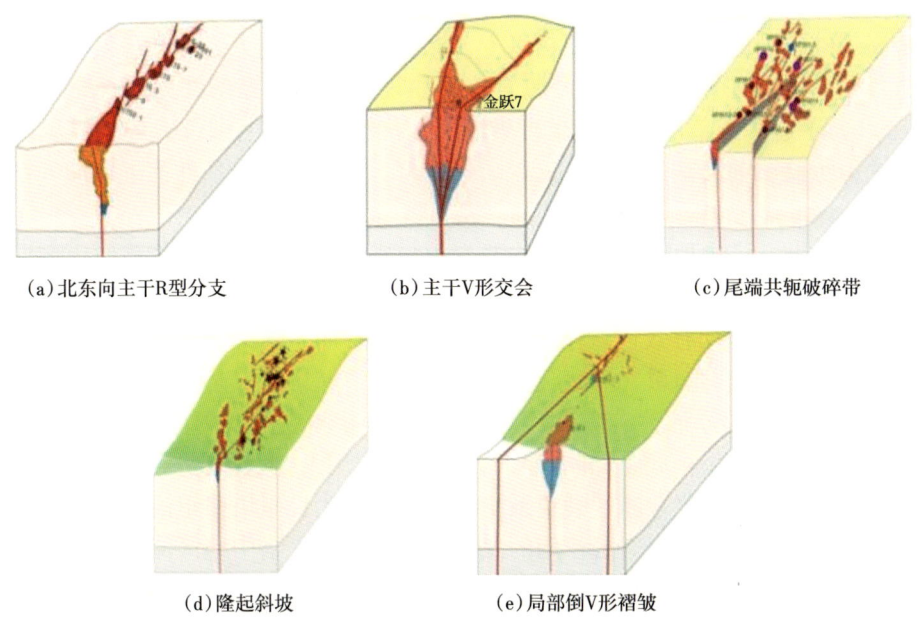

(a) 北东向主干R型分支　　(b) 主干V形交会　　(c) 尾端共轭破碎带

(d) 隆起斜坡　　(e) 局部倒V形褶皱

图 7-2-7　哈拉哈塘地区断裂带油气富集模式

通过精细的地震资料解释，与北西向逆冲断裂纵切的走滑断裂均存在一定角度的倾斜，同时，沿断裂走向，走滑断裂两侧应力场是变化的，靠近Ⅰ号断裂表现为张扭性拉张走滑的特征，倾向为右倾（倾向西北），剖面上表现为正断层；而靠近中央中部凸起则多表现为压扭性挤压逆断层性质，在张扭性区段多表现为负花状构造，且靠近Ⅰ号断裂、10号断裂处，断距加大，应力场反转，与逆冲断裂交会形成构造枢纽带；而断裂交会的枢纽带部位往往裂缝、溶蚀孔洞等更为发育，储层物性更好，提供了油气运移的优势通道，油气更倾向于在沿断裂交会处以点状注入方式注入储层。油气地球化学指标研究结果也显示，塔中地区奥陶系油气在构造背景的控制下，以断裂交会点处点状充注的方式为基础，在大型缝洞型储层中差异聚集。具体表现为，随着距油气充注点距离的增大，油气充注强度逐渐较小，气体干燥系数呈现规律性递减，原油密度呈现规律性增大。即在喜马拉雅期之前，塔中地区奥陶系以原油充注，喜马拉雅期形成的天然气对先期原油进行改造成成熟度较高的凝析气藏。

塔里木盆地塔中地区鹰山组碳酸盐岩油气富集特征剖析成果表明，优质储层控制油气高孔隙度、高渗透率下优相富集、储层内外势差控制油气低毛细管力势富集和烃源岩控制油气近油气充注点富集，三要素宏观上控制着目的层油气时空分布，微观上控制着目的层油气藏含油气性变化，综合作用控制了目的层碳酸盐岩油气近源优相低势富集。优相储层为油气富集提供储集空间，表现为鹰山组沉积时期水动力条件越强，后期溶蚀作用越强烈，形成的储层孔渗特征越好，油气越易富集；储层内低毛细管力势区为油气富集提供低势能区，表现为鹰山组岩性油气藏围岩与储层毛细管力势差越大，油气越易富集；烃源岩为油气富集提供物质基础，表现为鹰山组储层距油气充注点越近，油气充注强度越大，油气越易富集。勘探实践和物理模拟实验研究进一步表明：塔中地区目的层碳酸盐岩储层储集空间存在最小临界值（孔隙度为1.8%，渗透率为10mD），孔隙度渗透率越大，越有利于油气富集；塔中地区目的层碳酸盐岩毛细管力势控制油气富集的临界条件为储层外部毛细管力势高于储层内部毛细管力势两倍以上，储层孔喉半径越大，内外势差越大，储层内部含油气性越好；塔中地区目的层烃源岩控制油气富集的临界条件为油气充注距离小于35km，距离大于这一数值的储层很难富集油气。优相储层、毛细管力势及烃源岩决定了塔中地区鹰山组储层油气富集与否，三者缺一不可，只有当三个条件都进入油气富集临界值后，塔中地区才能形成近源优相低势油气富集区。

地质历史时期，塔中地区经历多期构造变动与成藏效应，使得油气藏经历多期调整改造。从成藏过程来看，自加里东中晚期（志留系沉积前）塔中地区奥陶系岩溶储层形成以来，目的层至少存在三期有效成藏作用：（1）晚加里东期—早海西期，来源于寒武系—下奥陶统的原油沿断裂或奥陶系岩溶储层输导体向奥陶系储集体中充注成藏；（2）海西晚期，来源于中—上奥陶统的原油，沿塔中I号断裂带等输导体系向奥陶系充注并大范围成藏；（3）喜马拉雅期以来，发生天然气的充注作用（气侵作用），形成凝析气藏。构造变动形成三期充注过程中最重要的复杂断裂裂缝系统的发育，其为良里塔格组油气再次运移提供条件，同时促进了碳酸盐岩成岩岩溶作用的发育，明显改善了塔中地区储层物性，使得目的层油气局部富集形成"甜点"区。研究表明，塔中地区良里塔格组晚期油气的调整转移主要受裂缝所控制，晚海西期有效油气运移包括早期聚集油气的调整和烃源岩直接生成的油气的运移聚集，沿断裂向上运移至沿塔中I号断裂带分布的目的层礁滩复合体中，早期聚集的古油藏裂解气也主要是在喜马拉雅期沿断裂向上运移，并侵入早期聚集的油藏，气侵的程度不同而形成气侵型凝析气藏或者仍然保持为油藏。油气成藏过程中构造调整改造作用形成了塔中地区良里塔格组油气广泛连片分布、断裂带局部富集的分布特征，具体表现为，塔中I号断裂带、塔中10号构造带及其派生的断裂体系周围油气富集程度最高，工业油气藏大面积分布，油气井产能高，且随着油气井离断裂距离的增大，油气产能出现逐渐减小的特征。

塔中地区多期的走滑断裂活动和不同的构造样式，叠加逆断层和该地区的多期油气充注的影响，造成了塔中油气的差异性富集，形成了多种类型的富集模式；根据断裂的分布特征和成藏机制，划分为以下三种富集模式。

1）主干断垒富集模式

主干断垒富集模式是指在油气在主干断裂的断垒部位富集的情形。典型的实例即塔中$F_1 19$断裂带的北段ZG262井区（图7-2-8）。

剖面上看，在桑塔木组以下的地层中，$F_1 19$北部断裂带规模比$F_1 5$断裂带大，断层破碎带发育、储层规模大，提供了良好的储集空间；断裂靠北部张扭性断裂发育，通源性好；$F_1 19$北部断裂带底部盐膏层厚度在430~620m之间，局部走滑断裂叠加斜交的逆断层在寒武系盐顶断距达到700m，降低了盐膏层对油气运移的封堵作用，利于油气的充注。值得注意的是，中古262井区整个地层受压扭构造影响处于局部的构造高部位（图7-2-9），为油气的富集提供了优势条件。而在桑塔木组及以上的地层中，$F_1 19$断裂带北部断裂活动的规模和强度均比$F_1 5$断裂带弱，后期断裂活动的破坏作用弱。同时从塔中三区的石炭系相干图中也可以看出，海西期$F_1 19$断裂带北部走滑断裂的活动强度要比南部和$F_1 5$断裂带弱，为油气更好地保存提供了条件。反之，$F_1 9$断裂南部在海西期断裂活动强，油气遗散，储层含水率高，向北逐渐降低（图7-2-10）。

第七章 断控油气分布与实践

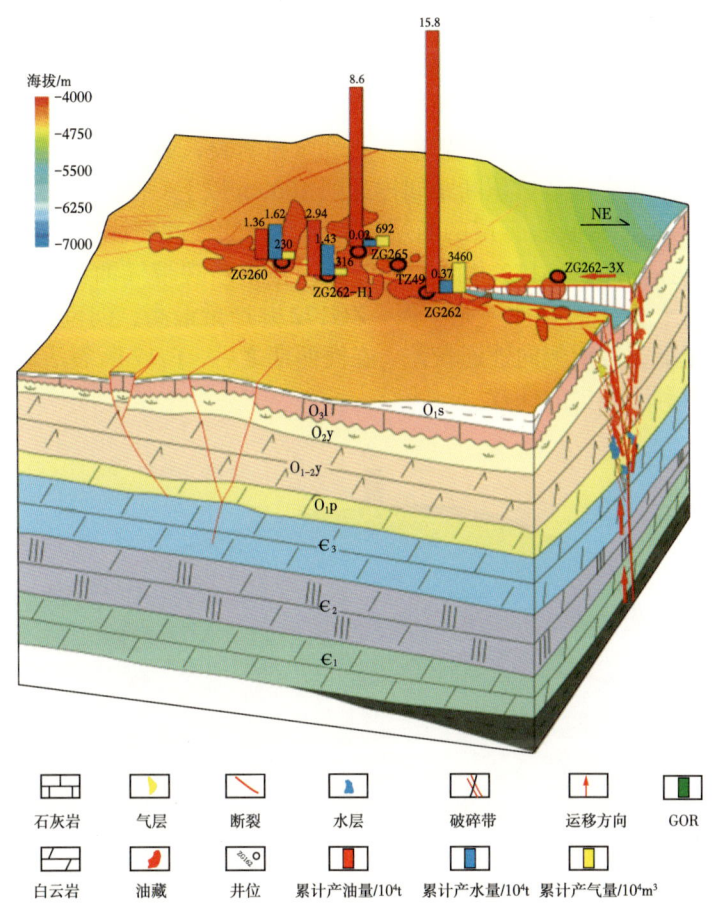

图 7-2-8　$F_I19$ 断裂带中古 262 井区油气富集模式图

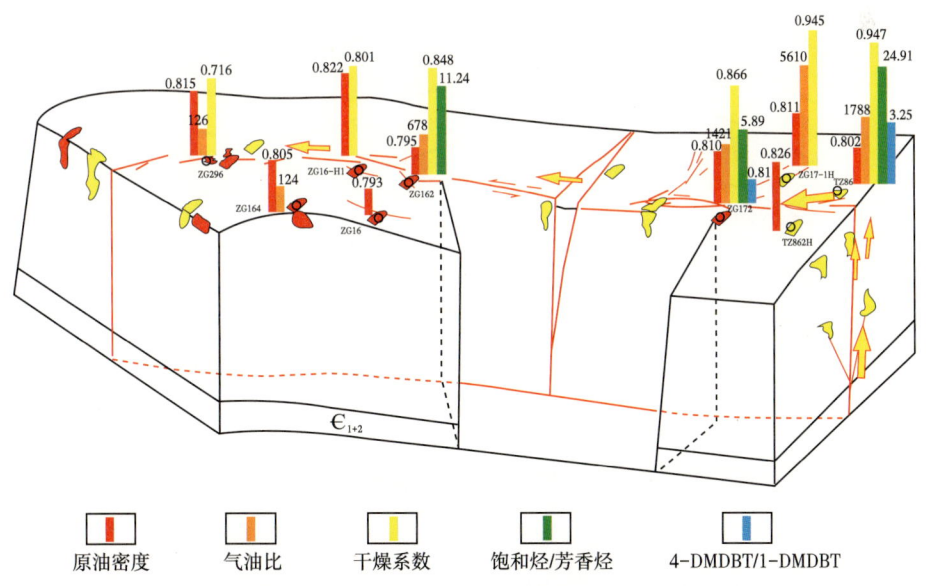

图 7-2-9　$F_I19$ 断裂带中古 262 井区油气成藏模式图

2）张扭尾段富集模式

$F_I17$ 断裂北部是张扭马尾状富集模式（图7-2-10），断裂北部是张扭马尾状断裂，破碎带发育，缝洞体储层也主要沿主干断层发育，储层规模增大，断裂内部缝洞体之间的连通性较好，但不同断裂之间连通性仍较差。尾部张扭断裂，通源性好，尤其是中古172井附近走滑叠加逆断层在寒武系盐顶断距同样达到1000m以上（在中古172井底部盐膏层厚度在475m左右），直接错断盐膏层的断层破碎带，为油气的充注提供了良好的通道；直接错断盐膏层可能是造成ZG172井高产的原因。整个断裂带气油比由北往南逐渐降低，北部气侵现象明显；主干断裂油气充注强，ZG172井产量最高，向南累计产量明显降低；同时侧翼油气含量低，表明侧向连通较差。在海西期之后，$F_I17$ 断裂活动也相对较弱，对盖层的影响小，有利于油气的保存。

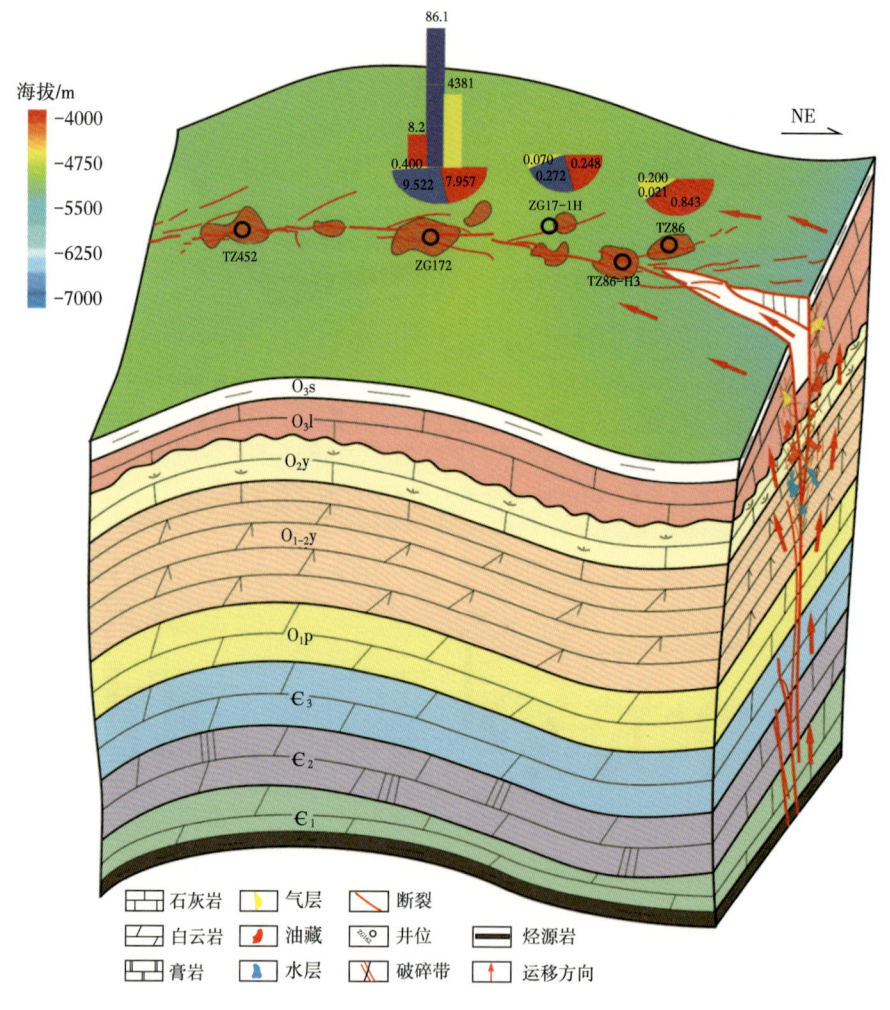

图 7-2-10　$F_I17$ 断裂带 ZG172 井区油气富集模式图

$F_{II}28$ 断裂带的 ZG15 井区是近深地堑鼻状平台区（图7-2-11）。北部 ZG14 井和 ZG15 井之间是断裂尾部的张扭深地堑，断层破碎带发育，叠加风化壳的作用，缝洞体发育，为油气的储集提供了良好的条件；储层呈团块分布，彼此之间孤立。尾部张扭断裂，通源性

# 第七章 断控油气分布与实践

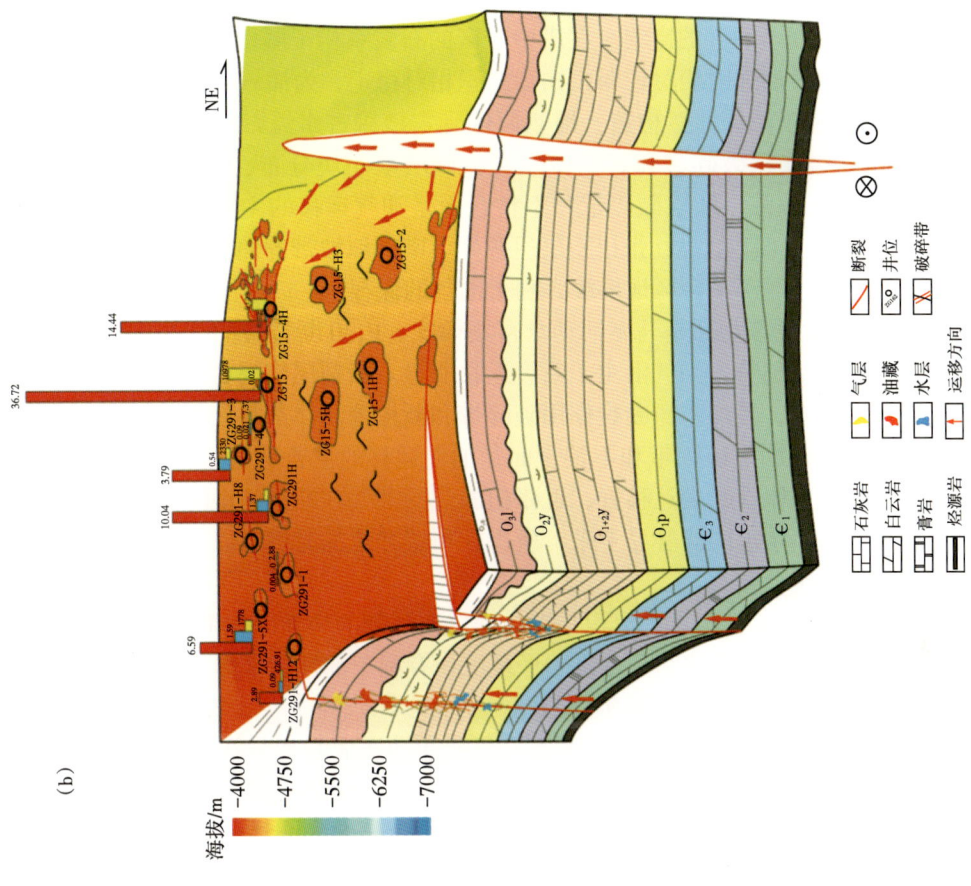

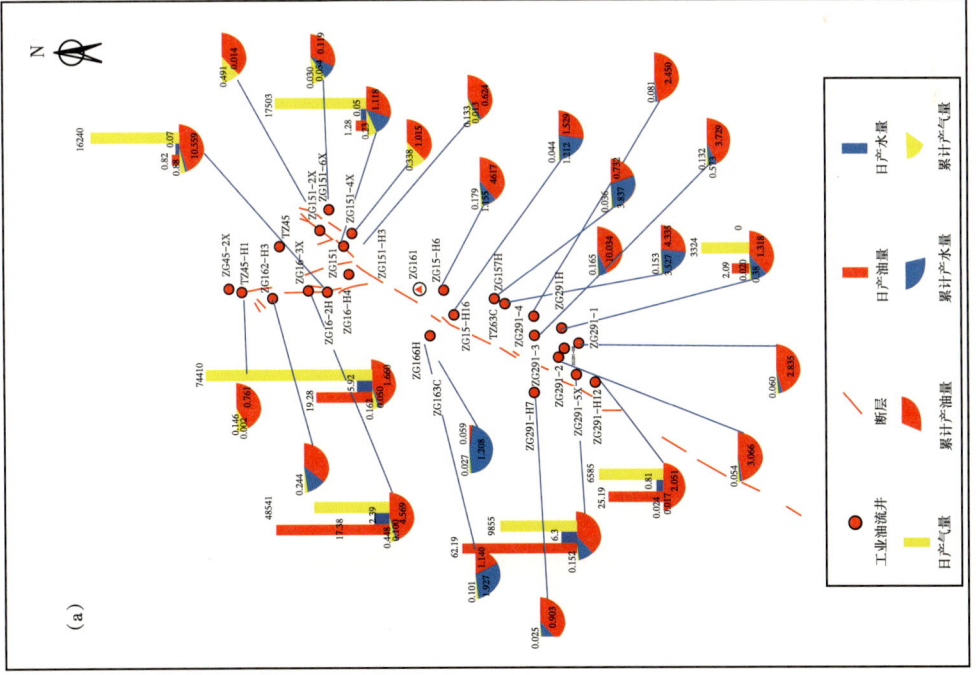

图 7-2-11 F$_{II}$28 断裂带 ZG15 井区油气产量分布图（a）与油气富集模式图（b）

好；油气顺着走滑断裂和深地堑向上运移，ZG15井区处于深地堑西部的鼻状平台区，地形相对较高且平缓，利于油气的富集。在塔中三区的石炭系相干图中也可以看出，石炭系之后，$F_{II}28$断裂带的活动强度相对较弱，构造沉积相对稳定，为油气的保存提供了条件。

$F_{II}29$断裂北部是翼尾深地堑构造，地堑两侧受古地貌古水流影响奥陶系风化壳储层发育，叠加张扭断裂作用破碎带和缝洞体发育，储层呈团块分布、彼此之间连通性差。$F_{II}29$主干断裂油气充注强，断层破碎带和不整合面是油气运移的主要通道，整条断裂带的气油比自北向南呈现下降趋势；张扭断层通源好。南部斜坡带的储层由于斜坡区，油气容易顺着风化壳遗散；北部平台区地形缓，利于油气的保存。

塔中$F_I20$走滑断裂带北部是马尾活动盘富集模式。$F_I20$断裂带的气油比和干燥系数由南向北均呈现降低的趋势，油气沿主干断裂运移明显。断裂尾部受古地貌、古水流影响奥陶系风化壳储层发育，叠加张扭断裂作用破碎带和断控缝洞体都很发育，储层呈片状分布。张扭断层通源好；断层破碎带和不整合面是油气运移的主要通道。由于"串珠状"主要集中在断裂带，而且张性断裂运移好，近张扭断裂的油气在断裂活动时易散失。同时油气由下往上运移容易，水也同样容易上来，所以在布置井位的时候可以考虑适当离主干断裂远点，避免底水快速上升。

由尾部向南至中古10井附近，沉积平缓，油气在尾部的肩隆区和中古10井附近的平台区富集，肩隆区的构造高部位和平台区的平缓沉积有利于油气的富集。海西期之后$F_I20$断裂带的活动也较弱，利于油气的保存。

而在尾端散开的断裂带，加里东期强烈的断裂活动造成断裂带在早期整体开启程度高。大量的油气沿断层破碎带向上运移至碳酸盐岩储层中聚集成藏，断层两端与两侧均有油气聚集，形成沿断层破碎带线性分布的油藏带。而天然气充注的喜马拉雅晚期，断裂早已停止活动，但南部呈压扭性断裂带，断层破碎带胶结充填严重，开启程度弱，缺乏天然气充注，以古油藏为主。而东北向散开的断裂带尾端，局部具有张扭性，在现今近南北向挤压作用下，局部小断层与裂缝带可能开启，发生构造低部位局部的天然气充注。

3）走滑—逆冲交会（ZG43井区）

ZG43井区位于$F_I20$走滑断裂和塔中十号断裂带的交会部位（图7-2-12），ZG43井位于$F_I20$断裂的东侧。ZG43井区和ZG10井区同属$F_I20$断裂，受背斜古地貌影响ZG43井区奥陶系破碎带缝洞体储层发育，叠加风化壳储层，储层呈团块分布。断层破碎带和不整合面是油气运移的主要通道；气油比和干燥系数由ZG43井向两侧呈现降低趋势，侧向运聚现象明显。ZG43井区和ZG10井区之间的斜坡地带，不利于油气的聚集；而ZG43井区的背斜构造为油气的聚集提供了条件。海西期之后$F_I20$断裂带活动弱也利于油气的保存。

## 二、油气差异富集的主控因素

尽管断裂带是碳酸盐岩油气富集的有利部位，但不同的断裂所起的作用不同，有的甚至是破坏作用。根据断裂在油气成藏中的作用可以划分为油源断裂、输导断裂、控圈断裂、控储断裂、改造与破坏断裂等类型，不同作用的断裂特征有差异，分布也不同（图7-2-13）。

第七章 断控油气分布与实践

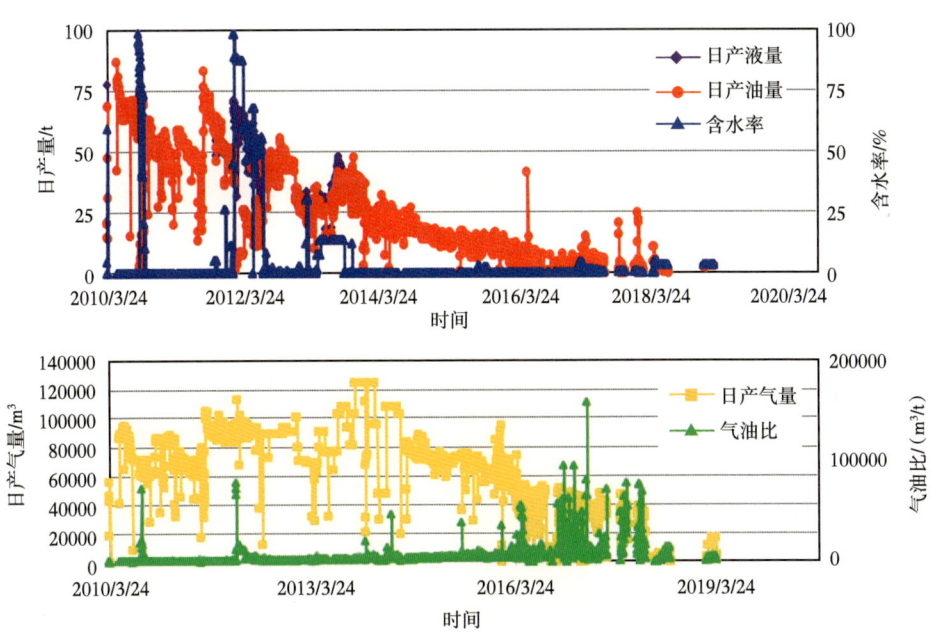

(a) ZG43井油气日产量变化曲线

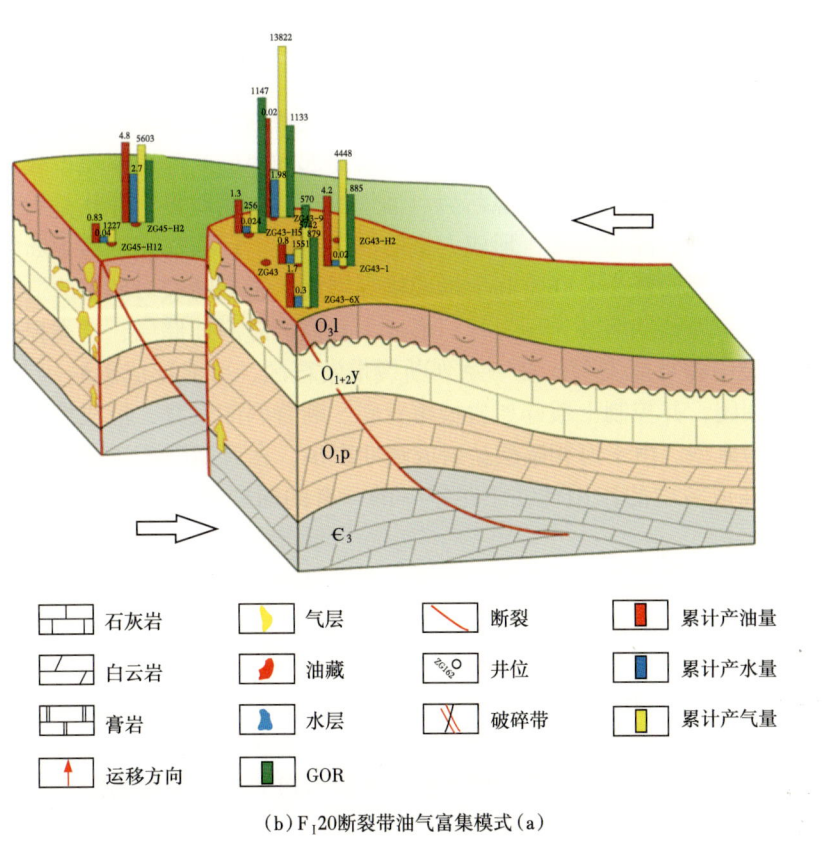

(b) $F_1$20断裂带油气富集模式(a)

图 7-2-12　中古 43 井区生产曲线(a)与油气富集模式图(b)

273

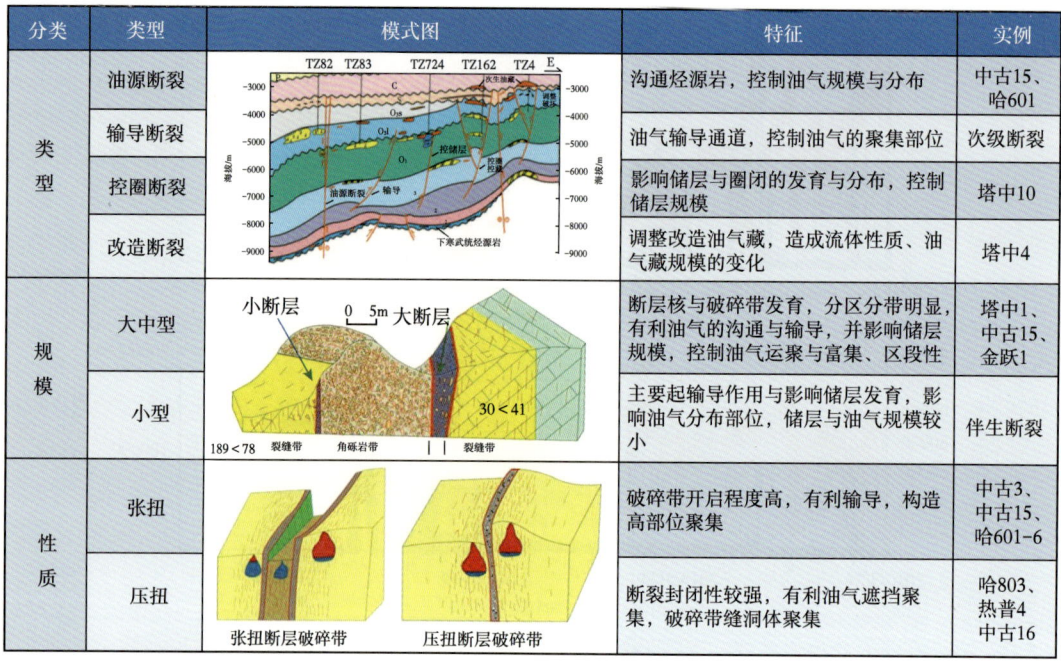

图 7-2-13 断裂分类控藏图示

## 1. 断裂作用类型与规模

裂谷盆地中控制烃源岩的形成、分布与演化的控源断裂比较多，在塔里木克拉通盆地少见，局部地区可见寒武系同沉积正断层，形成局部加厚的断陷，但规模较小，对烃源岩的发育有一定的控制作用。大型油源断裂对油气的控制作用明显，往往是大规模的油气聚集带，断裂活动强烈，深切基底，形成大量的油气富集。运移作用的输导断裂在碳酸盐岩中比较发育，通常规模较小，在空间上形成输导网络。很多断裂对储层改造作用明显，大气淡水岩溶作用与埋藏期溶蚀作用发育，形成大规模的缝洞体储层，这类控储断裂在多种规模的走滑断裂中都可能发育。在一系列断裂带发育区，可能形成碳酸盐岩断垒、断鼻、断块、潜山等圈闭，并控制上覆碎屑岩披覆背斜、断背斜的发育，形成控圈断裂，这类断裂以断垒带最为典型。由于海相碳酸盐岩成藏期次多，在后期断裂活动过程中，很多有改造作用。断裂在成藏中的作用往往不是单一的，有的断裂同时具有多种作用，需要具体分析。

分析可见，大型通源断裂是关键。油源断裂不仅沟通深部的烃源岩，而且是高效的输导通道，并控制了油气的就近聚集。通过油源断裂解剖，加里东晚期油源断裂发育，北西向与北东向两组方向主干断裂都开启，油源断裂较多、延伸较短，但断裂以压扭作用为主、导油强度较弱，哈601等主干断裂带宽度较大，输导作用较强。二叠纪以火成岩断裂带与北西向断裂活动为主，油源断裂较少，但延伸距离较远，断裂带张扭为主，导油强度较大。中生代、新生代仅局部断裂带部分区段开启，以北西向断裂为主，油源断裂少、延伸短，局部破碎带为主、导油能力弱。

分析表明，大型走滑断裂带通常断至基底，并有效地沟通了下寒武统烃源岩，是有利的通源断裂带，通过垂向优势通道控制了通源程度，从而控制了油气规模与分布。而通过走滑断裂的垂向输导，将油气运移至邻近的缝洞体圈闭聚集，控制了油气运移量与聚集部位。相同成藏地质条件下，走滑断裂的规模越大，形成的缝洞体规模越大（图 7-2-14），油气的运移量越大，形成的油气藏规模也越大，控制了油气的规模与分布。同时，分支小断裂带对油气的调整与分布具有一定的控制作用，并影响油气的纵横向分布。受走滑断裂控制，大型碳酸盐岩缝洞体呈线状、带状和羽状集中分布于走滑断层 1.5km 范围内的破碎带上，且走滑断裂规模越大，缝洞体越发育，走滑断裂带上分布着 90% 以上的高效井，在大型走滑断裂及其分支断裂的顶端、走滑断裂张扭部位油气更为富集（图 7-2-15）。

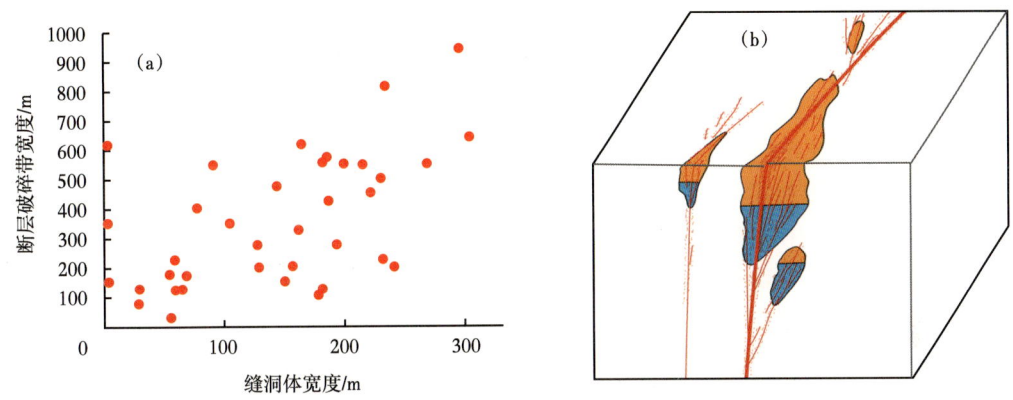

图 7-2-14　塔中西部断层破碎带宽度与缝洞体宽度相关散点图（a）与断层规模控制的油藏规模模式图（b）

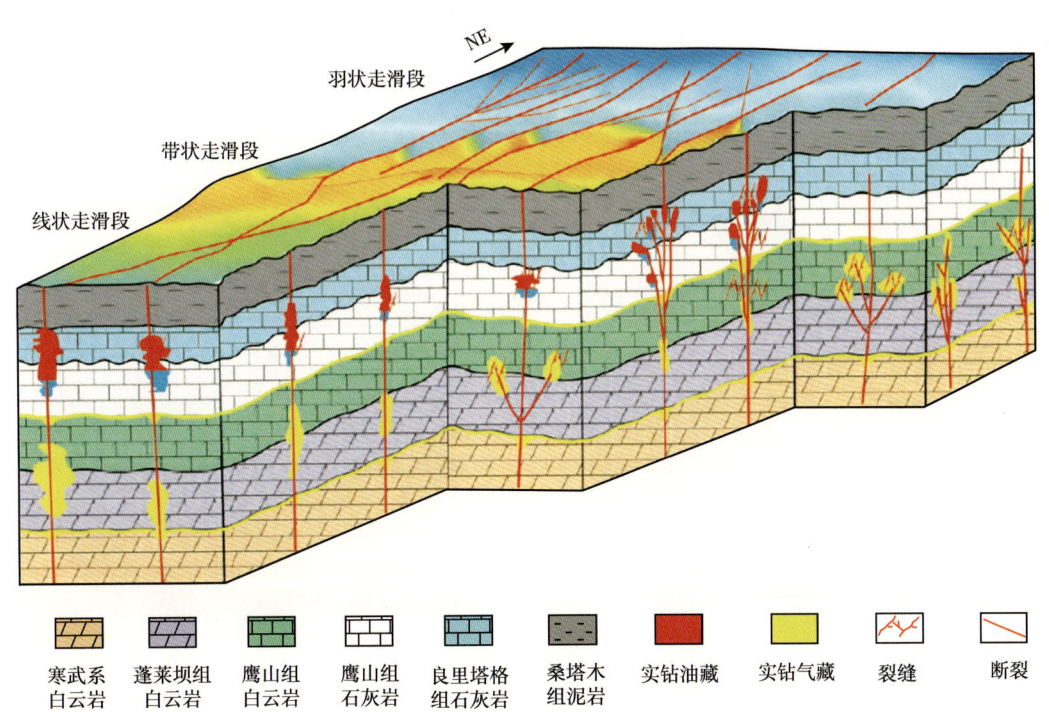

图 7-2-15　台盆区走滑断裂带缝洞型油气藏立体模式

## 塔里木盆地走滑断裂控储控藏作用与油气富集规律

综合分析，走滑断裂的通源作用程度控制油气规模与分布，断裂输导作用决定了油气的聚集部位与强度，断裂控储作用控制了油藏大小，断裂改造作用造成油气藏的复杂性。

**2. 断裂性质控油的差异性**

油气运聚成藏与断裂的开启程度密切相关。由于断裂开启与封闭性能的变化，造成同一条断裂带在不同阶段所起的作用不同。塔中地区油气藏解剖表明，张扭走滑断裂带断层破碎带范围宽达数千米级，断层破碎带开启程度高，石油沿破碎带运移至储层成藏时，呈面式广泛充注，在断层上盘、下盘均有大面积运聚，油气沿构造高部位缝洞体充注成藏，具有相对一致的油水界面，而构造低部位相对油气充注不足。而在喜马拉雅晚期天然气充注期，由于断裂早已停止活动，断层破碎带胶结充填严重，天然气主要沿下降盘的张扭开启部位呈局部点状充注。因此，在构造高部位缺乏天然气充注，以油藏为主；而在构造低部位有大量的天然气充注形成凝析气藏。

张扭性断裂带输导作用强，周缘的油气充注程度高，有利于断裂带周缘构造高部位聚集；而压扭性断裂带封闭强，断垒带内部缝洞体储层有利于油气聚集。综合典型钻井分析，断裂相的控藏作用主要形成高渗透相输导模式、致密相遮挡模式等两种类型的成藏模式。高渗透断裂相输导模式多发育在张扭性断裂带及其包络面区域［图7-2-6（a）］，由于断裂带内部及其周缘裂缝带发育，或是滑动面、隔层未完全充填，成为高渗透断裂相，形成油气输导的优势通道。这类断裂及其下盘难以形成有效的封堵，油气主要分布在上倾方向的缝洞体中。中古3井区较为典型，断裂带及其附近储层连通性好，下倾方向储层段多为水层，断裂上盘上倾部位是油气富集主要部位。另一种是断裂相遮挡成藏模式［图7-2-16（b）］，多位于压扭应力区段，断层核狭窄、内部构造欠发育，或是断裂内部断裂相发育，但内部隔层发育，方解石胶结、砂泥质充填严重，多为不连续构造。在断裂带下盘、上盘及断裂带内部都可能形成油气藏。塔中82井是典型实例，该井位于断裂下盘，由于断层核部狭窄，破碎带裂缝欠发育，在塔中82井区形成相对孤立的缝洞体，形成上倾方向遮挡成藏。近期钻探的中古861井处于压应力作用的致密带。

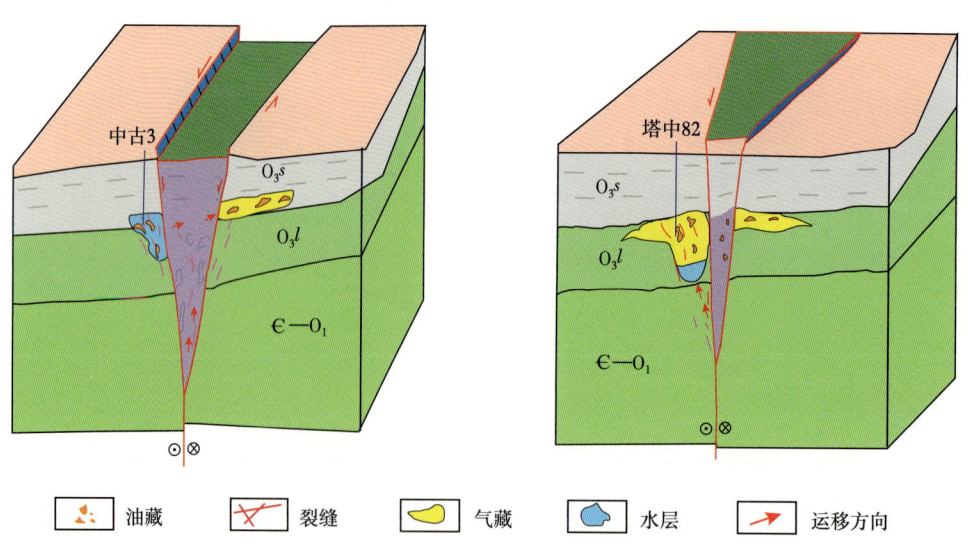

图 7-2-16　张扭（a）与压扭（b）走滑断裂带碳酸盐岩成藏模式图

如前所述，沿着断裂走向走滑断裂两侧应力场是变化的，走滑断裂靠近Ⅰ号断裂表现为张扭性走滑的特征，倾向为右倾，剖面上表现为正断层；而靠近中央中部凸起则多表现为压扭逆断层性质。在张扭性区段多表现为负花状构造，多伴随有拉分地堑，在拉分地堑四周相对高点油气较为富集，如中古15井、中古111井；而在压扭区段多表现正花状构造，在Y形构造或反Y形构造顶部高点油气较为富集，如中古43井和中1井。由于走滑断裂的普遍发育，塔中地区存在着数个由走滑断裂拉分形成的拉分掉块，自西往东依次发育ZG14、ZG11、ZG47、ZG3、ZG515、ZG52、ZG41等拉分掉块。由于掉块位于构造低部位，除非有独立隔绝的缝洞系统，否则油气难以在此聚集成藏，这对于本区油气成藏是非常不利的。相反，在拉分掉块的四周相对构造高部位则构造有利，油气在此聚集容易成藏，相对有利。在ZG14拉分掉块的两侧，钻井均获得良好的显示，如ZG151井、ZG14井和ZG22井等；在ZG11掉块附近，ZG8井、ZG111井和ZG11井等获得很好的工业油气流；在ZG47掉块附近，ZG45井、ZG106井和ZG43井等也获得很好的工业产能。在中古51井区，在中古5走滑断裂及中古6走滑断裂之间存在着一个台阶式的拉分掉块，油气水分布复杂，以产水为主，只有靠近10号带的局部高点产油气，掉块相对不利；四周相对构造高部位均获得良好的油气产能，相对有利。

通过油气充注过程分析，富满油田奥陶系油藏整体为一套下生上储上盖的成藏组合，圈闭类型为断裂—岩性复合圈闭。油气主要沿断裂—裂缝带向上运移，在破碎缝洞体中聚集形成油气藏，油气到达顶部受桑塔木组致密泥灰岩盖层封堵，在储层和盖层附近圈闭中聚集成藏。但受到区域倾斜地质背景的影响，晚期轻质油气进入早期油气藏中，驱替圈闭中正常油，从而形成轻质油藏（图7-1-3）。

在塔北奥陶系碳酸盐岩，在区域挤压背景下走滑断裂带多呈压扭特征，仅在拉分断块与辫状构造带有局部张扭部位。钻井资料统计分析表明，张扭性断裂带输导作用强，油气多沿断裂带周缘构造高部位聚集。由于油气容易沿比较发育的裂缝带向上倾方向运移，同时局部构造高点少，因此油气比较富集，但分布的面积有限，主要位于上盘的局部构造高部位或局部封闭的缝洞体。而压扭性断裂带封闭性较强，同时发育局部构造高部位，缝洞体的埋深也相对较浅，因此沿压扭断裂带油气分布范围大。由于压扭断裂带缝洞体规模可能较小，内部连通关系复杂多样，其中缝洞体中油水关系复杂。走滑断裂带结构与构造特征复杂，张扭走滑带与压扭走滑带均有复杂的油藏模式（图7-2-17）。

### 3. 断裂组合与分段差异

研究发现环阿满走滑断裂形成演化具有多期性、断裂发育具有继承性与区段性，走滑断裂对碳酸盐岩储层具有强烈的改造作用，走滑断裂破坏早期古油藏，是晚期油气运聚的主要通道，走滑断裂带造成油气分布的区段性。走滑断裂控制了油气的纵向复式聚集，断裂带储层发育、油气富集；不同时期、不同类型断裂控油作用有差异性，断裂带横向上的变化造成油气分布的区段性；油气源断裂与储层组成的运聚体系内具有流体分布的有序性。

走滑断裂带通常具有明显的分段性，并且对盆地油气的运聚成藏具有重要的控制作用（焦方正，2017；兰明杰等，2017；郑晓丽等，2018；邓尚等，2018；马德波等，2019）。根据走滑断裂带分段构造模型，可以将走滑断裂带分为了线性段、斜列叠覆段、分支断层段、辫状构造段、马尾状构造段等不同分段构造类型。线性段缝洞体沿断层呈条带状分

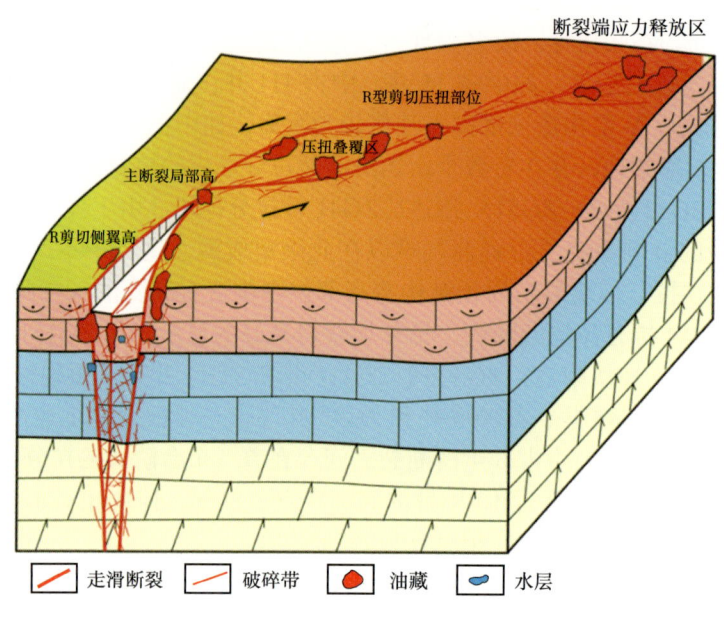

图 7-2-17 走滑断裂带碳酸盐岩油藏模式图

布，主干断层断穿寒武系，起到沟通油源的作用，油气以垂向运移为主，沿断层周围局部构造高部位聚集成藏［图7-2-18（a）］；马尾状断层段主干断层为油源断层，发散状分支断层为油气侧向运移通道与控储断层，深部油气沿主干断层运移上来后沿分支断层运移到侧翼缝洞储层发育处聚集成藏［图7-2-18（b）］；R型剪切分支断层与主干断层交汇区为弱挤压的应力状态，容易形成局部构造高部位，且储层较为发育，因此R型剪切分支断层与主干断层夹持部位油气更为富集［图7-2-18（c）］；P型剪切分支断层与主干断层之间为弱伸展的应力状态，局部地层下掉，因此油气多富集在P型剪切分支断层侧翼［图7-2-18（d）］；辫状构造段与斜列叠覆段两者的油气富集模式类似，具体划分为压扭段内部和张扭段两种模式，其中压扭段内部处于局部挤压的应力状态，内部背斜、断鼻等局部构造发育，有利于油气富集，为高产井发育的重要类型［图7-2-18（e）］，其中张扭段内部处于伸展的应力状态，内部小断层、裂缝集中发育，储层尤为发育，在张扭段侧翼或内部断层破碎带形成油气高产富集带［图7-2-18（f）］。由于碳酸盐岩断裂带是复杂的三维地质体，以及孔—缝—洞三重运载介质空间组合的多样性与差异性，造成流体流动横向变化的非均质性与复杂性，奥陶系碳酸盐岩断裂横向变化造成油气分布明显的区段性。以哈601断裂带为例，沿走向上可以分为四段不同特征的区段，其奥陶系储层也有明显差异，以中部断裂活动强烈区最为发育。而油气分布也是以中部辫状断垒叠覆区最好，该区段油源断裂发育，次级输导断裂形成向上倾方向的"V"字形组合有利油气的运聚。同时该区破裂作用强，断层破碎带发育，形成的缝洞体规模大。另外由于局部构造高部位发育，断裂带上部与侧向封盖性好，形成一系列互相分隔的油气体系。其次是正花状断垒区，在断垒带与其周缘储层也较发育，正向构造背景有利油气聚集与保存。

第七章 断控油气分布与实践

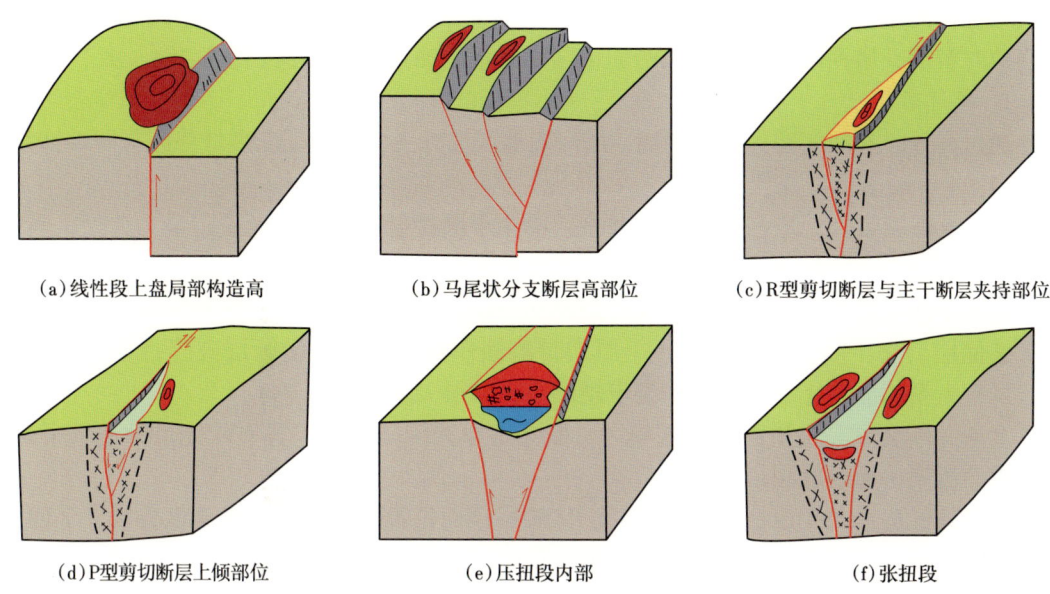

(a) 线性段上盘局部构造高　　(b) 马尾状分支断层高部位　　(c) R型剪切断层与主干断层夹持部位

(d) P型剪切断层上倾部位　　(e) 压扭段内部　　(f) 张扭段

图 7-2-18　走滑断层分段类型与油气富集模式

塔里木盆地走滑断裂带具有复杂的三维结构，油气在三维断层破碎带中呈不连续、非均质、不规则性分布，其形成主要受控于断裂的发育程度，主要为沿主干深大通源断裂溶蚀、沿次级通源断裂溶蚀和沿次级内幕断裂溶蚀的缝洞体储层富集（图 7-2-19）。

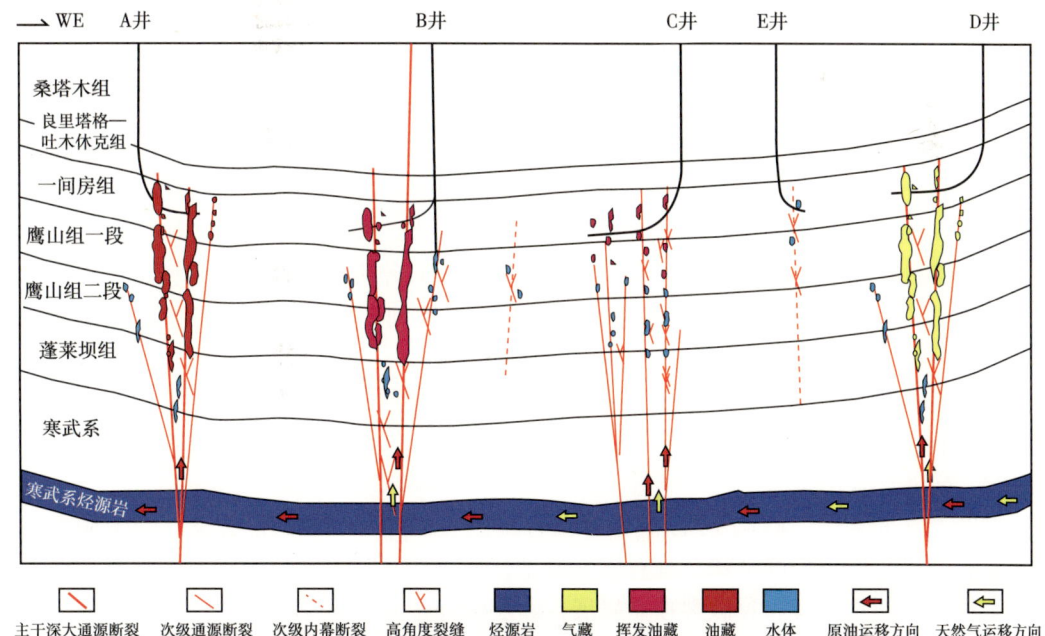

图 7-2-19　富满油田奥陶系走滑断裂带油气藏成藏模式图

综合分析表明:(1)平面沿大型油源断裂带油气富集;(2)平面上局部构造低势区,或上倾方向的正"V"形组合构造富集;(3)剖面上压扭断裂高、张扭断裂翼部高富集。通过高效井解剖,塔河南地区与哈拉哈塘地区具有不同油藏富集模式(图7-2-4、图7-2-7)。

1)塔河南

通过高效井与油气富集区块解剖,塔河南地区油气主要沿主干断裂低势区与尾端富集。

(1)主干断裂低势部位。

除 $F_I5$ 断裂带外,塔河南的高效井主要沿主干断层分布,富源断裂带最为典型,具有以下典型特征:

①主干断裂发育。断层核部破碎,裂缝网络发育,规模大,而分支断裂规模小;

②储层沿主干断裂带发育。主干断裂带溶蚀作用强烈,以沿断层破碎带垂向溶蚀为主,发育大型的缝洞体,而分支断裂带规模小,储层欠发育;

③通源断裂带。主干断裂带规模大,断穿中寒武统盐膏层,具有较充足的油气来源,有利垂向运聚,形成成藏最佳模式;

④局部低势区。在压扭断裂带,缝洞体储层顶面位置较高,形成局部低势区,上倾方向致密碳酸盐岩或断裂胶结封堵,圈闭条件较好。

(2)雁列上倾端。

本区主要断裂多是从孤立的雁列断裂连接而成,沿雁列上倾部位油气富集,跃满3最为典型,具有以下特征:

①雁列断裂发育。雁列断裂大多发育成熟,并形成连接贯穿,但雁列主干断层破碎带发育,是构造变形与破裂的主体;

②雁列段储层发育。雁列断裂溶蚀作用强,以沿断层破碎带发育大型的缝洞体;

③雁列分隔。雁列断裂虽然连通,但断裂的顶面裂缝网络与缝洞体储层没有完全沟通,尤其是雁列上倾方向,有利于油气的聚集。

(3)张扭断裂上盘构造高部位。

在 $F_I5$ 断裂带、跃满21断裂带等局部发育张扭断裂段,形成局部富集,具有以下典型特征:

①张扭断裂发育。断层破碎带发育,破碎带宽度大,开启程度高;

②局部储层发育。溶蚀作用发育,并以上盘断层破碎带为主,发育大型的缝洞体;

③油气充注有利。张扭断裂带开启程度高,更有利于沟通深部油源,有利于油气的充注;

④上盘低势区有利于聚集。主干部位下掉形成运移通道,上盘断层破碎带形成局部低势区,有利于油气的聚集与保存。

(4)翼尾遮挡。

在跃满2断裂带、跃满21断裂带等发育翼破裂,并形成较大的分支,与上倾方向分段断裂有分隔,形成局部富集,具有以下典型特征:

①翼破裂断裂发育。翼破裂独立发展,断层破碎带发育;

②局部储层发育。部分翼破裂形成较强的溶蚀作用区,以沿断层破碎带垂向溶蚀为主,发育大型的缝洞体;

③油气充注有利。沿主干断裂上倾方向的翼断裂有利于油气的充注,形成局部运移低

势区；

④断裂上倾方向有分隔。缝洞体储层顶面位置较高，形成局部低势区，上倾方向致密碳酸盐岩或断裂胶结封堵。

通常为构造活动较强烈的大型油气源断裂中部，具有较充足的油气来源。

2）哈拉哈塘

哈拉哈塘地区油气富集则主要位于北东向断裂带的 R 型分支剪切断裂、断裂交会部位。

（1）北东向断裂带 R 型分支剪切断裂。

哈拉哈塘地区北东向的走滑断裂带油气富集，其中高效井多分布在 R 型分支剪切断裂部位，以哈 15 井区最为典型，这种部位油藏具有以下特征：

①紧邻油源断裂带。通常为构造活动较强烈的大型油气源断裂中部，具有较充足的油气来源；

②局部构造高。紧邻油源断裂的上升盘，发育局部背斜、断背斜，圈闭条件较好；

③垂向运聚。紧邻油源断裂的局部构造高部位垂向运聚有利，形成成藏最佳模式；

④储层规模大。这类井均具有大型的缝洞体发育。

上部与侧向封堵好。受局部构造的影响，其中大型缝洞体顶面与周缘具有较好的封堵条件，紧邻油源也因位于构造高部位而有下盘泥岩封堵。

（2）主干断裂 V 形交会带。

受控 X 形断裂带的交互作用，形成具有应力应变集中部位，有利于断层破碎带的发育与油气运聚，其特征如下：

①油源—输导断裂组合。受控油源主控断裂及其派生断裂，形成油源—输导的有效组合；

②输导断裂上倾构造高。高效井一般邻近派生断裂，而且是上倾构造高部位；

③大规模洞穴。储集体规模大，相对孤立；

④平面构造上倾 V 形。断裂组合向构造高部位形成 V 形，有利于油气的运聚，同时上倾方向封堵条件好。

分析表明这些井距油源断裂近、有局部构造高、基底挠曲明显、"串珠"储层较好，其中基底挠曲有利于油气的汇聚。由此可见，高效井具有近油源断裂、储层规模大、油源输导好、上倾封堵好四个特征。

（3）隆起斜坡带。

哈 9 断裂带等邻近轮南古隆起，油气运聚有利，这类油藏具有以下特征：

①断至基底的正花状压扭带。这种油藏位于大型断垒带，以正花状构造发育的压扭断裂带为主；

②背斜、断鼻、断块局部构造。断垒带的局部构造是油气运聚及保存的重要条件；

③局部孤立较大规模洞穴。一般缝洞体规模较大，但横向不直接与断裂连通，多形成孤立的储集体；

④储层连通性好。由于断垒带裂缝发育，储集体内部储层连通性好，油气产量比较稳定；

⑤后期断裂活动不在洞顶。后期的断裂活动通常造成油气的破坏与调整散失，但哈拉哈塘地区断垒带顶面即便有小型断裂的发育，同样有较大规模的油藏存在，可能是油气充注在晚期断裂改造之后，或是断裂破坏作用微弱。地震剖面分析可见高效井所在缝洞体没

有直接断至洞顶的晚期断裂，一般在缝洞体翼部低部位。

（4）尾端共轭破碎带。

这类油藏具有以下特征：

①半花状双油源断裂组合。一般位于半花状构造的断裂一翼，断裂均断至基底，油源沟通条件好。

②次级断裂末端局部构造高。位于断裂上倾方向的倾没端，通常有局部构造高部位或是鼻状背斜。

③大规模洞穴。受倾没端应力释放形成的裂缝网络，可能沟通系列缝洞体形成大规模储层，内部连通性好。

④垂向—侧向运聚。通常以油源断裂垂向运聚为主，并伴随短距离的侧向输导，断裂输导条件优越。

⑤垂向与侧向封堵好。由于没有紧邻断裂，上部断裂不发育，上倾方向没有断裂，这类油藏封盖条件好，有利于油气的保存。

（5）倒V形局部构造高。

这类富集油藏比较少见，金跃1较为典型，具有以下特征：

①局部构造高。位于断裂上倾方向的倾没端，通常有局部构造高或是鼻状背形。

②南部有断裂输导。断裂向南与主干断裂带沟通，并伴随短距离的侧向输导，输导条件好。

③大规模洞穴。受倾没端应力释放形成的裂缝网络，可能沟通系列缝洞体形成大规模储层，内部连通性好。

④上倾方向封堵好。由于没有紧邻断裂，上部断裂不发育，上倾方向没有断裂，这类油藏封盖条件好，有利于油气的保存。

总之，这些高效井富集区均具有断裂输导条件好、断裂低势区的特点，油气运聚与上倾方向的遮挡条件好，断势控藏、低势富集。

由于碳酸盐岩断裂带是复杂的三维地质体，以及孔—缝—洞三重运载介质空间组合的多样性与差异性，造成流体流动横向变化的非均质性与复杂性，奥陶系碳酸盐岩断裂横向变化造成油气分布明显的区段性，并导致一些失利井与低效井，在塔河南地区主要有倒V形分支断裂、断裂交会上倾连通与倒V形上倾连通三种类型（图7-2-20），其机制主要是充注差的高势区、上倾泄漏的高势区。

### 4. 局部构造高部位

环阿满走滑断裂断控油气系统中，从古隆起高部位至阿满过渡带中部构造低部位奥陶系碳酸盐岩顶面高差达3000m，但沿走滑断裂带普遍有油气分布，表明油气的分布不受构造高程控制，以非构造缝洞体油藏类型为主。但是，统计分析表明沿走滑断裂带的局部构造高部位的缝洞体储层中油气相对较富集（图7-2-21）。

在塔中北斜坡的局部高部位，油气井产能普遍好，斜坡低部位，也不乏高产井（如中古5井区—中古7井区的中古5井、中古6井和中古7井等），但出水井比例增加。可见，在大的构造背景下，油气水也有一定程度的分异现象，即构造高部位多为气，中间为油，构造低部位易出水。从构造与气油比的关系也可看出，部分区域构造高部位气油比高、构造低部位气油比低，多产水。中古51井区在靠近10号带构造高部位及斜坡部位多产油气，而靠近Ⅰ号带构造低部位多产水。在缝洞单元内部，储层物性好且均质性相对较好，油气水分布状态便如同砂泥岩剖面中那种传统的模式：最上部为气，其下为油，如果油气未能全部驱替缝洞内部的水，则水在最下部。这样的情况下，如钻井打在下部，便会出水；若打在该缝洞单元上倾方向的顶部，便是油气，中古433C井就是一个这样的例子。

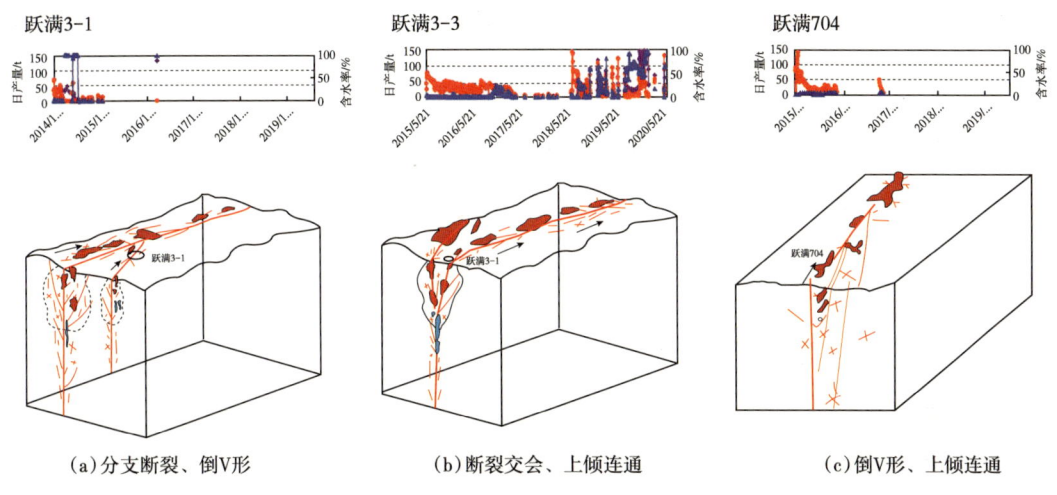

图 7-2-20 跃满地区低效井模式图

**5. 多期油气充注**

1）油气成藏演化的差异

依据生烃史、构造演化史、油气成藏期次的分析，特别是寒武系主力烃源岩的厘定成果，环阿满断控油气系统主要有晚加里东期、晚海西期（二叠纪）和喜马拉雅期共三期油气充注和加里东末期—早海西期、印支期—燕山期两期油气调整，具有复杂的油气成藏史。

晚加里东期，上奥陶统巨厚泥岩快速沉积，满加尔凹陷东部寒武系烃源岩进入生烃高峰期。同时，塔北古隆起、塔中古隆起开始形成，走滑断裂系统格局基本形成，大量油气向隆起寒武系白云岩、下奥陶统岩溶及上奥陶统礁滩体储层中运移聚集成藏。此时这三类储层埋藏浅、孔隙发育，形成广泛分布的大型古油藏。随着隆起的发育与断裂的活动，同时发生隆升作用与断裂作用对油气藏的改造。

加里东末期（志留纪）—早海西期，塔北隆起、塔中隆起遭受广泛的抬升剥蚀，形成奥陶系碳酸盐岩古潜山，志留系盖层基本被破坏，并沿走滑断裂带发生断裂的切割破坏与改造，早期的古油藏几乎破坏殆尽，形成广泛分布的沥青砂岩。构造低部位上覆巨厚上奥陶统—志留系泥岩盖层，保存部分古油藏。目前塔河南检测到的都是该期的古油藏，表明早期古油藏在凹陷区的巨大潜力。

晚海西期发生古油藏调整与新生成油气的充注，是台盆区原油资源形成的关键时期，塔中隆起碳酸盐岩油藏大多以晚海西期烃类包裹体为主，包裹体均一温度为90~130℃，反映晚海西期存在油气的补充聚集。天然气的充注主要发生在喜马拉雅期，包裹体均一温度为140~150℃，反映存在该期油气的聚集。

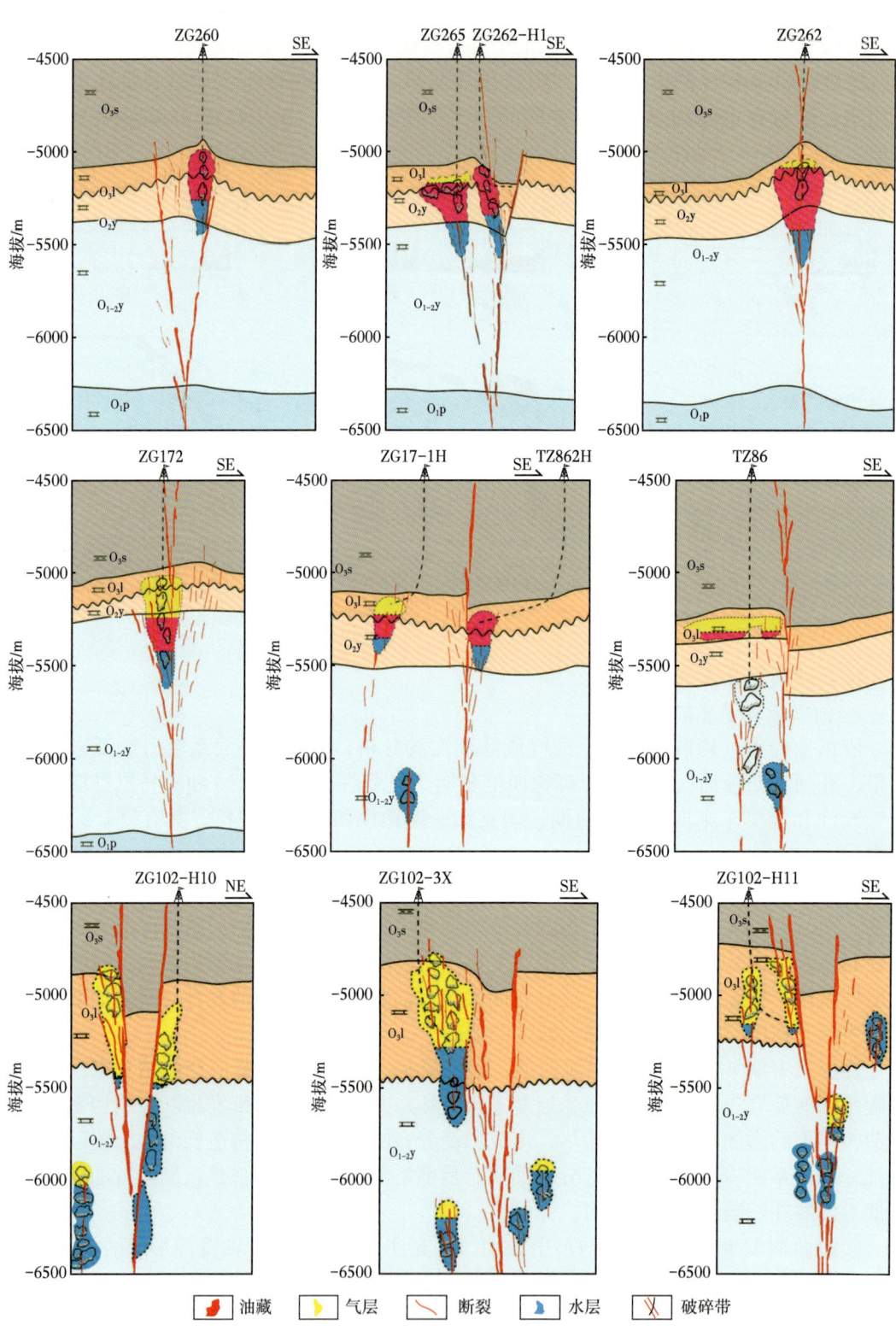

图 7-2-21 塔中北斜坡走滑断裂带典型高产油气井油藏模式图

喜马拉雅晚期，塔里木盆地受新构造运动作用，台盆区快速深埋，位于深层的古油藏、烃源岩与输导系统中分散油质，在深埋条件下可能发生裂解形成油裂解气（$R_o$值大于2%），在塔中北斜坡沿断裂带产生强烈气侵。气侵改造是该期典型特征，出现油气共存，构造低部位富气、构造高部位多油的"下气上油"特征（图7-1-14、图7-1-15）。

2）油气运聚的差异

加里东晚期，尽管奥陶系碳酸盐岩已发生强烈的胶结，很多孔隙已消失，但仍然保留了部分基质孔隙，同时在发育断裂期开启大量裂缝网络，油气运移输导通道通畅，以受局部构造控制的常规油藏为主。不同层系的油气藏受控断裂垂向运移及其控制的背斜圈闭，沿断裂断开的层位分布，流体重力分异明显。

石炭系沉积前，塔北隆起发生强烈的隆升与断裂活动，大部分油藏遭受破坏，形成奥陶系—志留系沥青。而在塔河南凹陷区，由于具有巨厚的桑塔木组泥岩，保存条件向凹陷区变好，油气保留量逐渐增大，同时部分沿断裂带分布的古油藏受到后期石油的补给，局部亦发生气侵，改善了古油藏的品质。古构造分析表明，塔北隆起在不同地史时期一直保持南东向西北倾伏的大斜坡，油气在局部断裂发育区存在纵向运移，但以横向运移为主，以凹陷区走滑断裂带高速通道运移为主，而轮南—塔河古隆起区出现以风化壳控制的近平行状油气运移方式，并决定了油气普遍分布的特征。

在奥陶系尖灭线以南，早期以垂向运聚形成常规油藏，晚期发生以大型走滑断裂为通道的油气横向运聚与调整。在塔河南区后期补充多、向北排出少的走滑断裂带往往油气富集，如跃满2井断裂带、跃满3井断裂带。喜马拉雅晚期天然气充注期，走滑断裂带大多胶结致密，以断层破碎带局部的开启的裂缝网络为低效通道，并有致密碳酸盐岩储层输导，在强烈的自西向东、由低到高的气侵过程中，远离进气口的气侵逐渐减弱，造成生产气油比、氮气、硫化氢及其他天然气性质发生规律性变化。从而自东向西、由低到高呈现凝析气藏向稠油油藏演变的特征。同时，远离进气口的断裂带向外气侵逐渐减弱，形成"下气上油"的分布特征。

由于断裂带复杂的多期油气成藏与调整改造，造成古隆起斜坡区不同层位、不同部位流体充注强度不同，特别是晚期天然气充注的差异，导致稠油油藏、常规油藏、凝析气藏、气藏混合分布，井间流体性质差异巨大，而凹陷区流体性质趋向一致。

3）分区差异富集

由于不同的演化特征，造成不同区块的油气成藏演化与油气富集的差异性，形成多种成藏模式。

富满断裂带具有"整带含油、分段富集"的特点。跃满地区最大的特点是构造平缓，位于油气运聚的低势区，而且上倾方向油气泄露相对较少。其特点主要为平凹近源、断强烃足、缝洞发育、封盖优越、斜列多藏。富满地区断裂、储层形成早，一间房组沉积末期断裂开始发育，在准同生期的溶蚀作用下，形成断控缝洞体储层［图7-2-1（a）~（c）］。石油形成早、成藏早，晚奥陶世末断控成藏体系形成［图7-2-1（d）］，由于位于生烃中心部位，断裂通源条件优越，油气充注程度高。其关键是在后期的演化过程中，长期处于稳定的深埋环境，油气散失少，保存条件优越，并可能有晚海西期的油气补给。由于不同区段的构造、储层与圈闭条件差异，形成分段富集。

哈拉哈塘地区则具有北东向断裂带分段富集的特点（图7-2-22）。该区也是在加里东

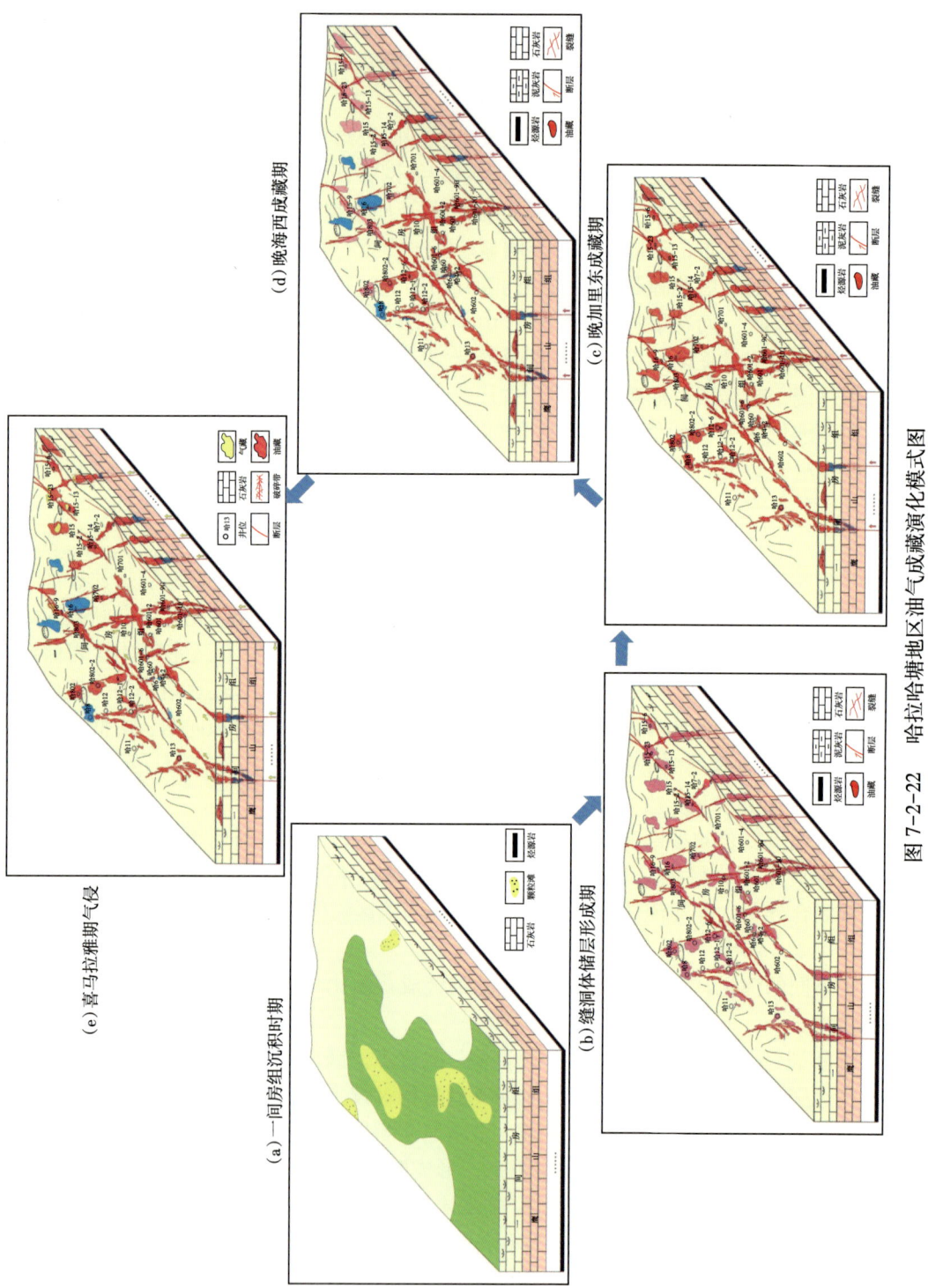

图 7-2-22 哈拉哈塘地区油气成藏演化模式图

期聚集了大量的油气资源[图7-2-22（a）~（d）]，但是受早海西期的破坏作用，油气几乎消失殆尽，向南保存条件逐渐加强，保留油气资源量增加。晚海西期，北东向断裂带位于古隆起指向区的斜坡部位，是油气补充的有利部位，而北西向断裂带运移条件较弱，补给的油气少[图7-2-22（e）]。喜马拉雅期受到的气侵影响微弱，保留了大量的古油藏。经过多期成藏与破坏调整，形成北东向R型剪切断裂、交会V形部位富集，重质油—轻质油共存的特征。

玉科地区与轮古东区则呈现"晚期富气、局部断裂富集"的特征（图7-2-23）。该区也具有早期成油的特点，但在早海西期发生大量的油气向轮南古隆起的泄漏，油气保存条件较差。晚海西期可能有较多的补给，在轮东的已检测到该期的流体包裹体。喜马拉雅期是天然气充注的重点地区，天然气含量从西向东逐渐增加，从而形成下气上油、油重气干，多期成藏、晚期为主，垂侧运移、断裂富集的成藏特点。

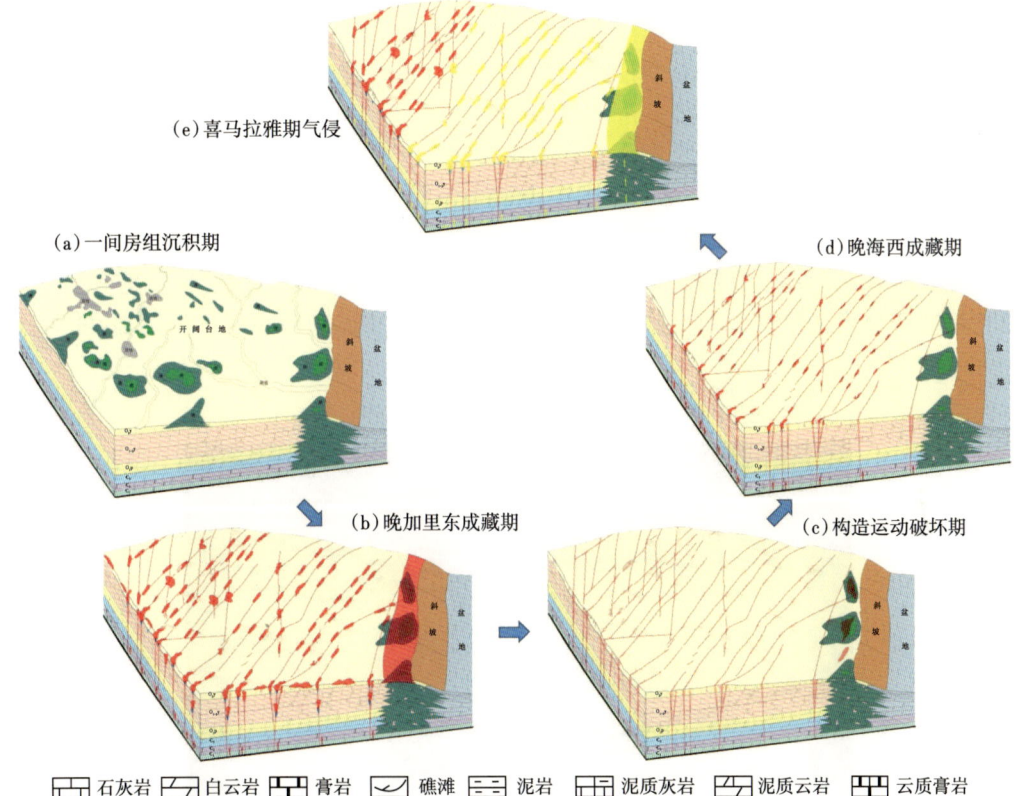

图 7-2-23　玉科地区油气成藏演化模式图

英买力地区则呈现明显的"背斜富集"。该区构造变动大，经历加里东晚期、早海西期、晚海西期的多期构造变动，直至印支期之后才定型。因此早期的油藏容易遭受破坏，在英买2背斜部位比较富集，具有晚海西期成藏、背斜富集的特点。值得注意的是，在斜坡低部位长期较稳定的走滑断裂带也可能形成局部富集，特别是南部可能接受晚期的充注。轮古西区与托普台地区呈现断控运聚、残丘富集的特点。由于位于古隆起高部位，加里东期的油气破坏殆尽，残余晚海西期的古油藏，形成沿断裂带的残丘富集的重油区。其中断裂主要起输导作用，形成近断裂富集的特点。

总之，塔北地区走滑断裂控制了油气复式成藏与规模富集，多期油气运聚成藏的差异性导致了上油下气、西油东气、南油北气的分布格局与流体性质的多样性。

## 第三节　断控油气勘探开发与成效

塔里木盆地走滑断裂带成藏地质条件复杂，超深层（大于6000m）下古生界走滑断裂断控油气藏勘探难度极大，缺少可借鉴的勘探经验，经历艰辛的探索过程。

### 一、断控油气勘探历程

综合分析，塔里木盆地下古生界碳酸盐岩经历潜山构造（约1984—2002年）—礁滩相控（约1997—2010年）—层间岩溶（约2007—2016年）—断控缝洞体（约2010年以后）共四阶段的油气勘探历程。由于埋深大、地质条件与地表条件复杂，缺乏可借鉴的勘探经验与理论技术，一般认为走滑断裂带难以形成大油气田、缺乏经济效益，走滑断裂带的勘探也经历多阶段逐步认识—实践—再认识的探索过程。

**1. 钻探礁滩体，兼顾走滑断裂带首获战略突破**

虽然早期的二维地震勘探与三维地震勘探资料不能识别塔中—塔北下古生界走滑断层，但2003年以来塔中大沙漠地区三维地震勘探攻关取得重大进展（杜金虎，2010），并发现了显著的北东向走滑断层（李明杰等，2006）。为探索塔中Ⅰ号构造带上奥陶统良里塔格组台缘礁滩体含油气性，研究提出沿走滑断裂带部署了比东部礁滩体低了800m以上的塔中82井（图7-3-1）。

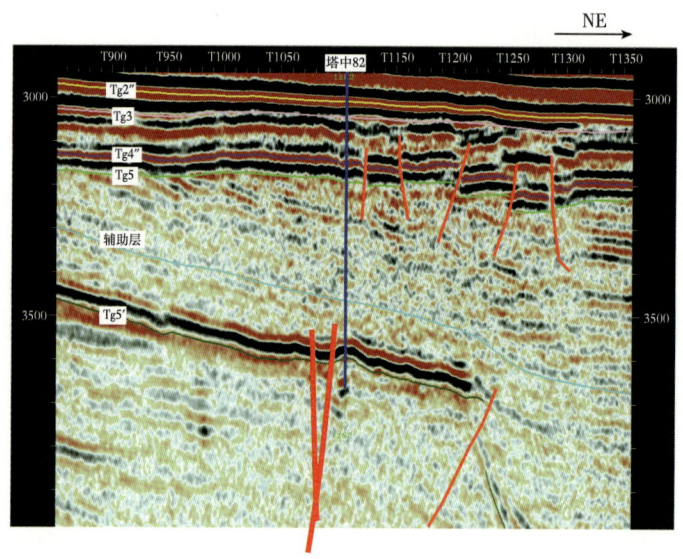

图7-3-1　过塔中82井南北向过井地震剖面Inline476（Tg5′为上奥陶统良里塔格组顶面；塔中82井紧邻走滑断层，并具有"串珠状"强反射；引自塔中82井位设计书）

塔中82井虽位于近台内部位，但具有"近断裂、正地貌、有'串珠状'"的特点。该井钻遇了礁滩体，但基质储层致密。2005年对5440~5487m井段酸化压裂，油嘴12.7mm

产油485m³/d、产气72.7×10⁴m³/d，礁滩体勘探首获日产千吨井，并发现塔中台缘礁滩体是整体含油气的亿吨级大油气田，被AAPG评为全球重大发现之一。尽管当时以礁滩体相控油气藏地质理论为指导，建立礁滩体相控准层状大油气藏模型，但礁滩体储层低孔隙度、低渗透率，研究认为走滑断裂带控制的大型缝洞体储层是高产的主控因素（邬光辉等，2016），塔中82井是塔里木盆地走滑断裂带油气勘探的里程碑。虽然已认识到断裂对油气的富集与产出具有重要的作用，但大多研究礁滩体才能形成规模储层，走滑断裂带难以形成规模油气聚集，礁滩体"相控"油气藏是当时油气勘探的主体指导思想。

**2. 风化壳"甜点"勘探，发现塔中鹰山组风化壳走滑断裂带油气更富集**

2006年，塔中83井兼探下奥陶统鹰山组风化壳并获得突破，通过老井复查与成藏地质研究，形成鹰山组复式成藏、连片含气的认识（杜金虎，2010；韩剑发等，2012），开始整体部署寻找风化壳岩溶储层控制的大气田。由于地震资料差、储层预测难，在整体部署、分步实施过程中，制订了"局部缝洞富集、择优钻探"井位部署原则，重点钻探"串珠状"缝洞体储层"甜点"。

2007年沿走滑断裂带部署的中古5井、中古7井等井在下奥陶统鹰山组获高产油气流，随后在中古8井、中古10井等走滑断裂带获得新发现，证实走滑断裂带富集油气，能形成大油气田。当时勘探主要针对层间岩溶储层，并构建了大型准层状碳酸盐岩内幕风化壳气藏模式。但很多远离断裂带的岩溶缝洞体含水率高，而走滑断裂带缝洞体"甜点"是高效井的主要分布区。2010年以来，通过走滑断裂的研究与重新认识，逐渐认识到走滑断裂带储层发育、油气富集，开始建立走滑断裂断控油气藏模式，并逐步围绕走滑断裂带"甜点"缝洞体开展评价与开发。

通过储层控油、断裂富集的认识深化，逐步建立走滑断裂带差异富集的油气藏模式，在塔中上奥陶统礁滩体与下奥陶统风化壳探明我国最大的碳酸盐岩凝析气田——塔中I号凝析气田，累计探明天然气地质储量3900×10⁸m³、石油地质储量2.8×10⁸t。

**3. 构建层间岩溶与走滑断裂共控油藏模型，发现哈拉哈塘大油田**

在塔北古隆起斜坡勘探开发过程中，2006年在轮南东部内幕奥陶系一间房组滩相石灰岩储层部署的轮古35井获得新发现，后期的钻探研究表明油气主要分布在南北向的走滑断裂带附近（陈志勇等，2008）。2007年塔北南坡哈拉哈塘地区哈6井在奥陶系内幕获油气显示后，部署新三维地震勘探发现共轭走滑断裂带，沿走滑断裂带部署相继成功（杜金虎，2010）。

前期一般是认为哈拉哈塘地区碳酸盐岩储层的发育主要受控于层间岩溶作用（杜金虎，2010），走滑断裂对碳酸盐岩具有建设性改造作用，油气勘探主要以礁滩体与风化壳的准层状"相控"油气藏模式进行部署。通过重新认识与油气藏评价开发，发现礁滩型与风化壳型油气藏中高产井、高效井多沿走滑断裂分布，逐渐认识到走滑断裂对碳酸盐岩储层的建设性作用极大，对油气富集具有重要控制作用，建立了层间岩溶与走滑断裂二元控制的"断+溶"油藏模型。从而掀起了走滑断裂带寻找大油气田的高潮，发现并控制了5亿吨级的哈拉哈塘油田。

**4. 突破"古隆起控油"，突破石油勘探开发7000m的"深度死亡线"，发现走滑断裂断控超深大油气田**

随着断层破碎带与断溶体等断裂控储控储研究认识的进步（邬光辉等，2011，2012；鲁新便等，2015），开始了针对不同地区走滑断裂带的几何学、运动学和动力学的研究，并逐步系统化走滑断裂控油理论认识。在断控碳酸盐岩油气藏认识指导下,勘探领域从隆起、斜坡向坳陷延伸,研究方向从潜山岩溶、礁滩岩溶、层间岩溶向以断控岩溶为主的碳酸盐岩油气藏转变。开始向坳陷区开展大规模勘探,并不断获得新发现。

2009年,哈得23井在远离古隆起的凹陷区获得新发现,开始了突破"古隆起找油"的局限。2011年,热普3井等井突破石油勘探开发7000m的"深度死亡线",掀起了向埋深大于7000m的坳陷禁区的大规模勘探。2014年以来,位于北部坳陷的阿满过渡带(或顺托果勒低隆)的中国石油富满地区与中国石化顺北区块同时开展了以走滑断裂断控油气藏为目标的科技攻关与勘探开发实践,逐步向南部的跃进、跃满、顺北、富源等区块扩展,并不断取得新发现。目前钻探深度逼近9000m(亚洲第一深井轮探1井钻探深度达8882m),并在8400m的下寒武统获重要发现,纵向油气赋存地层厚度逾3000m。2020年北部坳陷中间部位的满深1井在埋深7535m的奥陶系一间房组碳酸盐岩获得重大突破,表明塔北隆起、塔中隆起之间坳陷区超深层(埋深大于7000m)整体含油气,塔中—阿满—塔北形成连片含油气的环阿满走滑断裂断控大油气区(图7-1-10)。

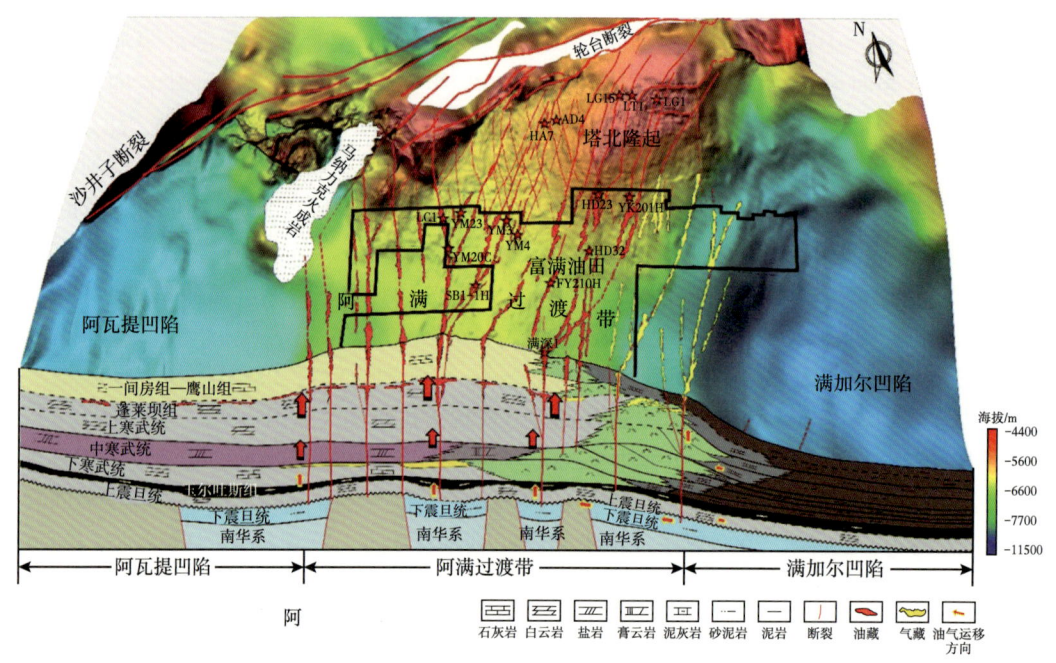

图7-3-2 富满油气系统成藏模式图

总之,塔里木盆地下古生界海相碳酸盐岩断控油气藏勘探经历十余年的逐步探索,通过礁滩兼探—风化壳"甜点"—"断+溶"共控—断裂控油等勘探指导思路指导下,不断取得新的突破,逐步发现塔北—塔中走滑断裂断控特大型油气田,引领了超深层复杂断控碳酸盐岩油气藏的勘探。

## 二、关键勘探技术进展

### 1. 高密度三维地震勘探采集处理技术

由于常规三维地震勘探资料难以有效地刻画微小走滑断裂及其相关缝洞体储层,开展了小面元、高覆盖、高密度地震的采集攻关。针对表层沙丘厚度大、疏松，地震波吸收衰减严重，内幕信噪比低的问题，以及不同表层条件下深部缝洞型碳酸盐岩特征，深入开展不同观测系统、不同激发条件、不同接收实验，实现了由窄方位向宽方位、由低覆盖向较高密度转变，不断完善并形成了基于碳酸盐岩缝洞叠前成像观测系统设计技术、经济技术一体化的宽方位＋高密度采集系列技术，有效压制了干扰，提高了深部碳酸盐岩成像品质。通过地震处理技术的提升，形成一"宽"（即拓宽高频、保护低频）、二"保"（保持振幅相对关系、保护反射波和绕射波波场）与三"高"（高精度浅表层建模、高精度火成岩建模、高精度井控约束建模）的处理技术系列。

通过高密度地震采集处理攻关，探索出炮道密度百万道以上、覆盖次数500次以上、纵横比0.7以上经济性与技术性并举的采集技术，集成"一宽二保三高"为核心的全过程处理技术，大幅提高了地震资料信噪比及分辨率（图7-3-3），一级品率由58%提高到81%。

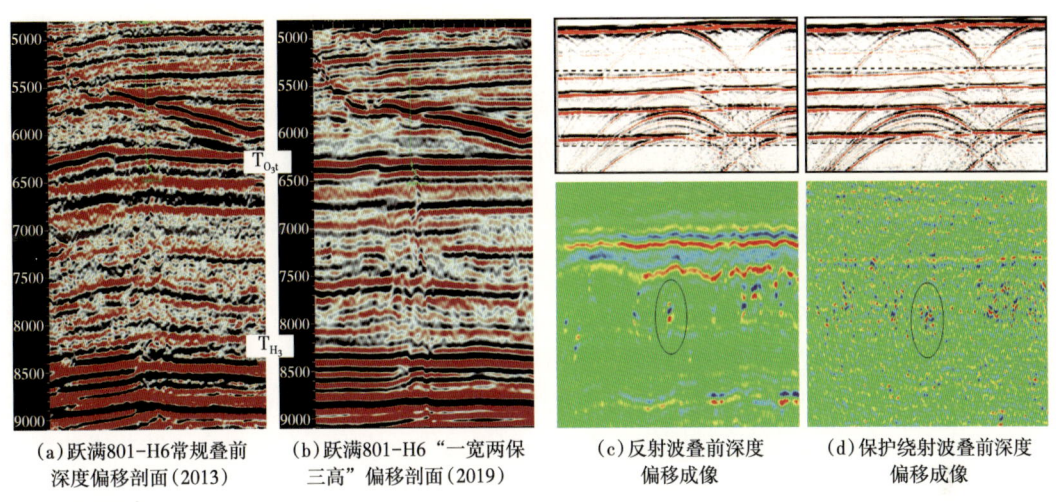

(a) 跃满801-H6常规叠前深度偏移剖面(2013)　(b) 跃满801-H6"一宽两保三高"偏移剖面(2019)　(c) 反射波叠前深度偏移成像　(d) 保护绕射波叠前深度偏移成像

图 7-3-3　富满油田地震处理效果对比图

### 2. 小位移、弱走滑断裂识别技术

前期通过地震剖面与相干平面图，识别出一系列大型走滑断裂带，但断裂带的内部结构复杂，微小断裂判识困难。

针对地震剖面上断裂多解性强，微小走滑断裂难以识别，结合地震剖面断裂建模，研发了"多重滤波＋振幅变化率"技术（图7-3-4），解决了塔河南地区埋藏深、地表差、位移小、火成岩发育造成的断裂低品成像难题。集成应用相干加强、曲率、振幅变化率、自动断层提取方法（AFE）、"蚂蚁"体、最大似然性等技术，形成了的多尺度弱走滑断裂识别技术，实现了对微小断裂带的精细刻画，为断裂带区带与圈闭评价提供了基础。通过走滑断裂刻画精度的提升，落实Ⅰ级主干断裂、Ⅱ级主干断裂70条。

### 3. 走滑断裂带缝洞体储层识别技术

超深层古老海相碳酸盐岩储层是走滑断裂带油气藏评价的关键，由于次生孔、洞、缝空间分布复杂多样，大型的缝洞体是钻探的主要目标，但缝洞体储层的地震识别极为困难。

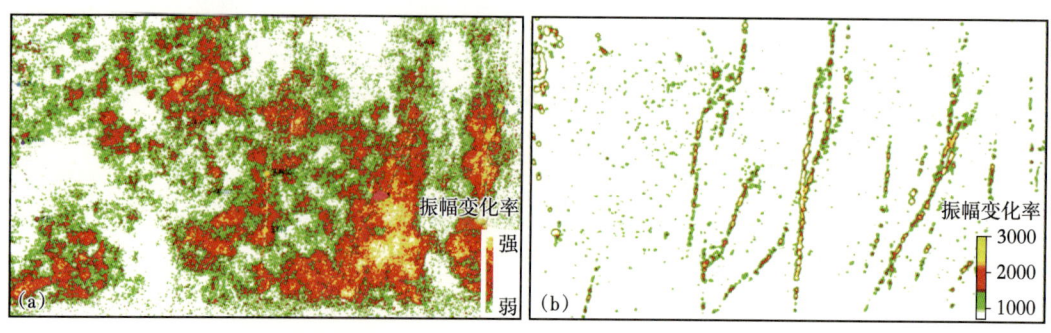

图 7-3-4　原始资料振幅变化率（a）与多重滤波后的振幅变化率（b）对比图

在走滑断裂精细解释基础上，开展多种地震属性、井控反演等技术进行走滑断裂带缝洞体储层的识别与刻画，确定储集体的平面分布范围，然后运用叠后/叠前波阻抗反演技术及岩石物理分析建模技术对缝洞体进行三维立体雕刻，确定缝洞体储层的空间分布与体积及缝洞体之间的连通关系。在储层反演方面，根据碳酸盐岩非均质不规则等油气藏特点，在宽方位和较高密度三维地震勘探的基础上，紧抓断裂、裂缝预测的关键难题，不断深化地质认识，不仅形成了以振幅、频率、阻抗、相干技术等叠后预测技术，而且发展了相控反演等技术。通过走滑断裂带缝洞体储层识别技术的优选应用，储层钻遇率提高到95%以上，钻井成功率也大幅提升。

**4. 走滑断裂带高效井布井方法技术**

1）"三界"圈闭立体刻画技术

通过建立了走滑断裂断控油气藏模式，制订围绕断裂破碎带寻找"甜点"的勘探部署思路。通过集成断裂破碎带的立体刻画与断裂破碎带缝洞体储层雕刻技术，形成断裂破碎带圈闭平面边界、纵向顶界和底界的描述方法技术。通过走滑断裂破碎带圈闭的划分与评价（图7-3-5），发现大量的有效圈闭，为井位部署提供了依据，有效提高了钻井成功率。

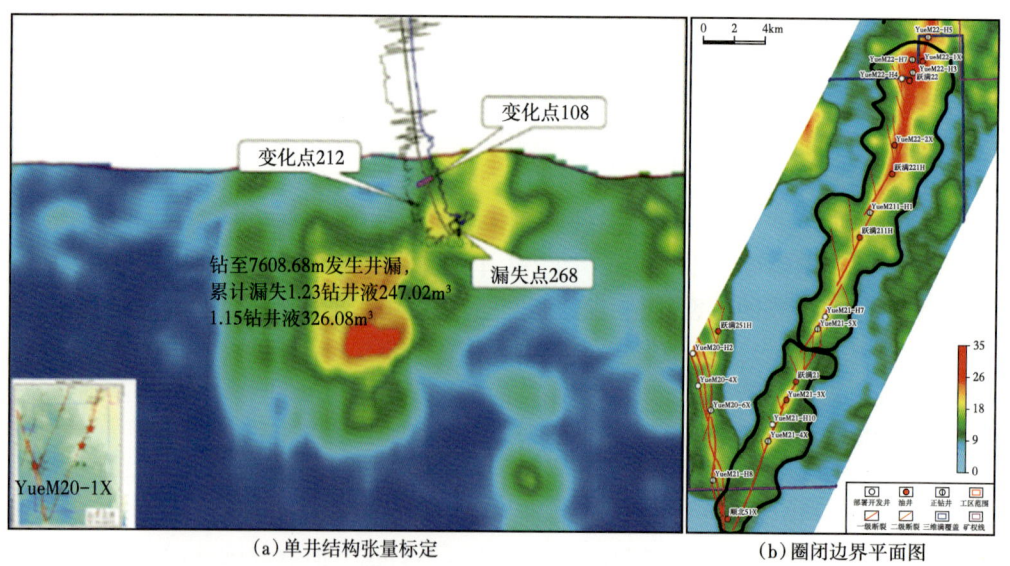

(a) 单井结构张量标定　　　　(b) 圈闭边界平面图

图 7-3-5　北部坳陷结构张量标定（a）及圈闭边界平面图（b）

2）断控缝洞型油藏立体井网设计方法技术

碳酸盐岩断裂破碎带油气藏中油气分布变化大，缝洞体"甜点"是高效井的主要部署对象。因此，遵循碳酸盐岩油藏的特点，以提高钻井成功率为目标，改变过去区带、圈闭、油藏三级研究层次，建立了缝洞带—缝洞系统—缝洞体（缝洞单元）三级描述评价体系，由以往地震资料解释做构造图、圈闭图转变为缝洞单元、缝洞系统的三维空间雕刻，摒弃了传统井网部署的理念，建立了缝洞体量化雕刻技术体系。根据断裂破碎带的分段性、连通性与平面边界等划分断裂带评价单元的划分，择优评价，建立了不规则井网部署原则与方法。

3）"四定+四选"井位部署方法技术

结合走滑断裂破碎带的地质结构与成藏特征，研究厘定了通过断裂带评价定富集带，通过同一断裂带分段评价定富集段，通过缝洞雕刻的正地貌长"串珠状"定高效井，通过大量破碎带建模定井型的四定方法技术，为复杂断裂破碎带井位优选提供了评价方法与规范。同时，不同于常规油气藏的均匀井网设计，在强烈非均质性走滑断裂带碳酸盐岩井位设计过程中，每个井点与井型设计都可能不一样，根据断裂破碎带的油藏地质模型建立了"选位置、选靶点、选靶层、选靶向"的井型设计四选方法与原则。通过不断总结高产高效井特征，优选适用技术，形成了高效布井方法技术。

通过方法技术的实施，富满油田的新井成功率从75%提升至95%，高效井比例从28%提升至65%。

**5. 形成了穿断裂破碎带大斜度+水平井钻完井技术**

1）大斜度+水平井钻井技术

由于走滑断裂带碳酸盐岩储层的非均质性极强，油气分布在一系列有间隔的缝洞体中，因此利用水平井、大斜度井钻穿多套缝洞体储层是提高产量的一种非常有效的方法。为保障钻探顺利进行，创新了精准储集体标定与水平井轨迹设计调整技术，结合储层的认识确定了水平井轨迹优化原则。针对断控油气藏地质模型与钻完井工程技术挑战，系统开展了碳酸盐岩水平井精准地质导向理论研究、技术攻关与现场试验，夯实了导向地质基础，创新了导向关键技术，推进了走滑断裂断控碳酸盐岩油气藏的效益勘探开发。

2）超深碳酸盐岩储层改造技术

由于断裂带碳酸盐岩储层非均质性强、缝洞连通性差，70%以上的探井需要储层改造才能获得工业油气流。由于缝洞系统复杂、埋藏深（大于7000m）、温度高（高达180℃）的特点，给储层改造带来了巨大挑战。通过不断的攻关，集成形成了适用的超深碳酸盐岩水平井分段酸压技术与配套的工艺。通过碳酸盐岩储层酸化压裂方法技术的应用，实现了沟通多套缝洞体系、数倍提高单井产能、控制产量递减速度的目标，达到了高效开发断控碳酸盐岩缝洞型复杂油气藏的目的。

## 三、断控油气钻探成效

经过勘探开发探索实践，塔里木盆地走滑断裂断控油气勘探开发取得一系列成果。

（1）发现与落实了70条主干走滑断裂带，明确了面积达$9×10^4km^2$的环阿满走滑断裂断控油气系统（图7-1-9），油气资源量达$50×10^8t$油当量，成为塔里木盆地油气增储上产的重点领域。

（2）沿环阿满走滑断裂带探明油气地质储量超 $10×10^8$ t 油气当量，控制油气地质储量达 $20×10^8$ t 油当量，成为全球最大的超深走滑断裂断控大油气田。

（3）近十年来塔里木油田公司碳酸盐岩钻井成功率从 73% 增长到 88%，高效井比例由 28% 增长到 45%，实现了超深复杂断控油气藏的效益勘探开发。

（4）3 年建成我国首个年产超 100 万吨的富满油田，塔里木油田 2010 年以来年产油气当量从 $99×10^4$ t 稳步增加到 $340×10^4$ t 油气当量，是此前 10 年的 3 倍（图 7-3-6）。走滑断裂带成为塔里木盆地碳酸盐岩评价开发的重点领域，中国石油矿权区走滑断裂相关油气藏年产量达 $1000×10^4$ t 油当量。

（5）形成了适用塔里木盆地的超深走滑断裂断控油气藏勘探的方法技术，支撑奥陶系碳酸盐岩油气藏评价开发，钻井成功率、高效井比例都有很大提高，引领了超深层走滑断裂断控碳酸盐岩油气藏的勘探开发。

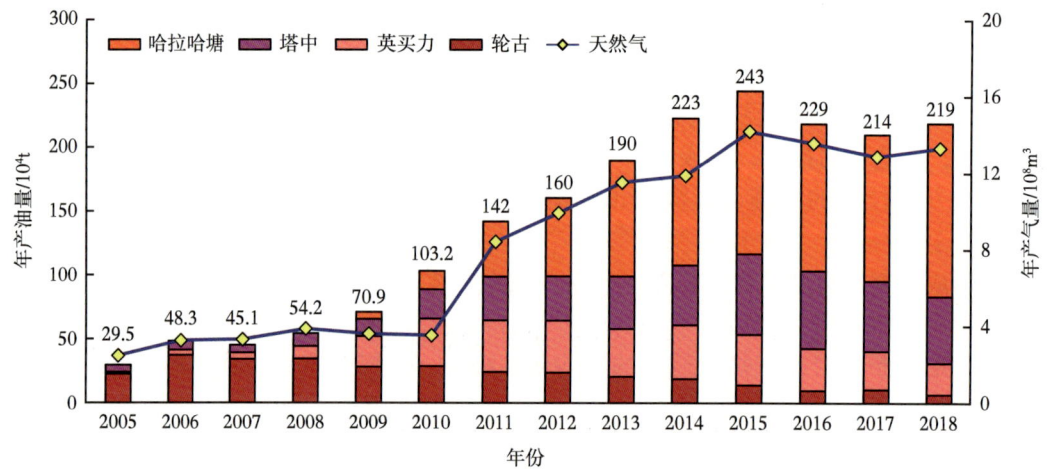

图 7-3-6　塔里木油田碳酸盐岩历年产量统计直方图

## 四、启示

塔里木盆地超深走滑断裂断控油气藏的勘探经历艰辛探索历程，对类似复杂油气藏的勘探具有启示意义。

### 1. 勇闯禁区、坚持探索是超深复杂油气藏勘探大发现的前提

走滑断层构造复杂，并断至地表，往往具有破坏作用，发现的油气资源远少于伸展断裂构造与逆冲断裂构造。而且超深层储层更致密，此前全球尚未发现 7000m 以深的走滑断裂断控大油气田。塔里木盆地走滑断裂断控油气藏的勘探突破了早期的三大勘探禁区：一是坳陷区大油气田的勘探禁区；二是 7000m 以深的石油勘探禁区；三是高效勘探开发的禁区。

由于坳陷区超深层走滑断裂带储层致密，自 2005 年沿走滑断裂带部署的塔中 82 井（千吨井）突破以来，关于走滑断裂带是否能形成规模储层与大油气田一直存疑。尽管迄今也有"断 + 相""断 + 溶二元控储""断裂 + 烃源岩 + 储层三元控藏"的不同认识，但一直在进行相关的地质研究与勘探探索。虽然很多钻探未能证实是走滑断裂控储控藏的断控

油气藏，但通过以风化壳与礁滩体为主的兼顾走滑断裂带的探索，在塔中鹰山组、轮东斜坡区等超深层走滑断裂带不断获得突破。通过哈拉哈塘地区的勘探开发，以及对塔中油气田、塔河油田的重新认识，证实走滑断裂控制了油气的富集，进而突破北部坳陷富满、顺北地区走滑断裂断控大油气田的勘探禁区。

研究一般认为超深层以天然气勘探为主，塔里木盆地7000m以深一直是石油勘探的禁区。但是，在塔北南斜坡勘探过程中，随着深度的增加，气油比并没有出现显著的增长。同时，基于塔里木盆地低古地温梯度与晚期快速深埋的特点，研究认为可能存在超深层大油田。因此，石油勘探坚持不断向7000m以深逼近，并在哈拉哈塘地区突破7000m石油勘探的禁区。近期轮探1井在8400m仍获得可动油流，表明8000m以深仍有石油勘探的潜力。

由于超深层走滑断裂带难以形成大规模优质储层，早期获得的油气井可能高产，但难以稳产，高效井比例低于25%，缺乏经济效益，制约了勘探开发的深入发展。哈拉哈塘走滑断裂带油藏开发过程中，发现油水关系复杂，经济效益低，一般认为其南部缺层间岩溶的坳陷区的效益更差。但通过坚持逐步的探索，富满油田的高效井比例高达60%以上，成为塔里木盆地经济效益最好的海相碳酸盐岩油田，表明7000m以深的复杂油藏仍有勘探开发价值。

### 2. 挑战经典、创新认识是坳陷区断控油气藏勘探大发现的重要基础

塔里木盆地下古生界碳酸盐岩基质孔隙度小于3%、渗透率小于1mD，风化壳与礁滩体油气藏都是后期次生孔隙，受控不整合暴露岩溶与礁滩体沉积相叠加岩溶作用，集中分布在古隆起斜坡部位。满加尔坳陷区中—上奥陶统缺少礁滩体与风化壳，一般认为缺乏储层与油气富集条件。因此，长期以来主要围绕隆起部位的礁滩体与风化壳开展油气勘探。因此形成了"古隆起控油、斜坡富集"的基本地质认识，并建立了大型"准层状"的相控/溶控的规模储层与油气藏模式，在勘探实践中也取得了良好的效果。

通过重新认识，塔中礁滩体油气藏的高产井大多与断裂有关，断裂相关岩溶控制了礁滩储层中大型缝洞体的发育。同时，塔北地区与塔中地区的风化壳缝洞体储层较发育，但大多高效井主要沿断裂带分布。综合分析，环阿满走滑断裂系统对奥陶系碳酸盐岩储层与油气分布及其产出具有重要的控制作用，呈现明显"断控"特征，不同于风化壳与礁滩体控制的大型"准层状"油气藏及国内外常规"断控"油气藏。因此，通过不断创新走滑断裂控储控藏模型与油气富集规律的研究，逐步建立走滑断裂断控储层模型，突破了"古隆起控油"与"准层状"的相控规模储层理论模型，指导了走滑断裂断控油气藏的勘探。

通过不断创新理论认识，塔里木盆地海相碳酸盐岩的勘探经历潜山构造—礁滩相控—层间岩溶—断控缝洞体共四阶段的油气勘探历程，形成构造控油—储层控油—断裂控油等勘探指导思路，不断取得新的突破，在坳陷区发现典型的走滑断裂断控大油气田，引领了超深层复杂断控碳酸盐岩的勘探开发。

### 3. 技术攻关、不断推进的技术革新是断控油气藏大发现的关键

勘探开发实践表明，塔里木盆地现有油气地质理论及认识、勘探开发技术难以有效指导与预测超深层走滑断裂带油气分布，不足以支撑碳酸盐岩井位部署，造成储量动用难度大、采出程度低。

塔里木盆地超深层古老海相碳酸盐岩储层非均质性极强，油气水分布异常复杂，面临

储层预测难、井点优选难、油气稳产难的世界级难题。而超深层走滑断裂带油气地质条件更为复杂，全球未见相关成功案例的勘探技术报道。通过近十年的"产—学—研"攻关，形成了超深走滑断裂断控碳酸盐岩油气藏勘探开发的配套技术：

（1）超深层走滑断裂带碳酸盐岩高密度三维地震采集处理技术；

（2）板内弱走滑断裂构造解析的方法技术；

（3）超深层走滑断裂带相关储层雕刻与评价的方法技术；

（3）超深层碳酸盐岩走滑断裂带高产稳产井布井技术；

（4）超深层碳酸盐岩走滑断裂带钻井技术；

（5）超深层碳酸盐岩走滑断裂带酸压改造配套技术。

实践证明，以"地震、钻井、试油"三大技术为核心的勘探配套技术进步，逐步突破了走滑断裂带碳酸盐岩井位优选难、稳产难、探明难等技术难关，支撑了走滑断裂断控特大型油气田的发现。

**4. 勘探开发一体化是超深复杂碳酸盐岩勘探持续推进的重要保障**

由于超深走滑断裂断控碳酸盐岩油气藏极为复杂，勘探阶段少量的探井难以探明油气藏。而开发阶段对油气藏认识也不清楚，不能以常规的规则井网部署，需要借鉴勘探经验与技术布井。面对复杂的走滑断裂断控碳酸盐岩油气藏，勘探需要开发投入工作量加快认识油气藏及加快探明油气藏，同时开发增储上产需要勘探提供高效井位。因此根据塔里木盆地勘探开发的实际情况，形成开发早介入、勘探提供开发井、开发井探明油气藏、勘探开发井综合利用的立体勘探模式。

以实现碳酸盐岩上产增储、实现规模效益为目标任务，强化一体化组织，实现勘探开发一套科研人马、一个生产组织机构。形成了具有塔里木特色的"六个一体化"融合式工作架构，即组织结构一体化、投资部署一体化、科研生产一体化、生产组织一体化、工程地质一体化、地面地下一体化。科研方面成了碳酸盐岩"产—学—研"跨专业一体化研究组织模式，开展井位研究、随钻跟踪、方案编制、开发技术研究、措施研究等全生命周期油藏研究工作。通过科研认识紧跟生产，实现了井位部署一体化、钻完井实施一体化、油藏管理一体化。

通过勘探开发一体化组织实施，加快了勘探开发进程，实现了复杂油气藏的效益勘探开发，成为超深走滑断裂断控油气田勘探开发的典范。

总之，塔里木盆地下构造层寒武系—奥陶系碳酸盐岩油气资源丰富，但由于埋深大，储层与油气成藏极为复杂，经历了30余年的艰辛探索过程。前期对塔里木盆地奥陶系碳酸盐岩沉积储层与油气成藏进行了大量的研究，建立了风化壳与礁滩体的准层状"相（层）控"油气藏模型，总结归纳了"古隆起控油、斜坡富集"的油气分布规律，在台盆区奥陶系碳酸盐岩发现了轮南—塔河风化壳型大油田和塔中礁滩体—风化壳型凝析气田，分别是我国最大的海相碳酸盐岩油田与凝析气田。近20年勘探实践表明，离开塔北与塔中古隆起的坳陷区超深层（>6000m）缺乏有利储集相带与风化壳岩溶储层，或是油气运聚条件差，一系列预探井相继失利。尽管塔里木克拉通中部2003年已发现走滑断裂，但直至近年来才开始重点勘探走滑断裂带，在哈拉哈塘与塔河南、顺北与顺南等地区沿一系列走滑断裂带的奥陶系碳酸盐岩获高产油气流，发现走滑断裂断控特大型油气田，油气发现范围已突破古隆起，油气发现深度达8000m。同时，塔里木盆地油气藏评价开发实践与研究表明，前期发现的塔北地区与塔中地区奥陶系大型"相控"风化壳与礁滩体油气藏的碳酸盐岩储层与油气分布极不均匀，油气大多沿断裂带的"甜点"缝洞体产出，基质孔隙与孔洞型储层难以获得经济产出，并逐步建立"断控"型油气藏理论模型。在北部坳陷区高效建成全球陆上首个超深（＞7500m）走滑断裂断控的年产原油量超 $200×10^4$ t 的富满油田，并实现了高效开发，开辟了板内超深层走滑断裂断控油气藏勘探开发新领域。

## 参 考 文 献

常象春,王铁冠,李启明,等,2013.哈拉哈塘凹陷新垦区块奥陶系油气成藏的地球化学证据[J].中国石油大学学报(自然科学版),37(3):44-49.

陈红汉,吴悠,丰勇,等,2014.塔河油田奥陶系油气成藏期次及年代学[J].石油与天然气地质,35(6):806-819.

陈猛,高莲花,党青宁,等,2016.一种高精度时频分析技术在碳酸盐岩烃类检测中的应用[J].复杂油气藏,9(1):26-30.

陈永权,严威,韩长伟,等,2015.塔里木盆地寒武纪—早奥陶世构造古地理与岩相古地理格局再厘定——基于地震证据的新认识[J].天然气地球科学,26(10):1831-1843.

陈志勇,李启明,钱玲,等,2008.轮南地区晚海西期构造变形与油气成藏[J].天然气地球科学,(2):193-197.

池国祥,卢焕章,2008.流体包裹体组合对测温数据有效性的制约及数据表达方法[J].岩石学报,24(9):1945-1953.

崔晓玲,张晓宝,马素萍,等,2013.同沉积构造研究进展[J].天然气地球科学,24(4):747-754.

淡永,邹灏,梁彬,等,2016.塔北哈拉哈塘加里东期多期岩溶古地貌恢复与洞穴储层分布预测[J].石油与天然气地质,37(3):304-312.

邓尚,李慧莉,张仲培,等,2018.塔里木盆地顺北及邻区主干走滑断裂带差异活动特征及其与油气富集的关系[J].石油与天然气地质,39(5):878-888.

丁长辉,单玄龙,李强,等,2008.塔里木盆地车尔臣断裂系地质结构与构造演化[J].世界地质,27(1):36-41.

丁志文,汪如军,陈方方,等,2020.断溶体油气藏成因、成藏及油气富集规律:以塔里木盆地哈拉哈塘油田塔河南岸地区奥陶系为例[J].石油勘探与开发,47(2):286-296.

杜金虎,2010.塔里木盆地寒武—奥陶系碳酸盐岩油气勘探[M].北京:石油工业出版社.

范彩伟,2018.莺歌海大型走滑盆地构造变形特征及其地质意义[J].石油勘探与开发,45(2):190-199.

谷茸,云露,朱秀香,等,2020.塔里木盆地顺北油田油气来源研究[J].石油实验地质,42(2):248-254,262.

郭昆,2016.基于地震多属性预测碳酸盐岩地层断层破碎带[J].石化技术,23(4):166.

韩剑发,邬光辉,肖中尧,等,2020.塔里木盆地寒武系烃源岩分布的重新认识及其意义[J].地质科学,55(1):17-29.

韩剑发,苏洲,陈利新,等,2019.塔里木盆地台盆区走滑断裂控储控藏作用及勘探潜力[J].石油学报,40(11):1296-1310.

韩强,云露,蒋华山,等,2021.塔里木盆地顺北地区奥陶系油气充注过程分析[J].吉林大学学报(地球科学版),51(3):645-658.

何碧竹,焦存礼,许志琴,等,2011.阿尔金—西昆仑加里东中晚期构造作用在塔里木盆地塘古兹巴斯凹陷中的响应[J].岩石学报,27(11):3435-3448.

何登发,贾承造,李德生,等,2005.塔里木多旋回叠合盆地的形成与演化[J].石油与天然气地质,26(1):64-77.

胡霭琴，张国新，陈义兵，等，2001. 新疆大陆基底分区模式和主要地质事件的划分［J］. 新疆地质，（1）：12-19.

胡太平，吉云刚，潘杨勇，等，2011. 傅立叶频谱分解技术在塔中45井区油气勘探中的应用［J］. 新疆石油地质，32（3）：308-310.

黄诚，2019. 叠合盆地内部小尺度走滑断裂幕式活动特征及期次判别——以塔里木盆地顺北地区为例［J］. 石油实验地质，41（3）：379-389.

贾承造，陈汉林，杨树锋，等，2003. 库车坳陷晚白垩世隆升过程及其地质响应［J］. 石油学报，2003（3）：1-5.

贾承造，庞雄奇，姜福杰，2016. 中国油气资源研究现状与发展方向［J］. 石油科学通报，1（1）：2-23.

贾承造，1997. 中国塔里木盆地构造特征与油气［M］. 北京：石油工业出版社.

贾承造，2004. 塔里木盆地板块构造与大陆动力学［M］. 北京：石油工业出版社.

江同文，昌伦杰，邓光梁，等，2021. 断控碳酸盐岩油气藏开发地质认识与评价技术——以塔里木盆地为例［J］. 天然气工业，41（3）：1-9.

江同文，韩剑发，邬光辉，等，2020. 塔里木盆地塔中隆起断控复式油气聚集的差异性及主控因素［J］. 石油勘探与开发，47（2）：213-224.

姜常义，穆艳梅，赵晓宁，等，2001. 塔里木板块北缘活动陆缘型侵入岩带的岩石学与地球化学［J］. 中国区域地质，20（2）：158-163.

焦方正，2017. 塔里木盆地顺托果勒地区北东向走滑断裂带的油气勘探意义［J］. 石油与天然气地质，38（5）：831-839.

康玉柱，2007. 中国古生代海相油气田发现的回顾与启示［J］. 石油与天然气地质，28（5）：570-575.

李本亮，贾承造，庞雄奇，等，2007. 环青藏高原盆山体系内前陆冲断构造变形的空间变化规律［J］. 地质学报，（9）：1200-1207.

李海英，刘军，龚伟，等，2020. 顺北地区走滑断裂与断溶体圈闭识别描述技术［J］. 中国石油勘探，25（3）：107-120.

李锦轶，王克卓，李亚萍，等，2006. 天山山脉地貌特征、地壳组成与地质演化［J］. 地质通报，25（8）：895-909.

李明杰，胡少华，王庆果，等，2006. 塔中地区走滑断裂体系的发现及其地质意义［J］. 石油地球物理勘探，41（1）：116-122.

李明杰，郑孟林，冯朝荣，等，2004. 塔中低凸起的结构特征及其演化［J］. 西安石油大学学报：自然科学版，19（4）：43-45.

李朋武，高锐，管烨，等，2009. 古亚洲洋和古特提斯洋的闭合时代——论二叠纪末生物灭绝事件的构造起因［J］. 吉林大学学报（地球科学版），39（3）：521-527.

李婷婷，侯思宇，马世忠，等，2018. 断层识别方法综述及研究进展［J］. 地球物理学进展，33（4）：1507-1514.

刘昌伟，常祖峰，李春光，等，2019. GPS约束下川滇地区下地壳拖曳作用及断裂活动性有限元模拟［J］. 地震研究，42（3）：385-392.

刘海涛，袁万明，田朋飞，等，2012. 阿尔泰山南缘白垩纪以来的剥露历史和古地形恢复［J］. 岩石矿物学杂志，31（3）：412-424.

刘军，任丽丹，李宗杰，等，2017. 塔里木盆地顺南地区深层碳酸盐岩断裂和裂缝地震识别与评价［J］. 石油与天然气地质,38(4):703-710.

刘亚雷,胡秀芳,王道轩,等,2012.塔里木盆地三叠纪岩相古地理特征[J].断块油气田,19(6):696-700.

鲁新便,胡文革,汪彦,等,2015.塔河地区碳酸盐岩断溶体油藏特征与开发实践[J].石油与天然气地质,36(3):347-355.

罗春树,杨海军,蔡振忠,等,2007.塔中82井区优质储集层的控制因素[J].新疆石油地质,(5):589-591.

罗春树,杨海军,李江海,等,2011.塔中奥陶系优质储集层特征及断裂控制作用[J].石油勘探与开发,38(6):716-724.

吕修祥,胡轩,1997.塔里木盆地塔中低凸起油气聚集与分布[J].石油与天然气地质,18(4):288-293.

马德波,邬光辉,朱永峰,等,2019.塔里木盆地深层走滑断层分段特征及对油气富集的控制:以塔北地区哈拉哈塘油田奥陶系走滑断层为例[J].地学前缘,26(1):225-237.

马德波,赵一民,张银涛,等,2018.最大似然属性在断裂识别中的应用——以塔里木盆地哈拉哈塘地区热瓦普区块奥陶系走滑断裂的识别为例[J].天然气地球科学,29(6):817-825.

马乾,2018.川中深层碳酸盐岩储层含气性预测研究[D].成都:成都理工大学.

马青,马涛,杨海军,等,2019.塔里木盆地上泥盆统—下石炭统滨岸—混积陆棚三级层序发育特征[J].石油勘探与开发,46(4):666-674.

马润则,刘援朝,刘家铎,2003.塔里木南缘浅变质岩形成时代及构造背景[J].新疆地质,21(1):51-56.

能源,邬光辉,黄少英,等,2016.再论塔里木盆地古隆起的形成期与主控因素[J].天然气工业,36(4):27-34.

庞雄奇,金之钧,姜振学,等,2002.叠合盆地油气资源评价问题及其研究意义[J].石油勘探与开发,29(1):9-13.

庞雄奇,林会喜,郑定业,等,2020.中国深层和超深层碳酸盐岩油气藏形成分布的基本特征与动力机制及发展方向[J].地质力学学报,26(5):673-695.

庞雄奇,姜振学,等,2012.叠合盆地油气藏形成、演化与预测评价[J].地质学报,86(1):1-103.

漆家福,张一伟,陆克政,等,1995.渤海湾盆地新生代构造演化[J].中国石油大学学报:自然科学版,(S1):1-6.

漆立新,2020.塔里木盆地顺北超深断溶体油藏特征与启示[J].中国石油勘探,25(1):102-111.

任泓宇,傅恒,纪佳,等,2017.塔里木盆地西南地区与相邻中亚盆地白垩系—古近系沉积演化对比[J].沉积与特提斯地质,37(3):103-112.

沈安江,胡安平,程婷,等,2019.激光原位U-Pb同位素定年技术及其在碳酸盐岩成岩—孔隙演化中的应用[J].石油勘探与开发,46(6):1062-1074.

石峰,2014.南汀河断裂带构造地貌研究[D].北京:国地震局地质研究所.

宋键,2010.喜马拉雅东构造结周边地区主要断裂现今运动特征与数值模拟研究[D].北京:中国地震局地质研究所.

汤良杰,漆立新,邱海峻,等,2012.塔里木盆地断裂构造分期差异活动及其变形机理[J].岩石学报,28(8):2569-2583.

田军,王清华,杨海军,等,2021.塔里木盆地油气勘探历程与启示[J].新疆石油地质,42(3):272-282.

田雷,崔海峰,刘军,等,2018.塔里木盆地早、中寒武世古地理与沉积演化[J].油与天然气地质,39(5):1011-1021.

万效国, 邬光辉, 谢恩, 等, 2016. 塔里木盆地哈拉哈塘地区碳酸盐岩断层破碎带地震预测 [J]. 石油与天然气地质, 37（5）: 786-791.

王斌, 赵永强, 何生, 等, 2020. 塔里木盆地顺北 5 号断裂带北段奥陶系油气成藏期次及其控制因素 [J]. 石油与天然气地质, 41（5）: 965-974.

王成善, 郑和荣, 冉波, 等, 2010. 活动古地理重建的实践与思考——以青藏特提斯为例 [J]. 沉积学报, 28（5）: 849-860.

王洪浩, 李江海, 杨静懿, 等, 2013. 塔里木陆块新元古代—早古生代古板块再造及漂移轨迹 [J]. 地球科学进展, 28（6）: 637-647.

王清华, 杨海军, 汪如军, 等, 2021. 塔里木盆地超深层走滑断裂断控大油气田的勘探发现与技术创新 [J]. 中国石油勘探, 26（4）: 58-71.

王招明, 张丽娟, 杨海军, 2017. 超深缝洞型海相碳酸盐岩油气藏开发技术 [M]. 北京: 石油工业出版社.

王招明, 杨海军, 王清华, 等, 2012. 塔中隆起海相碳酸盐岩特大型凝析气田地质理论与勘探技术 [M]. 北京: 科学出版社.

王震, 文欢, 邓光校, 等, 2019. 塔河油田碳酸盐岩断溶体刻画技术研究与应用 [J]. 石油物探, 58（1）: 149-154.

魏国齐, 贾承造, 1998. 塔里木盆地逆冲带构造特征与油气 [J]. 石油学报, 1998（1）: 21-27.

邬光辉, 成丽芳, 刘玉魁, 等, 2011. 塔里木盆地寒武—奥陶系走滑断裂系统特征及其控油作用. 新疆石油地质 [J], 32（3）: 240-243.

邬光辉, 邓卫, 黄少英, 等, 2020. 塔里木盆地构造—古地理演化 [J]. 地质科学, 55（2）: 305-321.

邬光辉, 罗春树, 胡太平, 等, 2007. 褶皱相关断层——以库车坳陷新生界盐上构造层为例 [J]. 地质科学, （3）: 496-505.

邬光辉, 马兵山, 韩剑发, 等, 2021. 塔里木克拉通盆地中部走滑断裂形成与发育机制 [J]. 石油勘探与开发, 48（3）: 510-520.

邬光辉, 庞雄奇, 李启明, 等, 2016. 克拉通碳酸盐岩构造与油气——以塔里木盆地为例 [M]. 北京: 科学出版社.

邬光辉, 杨海军, 屈泰来, 等, 2012. 塔里木盆地塔中隆起断裂系统特征及其对海相碳酸盐岩油气的控制作用 [J]. 岩石学报, 28（2）: 793-805.

邬光辉, 李浩武, 徐彦龙, 等, 2012. 塔里木克拉通基底古隆起构造—热事件及其结构与演化 [J]. 岩石学报, 28（8）: 2435-2452.

吴才来, 杨经绥, 姚尚志, 等, 2005. 北阿尔金巴什考供盆地南缘花岗杂岩体特征及锆石 SHRIMP 定年 [J]. 岩石学报, 21（3）: 846-858.

吴国干, 李华启, 初宝洁, 等, 2002. 塔里木盆地东部大地构造演化与油气成藏 [J]. 大地构造与成矿学, 26（3）: 229-234.

鲜强, 蔡志东, 王祖君, 等, 2017. AVO 分析技术在塔中碳酸盐岩油气检测中的应用 [J], 物探化探计算技术, 39（2）: 260-265.

肖阳, 邬光辉, 雷永良, 等, 2017. 走滑断裂带贯穿过程与发育模式的物理模拟 [J]. 石油勘探与开发, 44（3）: 340-348.

肖阳, 何文, 罗慎超, 等, 2018. 缝洞单元类型快速识别方法 [J]. 油气地质与采收率, 25（6）: 120-126.

许斌斌, 张冬丽, 张培震, 等, 2019. 冲积扇河流阶地演化对走滑断裂断错位移的限定 [J]. 地震地质, 41（3）:

587-602.

许志琴,李海兵,杨经绥.2006.造山的高原—青藏高原巨型造山拼贴体和造山类型[J].地学前缘,13（4）: 1-17.

许志琴,李思田,张建新,等,2011.塔里木地块与古亚洲/特提斯构造体系的对接[J].岩石学报,27（1）: 1-22.

严俊君,王燮培,1996.关于扭动构造的鉴别问题[J].石油与天然气地质,17（1）: 8-14.

杨凤英,沈春光,王彭,等,2019.塔中Ⅰ号气田超深碳酸盐岩缝洞型储层精细刻画研究[J],地质勘探,25-33.

杨海军,邓兴梁,张银涛,等,2020,塔里木盆地满深1井奥陶系超深断控碳酸盐岩油气藏勘探重大发现及意义[J].中国石油勘探,25（3）: 13-23.

杨海军,邬光辉,韩剑发,等,2020.塔里木克拉通内盆地走滑断层构造解析[J].地质科学,55（1）: 1-16.

杨海军,于双,张海祖,等,2020.塔里木盆地轮探1井下寒武统烃源岩地球化学特征及深层油气勘探意义[J].地球化学,49（6）: 666-682.

杨树锋,陈汉林,董传万,等,1996.塔里木盆地二叠纪正长岩的发现及其地球动力学意义[J].地球化学,25（2）: 121-128.

印兴耀,张世鑫,张繁昌,等,2010.利用基于Russell近似的弹性波阻抗反演进行储层描述和流体识别[J].石油地球物理勘探,45（3）: 373-380.

余攀,彭兴和,曾维望,2018.基于断裂似然体属性精细识别小断裂构造[J].煤炭与化工,41（12）: 59-63.

云露,2021.顺北东部北东向走滑断裂体系控储控藏作用与突破意义[J].中国石油勘探,26（3）: 41-52.

张传林,李怀坤,王洪燕,2012.塔里木地块前寒武纪地质研究进展评述[J].地质论评,58（5）: 923-936.

张传林,周刚,王洪燕,等,2010.塔里木和中亚造山带西段二叠纪大火成岩省的两类地幔源区[J].地质通报,29（6）: 779-794.

张光亚,刘伟,张磊,等,2015.塔里木克拉通寒武纪—奥陶纪原型盆地、岩相古地理与油气[J].地学前缘,22（3）: 269-276.

张惠良,张荣虎,李勇,等,2006.塔里木盆地群苦恰克地区泥盆系东河塘组下段储层特征及控制因素[J].新疆地质,24（4）: 412-417.

张健,张传林,李怀坤,等,2014.再论塔里木北缘阿克苏蓝片岩的时代和成因环境：来自锆石U-Pb年龄、Hf同位素的新证据[J].岩石学报,30（11）: 3357-3365.

张金亮,张鑫,2007.塔中地区志留系砂岩元素地球化学特征与物源判别意义[J].岩石学报,23（11）: 2990-3002.

张璐,何峰,陈晓智,等,2020.基于倾角导向滤波控制的似然属性方法在断裂识别中的定量表征[J].岩性油气藏,32（2）: 108-114.

张振生,李明杰,刘社平,2002.塔中低凸起的形成和演化[J].石油勘探与开发,29（1）: 28-31.

张正阳,2017.可控金字塔方法在地质体识别中的应用研究[D].青岛：中国石油大学（华东）.

赵振明,李荣社,计文化,等,2010.志留纪昆仑山地区构造古地理环境及其成矿意义[J].中国地质,37(5): 1284-1304.

赵宗举,吴兴宁,潘文庆,等,2009.塔里木盆地奥陶纪层序岩相古地理[J].沉积学报,27（5）: 939-955.

甄素静,汤良杰,李宗杰,等,2015.塔中北坡顺南地区走滑断裂样式、变形机理及石油地质意义[J].天然气地球科学,26（12）: 2315-2324.

甄宗玉, 郑江峰, 孙佳林, 等, 2020. 基于最大似然属性的断层识别方法及应用[J]. 地球物理学进展, 35(1): 374-378.

周建勋, 漆家福, 童亨茂, 1999. 盆地构造研究中的砂箱模拟实验方法[M]. 北京: 地震出版社.

周永胜, 李建国, 王绳祖, 2003. 用物理模拟实验研究走滑断裂和拉分盆地[J]. 地质力学学报, 9(1): 1-13.

Allen M B, 1990. Tectonics and magmatism of Western Junggar and the Tien Shan range, Xinjiang Province, NW China[D]. Leicester: University of Leicester.

Atmaoui N, Kukowski N, Stöckhert B, et al., 2006. Initiation and development of pull-apart basins with Riedel shear mechanism: Insights from scaled clay experiments[J]. International Journal of Earth Sciences, 95(2): 225-238.

Aydin A, Berryman J G, 2010. Analysis of the growth of strike-slip faults using effective medium theory[J]. Journal of Structural Geology, 32(11): 1629-1642.

Aydin A, Nur A, 1982. Evolution of pull-apart basins and their scale independence[J]. Tectonics, 1(1): 91-105.

Aydin A, Schultz R A, 1990. Effect of mechanical interaction on the development of strike-slip faults with echelon patterns[J]. Journal of Structural Geology, 12(1): 123-129.

Bense V F, Gleeson T, Loveless S E, et al., Fault zone hydrogeology[J]. Earth-Science Reviews, 2013, 127: 171-192.

Bhatia M R, Crook K A W, 1986. Trace element characteristics of graywackes and tectonic setting discrimination of sedimentary basins[J]. Contributions to mineralogy and petrology, 92(2): 181-193.

Bhatia M R, 1983. Plate tectonics and geochemical composition of sandstones[J]. The Journal of Geology, 91(6): 611-627.

Blenkinsop T G, 2008. Relationships between faults, extension fractures and veins, and stress[J]. Journal of Structural Geology, 30(5): 622-632.

Bretan P G, Nicol A, Walsh J J, 1996. Origin of some conjugate or "X" fault structures[J]. The Leading Edge, 15(7): 812-816.

Burchfiel B C, Royden L H, Papanikolaou D, et al., 2018. Crustal development within a retreating subduction system: The Hellenides[J]. Geosphere, 14(3): 1119-1130.

Cao S, Neubauer F, Deep crustal expressions of exhumed strike-slip fault systems: Shear zone initiation on rheological boundaries[J]. Earth-Science Reviews, 2016, 162: 155-176.

Cartwright J A, Trudgill B D, Mansfield C S, 1995. Fault growth by segment linkage: an explanation for scatter in maximum displacement and trace length data from the Canyonlands Grabens of SE Utah[J]. Journal of structural Geology, 17(9): 1319-1326.

Cawood P A, Buchan C, 2007. Linking accretionary orogenesis with supercontinent assembly[J]. Earth-Science Reviews, 82(3-4): 217-256.

Chester F M, Chester J S, 2000. Stress and deformation along wavy frictional faults[J]. Journal of Geophysical Research: Solid Earth, 105(B10): 23421-23430.

Choi J H, Jin K, Enkhbayar D, et al., 2012. Rupture propagation inferred from damage patterns, slip distribution, and segmentation of the 1957 MW8.1 Gobi-Altay earthquake rupture along the Bogd fault, Mongolia[J]. Journal of Geophysical Research: Solid Earth, 117(B12).

Cloos H, 1928. Experimente zur inneren Tektonik[J]. Cetralblatt fur Mineralogie, 5: 609-621.

Collins W J, Belousova E A, Kemp A I S, et al., 2011. Two contrasting Phanerozoic orogenic systems revealed by hafnium isotope data[J]. Nature Geoscience, 4 (5): 333-337.

Cowie P A, Scholz C H, 1992. Displacement-length scaling relationship for faults: data synthesis and discussion[J]. Journal of Structural Geology, 14 (10): 1149-1156.

Crider J G, Peacock D C P, 2004. Initiation of brittle faults in the upper crust: a review of field observations[J]. Journal of Structural Geology, 26 (4): 691-707.

Cubas N, maillot B, Barnes C, et al., 2010. Statistical analysis of an experimental compressional sand wedge[J]. Journal of Structural Geology, 32 (6): 818-831.

Cunningham W D, Mann P, 2007. Tectonics of strike-slip restraining and releasing bends[M]. Special Publications, London: Geological Society, 290: 1-12.

Curren I S, Bird P, 2014. Formation and suppression of strike-slip fault systems[J]. Pure & Applied Geophysics, 171 (11): 2899-2918.

Dahlstrom C D A, 1969. Balanced cross sections[J]. Canadian Journal of Earth Sciences, 6 (4): 743-757.

Davatzes N C, Aydin A, 2003. The formation of conjugate normal fault systems in folded sandstone by sequential jointing and shearing, Waterpocket monocline, Utah[J]. Journal of Geophysical Research: Solid Earth, 108 (B10).

Deng S, Li H L, Zhang Z P, et al., 2018. Characteristics of differential activities in major strike-slip fault zones and their control on hydrocarbon enrichment in Shunbei area and its surroundings, Tarim Basin[J]. Oil & Gas Geology, 39 (5): 878-888.

Deng S, Li H, Zhang Z, et al., 2019. Structural characterization of intracratonic strike-slip faults in the central Tarim Basin[J]. AAPG bulletin, 103 (1): 109-137.

Dhuime B, Hawkesworth C, Cawood P, 2011. When continents formed[J]. Science, 331 (6014): 154-155.

Di Giuseppe E, Faccenna C, Funiciello F, et al., 2009. On the relation between trench migration, seafloor age, and the strength of the subducting lithosphere[J]. Lithosphere, 1 (2): 121-128.

Dong Y, He D, Sun S, et al., 2018. Subduction and accretionary tectonics of the East Kunlun orogen, western segment of the Central China Orogenic System[J]. Earth-Science Reviews, 186: 231-261.

Dooley T P, Schreurs G. 2012, Analogue modelling of intraplate strike-slip tectonics: A review and new experimental results[J]. Tectonophysics, 574: 1-71.

Faulds J E, Varga R J, 1998. The role of accommodation zones and transfer zones in the regional segmentation of extended terranes[J]. Geological Society of America Special Papers, 323: 1-45.

Faulkner D R, Jackson C A L, Lunn R J, et al., 2010. A review of recent developments concerning the structure, mechanics and fluid flow properties of fault zones[J]. Journal of Structural Geology, 32 (11): 1557-1575.

Faulkner D R, Mitchell T M, Jensen E, et al., 2011. Scaling of fault damage zones with displacement and the implications for fault growth processes[J]. Journal of Geophysical Research: Solid Earth, 116 (B5).

Ferrill David A, Morris Alan P, McGinnis Ronald N, 2009. Crossing conjugate normal faults in field exposures and seismic data (Article) [J].AAPG Bulletin, 93 (11): 1471-1488.

Fossen H, Rotevatn A, 2016. Fault linkage and relay structures in extensional settings—A review[J]. Earth-Science Reviews, 154: 14-28.

Fossen H, Schultz R A, Rundhovde E, et al., 2010. Fault linkage and graben stepovers in the Canyonlands (Utah) and the North Sea Viking Graben, with implications for hydrocarbon migration and accumulation[J]. AAPG bulletin, 94 (5): 597-613.

Ge X, Shen C B, Selby D, et al., 2020. Petroleum evolution within the Tarim Basin, northwestern China: Insights from organic geochemistry, fluid inclusions, and rhenium–osmium geochronology of the Halahatang oil field[J]. AAPG Bulletin, 104 (2): 329-355.

Ghosh N, Chattopadhyay A, 2008. The Initiation and Linkage of Surface Fractures above a Buried Strike-slip Fault: An Experimental Approach[J]. Journal of Earth System Science, 12.

Gogonenkov G N, Timurziev A I, 2010. Strike-slip faults in the West Siberian Basin: Implications for petroleum exploration and development[J]. Russian Geology and Geophysics, 51: 304-316.

Goldstein H R, 1994. Systematics of fluid inclusions in diagenetic minerals[J]. SEPM short course, 31: 199.

Goldstein R H, Samson I, Anderson A, et al., 2003. Petrographic analysis of fluid inclusions[J]. Fluid inclusions: Analysis and interpretation, 32: 9-53.

Goldstein R H, 2003. Petrographic analysis of fluid inclusions[M]//Samson I, Anderson A, Marshall D. Fluid Inclusions: Analysis and Interpretation. Ottawa: mineralogical Association of Canada, 9-53.

Griffin W L, Belousova E A, Walters S G, et al., 2006. Archaean and Proterozoic crustal evolution in the Eastern Succession of the Mt Isa district, Australia: U–Pb and Hf-isotope studies of detrital zircons[J]. Australian Journal of Earth Sciences, 53 (1): 125-149.

Griffith W A, Sanz P F, Pollard D D, 2009. Influence of outcrop scale fractures on the effective stiffness of fault damage zone rocks[J]. Pure and Applied Geophysics, 166 (10): 1595-1627.

Gu Rong, Yun Lu, Zhu Xiuxiang, et al., 2020. Oil and gas sources in Shunbei oilfield, Tarim Basin[J]. Petroleum Geology and Experiment, 42 (2): 248-254, 262.

Hale D, 2012. Fault surfaces and fault throws from 3D seismic images[M]//SEG Technical Program Expanded Abstracts 2012. Society of Exploration Geophysicists, 1-6.

Han X, Deng S, Tang L, et al., 2017. Geometry, kinematics and displacement characteristics of strike-slip faults in the northern slope of Tazhong uplift in Tarim Basin: A study based on 3D seismic data[J].marine and Petroleum Geology, 88: 410-427.

Han Y, Zhao G, Cawood P A, et al., 2016. Tarim and North China cratons linked to northern Gondwana through switching accretionary tectonics and collisional orogenesis[J]. Geology, 44 (2): 95-98.

Han Y, Zhao G, 2018. Final amalgamation of the Tianshan and Junggar orogenic collage in the southwestern Central Asian Orogenic Belt: Constraints on the closure of the Paleo-Asian Ocean[J]. Earth-Science Reviews, 186: 129-152.

Hansman R J, Albert R, Gerdes A, et al., 2018. Absolute ages of multiple generations of brittle structures by U–Pb dating of calcite[J]. Geology, 46 (3): 207-210.

Harding T P, 1985. Seismic characteristics and identification of negative flower structures positive flower structures and positive structural inversion[J]. Geological Society of America Bulletin, 69 (4): 1016-1058.

Harding T P, 1990. Identification of wrench faults using subsurface structural dta: criteria and pitfalls[J]. AAPG Bulletin, 74 (10): 1590-1609.

Heron P J, 2019. Mantle plumes and mantle dynamics in the Wilson cycle[J]. Geological Society, London,

Special Publications, 470（1）: 87-103.

Huang L, Liu C Y, 2014. Evolutionary characteristics of the sags to the east of Tanlu Fault Zone, Bohai Bay Basin ( China ): Implications for hydrocarbon exploration and regional tectonic evolution[J]. Journal of Asian Earth Sciences, 79: 275-287.

Ismat Z, 2015. What can the dihedral angle of conjugate-faults tell us?[J]. Journal of Structural Geology, 73: 97-113.

Jiang Y H, Jia R Y, Liu Z, et al., 2013. Origin of middle Triassic high-K calc-alkaline granitoids and their potassic microgranular enclaves from the western Kunlun orogen, northwest China: A record of the closure of Paleo-Tethys[J]. Lithos, 156: 13-30.

Kelly P G, Sanderson D J, Peacock D C P, 1998. Linkage and evolution of conjugate strike-slip fault zones in limestones of Somerset and Northumbria[J]. Journal of Structural Geology, 20（11）: 1477-1493.

Kemp A I S, Hawkesworth C J, Collins W J, et al., 2009. Isotopic evidence for rapid continental growth in an extensional accretionary orogen: The Tasmanides, eastern Australia[J]. Earth and Planetary Science Letters, 284（3-4）: 455-466.

Kim Y S, Andrews J R, Sanderson D J, 2000. Damage zones around strike-slip fault systems and strike-slip fault evolution, Crackington Haven, southwest England[J]. Geosciences Journal, 4（2）: 53-72.

Kim Y S, Peacock D C P, Sanderson D J, 2003. Strike-slip faults and damage zones at Marsalforn, Gozo Island, malta[J]. Journal of Structural Geology, 25: 793-812.

Kim Y S, Sanderson D J, 2006. Structural similarity and variety at the tips in a wide range of strike-slip faults: a review[J]. Terra Nova, 18（5）: 330-344.

Kim Y S, Sanderson D J, 2005. The relationship between displacement and length of faults[J]. Earth-Science Reviews, 68（3-4）: 317-334.

Kim, Y S., Peacock, D C, Sanderson, D J, 2004. Fault damage zones[J]. Journal of Structural Geology, 26（3）: 503-517.

Kordi M, 2019. Sedimentary basin analysis of the Neo-Tethys and its hydrocarbon systems in the Southern Zagros fold-thrust belt and foreland basin[J]. Earth-Science Reviews, 191: 1-11.

Lallemand S, Heuret A, Faccenna C, et al., 2008. Subduction dynamics as revealed by trench migration[J]. Tectonics, 27（3）.

Lan X, Lü X, Zhu Y, et al., 2015. The geometry and origin of strike-slip faults cutting the Tazhong low rise megaanticline ( central uplift, Tarim Basin, China ) and their control on hydrocarbon distribution in carbonate reservoirs[J]. Journal of Natural Gas Science and Engineering, 22: 633-645.

Leighton M W, Kolata P R, Oltz D F, et al., 1990. Interior Cratonic Basins[J]. AAPG Memoirs, 51: 1-819.

Levorsen A I, 2001. Geology of Petroleum ( 2nd Ed )[J]. Tulsa: The AAPG Foundation. 1-700.

Li C, Wang X, Li B, et al., 2013. Paleozoic fault systems of the Tazhong uplift, Tarim basin, China[J]. Marine and petroleum geology, 39（1）: 48-58.

Li J F, Zhang Z Y, Zhu G Y, et al., 2020. The origin and accumulation of ultra-deep oil in Halahatang area, northern Tarim Basin[J]. Journal of Petroleum Science and Engineering, 195: 107898.

Li S, Zhao S, Liu X, et al., 2018. Closure of the Proto-Tethys Ocean and Early Paleozoic amalgamation of microcontinental blocks in East Asia[J]. Earth-Science Reviews, 186: 37-75.

Li Z X, Bogdanova S V, Collins A S, et al., 2008. Assembly, configuration, and break-up history of Rodinia: a synthesis[J]. Precambrian research, 160 (1-2): 179-210.

Li S M, Amrani A, Pang X Q, et al., 2015. Origin and quantitative source assessment of deep oils in the Tazhong Uplift, Tarim Basin[J]. Organic Geochemistry, 78: 1-22.

Liu Z, Jiang Y H, Jia R Y, et al., 2014. Origin of Middle Cambrian and Late Silurian potassic granitoids from the western Kunlun orogen, northwest China: a magmatic response to the Proto-Tethys evolution[J]. Mineralogy and Petrology, 108 (1): 91-110.

Liu Z, Jiang Y H, Jia R Y, et al., 2015. Origin of Late Triassic high-K calc-alkaline granitoids and their potassic microgranular enclaves from the western Tibet Plateau, northwest China: Implications for Paleo-Tethys evolution[J]. Gondwana Research, 27 (1): 326-341.

Lu Z Y, Li Y T, Ye N, et al., 2020. Fluid Inclusions Record Hydrocarbon Charge History in the Shunbei Area, Tarim Basin, NW China[J]. Geofluids, 8847247.

MacDonald J M, Faithfull J W, Roberts N M W, et al., 2019. Clumped-isotope palaeothermometry and LA-ICP-MS U-Pb dating of lava-pile hydrothermal calcite veins[J]. Contributions to Mineralogy and Petrology, 174 (7): 1-15.

Mandl G, 1988. mechanics of tectonic faulting[M]. Amsterdam: Elsevier.

Mangenot X, Deçoninck J F, Bonifacie M, et al., 2019. Thermal and exhumation histories of the northern subalpine chains (Bauges and Bornes—France): Evidence from forward thermal modeling coupling clay mineral diagenesis, organic maturity and carbonate clumped isotope (Δ47) data[J]. Basin Research, 31 (2): 361-379.

Mangenot X, Gasparrini M, Rouchon V, et al., 2018. Basin-scale thermal and fluid flow histories revealed by carbonate clumped isotopes (Δ47) –Middle Jurassic carbonates of the Paris Basin depocentre[J]. Sedimentology, 65 (1): 123-150.

Manighetti I, Campillo M, Bouley S, et al., 2007. Earthquake scaling, fault segmentation, and structural maturity[J]. Earth and Planetary Science Letters, 253 (3-4): 429-438.

Mann P, 2013. Comparison of structural styles and giant hydrocarbon occurrences within four active strike-slip regions: California, Southern Caribbean, Sumatra, and East China[J]. AAPG Memoir, 100: 43-93.

McClay K R, 1990. Extensional fault systems in sedimentary basins: a review of analogue model studies[J]. Marine and petroleum Geology, 7 (3): 206-233.

Mclennan S M, 1989. Rare earth elements in sedimentary rocks: influence of provenance and sedimentary processes[J]. Geochemistry and mineralogy of rare earth elements, 21: 170-200.

Mitchell T M, Faulkner D R, 2009. The nature and origin of off-fault damage surrounding strike-slip fault zones with a wide range of displacements: A field study from the Atacama fault system, northern Chile[J]. Journal of Structural Geology, 31 (8): 802-816.

Morley C K, Nelson R A, Patton T L, et al., 1990. Transfer zones in the East African rift system and their relevance to hydrocarbon exploration in rifts[J]. AAPG bulletin, 74 (8): 1234-1253.

Morley C K, 2014. Outcrop examples of soft-sediment deformation associated with normal fault terminations in deepwater, Eocene turbidites: A previously undescribed conjugate fault termination style?[J]. Journal of Structural Geology, 69: 189-208.

Morley C K, 2007. Development of crestal normal faults associated with deepwater fold growth[J]. Journal of Structural Geology, 29 (7): 1148-1163.

Mullen E K, McCallum I S, 2014. Origin of basalts in a hot subduction setting: Petrological and geochemical insights from Mt. Baker, Northern Cascade Arc[J]. Journal of Petrology, 55 (2): 241-281.

Naylor M A, Mandl G, Supesteijn C H K, 1986. Fault geometries in basement-induced wrench faulting under different initial stress states[J]. Journal of structural geology, 8 (7): 737-752.

Neng Y, Yang H J, D X L, 2018. Structural patterns of fault damage zones in carbonate rocks and their influences on petroleum accumulation in Tazhong Paleo-uplift, Tarim Basin, NW China[J]. Petroleum Exploration and Development, 45 (1): 43-54.

Nespoli M, Bonafede M, Belardinelli M, 2019.Modeling non-Andersonian fault growth following the energetic criterion: the creation of detachments and listric faults[J]. Geophysical Research, 21: 1.

Nguyen N T, Wereley S T, Shaegh S A M. 2019, Fundamentals and applications of microfluidics[M]. USA: Artech house.

Nuriel P, Craddock J, Kylander-Clark A R C, et al., 2019. Reactivation history of the North Anatolian fault zone based on calcite age-strain analyses[J]. Geology, 47 (5): 465-469.

Nuriel P, Rosenbaum G, Uysal T I, et al., 2011. Formation of fault-related calcite precipitates and their implications for dating fault activity in the East Anatolian and Dead Sea fault zones[J]. Geological Society, London, Special Publications, 359 (1): 229-248.

Nuriel P, Rosenbaum G, Zhao J X, et al., 2012. U-Th dating of striated fault planes[J]. Geology, 40 (7): 647-650.

Nuriel P, Weinberger R, Kylander-Clark A R C, et al., 2017. The onset of the Dead Sea transform based on calcite age-strain analyses[J]. Geology, 45 (7): 587-590.

Nuriel P, Wotzlaw J F, Ovtcharova M, et al., 2021. The use of ASH-15 flowstone as a matrix-matched reference material for laser-ablation U-Pb geochronology of calcite[J]. Geochronology, 3 (1): 35-47.

Parrish R R, Parrish C M, Lasalle S, 2018. Vein calcite dating reveals Pyrenean orogen as cause of Paleogene deformation in southern England[J]. Journal of the Geological Society, 175 (3): 425-442.

Paton C, Hellstrom J, Paul B, et al., 2011. Iolite: Freeware for the visualisation and processing of mass spectrometric data[J]. Journal of Analytical Atomic Spectrometry, 26 (12): 2508-2518.

Peacock D C P, Anderson M W, 2012. The scaling of pull-aparts and implication for fluid flow in areas with strike-slip faults[J]. Journal of Petroleum Geology, 35 (4): 389-399.

Peacock D C P, Nixon C W, Rotevatn A, et al., 2017. Interacting faults[J]. Journal of Structural Geology, 97: 1-22.

Peacock D C P, 2002. Propagation, interaction and linkage in normal fault systems[J]. Earth-Science Reviews, 58 (1-2): 121-142.

Peacock D C P, Sanderson D J, 1991. Displacements, segment linkage and relay ramps in normal fault zones[J]. Journal of Structural Geology, 13: 721-733.

Pearce J A, Harris N B W, Tindle A G, 1984. Trace element discrimination diagrams for the tectonic interpretation of granitic rocks[J]. Journal of petrology, 25 (4): 956-983.

Pennacchioni G, Mancktelow N S, 2013. Initiation and growth of strike-slip faults within intact metagranitoid

(Neves area, eastern Alps, Italy)[J]. GSA Bulletin, 125(9-10): 1468-1483.

Petersson A, Schersten A, Kemp A I S, et al., 2016. Zircon U–Pb–Hf evidence for subduction related crustal growth and reworking of Archaean crust within the Palaeoproterozoic Birimian terrane, West African Craton, SE Ghana[J]. Precambrian Research, 275: 286-309.

Ping H W, Chen H H, Jia G H, 2017. Petroleum accumulation in the deeply buried reservoirs in the northern Dongying Depression, Bohai Bay Basin, China: New insights from fluid inclusions, natural gas geochemistry, and 1-D basin modeling[J]. Marine and Petroleum Geology, 80: 70-93.

Qiming L, Guanghui W, Xiongqi P, et al., 2010. Hydrocarbon accumulation conditions of Ordovician carbonate in Tarim Basin[J]. Acta Geologica Sinica-English Edition, 84(5): 1180-1194.

Qiu N S, Chang J, Zuo Y H, et al., 2012. Thermal evolution and maturation of Lower Paleozoic source rocks in the Tarim Basin, northwest China[J]. AAPG Bulletin, 96(5): 789-821.

Reiners P W, Ehlers T A, Zeitler P K, 2005. Past, present, and future of thermochronology[J]. Reviews in Mineralogy and Geochemistry, 58(1): 1-18.

Riedel W, 1929. Zur Mechanik geologischer Brucherscheinungen ein Beitrag zum Problem der Fiederspatten[J]. Zentbl.Miner. Geol. Palaont. Abt: 354-368.

Ring U, Gerdes A, 2016. Kinematics of the Alpenrhein–Bodensee graben system in the Central Alps: Oligocene/Miocene transtension due to formation of the Western Alps arc[J]. Tectonics, 35(6): 1367-1391.

Roberts N M W, Rasbury E T, Parrish R R, et al., 2017. A calcite referencematerial for LA-ICP-MS U-Pb geochronology[J]. Geochemistry, Geophysics, Geosystems, 18(7): 2807-2814.

Roberts N M W, Walker R J, 2016. U-Pb geochronology of calcite-mineralized faults: Absolute timing of rift-related fault events on the northeast Atlantic margin[J]. Geology, 44(7): 531-534.

Roger Soliva, Antonio Benedicto, 2004. Geometry, scaling relations and spacing of vertically restricted normal faults[J]. Journal of Structural Geology, 27(2): 317-325.

Rotevatn A, Bastesen E, 2012. Fault linkage and damage zone architecture in tight carbonate rocks in the Suez Rift(Egypt): implications for permeability structure along segmented normal faults[J]. Geological Society, London, Special Publications, 374(1): 79-95.

Savage H M, Brodsky E E, 2011. Collateral damage: Evolution with displacement of fracture distribution and secondary fault strands in fault damage zones[J]. Journal of Geophysical Research: Solid Earth, 116(B3).

Scholz C H, 2002. The Mechanics of Earthquakes and Faulting, second ed[J]. Cambridge University Press, Cambridge.

Schwarz H U, Kilfitt F W, 2008. Confluence and intersection of interacting conjugate faults: A new concept based on analogue experiments[J]. Journal of Structural Geology, 30: 1126-1137.

Simoncelli E P, Freeman W T, 1995. The steerable pyramid: a flexible architecture for multi-scale derivative computation[J].1995 International Conference on Image Processing, 3: 444-447.

Sylvester A G, 1988. Strike-slip faults[J]. Geological Society of America Bulletin, 100(11): 1666-1703.

Tagami T, 2012. Thermochronological investigation of fault zones[J]. Tectonophysics, 538-540: 67-85.

Tang Q, Zhang Z, Li C, et al., 2016. Neoproterozoic subduction-related basaltic magmatism in the northern margin of the Tarim Craton: Implications for Rodinia reconstruction[J]. Precambrian Research, 286: 370-378.

Tchalenko J S, 1968. The evolution of kink-bands and the development of compression textures in sheared clays[J]. Tectonophysics, 6 (2): 159-174.

Torabi A, Berg S S, 2011. Scaling of fault attributes: A review[J]. Marine and Petroleum Geology, 28 (8): 1444-1460.

Torgersen E, Viola G, 2014. Structural and temporal evolution of a reactivated brittle-ductile fault-Part I: Fault architecture, strain localization mechanisms and deformation history[J]. Earth and Planetary Science Letters, 407: 205-220.

Uysal I T, Feng Y, Zhao J, et al., 2007. U-series dating and geochemical tracing of late Quaternary travertine in co-seismic fissures[J]. Earth and Planetary Science Letters, 257 (3-4): 450-462.

Uysal I T, Feng Y, Zhao J, et al., 2009. Hydrothermal $CO_2$ degassing in seismically active zones during the late Quaternary[J]. Chemical Geology, 265 (3-4): 442-454.

Vendeville B, Cobbold P R, Davy P, et al., 1987. Physical models of extensional tectonics at various scales[J]. Geological Society, London, Special Publications, 28 (1): 95-107.

Walsh J J, Bailey W R, Childs C, et al., 2003. Formation of segmented normal faults: a 3-D perspective[J]. Journal of Structural Geology, 25 (8): 1251-1262.

Walsh J J, Watterson J, 1991. Geometric and kinematic coherence and scale effects in normal fault systems[J]. Geological Society, London, Special Publications, 56 (1): 193-203.

Wang C M, Tang H S, Zheng Y, et al., 2019. Early Paleozoic magmatism and metallogeny related to Proto-Tethys subduction: Insights from volcanic rocks in the northeastern Altyn Mountains, NW China[J]. Gondwana Research, 75: 134-153.

Wang P, Zhao G, Han Y, et al., 2020. Timing of the final closure of the Proto-Tethys Ocean: Constraints from provenance of early Paleozoic sedimentary rocks in West Kunlun, NW China[J]. Gondwana Research, 84: 151-162.

Wang Y Y, Chen J F, Pang X Q, et al., 2018. Faulting controls on oil and gas composition in the Yingmai 2 oilfield, Tarim Basin, NW China[J]. Organic Geochemistry, 123: 48-66.

Whalen J B, Hildebrand R S, 2019. Trace element discrimination of arc, slab failure, and A-type granitic rocks[J]. Lithos, 348: 105179.

Wilcox R E, Harding T P, Seely D R, 1973. Basic wrench tectonics[J]. American Association of Petroleum Geologists Bulletin, 57: 74-96.

Willemse E J M, Peacock D C P, Aydin A, 1997. Nucleation and growth of strike-slip faults in limestones from Somerset, UK[J]. Journal of Structural Geology, 19 (12): 1461-1477.

Wilson J E, Goodwin L B, Lewis C J, 2003. Deformation bands in nonwelded ignimbrites: Petrophysical controls on fault-zone deformation and evidence of preferential fluid flow[J]. Geology, 31 (10): 837-840.

Woodcock N H, Schubert V, 1994. Continental strike-slip tectonics[C]. In: Hancock PL (Ed.), Continental Deformation. Pergamon Press, Oxford, 1994: 251-263.

Woodhead J D, Hellstrom J, Hergt J M, et al., 2007. Isotopic and elemental imaging of geological materials by laser ablation inductively coupled plasma-mass spectrometry[J]. Geostandards and Geoanalytical Research, 31 (4): 331-343.

Wu G H, Kim Y S, Su Z, et al., 2020. Segment interaction and linkage evolution in a conjugate strike-slip fault system from the Tarim Basin[J]. marine and Petroleum Geology, 112: 104054.

Wu G H, Xiao Y, He J Y, et al., 2019. Geochronology and geochemistry of the late Neoproterozoic A-type granitic clasts in the southwestern Tarim Craton: petrogenesis and tectonic implications[J]. International Geology Review, 61(3): 280-295.

Wu G H, Xie E, Zhang Y F, et al., 2019. Structural diagenesis in carbonate rocks as identified in fault damage zones in the northern Tarim Basin, NW China[J].minerals, 9(6): 360.

Wu G H, Yang HJ, He S, et al., 2016. Effects of structural segmentation and faulting on carbonate reservoir properties: A case study from the Central Uplift of the Tarim Basin, China[J].Marine and Petroleum Geology, 71: 183-197.

Wu G H, Yang S, Meert G, et al., 2020. Two phases of Paleoproterozoic orogenesis in the Tarim Craton: Implications for continental amalgamation to Columbia assembly[J]. Gondwana Research, 83: 201-216.

Wu G H, Yang S, Nance R D, et al., 2021. Switching from advancing to retreating subduction in the Neoproterozoic Tarim Craton, NW China: implications for Rodinia breakup[J]. Geoscience Frontier, 12(1): 161-171.

Wu G H, Yuan Y J, Huang S Y, et al., 2018. The dihedral angle and intersection processes of a conjugate strike-slip fault system in the Tarim Basin, NW China[J]. Acta Geologica Sinica, 92(1): 74-88.

Wu G H, Zhao K Z, Qu H Z, et al., 2019. Permeability distribution and scaling in multi-stages carbonate damage zones: Insight from strike-slip fault zones in the Tarim Basin, NW China[J]. Marine and Petroleum Geology, 36: 114-118.

Xia L, Li X, 2019. Basalt geochemistry as a diagnostic indicator of tectonic setting[J]. Gondwana research, 65: 43-67.

Xiao W J, Windley B F, Chen H L, et al., 2002. Carboniferous-Triassic subduction and accretion in the western Kunlun, China: Implications for the collisional and accretionary tectonics of the northern Tibetan Plateau[J]. Geology, 30(4): 295-298.

Xiao W J, Windley B F, Liu D Y, et al., 2005. Accretionary tectonics of the Western Kunlun Orogen, China: a Paleozoic–Early Mesozoic, long-lived active continental margin with implications for the growth of Southern Eurasia[J]. The Journal of Geology, 113(6): 687-705.

Xiao Y, Wu G, Vandyk T M, et al., 2019. Geochronological and geochemical constraints on Late Cryogenian to Early Ediacaran magmatic rocks on the northern Tarim Craton: implications for tectonic setting and affinity with Gondwana[J]. International Geology Review, 61(17): 2100-2117.

Xiao Z Y, Li M J, Huang S Y, et al., 2016. Source, oil charging history and filling pathways of the Ordovician carbonate reservoir in the Halahatang oilfield, Tarim Basin, NW China[J].marine and Petroleum Geology, 73: 59-71.

Xu Y G, Wei X, Luo Z Y, et al., 2014. The Early Permian Tarim Large Igneous Province: main characteristics and a plume incubation model[J]. Lithos, 204: 20-35.

Yang H J, Wu G H, Kusky T M, et al., 2018. Paleoproterozoic assembly of the north and south Tarim terranes: New insights from deep seismic profiles and Precambrian granite cores[J]. Precambrian Research, 305: 151-165.

Yang H J, Wu G H, Scarselli N, et al., 2020. Characterization of reservoirs, fluids, and productions from the Ordovician carbonate condensate field in the Tarim Basin, northwestern China[J]. AAPG Bulletin, 104(7): 1567-1592.

Yang P, Wu G H, Nuriei P, et al., 2021. In situ LA-ICPMS U-Pb dating and geochemical characterization of fault-zone calcite in the central Tarim Basin, northwest China: Implications for fluid circulation and fault reactivation[J]. Chemical Geology, 568: 120-125.

Ye H M, Li X H, Li Z X, et al., 2008. Age and origin of the high Ba-Sr granitoids from northern Qinghai-Tibet plateau: implications for the early Paleozoic tectonic evolution of the Western Kunlun orogenic belt[J]. Gondwana Res, 13 (126): 138.

Yin A, Dang Y Q, Wang L C, et al., 2008. Cenozoic tectonic evolution of Qaidam basin and its surrounding regions (Part 1): The southern Qilian Shan-Nan Shan thrust belt and northern Qaidam basin[J]. Geological Society of America Bulletin, 120 (7-8): 813-846.

Yin A, Taylor M, 2011. Mechanics of V-shaped conjugate strike-slip faults and the corresponding continuum mode of continental deformation[J]. Bulletin of the Geological Society of America, 123: 1798-1821.

Yuan C, Sun M, Zhou M, et al., 2002. Tectonic evolution of the West Kunlun: geochronologic and geochemical constraints from Kudi Granitoids[J]. International Geology Review, 44 (7): 653-669.

Zhang C L, Li Z X, Li X H, et al., 2009. Neoproterozoic mafic dyke swarms at the northern margin of the Tarim Block, NW China: age, geochemistry, petrogenesis and tectonic implications[J]. Journal of Asian Earth Sciences, 35 (2): 167-179.

Zhang C L, Lu S N, Yu H F, et al., 2007. Tectonic evolution of the Western Kunlun orogenic belt in northern Qinghai-Tibet Plateau: Evidence from zircon SHRIMP and LA-ICP-MS U-Pb geochronology[J]. Science in China Series D: Earth Sciences, 50 (6): 825-835.

Zhang C L, Santosh M, Zhu Q B, et al., 2015. The Gondwana connection of South China: evidence from Monazite and zircon geochronology in the Cathaysia Block[J]. Gondwana Research, 28 (3): 1137-1151.

Zhang C L, Zou H B, Li H K et al., 2013. Tectonic framework and evolution of the Tarim block in NW China[J]. Gondwana Research, 23 (4): 1306-1315.

Zhang C L, Zou H B, Ye X T, et al., 2018. Timing of subduction initiation in the Proto-Tethys Ocean: Evidence from the Cambrian gabbros from the NE Pamir Plateau[J]. Lithos, 314: 40-51.

Zhang C L, Zou H B, Ye X T, et al., 2019. Tectonic evolution of the West Kunlun Orogenic Belt along the northern margin of the Tibetan Plateau: Implications for the assembly of the Tarim terrane to Gondwana[J]. Geoscience Frontiers, 10 (3): 973-988.

Zhang H S, Ji W H, Ma Z P, et al., 2020. Geochronology and geochemical study of the Cambrian andesite in Tianshuihai Terrane: Implications for the evolution of the Proto-Tethys Ocean in the West Kunlun-Karakoram Orogenic Belt[J]. Acta Petrologica Sinica, 36 (1): 257-278.

Zhang H, Zhu Y, Feng W, et al., 2017. Paleozoic intrusive rocks in the Nalati mountain range (NMR), southwest Tianshan: Geodynamic evolution based on petrology and geochemical studies[J]. Journal of Earth Science, 28: 196-217.

Zhang N, Dang Z, Huang C, et al., 2018. The dominant driving force for supercontinent breakup: Plume push or subduction retreat?[J]. Geoscience Frontiers, 9 (4): 997-1007.

Zhang Q, Wu Z, Chen X, et al., 2019. Proto-Tethys oceanic slab break-off: Insights from early Paleozoic magmatic diversity in the West Kunlun Orogen, NW Tibetan Plateau[J]. Lithos, 346-347, 105-147.

Zhang Z Y, 2017. Application of Steerable Pyramid Method in Geological Body Identification [D]. Qingdao:

China University of Petroleum ( East China ) .

Zhao J, Xia Q, Collerson K D, 2001. Timing and duration of the Last Interglacial inferred from high resolution U-series chronology of stalagmite growth in Southern Hemisphere[J]. Earth and Planetary Science Letters, 184 ( 3-4 ): 635-644.

Zhao J, Yu K, Feng Y, 2009. High-precision 238U–234U–230Th disequilibrium dating of the recent past: a review[J]. Quaternary Geochronology, 4 ( 5 ): 423-433.

Zhong L, Wang B, de Jong K, et al., 2019. Deformed continental arc sequences in the South Tianshan: New constraints on the Early Paleozoic accretionary tectonics of the Central Asian Orogenic Belt[J]. Tectonophysics, 768: 228169.

Zhu G Y, Li T T, Zhang Z Y, et al., 2020. Distribution and geodynamic setting of the Late Neoproterozoic–Early Cambrian hydrocarbon source rocks in the South China and Tarim Blocks[J]. Journal of Asian Earth Sciences, 201: 104504.

Zhu G, Liu W, Wu G, et al., 2021. Geochemistry and U-Pb-Hf detrital zircon geochronology of metamorphic rocks in terranes of the West Kunlun Orogen: Protracted subduction in the northernmost Proto-Tethys Ocean[J]. Precambrian Research, 363: 106344.

Zhu J, Li Q, Wang Z, et al., 2016. Magmatism and tectonic implications of Early Cambrian granitoid plutons in Tianshuihai Terrane of the western Kunlun Orogenic Belt, Northwest China[J]. Northwestern Geology, 49 ( 4 ): 1-18.

Zhu, W B, Zheng, B H, Shu, L S, et al., 2011. Neoproterozoic tectonic evolution of the Precambrian Aksu blueschist terrane, northwestern Tarim, China: insights from LA-ICP-MS zircon U–Pb ages and geochemical data[J]. Precambrian Res. 185, 215-230.